21世纪高等学校规划教材 | 软件工程

软件测试实践教程

兰景英　编著

清华大学出版社
北京

内 容 简 介

本书作为《软件测试技术》的实验教材，以培养工程实践能力为目标，以软件测试流程为主线，以主流的开源软件测试工具应用为基础，为高等院校软件工程专业和计算机相关专业开设软件测试实验课程提供全方位实践教学方案、实践教学平台和实践教学案例。

全书共 7 章，覆盖软件测试流程中各阶段的测试工具，其中包括测试管理工具 TestLink，缺陷管理工具 Mantis，静态分析工具 Checkstyle、FindBugs、Cppcheck 和 PC-lint，单元测试工具 JUnit 和 CppUnit，功能测试工具 QuickTest 和 Selenium，性能测试工具 LoadRunner 和 JMeter，以及安全测试工具 AppScan 等。

本书内容新颖，体系完整，结构清晰，实践性强，从原理、技术和应用三方面深入细致地介绍了软件测试过程中涉及的各类测试工具。

本书可作为高等院校、高职高专院校、示范性软件学院的软件工程及计算机相关专业的"软件测试实践课程"教材，也可作为软件测试实训的培训教材，同时可供从事软件开发、项目管理、软件测试或质量保证人员参阅。

图书在版编目(CIP)数据

软件测试实践教程/兰景英编著．—北京：清华大学出版社，2016（2024.7重印）
21 世纪高等学校规划教材·软件工程
ISBN 978-7-302-43274-6

Ⅰ．①软… Ⅱ．①兰… Ⅲ．①软件—测试—高等学校—教材 Ⅳ．①TP311.5

中国版本图书馆 CIP 数据核字(2016)第 044127 号

责任编辑：付弘宇　薛　阳
封面设计：傅瑞学
责任校对：梁　毅
责任印制：刘海龙

出版发行：清华大学出版社
网　　址：https://www.tup.com.cn，https://www.wqxuetang.com
地　　址：北京清华大学学研大厦 A 座　　**邮　　编**：100084
社 总 机：010-83470000　　**邮　　购**：010-62786544
投稿与读者服务：010-62776969，c-service@tup.tsinghua.edu.cn
质量反馈：010-62772015，zhiliang@tup.tsinghua.edu.cn
课件下载：https://www.tup.com.cn，010-83470236
印 装 者：北京建宏印刷有限公司
经　　销：全国新华书店
开　　本：185mm×260mm　　**印　　张**：26　　**字　　数**：653 千字
版　　次：2016 年 7 月第 1 版　　**印　　次**：2024 年 7月第 10次印刷
印　　数：4101 ～ 4200
定　　价：49.80 元

产品编号：067879-01

出版说明

随着我国改革开放的进一步深化，高等教育也得到了快速发展，各地高校紧密结合地方经济建设发展需要，科学运用市场调节机制，加大了使用信息科学等现代科学技术提升、改造传统学科专业的投入力度，通过教育改革合理调整和配置了教育资源，优化了传统学科专业，积极为地方经济建设输送人才，为我国经济社会的快速、健康和可持续发展以及高等教育自身的改革发展做出了巨大贡献。但是，高等教育质量还需要进一步提高以适应经济社会发展的需要，不少高校的专业设置和结构不尽合理，教师队伍整体素质亟待提高，人才培养模式、教学内容和方法需要进一步转变，学生的实践能力和创新精神亟待加强。

教育部一直十分重视高等教育质量工作。2007 年 1 月，教育部下发了《关于实施高等学校本科教学质量与教学改革工程的意见》，计划实施“高等学校本科教学质量与教学改革工程(简称‘质量工程’)”，通过专业结构调整、课程教材建设、实践教学改革、教学团队建设等多项内容，进一步深化高等学校教学改革，提高人才培养的能力和水平，更好地满足经济社会发展对高素质人才的需要。在贯彻和落实教育部“质量工程”的过程中，各地高校发挥师资力量强、办学经验丰富、教学资源充裕等优势，对其特色专业及特色课程(群)加以规划、整理和总结，更新教学内容、改革课程体系，建设了一大批内容新、体系新、方法新、手段新的特色课程。在此基础上，经教育部相关教学指导委员会专家的指导和建议，清华大学出版社在多个领域精选各高校的特色课程，分别规划出版系列教材，以配合“质量工程”的实施，满足各高校教学质量和教学改革的需要。

为了深入贯彻落实教育部《关于加强高等学校本科教学工作，提高教学质量的若干意见》精神，紧密配合教育部已经启动的“高等学校教学质量与教学改革工程精品课程建设工作”，在有关专家、教授的倡议和有关部门的大力支持下，我们组织并成立了“清华大学出版社教材编审委员会”(以下简称“编委会”)，旨在配合教育部制定精品课程教材的出版规划，讨论并实施精品课程教材的编写与出版工作。“编委会”成员皆来自全国各类高等学校教学与科研第一线的骨干教师，其中许多教师为各校相关院、系主管教学的院长或系主任。

按照教育部的要求，“编委会”一致认为，精品课程的建设工作从开始就要坚持高标准、严要求，处于一个比较高的起点上；精品课程教材应该能够反映各高校教学改革与课程建设的需要，要有特色风格、有创新性(新体系、新内容、新手段、新思路，教材的内容体系有较高的科学创新、技术创新和理念创新的含量)、先进性(对原有的学科体系有实质性的改革和发展，顺应并符合 21 世纪教学发展的规律，代表并引领课程发展的趋势和方向)、示范性(教材所体现的课程体系具有较广泛的辐射性和示范性)和一定的前瞻性。教材由个人申报或各校推荐(通过所在高校的“编委会”成员推荐)，经“编委会”认真评审，最后由清华大学出版社审定出版。

目前，针对计算机类和电子信息类相关专业成立了两个“编委会”，即“清华大学出版社计算机教材编审委员会”和“清华大学出版社电子信息教材编审委员会”。推出的特色精品教材包括：

（1）21世纪高等学校规划教材・计算机应用——高等学校各类专业，特别是非计算机专业的计算机应用类教材。

（2）21世纪高等学校规划教材・计算机科学与技术——高等学校计算机相关专业的教材。

（3）21世纪高等学校规划教材・电子信息——高等学校电子信息相关专业的教材。

（4）21世纪高等学校规划教材・软件工程——高等学校软件工程相关专业的教材。

（5）21世纪高等学校规划教材・信息管理与信息系统。

（6）21世纪高等学校规划教材・财经管理与应用。

（7）21世纪高等学校规划教材・电子商务。

（8）21世纪高等学校规划教材・物联网。

清华大学出版社经过三十多年的努力，在教材尤其是计算机和电子信息类专业教材出版方面树立了权威品牌，为我国的高等教育事业做出了重要贡献。清华版教材形成了技术准确、内容严谨的独特风格，这种风格将延续并反映在特色精品教材的建设中。

清华大学出版社教材编审委员会

联系人：魏江江

E-mail：weijj@tup.tsinghua.edu.cn

软件测试是软件工程的一个重要分支，是软件质量保证的重要基础。软件测试是一门动态、交叉性学科，跨越了软件工程的整个领域。软件测试实验性强，软件测试人才培养需要开展全面综合的实践训练，包括测试计划制订、测试用例设计、测试环境搭建、测试用例执行、测试结果评估和测试过程管理等。目前很多高校的计算机类专业均开设了这门课程，并配有一定学时的实验或独立安排软件测试实践课程。本书充分考虑到软件测试贯穿软件项目整个生命周期，需要用到大量测试技术和测试工具，对国内外主流的开源软件测试工具进行全面的分析、研究和精选，并结合作者近十年的软件测试教学经验，精心设计本书的实验内容，方便广大读者动手实践，提升测试技能，增强就业竞争力。

全书共7章，以软件测试流程为主线，以主流的开源软件测试工具应用为基础，深入细致地介绍各测试阶段需要用到的测试工具。

第1章软件测试管理，介绍软件测试管理各阶段和测试管理中相关测试文档的撰写。在测试管理过程中，为便于软件项目相关人员之间的交流和沟通，以及测试流程的管理，会引入软件测试管理工具。本章以 TestLink 为例，详细介绍了 TestLink 的安装、配置和使用。

第2章介绍缺陷管理的相关知识，包括缺陷分类、缺陷管理流程、缺陷报告原则。对于大型软件项目，通常离不开缺陷管理系统。本章以 Mantis 为例，详细介绍 Mantis 的安装、配置和使用。

第3章围绕代码静态测试展开，介绍了静态测试的概念、静态测试的工具。对于 Java 语言，分析静态测试工具 Checkstyle 和 FindBugs，并详细地介绍它们的安装和使用，并以代码为例分析静态测试过程和方法。对于 C/C++语言，介绍静态测试工具 Cppcheck 和 PC-lint 的安装和使用。

第4章单元测试是提高软件质量最直接和最重要的测试阶段。本章深入分析了白盒测试用例设计的方法和技术，通过典型的单元测试工具详细说明测试的过程。针对 Java 语言，介绍了 JUnit 的技术和应用流程，以及覆盖率测试工具 EclEmma，并以案例方式展示 JUnit 实施过程。针对 C++语言，介绍了 CppUnit 的技术、测试环境和测试过程。

第5章功能测试，介绍黑盒测试用例设计技术，分析常用的功能测试工具。针对商用测试工具 QuickTest，介绍其测试原理、测试流程，并以博客系统为例介绍 QuickTest 实施过程。接下来介绍开源测试工具 Selenium 的环境配置，测试过程，以及通过 JUnit 和 TestNG 执行 Selenium 测试脚本的过程。

第6章以性能测试为主题，阐明性能测试相关概念，详述性能测试指标和计数器。深入细致地介绍了最流行的性能测试工具 LoadRunner 的功能部件：Virtual User Generator、Controller 和 Analysis，以博客系统为例分析 LoadRunner 进行性能测试的实施流程。另外，还介绍了开源的性能测试 JMeter 的整个使用过程。

第 7 章针对 Web 安全测试展开讨论，对 Web 常见攻击进行分析，阐明 Web 安全测试的内容和常见的 Web 安全测试工具。详细介绍安全测试工具 AppScan 的使用过程，并以博客系统为例，展现应用 AppScan 进行安全测试的全过程。

本书最后附有软件测试文档模板、测试工具网站等资料。

本书涉及的软件测试知识广泛，实验内容全面、案例丰富、方案完整、步骤翔实、过程清晰，可逐步引导读者深入实践各类测试工具。实验内容覆盖了软件测试全过程所涉及的测试工具，教师可根据教学实际情况进行剪裁或扩充。本书适合学生学习、教师指导实验，以及培训机构开展软件测试实训。

感谢清华大学出版社提供的这次合作机会，使本教程能够早日与读者见面。感谢范勇教授、潘娅副教授和言若金叶的王顺老师为书籍出版所提供的支持和帮助，感谢家人的理解和支持。本书的大量内容取材于互联网，由于各种原因无法找到原创者，在参考文献中无法准确标注，在此表示歉意，并对原创者表示感谢。

由于作者水平和时间的限制，书中难免存在疏漏，欢迎读者及各界同人批评指正。

编　者

目录

第1章 软件测试过程管理

1.1 软件测试管理基础

1.1.1 软件测试管理

软件测试过程中最重要的是进行有效的测试管理。测试管理包括对人的管理、对流程的管理、对软件产品版本的管理等内容。软件测试管理实际上是一系列活动,可以对各阶段的测试计划、测试用例、测试流程、测试文档等进行跟踪、管理并记录其结果,以实现测试的有效控制和管理,进一步提高测试的效率和质量。

从广义上讲,软件测试管理包括软件测试过程的定义、测试需求管理、测试计划管理、测试用例管理、缺陷管理、测试用例执行、测试报告、测试配置管理、自动化软件测试过程管理等内容。其中,测试过程管理、测试用例管理、测试用例执行和缺陷管理是软件测试管理的核心内容。

在软件测试过程中,使用测试管理工具对整个测试过程进行管理,可以提高测试的效率、缩短测试时间、提高测试质量、提升用例复用率、提高需求覆盖率等。一个完整的软件测试管理工具,能用于测试计划、测试用例、测试执行和缺陷跟踪等测试行为的管理,并能提供对人工测试和自动测试的分析、设计和管理功能,把应用程序测试中所涉及的全部任务集成起来,跟踪测试中的依赖关系和相互关联,并能对质量目标进行定义、测量和跟踪。

1.1.2 软件测试过程管理

软件测试不等于程序测试,软件测试贯穿于软件开发整个生命周期。软件测试过程包括测试准备、测试计划、测试设计、测试执行、测试结果分析。

1. 测试准备

测试准备阶段需要组建测试小组,参加有关项目计划、分析和设计会议,获取必要的需求分析、系统设计文档,以及相关产品/技术知识的培训。

2. 测试计划

测试计划阶段的主要工作是确定测试内容或质量特性,确定测试的充分性要求,制定测试策略和方法，对可能出现的问题和风险进行分析和估计，制订测试资源计划和测试进度计划以指导测试的执行。

3. 测试设计

软件测试设计建立在测试计划之上，通过设计测试用例来完成测试内容，以实现所确定的测试目标。软件测试设计的主要内容如下。

1）制定测试方案

分析测试技术方案是否可行、是否有效、是否能达到预定的测试目标。

2）设计测试用例

选取和设计测试用例，获取并验证测试数据。根据测试资源、风险等约束条件，确定测试用例执行顺序。分析测试用例是否完整、是否考虑边界条件、能否达到其覆盖率要求。

3）测试脚本开发

获取测试资源，如数据、文件等。开发测试软件，包括驱动模块、桩模块，录制和开发自动化测试脚本等。

4）设计测试环境

建立并校准测试环境，分析测试环境是否和用户的实际使用环境接近。

5）测试就绪审查

审查测试计划的合理性，审查测试用例的正确性、有效性和覆盖充分性，审查测试组织、环境和设备工具是否齐备并符合要求。在进入下一阶段工作之前，应通过测试就绪评审。

4. 测试执行

建立和设置好相关的测试环境，准备好测试数据，执行测试用例，获取测试结果。分析并判定测试结果，根据不同的判定结果采取相应的措施。对测试过程的正常或异常终止情况进行核对。根据核对的结果，对未达到测试终止条件的测试用例，决定是停止测试还是需要修改或补充测试用例集，并进一步测试。

5. 测试结果分析

测试结束后，评估测试效果和被测软件项，描述测试状态。对测试结果进行分析，以确定软件产品的质量，为产品的改进或发布提供数据和支持。在管理上，应做好测试结果的审查和分析，做好测试报告的撰写和审查工作。

1.1.3 软件测试相关文档

1. 测试计划

测试计划是描述要进行的测试活动的目的、范围、方法、资源和进度的文档。《ANSI/IEEE 软件测试文档标准 829—1983》将测试计划定义为："一个描述了预定的测试活动的范围、途径、资源及进度安排的文档。它确认了测试项、被测特征、测试任务、人员安排，以及任何偶发事件的风险。"

测试计划是指导测试过程的纲领性文件，包含产品概述、测试策略、测试方法、测试区域、测试配置、测试周期、测试资源、测试交流、风险分析等内容。借助软件测试计划，参与测试的项目成员可以明确测试任务和测试方法，保持测试实施过程的顺畅沟通，跟踪和控制测试进度，应对测试过程中的各种变更。

下面是编写测试计划的6要素。

why：为什么要进行测试。

what：测试哪些方面，不同阶段的工作内容是什么。

when：测试不同阶段的起止时间。

where：相应文档，缺陷的存放位置，测试环境等。

who：项目有关人员组成，安排哪些测试人员进行测试。

how：如何去做，使用哪些测试工具以及测试方法进行测试。

测试计划中一般包括以下关键内容。

(1) 测试需求：明确测试的范围，估算出测试所花费的人力资源和各个测试需求的测试优先级。

(2) 测试方案：整体测试的测试方法和每个测试需求的测试方法。

(3) 测试资源：测试所需要用到的人力、硬件、软件、技术的资源。

(4) 测试组角色：明确测试组内各个成员的角色和相关责任。

(5) 测试进度：规划测试活动和测试时间。

(6) 可交付工件：在测试组的工作中必须向项目组提交的产物，包括测试计划、测试报告等。

(7) 风险管理：分析测试工作所可能出现的风险。

测试计划编写完毕后，必须提交给项目组全体成员，并由项目组中各个角色组联合评审。

2. 测试用例

测试用例(Test Case)是指对一项特定的软件产品进行测试任务的描述，体现测试方案、方法、技术和策略。测试用例一般包括下列信息。

1) 名称和标识

每个测试用例应有唯一的名称和标识。

2) 用例说明

简要描述测试的对象、目的和所采用的测试方法。

3) 测试初始化要求

设计测试用例时应考虑硬件配置、软件配置、测试配置、参数设置，以及其他对于测试用例的特殊说明。

4) 测试输入

测试输入是指在测试用例执行中发送给被测对象的所有测试命令、数据和信号等。对于每个测试用例应提供下列信息。

(1) 每个测试输入的具体内容(如确定的数值、状态或信号等)，以及输入的性质(如有效值、无效值、边界值等)。

(2) 测试输入的来源，以及输入所使用的方法。例如，由测试程序产生、磁盘文件、通过网络接收、人工键盘输入等。

(3) 测试输入是真实的还是模拟的。

(4) 测试输入的时间顺序或事件顺序。

5) 期望结果

期望结果是指测试用例执行中由被测软件所产生的期望结果，即经过验证，认为正确的结果。必要时，应提供中间的期望结果。期望测试结果应该有具体内容，如确定的数值、状态或信号等，不应是不确切的概念或笼统的描述。

6) 操作过程

即实施测试用例的执行步骤。把测试的操作过程定义为一系列按照执行顺序排列的相对独立的步骤，对于每个操作应提供下列信息。

(1) 每一步所需的测试操作动作、测试程序的输入、设备操作等；

(2) 每一步期望的测试结果；

(3) 每一步的评估标准；

(4) 程序终止伴随的动作或错误指示；

(5) 获取和分析实际测试结果的过程。

7) 前提和约束

在测试用例说明中施加的所有前提条件和约束条件，如果有特别限制、参数偏差或异常处理，应该标识出来，并要说明它们对测试用例的影响。

8) 测试终止条件

说明测试正常终止和异常终止的条件。

3. 测试报告

测试报告是组成测试后期工作文档的最重要的技术文档。测试报告必须包含以下重要内容。

1) 测试概述

简述测试的一些声明、测试目的、测试范围、测试方法、测试资源等。

2) 测试内容和执行情况

描述测试的详细内容，说明测试执行情况，记录的测试数据。

3) 测试结果摘要

分别描述各个测试需求的测试结果，产品实现了哪些功能点，哪些还没有实现。

4) 缺陷统计与分析

按照缺陷的属性分类进行统计和分析。

5) 测试覆盖率

覆盖率是度量测试完整性的一个手段，是测试有效性的一个度量。测试报告中需要分析代码覆盖情况和功能覆盖情况。

6) 测试评估

从总体对项目质量进行评估。

7) 测试建议

从测试组的角度为项目组提出工作建议。

在软件测试过程中需要加强过程管理和缺陷管理，并提交高质量的测试文档。软件测试相关的文档模板请参见附录A。

1.1.4 软件测试管理工具

测试管理工具是指在软件开发过程中对测试需求、测试计划、测试用例和实施过程进行管理，并对软件缺陷进行跟踪处理的工具。通过使用测试管理工具，测试人员和开发人员可以更方便地记录和监控测试活动、阶段结果，找出软件的缺陷和错误，记录测试活动中发现的缺陷和改进建议。通过使用测试管理工具，测试用例可以被多个测试活动或阶段复用，可以输出测试分析报告和统计报表。有些测试管理工具可以支持协同操作，共享中央数据库，支持并行测试和记录，从而大幅提高测试效率。

目前市场上主流的软件测试管理工具有Quality Center(HP)、TestManager(IBM)、SilkCentral Test Manager(Borland)、QADirector(Compuware)、TestCenter(泽众软件)、TestLink(开源组织)和QATraq(开源组织)。

1. Quality Center

HP公司的Quality Center是一个基于Web的测试管理工具，可以组织和管理应用程序测试流程的所有阶段，包括指定测试需求、计划测试、执行测试和跟踪缺陷。通过Quality Center还可以创建报告和图来监控测试流程。

Quality Center是一个强大的测试管理工具，合理地使用Quality Center可以提高测试的工作效率，节省时间，起到事半功倍的效果。利用HP-Mercury Quality Center，可以实现下列功能。

(1) 制定可靠的部署决策。

(2) 管理整个质量流程并使其标准化。

(3) 降低应用程序部署风险。

(4) 提高应用程序质量和可用性。

(5) 通过手动和自动化功能测试管理应用程序变更影响。

(6) 确保战略采购方案中的质量。

(7) 存储重要应用程序质量项目数据。

(8) 针对功能和性能测试面向服务的基础架构服务。

(9) 确保支持所有环境，包括J2EE、.NET、Oracle和SAP。

Quality Center的前身是Mercury Iteractive(美科利)公司的TestDirector(简称为TD)，后被HP公司收购，正式起名为HP Quality Center。

网站地址：http://www8.hp.com/us/en/software/enterprise-software.html

2. IBM Rational TestManager

IBM Rational TestManager是一个开放的、可扩展的框架，它将所有的测试工具、工件和数据组合在一起，帮助团队制定并优化其质量目标。其工作流程主要支持测试计划、测试设计、测试实现、测试执行和测试评估等几个测试活动。

TestManager可以创建和运行测试计划、测试设计和测试脚本，可以插入测试用例目录和测试用例，进行测试用例设计，对迭代阶段、环境配置和测试输入进行有效的关联。TestManager 可以创建和打开测试报告，其中有测试用例执行报告、性能测试报告，以及很多其他类的报告。除此以外，TestManager 还有很多辅助的设置，其中包括：创建和编辑构造版本、迭代阶段、计算机列表、配置属性、数据池、数据类型、测试输入类型、测试脚本类型等，还可以定制系统需要的属性。

TestManager 是针对测试活动管理、执行和报告的中央控制台，在整个项目生命周期中提供流程自动化、测试管理以及缺陷和变更跟踪功能。TestManager 具有下列功能和特性。

(1) 支持所有的测试类型。

(2) 定制的测试管理。

(3) 支持本地和远程测试执行。

(4) 建立和管理可跟踪性。

(5) 详细的测试评估。

(6) 生成有意义的报告。

网站地址：http://www.ibm.com/software/rational

3. TestLink

TestLink 是基于 Web 的测试管理和执行系统，是 sourceforge 的开放源代码项目之一。通过使用 TestLink 提供的功能，可以将测试过程从测试需求和测试设计到测试执行完整地管理起来。同时，它还提供了多种测试结果的统计和分析，使我们能够简单地开始测试工作和分析测试结果。TestLink 可以和 Bugzilla、Mantis、Jira 等缺陷管理工具进行集成。

TestLink 的主要功能包括测试需求管理、测试用例管理、测试用例对测试需求的覆盖管理、测试计划的制定、测试用例的执行、大量测试数据的度量和统计功能。

TestLink 的详细使用过程将在后面章节介绍。

网站地址：http://www.testlink.org/

4. SilkCentral Test Manager

SilkCentral Test Manager 是一种全面的测试管理系统，能够提高测试流程的质量和生产力，加速企业应用成功上市的速度。用户可以使用这一工具对整个测试周期进行计划、记录和管理，包括获取和组织主要业务需求、跟踪执行情况、设计最佳测试计划、调度自主测试、监视手工和自动测试的进度、查找功能缺陷以及对应用进行上市前评估。

软件开发中约 80%的成本用于解决应用缺陷。SilkCentral Test Manager 帮助用户降低成本、加速缺陷等问题的解决。它能促成灵活多变的工作流，能够很好地与业务流程配合，将问题自动引导向下一阶段，从而优化了缺陷跟踪流程。基于 Web 的用户接口便于对中央储存器上的缺陷信息进行 24×7×365 的访问，极大地方便了分散在不同地点的工作团队的使用，促进不同部门之间的协作。同时，富有见地的报告帮助用户确定项目的进展情况。

网站地址：http://www.borland.com/Products/Software-Testing/Test-Management/SilkCentral

5. QADirector

Compuware 公司的 QADirector 用于分布式应用的高级测试管理。QADirector 分布式的测试能力和多平台支持，能够使开发和测试团队跨越多个环境控制测试活动。QADirector 允许开发人员、测试人员和 QA 管理人员共享测试资产，测试过程和测试结果、当前的和历史的信息，从而为客户提供了最完全彻底的、一致的测试。

QADirector 协调整个测试过程，并提供以下功能。

(1) 计划和组织测试需求；

(2) 从多种多样的开发工具和自动测试工具执行测试；

(3) 在测试过程中允许使用手动测试；

(4) 观察和分析测试结果；

(5) 方便地将信息加载到缺陷跟踪系统；

(6) 针对需求验证应用测试；

(7) 将分析过程与测试过程结合；

(8) 确保测试计划符合最终用户需求。

网站地址：www. Compuware. com

1.2 TestLink

1.2.1 XAMPP 的安装

XAMPP 是一个功能强大的集成软件包，包含 Apache、MySQL、PHP 和 Perl。

PHP 即超文本预处理器，是一种通用开源脚本语言，适用于 Web 开发领域。

Apache 是世界使用排名第一的 Web 服务器软件，由于其跨平台和安全性被广泛使用，是最流行的 Web 服务器端软件之一。

MySQL 是小型的关系型数据库管理系统，体积小、速度快、免费，适合中小型网站开发。

1. 下载 XAMPP

在网上下载 XAMPP 最新版本，下载地址：https://www. apachefriends. org/zh_cn/index. html。

2. 安装和配置

1) 运行安装包

运行 XAMPP 的安装包，选择需要安装的内容：Apache、MySQL、PHP、Perl、phpMyAdmin，如图 1-1 所示。按照每一步的提示进行操作，即可成功安装 XAMPP。

2) 运行 XAMPP

单击 XAMPP→XAMPP Control Panel 即可启动 XAMPP，如图 1-2 所示。

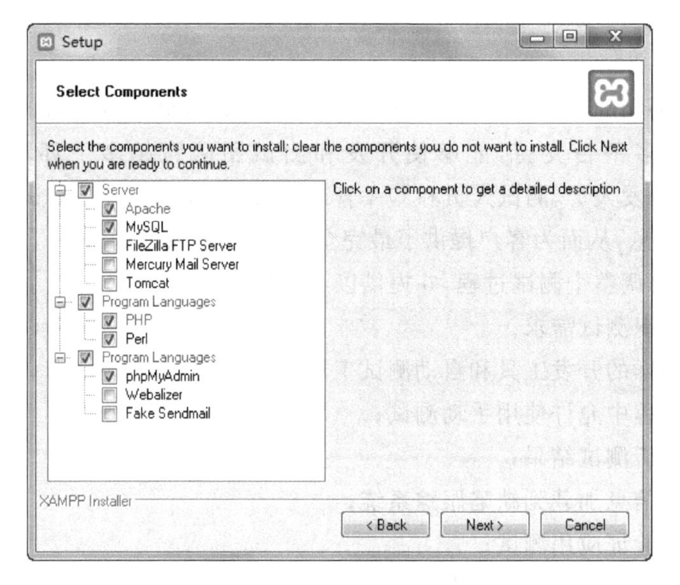

图 1-1 选择安装组件

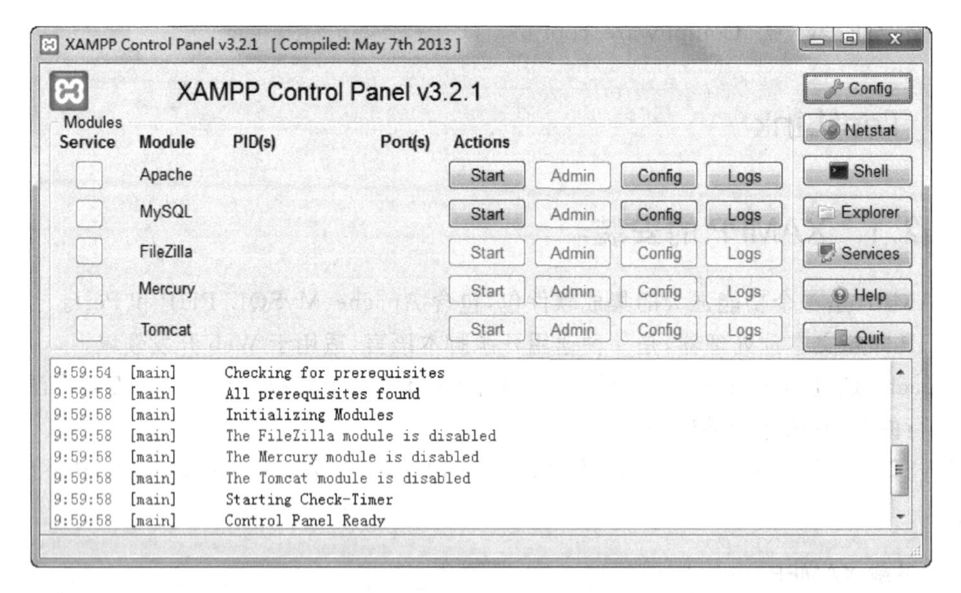

图 1-2 XAMPP 界面

【说明】 MySQL 默认的端口为 3306，Apache 的默认端口为 80。由于计算机自带的 IIS 服务的默认端口也是 80，所以 Apache 往往会启动失败。如果 80 端口被其他应用程序占用，则需要更改 Apache 的端口。单击图 1-2 中的 Config 按钮，选择第 1 项（Apache (httpd.conf)），将会打开一个文本文件。在此文件中搜索 Listen 80，找到下列文字。

```
#
#Listen 12.34.56.78:80
Listen 80
```

对端口号进行更改，将其中的 80 改为 8080，或者改为其他未使用的端口号。修改后，保存文本。再次回到 XAMPP 控制面板，启动 Apache。请记住这个端口号，以后登录 XAMPP 和 TestLink 时会用到。

分别单击 Apache 和 MySQL 后面的 Start 按钮，启动 Apache 和 MySQL。Apache 和 MySQL 启动后，界面如图 1-3 所示。

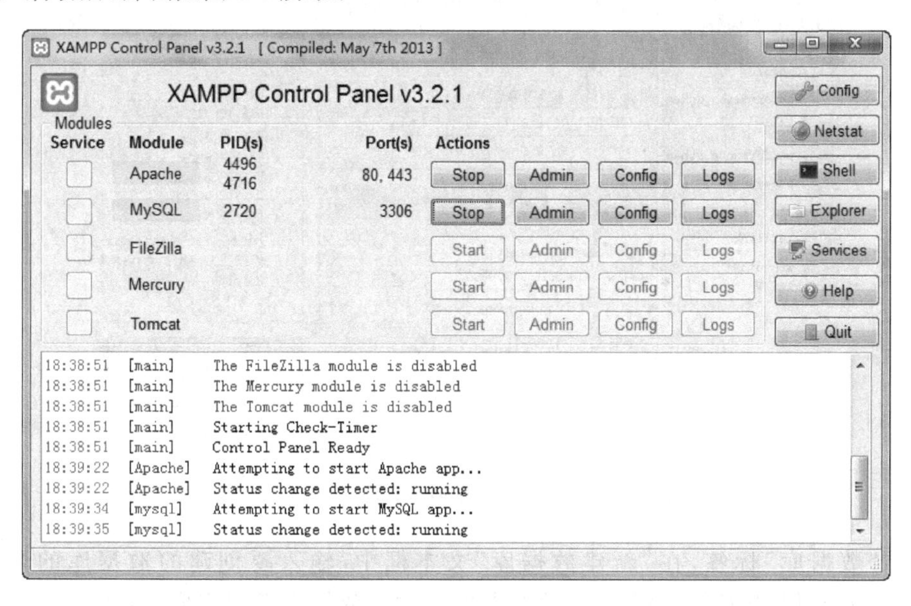

图 1-3 启动 Apache 和 MySQL

单击 Admin 按钮，可以登录 XAMPP for Windows 界面，如图 1-4 所示。登录后可以很直观地进行相关操作。安装 TestLink 之前，需要在 MySQL 里新建数据库。

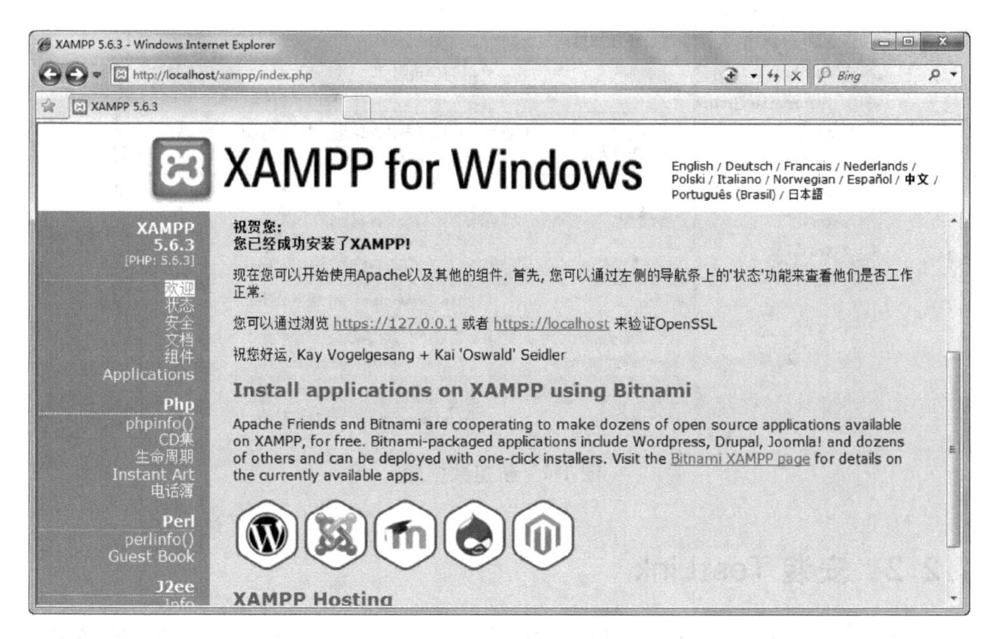

图 1-4 XAMPP for Windows

3）新建数据库

在图 1-4 所示的页面中，单击左侧导航栏中的 phpMyAdmin，进入数据库图形化操作界面，如图 1-5 所示。

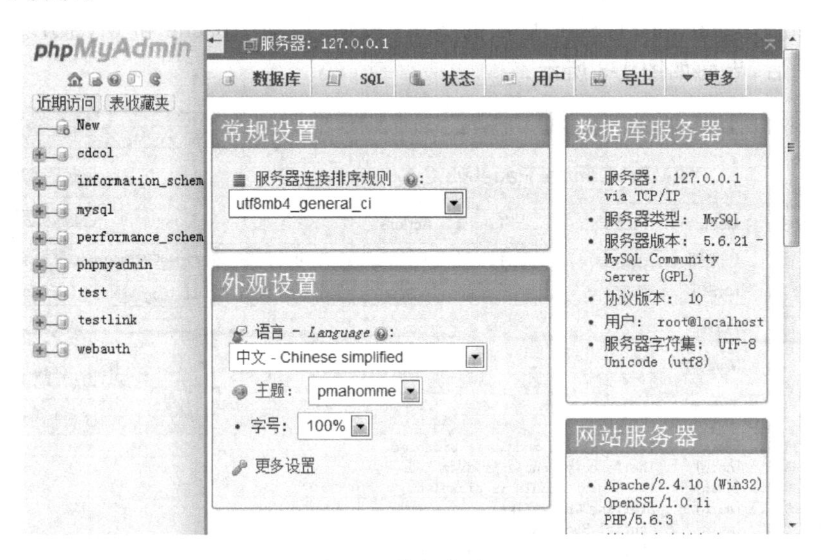

图 1-5　数据库界面

单击“数据库”标签，在“新建数据库”文本框中，输入要创建的数据库的名称（如 testlink），单击“创建”按钮，将创建一个新的数据库。数据库新建完成后，在左侧列表中会显示出数据库名（如 testlink），如图 1-6 所示。

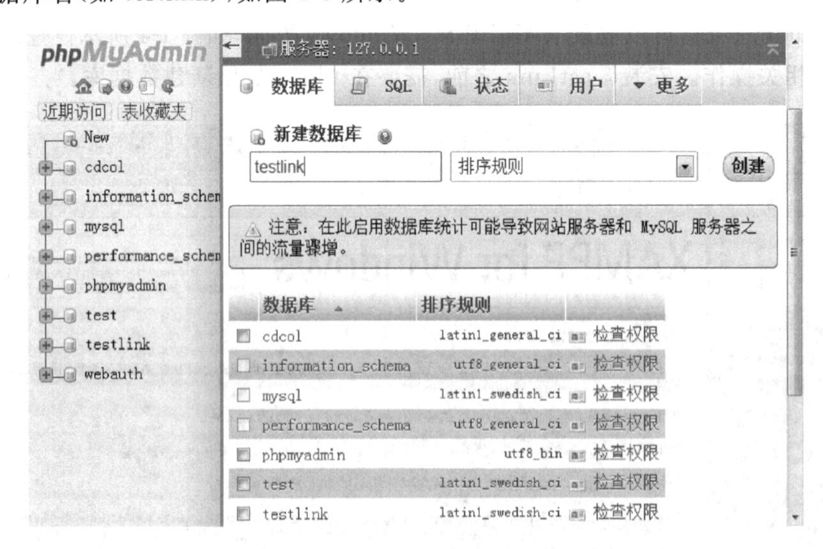

图 1-6　新建数据库

1.2.2　安装 TestLink

在 XAMPP 的安装目录中的 htdocs 文件夹里（C:\xampp\htdocs）新建一个文件夹，文件名为 testlink(路径为 C:\xampp\htdocs\testlink),将 TestLink 的安装文件复制到此文件夹中。

打开 IE 浏览器,在地址栏内输入“http://127.0.0.1/testlink/install/index.php”或者“http://localhost/testlink/index.php”,此时将进入 TestLink 的安装页面,如图 1-7 所示。

【注意】 如果 Apache 的端口不是 80 端口,则需要在地址中加上端口号,如“http://localhost:8080/testlink/index.php”。

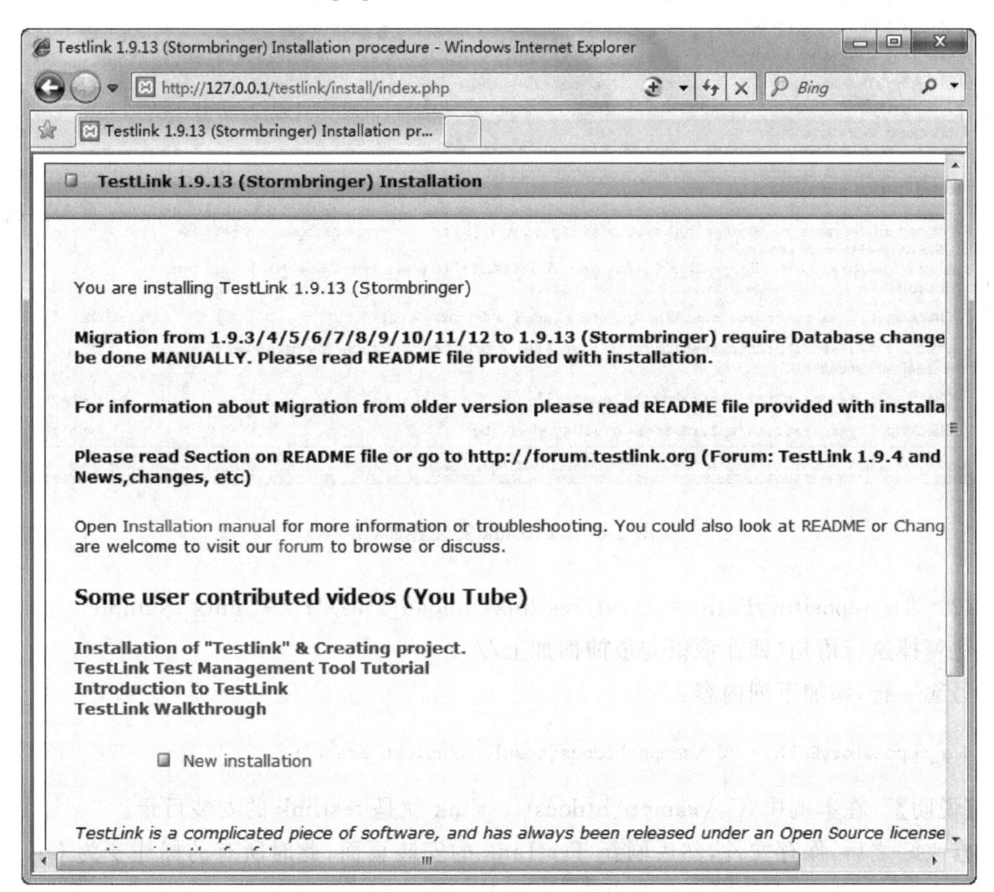

图 1-7 TestLink 安装界面(a)

在页面中,选择 I agree to the terms set out in this license,然后单击 Continue 按钮,TestLink 将检查安装环境。其中标注为 OK 的组件,表示通过,标注为 Failed! 表示失败,如图 1-8 所示。

安装页面中标注为 Failed! 的需要进行额外的配置。打开 C:\xampp\htdocs\testlink 路径下的 config.inc.php 文件。用 Notepad++软件打开文件后,按以下方法操作。

(1) $tlCfg->log_path = '/var/testlink/logs/'; /* unix example

注释掉这行语句(即在该句最前面加上//)。

另起一行,添加下列内容:

```
$tlCfg->log_path = 'C:\xampp\htdocs\testlink/logs/';
```

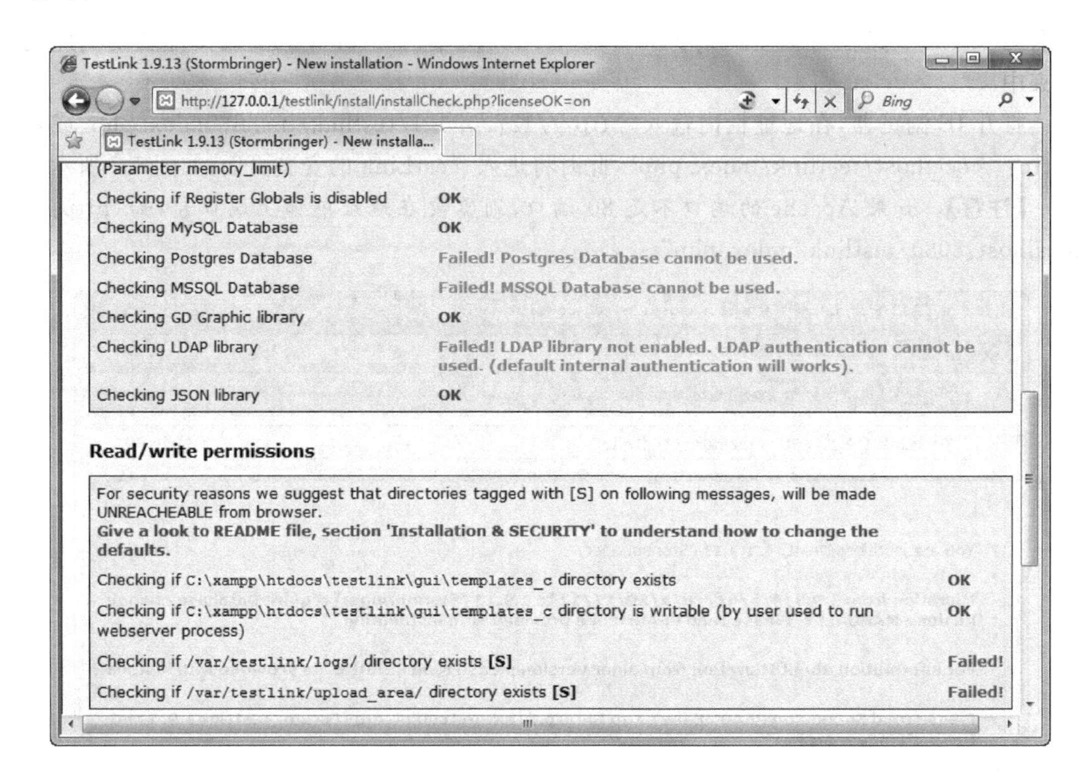

图 1-8 TestLink 安装界面(b)

(2) $g_repositoryPath = '/var/testlink/upload_area/'; /* unix example

注释掉这行语句(即在该语句最前面加上//)。

另起一行,添加下列内容:

```
$g_repositoryPath = 'C:\xampp\htdocs\testlink/upload_area/';
```

【说明】 在本例中,C:\xampp\htdocs\testlink 就是 testlink 的安装目录。

修改好之后,保存文件,然后刷新 TestLink 的安装页面,此时所有的标注变为 OK。单击 Continue 按钮,进入数据库配置页面,如图 1-9 所示。

安装过程中参数填写说明如下。

Database Type:按默认的(不要修改)。

Database host:localhost。

Database name:为 TestLink 创建的数据库的名称(在 XAMPP 中创建的数据库)。

Table prefix:不填。

Database admin login:root(不要修改)。

Database admin password:数据库管理员的密码。

TestLink DB login:admin。

TestLink DB password:TestLink 数据库管理员的密码。

【注意】 TestLink Administrator(即 TestLink 的系统管理员)的用户名为 admin,密码为 admin。

Database Configuration

Define your database to store TestLink data:

Database Type MySQL (5.0.3 and later)

Database host localhost

*Note: In the case that you DB connection dosn't use **STANDARD PORT** for , you need to add '**:port_number**', at the end Database host parameter. Example: you use MySQL running on port 6606, on server matrix then Database host will be matrix:6606*

Enter the name of the TestLink database . The installer will attempt to create it if not exists.

Database name testlink

Disallowed characters in Database Name:
The database name can contains any character that is allowed in a directory name, except '/', '\', or '.'.

Table prefix (optional)

Set an existing database user with administrative rights (root):

Database admin login root
Database admin password ••••••

This user requires permission to create databases and users on the Database Server.
These values are used only for this installation procedures, and is not saved.

Define database User for Testlink access:

TestLink DB login admin
TestLink DB password ••••••

This user will have permission only to work on TestLink database and will be stored in TestLink configuration.
All TestLink requests to the Database will be done with this user.

After successfull installation You will have the following login for TestLink Administrator:
login name: admin
password : admin

Process TestLink Setup!

图 1-9　TestLink 安装界面(c)

单击 Process Testlink Setup 按钮，完成 TestLink 的安装。

首次登录 TestLink 时页面会有一个提示："There are warning for your consideratio."。可以在 TestLink 的目录中找到 config.inc.php 文件，将其中的语句：

```
$ tlCfg -> config_check_warning_mode = 'FILE';
```

改为：

```
$ tlCfg -> config_check_warning_mode = 'SILENT';
```

修改完成后保存文件，然后刷新一下登录页面，TestLink 即可恢复正常模式，如图 1-10 所示。

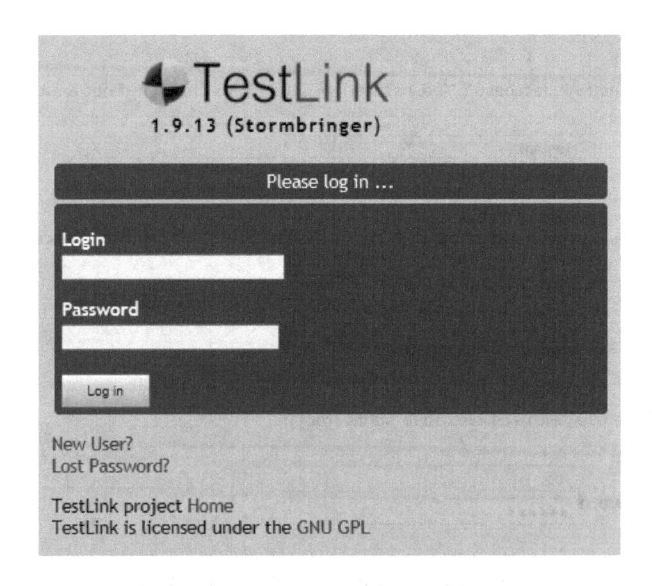

图 1-10 TestLink 登录界面

1.2.3 TestLink 简介

1. TestLink

TestLink 是 sourceforge 开放源代码项目之一，是基于 PHP 开发的、Web 方式的测试管理系统，用于进行测试过程中的管理。通过使用 TestLink 提供的功能，可以将测试过程从测试需求和测试设计到测试执行完整地管理起来。同时，它还提供了多种测试结果的统计和分析，使我们能够简单地开始测试工作和分析测试结果。而且，TestLink 可以关联多种 Bug 跟踪系统，如 Bugzilla、Mantis 和 Jira 等。

TestLink 的功能可以分为管理和计划执行两部分。管理部分包括产品管理、用户管理、测试需求管理和测试用例管理。计划执行部分包括制订测试计划、执行测试计划，最后显示相关的测试结果分析和测试报告。

TestLink 具有下列特点。

(1) 支持多产品或多项目经理，按产品、项目来管理测试需求、计划、用例和执行等，并且使各项目之间保持独立性；

(2) 测试用例不仅可以创建模块或测试套件，而且可以进行多层次分类，形成树状管理结构；

(3) 可以自定义字段和关键字，极大地提高了系统的适应性，可满足不同用户的需求；

(4) 同一项目可以制订不同的测试计划，可以将相同的测试用例分配给不同的测试计划，支持各种关键字条件过滤测试用例；

(5) 可以很容易地实现和多达 8 种流行的缺陷管理系统(如 Mantis、Bugzilla、Jira 等)的集成；

(6) 可设定测试经理、测试组长、测试设计师、资深测试人员和一般测试人员等不同角色，而且可自定义具有特定权限的角色；

(7) 测试结果可以导出多种格式，如 HTML、MS Excel、MS Word 和 Email 等；

(8) 可以基于关键字搜索测试用例，测试用例也可以通过复制生成等。

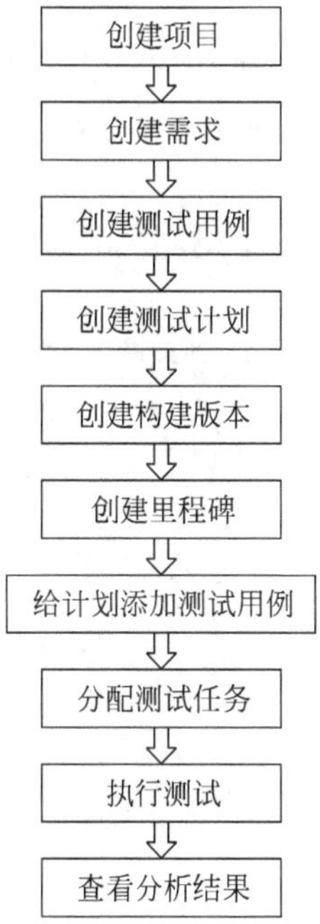

2. TestLink 测试管理流程

TestLink 测试管理流程如图 1-11 所示。

创建项目
创建需求
创建测试用例
创建测试计划
创建构建版本
创建里程碑
给计划添加测试用例
分配测试任务
执行测试
查看分析结果

图 1-11　TestLink 测试管理流程

1.2.4　TestLink 的使用

1. 设置用户

TestLink 系统提供了 6 种角色，分别是 guest、tester、test designer、senior tester、leader 和 admin。各角色对应的功能权限如下。

guest：可以浏览测试规范、关键词、测试结果以及编辑个人信息。

tester：可以浏览测试规范、关键词、测试结果以及编辑测试执行结果。

test designer：编辑测试规范、关键词和需求规约。

senior tester：允许编辑测试规范、关键词、需求以及测试执行和创建发布。

leader：允许编辑测试规范、关键词、需求、测试执行、测试计划(包括优先级、里程碑和分配计划)以及发布。

admin：一切权力，包括用户管理。

1) 添加用户

以管理员的账号登录 TestLink，管理界面如图 1-12 所示。

在管理员的工作页面中，单击工具栏上的“用户管理”按钮，将打开用户管理页面。在用户管理页面中，单击“创建”按钮，将打开新增用户的页面，如图 1-13 所示。在“用户详细信息”栏中填写用户信息。

创建用户时，应选择“活动的”复选框，否则用户无效。账号建议选择内网邮箱账号，电子邮件选择内网邮箱地址。

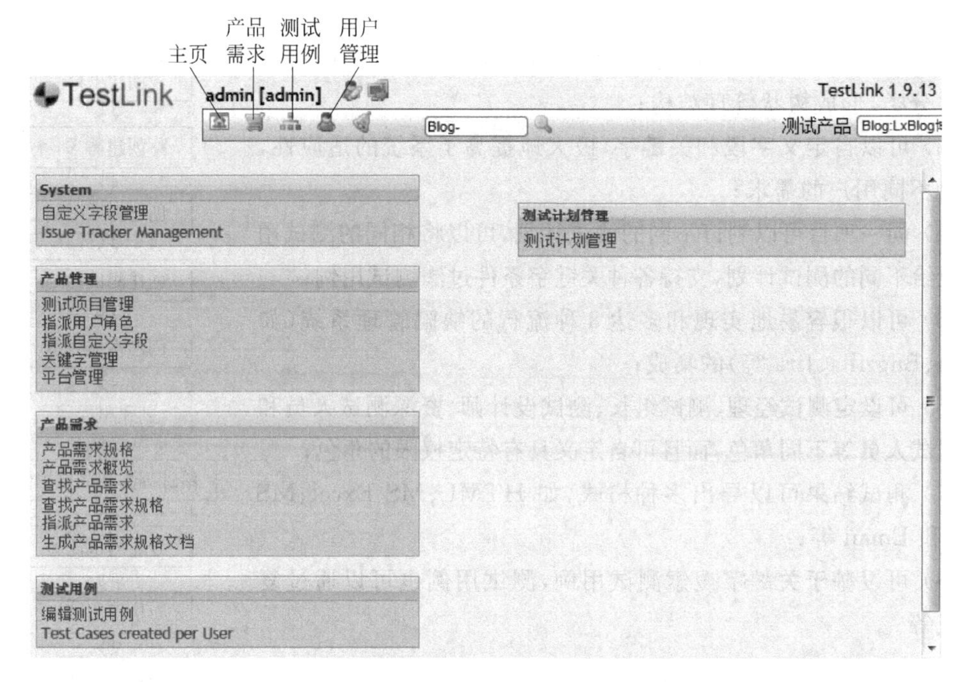

图 1-12 TestLink 主界面

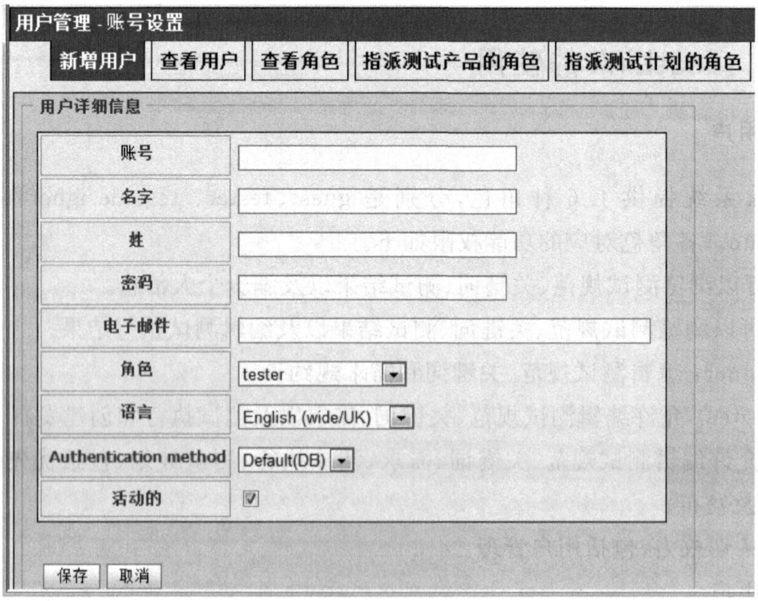

用户管理 - 账号设置

新增用户 查看用户 查看角色 指派测试产品的角色 指派测试计划的角色

用户详细信息

账号

名字

姓

密码

电子邮件

角色 tester

语言 English (wide/UK)

Authentication method Default(DB)

活动的

保存 取消

图 1-13 用户管理

2）角色设置

单击“查看角色”标签，将打开角色管理的页面，可以看到系统中已经存在的角色，如图 1-14 所示。

单击“创建”按钮，将打开“定义角色”的页面，在这里可以添加新的角色。如果不增加新

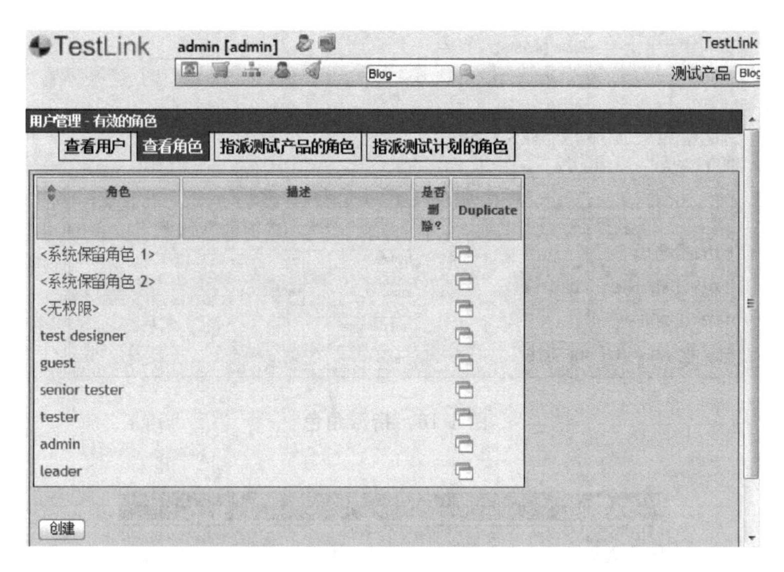

图 1-14　查看角色

的角色，可以修改已有角色的权限。单击角色框里的任何一个角色，将看到此角色所具有的权限，可以对权限进行编辑(增加或删除一些权限)，如图 1-15 所示。

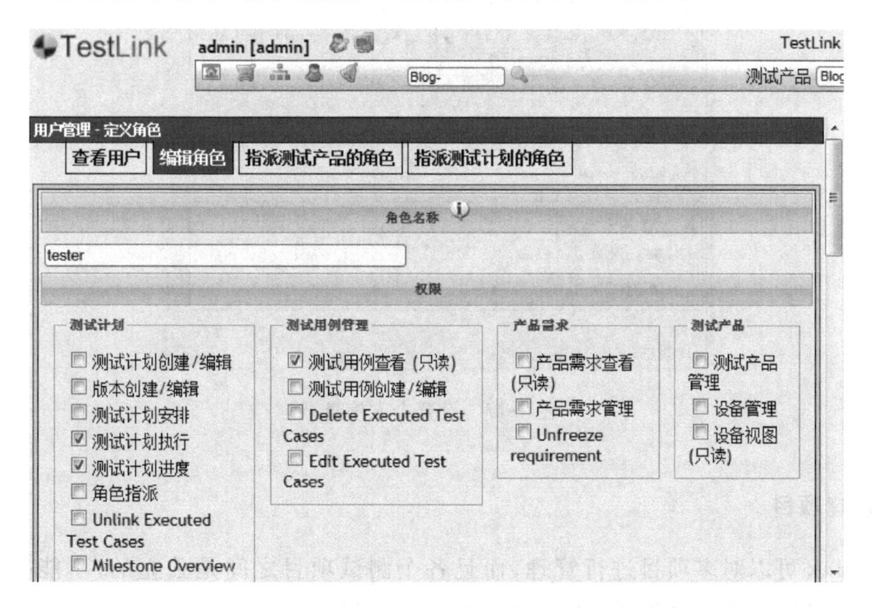

图 1-15　编辑角色

3) 指派测试产品的角色

单击“指派测试产品的角色”标签，将打开指派角色页面，在这里可以设置用户在产品中的角色，如图 1-16 所示。如果已经建立测试计划，可以指派测试计划的角色。

4) 设置个人信息

管理员创建用户后，用户本人可以登录 TestLink 系统，在个人账号中编辑个人信息，如图 1-17 所示。

TestLink　admin [admin]　Test

Blog-　测试产品

测试产品 LxBlog博客系统测试 更改

设置角色给 <系统保留角色 1> 执行

Show 25 entries　Search:

用户	测试产品角色 (LxBlog博客系统测试)
10012 (李明 Li)	tester
10015 (王敏 Wang)	leader
10025 (张海 zhang)	test designer
admin (Testlink Administrator)	admin

图 1-16　指派角色

账号设置

个人信息

账号	10025
名字	张海
姓	zhang
电子邮件	364100060@qq.com
语言	Chinese Simplified　Last localization update: 2013-04-14 (Testlink 1.9.6)

保存

个人密码

你的旧密码	
输入新密码	
确认新密码	

修改密码

图 1-17　设置个人信息

2. 创建项目

TestLink 可以对多项目进行管理，而且各个测试项目之间是独立的，不能分享数据。TestLink 支持对每个产品设置不同的背景色，以便于项目的管理。

只有 admin 级别的用户可以设置项目。admin 进行项目设置后，测试人员就可以进行测试需求、测试用例、测试计划等相关管理工作了。

单击主页中“产品管理”菜单栏的“测试项目管理”菜单，将进入测试项目管理页面，在页面中单击“创建”按钮，将打开“创建新的测试项目”的页面，如图 1-18 所示。

如果选中“启用产品需求功能”复选框，该测试项目的主页将会显示产品需求区域。默认情况下是未选中。

如果选中“启用测试自动化(API keys)”复选框，在创建测试用例时，会出现“测试方式”

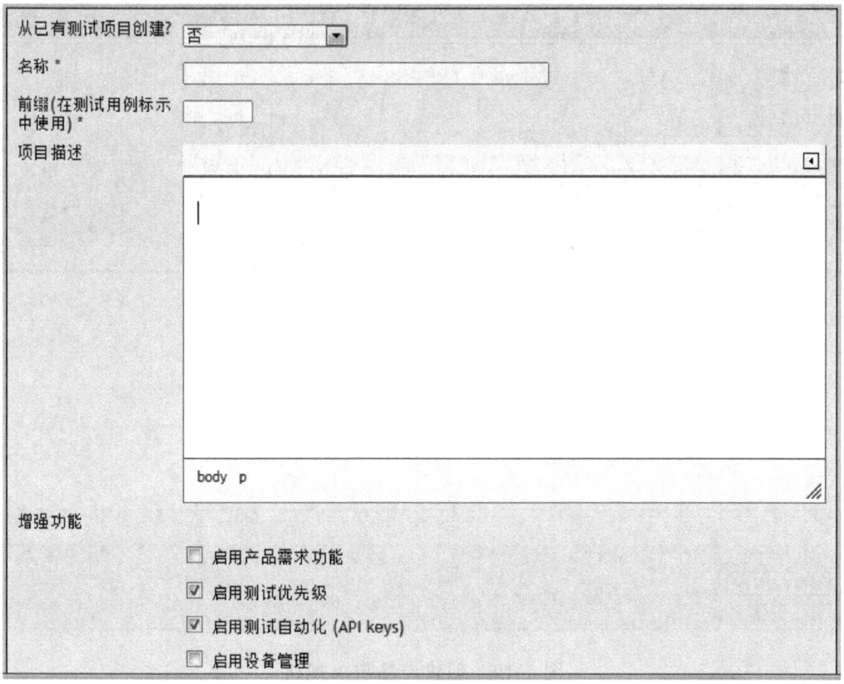

图 1-18　创建新的项目

下拉选择框，包括“手工”和“自动的”两个选项；如果不选，则不会出现该下拉选择框，所有的测试用例都是手工执行类型。

如果选中“活动的”复选框，表示该项目是活动的。非管理员用户只能在首页右上角的“测试项目”下拉选择框中看到活动的项目。对于非活动的测试项目，管理员会在首页右上角的“测试项目”下拉选择框中看到它们前面多了一个 * 号标识。

项目设定好之后，可以为项目指派用户的角色。单击“产品管理”栏中的“指派用户角色”菜单项，将打开“指派测试产品的角色”的页面（如图 1-16 所示）。

3. 测试需求管理

测试需求是开展测试的依据。首先，对产品的测试需求进行分解和整理。一个产品项目可以包含多个测试需求规格，一个测试需求规格可以包含多个测试需求。测试需求规格的描述比较简单，其内容包含名称、范围。测试需求包含需求 ID、名称、范围、需求的状态，以及覆盖需求的案例。

1）创建需求规格

新建测试需求规格的步骤是：登录 TestLink，单击主页中“产品需求”菜单栏中的“产品需求规格”菜单项，将弹出产品需求规格页面，单击“新建产品需求规格”按钮，将弹出“创建产品需求规格”页面，如图 1-19 所示。

文档 ID：文档的编号。

标题：需求规约的标题。

范围：需求包括的范围。

图 1-19 创建产品需求规格

类型：选择用户需求规格、系统需求规格或者条款。

根据测试项目依次填写上述内容，然后单击“保存”按钮，即可创建测试需求规格。

2) 创建测试需求

单击主页中“产品需求”菜单栏中的“产品需求规格”菜单项，将弹出产品需求规格页面，在左侧的“导航-产品需求规格”窗格中，选择某项产品需求规格，在右侧的窗格中将显示产品需求规格信息。单击“动作”按钮(齿轮状的图标)，将打开操作界面，如图 1-20 所示。

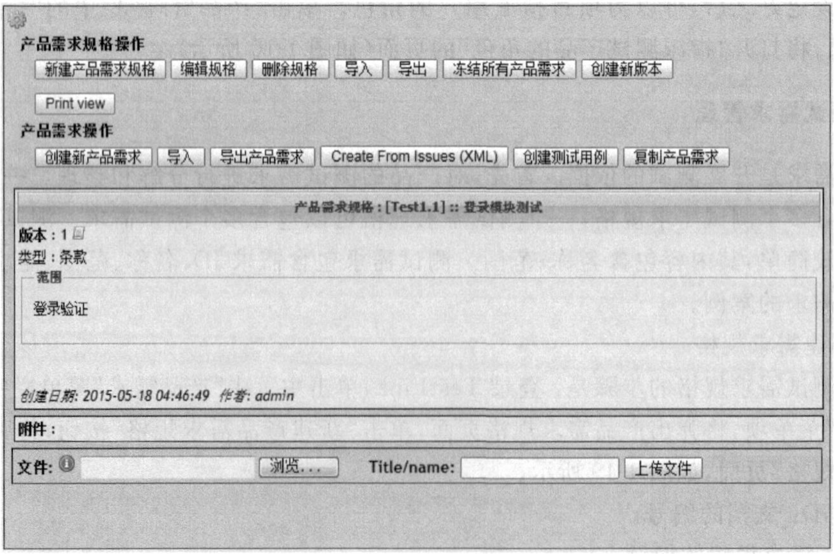

图 1-20 产品需求规格信息

单击“创建新产品需求”按钮，将打开“创建产品需求”页面，如图 1-21 所示。

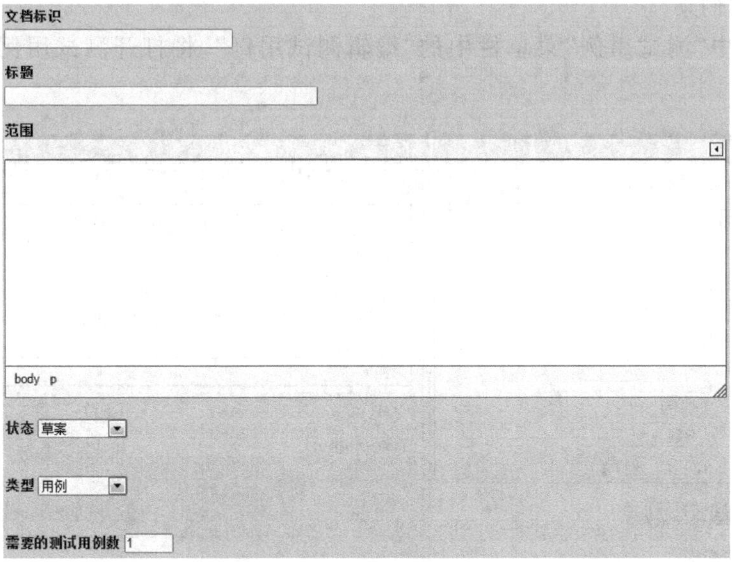

图 1-21　创建产品需求规格

其中，测试需求内容包含文档标识、标题、范围、状态、类型和需要的测试用例数。

状态的选择项有草案、审核、修正、完成、实施、有效的、不可测试的、过期的。

类型的选择项有信息的、功能、用例、界面、不可使用的、约束、系统功能。

需要的测试用例数是指这项需求包含的测试总数。在结果统计的时候会有一种根据需求覆盖率进行统计的方式。

依次添加各测试需求。完成后的测试需求结构如图 1-22 所示。

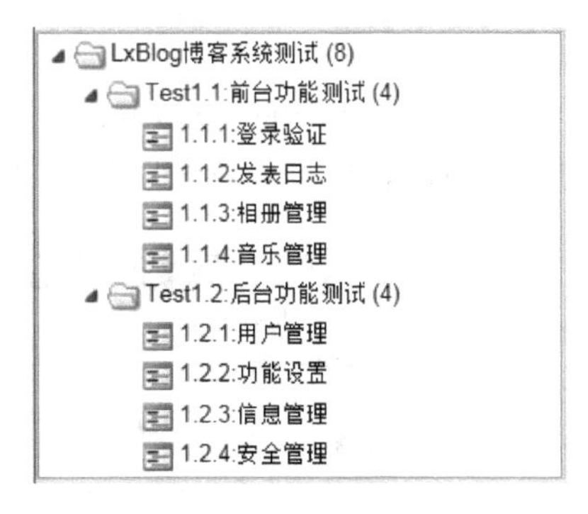

图 1-22　测试需求结构

TestLink 提供了从文件导入测试需求的功能，支持的文件类型有 CSV、CSV（Doors）、XML 和 DocBook 4 种。同时 TestLink 也提供了将需求导出的功能，支持的文件类型是 XML。

TestLink 还提供上传文件的功能，可以在创建测试需求的时候，为这项需求附上相关的文档。

4. 测试用例管理

TestLink 支持的测试用例管理包含两层：测试用例集（Test Suites）和测试用例（Test Case）。可以把测试用例集对应到项目的功能模块，测试用例与各模块的功能相对应。

使用测试用例搜索功能可以从不同的项目和成百上千的测试用例中查到我们需要的测试用例，并且还提供移动和复制测试用例的功能，可以将一个测试用例移动或复制到别的项目里。如果选择“每次操作完成都更新树”复选框，添加、删除或编辑测试用例后将自动更新。

1）创建用例集

单击主页中“测试用例”菜单栏中的“编辑测试用例”，将打开测试用例管理页面，如图 1-23 所示。

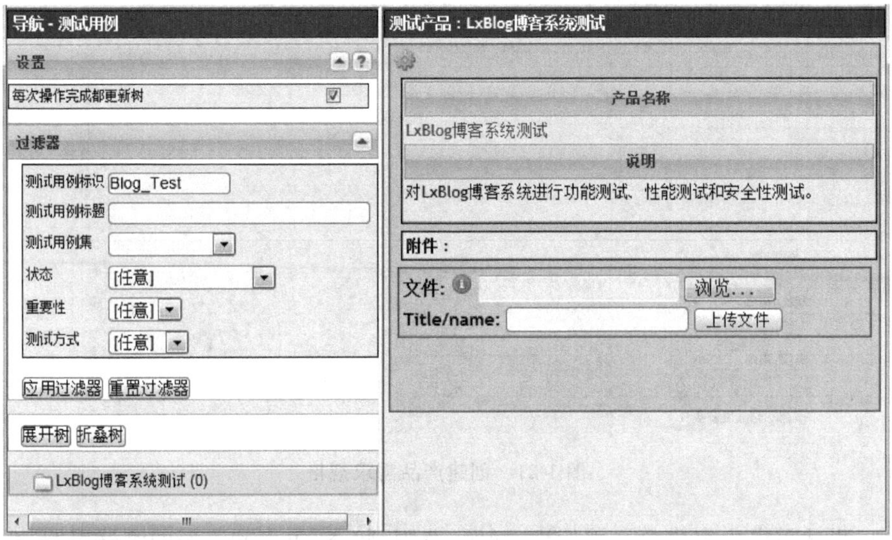

图 1-23 测试用例管理

单击左侧窗格中的“LxBlog 博客系统测试”，在右侧窗格中单击“动作按钮”，将打开测试用例集操作页面，单击“新建测试用例集”按钮，将打开“创建测试用例集”页面，如图 1-24 所示。

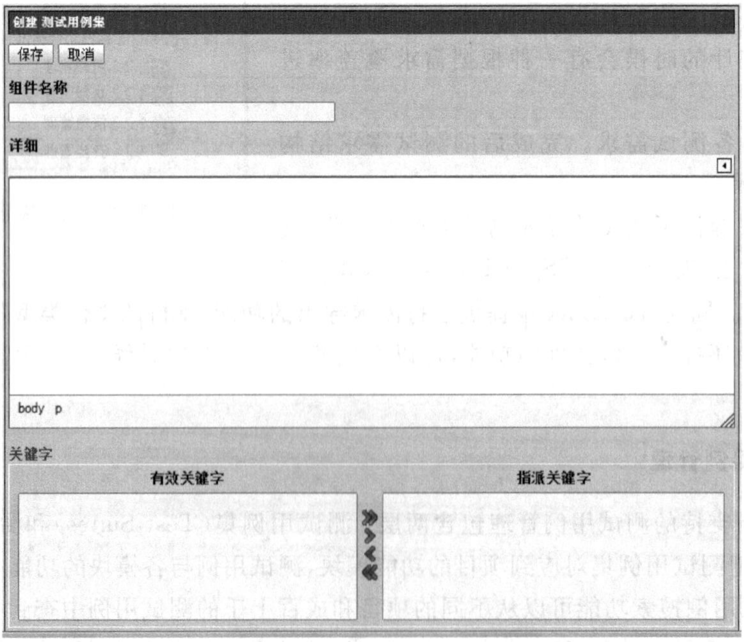

图 1-24 创建测试用例集

在页面中填写相应内容，然后单击“保存”按钮，将保存该测试用例集。

2）添加测试用例

选择创建好的测试用例集，在右侧窗格中将显示该测试用例集的基本信息。单击“操作”按钮，然后再单击“创建测试用例”按钮，将打开创建测试用例的页面，如图1-25所示。

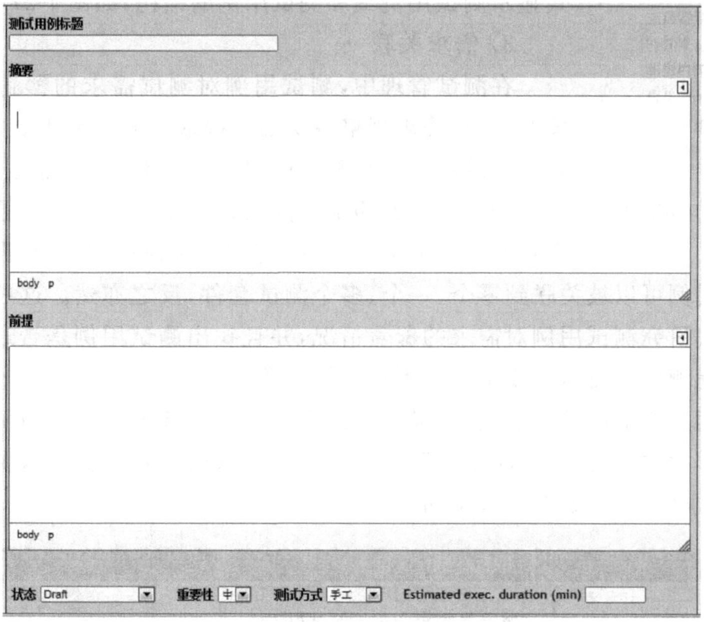

图1-25 创建测试用例

填写好相关内容后，单击“创建”按钮，将创建该测试用例。选择创建好的测试用例，单击“创建步骤”，将打开“创建步骤”页面，如图1-26所示。

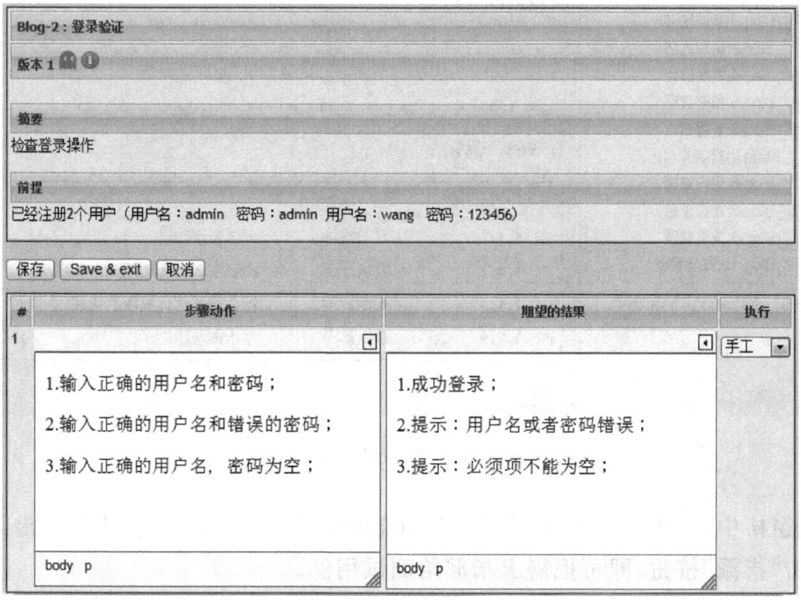

图1-26 创建测试步骤

在“步骤动作”和“期望的结果”栏中填写相关内容，并选择执行的方式(手工或者自动的)，然后单击“保存”按钮，保存测试步骤。

创建好测试用例后，在测试用例导航的窗格中，将以树的形式显示测试用例集和测试用例的结构，如图 1-27 所示。

图 1-27 测试用例结构

3) 需求关联

在测试管理中，测试用例对测试需求的覆盖率是我们非常关心的，从需求规格说明书中提取出测试需求之后，TestLink 提供管理测试需求与测试用例的对应关系的功能。

分配需求给测试用例的目的是用户可以设置测试套件和需求规约之间的关系。设计者可以把测试套件和需求规约一一关联。一个测试用例可以被关联到零个、一个、多个测试套件，反之亦然。这些可追踪的模型可以帮助我们去研究测试用例对需求的覆盖情况，并且找出测试用例是否通过的情况。这些分析用来验证测试的覆盖程度是否达到预期的结果。

用户可以通过主页中的“指派产品需求”功能来把需求指派给测试用例。单击主页中“产品需求”菜单栏中的“指派产品需求”菜单项，进入指派需求页面。单击要指派的测试用例，进行测试需求的指派，如图 1-28 所示。

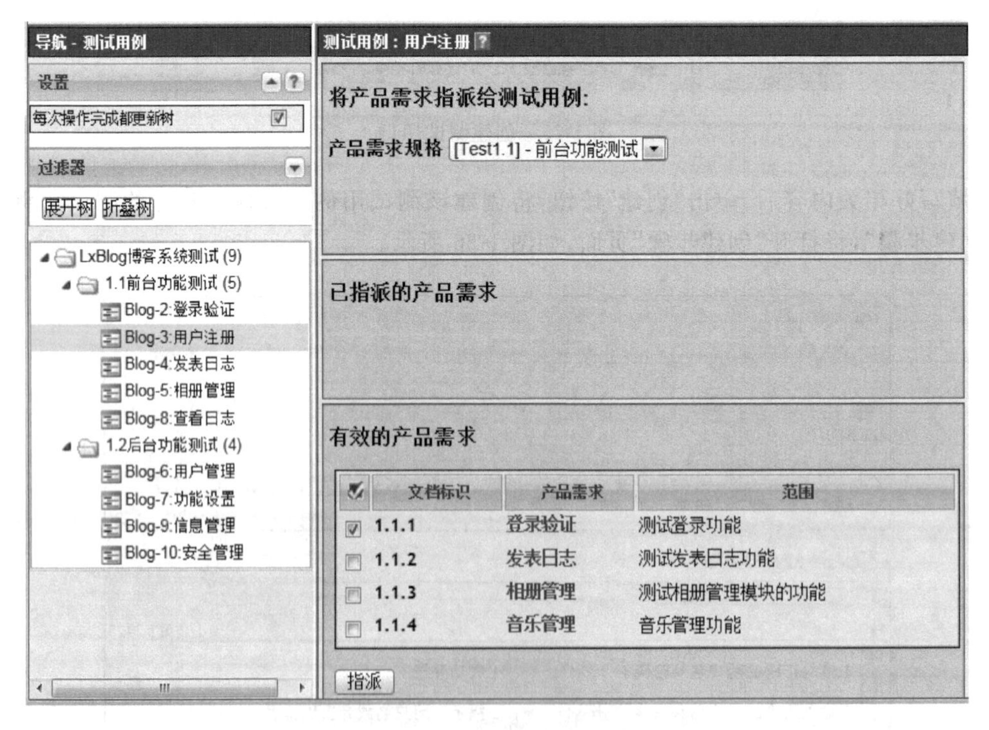

图 1-28 指派测试用例

在右侧窗格中，选择产品需求规格，在“有效的产品需求”栏中选择需要指派的产品需求，然后单击“指派”按钮，即可把需求指派给测试用例。

完成指派工作后，可以查看已经指派的测试用例。单击“产品需求”菜单栏中的“产品需求规格”菜单项，将弹出产品需求规格页面，双击某个产品需求，将显示产品需求的详细信息，如图 1-29 所示。在“覆盖率”信息栏中，可以看到该产品需求对应的测试用例。

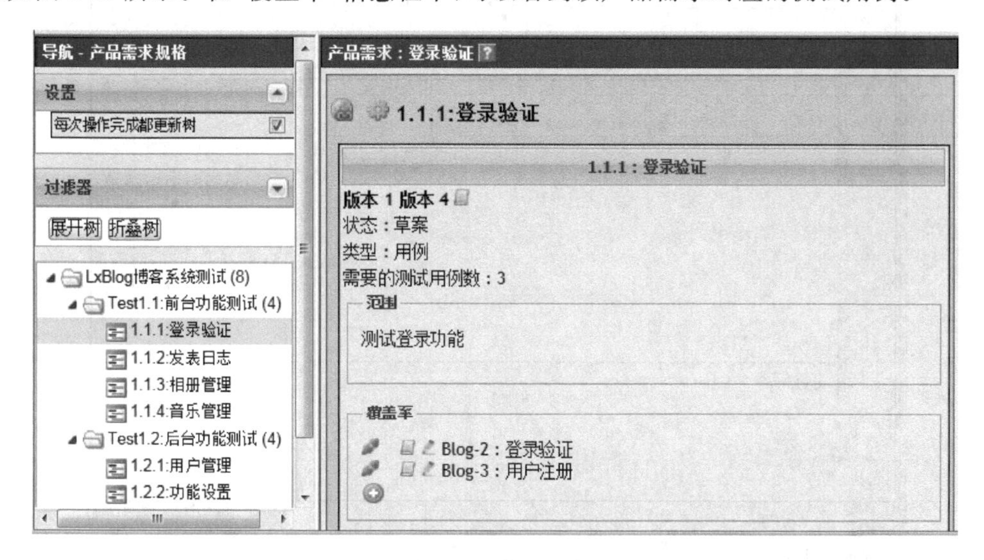

图 1-29 产品需求

5. 创建测试计划

测试计划是执行测试用例的基础，测试计划由测试用例组成，而测试用例是在特定的时间段里输入到产品中的。

测试计划应该包括明确定义了时间范围和内容的任务。可以从已建立的测试来创建一个新的测试计划，复制的内容包括版本、测试用例、优先级、里程碑和用户权限。测试计划可以被禁用，例如，正在编辑和修改测试结果时不允许修改测试计划。禁用的测试计划仅可以通过“报告”来查看。

1) 创建测试计划

根据系统需求和项目进度安排相应的测试计划。测试计划只能由主管创建，但也可以从其他测试计划中产生。

单击主页中的“测试计划管理”菜单栏中的“测试计划管理”菜单项，在出现的页面中单击“创建”按钮，进入测试计划创建页面，如图 1-30 所示。

测试计划的内容包括计划名称，计划描述，以及是否从已有的测试计划创建。如果选择从已有的测试计划中创建，则新创建的测试计划将包含所选择的已有测试计划的相关信息，比如已有测试计划分配的测试用例。

2) 版本管理

测试计划做好后，需要制定版本，比如 Ver1.1。如果测试过程中发现了缺陷，修改之后就产生了 Ver1.2。这时就需要追加版本，相应地，接下来未完成的测试和降级测试都应该在新的版本上完成。所有测试都应该在新的版本上完成。所有测试完成后，可以统计在各个版本上测试了哪些用例，每个版本上是否都进行了降级测试等。

单击主页上“测试计划管理”菜单栏中的“版本管理”菜单项，在出现的页面中单击“创

图 1-30 创建测试计划

建”按钮，进入创建一个新版本的页面。版本信息包括版本标识、版本的说明、发布日期，以及“活动”选项和“打开”选项。如果选择“活动”选项，表示当前版本可以被使用，否则该版本不可用。停止的版本不会出现在用例执行和报告中。如果选择“打开”选项，表示当前版本是打开的。一个打开版本的测试结果可以被修改，关闭的版本则无法修改测试结果。

在 TestLink 中，“执行”由版本和测试用例组成。如果在一个项目中没有创建版本，执行页面将不允许执行，度量页面则完全是空白的，版本通常不能被编辑或删除。

3）创建测试里程碑

单击主页中的“测试计划管理”菜单栏中的“编辑/删除里程碑”菜单项，在出现的页面中，单击“创建”按钮，进入创建里程碑页面，如图 1-31 所示。

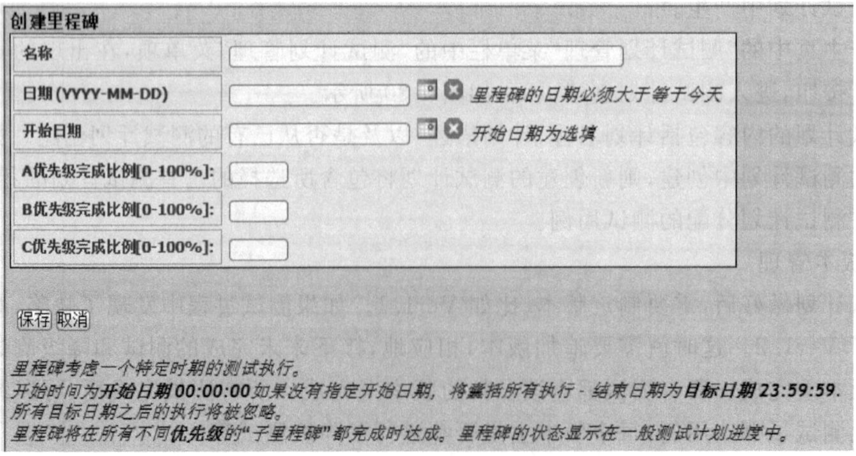

图 1-31 创建测试里程碑

里程碑的内容包括名称、日期、开始日期和优先级。

4）添加测试用例到测试计划

单击主页中"测试用例集"菜单中的"添加/删除测试用例到测试计划"菜单项，选择左侧窗格中的测试用例集，在右边窗格中即可添加或删除测试用例到测试计划，如图 1-32 所示。

图 1-32　添加测试用例到测试计划

在"添加时分配给用户"下拉列表中选择用户，在"添加版本时分配"下拉列表中选择版本信息，在测试用例集中选择要添加的测试用例，然后单击"增加选择的测试用例"按钮，即可将测试用例添加到测试计划中。

5）给测试人员分派测试任务

单击主页中的"测试用例集"菜单栏中的"指派执行测试用例"菜单项，进入指派测试用例页面，为当前测试计划中所包含的每个测试用例指定执行人员，如图 1-33 所示。

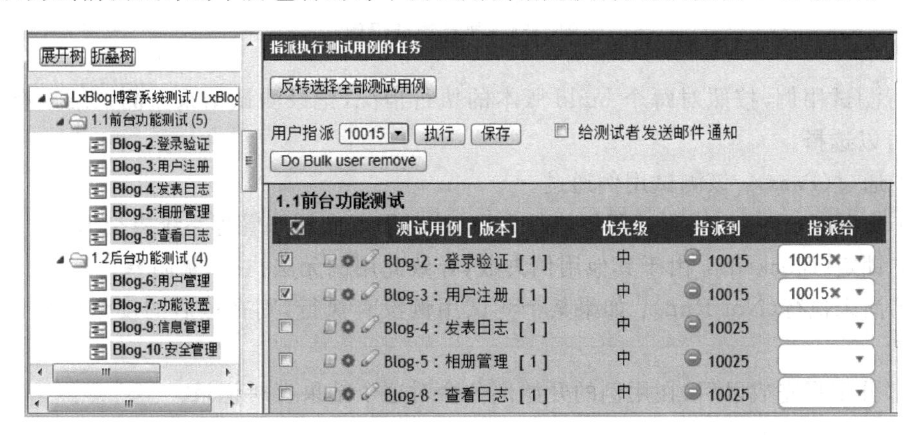

图 1-33　指派执行测试用例的任务

在左侧窗格的测试用例树中选择某个测试用例集或测试用例，在右侧窗格中将会出现下拉列表以供选择用户。选择好合适的用户后，选中测试用例前面的复选框，单击"保存"按钮即可完成测试用例的指派工作。

在这里也可以进行批量指定。在右侧窗格的最上方，有一个下拉列表可以选择用户，下面的测试用例列表中选择要指派给该用户的用例，然后单击后面的“执行”按钮即可完成将多个用例指派给一个人的操作。

6. 测试执行

单击主页中“测试执行”菜单栏中的“执行测试”菜单项，进入执行测试页面，如图 1-34 所示。在左侧窗格的测试用例树中选择要测试的测试用例，在右侧窗格中将显示用例的详细信息，包括用例的摘要、前提、编号(#)、步骤动作、期望的结果、执行方式、执行说明(Execution notes)和结果(Result)。

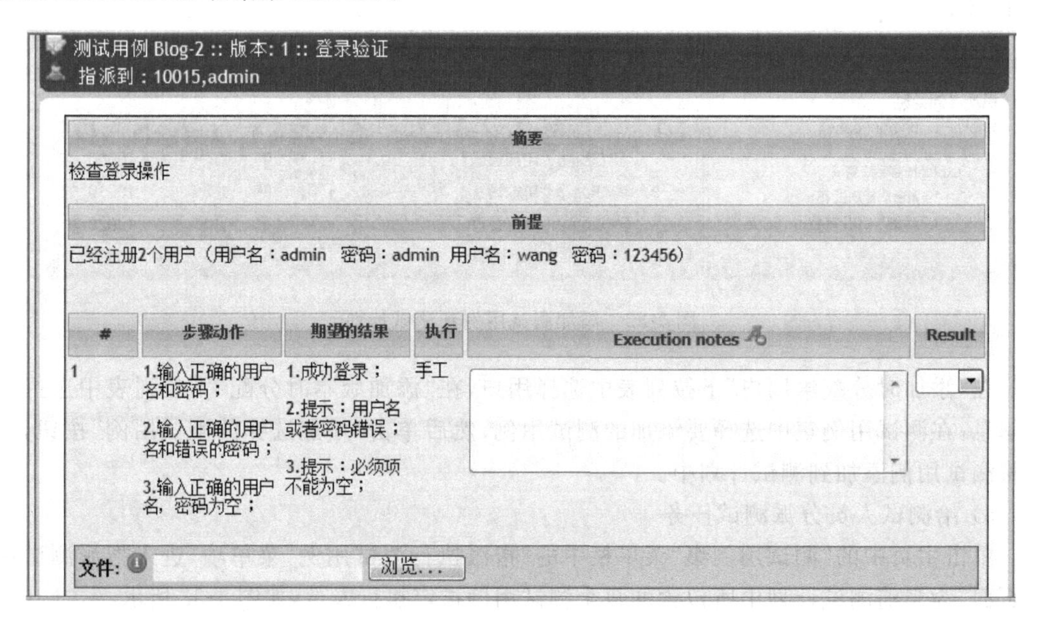

图 1-34 执行测试用例

执行测试用例，按照对每个 build 版本的执行情况，记录测试结果。测试结果有下列 4 种情况可以选择。

(1) 通过(Pass)：该测试用例通过。

(2) 失败(Failed)：该测试用例执行失败，此时需要向缺陷管理系统提交 Bug。

(3) 锁定(Blocked)：由于其他用例失败，导致此用例无法执行，被阻塞。

(4) 尚未执行(Not Run)：如果某个测试用例没有执行，则在最后的度量中标记为“尚未执行”。

该部分填写完成以后，在用例的开始部分会对这个结果有所记录。

7. 测试报告

执行测试用例的过程中一旦发现 Bug，需要立即把其报告至缺陷管理系统(缺陷跟踪系统)中。

8. 测试结果分析

TestLink 根据测试过程中记录的数据,提供了较为丰富的度量统计功能,可以直观地得到测试管理过程中需要进行分析和总结的数据。单击主页中“测试执行”菜单栏中的“测试报告和进度”菜单项,即可进入测试结果报告页面,如图 1-35 所示。左侧一栏列出了可以选择的度量方式,所有度量是以构建为前提进行查询的。度量的报表格式分为下列三种类型。

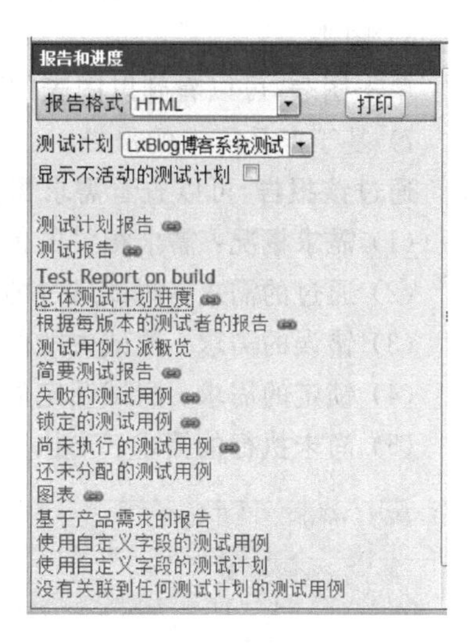

图 1-35 测试结果

(1) HTML:选择该类型后,报表在页面右侧显示。

(2) MS Word:选择该类型后,报表以 Word 形式显示。

(3) HTML email:选择该类型后,如果 TestLink 配置了邮件功能,则报表以 email 的形式发送到邮箱。

1) 总体测试计划进度

查看总体的测试情况,可以根据测试组件、测试用例拥有者、关键字进行查看,如图 1-36 所示。

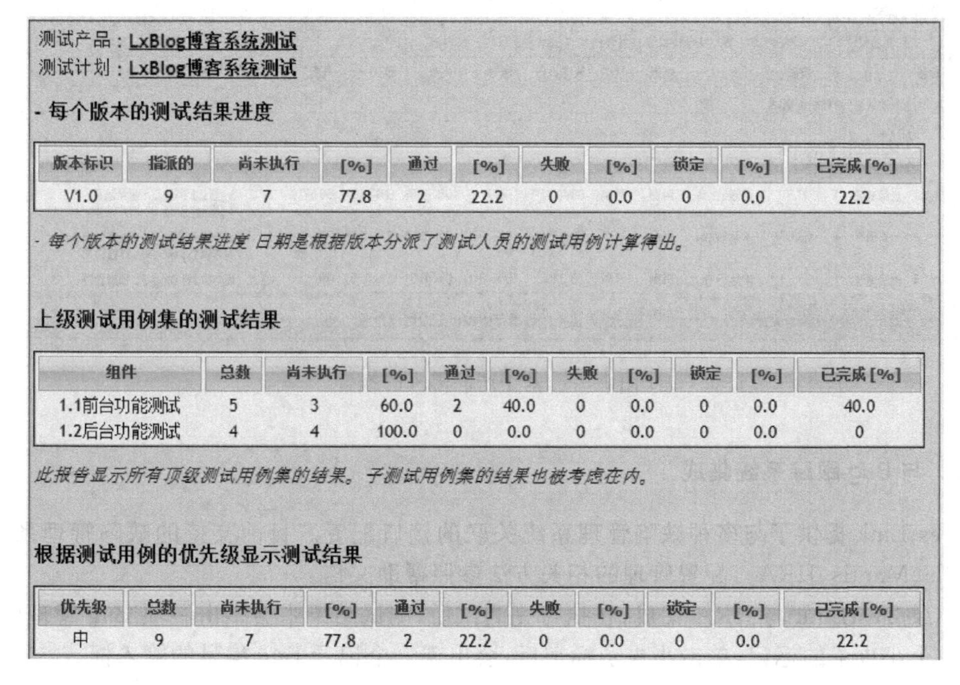

测试产品:LxBlog博客系统测试
测试计划:LxBlog博客系统测试

- 每个版本的测试结果进度

版本标识	指派的	尚未执行	[%]	通过	[%]	失败	[%]	锁定	[%]	已完成[%]
V1.0	9	7	77.8	2	22.2	0	0.0	0	0.0	22.2

- 每个版本的测试结果进度 日期是根据版本分派了测试人员的测试用例计算得出。

上级测试用例集的测试结果

组件	总数	尚未执行	[%]	通过	[%]	失败	[%]	锁定	[%]	已完成[%]
1.1前台功能测试	5	3	60.0	2	40.0	0	0.0	0	0.0	40.0
1.2后台功能测试	4	4	100.0	0	0.0	0	0.0	0	0.0	0

此报告显示所有顶级测试用例集的结果。子测试用例集的结果也被考虑在内。

根据测试用例的优先级显示测试结果

优先级	总数	尚未执行	[%]	通过	[%]	失败	[%]	锁定	[%]	已完成[%]
中	9	7	77.8	2	22.2	0	0.0	0	0.0	22.2

图 1-36 测试计划进度

2) 根据每版本的测试者的报告

3) 失败的测试用例

统计所有当前测试结果为失败的测试用例。

4) 阻塞的测试用例

统计所有当前测试结果为阻塞的测试用例。

5）尚未执行的测试用例

统计所有尚未执行的测试用例。

6）图表

单击图表，可以看到以图表的形式生成的报告，非常直观。

7）基于产品需求的报告

通过该报告，可以查看需求覆盖情况，如图 1-37 所示。报告中具体有以下几个度量。

(1) 需求概况：需求相关的信息。

(2) 通过的需求：测试通过的需求。

(3) 错误的需求：测试失败的需求。

(4) 锁定的需求：测试锁定的需求。

(5) 尚未执行的需求：未执行测试的需求。

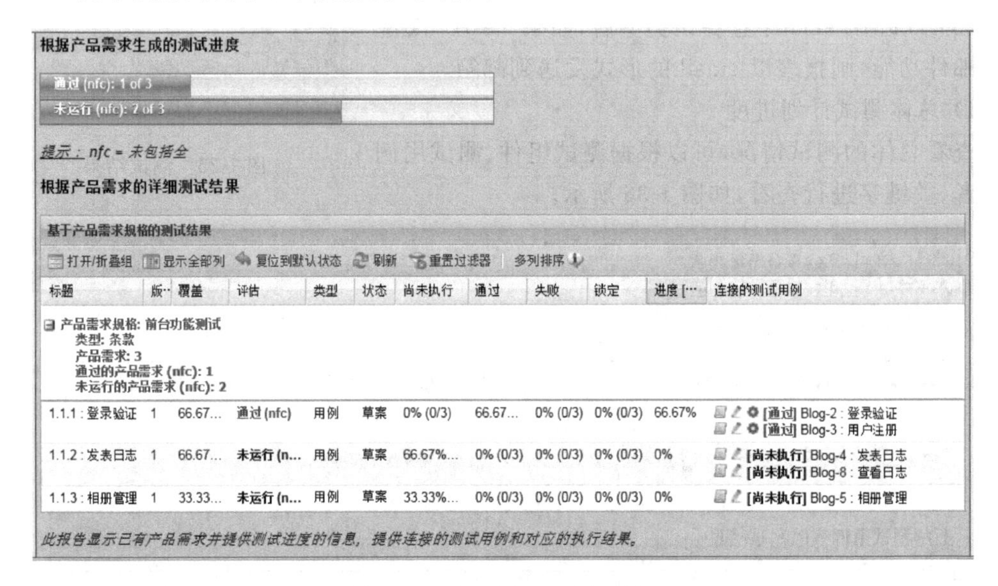

图 1-37 基于产品需求的报告

9. 与 Bug 跟踪系统集成

TestLink 提供了与多种缺陷管理系统关联的接口配置。目前支持的缺陷管理系统有 Bugzilla、Mantis、JIRA。配置管理的相关方法参照帮助文档。

如果 TestLink 与 JIRA 集成，在执行完测试后，测试结果中会多出一项 Bug 管理的项。它是一个小虫子的标记，单击小虫子标记后，会出现一个记录 Bug 编号的输入框。

1.3 软件测试管理实验

1. 实验目的

(1) 掌握测试管理的流程；

(2) 能用测试管理工具进行测试流程管理。

2. 实验环境

Windows 环境，TestLink 或其他测试管理软件，Office 办公软件。

3. 实验内容

(1) 选择一种测试管理工具，建立测试管理环境，并熟悉该测试工具的测试管理流程和业务功能。
(2) 通过一个待测试软件，完整地实施测试管理流程。
(3) 针对待测试软件，撰写测试计划。

4. 实验步骤

(1) 安装测试管理工具，如 TestLink；
(2) 熟悉测试工具管理流程和业务功能；
(3) 针对待测试软件，在测试管理系统中进行管理。

5. 实验思考题

(1) 软件测试流程是什么？如何有效地开展软件测试过程管理？
(2) 做好测试计划工作的关键是什么？
(3) 在测试管理中，需要收集哪些测试数据？如何对这些数据进行分析？

第2章 软件缺陷管理

2.1 软件缺陷基础

2.1.1 软件缺陷

软件缺陷(通常用Bug表示)是对软件产品预期属性的偏离现象。IEEE 729—1983对缺陷的定义是：从产品内部看，缺陷是软件产品在开发和维护过程中存在的错误、缺点等问题；从产品外部来看，缺陷是系统所需要实现的某种功能的失效或违背。软件缺陷是影响软件质量的重要因素之一，发现并排除缺陷是软件生命周期中的一项重要工作。

为了保证软件的质量，软件开发组织必须对软件测试中发现的缺陷进行有效的管理，确保测试人员发现的所有缺陷都能够得到适当的处理。为方便缺陷的管理，需要从不同的角度对缺陷进行分类，如缺陷起源、缺陷严重级别、缺陷优先级、缺陷状态等。

1. 缺陷起源

缺陷起源是指缺陷引起的故障或事件第一次被检测到的阶段。缺陷起源如表2-1所示。

表2-1 缺陷起源示例

缺陷起源	描　　述
需求(Requirement)	在需求阶段发现的缺陷
架构(Architecture)	在架构阶段发现的缺陷
设计(Design)	在设计阶段发现的缺陷
代码(Code)	在编码阶段发现的缺陷
测试(Test)	在测试阶段发现的缺陷

2. 缺陷严重级别

软件缺陷一旦被发现，就应该设法找出引起这个缺陷的原因，并分析对软件产品质量的影响程度，然后确定处理这个缺陷的优先顺序。一般来说，问题越严重，其处理的优先级越高，越需要得到及时的修复。

缺陷严重级别是指因缺陷引起的故障对被测试软件的影响程度。在软件测试中，缺陷的严重级别应该从软件最终用户的观点出发来判断，考虑缺陷对用户使用所造成的后果的严重性。由于软件产品应用的领域不同，软件企业对缺陷严重级别的定义也不尽相同。但一般包括5个级别，如表2-2所示。

表2-2 缺陷严重级别示例

缺陷级别	描述
严重缺陷(Critical)	不能执行正常工作功能或重要功能，使系统崩溃或资源严重不足。如： 1. 由程序所引起的死机，非法退出 2. 死循环 3. 数据库发生死锁 4. 错误操作导致的程序中断 5. 严重的计算错误 6. 与数据库连接错误 7. 数据通信错误
较严重缺陷(Major)	严重地影响系统要求或基本功能的实现，且没有办法更正(重新安装或重新启动该软件不属于更正办法)。如： 1. 功能不符 2. 程序接口错误 3. 数据流错误 4. 轻微数据计算错误
一般缺陷(Average Severity)	影响系统要求或基本功能的实现，但存在合理的更正办法。如： 1. 界面错误(附详细说明) 2. 打印内容、格式错误 3. 简单的输入限制未放在前台进行控制 4. 删除操作未给出提示 5. 数据输入没有边界值限定或不合理
次要缺陷(Minor)	使操作者不方便或遇到麻烦，但它不影响执行工作或功能实现。如： 1. 辅助说明描述不清楚 2. 显示格式不规范 3. 系统处理未优化 4. 长时间操作未给用户进度提示 5. 提示窗口文字未采用行业术语
改进型缺陷(Enhancement)	1. 对系统使用的友好性有影响，例如名词拼写错误、界面布局或色彩问题、文档的可读性、一致性等 2. 建议

缺陷的严重级别可根据项目的实际情况制定，一般在系统需求评审通过后，由开发人员、测试人员等组成相关人员共同讨论，达成一致，为后续的系统测试的Bug级别判断提供依据。

3. 缺陷优先级

缺陷的优先级是指缺陷必须被修复的紧急程度。一般地，严重级别程度高的缺陷具有较高的优先级。严重性高说明缺陷对软件造成的质量危害大，需要优先处理，而严重性低的缺陷可能只是软件的一些局部的、轻微的问题，可以稍后处理。但是，严重级别和优先级并不总是一一对应的。有时候严重级别高的缺陷，优先级不一定高，而一些严重级别低的缺陷却需要及时处理，因此具有较高的优先级。

缺陷优先级如表 2-3 所示。

表 2-3 缺陷优先级示例

缺陷优先级	描　述
Ⅰ级(Resolve Immediately)	缺陷必须被立即解决
Ⅱ级(Normal Queue)	缺陷需要正常排队等待修复或列入软件发布清单
Ⅲ级(Not Urgent)	缺陷可以在方便时被纠正

4. 缺陷状态

缺陷状态是指缺陷通过一个跟踪修复过程的进展情况。缺陷管理过程中的主要状态如表 2-4 所示。

表 2-4 缺陷状态示例

缺陷状态	描　述
新缺陷(New)	已提交到系统中的缺陷
接受(Accepted)	经缺陷评审委员会的确认，认为缺陷确实存在
已分配(Assigned)	缺陷已分配给相关的开发人员进行修改
已打开(Open)	开发人员开始修改缺陷，缺陷处于打开状态
已拒绝(Rejected)	拒绝已经提交的缺陷，不需修复或不是缺陷或需重新提交
推迟(Postpone)	推迟修改
已修复(Fixed)	开发人员已修改缺陷
已解决(Resolved)	缺陷被修改，测试人员确认缺陷已修复
重新打开(Reopen)	回归测试不通过，再次打开状态
已关闭(Closed)	已经被修改并测试通过，将其关闭

除了以上主要状态外，在缺陷管理过程中，还存在其他一些状态。

Investigate(研究)：当缺陷分配给开发人员时，开发人员并不是都直接可以找到相关的解决方案的。开发人员需要对缺陷和引起缺陷的原因进行调查研究，这时候可以将缺陷状态改为研究状态。

Query & Reply(询问/回答)：负责缺陷修改的开发工程师认为相关的缺陷描述信息不够明确，或希望得到更多和缺陷相关的配置和环境条件，或引起缺陷时系统产生的调试命令和信息等。

Duplicate(重复)：缺陷评审委员会认为这个缺陷和某个已经提交的缺陷是同一个问题，因此设置为重复状态。

Reassigned(再分配)：缺陷需要重新分配。

Unplanned(无计划)：在用户需求中没有要求或计划。

Wontfix(不修复)：问题无法修复或者不用修复。

2.1.2 软件缺陷管理

1. 缺陷管理流程

为正确跟踪软件中缺陷的处理过程，通常将软件测试中发现的缺陷作为记录输入到缺陷跟踪管理系统。在缺陷管理系统中，缺陷的状态主要有提交、确认、拒绝、修正和已关闭等，其生命周期一般要经历从被发现和报告，到被打开和修复，再到被验证和关闭等过程。缺陷的跟踪和管理一般借助于工具来实施。缺陷管理的一般流程如图 2-1 所示。

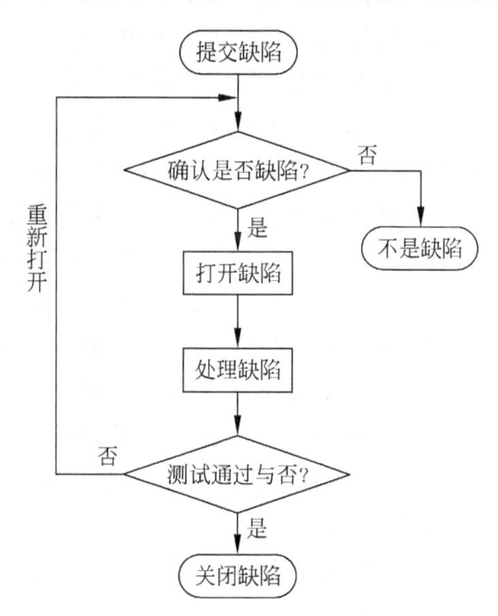

图 2-1 缺陷管理流程

缺陷管理的流程说明如下。

(1) 测试人员发现软件缺陷，提交新缺陷入库，缺陷状态设置为 New。

(2) 软件测试经理或高级测试经理对新提交的缺陷进行确认。若确认是缺陷，则分配给相应的开发人员，将缺陷状态设置为 Open 状态。若不是缺陷（或缺陷描述不清楚），则拒绝，设置为 Declined 状态。

(3) 开发人员对标记为 Open 状态的缺陷进行确认，若不是缺陷，状态修改为 Declined，若是缺陷，则进行修复，修复后将缺陷状态改为 Fixed。对于不能解决的缺陷，提交到项目组会议评审，以做出延期或进行修改等决策。

(4) 测试人员查询状态为 Fixed 的缺陷，然后通过测试（即回归测试）验证缺陷是否已解决。如果缺陷已经解决，则将此缺陷的状态置为 Closed。如果缺陷依然存在或者还引入了新的缺陷，则置缺陷状态为 Reopen。

异常过程：对于被验证后已经关闭的缺陷，由于种种原因被重新打开，测试人员将此类缺陷标记为 Reopen，重新经历修正和测试等阶段。

在缺陷管理过程中，应加强测试人员与开发人员之间的交流，对于那些不能重现的缺陷或很难重现的缺陷，可以请测试人员补充必要的测试用例，给出详细的测试步骤和方法。同时，还需要注意下列细节。

(1) 软件缺陷跟踪过程中的不同阶段是测试人员、开发人员、配置管理人员和项目经理等协调工作的过程，要保持良好的沟通，尽量与相关的各方人员达成一致。

(2) 测试人员在评估软件缺陷的严重性和优先级上，要根据事先制定的相关标准或规范来判断，应具独立性、权威性。若不能与开发人员达成一致，由产品经理来裁决。

(3) 当发现一个缺陷时，测试人员应分给相应的开发人员。若无法判断合适的开发人员，应先分配给开发经理，由开发经理进行二次分配。

(4) 一旦缺陷处于修正状态，需要测试人员的验证，而且应围绕该缺陷进行相关的回归测试，并且包含该缺陷修正的测试版本是从配置管理系统中下载的，而不是由开发人员私下给的测试版本。

(5) 只有测试人员有关闭缺陷的权限,开发人员没有这个权限。

2. 缺陷描述

测试人员发现缺陷后,需要对缺陷进行翔实的描述。对缺陷的描述一般包含以下内容。

(1) 缺陷 ID: 唯一的缺陷标示符,可以根据该 ID 追踪缺陷。

(2) 缺陷标题: 描述缺陷的名称。

(3) 缺陷状态: 标明缺陷所处的状态,如"新建"、"打开"、"已修复"、"关闭"等。

(4) 缺陷的详细说明: 对缺陷进行详细描述,说明缺陷复现的步骤等。对缺陷描述的详细程度直接影响开发人员对缺陷的修改,描述应该尽可能详细。

(5) 缺陷的严重程度: 指因缺陷引起的故障对软件产品的影响程度。

(6) 缺陷的紧急程度: 指缺陷必须被修复的紧急程度(优先级)。

(7) 缺陷提交人: 缺陷提交人的名字。

(8) 缺陷提交时间: 缺陷提交的时间。

(9) 缺陷所属项目/模块: 缺陷所属的项目和模块,最好能较精确地定位至模块。

(10) 缺陷解决人: 最终解决缺陷的人。

(11) 缺陷处理结果描述: 对处理结果的描述,如果对代码进行了修改,要求在此处体现出修改的内容。

(12) 缺陷处理时间: 缺陷被修正的时间。

(13) 缺陷复核人: 对被处理缺陷复核的验证人。

(14) 缺陷复核结果描述: 对复核结果的描述(通过、不通过)。

(15) 缺陷复核时间: 对缺陷复核的时间。

(16) 测试环境说明: 对测试环境的描述。

(17) 必要的附件: 对于某些文字很难表达清楚的缺陷,使用图片等附件是必要的。

除上述描述项外,配合不同的统计的角度,还可以添加上"缺陷引入阶段"、"缺陷修正工作量"等属性。

3. 缺陷报告原则

缺陷报告是测试过程中提交的最重要的东西,它的重要性丝毫不亚于测试计划,并且比测试过程中产生出的其他文档对产品质量的影响更大。对缺陷的描述要求准确、简洁、步骤清楚、有实例、易再现、复杂问题有据可查(截图或其他形式的附件)。

有效的缺陷报告需要做到以下几点。

(1) 单一: 每个报告只针对一个软件缺陷。

(2) 再现: 不要忽视或省略任何一项操作步骤,特别是关键性的操作一定要描述清楚,确保开发人员按照所述的步骤可以再现缺陷。

(3) 完整: 提供完整的缺陷描述信息。

(4) 简洁: 使用专业语言,清晰而简短地描述缺陷,不要添加无关的信息。确保所包含信息是最重要的,而且是有用的,不要写无关信息。

(5) 客观: 用中性的语言客观描述事实,不带偏见,不用幽默或者情绪化的语言。

(6) 特定条件：必须注明缺陷发生的特定条件。

4. 缺陷报告模板

缺陷报告模板见附录 A。

2.1.3 软件缺陷管理工具

1. ClearQuest

IBM 公司的 ClearQuest 提供基于活动的变更和缺陷跟踪。ClearQuest 以灵活的工作流管理所有类型的变更要求，包括缺陷、改进、问题和文档变更，能够方便地定制缺陷和变更请求的字段、流程、用户界面、查询、图表和报告，并提供了预定义的配置和自动电子邮件通知和提交。ClearQuest 与 Rational ClearCase 一起提供完整的 SCM 解决方案，拥有"设计一次，到处部署"的能力，从而可以自动改变任何客户端界面(Windows、Linux、UNIX 和 Web)。ClearQuest 可与 IBM WebSphereStudio、Eclipse 和 Microsoft .NET IDE 进行紧密集成，从而可以即时访问变更信息。支持统一变更管理，以提供经过验证的变更管理过程支持。易于扩展，因此无论开发项目的团队规模、地点和平台如何，均可提供良好支持。包含并集成于 IBM Rational Suite 和 IBM Rational Team Unifying Platform，提供生命周期变更管理。

网站地址：http://www.ibm.com/software/rational

2. Mantis

Mantis 是一个基于 PHP 技术的轻量级的开源缺陷跟踪系统，以 Web 操作的形式提供项目管理及缺陷跟踪服务。在功能上和实用性上足以满足中小型项目的管理及跟踪。

Mantis 易于安装，易于操作，基于 Web，支持任何可运行 PHP 的平台(Windows, Linux, Mac, Solaris, AS400/i5 等)，支持多个项目，为每一个项目设置不同的用户访问级别，跟踪缺陷变更历史，定制我的视图页面，提供全文搜索功能，内置报表生成功能(包括图形报表)，通过 Email 报告缺陷，用户可以监视特殊的 Bug，附件可以保存在 Web 服务器上或数据库中(还可以备份到 FTP 服务器上)，自定义缺陷处理工作流，支持输出格式包括 csv、Microsoft Excel、Microsoft Word，集成源代码控制(SVN 与 CVS)，集成 Wiki 知识库与聊天工具(可选/可不选)，支持多种数据库(MySQL、MS SQL、PostgreSQL、Oracle、DB2)，提供 WebService(SOAP)接口，提供 Wap 访问。

网站地址：http://www.mantisbt.org/

3. Bugzilla

Bugzilla 是一个开源免费的 Bug 管理工具。作为一个产品缺陷的记录及跟踪工具，它能够建立一个完善的 Bug 跟踪体系，包括报告 Bug、查询 Bug 记录并产生报表、处理解决、管理员系统初始化和设置 4 部分。Bugzilla 具有如下特点。

(1) 基于 Web 方式，安装简单，运行方便快捷，管理安全。

(2) 有利于缺陷的清楚传达。该系统使用数据库进行管理，提供全面详尽的报告输入项，产生标准化的Bug报告。提供大量的分析选项和强大的查询匹配能力，能根据各种条件组合进行Bug统计。

(3) 系统灵活，强大的可配置能力。Bugzilla工具可以对软件产品设定不同的模块，并针对不同的模块设定开发人员和测试人员，这样可以实现提交报告时自动发给指定的责任人，并可设定不同的小组，权限也可划分。设定不同的用户对Bug记录的操作权限不同，可有效进行管理。允许设定不同的严重程度和优先级可以在错误的生命期中管理错误，从最初的报告到最后的解决，确保了错误不会被忽略，同时可以使注意力集中在优先级和严重程度高的错误上。

(4) 自动发送Email，通知相关人员。根据设定的不同责任人，自动发送最新的动态信息，有效地帮助测试人员和开发人员进行沟通。

网站地址：https://www.bugzilla.org/download/

4. JIRA

JIRA是Atlassian公司出品的项目与事务跟踪工具，被广泛应用于缺陷跟踪、客户服务、需求收集、流程审批、任务跟踪、项目跟踪和敏捷管理等工作领域。JIRA配置灵活、功能全面、部署简单、扩展丰富，多语言支持，界面友好和其他系统(如CVS、Subversion(SVN)Perforce、邮件服务等)整合得相当好，文档齐全，安装配置简单，可用性以及可扩展性方面都十分出色，拥有完整的用户权限管理。

JIRA推出云服务和下载版，均提供30天的免费试用期。

网站地址：https://www.atlassian.com/software/jira

2.2 Mantis

2.2.1 Mantis 简介

Mantis是一个开源的Bug管理系统，基于PHP+MySQL，可以运行在Windows/UNIX平台上。Mantis是B/S结构的Web系统，可以配置到Internet上，实现异地Bug管理。

1. Mantis 基本特性

(1) 个人可定制的Email通知功能，每个用户可根据自身的工作特点只订阅相关缺陷状态邮件。

(2) 支持多项目。

(3) 权限设置灵活，不同角色有不同权限，每个项目可设为公开或私有状态，每个缺陷可设为公开或私有状态，每个缺陷可以在不同项目间移动。

(4) 主页可发布项目相关新闻，方便信息传播。

(5) 具有方便的缺陷关联功能，除重复缺陷外，每个缺陷都可以链接到其他相关缺陷。

(6) 缺陷报告可打印或输出为CSV格式，支持可定制的报表输出，可定制用户输入域。

(7) 有各种缺陷趋势图和柱状图，为项目状态分析提供依据，如果不能满足要求，可以把数据输出到 Excel 中进一步分析。

(8) 流程定制方便且符合标准,满足一般的缺陷跟踪。

(9) 可以实现与 CVS 集成,将缺陷和 CVS 仓库中文件实现关联。

(10) 可以对历史缺陷进行检索。

2. Mantis 系统中缺陷状态的转换

缺陷状态是描述软件缺陷处理过程所处阶段的一个重要属性。对应于不同的状态,软件测试人员能确定对该问题的处理已经进展到什么阶段,还需要进行哪些工作,需要哪些人员的参与等信息。在缺陷跟踪管理过程中,将缺陷记录划分为不同的阶段和不同的状态来进行标记。Mantis 系统将缺陷的处理状态分为 New(新建)、Feedback(反馈)、Acknowledged(认可)、Confirmed(已确认)、Assigned(已分派)、Resolved(已解决)、Closed(已关闭)7 种,如图 2-2 所示。

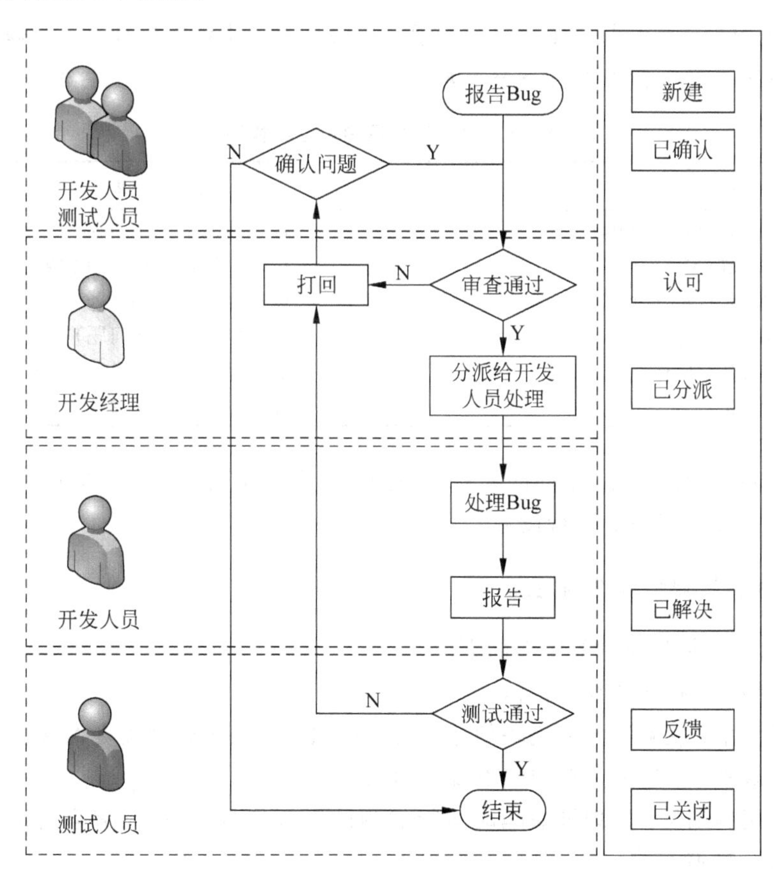

图 2-2　Mantis 缺陷状态转换图

New(新建):一个新的缺陷被提交。

Feedback(反馈):对此 Bug 存有异议,就将其反馈。由测试人员和开发人员讨论评估后,决定是否将其关闭。

Acknowledged(认可):经理认为报告员提交的问题是个 Bug,对这个 Bug 表示认可。

Confirmed(已确认)：开发人员确认存在此 Bug,并准备修改,将其设为已确认。

Assigned(已分派)：经理将认可的问题单分派给某个开发人员。

Resolved(已解决)：被分派的开发人员已经进行修改,测试人员可以进行验证测试,确认 Bug 已经解决。

Closed(已关闭)：Bug 修改后,经过验证或项目经理同意后,可以关闭。处于关闭状态的缺陷报告可表现为已改正、符合设计、不能重现、不能改正、由报告人撤回。

3. Mantis 用户角色及权限的管理

在一个测试项目中,存在各种不同的身份,比如项目经理、测试经理、开发经理、程序员、测试员等。不同身份的用户使用系统时可以执行的操作权限不同。

在 Mantis 系统中,分别有下列几种角色：管理员、经理、开发人员、修改人员、报告人员、查看人员。

Mantis 中用户角色和权限如表 2-5 所示。权限从大到小依次排列是：管理员→经理→开发人员→修改人员→报告人员→查看人员。

表 2-5　Mantis 中用户角色和权限

用　户	权　限
管理员(Administrator)	管理和维护整个系统
项目经理(Manager)	对整个软件项目进行管理
开发人员(Developer)	负责软件项目的开发
修改人员(Updater)	负责修改 Issue(问题)
报告人员(Reporter)	负责提交 Bug 报告
查看人员(Viewer)	查看 Bug 流程及情况

在一个项目组或团队中,不同的人有不同的职责和分工,在 Mantis 中对应不同的角色,其角色和权限可以由管理员进行设置。

4. Mantis 软件缺陷属性的定义

Mantis 的软件缺陷属性的定义如下。

(1) 缺陷编号：缺陷的唯一标识。

(2) 模块信息：缺陷涉及的模块信息,包括模块名称、缺陷处理负责人、模块版本。

(3) 测试版本：描述的是该缺陷发现的测试版本号。

(4) 对应用例编号：发现该缺陷时运行的测试用例编号,通过该编号可以建立起测试用例和缺陷之间的联系。

(5) 缺陷状态：缺陷的即时状态,如新建、反馈、已分派、已确认、已关闭等。

(6) 报告者：报告缺陷的测试人员的编号或用户名。

(7) 报告日期：缺陷填报的日期。

(8) 重现性：可重现或不可重现。

(9) 重现步骤：和测试用例相关,描述的是发现这个缺陷的步骤。

(10) 严重等级：可定制,默认为 4 级,P1(致命)、P2(严重)、P3(一般)、P4(轻微)。

(11) 缺陷类型：可定制，默认分为功能缺陷、用户界面缺陷、边界值相关缺陷、初始化缺陷、计算缺陷、内存相关缺陷、硬件相关缺陷、文档缺陷。

(12) 缺陷优先级（报告者）：可定制，默认分为必须修复、立即修复、应该修复、考虑修复。

2.2.2 Mantis 的安装

1. 安装 Mantis

安装 Mantis 之前需要安装 Apache 服务器、MySQL 和 PHP 运行环境，本文采用 XAMP 集成环境，其安装步骤见 1.2.1 节。Mantis 的安装与 TestLink 的安装类似。

在 Mantis 官方网站（http://www.mantisbt.org/）上下载最新版本软件系统，本文下载的是 mantisbt-1.2.19。

安装好 XAMP 之后，将 Mantis 的安装文件解压到“C:\xampp\htdocs”目录下，并将文件名改为 mantis。打开 IE 浏览器，在地址栏中输入“http://localhost/mantis”，即可进入安装页面，如图 2-3 所示。

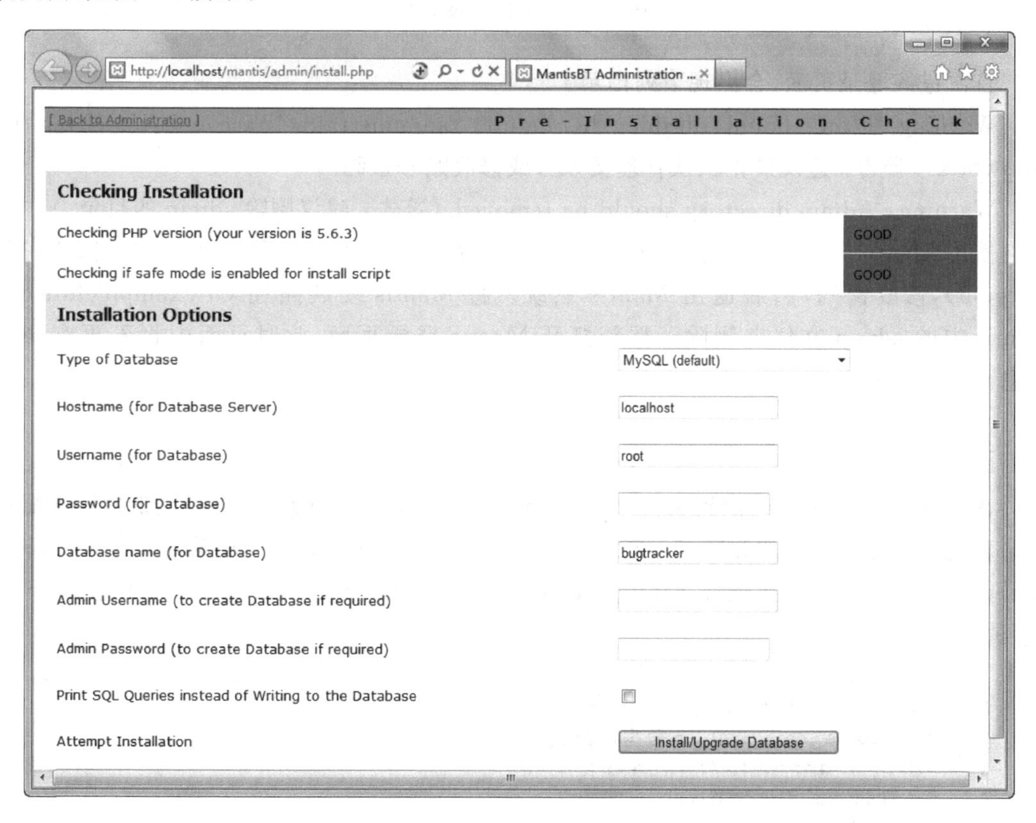

图 2-3 Mantis 安装页面

在 Password(for Database)输入框中输入密码，然后单击 Install/Upgrade Database 按钮，进入安装检查页面。如果后面的状态栏全部为绿色，则安装成功。注：Password(for Database)的密码是安装 XAMP 时设置的数据库密码。

在 IE 地址栏中输入“http://localhost/mantis/”,即可进入登录页面,如图 2-4 所示。

图 2-4 Mantis 登录页面

首次进入登录页面,会出现下列提示。

Warning: You should disable the defult ‘administrator’ account or chang its password.(警告:建议禁止默认管理员账号或修改账号密码。)

Warning: Admin directory should be removed.(警告:建议删除 admin 的目录。)

使用 Mantis 默认的用户名(administrator)和密码(root)登录系统,进入我的账户(My Account),修改密码,然后退出 Mantis 系统。将 Mantis 安装路径 C:\xampp\htdocs\mantis 中的 admin 文件夹删除。重新打开 Mantis 登录页面,此时页面中将不再有警告信息。

2. 配置

在 mantis 目录下新建配置文件 config_inc.php,在里面进行数据库配置、邮件服务配置和语言配置。配置文件加载顺序:先加载 config_defaults_inc.php,后加载 config_inc.php。config_inc.php 中的值会覆盖 config_defaults_inc.php。在 config_inc.php 中撰写下列代码。

```
1.  ##################################
2.  # Database Configuration 数据库配置
3.  ##################################
4.  $g_hostname = 'localhost';
5.  $ g_db_type = 'mysql';
6.  $ g_database_name = 'mantis';
7.  $ g_db_username = 'root';
8.  $ g_db_password = '';                    #以上内容由系统自动生成,不用修改。
9.  ##################################
10. # Mantis Email Configuration   邮件服务配置
```

```
11. ################################
12. $g_phpMailer_method = PHPMAILER_METHOD_SMTP;
13. # select the method to mail by:  0 - mail()  1 - sendmail  2 - SMTP
14. $g_phpMailer_method   = 2;                  #以 smtp 发送邮件
15. $g_smtp_host     = 'smtp.163.com:25';       #邮件服务器的地址,后面加上端口号 25
16. $g_smtp_username = 'xxxxx';                 #邮箱的用户名
17. $g_smtp_password = '*****';                 #邮箱的密码
18. $g_administrator_email = 'xxxx@163.com'; #xxxx@xxx.com 是要修改为相应的邮箱名称
19. $g_webmaster_email    = 'xxxx@163.com';  #xxxx@xxx.com 是要修改为相应的邮箱名称
20. $g_from_name     = 'Mantis Bug Tracker';
21. # the 'From: ' field in emails
22. $g_from_email     = 'xxxx@163.com';       #xxxx@xxx.com 是要修改为相应的邮箱名称
23. # the return address for bounced mail
24. $g_return_path_email = 'xxxx@163.com';   #xxxx@xxx.com 是要修改为相应的邮箱名称
25. $g_email_receive_own = OFF;
26. $g_email_send_using_cronjob = OFF;
27. # allow email notification
28. $g_enable_email_notification = ON;
29. ################################
30. # Language Configuration   语言设置
31. ################################
32. $g_default_language = 'chinese_simplified';#设置语言为中文
```

邮件系统的配置建议用 SMTP 方式。一般公司都有自己的邮件服务器,让管理员给提供一个 Mantis 的专用信箱。本例采用的是 163 邮件服务。

【注】 如果 Mantis 不使用邮件系统(Email),修改配置文件 config_inc.php 中的语句:

```
$g_enable_email_notification = ON;
```

将其改为:

```
$g_enable_email_notification = OFF;
```

然后保存此文件。

如果不使用邮件系统,用户创建和管理的方法如下。

(1) 以管理员身份登录 Mantis 系统,创建一个用户,输入账号和真实姓名,创建用户。此时新创建用户的密码为空,可以由新创建的用户登录 Mantis 系统后自行修改。

(2) 如果用户忘记了密码,可以让管理员登录 Mantis 系统,进入管理→用户管理→选择用户→重设密码,则该用户的密码将被置为空,由该用户登录后修改。

2.2.3 管理员的操作

管理员是管理整个系统运作的工作人员,他不仅是整个系统操作流程中权限最高的工作人员,而且还可以对项目和用户账户进行创建和管理等,下面将详细说明。管理员登录系统之后,可以先进入自己的主界面,然后再根据工作要求,选择页面上方的菜单栏来进入相应的界面。

1. 我的视图

在系统界面,单击菜单栏中的“我的视图”,管理员将会看到以下界面,如图 2-5 所示。

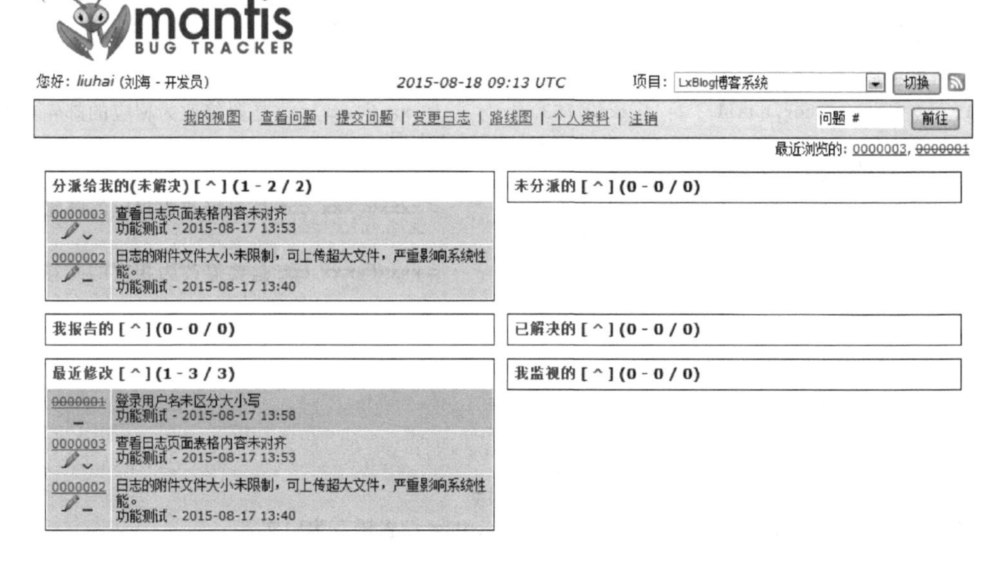

图 2-5　我的视图

从页面上看,Bug 根据其工作状态被分类成几个表格来显示,符合这些工作状态的 Bug 都被一一罗列。

(1) 分派给我的(未解决的)(assigned);

(2) 未分派的(unassigned);

(3) 我报告的(reported by me);

(4) 已解决的(resolved);

(5) 最近修改(recently modified);

(6) 我监视的(monitored by me)。

在页面上还可以进行下列操作。

切换项目:单击页面右上角“项目”的下拉式菜单,选择其中的项目,然后单击“切换”按钮,来切换所选项目。

跳转到某问题:在页面右上角,“问题#”文本框中输入问题编号,单击“前往”按钮,可根据问题编号进行查询,直接进入到该问题的详细信息界面,可进行相应操作。

转向其他操作界面:单击主页面上方的菜单栏,即可进入相应的操作界面。

2. 查看问题

1) 查看问题

在系统界面,单击菜单栏中的“查看问题”,可以进入问题查询结果页面,如图 2-6 所示。

页面上部相当于一个过滤器,页面下部是根据过滤器显示 Bug 的数据列表。如果管理员没有对给予的参数选择设置,那么默认就是没有对数据进行过滤,则页面下部显示所有

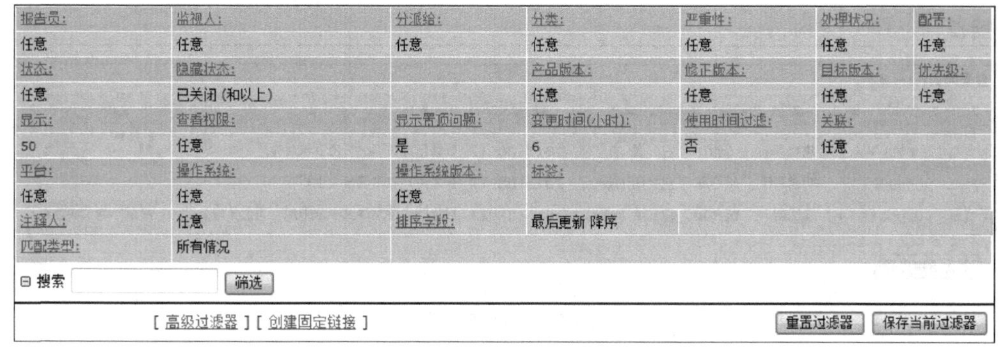

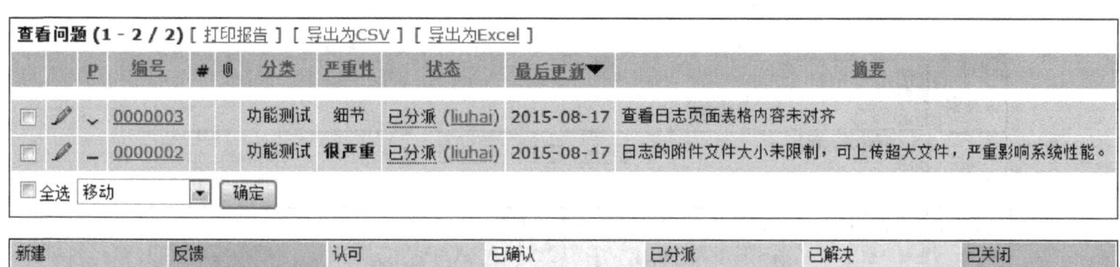

图 2-6　查看问题

Bug 数据。此外，还可以在搜索框里输入 Bug 编号直接查询，那么在页面下部就会出现查询结果。

用户可以自己创建过滤器。在对参数进行设置完成后，可对当前的过滤设置进行保存，如图 2-7 所示。填入相应内容后即可保存下来。如果标记为公有，则其他工作人员（除了查看人员）都能共享这个过滤器。

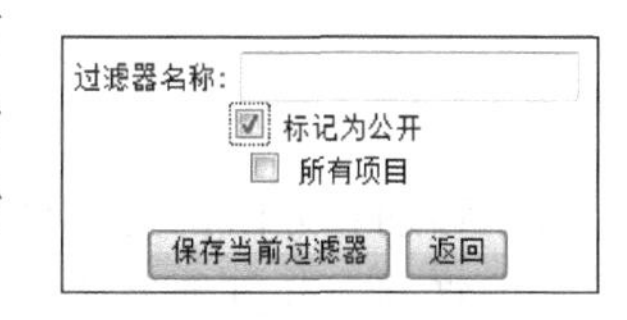

图 2-7　创建过滤器

在显示 Bug 的数据列表里可以看到，页面下部的表格头部显示查看问题的当前数量，并且在旁边提供了“打印报告”、“导出为 CSV”和“导出为 Excel”功能链接。在 Bug 表中显示了下列信息：Bug 优先级、Bug 编号、Bug 分类、Bug 严重性、Bug 状态、最后更新、Bug 摘要。

在此表格中还可以进行下列操作。

(1) 打印报告：单击“打印报告”则进入打印报告页面，如图 2-8 所示。在页面中列出了需要导出打印的 Bug 列表，可以根据需要通过复选框选中需要打印的 Bug。在选择完毕后，根据需要单击 Word 图标或网页图标，Bug 数据便相应地导出到该类型的文件里，实现打印输出的需求。

(2) 导出为 CSV 或者导出为 Excel：单击功能链接，可将报告保存为相应格式文件，并下载存储到本地。

(3) 按指定方式排序：单击标题栏的列属性，可以进行排列，并出现上三角形图标或下三角形图标代表是按升序或降序排列。

(4) 更新问题属性：可以通过选中 Bug 列表的复选框，也可以选中“全选”复选框，然后选择下拉列表中的操作命令，然后单击“确定”按钮，则可以对这些 Bug 进行相应操作，如图 2-9 所示。

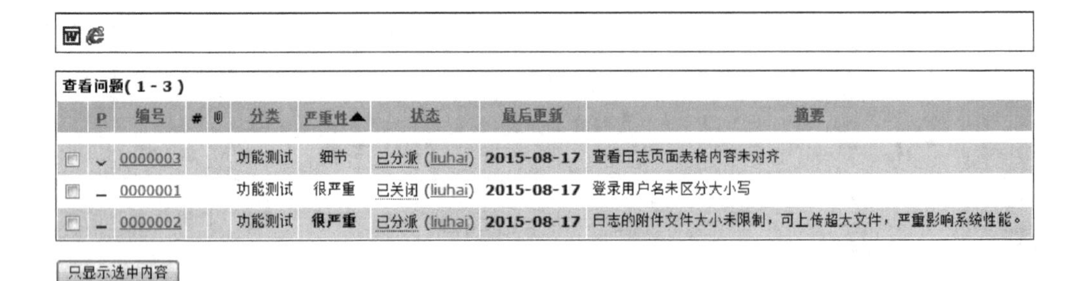

图 2-8 打印报告

图 2-9 更新问题属性

① 移动：可以把选中的 Bug 从当前项目转移到别的项目里。

② 复制：可以把选中的 Bug 从当前项目复制到别的项目里。

③ 分派：可以把选中的 Bug 直接分派给指定的工作人员。

④ 关闭：当被选中的 Bug 已经确认已解决，或确认不是 Bug，管理员可以直接采用这个命令将 Bug 状态设为关闭。

⑤ 删除：当被选中的 Bug 是垃圾数据，在整理数据的时候可以直接进行删除。

⑥ 处理状况：如果 Bug 确认已经解决，则选中将其状态置为“解决”。但是如果 Bug 当前状态为“已解决”或以上状态，则不能进行此项操作。

⑦ 更新优先级：使用这项操作，可以更改选中 Bug 的优先级。

⑧ 更新状态：使用这项操作，可以更新选中 Bug 的流程状态。

⑨ 更改查看权限：更改选中 Bug 的查看权限。

【注】 对上述命令的操作和当前用户的权限有关系，如果不能进行该命令的操作，系统会出现“你无权执行这项操作”的提示性语句。而对于管理员来说，他具有完全的权限。

(5) 在 Bug 列表中，在每个 Bug 编号的前面，有一个编辑图标，可以单击此图标进入这个 Bug 信息的修改界面。注意：是否能出现这个图标和权限有关系。

(6) 单击 Bug 编号可以直接进入其详细信息界面。

(7) 单击注释数目可以直接进入对应 Bug 的详细信息界面，并将界面焦点定位在 Bug 注释信息。

2）问题更新

单击页面中的问题编号，可进入该问题的详细页面，并对该问题进行修改，如图 2-10 所示。

查看问题详情 [查看注释] [发送提醒]
[<<]
[问题历史] [打印]
编号 项目 分类 查看权限 报告日期 最后更新
0000002 LxBlog博客系统 功能测试 公开 2015-08-17 13:40 2015-08-17 13:40
报告员 administrator
分派给 liuhai
优先级 中 严重性 很严重 出现频率 有时
状态 已分派 处理状况 未处理
平台 Windows 操作系统 Win7 操作系统版本
产品版本 1.1
目标版本 1.1 修正版本
摘要 0000002: 日志的附件文件大小未限制，可上传超大文件，严重影响系统性能。
描述 撰写日志时，上传附件，可以上传任意大写的文件。如果用户上传超大文件，将影响系统性能。
标签 没加标签.
添加标签 (用","分割) 现有标签 添加
附件
编辑 分派给: [自身] 状态改为: 新建 监视 置顶 创建子问题 关闭 移动 删除问题
关联
新建关联 添加问题 子问题: 添加
上传文件
选择文件 (最大大小: 5,000k) 浏览... 上传文件
正在监视该问题的用户
用户列表 当前没有用户监视这个问题。
账号 添加
问题注释
这个问题没有注释信息
添加注释
问题注释
查看权限 私有
添加注释
问题历史
日期 账号 事件 修订
2015-08-17 13:53 administrator 新建问题
2015-08-17 13:53 administrator 状态 新建 => 已分派
2015-08-17 13:53 administrator 分派给 => liuhai

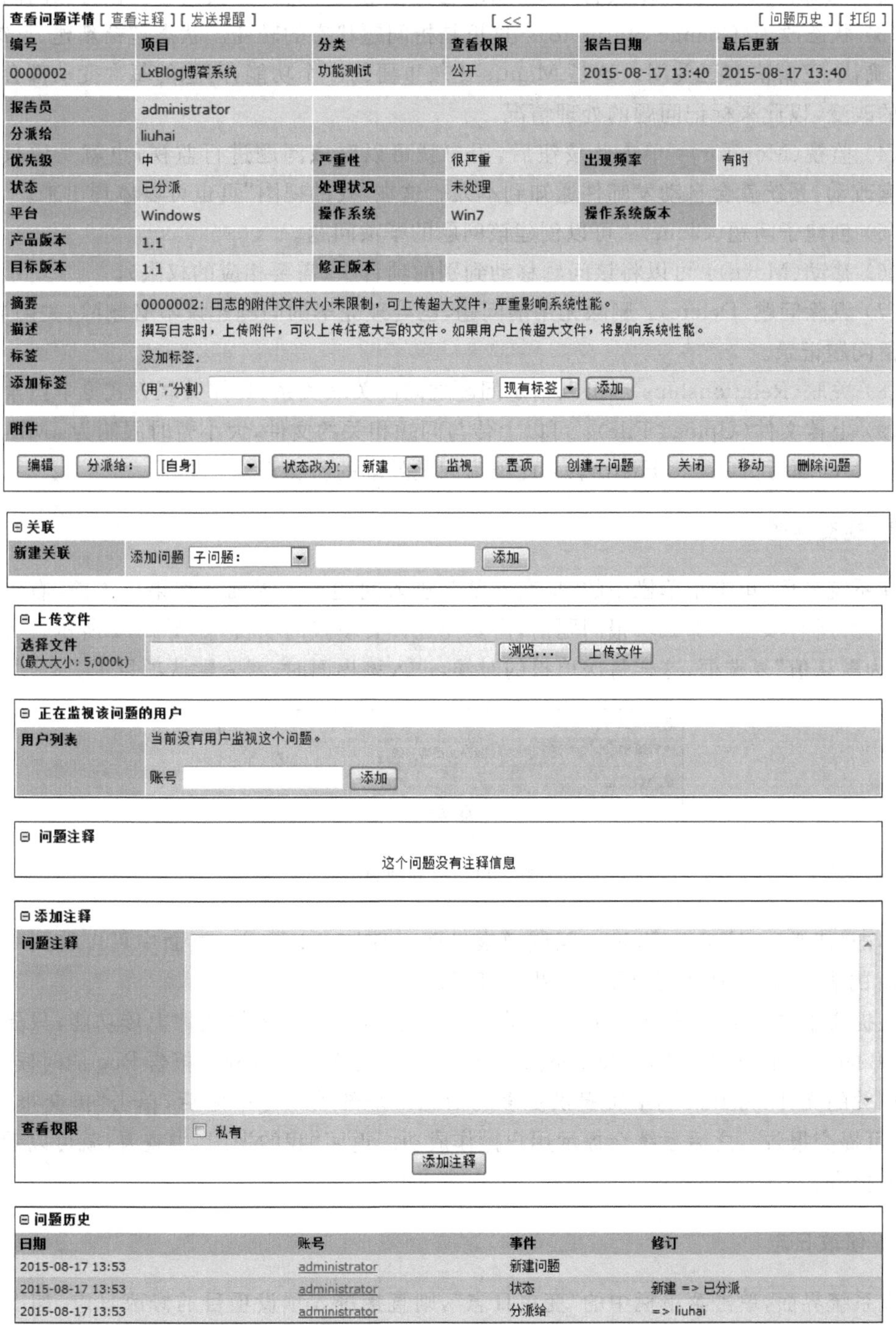

图 2-10　问题更新

在这里可进行下列操作。

(1) 编辑(Edit):修改问题的各项基本属性,并添加注释。

(2) 分派给(Assign To):将问题分派给某个开发人员处理,分派之后系统将自动向被分派人发送邮件通知,被分派人打开 Mantis 之后将在“我的视图”页面看到被分派的问题。

(3) 状态改为(Change Status to):这里是指问题状态的转变。状态包括新建、反馈、认可、已确认、已解决和已关闭。这是 Mantis 比较重要的一个功能,问题的每次变动都会发生状态的改变,以此来标记问题的处理情况。

(4) 监视(Monitor):单击此按钮后,用户就可以对该问题进行监视,也就是说只要该问题有改动,系统就会自动发邮件通知到本人。这在“我的视图”页也可以体现出来。

(5) 创建子问题(Clone):可以创建该问题的子项问题。

(6) 移动(Move):可以将该问题移动到别的项目中(需要相应的权限)。

(7) 删除问题(Delete):删除无用的问题,已处理完毕的问题建议不必删除,关闭即可,以保留问题记录。

(8) 关联(Relationships):可以指定问题之间的关联关系,具体关联方式见下拉菜单。

(9) 上传文件(Upload File):可以上传与问题相关的文件,大小暂时限制为 5MB。

(10) 问题历史(Issue History):此项为问题处理的历史记录。

3. 提交问题

在系统界面,单击菜单栏中的“提交问题”,进入问题录入界面。如果单击前,右上角项目选择为“所有项目”,那么填报问题前,需要先选择要填报的项目,如图 2-11 所示。可以选择“设为默认值”复选框,这样每次填报的时候,进入该界面时,就为默认项目了。

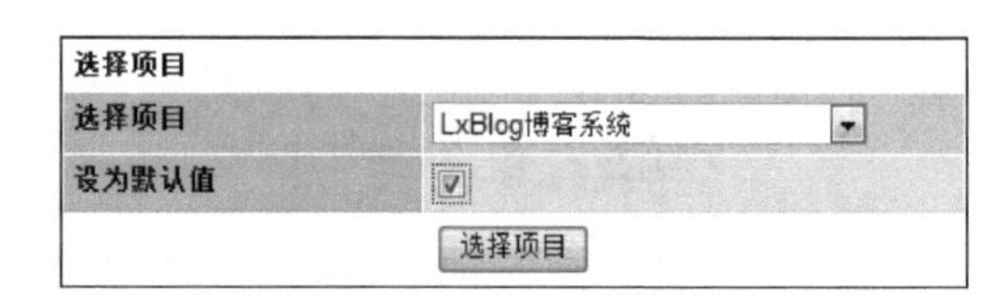

图 2-11 选择项目

单击“选择项目”按钮后,进入问题填报界面,如图 2-12 所示。页面中可以看到一个提交 Bug 的表单,根据具体情况填写后提交即可。

在提交报告时请注意,带 * 号的填写项是必填项,页面还提供文件上传功能,只要是低于 2MB 的文件都允许上传,支持 doc、xls、zip 等格式的文件。这样在报告 Bug 的时候,可以上传相关的文件,为 Bug 的解决提供更多的信息。全部填写完毕之后,单击“提交报告”按钮,即可提交报告。之后系统会提示用户操作成功。返回“我的视图”中查看,就可以看到新提交的报告。

4. 修改日志

在系统界面,单击菜单栏中的“变更日志”,则直接进入预设项目的修改日志,如图 2-13 所示。页面列出了该项目下已解决的 Bug 编号、所属组别、Bug 摘要以及该项目产品的版本号变化,单击 Bug 编号还可进入其详细信息页面。

填写问题详情	
*分类	(请选择)
出现频率	总是
严重性	很严重
优先级	中
选择平台配置	
⊟ 或填写	
平台	
操作系统	
操作系统版本	
产品版本	
分派给	
目标版本	
*摘要	
*描述	
问题重现步骤	
附注	
上传文件 (最大大小: 5,000k)	浏览...
查看权限	◉ 公开 ○ 私有
继续报告	☐ 报告更多的问题
* 必填	提交报告

图 2-12 填写问题信息

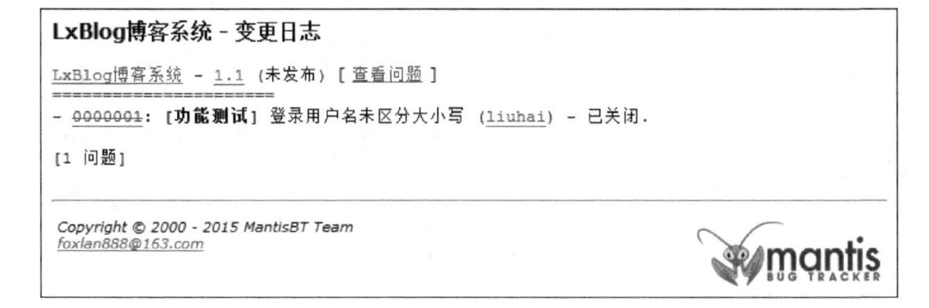
LxBlog博客系统 - 变更日志

LxBlog博客系统 - 1.1 (未发布) [查看问题]
======================
- 0000001: [功能测试] 登录用户名未区分大小写 (liuhai) - 已关闭.

[1 问题]

Copyright © 2000 - 2015 MantisBT Team
foxlan888@163.com

图 2-13 日志信息

5. 路线图

单击菜单栏中的“路线图”项，如果开始没有指定项目的情况下，则首先进入项目选择界面，如果指定了默认值，则直接进入默认项目的路线图。路线图相当于一个 Bug 的日志信息，如图 2-14 所示。页面列出了该项目下已解决的 Bug 编号、所属组别、Bug 摘要以及该项目产品的版本号变化，单击 Bug 编号还可进入其详细信息页面。

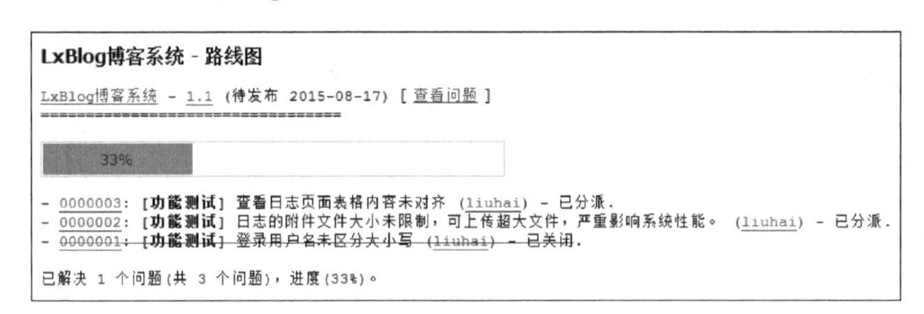

图 2-14 路线图

6. 统计报表

单击“统计报表”项，将会出现一个包含所有 Issue 报告的综合报表，页面上还提供了“打印报告”和“统计报表”的功能链接，如图 2-15 所示。在这个综合报表中，按照 Bug 报告详细资料中的项目，将所有的报告按照不同的分类进行了统计。这个统计报表有助于管理员及经理掌握 Bug 报告处理的进度，而且很容易就能把没有解决的问题与该问题的负责人、监视人联系起来，提高了工作效率。这个页面中还提供了按不同要求分类的统计图表，如按状态统计、按优先级统计、按严重性统计、按项目分类统计和按处理状况统计。

统计报表

按项目	未解决	已解决	已关闭	合计
LxBlog博客系统	2	0	1	3
» LxBlog博客系统功能测试	0	0	0	0
» LxBlog博客系统安全性测试	0	0	0	0
» LxBlog博客系统性能测试	0	0	0	0
» LxBlog博客系统用户界面测试	0	0	0	0

按问题状态	未解决	已解决	已关闭	合计
已分派	2	-	-	2
已关闭	-	-	1	1

按严重性	未解决	已解决	已关闭	合计
细节	1	0	0	1
很严重	1	0	1	2

按分类	未解决	已解决	已关闭	合计
功能测试	2	0	1	3

已解决问题的耗时(天)	
耗时最长的问题	0000001
最长耗时	0.02
平均时间	0.02
合计时间	0.02

处理员(未解决/已解决/已关闭/合计)	未解决	已解决	已关闭	合计
liuhai	2	0	1	3

按日期(天)	已报告	已解决	差值
1	3	1	+2
2	3	1	+2
3	3	1	+2
7	3	1	+2
30	3	1	+2
60	3	1	+2
90	3	1	+2
180	3	1	+2
365	3	1	+2

最活跃	得分
0000003 - 查看日志页面表格内容未对齐	3
0000002 - 日志的附件文件大小未限制，可上传超大文件，严重影响系统性能。	3

最长耗时	天
0000002 - 日志的附件文件大小未限制，可上传超大文件，严重影响系统性能。	0
0000003 - 查看日志页面表格内容未对齐	0

按处理状况	未解决	已解决	已关闭	合计
未处理	2	0	0	2
已修正	0	0	1	1

按优先级	未解决	已解决	已关闭	合计
低	1	0	0	1
中	1	0	1	2

图 2-15 统计报表

如果需要，还可以单击界面上方的“打印报告”，将所有的 Bug 显示出来。

7. 个人资料

在系统界面，单击“个人资料”菜单项，即进入了账户管理界面，如图 2-16 所示。此页面中包含个人资料、更改个人设置、管理列和管理平台配置的功能操作，当前默认界面为个人账户编辑页面。

编辑账号	[个人资料] [更改个人设置] [管理列] [管理平台配置]
账号	administrator
密码	
确认密码	
Email	root@localhost
姓名	
操作权限	管理员
项目访问级别	管理员
已分配的项目	
	更新账号信息

图 2-16　个人资料

1）个人资料

在个人资料页面，可设置个人信息，其中包括修改密码、Email、姓名等信息。

2）更改个人设置

单击“更改个人设置”，进入个人设置页面，如图 2-17 所示。在这里可对页面相关项进行重新设置。

缺省账号设置	[个人资料] [更改个人设置] [管理列] [管理平台配置]
缺省项目	LxBlog博客系统
刷新延迟	30 分
重定向延时(秒)	2 秒
问题注释排序规则	◉ 升序 ○ 降序
时区	Abidjan
界面语言	chinese_simplified
	更新设置

图 2-17　更改个人设置

3）管理列

管理列的信息如图 2-18 所示。

4）管理平台配置

在此可以增加平台设置，也可以对现有的平台数据进行编辑或删除。这样，在自己报告 Bug 的时候，采用“高级报告”的报告报表就可以直接选用对应的平台数据而不需要自行输入，节省工作时间。管理平台配置的内容如图 2-19 所示。

【注】 管理平台配置的内容只限于本人采用。

管理列 [个人资料] [更改个人设置] [管理列] [管理平台配置]

可用的列 id, project_id, reporter_id, handler_id, duplicate_id, priority, severity, reproducibility, status, resolution, category_id, date_submitted, last_updated, os, os_build, platform, version, fixed_in_version, target_version, view_state, summary, sponsorship_total, due_date, description, steps_to_reproduce, additional_information, attachment_count, bugnotes_count, selection, edit,

查看问题的列* selection, edit, priority, id, sponsorship_total, bugnotes_count, attachment_count, category_id, severity, status, last_updated, summary

打印问题的列* selection, priority, id, sponsorship_total, bugnotes_count, attachment_count, category_id, severity, status, last_updated, summary

CSV列* id, project_id, reporter_id, handler_id, priority, severity, reproducibility, version, category_id, date_submitted, os, os_build, platform, view_state, last_updated, summary, status, resolution, fixed_in_version

Excel列* id, project_id, reporter_id, handler_id, priority, severity, reproducibility, version, category_id, date_submitted, os, os_build, platform, view_state, last_updated, summary, status, resolution, fixed_in_version

* 必填 更新当前项目的列信息

LxBlog博客系统性能测试 复制列自 复制列到

重置列设置

图 2-18 管理列

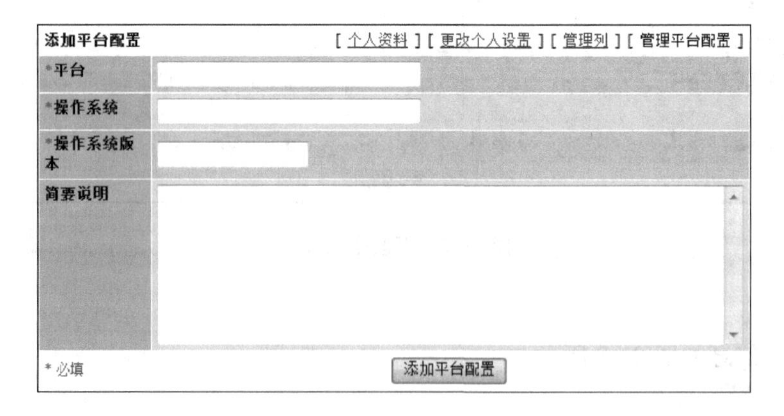

图 2-19 管理平台

8. 管理

在系统界面，单击菜单栏中的“管理”项，即可进入管理界面，管理界面包含用户管理、项目管理和自定义字段管理等内容。

1）用户管理

用户管理页面是“管理”功能的默认页面，如图 2-20 所示。管理者可以按用户账号的字母顺序筛选用户，修改用户权限和信息，也可以单击“创建新账号”按钮来建立新账户。

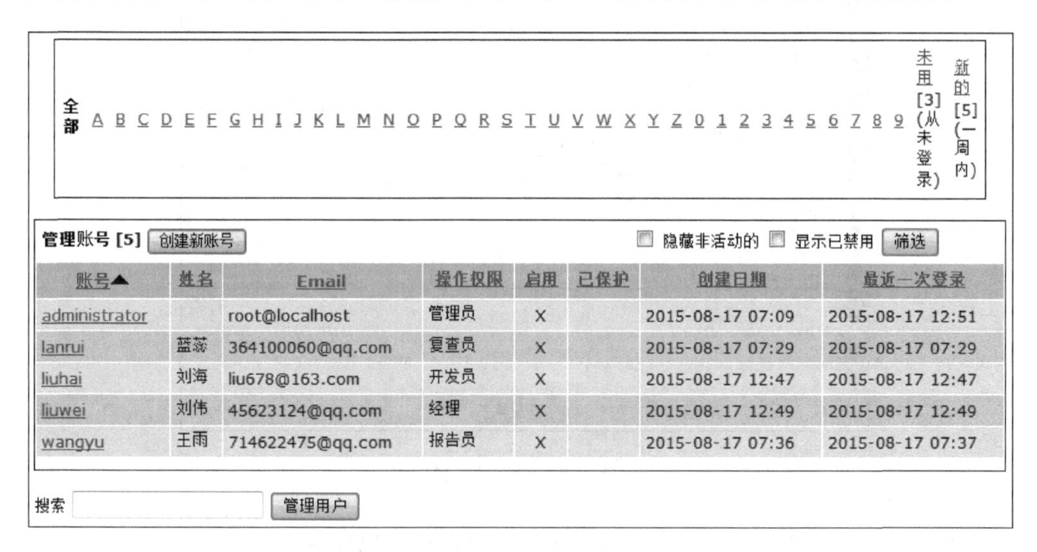

图 2-20 用户管理

（1）新的（新的账号）：显示一周之内添加到该项目的新用户。

（2）未用（从未登录）：显示目前存在却至今从未登录过的用户，对此用户可以单击“清理账号”功能链接将其清除。

（3）管理账号：在这里可以添加新用户和更新已有用户。单击“创建新账号”按钮，就可以添加新的用户，并指定其工作身份。单击现有账号名称，就可以对当前账号的资料进行更新，更新之后单击“重置”按钮，系统就接受更新信息了。

建立新账户时，可以设置是否启用账户，以及账户操作权限。用户权限包括报告员、复查员、修改员、开发员、经理和管理员。各用户的操作权限可以定制。

2）项目管理

在系统界面，单击菜单栏中的“项目管理”项，即可查看当前的所有项目。

（1）创建新项目

单击“创建新项目”按钮，进入新项目创建页面，如图 2-21 所示。添加项目时，可以设定新项目的状态，状态包括开发中（development）、发布（release）、稳定（stable）和停止维护（obsolete）几种。填写好项目资料后，单击“添加项目”按钮，新的项目就添加到系统中了。

（2）管理项目

在系统界面，单击菜单栏中的“项目管理”项，将进入项目管理页面，如图 2-22 所示。在弹出的页面中，可以看到项目列表中已经创建的项目列表，列表中包括各个项目的名称、状态、查看状态以及说明列属性。单击列表中的项目名称，就可以看到项目的具体情况。在这个页面上可以进行下列操作。

① 编辑项目：在这里经理可以对项目的名称、状态、查看状态、上传文件的存放路径以及说明等内容进行更新。

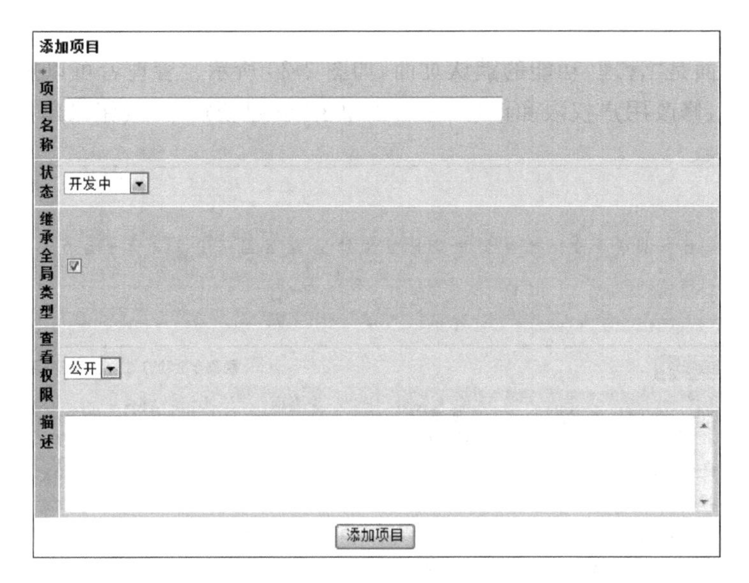

图 2-21 添加项目

② 删除项目：单击“删除”按钮，即可将当前项目从库里删除。

③ 子项目：可以创建属于该项目的子项目，或者指定某个项目为该项目的子项目。

④ 添加分类：填入类别名称，单击“添加分类”按钮便可在当前项目里添加类别。

⑤ 编辑分类：单击“编辑”按钮，进入类别编辑页面，可以将当前的类别分配给指定的工作人员，这样会在该项目下提交一个新 Bug 的时候，直接分派给该指定的工作人员处理。

⑥ 删除分类：单击“删除”按钮，即可删除当前的分类。

⑦ 版本：可以对已有的项目版本进行更新或者删除，也可以添加新的版本。

⑧ 自定义字段：可以从已存在的自定义字段中选择出所需要的添加到该项目中的自定义字段里，也可以删除已添加的自定义字段。自定义字段添加至项目后，在“提交问题”单中会显示为必填字段。

⑨ 添加用户至项目：将与项目相关的用户添加进来。

⑩ 管理账号：对该项目中所有的相关人员的账号进行管理，可以删去那些在项目中不需要的账号。

3）自定义字段管理

自定义字段管理是用于在提交问题的时候，系统给予的填写项不满足实际需求，这样可以自行在这个功能页面里定义自己需要的字段，以便能更好地描述 Bug 的情况，而且在过滤器里也会增加这个字段的属性，可以根据它进行数据过滤。

在管理页面中，单击“自定义字段管理”菜单项，即可进入自定义字段管理页面，在这里可以新建自定义字段、修改已有的自定义字段。

自定义域的类型有字符串(String)、数值(Numeric)、浮点型(Float)、枚举类型(Enumeration)、电子邮件(Email)、选择框(Checkbox)、列表(List)、多选列表(Multiselection List)、日期(Date)等。

新建自定义字段时，可以设置类型、可能取值、默认取值，是否在报告、更新、解决、关闭页面显示和必填，是否仅在高级查询条件页面显示，并且可以设置关联自定义字段到项目。

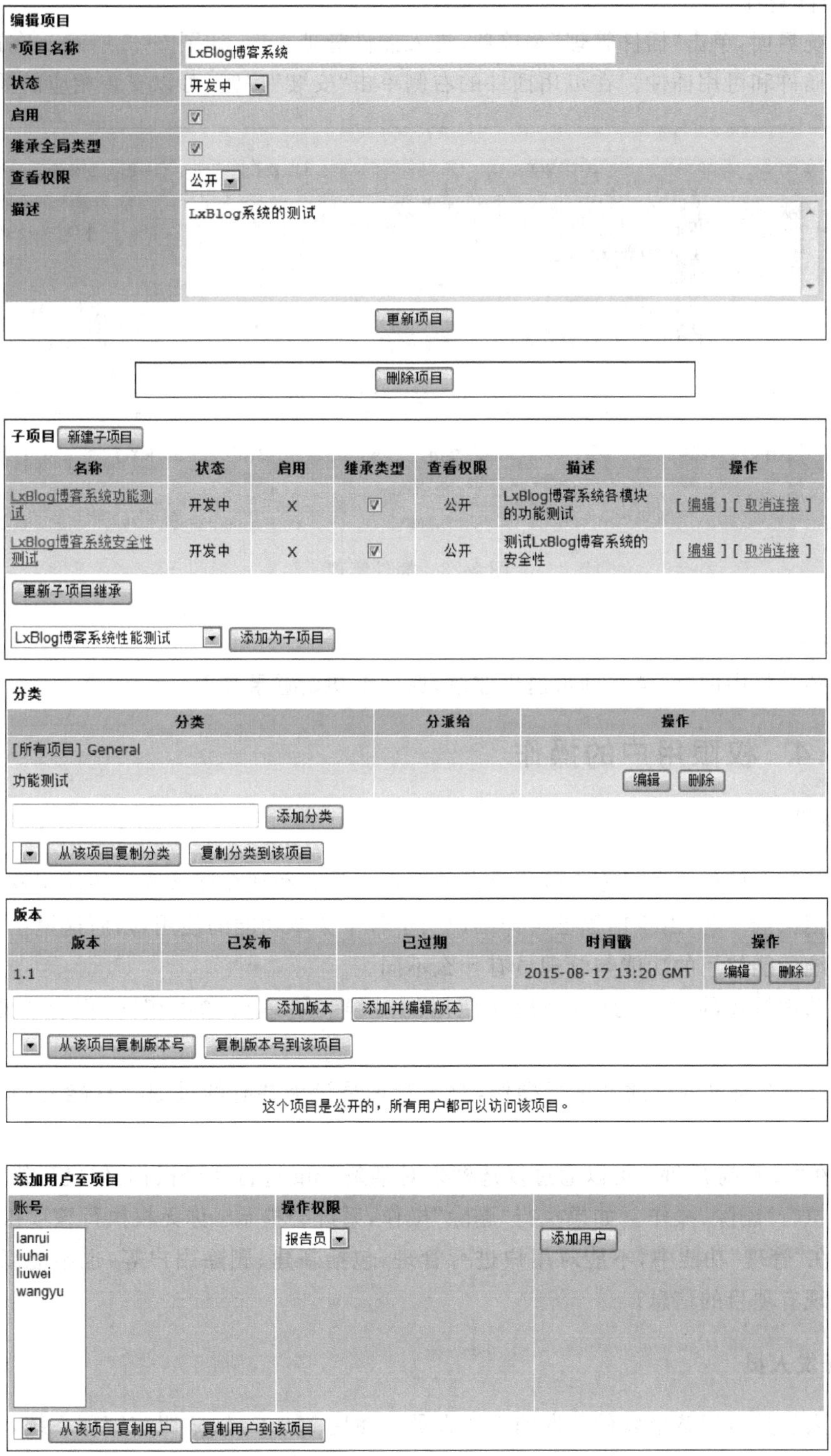

编辑项目

*项目名称	LxBlog博客系统
状态	开发中
启用	☑
继承全局类型	☑
查看权限	公开
描述	LxBlog系统的测试

更新项目

删除项目

子项目 新建子项目

名称	状态	启用	继承类型	查看权限	描述	操作
LxBlog博客系统功能测试	开发中	X	☑	公开	LxBlog博客系统各模块的功能测试	[编辑] [取消连接]
LxBlog博客系统安全性测试	开发中	X	☑	公开	测试LxBlog博客系统的安全性	[编辑] [取消连接]

更新子项目继承

LxBlog博客系统性能测试 添加为子项目

分类

分类	分派给	操作
[所有项目] General		
功能测试		编辑 删除

添加分类

从该项目复制分类 复制分类到该项目

版本

版本	已发布	已过期	时间戳	操作
1.1			2015-08-17 13:20 GMT	编辑 删除

添加版本 添加并编辑版本

从该项目复制版本号 复制版本号到该项目

这个项目是公开的，所有用户都可以访问该项目。

添加用户至项目

账号	操作权限	
lanrui liuhai liuwei wangyu	报告员	添加用户

从该项目复制用户 复制用户到该项目

图 2-22 管理项目

4）插件管理

在系统界面，单击“插件管理”菜单项，进入插件管理页面，如图 2-23 所示。在这里可以看到已装插件和可用插件。在可用插件的右侧单击“安装”按钮，可以安装相应的插件。

已装插件

插件	说明	依赖于	优先级	已保护	操作
MantisBT Core 1.2.19	Core plugin API for the Mantis Bug Tracker. 作者：MantisBT Team 网址：http://www.mantisbt.org	没有依赖项			
MantisBT格式化 1.0b	官方文本处理和格式化工具. 作者：MantisBT Team 网址：http://www.mantisbt.org	MantisBT Core 1.2.0	3		[卸载]
Mantis图表 1.0	官方图表插件. 作者：MantisBT Team 网址：http://www.mantisbt.org	MantisBT Core 1.2.0	3		[卸载]

升级

可用插件

插件	说明	依赖于	操作
导入/导出问题 1.0	为MantisBT添加基于XML的导入导出功能. 作者：MantisBT Team 网址：http://www.mantisbt.org	MantisBT Core 1.2.0	[安装]

图 2-23 插件管理

5）注销

单击菜单栏中的“注销”，即可退出登录，返回至初始登录界面。

2.2.4 权限用户的操作

1. 经理

经理是整个软件开发过程中较为重要的管理人员。经理在该系统下的使用权限比起管理员来说稍微低一些，由于前面已经详细说明了各个菜单功能的使用，因而这里主要说明经理在本系统所能使用的功能与管理员有什么不同。

对于前面提及的菜单功能，经理在使用的时候和管理员基本相同，但存在以下几个差异。

(1) 只能对自己的过滤器进行操作，对于管理员设为共有的过滤器只能使用而不能进行操作。

(2) 在“查看问题”时，可以通过复选框来对某条 Bug 进行命令操作，但经理级别的工作人员不能执行“删除”操作。如果执行“删除”操作，系统会提示：你无权执行该项操作。

(3) 在“管理”功能中，不能对用户进行管理，包括新建、删除用户等，也不能新建项目，只能管理现有项目的信息。

2. 开发人员

开发人员是负责整个软件开发的工作人员。使用 Mantis 缺陷跟踪管理系统，开发人员可以及时地发现和解决软件缺陷。在该系统中，开发人员的权限比经理的权限低一些，从开始登录进入系统就能看出来，其主菜单栏的功能相对少一些。比起经理和管理员的菜单栏，少了“统计报表”和“管理”功能。

前面已经详细说明了各个菜单功能的使用，这里主要说明开发人员在本系统所能使用的功能与管理员的不同之处。

(1) 开发人员只能设置私有的过滤器，可以共享管理员和经理创建的且属性设置为公有的过滤器。

(2) 在“查看问题”的时候，可以通过复选框来对某条 Bug 进行命令操作，但开发人员不能执行“删除”操作。如果执行“删除”操作，系统会提示：你无权执行该项操作。

3. 修改人员

修改人员，就是负责修改问题的工作人员。修改人员的主菜单和开发人员的一样，但其使用权限还是比开发人员稍低一些，下面来具体说明一下操作区别。

(1) 不能创建过滤器，但是可以使用由其他工作人员创建且属性被设为公有的过滤器。

(2) 在“查看问题”的时候，可以通过复选框来对某条 Bug 进行命令操作，修改人员只能进行“复制”、“更新优先级”、“更新状态”、“更新视图状态”操作，对于其他的命令操作则无权执行。

(3) 在“我的视图”页面，没有“分派给我的(尚未解决)”状态的 Bug 数据列表，因为对于修改人员来说，不能将 Bug 直接指派给他。因此，相应的界面上没有这类数据的显示。

4. 报告人员

报告人员，就是专门负责提交 Bug 报告的工作人员。报告人员的主菜单与开发人员和修改人员的一样，但是其使用权限比修改人员低一些。下面来具体说明一下操作区别。

(1) 不能创建过滤器，但是可以使用由其他工作人员创建且属性被设为公有的过滤器。

(2) 在“查看问题”的时候，对 Bug 数据列表不能进行任何命令操作。

(3) 在“我的视图”页面，没有“分派给我的(尚未解决)”状态的 Bug 数据列表，因为对于报告人员来说，也不能将 Bug 直接指派给他。因此，相应的界面上没有这类数据的显示。

5. 查看人员

查看人员，顾名思义就是只具有查看权限的工作人员，在 Mantis 系统中，其权限最低，功能主菜单也相应更少。查看人员对于 Mantis 系统的操作功能基本上没有使用权限(除了个人资料的功能外)，而只能查看各个项目的 Bug 流程及具体情况。

2.2.5 指派给我的工作

当工作人员登录系统后，在“我的视图”界面，单击“分派给我的(未解决)”中的问题编号链接，将进入分派任务的问题界面。在这个页面，将问题的信息分为 7 个数据块来显示。

1. 查看问题详细信息

在页面上的第一个数据块显示的是问题(Issue)的详细资料，在这个数据表格可以进行下列操作。

(1) 查看注释：单击此链接，则直接跳转到该页面的注释数据。

(2) 发送提醒：单击此链接，则可以对某个工作人员发送提醒，直接在该工作人员的监视 Issue 视图里生成，并在该 Issue 的注释里也增加一条记录。注意：这个功能除了查看人员之外，其他工作人员都可以使用。

(3) 问题历史：单击此链接，则直接跳转到该页面的问题历史数据。

(4) 打印：单击此链接，则直接在网页上生成这个问题的详细数据，可以通过浏览器提供的打印功能进行打印。

(5) 编辑：如果问题的信息需要修改，则单击“编辑”按钮，直接进入问题编辑页面。根据需要修改信息，然后单击“更改信息”按钮，如果不修改，可以单击“返回到问题”按钮，回到前面的页面。注意：修改问题信息只有管理员、经理、开发人员和修改人员能使用。

(6) 分派给：这个功能可以把当前的问题直接分派给选定的工作人员。注意：分派功能只有管理员、经理、开发人员以及修改人员具有，而且只有管理员才能指派给自身。

(7) 状态改为：这个功能可以把当前的问题流程状态直接修改。注意：修改状态功能只有管理员、经理、开发人员可以使用。

(8) 监视：这个功能可以把当前这个问题置为所监视的问题范围之内。注意：这个功能除了查看人员之外，其他工作人员都可以使用。

(9) 创建子问题：这个功能主要是创建与当前问题相关的问题，单击按钮进入如图 2-24 所示的页面。在“与上级问题关联”中设定创建子项后和当前问题的关系。同时在“关联”数据块中会增加一条记录。注意：创建子项功能只有管理员、经理、开发人员以及修改人员才能使用。

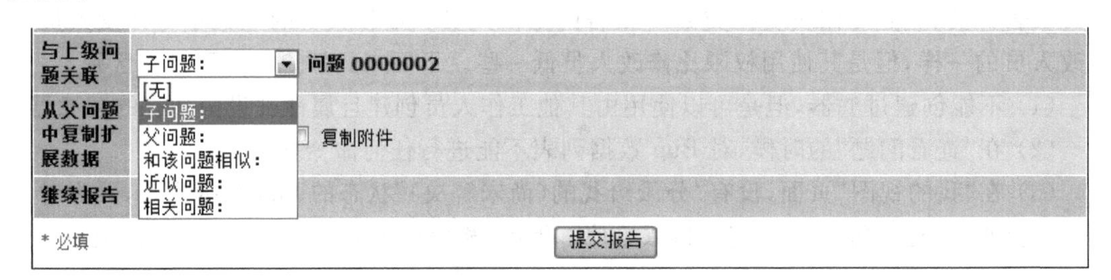

图 2-24　创建子问题

(10) 移动：单击“移动”按钮，将打开如图 2-25 所示的页面。选择下拉列表中的项目，然后单击“移动问题”按钮，即可以将该问题转移到所选的项目中去。注意：移动功能只有管理员、经理、开发人员才能使用。

图 2-25　移动问题

(11) 关闭：将该问题关闭，不再修改、讨论。注意：关闭功能只有管理员、经理才能使用。

(12) 删除问题：单击“删除问题”按钮，将直接删除该问题。注意：只有管理员才有这个权限。

2. 关联

关联主要是描述当前问题是否和别的问题有什么关系。在此界面可以进行如下操作。

(1) 增加关联：增加与当前问题有关联的问题，选择关系，输入问题编号，单击“添加”按钮即可完成添加。注意：只有管理员、经理、开发人员和修改人员才能使用这项功能。

(2) 查看相关问题：单击关联列表的问题编号链接，直接可以查看该关联问题的详细信息。

(3) 删除关联：对已经存在的关联数据进行删除操作。注意：只有管理员、经理、开发人员和修改人员才能使用这项功能。

3. 上传文件

在报告问题时，可以上传文件。如果当时没有上传，可以在此处重新上传。上传文件则显示在“查看问题资料”的附件属性的表格里。注意：这个功能除了查看人员之外，其他工作人员都可以使用。

4. 正在监视这个 Issue 的用户

如果当前问题被工作人员列入监视范围内，在此处则显示这些工作人员的账户。

5. 添加注释

在此处可以为当前问题增加注释，添加完毕后直接在之后的“问题注释”里增加一条记录。注意：这个功能除了查看人员之外，其他工作人员都可以使用。

6. Issue 注释

在此处显示该问题的所有公共注释，问题提醒发送的信息也作为注释记录陈列在下面。

7. Issue 历史记录

此处陈列了当前问题根据时间升序排列的所有历史操作记录。里面记录了操作时间，工作人员，对于字段的操作，以及 Issue 的改变。

2.3 软件缺陷管理实验

1. 实验目的

(1) 掌握缺陷管理的流程；

(2) 能用缺陷管理工具进行缺陷管理。

2. 实验环境

Windows 环境，Mantis 或其他缺陷管理软件，Office 办公软件。

3. 实验内容

(1) 选择一种缺陷管理工具，建立缺陷管理环境，并熟悉其缺陷管理流程和业务功能。
(2) 通过一个待测试软件，完整地实施缺陷管理流程。
(3) 针对待测试软件，撰写缺陷报告。

4. 实验步骤

(1) 安装缺陷管理工具，如 Mantis；
(2) 熟悉缺陷管理工具的缺陷管理流程和业务功能；
(3) 针对待测试软件，在缺陷管理系统中进行缺陷管理。

5. 实验思考题

(1) 如何有效管理和跟踪缺陷？
(2) 如何提交高质量的软件缺陷？
(3) 缺陷管理中，需要收集和统计哪些信息？从哪些角度去分析缺陷？

代码静态测试

3.1 代码静态测试

3.1.1 静态测试

静态测试(Static Testing)是指不运行被测试程序本身,仅通过分析或检查源程序的语法、结构、过程、接口等来检查程序的正确性。因为静态测试方法并不真正运行被测程序,只进行特性分析,所以,静态测试常常称为"静态分析"。静态测试是对被测程序进行特性分析方法的总称。

静态测试包括代码检查、静态结构分析、代码质量度量等。它可以由人工进行,充分发挥人的逻辑思维优势,也可以借助软件工具自动进行。代码检查包括代码走查、桌面检查、代码审查等。代码检查主要检查代码和设计的一致性,代码对标准的遵循,代码的可读性,代码的逻辑表达的正确性,代码结构的合理性等。

静态测试可以完成下列工作。

(1) 发现程序中的下列错误:错用局部变量和全局变量,未定义的变量,不匹配的参数,不适当的循环嵌套或分支嵌套,死循环,不允许的递归,调用不存在的子程序,遗漏标号或代码。

(2) 找出以下问题的根源:从未使用过的变量,不会执行到的代码,从未使用过的标号,潜在的死循环。

(3) 提供程序缺陷的间接信息:所用变量和常量的交叉应用表,是否违背编码规则,标识符的使用方法和过程的调用层次。

(4) 为进一步查找错误做好准备。

(5) 为测试用例选取提供指导。

(6) 进行符号测试。

静态测试成本低、效率较高,并且可以在软件开发早期阶段发现软件缺陷。因此静态测试是一种非常有效而重要的测试技术。在实际使用中,代码检查比动态测试更有效率,能快速找到缺陷,发现30%～70%的逻辑设计和编码缺陷,而且代码检查看到的是问题本身而非征兆。但是代码检查非常耗费时间,而且代码检查需要知识和经验的积累。

3.1.2 静态测试工具

静态测试工具直接对代码进行分析，不需要运行代码，也不需要对代码编译链接生成可执行文件。静态测试工具一般是对代码进行语法扫描，找出不符合编码规范的地方，根据某种质量模型评价代码的质量，生成系统的调用关系图等。

下面介绍几款常用的静态测试工具。

1. PC-lint

PC-lint是GIMPEL SOFTWARE公司开发的C/C++软件代码静态分析工具，它的全称是PC-lint/FlexeLint for C/C++。PC-lint能够在Windows、MS-DOS和OS/2平台上使用，以二进制可执行文件的形式发布，而FlexeLint运行于其他平台，以源代码的形式发布。PC-lint在全球拥有广泛的客户群，许多大型的软件开发组织都把PC-lint检查作为代码走查的第一道工序。PC-lint不仅能够对程序进行全局分析，识别没有被适当检验的数组下标，报告未被初始化的变量，警告使用空指针以及冗余的代码，还能够有效地提出许多程序在空间利用、运行效率上的改进点。

网站地址：http://www.gimpel.com/html/index.htm

2. Checkstyle

Checkstyle是SourceForge下的一个项目，提供了一个帮助Java开发人员遵守某些编码规范的工具。它能够自动化代码规范检查过程，从而使得开发人员从枯燥的任务中解脱出来。Checkstyle可以有效检视代码，以便更好地遵循代码编写标准，特别适用于小组开发时彼此间的编码规范和统一。Checkstyle提供了高可配置性，以便适用于各种代码规范，除了使用它提供的几种常见标准之外，也可以定制自己的标准。

网站地址：http://checkstyle.sourceforge.net

3. Logiscope

Logiscope是IBM Rational(原Telelogic)推出的专用于软件质量保证和软件测试的产品。其主要功能是对软件做质量分析和测试以保证软件的质量，并可做认证、反向工程和维护，特别是针对要求高可靠性和高安全性的软件项目和工程。Logiscope支持4种源代码语言：C，C++，Java和Ada。

Logiscope工具集包含以下三个功能组件。

Logiscope RuleChecker：根据工程中定义的编程规则自动检查软件代码错误，可直接定位错误。RuleChecker包含大量标准规则，用户也可定制创建规则，自动生成测试报告。

Logiscope Audit：定位错误模块，可评估软件质量及复杂程度。Audit提供代码的直观描述，并自动生成软件文档。

Logiscope TestChecker：测试覆盖分析，显示没有测试的代码路径，基于源码结构分析。TestChecker直接反馈测试效率和测试进度，协助进行衰退测试。既可在主机上测试，也可在目标板上测试，支持不同的实时操作系统，并支持多线程。

4. Splint

Splint 是一个 GNU 免费授权的 Lint 程序，是一个动态检查 C 语言程序安全弱点和编写错误的程序。Splint 会进行多种常规检查，包括未使用的变量，类型不一致，使用未定义变量，无法执行的代码，忽略返回值，执行路径未返回，无限循环等错误。

网站地址：http://www.splint.org/

5. FindBugs

FindBugs 是由马里兰大学提供的一款开源 Java 静态代码分析工具。FindBugs 通过检查类文件或 JAR 文件，将字节码与一组缺陷模式进行对比从而发现代码缺陷，完成静态代码分析。FindBugs 既提供可视化 UI 界面，同时也可以作为 Eclipse 插件使用。

FindBugs 可以简单高效全面地发现程序代码中存在的 Bug，Bad Smell，以及潜在隐患。针对各种问题，FindBugs 提供了简单的修改意见供我们重构时进行参考。通过使用 FindBugs，可以一定程度上降低 Code Review 的工作量，并且会提高 Review 效率。

网站地址：http://findbugs.sourceforge.net/

3.2 Checkstyle

3.2.1 Checkstyle 简介

Checkstyle 是 SourceForge 下的一个项目，提供了一个帮助 Java 开发人员遵守某些编码规范的工具。Checkstyle 可以根据设置好的编码规则来检查代码，比如符合规范的变量命名，良好的程序风格等。它能够自动化代码规范检查过程，从而使开发人员从这项重要而枯燥的任务中解脱出来。

Checkstyle 是一款检查 Java 程序代码样式的工具，可以有效检视代码以便更好地遵循代码编写标准，特别适用于小组开发时彼此间的样式规范和统一。

Checkstyle 提供了高可配置性，以便适用于各种代码规范。可以只检查一种规则，也可以检查几十种规则，可以使用 Checkstyle 自带的规则，也可以自己增加检查规则。Checkstyle 支持几乎所有主流 IDE，包括 Eclipse、IntelliJ、NetBeans、JBuilder 等 11 种。

需要强调的是，Checkstyle 只能做检查，而不能修改代码。

Checkstyle 检验的主要内容如下。

(1) Annotations(注释)；

(2) Javadoc Comments(Javadoc 注释)；

(3) Naming Conventions(命名约定)；

(4) Headers(文件头检查)；

(5) Imports(导入检查)；

(6) Size Violations(检查大小)；

(7) Whitespace(空白)；

(8) Modifiers(修饰符)；

(9) Blocks(块);
(10) Coding Problems(代码问题);
(11) Class Design(类设计);
(12) Duplicates(重复);
(13) Metrics(代码质量度量);
(14) Miscellaneous(杂项)。

3.2.2 Checkstyle 规则文件

1. Checkstyle 原理

Checkstyle 配置是通过指定 modules 来应用到 Java 文件的。modules 是树状结构,以一个名为 Checker 的 module 作为 root 节点,一般的 checker 都会包括 TreeWalker 子 module。可以参照 Checkstyle 中的 sun_checks. xml,这是根据 Sun 的 Java 语言规范写的配置。

在 XML 配置文件中通过 module 的 name 属性来区分 module,module 的 properties 可以控制如何去执行这个 module,每个 property 都有一个默认值,所有的 check 都有一个 severity 属性,用它来指定 check 的 level。TreeWalker 为每个 Java 文件创建一个语法树,在节点之间调用 submodules 的 Checks。

2. Checkstyle 检查项

1) Annotations

(1) Annotation Use Style(注解使用风格)

这项检查可以控制要使用的注解的样式。

(2) Missing Deprecated(缺少 Deprecad)

检查 java. lang. Deprecated 注解或@deprecated 的 Javadoc 标记是否同时存在。

(3) Missing Override(缺少 Override)

当出现{@inheritDoc}的 Javadoc 标签时,验证 java. lang. Override 注解是否出现。

(4) Package Annotation(包注解)

这项检查可以确保所有包的注解都在 package-info. java 文件中。

(5) Suppress Warnings(抑制警告)

这项检查允许用户指定不允许 SuppressWarnings 抑制哪些警告信息,还可以指定一个 TokenTypes 列表,其中包含所有不能被抑制的警告信息。

2) Javadoc Comments

(1) Package Javadoc(包注释)

检查每个 Java 包是否都有 Javadoc 注释。

(2) Method Javadoc(方法注释)

检查方法或构造器的 Javadoc。

(3) Style Javadoc(风格注释)

验证 Javadoc 注释,以便于确保它们的格式。可以检查以下注释:接口声明、类声明、方法声明、构造器声明、变量声明。

(4) Type Javadoc(类型注释)

检查方法或构造器的 Javadoc。

(5) Variable Javadoc(变量注释)

检查变量是否具有 Javadoc 注释。

(6) Write Tag(输出标记)

将 Javadoc 作为信息输出。

3) Naming Conventions

(1) Abstract Class Name(抽象类名称)

检查抽象类的名称是否遵守命名规约。

(2) Class Type Parameter Name(类的类型参数名称)

检查类的类型参数名称是否遵守命名规约。

(3) Constant Names(常量名称)

检查常量(用 static final 修饰的字段)的名称是否遵守命名规约。

(4) Local Final Variable Names(局部 final 变量名称)

检查局部 final 变量的名称是否遵守命名规约。

(5) Local Variable Names(局部变量名称)

检查局部变量的名称是否遵守命名规约。

(6) Member Names(成员名称)

检查成员变量(非静态字段)的名称是否遵守命名规约。

(7) Method Names(方法名称)

检查方法名称是否遵守命名规约。

(8) Method Type Parameter Name(方法的类型参数名称)

检查方法的类型参数名称是否遵守命名规约。

(9) Package Names(包名称)

检查包名称是否遵守命名规约。

(10) Parameter Names(参数名称)

检查参数名称是否遵守命名规约。

(11) Static Variable Names(静态变量名称)

检查静态变量(用 static 修饰,但没用 final 修饰的字段)的名称是否遵守命名规约。

(12) Type Names(类型名称)

检查类的名称是否遵守命名规约。

4) Headers

(1) Header(文件头)

检查源码文件是否开始于一个指定的文件头。

(2) Regular Expression Header(正则表达式文件头)

检查 Java 源码文件头部的每行是否匹配指定的正则表达式。

5) Imports

(1) Avoid Star(Demand)Imports(避免通配符导入)

检查是否有 import 语句使用 * 符号。从一个包中导入所有的类会导致包之间的紧耦合,当一个新版本的库引入了命名冲突时,这样就有可能导致问题发生。

(2) Avoid Static Imports(避免静态导入)

检查没有静态导入语句。

(3) Illegal Imports(非法导入)

检查是否导入了指定的非法包。

(4) Import Order Check(导入顺序检查)

检查导入包的顺序/分组。

(5) Redundant Imports(多余导入)

检查是否存在多余的导入语句。如果一条导入语句满足以下条件,那么就是多余的:①它是另一条导入语句的重复。也就是,一个类被导入了多次。②从 java. lang 包中导入类,例如,导入 java. lang. String。③从当前包中导入类。

(6) Unused Imports(未使用导入)

检查未使用的导入语句。

CheckStyle 使用一种简单可靠的算法来报告未使用的导入语句。如果一条导入语句满足以下条件,那么就是未使用的:①没有在文件中引用。②它是另一条导入语句的重复。③从 java. lang 包中导入类。④从当前包中导入类。⑤可选:在 Javadoc 注释中引用它。

(7) Import Control(导入控制)

控制允许导入每个包中的哪些类。可用于确保应用程序的分层规则不会违法,特别是在大型项目中。

6) Size Violations(尺寸超标)

(1) Anonymous inner classes lengths(匿名内部类长度)

检查匿名内部类的长度。

(2) Executable Statement Size(可执行语句数量)

将可执行语句的数量限制为一个指定的限值。

(3) Maximum File Length(最大文件长度)

检查源码文件的长度。

(4) Maximum Line Length(最大行长度)

检查源码每行的长度。

(5) Maximum Method Length(最大方法长度)

检查方法和构造器的长度。

(6) Maximum Parameters(最大参数数量)

检查一个方法或构造器的参数的数量。

(7) Outer Type Number(外层类型数量)

检查在一个文件的外层(或根层)中声明的类型的数量。

(8) Method Count(方法总数)

检查每个类型中声明的方法的数量。

7) Whitespace

(1) Generic Whitespace(范型标记空格)

检查范型标记＜和＞的周围的空格是否遵守标准规约。

(2) Empty For Initializer Pad(空白 for 初始化语句填充符)

检查空的 for 循环初始化语句的填充符,也就是空格是否可以作为 for 循环初始化语句空位置的填充符。如果代码自动换行,则不会进行检查。

(3) Empty For Iterator Pad(空白 for 迭代器填充符)

检查空的 for 循环迭代器的填充符,也就是空格是否可以作为 for 循环迭代器空位置的填充符。

(4) No Whitespace After(指定标记之后没有空格)

检查指定标记之后没有空格。若要禁用指定标记之后的换行符,将 allowLineBreaks 属性设为 false 即可。

(5) No Whitespace Before(指定标记之前没有空格)

检查指定标记之前没有空格。若要允许指定标记之前的换行符,将 allowLineBreaks 属性设为 true 即可。

(6) Operator Wrap(运算符换行)

检查代码自动换行时,运算符所处位置的策略。

(7) Method Parameter Pad(方法参数填充符)

检查方法定义、构造器定义、方法调用、构造器调用的标识符和参数列表的左圆括号之间的填充符。如果标识符和左圆括号位于同一行,那么就检查标识符之后是否需要紧跟一个空格。如果标识符和左圆括号不在同一行,那么就报错,除非将规则配置为允许使用换行符。想要在标识符之后使用换行符,将 allowLineBreaks 属性设置为 true 即可。

(8) Paren Pad(圆括号填充符)

检查圆括号的填充符策略,也就是在左圆括号之后和右圆括号之前是否需要有一个空格。

(9) Typecast Paren Pad(类型转换圆括号填充符)

检查类型转换的圆括号的填充符策略。也就是,在左圆括号之后和右圆括号之前是否需要有一个空格。

(10) File Tab Character(文件制表符)

检查源码中没有制表符('\t')。

(11) Whitespace After(指定标记之后有空格)

检查指定标记之后是否紧跟了空格。

(12) Whitespace Around(指定标记周围有空格)

检查指定标记的周围是否有空格。

8) Regexp

(1) RegexpSingleline(正则表达式单行匹配)

检查单行是否匹配一条给定的正则表达式。可以处理任何文件类型。

(2) RegexpMultiline(正则表达式多行匹配)

检查多行是否匹配一条给定的正则表达式。可以处理任何文件类型。

(3) RegexpSingleLineJava(正则表达式单行 Java 匹配)

用于检测 Java 文件中的单行是否匹配给定的正则表达式。它支持通过 Java 注释抑制匹配操作。

9) Modifiers

(1) Modifier Order(修饰符顺序)

检查代码中的标识符的顺序是否符合指定的顺序。正确的顺序应当如下：public、protected、private、abstract、static、final、transient、volatile、synchronized、native、strictfp。

(2) Redundant Modifier(多余修饰符)

在以下部分检查是否有多余的修饰符：①接口和注解的定义；②final 类的方法的 final 修饰符；③被声明为 static 的内部接口声明。接口中的变量和注解默认就是 public、static、final 的，因此，这些修饰符也是多余的。因为注解是接口的一种形式，所以它们的字段默认也是 public、static、final 的。定义为 final 的类是不能被继承的，因此，final 类的方法的 final 修饰符也是多余的。

10) Blocks

(1) Avoid Nested Blocks(避免嵌套代码块)

找到嵌套代码块，也就是在代码中无节制使用的代码块。

(2) Empty Block(空代码块)

检查空代码块。

(3) Left Curly Brace Placement(左花括号位置)

检查代码块的左花括号的放置位置。通过 property 选项指定验证策略。

(4) Need Braces(需要花括号)

检查代码块周围是否有大括号，可以检查 do、else、if、for、while 等关键字所控制的代码块。

(5) Right Curly Brace Placement(右花括号位置)

检查 else、try、catch 标记的代码块的右花括号的放置位置。通过 property 选项指定验证策略。

11) Coding Problems

(1) Avoid Inline Conditionals(避免内联条件语句)

检测内联条件语句。

(2) Covariant Equals(共变 equals 方法)

检查定义了共变 equals()方法的类中是否同样覆盖了 equals(java.lang.Object)方法。

(3) Default Comes Last(默认分支置于最后)

检查 switch 语句中的 default 是否在所有的 case 分支之后。

(4) Declaration Order Check(声明顺序检查)

根据 Java 编程语言的编码规约，一个类或接口的声明部分应当按照以下顺序出现：①类(静态)变量。首先应当是 public 类变量，然后是 protected 类变量，再是 package 类变量(没有访问标识符)，最后是 private 类变量。②实例变量。首先应当是 public 类变量，然后是 protected 类变量，接下来是 package 类变量(没有访问标识符)，最后是 private 类变量。③构造器。④方法。

(5) Empty Statement(空语句)

检测代码中是否有空语句(也就是单独的;符号)。

(6) Equals Avoid Null(避免调用空引用的 equals 方法)

检查 equals()比较方法中，任意组合的 String 常量是否位于左边。

(7) Equals and HashCode(equals 方法和 hashCode 方法)

检查覆盖了 equals()方法的类是否也覆盖了 hashCode()方法。

(8) Explicit Initialization(显式初始化)

检查类或对象的成员是否显式地初始化为成员所属类型的默认值(对象引用的默认值为 null,数值和字符类型的默认值为 0,布尔类型的默认值为 false)。

(9) Fall Through(跨越分支)

检查 switch 语句中是否存在跨越分支。如果一个 case 分支的代码中缺少 break、return、throw 或 continue 语句,那么就会导致跨越分支。

(10) Illegal Catch(非法异常捕捉)

从不允许捕捉 java. lang. Exception、java. lang. Error、java. lang. RuntimeException 的行为。

(11) Illegal Throws(非法异常抛出)

这项检查可以用来确保类型不能声明抛出指定的异常类型。从不允许声明抛出 java. lang. Error 或 java. lang. RuntimeException。

(12) Illegal Tokens(非法标记)

检查不合法的标记。

(13) Illegal Type(非法类型)

检查代码中是否有在变量声明、返回值、参数中都没有作为类型使用过的特定类。包括一种格式检查功能,默认情况下不允许抽象类。

(14) Inner Assignment(内部赋值)

检查子表达式中是否有赋值语句,例如 String s = Integer. toString(i = 2);。

(15) JUnit Test Case(JUnit 测试用例)

确保 setUp()、tearDown()方法的名称正确,没有任何参数,返回类型为 void,是 public 或 protected 的。同样确保 suite()方法的名称正确,没有参数,返回类型为 junit. framewotk. Test,并且是 public 和 static 的。

(16) Magic Number(幻数)

检查代码中是否含有“幻数”,幻数就是没有被定义为常量的数值文字。默认情况下,-1、0、1、2 不会被认为是幻数。

(17) Missing Constructor(缺少构造器)

检查类(除了抽象类)是否定义了一个构造器,而不是依赖于默认构造器。

(18) Missing Switch Default(缺少 switch 默认分支)

检查 switch 语句是否含有 default 子句。

(19) Modified Control Variable(修改控制变量)

检查确保 for 循环的控制变量没有在 for 代码块中被修改。

(20) Multiple String Literals(多重字符串常量)

检查在单个文件中,相同的字符串常量是否出现了多次。

(21) Multiple Variable Declaration(多重变量声明)

检查每个变量是否使用一行一条语句进行声明。

(22) Nested For Depth(for 嵌套深度)

限制 for 循环的嵌套层数(默认值为 1)。

(23) Nested If Depth(if 嵌套深度)

限制 if-else 代码块的嵌套层数(默认值为 1)。

(24) Nested Try Depth(try 嵌套深度)

限制 try 代码块的嵌套层数(默认值为 1)。

(25) No Clone(没有 clone 方法)

检查是否覆盖了 Object 类中的 clone()方法。

(26) No Finalizer(没有 finalize 方法)

验证类中是否定义了 finalize()方法。

(27) Package Declaration(包声明)

确保一个类具有一个包声明,并且(可选地)包名要与源代码文件所在的目录名相匹配。

(28) Parameter Assignment(参数赋值)

不允许对参数进行赋值。

(29) Redundant Throws(多余的 throws)

检查 throws 子句中是否声明了多余的异常,例如重复异常、未检查的异常或一个已声明抛出的异常的子类。

(30) Require This(需要 this)

检查代码中是否使用了 this.,也就是说,在默认情况下,引用当前对象的实例变量和方法时,应当显式地通过 this. varName 或 this. methodName(args)这种形式进行调用。

(31) Return Count(return 总数)

限制 return 语句的数量,默认值为 2。可以忽略检查指定的方法(默认忽略 equals()方法)。

(32) Simplify Boolean Expression(简化布尔表达式)

检查是否有过于复杂的布尔表达式。现在能够发现诸如 if (b == true)、b || true、!false 等类型的代码。

(33) Simplify Boolean Return(简化布尔返回值)

检查是否有过于复杂的布尔类型 return 语句。

(34) String Literal Equality(严格的常量等式比较)

检查字符串对象的比较是否使用了==或!=运算符。

(35) SuperClone(父类 clone 方法)

检查一个覆盖的 clone()方法是否调用了 super. clone()方法。

(36) SuperFinalize(父类 finalize 方法)

检查一个覆盖的 finalize()方法是否调用了 super. finalize()方法。参考:清理未使用对象。

(37) Trailing Array Comma(数组尾随逗号)

检查数组的初始化是否包含一个尾随逗号。例如:

```
int[] a = new int[] {
            1,   2,   3, };
```

如果左花括号和右花括号都位于同一行,那么这项检查允许不添加尾随逗号。如:

```
return new int[] { 0 };
```

(38) Unnecessary Parentheses(不必要的圆括号)

检查代码中是否使用了不必要的圆括号。

(39) One Statement Per Line(每行一条语句)

检查每行是否只有一条语句。下面的一行将会被标识为出错。

```
x = 1; y = 2; //一行中有两条语句.
```

12) Class Design

(1) Designed For Extension(设计扩展性)

检查类是否具有可扩展性。更准确地说,它强制使用一种编程风格,父类必须提供空的“句柄”,以便子类实现它们。确切的规则是,类中可以由子类继承的非私有、非静态方法必须是:abstract 方法,或 final 方法,或有一个空的实现。

(2) Final Class(final 类)

检查一个只有私有构造器的类是否被声明为 final。

(3) Inner Type Last(最后声明内部类型)

检查嵌套/内部的类型是否在当前类的最底部声明(在所有的方法/字段的声明之后)。

(4) Hide Utility Class Constructor(隐藏工具类构造器)

确保工具类(在 API 中只有静态方法和字段的类)没有任何公有构造器。

(5) Interface Is Type(接口是类型)

Bloch 编写的 *Effective Java* 中提到,接口应当描述为一个类型。因此,定义一个只包含常量,但是没有包含任何方法的接口是不合适的。

(6) Mutable Exception(可变异常)

确保异常(异常类的名称必须匹配指定的正则表达式)是不可变的。

(7) Throws Count(抛出计数)

将异常抛出语句的数量配置为一个指定的限值(默认值为 1)。

(8) Visibility Modifier(可见性标识符)

检查类成员的可见性。只有 static final 的类成员可以是公有的,其他的类成员必须是私有的,除非设置了 protectedAllowed 属性或 packageAllowed 属性。

13) Duplicates

Strict Duplicate Code(严格重复代码)

逐行地比较所有的代码行,如果有若干行只有缩进有所不同,那么就报告存在重复代码。Java 代码中的所有的 import 语句都会被忽略,任何其他的行(包括 Javadoc、方法之间的空白行等)都会被检查。

14) Metrics

(1) Boolean Expression Complexity(布尔表达式复杂度)

限制一个表达式中的 &&、||、&、|、^等逻辑运算符的数量。

(2) Class Data Abstraction Coupling(类的数据抽象耦合)

这项度量会测量给定类中的其他类的实例化操作的次数。

(3) Class Fan Out Complexity(类的扇出复杂度)

一个给定类所依赖的其他类的数量。这个数量的平方还可以用于表示函数式程序(基于文件)中需要维护总量的最小值。

(4) Cyclomatic Complexity(循环复杂度)

检查循环复杂度是否超出了指定的限值。该复杂度由构造器、方法、静态初始化程序、实例初始化程序中的 if、while、do、for、?:、catch、switch、case 等语句,以及 && 和||运算符的数量所测量。它是遍历代码的可能路径的一个最小数量测量,因此也是需要的测试用例的数量。通常 1~4 是很好的结果,5~7 较好,8~10 就需要考虑重构代码了,如果大于 11,则需要马上重构代码。

(5) Non Commenting Source Statements(非注释源码语句)

通过对非注释源码语句(NCSS)进行计数,确定方法、类、文件的复杂度。这项检查遵守 Chr. Clemens Lee 编写的 JavaNCSS-Tool 中的规范。

(6) NPath Complexity(NPath 复杂度)

NPath 度量会计算遍历一个函数时,所有可能的执行路径的数量。它会考虑嵌套的条件语句,以及由多部分组成的布尔表达式(例如,A && B,C || D,等等)。

解释:在 Nejmeh 的团队中,每个单独的例程都有一个取值为 200 的非正式的 NPath 限值;超过这个限值的函数可能会进行进一步的分解,或者至少一探究竟。

15) Miscellaneous

(1) Array Type Style(数组类型风格)

检查数组定义的风格。有的开发者使用 Java 风格:public static void main(String[] args);有的开发者使用 C 风格:public static void main(String args[])。

(2) Descendent Token Check(后续标记检查)

检查在其他标记之下的受限标记。警告:这是一项非常强大和灵活的检查,但是与此同时,它偏向于底层技术,并且非常依赖于具体实现,因为,它的结果依赖于我们用来构建抽象语法树的语法。

(3) Final Parameters(final 参数)

检查方法/构造器的参数是否是 final 的。

(4) Indentation(代码缩进)

检查 Java 代码的缩进是否正确。

(5) New Line At End Of File(文件末尾的新行)

检查文件是否以新行结束。

(6) Todo Comment(TODO 注释)

这项检查负责 TODO 注释的检查。

(7) Translation(语言转换)

这是一项 FileSetCheck 检查,通过检查关键字的一致性属性文件,它可以确保代码的语言转换的正确性。可以使用两个描述同一个上下文环境的属性文件来保证一致性,如果它们包含相同的关键字。

(8) Uncommented Main(未注释 main 方法)

检查源码中是否有未注释的 main()方法(调试的残留物)。

(9) Upper Ell(大写 L)

检查 long 类型的常量在定义时是否由大写的 L 开头。注意,是 L,不是 l。

(10) Regexp(正则表达式)

这项检查可以确保指定的格式串在文件中存在,或者允许出现几次,或者不存在。

(11) Outer Type File Name(外部类型文件名)

检查外部类型名称是否与文件名称匹配。例如,类 Foo 必须在文件 Foo.java 中。

16) Other

(1) Checker(检查器)

每个 Checkstyle 配置的根模块,不能被删除。

(2) TreeWalker(树遍历器)

FileSetCheck TreeWalker 会检查单个的 Java 源码文件,并且定义了适用于检查这种文件的属性。

17) Filters

(1) Severity Match Filter(严重度匹配过滤器)

Severity Match Filter 过滤器会根据事件的严重级别决定是否要接受审计事件。

(2) Suppression Filter(抑制过滤器)

在检查错误时,SuppressionFilter 过滤器会依照一个 XML 格式的策略抑制文件,选择性地拒绝一些审计事件。

(3) Suppression Comment Filter(抑制注释过滤器)

Suppression Comment Filter 过滤器使用配对的注释来抑制审计事件。

(4) Suppress With Nearby Comment Filter(抑制附近注释过滤器)

Suppress With Nearby Comment Filter 过滤器使用独立的注释来抑制审计事件。

3. Checkstyle 规则文件示例

Checkstyle 自带了几个配置文件,如 sun_checks.xml、sun_checks_eclispse.xml、google_checks.xml 等。sun_checks.xml 是严格符合 Sun 编码规范的。只是这些配置文件的检查太过严格,任何一个项目都会检查出上千个 Warning 来。

用户可以根据自己的需要来撰写配置文件。

下面是一个 Checkstyle 配置文件示例。

```
<?xml version = "1.0" encoding = "UTF - 8"?>
 <!DOCTYPE module PUBLIC
          " - //Puppy Crawl//DTD Check Configuration 1.2//EN"
          "http://www.puppycrawl.com/dtds/configuration_1_2.dtd">
<module name = "Checker">
          <property name = "severity" value = "warning"/>
     <module name = "StrictDuplicateCode">
         <property name = "charset" value = "utf - 8" />
     </module>

     <module name = "TreeWalker">
         <! -- javadoc 的检查 -->
         <! -- 检查所有的 interface 和 class -->
         <module name = "JavadocType" />
```

```
<!-- 命名方面的检查 -->
<!-- 局部的 final 变量,包括 catch 中的参数的检查 -->
<module name = "LocalFinalVariableName" />
<!-- 局部的非 final 型的变量,包括 catch 中的参数的检查 -->
<module name = "LocalVariableName" />
<!-- 包名的检查(只允许小写字母) -->
<module name = "PackageName">
    <property name = "format" value = "^[a - z] + ( \.[a - z][a - z0 - 9]* )* $ " />
</module>
<!-- 仅仅是 static 型的变量(不包括 static final 型)的检查 -->
<module name = "StaticVariableName" />
<!-- 类型(Class 或 Interface)名的检查 -->
<module name = "TypeName" />
<!-- 非 static 型变量的检查 -->
<module name = "MemberName" />
<!-- 方法名的检查 -->
<module name = "MethodName" />
<!-- 方法的参数名 -->
<module name = "ParameterName " />
<!-- 常量名的检查 -->
<module name = "ConstantName" />
<!-- 没用的 import 检查 -->
<module name = "UnusedImports" />

<!-- 长度方面的检查 -->
<!-- 文件长度不超过 1500 行 -->
<module name = "FileLength">
    <property name = "max" value = "1500" />
</module>
<!-- 每行不超过 150 个字 -->
<module name = "LineLength">
    <property name = "max" value = "150" />
</module>
<!-- 方法不超过 150 行 -->
<module name = "MethodLength">
    <property name = "tokens" value = "METHOD_DEF" />
    <property name = "max" value = "150" />
</module>
<!-- 方法的参数个数不超过 5 个。并且不对构造方法进行检查 -->
<module name = "ParameterNumber">
    <property name = "max" value = "5" />
    <property name = "tokens" value = "METHOD_DEF" />
</module>

<!-- 空格检查 -->
<!-- 允许方法名后紧跟左边圆括号"(" -->
<module name = "MethodParamPad" />
<!-- 在类型转换时,不允许左圆括号右边有空格,也不允许与右圆括号左边有空格 -->
<module name = "TypecastParenPad" />
```

```
        <!-- 关键字 -->
        <!--
          每个关键字都有正确的出现顺序。
          比如 public static final XXX 是对一个常量的声明。如果使用 static public final
就是错误的。
         -->
        <module name="ModifierOrder" />
        <!-- 多余的关键字 -->
        <module name="RedundantModifier" />

        <!-- 对区域的检查 -->
        <!-- 不能出现空白区域 -->
        <module name="EmptyBlock" />
        <!-- 所有区域都要使用大括号 -->
        <module name="NeedBraces" />
        <!-- 多余的括号 -->
        <module name="AvoidNestedBlocks">
            <property name="allowInSwitchCase" value="true" />
        </module>

        <!-- 编码方面的检查 -->
        <!-- 不许出现空语句 -->
        <module name="EmptyStatement" />
        <!-- 不允许魔法数 -->
        <module name="MagicNumber">
            <property name="tokens" value="NUM_DOUBLE, NUM_INT" />
        </module>
        <!-- 多余的 throw -->
        <module name="RedundantThrows" />
        <!-- String 的比较不能用!= 和 == -->
        <module name="StringLiteralEquality" />
        <!-- if 最多嵌套三层 -->
        <module name="NestedIfDepth">
            <property name="max" value="3" />
        </module>
        <!-- try 最多被嵌套两层 -->
        <module name="NestedTryDepth">
            <property name="max" value="2" />
        </module>
        <!-- clone 方法必须调用了 super.clone() -->
        <module name="SuperClone" />
        <!-- finalize 必须调用了 super.finalize() -->
        <module name="SuperFinalize" />
        <!-- 不能 catch java.lang.Exception -->
        <module name="IllegalCatch">
            <property name="illegalClassNames" value="java.lang.Exception" />
        </module>
        <!-- 确保一个类有 package 声明 -->
        <module name="PackageDeclaration" />
        <!-- 一个方法中最多有三个 return -->
        <module name="ReturnCount">
            <property name="max" value="3" />
```

```
            <property name = "format" value = "^$" />
        </module>
        <!--
          根据 Sun 编码规范,class 或 interface 中的顺序如下:
          1.class 声明。2.变量声明。3.构造函数 4.方法
         -->
        <module name = "DeclarationOrder" />
        <!-- 同一行不能有多个声明 -->
        <module name = "MultipleVariableDeclarations" />
        <!-- 不必要的圆括号 -->
        <module name = "UnnecessaryParentheses" />

        <!-- 杂项 -->
        <!-- 禁止使用 System.out.println -->
        <module name = "GenericIllegalRegexp">
            <property name = "format" value = "System\.out\.println" />
            <property name = "ignoreComments" value = "true" />
        </module>
        <!-- 检查并确保所有的常量中的 L 都是大写的。因为小写的字母 l 跟数字 1 太像了 -->
        <module name = "UpperEll" />
        <!-- 检查数组类型的定义是 String[] args,而不是 String args[] -->
        <module name = "ArrayTypeStyle" />
        <!-- 检查 Java 代码的缩进 默认配置:
             基本缩进 4 个空格,新行的大括号: 0。新行的 case 4 个空格
         -->
        <module name = "Indentation" />
    </module>
</module>
```

3.2.3 Checkstyle 的安装

Checkstyle 可以在 Eclipse 中直接通过网络更新,其安装步骤如下。

(1) 启动 Eclipse。

(2) 在菜单中单击 Help→Install New Software,将弹出 Install 对话框,单击 Add 按钮,将弹出 Add Repository 对话框。

(3) 在 Add Repository 对话框的 Name 文本框中输入 Checkstyle,在 Location 文本框中输入"http://eclipse-cs.sourceforge.net/update",如图 3-1 所示。

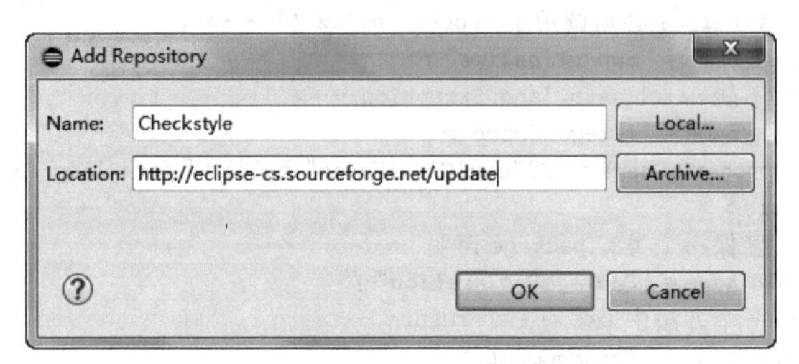

图 3-1 Add Repository 对话框

(4) 单击 OK 按钮，将打开 Available Software 窗口，如图 3-2 所示。

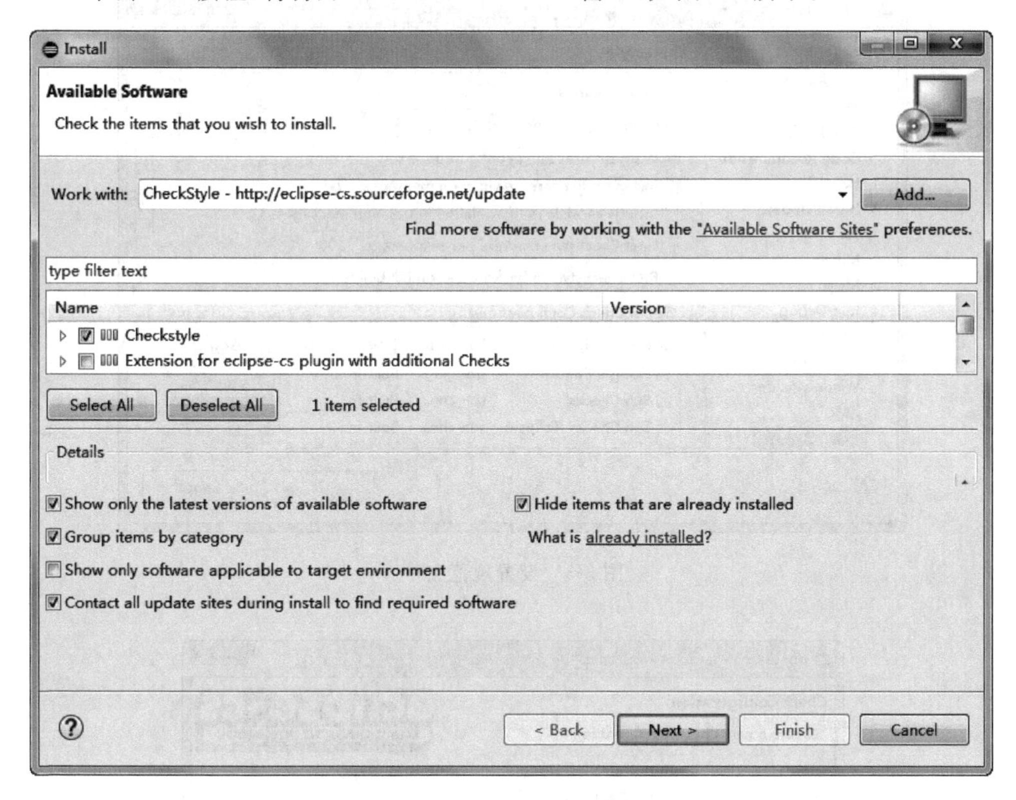

图 3-2 Available Software 窗口

选择 Checkstyle 复选框，然后单击 Next 按钮。按照提示依次完成后面的安装步骤。安装软件需要一定时间，请耐心等待。

(5) 安装完成后，重新启动 Eclipse，单击菜单栏中的 Windows→Preferences，在弹出的窗口中将看到 Checkstyle 选项。

Checkstyle 的下载地址为：http://sourceforge.net/projects/checkstyle/files/checkstyle/。

Checkstyle 的官方网址为：http://checkstyle.sourceforge.net。

3.2.4 Checkstyle 的应用

1. 设置规范文件

启动 Eclipse，单击菜单栏中的 Windows→Preferences，在弹出的窗口中将看到 Checkstyle 选项。单击 Checkstyle，在右侧窗格中将显示 Checkstyle 的相关信息，如图 3-3 所示。

单击 New 按钮，将打开 Check Configuration Properties 对话框，如图 3-4 所示。

首先选择文件类型，其中包括 Internal Configuration、External Configuration File、Remote Configuration 和 Project Relative Configuration 4 种类型。

Internal Configuration：内建于 Eclipse 的 workspace 中，位于 C:/Eclipse/plugins/net.sf.eclipsecs.core 目录下(本例中是将 Eclipse 放在 C 盘根目录下的)，无法在项目目录

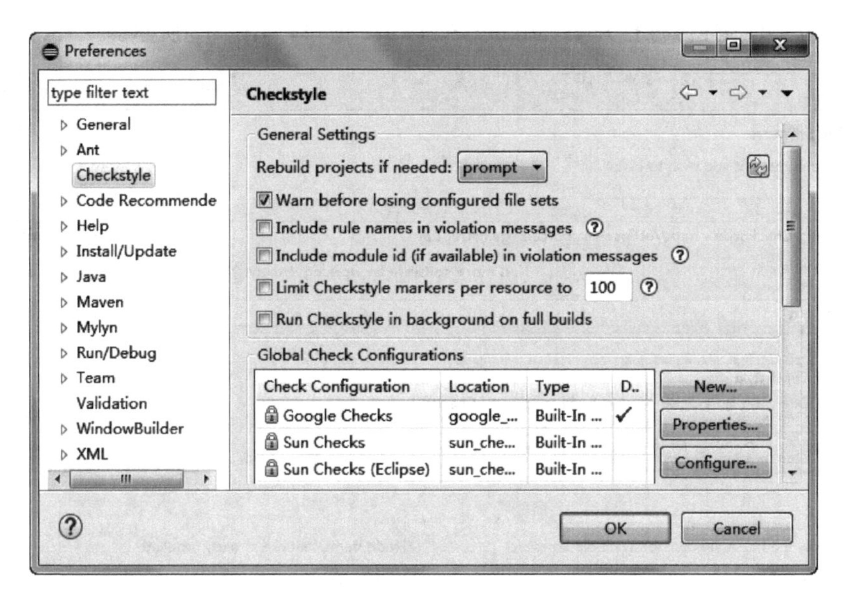

图 3-3 设置规范文件

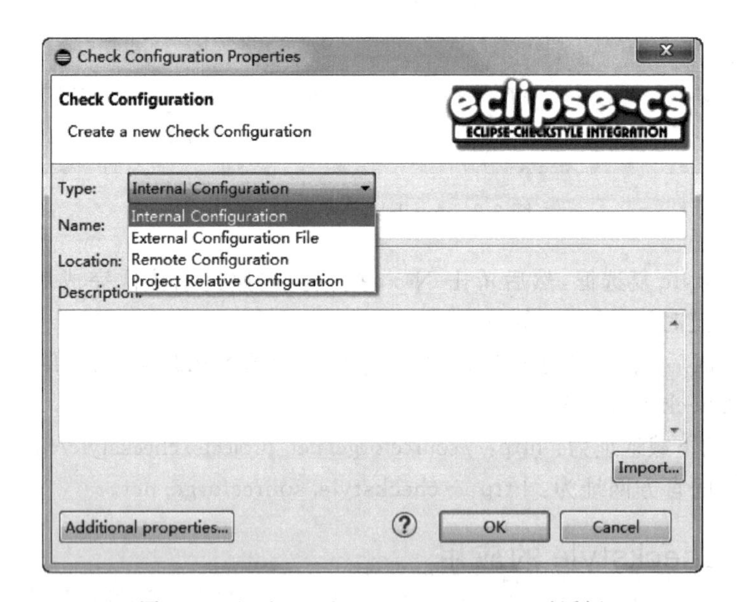

图 3-4 Check Configuration Properties 对话框

中看到。文件内容可从已有的规范文件中导入。单击右下的 Import 按钮，找到相应的规范文件即可，此时是将外部配置文件复制到 C:/Eclipse/plugins/ plugins/ net. sf. eclipsecs. core 目录下，重新命名。

External Configuration File：直接在项目中引用外部代码规范文件，并可以通过对规范进行配置来修改外部文件，适合团队协作开发。选择 Protect Checkstyle Configuration File 选项，以防止源文件被改写。

Remote Configuration：连接到远程代码规范文件，需要提供地址，用户名和密码。选择 Cache Configuration File 选项，对远程文件进行缓存处理。此文件的配置不可修改，否则经过配置后会修改原规范文件，删除掉原规范文件的所有注释。

Project Relative Configuration：当代码规范配置文件已经存在于 workspace 中的项目里时，适合于使用此选项。此处可以在确定配置类型后，直接从已有的规范文件中导入，单击 Import 按钮，找到相应的文件即可。

2. 代码规范配置选项

在代码规范配置中，不同的逻辑内容被划分为不同的 module，每个 module 下面有不同的子项目，如图 3-5 所示。

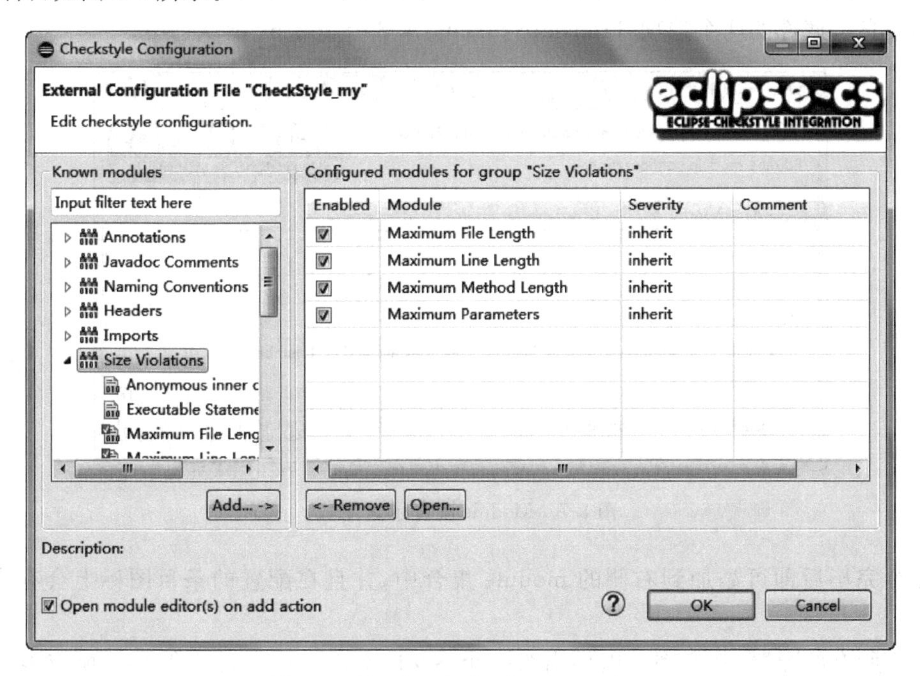

图 3-5　Checkstyle Configuration 窗口

从左侧条目数中，选择一个配置选项，单击 Add 按钮，弹出 New module 对话框，如图 3-6 所示。

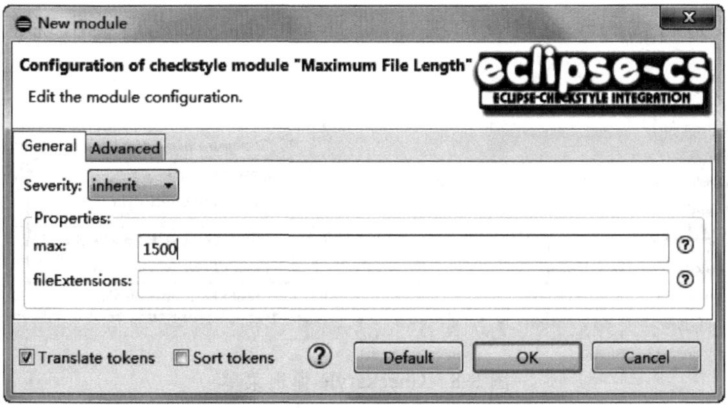

图 3-6　Module 配置示意图(a)

【注意】 系统中自带的规则文件不能配置，只有用户引入的或新建的才能配置。

在 New module 配置对话框中的 General 选项卡里，Severity 表示所出现的问题的严重性，选项值有 inherit、ignore、info、warning、error 5 个不同的等级。在下面的 Properties（属性）栏里，不同的 module 具有不同的属性。

Advanced 选项卡如图 3-7 所示。在 Advanced 选项卡中，Comment 中的内容为对该规范的说明信息。Id 属性用于定义同一个检查类型的不同实例，可以定义不同的检查条件。Custom check messages 是自定义的检查信息，即在发现代码不符合规范时，出现在 Problems 选项卡中 warnings 下的信息，以及将鼠标悬停在代码区域右侧的小放大镜上时出现的信息。底部的两个选项 Translate tokens 和 Sort tokens 默认选中。

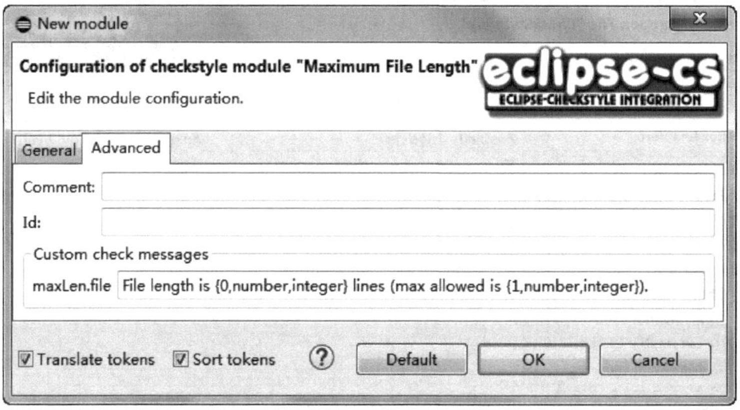

图 3-7 Module 配置示意图(b)

配置完毕后即可添加到右侧的 module 集合中，并且在配置的条目图标上会有小的对勾标识。

上面所有的配置，其实都可以导出为一个 XML 文件。该文件中保存了所有经过配置的 module 信息，方便配置文件的导入导出。

3. 执行规范检查

配置好代码检查规范后，即可使用 Checkstyle 进行检查。

右键单击要进行代码规范检查的项目，选择 Checkstyle 之后会出现子菜单，如图 3-8 所示。

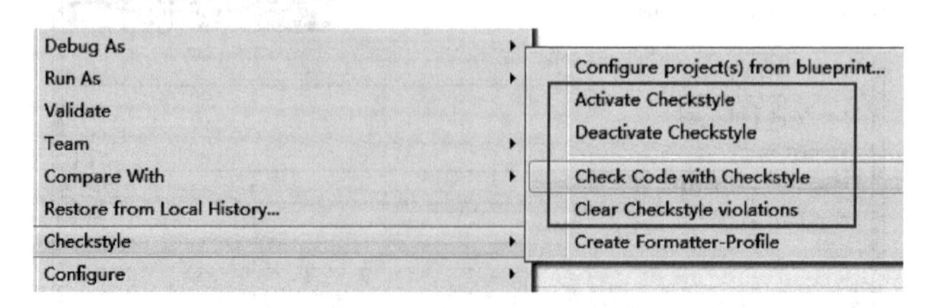

图 3-8 Checkstyle 弹出菜单

Activate Checkstyle：激活 Checkstyle。激活之后，就是开始动态检测。比如输入一行代码之后，这行代码如果不符合之前定义的规则，这行代码就会变成红色，并且会提示当前代码是什么问题。

Deactivate Checkstyle：不启用 Checkstyle 检查。

Check Code with Checkstyle：检测代码是否符合 Checkstyle 的规则。

Clear Checkstyle violations：清空当前所有的检测结果。

选择 Check Code with Checkstyle 菜单项，即可完成代码检查。检查后，Checkstyle 对有问题的代码会使用警告或错误标识，如图 3-9 所示。在编辑窗格下面的 Problems 选项卡中，可以看到问题的详细描述信息。

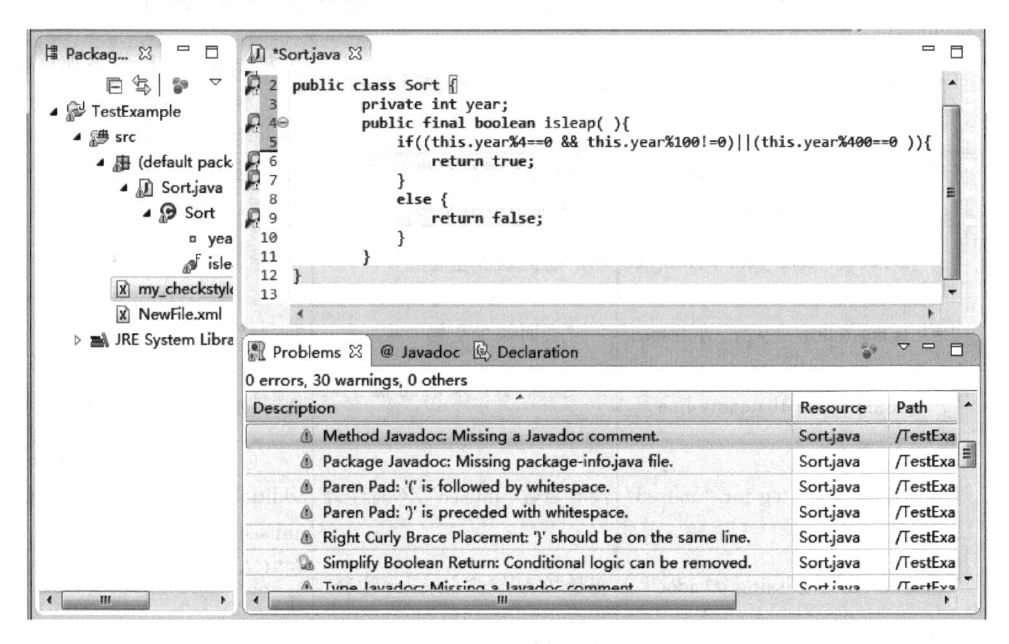

图 3-9 Checkstyle 检查信息

如果代码有问题，在左侧会显示小圆圈标记。将鼠标移动到小圆圈上面时将给出提示信息，如图 3-10 所示。

*Sort.java

```
1
2  public class Sort {
3          private int year;
4          public final boolean isleap( ){
5              if((this.year%4==0 && this.year%100!=0)||(this.year%400==0 )){
6                  return true;
7              }
8              else {
9   Right Curly Brace Placement: '}' should be on the same line.
10             }
11         }
12 }
13
```

图 3-10 查看错误信息

4. Checkstyle 常见的错误提示

表 3-1 中列举了一些常见的错误提示及解决办法。

表 3-1 Checkstyle 错误提示

序号	Checkstyle 错误提示信息	说　明	解决办法
1	Type is missing a javadoc commentClass	缺少类型说明	增加 javadoc 说明
2	"{" should be on the previous line	"{"应该位于前一行	把"{"放到上一行
3	Methods is missing a javadoc comment	方法前面缺少 javadoc 注释	添加 javadoc 注释
4	Expected @ throws tag for "Exception"	在注释中希望有@throws 的说明	在方法前的注释中添加这样一行：* @throws Exception if has error(异常说明)
5	". "is preceded with whitespace	". "前面不能有空格	把". "前面的空格去掉
6	". "is followed by whitespace	". "后面不能有空格	把". "后面的空格去掉
7	"=" is not preceded with whitespace	"="前面缺少空格	在"="前面加个空格
8	"=" is not followed with whitespace	"="后面缺少空格	在"="后面加个空格
9	"}" should be on the same line	"}"应该与下条语句位于同一行	把"}"放到下一行的前面
10	Unused @param tag for "unused"	没有参数"unused",不需注释	" * @param unused parameter additional(参数名称)"把这行unused 参数的注释去掉"
11	Variable "CA" missing javadoc	变量"CA"缺少 javadoc 注释	在"CA"变量前添加 javadoc 注释：/** CA. */
12	Line longer than 80 characters	行长度超过 80	把它分成多行写
13	Line contains a tab character	行含有"tab"字符	删除 tab
14	Redundant "public" modifier	冗余的"public" modifier	删除冗余的 public
15	Final modifier out of order with the JSL suggestion	Final modifier 的顺序错误	调整其顺序
16	Avoid using the ". * " form of import	import 格式避免使用". * "	
17	Redundant import from the same package	从同一个包中 import 内容	
18	Unused import-java. util. list	import 进来的 java. util. list 没有被使用	去掉导入的多余的类
19	Duplicate import to line 13	重复 import 同一个内容	去掉导入的多余的类
20	Import from illegal package	从非法包中 import 内容	
21	"while" construct must use "{}"	"while"语句缺少"{}"	给 while 循环体加上"{}"
22	Variable " ABC " must match pattern "^[a-z][a-zA-Z0-9] * $ "	变量"ABC"不符合命名规则"^[a-z][a-zA-Z0-9] * $ "	把这个命名改成符合规则的命名"aBC"
23	"(" is followed by whitespace	"("后面不能有空格	把"("后面的空格去掉

续表

序号	Checkstyle 错误提示信息	说　明	解决办法
24	“)” is proceeded by whitespace	“)”前面不能有空格	把“)”前面的空格去掉
25	Line matches the illegal pattern 'X'	含有非法字符	修改非法字符
26	Line has trailing spaces	多余的空行	删除这行空行
27	Must have at least one statement	至少有一个声明	try{}catch(){}中的异常捕捉里面不能为空，在异常里面加上语句
28	Switch without "default" clause	switch 语句判断没有 default 的情况处理	在 switch 中添加 default 语句
29	Redundant throws: 'NameNotFoundException' is subclass of 'NamingException'	'NameNotFoundException' 是'NamingException'的子类重复抛出异常	如果抛出两个异常，一个异常类是另一个的子类，那么只需要写父类
30	Parameter docType should be final	参数 docType 应该为 final 类型	在参数 docType 前面加个 final
31	Expected @param tag for 'dataManager'	缺少 dataManager 参数的注释	在注释中添加@param dataManager DataManager

3.3 FindBugs

3.3.1 FindBugs 简介

FindBugs 是由马里兰大学提供的一款开源 Java 静态代码分析工具。FindBugs 通过检查类文件或 JAR 文件，将字节码与一组缺陷模式进行对比从而发现代码缺陷，完成静态代码分析。FindBugs 既提供可视化 UI 界面，同时也可以作为插件使用。使用 FindBugs 有很多种方式，从 GUI、从命令行、使用 Ant、作为 Eclipse 插件程序和使用 Maven，甚至作为 Hudson 持续集成的插件。

FindBugs 可以简单高效全面地发现程序代码中存在的 Bug，Bad Smell，以及潜在隐患。针对各种问题，提供了简单的修改意见供我们重构时进行参考。通过使用 FindBugs，可以一定程度上降低 Code Review 的工作量，并且会提高 Review 效率。

FindBugs 自己定义了一系列的检测器，1.3.9 版本的检测器有 83 种 Bad practice(不好的习惯)，133 种 Correctness(正确性)，两种 Experimental(实验性问题)，一种 Internationalization(国际化问题)，12 种 Malicious code vulnerability(恶意的代码)，41 种 Multithreaded correctness(线程问题)，27 种 Performance(性能问题)，9 种 Security(安全性问题)，62 种 Dodgy(狡猾的问题)。

3.3.2 FindBugs 的安装

单击 Eclipse 菜单栏上的 Help→Eclipse Marketplace，将打开 Eclipse Marketplace 窗口，如图 3-11 所示。在 Find 输入框中输入“FindBug”，并按回车键。Eclipse 将搜索出：

FindBugs Eclipse Plugin 3.0.1。

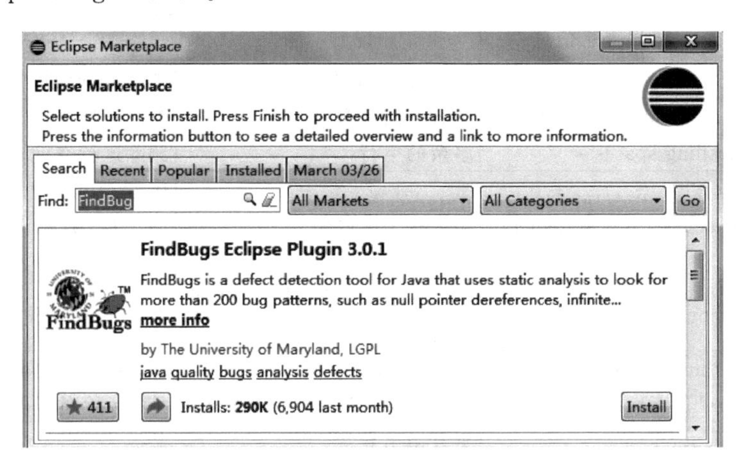

图 3-11 Eclipse Marketplace 窗口

单击 Install 按钮，Eclipse 将弹出 Confirm Selected Features 对话框，如图 3-12 所示。

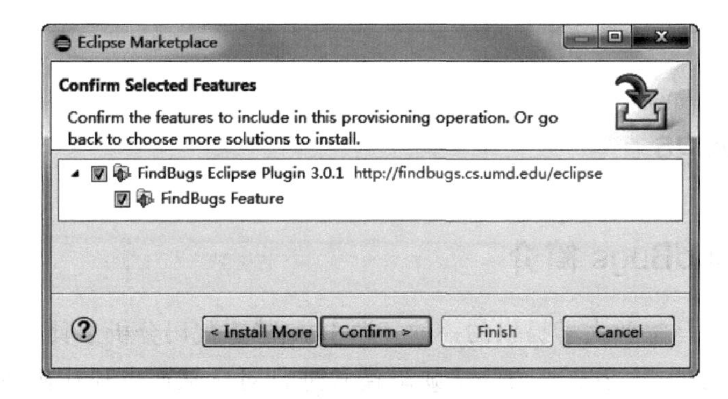

图 3-12 Confirm Selected Features 对话框

确认 FindBugs Eclipse Plugin 3.0.1 http://findbugs.cs.umd.edu/eclipse 复选框已经选中，然后单击 Confirm 按钮，Eclipse 将准备安装 FindBugs 插件。按照 Eclipse 的提示进行相应的操作，即可完成安装。

3.3.3 FindBugs 的使用

下面简要介绍 Eclipse 里面使用 FindBugs 进行简单测试的例子。

首先，创建练习工程 FindBugsTest，然后创建测试类 NextDateFrame。待测试代码如下。

```
import java.awt.*;
import java.awt.event.*;
import java.lang.Character;

public class NextDateFrame extends WindowAdapter implements ActionListener {
      Frame frame;
      Label lab0, lab1, lab2, lab3,lab4;
```

```
    TextField text1, text2, text3,text4;
    Button b1,b2;
    Dialog dlg1 = new Dialog(frame, "输入的日期无效",true);
    Dialog dlg2 = new Dialog(frame, "输入不能为空",true);
    Dialog dlg3 = new Dialog(frame, "输入非数字的字符",true);
    FlowLayout flayout;
    NextDate today;
    …
```

这个类里面有错误，以便测试用。代码写好之后，在类名上单击鼠标右键，将弹出右键菜单，如图 3-13 所示。

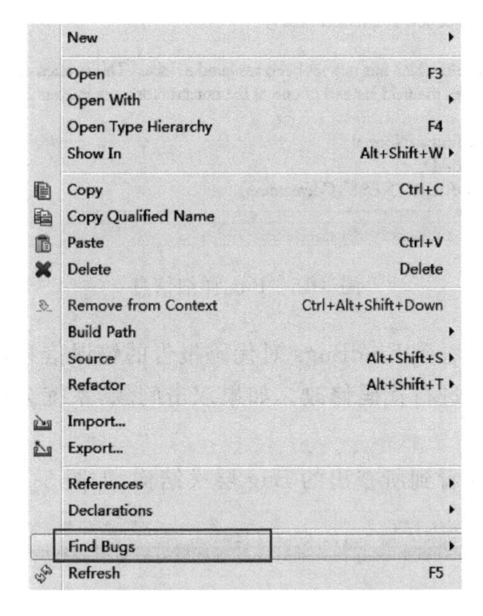

图 3-13 Find Bugs 右键菜单

选择 Find Bugs→Find Bugs 菜单项，FindBugs 将进行静态测试。如果代码中有缺陷，测试完成后，将在编辑框中有错误的代码行上显示 Bug 图标(臭虫标志)，如图 3-14 所示。

```
NextDateFrame.java    NextDate.java
 1
 2 import java.awt.*;
 3 import java.awt.event.*;
 4 import java.lang.Character;
 5
 6 public class NextDateFrame extends WindowAdapter implements ActionListener {
 7     Frame frame;
 8     Label lab0, lab1, lab2, lab3,lab4;
 9     TextField text1, text2, text3,text4;
10     Button b1,b2;
11     Dialog dlg1 = new Dialog(frame, "输入的日期无效",true);
12     Dialog dlg2 = new Dialog(frame, "输入不能为空",true);
13     Dialog dlg3 = new Dialog(frame, "输入非数字的字符",true);
14     FlowLayout flayout;
15     NextDate  today;
```

图 3-14 执行 FindBugs 检查

不同严重级别的 Bug，图标的颜色不同。Bug 图标的颜色有三种：黑色、红色和橘黄色。黑色的臭虫标志是分类。红色的臭虫表示严重 Bug，发现后必须修改代码。橘黄色的臭虫表示潜在警告性 Bug，应尽量修改。

用鼠标双击代码左侧的 Bug 图标，将在编辑窗口的下面显示 Bug 的详细信息，如图 3-15 所示。

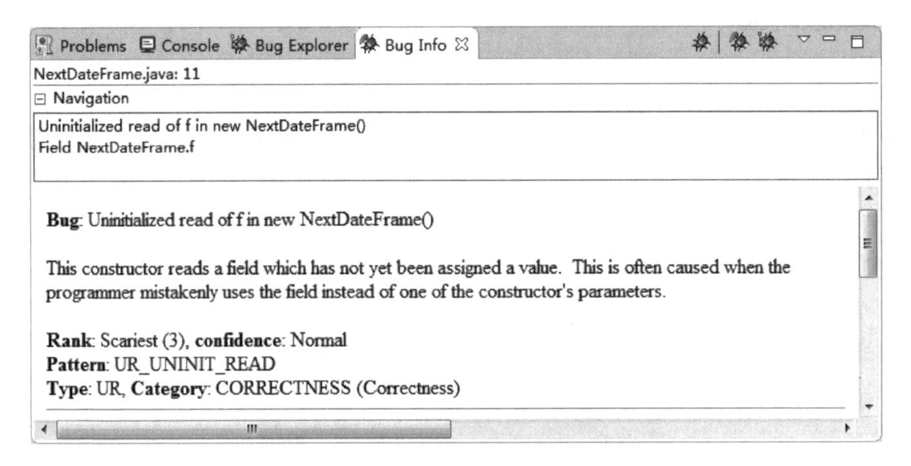

图 3-15 Bug 详细信息

根据详细的信息，可以看到 FindBugs 对代码报告的错误信息，及相应的处理办法，根据它的提示，可以快速方便地进行代码修改。如果双击问题，系统会自动跳转到相对应的问题所在行。

打开 Bugs Explore，将看到所查出的 Bug 层次结构，如图 3-16 所示。

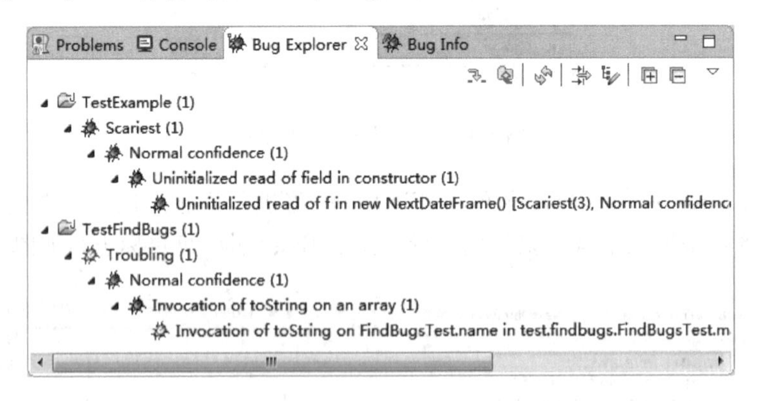

图 3-16 Bug Explorer

3.3.4 配置 FindBugs

如果执行 Find Bugs 菜单命令时，没有发现任何 Bug，可能是没有启动 FindBugs 检查。单击菜单 Project→Properties，将打开项目属性设置，如图 3-17 所示。选择 Enable project specific settings 和 Run automatically 复选框，然后单击 OK 按钮。重新执行 Find Bugs 菜单命令，即可启动 FindBugs 检查。

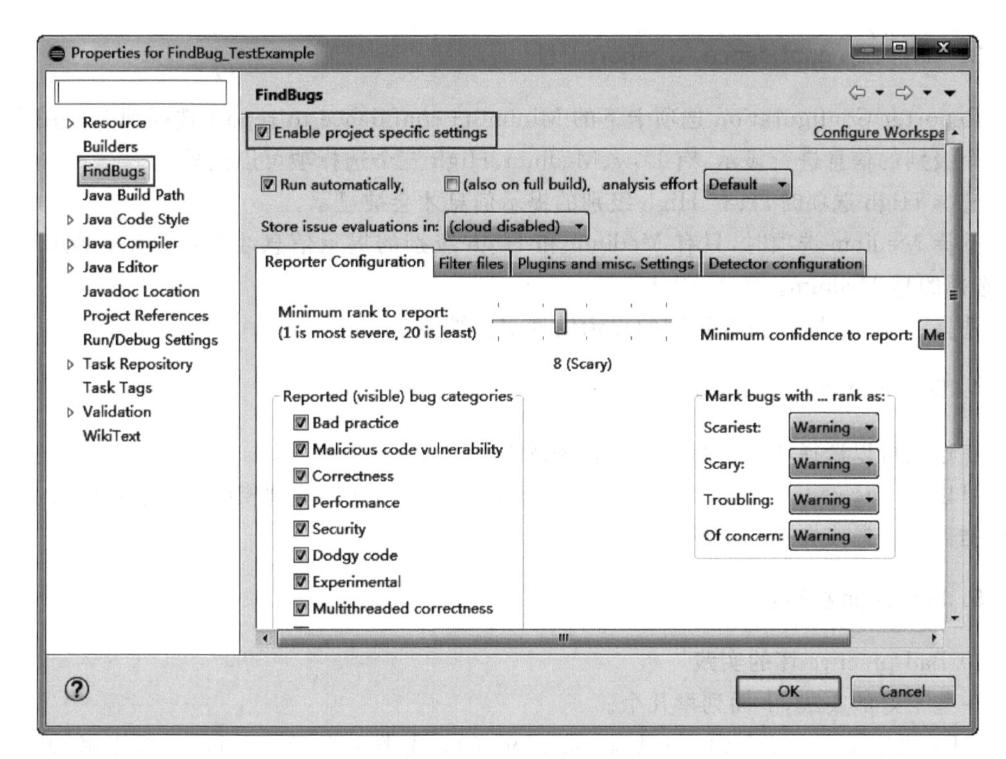

图 3-17　项目属性设置

下面介绍各设置项的内容。

1. Reported(visible) bug categories

Reporter Configuration 选项卡下的 Reported(visible) bug categories 有下列选项。

(1) Bad practice：关于代码实现中的一些不好的习惯。

(2) Malicious code vulnerability：关于恶意破坏代码相关方面的。

(3) Correctness：关于代码正确性相关方面的。

(4) Performance：关于代码性能相关方面的。

(5) Security：关于代码安全性防护的。

(6) Dodgy code：关于代码运行期安全方面的。

(7) Experimental：关于实验性问题的。

(8) Multithreaded correctness：关于代码多线程正确性相关方面的。

(9) Internationalization：关于代码国际化相关方面的。

例如，如果把 Performance 的检查项去掉(不选中它)，那么与 Performance 分类相关的警告信息就不会显示了。其他的与此类似。

2. Run automatically

当此项选中后，FindBugs 将会在用户修改 Java 类时自动运行。如果设置了 Eclipse 自动编译开关后，修改完 Java 文件并保存，FindBugs 就会运行，并将相应的信息显示出来。

当此项没有选中，只能每次在需要的时候自己去运行 FindBugs 来检查代码。

3. Minimum confidence to report

Reporter Configuration 选项卡下的 Minimum confidence to report 选择项是让用户选择哪个级别的信息进行显示，有 Low、Medium、High 三个选择项可以选择。

选择 High 选项时，只有 High 级别的提示信息才会被显示。

选择 Medium 选项时，只有 Medium 和 High 级别的提示信息才会被显示。默认情况下，选择的是 Medium。

选择 Low 选项时，所有级别的提示信息都会被显示。

4. Detector configuration

在这里可以选择所要进行检查的相关的 Bug Pattern 条目。

可以从 Bug codes、Detector name、Detector description 中看到相应的要检查的内容，可以根据需要选择或去掉相应的检查条件。

5. FindBugs 检测器

1) Bad practice 坏的实践

一些不好的实践，下面列举几个。

HE：类定义了 equals()，却没有 hashCode()；或类定义了 equals()，却使用 Object. hashCode()；或类定义了 hashCode()，却没有 equals()；或类定义了 hashCode()，却使用 Object. equals()；类继承了 equals()，却使用 Object. hashCode()。

SQL：Statement 的 execute 方法调用了非常量的字符串；或 Prepared Statement 是由一个非常量的字符串产生。

DE：方法终止或不处理异常，一般情况下，异常应该被处理或报告，或被方法抛出。

2) Correctness 一般的正确性问题

可能导致错误的代码，下面列举几个。

NP：空指针被引用；在方法的异常路径里，空指针被引用；方法没有检查参数是否 null；null 值产生并被引用；null 值产生并在方法的异常路径被引用；传给方法一个声明为@NonNull 的 null 参数；方法的返回值声明为@NonNull 而实际是 null。

Nm：类定义了 hashcode()方法，但实际上并未覆盖父类 Object 的 hashCode()；类定义了 tostring()方法，但实际上并未覆盖父类 Object 的 toString()；很明显的方法和构造器混淆；方法名容易混淆。

SQL：方法尝试访问一个 Prepared Statement 的 0 索引；方法尝试访问一个 ResultSet 的 0 索引。

UwF：所有的 write 都把属性置成 null，这样所有的读取都是 null，这样这个属性是否有必要存在；或属性从没有被 write。

Internationalization 国际化：当对字符串使用 upper 或 lowercase 方法，如果是国际的字符串，可能会不恰当的转换。

3) Malicious code vulnerability 可能受到的恶意攻击

如果代码公开，可能受到恶意攻击的代码，下面列举几个。

FI：一个类的 finalize()应该是 protected,而不是 public 的。

MS：属性是可变的数组；属性是可变的 Hashtable；属性应该是 package protected 的。

4）Multithreaded correctness 多线程的正确性

多线程编程时,可能导致错误的代码,下面列举几个。

ESync：空的同步块,很难被正确使用。

MWN：错误使用 notify(),可能导致 IllegalMonitorStateException 异常；或错误地使用 wait()。

No：使用 notify()而不是 notifyAll(),只是唤醒一个线程而不是所有等待的线程。

SC：构造器调用了 Thread. start(),当该类被继承时可能会导致错误。

5）Performance 性能问题

可能导致性能不佳的代码,下面列举几个。

DM：方法调用了低效的 Boolean 的构造器,而应该用 Boolean. valueOf(…)；用类似 Integer. toString(1)代替 new Integer(1). toString()；方法调用了低效的 float 的构造器,应该用静态的 valueOf 方法。

SIC：如果一个内部类想在更广泛的地方被引用,它应该声明为 static。

SS：如果一个实例属性不被读取,考虑声明为 static。

UrF：如果一个属性从没有被 read,考虑从类中去掉。

UuF：如果一个属性从没有被使用,考虑从类中去掉。

6）Dodgy 危险的

具有潜在危险的代码,可能运行期产生错误。下面列举几个。

CI：类声明为 final,但声明了 protected 的属性。

DLS：对一个本地变量赋值,但却没有读取该本地变量；本地变量赋值成 null,却没有读取该本地变量。

ICAST：整型数字相乘结果转化为长整型数字,应该将整型先转化为长整型数字再相乘。

INT：没必要的整型数字比较,如 X <= Integer. MAX_VALUE。

NP：对 readline()的直接引用,而没有判断是否为 null；对方法调用的直接引用,而方法可能返回 null。

REC：直接捕获 Exception,而实际上可能是 RuntimeException。

ST：从实例方法里直接修改类变量,即 static 属性。

3.4 Cppcheck

3.4.1 Cppcheck 简介

Cppcheck 是一个 C/C++代码缺陷静态检查工具,用来检查代码缺陷,如数组越界,内存泄漏等。不同于 C/C++ 编译器及其他分析工具,Cppcheck 只检查编译器检查不出来的 Bug,不检查语法错误。

Cppcheck 作为编译器的一种补充检查,对产品的源代码执行严格的逻辑检查。

Cppcheck 执行的检查包括以下几种。

(1) Out of bounds checking：边界检查，如数组越界检查。

(2) Memory leaks checking：内存泄漏检查。

(3) Detect possible null pointer dereferences：检查空指针引用。

(4) Check for uninitialized variables：检查未初始化的变量。

(5) Check for invalid usage of STL：异常 STL 函数使用检查。

(6) Checking exception safety：异常处理安全性检查。

(7) Warn if obsolete or unsafe functions are used：过期的函数或不安全的函数调用检查。

(8) Warn about unused or redundant code：未使用的或冗余的代码检查。

(9) Detect various suspicious code indicating bugs：检查代码中可能存在的各种 Bug。

(10) Check for auto variables：自动变量检查。

3.4.2 Cppcheck 的安装

1. 下载 Cppcheck

Cppcheck 是开源项目，可以从官网上获得其源代码，当前版本是 Cppcheck 1.69。

Cppcheck 官方地址：http://cppcheck.sourceforge.net/

2. 安装

双击已下载的 Cppcheck 源文件 cppcheck-1.69-x86-Setup.msi，进入安装界面，如图 3-18 所示。

图 3-18 Cppcheck 安装界面

单击 Next 按钮，按照提示信息进行操作，即可完成安装。

安装完后，双击 cppcheckgui.exe 启动其 GUI 程序，如图 3-19 所示。

工具栏第一个按钮可以用于添加待检测的目录。

【注意】 Cppcheck 不支持中文路径。

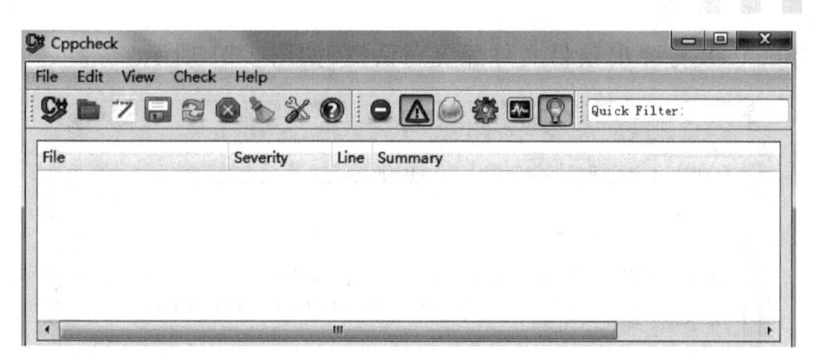

图 3-19 Cppcheck 主窗口

3.4.3 Cppcheck 的使用

1. 准备好待测试的程序(C/C++)

例如,在编译器中写一段程序代码,文件名为 file.c,代码如下所示。

```
int main()
{
    char a[10];
    a[10] = 0;
    return 0;
}
```

2. 新建测试项目

启动 Cppcheck,单击菜单栏中的 File→New Project File,将弹出 Select Project Filename 对话框,在"文件名"编辑框中输入项目文件名称,如 test1.cppcheck,然后单击"保存"按钮,如图 3-20 所示。

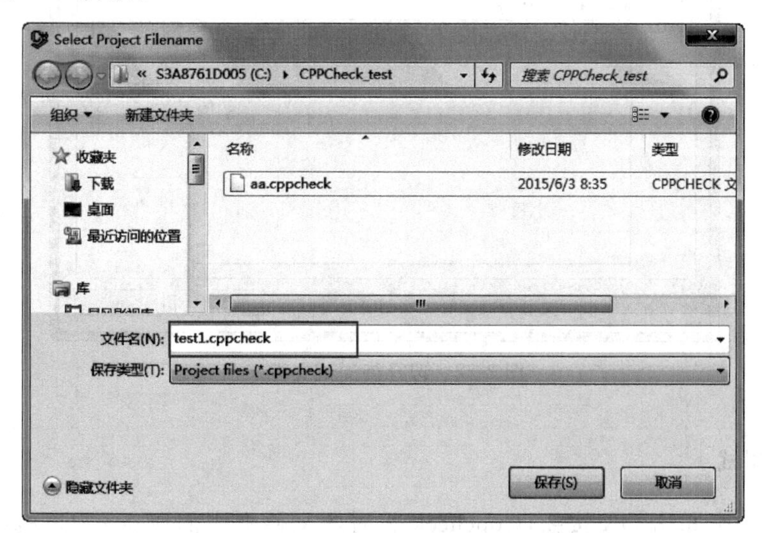

图 3-20 Select Project Filename 对话框

接下来，Cppcheck 将弹出项目文件配置对话框，如图 3-21 所示。

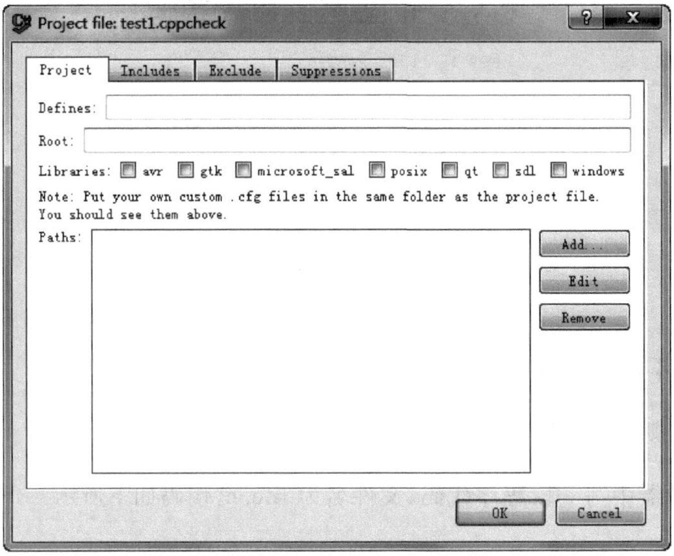

图 3-21　Project file 配置

在 Project 选项卡中，单击 Add 按钮，将弹出 Select a directory to check 对话框，选择待测试文件所在的文件夹。本例选择 file. c 所在的文件夹 CppCheck_test，然后单击“选择文件夹”按钮，此时在 Paths 文本框中，将出现所选择的文件夹，如图 3-22 所示。

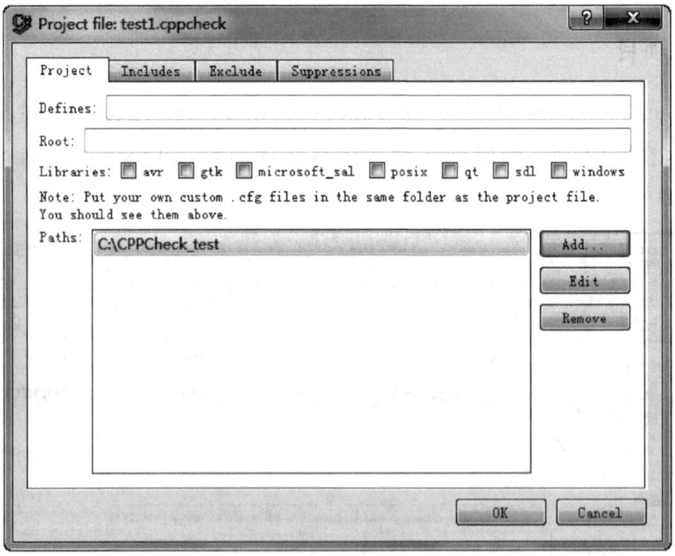

图 3-22　选择待测试文件夹

3. 执行测试

在图 3-22 中，单击 OK 按钮，Cppcheck 将对此文件夹中的所有 C/C++源文件进行测试。测试结果如图 3-23 所示。

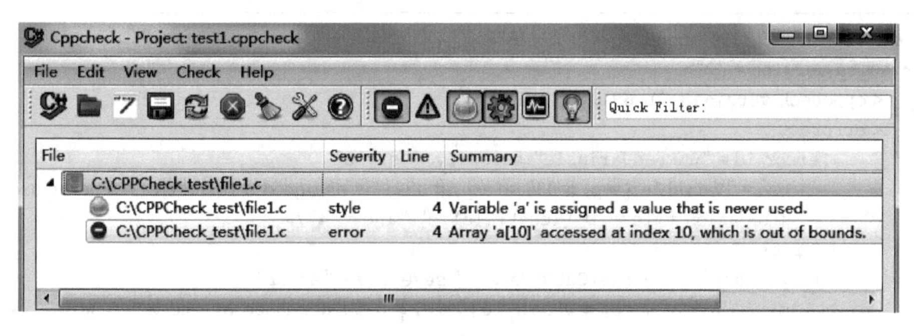

图 3-23 Cppcheck 测试结果

1）测试信息

在测试信息窗格中，各部分显示的内容如下。

File：被测试文件的文件名。

Severity：问题严重级别。

Line：出现的问题在文件中的行号。

Summary：问题描述的简要信息。

鼠标单击某项错误信息，将在窗口的下面显示错误的简要信息。如本例的信息为：

```
Variable 'a' is assigned a value that is never used.
Array 'a[10]' accessed at index 10, which is out of bounds.
```

2）问题严重级别

Cppcheck 中问题严重级别的定义如下。

error(错误)：used when bugs are found 出现的错误。

warning(警告)：suggestions about defensive programming to prevent bugs 为了预防 bug 出现的防御性编程建议。

style(风格)：stylistic issues related to code cleanup (unused functions, redundant code, constness, and such)编码格式问题(没有使用的函数，多余的代码、常量等)。

performance(性能)：Suggestions for making the code faster. These suggestions are only based on common knowledge. It is not certain you'll get any measurable difference in speed by fixing these messages. 建议优化该部分代码的性能。这些建议仅仅基于常识，并不能保证通过修复这些问题，代码运行速度能得到显著的提升。

portability(可移植性)：portability warnings, 64-bit portability, code might work different on different compilers, etc. 移植性警告，64 位可移植，代码可能在不同的编译器上运行情况不同。

information(信息)：Informational messages about checking problems. 关于问题检查的通知消息。

4. 保存测试结果

执行完测试后，可以将测试结果保存到文件。单击菜单栏 File→Save results to file，将弹出文件保存对话框。保存的文件格式为. xml。本例的测试文件内容如下。

```
<?xml version = "1.0" encoding = "UTF - 8"?>
< results version = "2">
    < cppcheck version = "1.69"/>
    < errors >
        < error id = "unreadVariable" severity = "style"
            msg = "Variable &amp; # 039;a&amp; # 039; is assigned a value that is never used." >
            < location file = "D:\Test\file1.c" line = "4"/>
        </error >
        < error id = "arrayIndexOutOfBounds" severity = "error"
            msg = "Array &amp; # 039;a[10]&amp; # 039; accessed at index 10, which is out of
bounds." >
            < location file = "D:\Test\file1.c" line = "4"/>
        </error >
    </errors >
```

3.5 PC-lint

3.5.1 PC-lint 简介

PC-lint 是 GIMPEL SOFTWARE 公司开发的 C/C++软件代码静态分析工具，它的全称是 PC-lint/Flexelint for C/C++。PC-lint 能够在 Windows、MS-DOS 和 OS/2 平台上使用，以二进制可执行文件的形式发布，而 Flexelint 运行于其他平台，以源代码的形式发布。PC-lint 在全球拥有广泛的客户群，许多大型的软件开发组织都把 PC-lint 检查作为代码走查的第一道工序。

PC-lint 是一个简单易用的代码静态检查工具。它可以帮助开发人员，检查出语法逻辑上的错误，还能够提出程序在空间利用、运行效率上的改进点。它也可以帮助测试人员检查源码是否符合 C/C++代码编写规范，是否有语法错误，如不匹配的参数、未使用过的变量、空指针的引用等；也可以找出代码逻辑性、合理性上的问题，如不适当的循环嵌套和分支嵌套、不允许的递归和可疑的计算等；还可以利用静态检查的结果做进一步的查错，且能为测试用例的编写提供些许的指导。使用 PC-lint 在代码走读和单元测试之前进行检查，可以提前发现程序隐藏错误，提高代码质量，节省测试时间。

PC-lint 具有下列特点。

(1) PC-lint 是一种静态代码检测工具，可以说，PC-lint 是一种更加严格的编译器，不仅可以像普通编译器那样检查出一般的语法错误，还可以检查出那些虽然完全合乎语法要求，但很可能是潜在的、不易发现的错误。

(2) PC-lint 不但可以检测单个文件，也可以从整个项目的角度来检测问题，PC-lint 在检查当前文件的同时还会检查所有与之相关的文件。

(3) PC-lint 支持几乎所有流行的编辑环境和编译器，比如 Borland C++从 1.×到 5.×各个版本、Borland C++Build、GCC、VC，VC. NET、Watcom C/C++、Source Insight、Intel C/C++等。

(4) 支持 Scott Meyes 的名著(*Effective C++/More Effective C++*)中所描述的各种

提高效率和防止错误的方法。

PC-lint 的官网站：http://www.gimpel.com/

3.5.2 PC-lint 的安装与配置

1. PC-lint 的安装

(1) 在 PC-lint 的官网下载安装包，解压后执行文件（当前版本是 pclint9setup.exe），将进入安装页面，如图 3-24 所示。

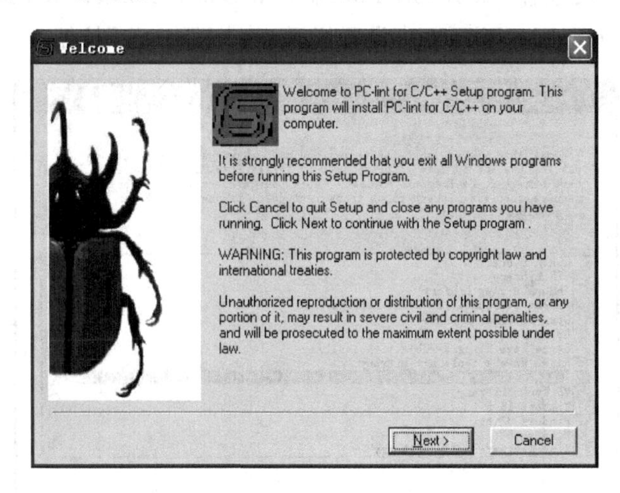

图 3-24 PC-lint 安装

(2) 单击 Next 按钮，进入新的页面，并单击 Next 按钮，将进入 PC-lint 的配置页面，如图 3-25 所示。

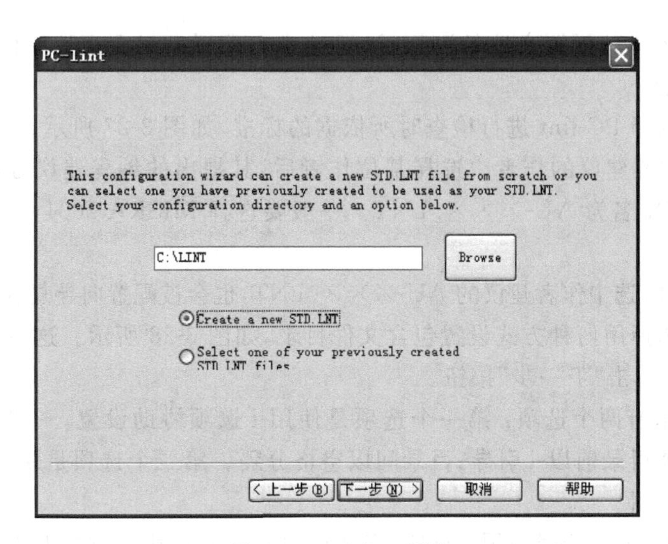

图 3-25 PC-lint 配置

Create a new STD.LNT 是创建或修改已有配置文件 STD.LNT 的选项。如果是第一次配置，则选择此选项。不修改配置路径(C:\LINT)，然后单击“下一步”按钮。

【说明】 界面中配置路径不修改的话就是 PC-lint 安装的路径“C:\ LINT”,新建的 STD. LNT 就存放在这个目录下,当然用户也可选择另外的配置路径存放生成的 STD. LNT。

(3) 接下来是选择编译器,在下拉框中选择自己使用的编程开发环境,即 PC-lint 要使用的地方。由于我们配置的是 VC++ 6. 0 环境,因此选择 Microsoft Visual C++ 6. ×(co-msc60. lnt)。然后单击“下一步”按钮。

(4) 在 Libraries 页面中,会看到一个库类型的列表,在这里选择一个或多个编译时使用的库,如图 3-26 所示。这一步就是依据读者的开发环境及 PC 的配置进行选择,对于 VC++ 6. 0 的环境,建议选择 Microsoft Foundation Class Library、Windows NT、Windows 32-bit 和 Standard Template Library。设置好后,单击“下一步”按钮。

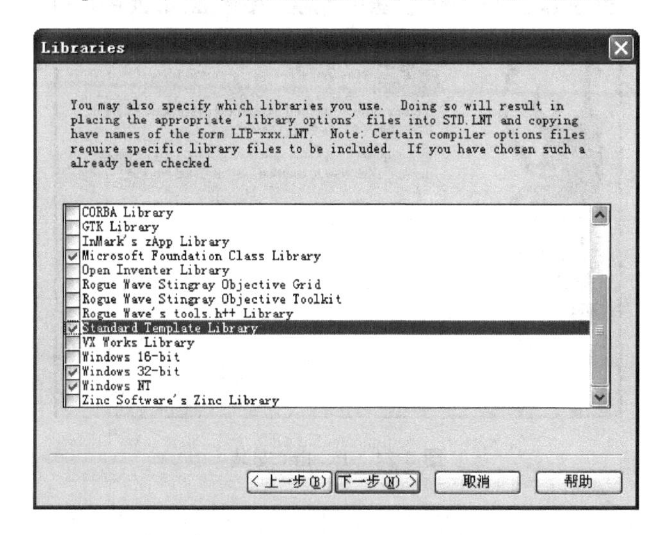

图 3-26 PC-lint Libraries 设置

【说明】 各种库的配置文件名为 lib-×××. lnt,配置向导会把选中的库的 lnt 配置文件复制到配置路径下。

(5) 接下来选择 PC-lint 进行检查时所依据的标准,如图 3-27 所示。其中列出了为 C/C++编程提出过重要建议的作者。选择某位作者后,其提出的编程建议方面的选项将被打开,作者建议的配置名为 AU-×××. LNT。一般要选择 MISRA 2004,这是目前高效编程中标准最好的。

【说明】 同样,选中作者建议的 AU-×××. LNT,也会被配置向导复制到配置路径下。

(6) 下面是选择用何种方式设置包含文件目录,如图 3-28 所示。这里选择“Create - i option”方式,然后单击“下一步”按钮。

【说明】 这里有两个选项:第一个选项是使用-i 选项协助设置。-i 选项体现在 STD. LNT 文件中,每个目录前以-i 引导,目录间以空格分隔。第二个选项是跳过这一步,手工设置。建议选择第一种。

(7) 如果第(6)步中选择使用-i 选项,安装程序会接着让用户选择开发环境的一些检查路径所对应的文件夹,主要是一些头文件。检查时会检查是否与这个头文件内容冲突了。

在文本框里,可以手工输入文件包含路径,用分号“;”或用 Ctrl+Enter 键换行来分隔多个包含路径。也可以单击 Browse 按钮,在目录树中直接选择,如图 3-29 所示。

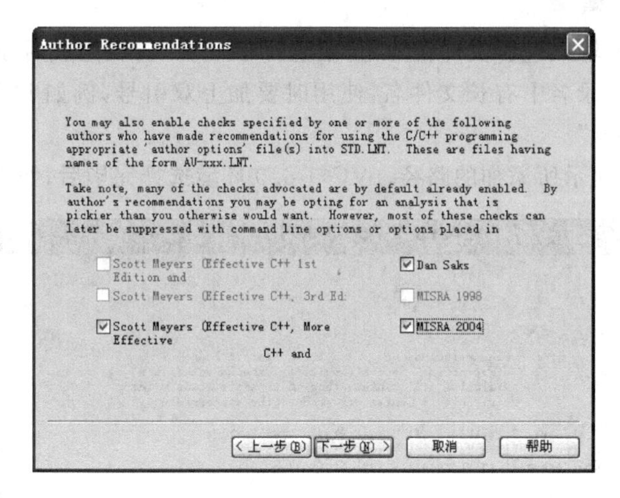

图 3-27　PC-lint Author Recommendations 设置

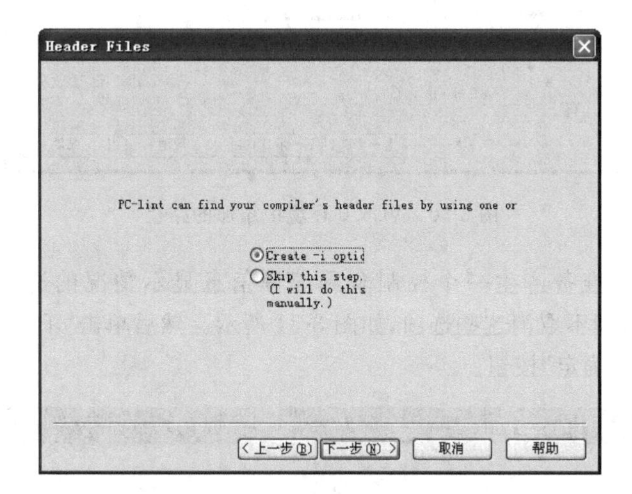

图 3-28　PC-lint Header Files 设置

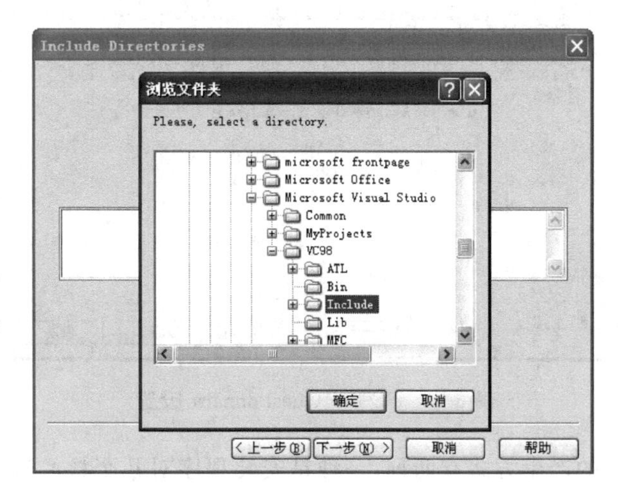

图 3-29　PC-lint Include Directories 设置

【说明】 如果不输入包含文件目录，直接选择下一步，安装完成后在 std.lnt 文件中手工添加。注意如果目录名中有长文件名，使用时要加上双引号，例如-i“E:\Program Files\MSVC\VC98\Include”。

添加完成后，将显示所添加的路径。VC++ 6.0 环境选择完毕后，如图 3-30 所示。

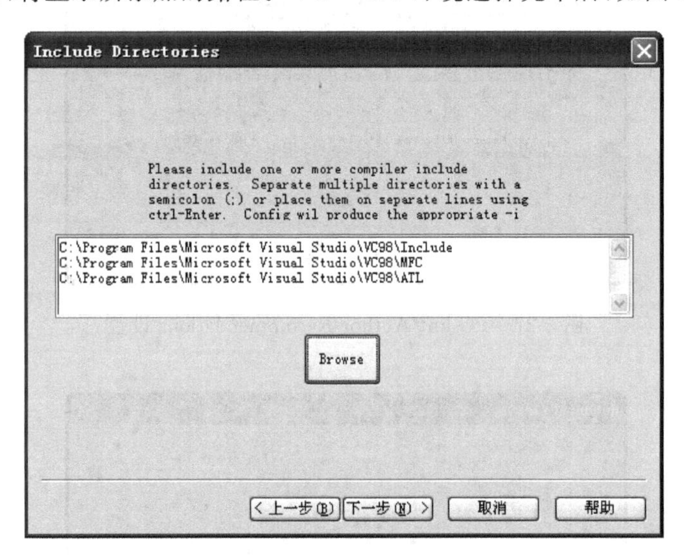

图 3-30 VC6.0 环境中添加的路径

(8) 接下来将会准备产生一个控制全局编译信息显示情况的选项文件 OPTIONS.LNT，这里选择 No，即不取消这些选项，如图 3-31 所示。然后单击“下一步”按钮，此时将弹出一个对话框，单击“确定”按钮。

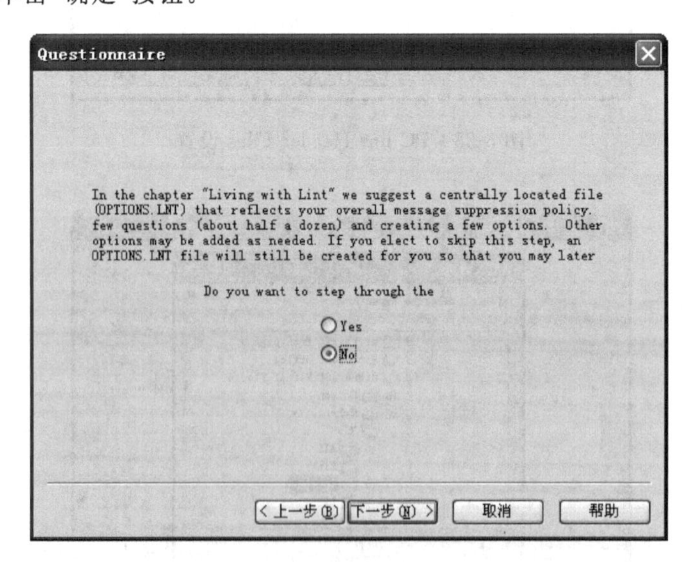

图 3-31 PC-lint Questionnaire 设置

【说明】 该文件的产生方式有两种，一种是安装程序对几个核心选项逐一解释并提问是否取消该选项，如果选择取消，则会体现在 OPTIONS.LNT 文件中，具体体现方式是在该类信息编码前加-e，后面有一系列逐一选择核心选项的过程。如果选择第二种选择方式，安装文件会生成一个空的 OPTIONS.LNT 文件，等以后在实际应用时加入必要的选项。

(9) 接着选择所支持的集成开发环境选项，可选多个或一个也不选，PC-lint 提供了集成在多种开发环境中工作的功能，例如，可集成在 VC、BC、Source Insight 中。这里选择 MS VC++6，这样 env-v6.lnt 就会被复制到配置路径中，如图 3-32 所示。

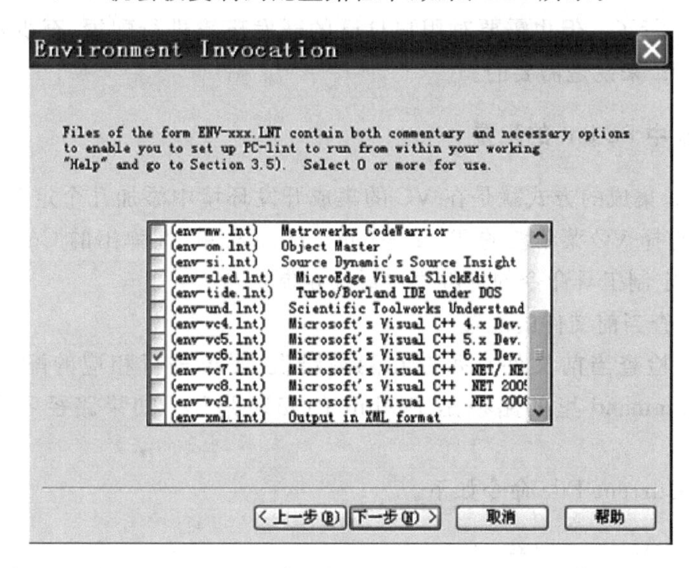

图 3-32 Environment Invocation 设置

(10) 安装程序会生成一个 LIN.BAT 文件，该文件是运行 PC-lint 的批处理文件，为了使该文件能在任何路径下运行，安装程序提供了两种方法供选择，如图 3-33 所示。第一种方法是选择把 LIN.BAT 复制到任何一个 PATH 目录下。第二种方法是生成一个 LSET.BAT 文件，在每次使用 PC-lint 前先运行它来设置路径，或者把 LSET.BAT 文件的内容复制到 AUTOEXEC.BAT 文件中。建议选择第一种方法，指定的目录为安装目录。

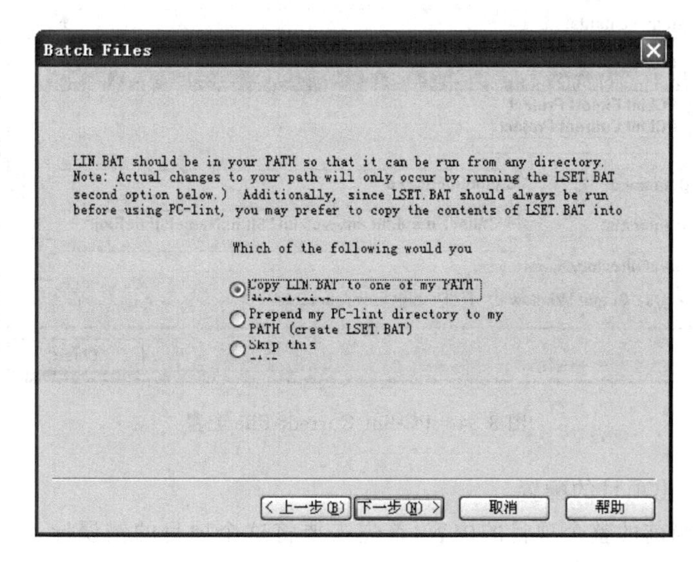

图 3-33 Batch Files 设置

【说明】 以上配置过程中在配置路径下产生的多个 *.lnt 文件，除了 std.lnt，std_a.lnt，std_b.lnt，option.lnt 为配置向导所生成，其他 co-xxx.lnt，lib-xxx.lnt，env-xxx.lnt 均是从 C:\lint9\lnt 中复制出来的，在这个目录下还有其他 PC-lint 所支持的编译器、库及集成开发环境的 lnt 配置文件，所有的 lnt 文件均为文本文件。

经过了上述步骤后，PC-lint 软件本身部分的配置就算完成，接下来只需要结合到用户自己的开发环境就行了。但也需要对用户自己的开发环境进行配置，至少对于 VC++ 6.0 或是 Source Insight 来说是需要的。

2. VC++ 6.0 中 PC-lint 的配置

PC-lint 与 VC 集成的方式就是在 VC 的集成开发环境中添加几个定制的命令，添加定制命令的方法是选择 VC 菜单栏的 Tools→Customize 菜单，在弹出的 Customize 窗口中选择 Tools 标签，在定制工具命令的标签页中添加定制命令。

1) PC-lint 检查当前文件的配置

使用 PC-lint 检查当前文件是否存在隐藏错误，需要进行相应的配置。配置内容如图 3-34 所示。Command 里的路径是 PC-lint 的安装路径。如果路径不同，仅需将路径替换。

配置 PClint Current File 命令如下。

```
Command: C:\lint\lint-nt.exe
Arguments: -i"C:\lint" -u std.lnt env-vc6.lnt "$(FileName)$(FileExt)"
```

其中，std.lnt 是为 VC 编译环境定制的配置文件，$(FileName)和$(FileExt)是 VC 集成开发环境的环境变量，"$(FileName)$(FileExt)"表示当前文件的文件名。

同时需要选中 Use Output Window 选项。

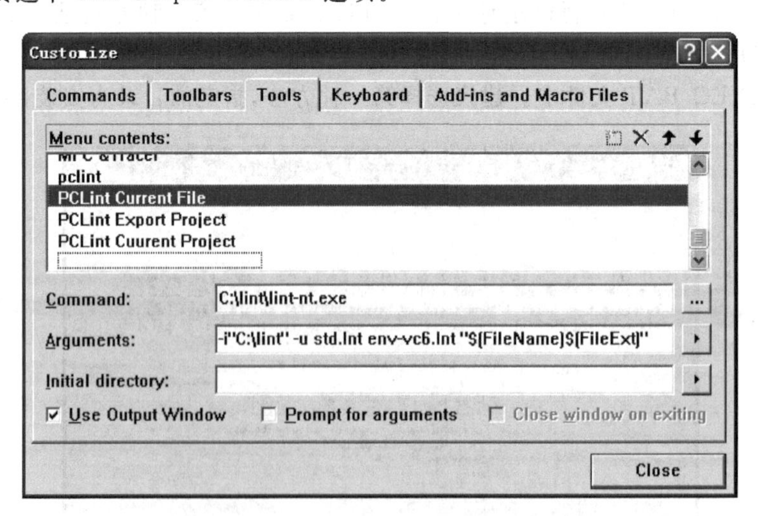

图 3-34　PC-lint Current File 配置

2) PC-lint 导出项目的配置

如果要检查当前的整个项目的内容，首先需要将这个项目的错误导入到某个文件。配置 PClint Export Project 命令如下。

```
Command: C:\lint\lint - nt.exe;
Arguments: + linebuf $ (TargetName).dsp > $ (TargetName).lnt;
```

参数+linebuf 表示加倍行缓冲的大小，最初是 600B，行缓冲用于存放当前行和读到的最长行的信息。$(TargetName)是 VC 集成开发环境的环境变量，表示当前激活的 Project 名字同时选中 Use Output Window 选项，如图 3-35 所示。

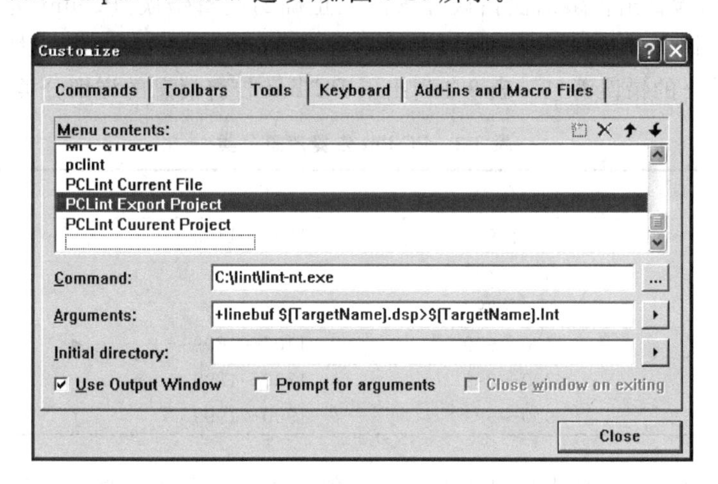

图 3-35　PC-lint Export Project 配置

3) PC-lint 检查当前项目的配置

配置 PC-lint Current Project 命令如下。

```
Command: C:\lint\lint - nt.exe;
Arguments: + ffn - i"C:\lint" std.lnt env - vc6.lnt $ (TargetName).lnt;
```

这个命令的结果就是将整个工程的检查结果输出到与工程同名的.chk 文件中。参数中+ffn 表示 Full File Names，可被用于控制是否使用完整路径名称表示。同时选中 Use Output Window 选项，如图 3-36 所示。

配置完成后，在 VC++6.0 的 Tools 下将出现上述配置的命令，如图 3-37 所示。

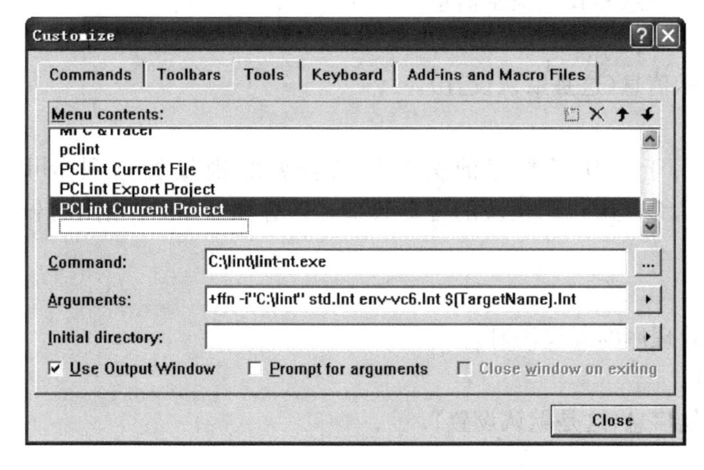

图 3-36　PC-lint Current Project 配置

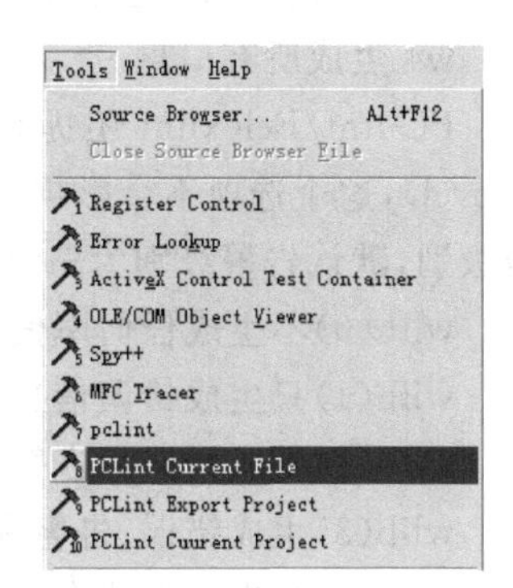

图 3-37　VC++6.0 集成 PC-lint 命令

PC-lint 关于 VC++6.0 的安装配置完成，接下来可以利用这些命令对整个项目进行安全性和错误性检查。

3.5.3 PC-lint 的代码检查功能

PC-lint 能够检查出很多语法错误和语法上正确的逻辑错误，PC-lint 为大部分错误消息都分配了一个错误号，编号小于 1000 的错误号是分配给 C 语言的，编号大于 1000 的错误号则用来说明 C++的错误消息。表 3-2 列出了 PC-lint 告警消息的详细分类。

表 3-2 PC-lint 告警消息分类

错误说明	C	C++	告警级别
语法错误	1～199	1001～1199	1
内部错误	200～299		
致命错误	300～399		
告警	400～699	1400～1699	2
消息	700～899	1700～1899	3
可选信息	900～999	1900～1999	4

以 C 语言为例，其中，编号 1～199 指的是一般编译器也会产生的语法错误。编号 200～299 是 PC-lint 程序内部的错误，这类错误不会出现在代码中。编号 300～399 指的是由于内存限制等导致的系统致命错误。编号 400～999 中出现的提示信息，是根据隐藏代码问题的可能性进行分类的。其中，编号 400～699 指的是被检查代码中很可能存在问题而产生的告警信息。编号 700～899 中出现的信息，产生错误的可能性相比告警信息来说级别要低，但仍然可能是因为代码问题导致的问题。编号 900～999 是可选信息，它们不会被默认检查，除非在选项中指定要检查它们。

PC-lint/Felexlint 提供了和许多编译器类似的告警级别设置选项-wLevel，它的告警级别分为以下几个级别，默认告警级别为三级。

w0 不产生信息(除了遇到致命的错误)。

w1 只生成错误信息，没有告警信息和其他提示信息。

w2 只有错误和告警信息。

w3 生成错误、告警和其他提示信息(这是默认设置)。

w4 生成所有信息。

PC-lint/Felexlint 还提供了用于处理函数库的头文件的告警级别设置选项-wlib(Level)，这个选项不会影响处理 C/C++源代码模块的告警级别。它有和-wLevel 相同的告警级别，默认告警级别为三级。

wlib(0)不生成任何库信息。

wlib(1)只生成错误信息(当处理库的源代码时)。

wlib(2)生成错误和告警信息。

wlib(3)生成错误、告警和其他信息(这是默认设置)。

wlib(4)产生所有信息。

PC-lint 的检查分为很多种类，有强类型检查、变量值跟踪、语义信息、赋值顺序检查、弱定义检查、格式检查、缩进检查、const 变量检查和 volatile 变量检查等。对每一种检查类型，PC-lint 都有很多详细的选项，用以控制 PC-lint 的检查效果。

PC-lint 的选项有三百多种，这些选项可以放在注释中(以注释的形式插入代码中)，例如：

/ * lint option1 option2 … optional commentary * /选项可以有多行

//lint option1 option2 … optional commentary 选项仅为一行(适用于 C++)。

选项间要以空格分开，lint 命令一定要小写，并且紧跟在/ * 或//后面，不能有空格。如果选项由类似于操作符和操作数的部分组成，例如-esym(534, printf, scanf, operator new)，其中最后一个选项是 operator new，那么在 operator 和 new 中间只能有一个空格。

PC-lint 的选项还可以放在宏定义中，当宏被展开时选项才生效。例如：

define DIVZERO(x) / * lint -save -e54 * / ((x) /0) / * lint -restore * /允许除数为 0 而不告警。

3.5.4 PC-lint 错误信息

1. C 语法错误

C 语法部分错误信息如表 3-3 所示。详细信息请查阅 PC-lint 的参考手册。安装好 PC-lint 后，可在菜单栏上打开参考手册。

表 3-3 C 语法错误信息

编号	错 误 信 息	说 明
1	Unclosed Comment (*Location*)	未关闭注释(位置)
2	Unclosed Quote	未关闭的引号(单引号或双引号)
3	# else without a # if	# else 没有一个 # if(在一个区域内有一个 # else，但是没有一个 # if, # ifdef 或 # ifndef)
4	Too many # if levels	太多的 # if 嵌套层次
5	Too many # endif's	太多的 # endif(出现一个 # endif，但不是 # if 或 # ifdef 或 # ifndef. 的)
6	Stack Overflow	堆栈溢出
7	Unable to open include file: *FileName*	不能打开引用的文件
8	Unclosed # if (*Location*)	未关闭的 # if(一个 # if，或 # ifdef 或 # ifndef 没有遇到相应的 # endif)
9	Too many # else's in # if(*Location*)	# if(位置)包含过多的 else
10	Expecting*String*	期望的字符串(当一定的保留字没有被认出时，给出这条消息)
11	Excessive Size	超出大小范围，在 # include 1 行确定的文件名的长度超过了 FILENAME_MAX 字符
12	Need<or"	需要<或"
13	Bad type	错误类型
14	Symbol ' *Symbol* ' previously defined (*Location*)	符号以前定义过(符号被第二次定义)
15	Symbol '*Symbol*' redeclared(*TypeDiff*) (*Location*)	符号被以前声明过或在其他模块定义过(其他位置)的类型和在当前位置的声明的类型不同

续表

编号	错误信息	说　明
16	Unrecognized name — A # directive is not followed by a recognizable word.	不认识的名字
17	Unrecognized name — A non-parameter is being declared where only parameters should be	未被承认的名称
18	Symbol '*Symbol*' redeclared(*TypeDiff*)	符号重新声明(TypeDiff)和此位置冲突
19	Useless Declaration	无效的声明
20	Illegal use of =	非法使用=
21	Expected {	需要{
22	Illegal operator	非法的操作符
23	Expected colon	需要冒号
24	Expected an expression, found '*String*'	期望一个表达式,但是得到一个字符串
25	Illegal constant	非法的常量
26	Expected an expression, found '*String*'	期望一个表达式,但是得到一个字符串
27	Illegal character (0x*hh*)	非法的字符(0xff)。消息中提供十六进制代码
28	Redefinition of symbol '*Symbol*' *Location*	重定义一个符号(符号位置)
29	Expected a constant	期望一个常量,但是没有得到。可能是在 case 关键字后,数组维数、bit field 长度、枚举值、#if 表达式等
30	Redefinition of symbol '*Symbol*' conflicts with *Location*	重新定义一个符号。数据对象或函数在此模块中以前定义过又被定义
31	Field size (member '*Symbol*') should not be zero	Field 大小不能是 0
32	Illegal constant	非法常量。当一个八进制的常量包含数字 8 或 9 时,这是一个错误的形式
33	Non-constant initializer	非常量初始化。在一个 static 数据项中发现非常量初始化
34	Initializer has side-effects	初始化有副作用
35	Redefining the storage class of symbol '*Symbol*' conflicts with *Location*	重新定义存储类的符号'Symbol'和位置 Location 冲突
36	Value of enumerator '*Symbol*' inconsistent (conflicts with *Location*)	枚举值'Symbol'不一致
37	Offset of symbol '*Symbol*' inconsistent (*Location*)	符号'Symbol'的偏移量不一致(Location)
38	Redefinition of symbol '*Symbol*' conflicts with *Location*	重新定义符号'Symbol'和位置 Location 冲突
39	Undeclared identifier '*Name*'	没有声明标识符'Name'
40	Redefinition of symbol '*Symbol*'	重新定义符号'Symbol'
41	Expected a statement	需要一条语句
42	Vacuous type for variable '*Symbol*'	变量'Symbol'是虚类型的
43	Need a switch	需要一个 switch:在一个 switch 外出现 case 或 default 语句
44	Bad use of register	错误地使用 register

续表

编号	错误信息	说明
45	Field type should be int	域类型应该是 int
46	Bad type— Unary minus requires an arithmetic operand	错误的类型：一元减需要一个算术操作数
47	Bad type— Unary * or the left hand side of the ptr (—>) operator requires a pointer operand	错误的类型：一元的 * 或左边的指针(—>)操作符需要一个指针操作数
48	Expected a type — Only types are allowed within prototypes	期望一个类型：在原型内只有类型被允许
49	Attempted to take the address of a non-lvalue	试图取非左值的地址
50	Expected integral type— Unary ～ expects an integral type (signed or unsigned char, short, int, or long)	期望整型：一元运算符"～"需要一个整型(signed 或 unsigned char、short、int 或 long)
51	Expected an lvalue	期望一个左值：自动递减(--)和自动递增(++)操作符需要一个左值(对分配操作符左手边合适的值)
52	Expected a scalar	期望一个标量：自动递减(--)和自动递增(++)操作符可能只应用于标量(算术和指针)或这些操作符定义的对象
53	Division by 0	被 0 除
54	Bad type— The context requires a scalar, function, array, or struct(unless -fsa)	错误类型：上下文需要一个标量、函数或结构(除非-fsa)
55	Bad type— Add/subtract operator requires scalar types and pointers may not be added to pointers	错误类型：需要标量类型和指针的加/减操作符可能被加到指针中
56	Bad type— Bit operators (&, | and ^) require integral arguments	错误类型：Bit 操作符(&, |和^)需要 require 整型参数
57	Bad type— Bad arguments were given to a relational operator	错误类型：错误的参数给相关的操作符
58	Bad type— The amount by which an item can be shifted must be integral	错误类型：移位的数量必须是整数
59	Bad type— The value to be shifted must be integral	错误类型：被移位的值必须是整数
60	Bad type— The context requires a Boolean. Booleans must be some form of arithmetic or pointer	错误类型：上下文需要一个布尔值，布尔值必须是算术或指针形式
61	Incompatible types (*TypeDiff*) for operator ':'	与操作符':'矛盾的类型
62	Expected an lvalue Type mismatch (*Context*)(*TypeDiff*)	预计一个左值类型不匹配(上下文)
63	Type mismatch(*Context*)(*TypeDiff*)	上下文类型不匹配

续表

编号	错误信息	说明
64	Expected a member name— After a dot (.) or pointer(—>) operator a member name should appear	期望一个成员名称。在一个(.)或(—>)操作符后，需要一个成员名
65	Bad type— A void type was employed where it is not permitted	错误类型：不允许使用 void 类型
66	Can't cast from *Type* to *Type* — Attempt to cast a non-scalar to an integral	不能从 Type 到 Type 计算：试图非标量到整数计算
67	Can't cast from *Type* to *Type* — Attempt to cast a non-arithmetic to a float	不能从 Type 到 Type 计算：试图非标量到浮点数计算
68	Can't cast from *Type* to *Type* — Bad conversion involving incompatible structures or a structure and some other object	不能从 Type 到 Type 计算：涉及结构到结构或其他对象间的不匹配的转换
69	Can't cast from *Type* to *Type* — Attempt to cast to a pointer from an unusual type (non-integral)	不能从 Type 到 Type 计算：试图计算一个指针到一个非寻常的类型(非整数)间的计算
70	Can't cast from *Type* to *Type* — Attempt to cast to a type that does not allow conversions	不能从 Type 到 Type 计算：试图计算一个不允许转换的类型
71	Bad option '*String*' — Was not able to interpret an option	错误的选项'String'：不能解释一个选项
72	Bad left operand— The cursor is positioned at or just beyond either an —> or a . operator	错误的左操作数：指针位于—>或.操作符的前面
73	Address of Register	Register 的地址：试图应用地址操作符(&)到一个存储类是一个 register 的变量
74	Too late to change sizes (option '*String*')	太晚改变大小：在所有的或部分的模块被处理后，给出大小选项。确保在第一个模块被处理时或在任何模块被处理前的命令行上对目标的大小重新设置
75	can't open file '*String*'	不能打开文件 String
76	Address of bit-field cannot be taken	位域的地址不能取
77	Symbol '*Symbol*' typedef'ed at *Location* used in expression	定义为类型的符号'Symbol'在 Location 处用作表达式：符号被定义在一个 typedef 语句中，因此被认为是一个类型，后来发现在上下文中期望一个表达式
78	Bad type for % operator	%操作符类型错误
79	This use of ellipsis is not strictly ANSI	使用省略号不是严格的 ANSI 标准
80	struct/union not permitted in equality comparison	结构体/联合体不允许在等式比较中。两个 struct 或 union 被用于比较操作，如==或！=。这在 ANSI 标准中是不允许的
81	return <exp>; illegal with void function	返回<exp>；非法的 void 函数
82	Incompatible pointer types with subtraction	在减操作中不兼容的指针类型
83	sizeof object is zero or object is undefined	对象大小是零，或者对象未定义

续表

编号	错误信息	说明
84	Array '*Symbol*' has dimension 0	数组'Symbol'有0维。一个数组被声明在上下文中没有一个维数,需要一个非零的维数
85	Structure '*Symbol*' has no data elements	结构'Symbol'没有数据元素
86	Expression too complicated for #ifdef or #ifndef	#ifdef或#ifndef表达式太复杂
87	Symbol '*Symbol*' is an array of empty elements	符号'Symbol'是一个有空元素的数组
88	Argument or option too long ('*String*')	参数或选项太长(String)
89	Option '*Name*' is only appropriate within a lint comment	选项'Name'仅合适在一个lint注释中
90	Line exceeds*Integer* characters (use +linebuf)	行超过整型字符(使用+linebuf)
91	Negative array dimension or bit field length (*Integer*)	数组维数或位域长度为负数
92	New-line is not permitted within string arguments to macros	在宏的字符串参数内不允许新的行
93	Expected a macro parameter but instead found '*Name*'	期望一个宏参数
94	Illegal parameter specification	非法的参数
95	Unexpected declaration	不期望的声明。在一个原型后,只能是一个逗号、分号、右括号或左括号
96	Conflicting types	冲突的类型
97	Conflicting modifiers	冲突的修饰符
98	Illegal constant	非法常量
99	Label '*Symbol*'(*Location*) not defined	标签'Symbol'(Location)没有定义
100	Invalid context	无效的上下文。遇到一个continue或break语句,没有合适的上下文
101	Attempt to assign to void	试图给一个void分配
102	Assignment to const object	分配给一个常量
103	Inconsistent enum declaration	不一致的枚举声明
104	Inconsistent structure declaration for tag '*Symbol*'	不一致的结构声明
105	Struct/union not defined	结构体/联合体未定义
106	Inappropriate storage class—A storage class other than register was given in a section of code this is dedicated to declaring parameters	不合适的存储类。一个不同于register的存储类在一个代码段中被给出,专注于声明参数
107	Inappropriate storage class—A storage class was provided outside any function that indicated either auto or register	不合适的存储类。一个存储类在函数外被给出,表示auto或register。这个存储类仅适合于函数内
108	Too few arguments (*Integer*) for prototype '*Name*'	原型参数太少。一个函数提供的参数少于范围内原型指示的个数

续表

编号	错误信息	说　明
109	Too many arguments (*Integer*) for prototype '*Name*'	原型参数太多。一个函数提供的参数多于范围内原型指示的个数
110	Digit (*Char*) too large for radix	数字(字符)对基数太大。例如,08 在一些编译器中被认为是 8,但是它应该是 010 或 8
111	Macro '*Symbol*' defined with arguments at *Location* this is just a warning	宏定义符号是一个标识符
112	Pointer to void not allowed	指针指向 void 是不允许的。这包括减、加和关系操作符(> >= < <=)
113	Too many storage class specifiers	太多的存储类定义符(如:static、extern, typedef, register 或 auto,只允许有一个)
114	Inconsistent structure definition '*Symbol*'	不一致的结构定义'Symbol'
115	Illegal constant— An empty character constant ('') was found	非法常量。一个空字符常量('')被发现
116	Pointer to function not allowed	指针不允许指向函数
117	declaration expected, identifier '*Symbol*' ignored	期望声明,标识符'Symbol'被忽略
118	Expected integral type	期望一个整型类型。在一个 switch 语句中的表达式,必须是 int 的一些变种(可能是 long 或 unsigned)或一个 enum
119	syntax error in call of macro '*Symbol*' at location *Location*	在位置 location 调用宏'Symbol'时语法错误
120	Expected function definition	期望函数定义
121	Too many initializers for aggregate	初始化太多
122	Missing initializer — An initializer was expected but only a comma was present	丢失初始化器
123	comma assumed in initializer	假定在初始化器中用逗号,在两个初始化器之间缺少逗号
124	Illegal macro name	非法的宏名称
125	constant '*Symbol*' used twice within switch	在 switch 内,常量'Symbol'被使用了两次
126	Can't add parent '*Symbol*' to strong type *String*; creates loop	不能增加父类型'Symbol'到强类型 String;创建循环
127	Can't take sizeof function	不能对函数进行 sizeof 计算
128	Type appears after modifier	类型出现在一个修饰符后
129	The following option has too many elements: '*String*'	下列选项有太多的元素:'String'
130	Non-existent return value for symbol '*Symbol*', compare with *Location*	符号'Symbol'不存在返回值
131	Type expected before operator, void assumed	在操作符前期望一个类型,假定是 void
132	Assuming a binary constant	假定一个二进制常量
133	sizeof takes just one argument	sizeof 只能有一个参数

续表

编号	错 误 信 息	说 明
134	member '*Symbol*' previously declared at *Location*	成员'Symbol'在 Location 以前声明过
135	C++construct '*String*' found in C code	C++构造'String'在代码中发现。一个非法的结构在 C 代码中发现，它看起来适合于 C++
136	Token '*String*' unexpected *String*	记号'String'不期望 String
137	Token '*Name*' inconsistent with abstract type	记号'Name'和抽象类型不一致
138	Lob base file '*file name*' missing	丢失 Lob 基础文件'file name'
139	Could not create temporary file	不能创建临时文件
140	Could not evaluate type '*String*', int assumed	不能确定'String'的类型，假定为 int
141	Ignoring {…} sequence within an expression, 0 assumed	在一个表达式内忽略{…}系列，假定为 0

2. 致命错误

致命错误信息如表 3-4 所示。

表 3-4 致命错误信息

编号	错 误 信 息	说 明	详 细 描 述
301	Stack overflow	堆栈溢出	当处理声明时，有一个堆栈溢出
302	Exceeded Available Memory	超过可用的内存	内存被耗尽
303	String too long (try +macros)	字符串太长(尝试+macros)	一个单独的#define 定义或宏调用超过一个内部的限制(超过 409 字符)。诊断指出的问题可以被使用一个选项校正
304	Corrupt object file, code *Integer*, symbol=*String*	被破坏的目标文件，代码 Integer，符号=String	一个 PC-lint/FlexeLint 目标文件是明显的被破坏的
305	Unable to open module '*file name*'	不能打开模块'file name'	file name 这个模块不能被打开，可能是拼写错误名称
306	Previously encountered module '*FileName*'	以前遇到的模块'FileName'	FileName 这个模块以前遇到过，这可能是用户的一个失误
307	Can't open indirect file '*FileName*'	不能打开间接文件'FileName'	FileName 是间接文件的名称。这个名称的间接文件(结尾是.lnt)不能被打开
308	Can't write to standard out	不能写到标准输出	stdout 被发现等于 NULL
309	#error …— The #error directive was encountered.	遇到#error	遇到错误，省略号反映最初的行。通常在这点中断。如果设置 fce (连续#error)标志，处理将继续
310	Declaration too long	声明太长	发现一个单独的声明对于内部的缓冲太长(差不多 2000 个字符)
312	Lint Object Module has obsolete or foreign version id	荒废的或外来的版本号	PC-lint/FlexeLint 以前的或不同的版本产生。删除这个.lob 文件，使用新版本的 PC-lint/FlexeLint 重新创建它

续表

编号	错误信息	说明	详细描述
313	Too many files	太多文件	PC-lint/FlexeLint 能处理的文件的数量超过内部的限制。目前，文件的数量限制到 6400
314	Previously used .lnt file: FileName	以前使用的.lnt 文件：FileName	指定名称的间接文件以前遇到过。如果这不是一次事故，可以抑制这个信息
315	Exceeded message limit (see -limit)	超过信息限制	超过信息的最大量。通常没有限制，除非强加限制使用选项-limit(n)
316	Error while writing to file "*file name*"	写文件"file name"时错误	给定的文件不能输出打开
321	Declaration stack overflow	声明堆栈溢出	当处理一个声明时在堆栈使用于特定的数组、指针、函数或引用修饰符时发生堆栈溢出
322	Unable to open include file *FileName*	不能打开包含文件 FileName	FileName 是不能被打开的包含文件的名称。目录寻找通过选项：－i ＋fdi 和 INCLUDE 环境变量控制
323	Token '*String*' too long	记号 String 太长	试图为以后的重用存储一个记号，超过一个固定的大小缓冲(通过大小 M_TOKEN 来控制)
324	Too many symbols*Integer*	太多的符号	遇到太多的符号，打断内部的限制
325	Cannot re-open file '*file name*'	不能重新打开文件'file name'	在大量嵌套的 include 的情况下，在外部的文件需要在一个新的文件被打开前被关闭。然后这些外部文件需要被重新打开。当试图重新打开这样的一个文件时，发生一个错误

3. C++语法错误

C++语法错误信息如表 3-5 所示。

表 3-5 C++语法错误信息

编号	错误信息	说明
1001	Scope '*Name*' must be a struct or class name	'Name'应该是一个结构体或一个类名
1002	'this' must be used in class member function	'this'指针必须在类的成员函数中应用，在类成员函数外是无效的
1003	'this' may not be used in a static member function	'this'指针不可以在类静态成员函数中使用
1004	Expected a pointer to member after .* or －＞*	在.*或－＞*后需指向结构或类成员
1005	Destructor declaration requires class	析构函数要在类中声明
1006	Language feature '*String*' not supported	该特性目前版本不支持

续表

编号	错误信息	说明
1007	Pure specifier for function '*Symbol*' requires a virtual function	后有'='的函数声明应该是纯虚函数
1008	Expected '0' to follow '=', text ignored	'='后要跟'0'
1009	operator '*String*' not redefinable	操作符'String'不能重新定义。操作符如'. * ','?',':: ','. '等不能重定义
1010	Expected a type or an operator	缺少类型或运算符。类型包括 new, delete, (), [],逗号等
1011	Conversion Type Name too long	转义类型名太长,限 50 字符
1012	Type not needed before 'operator type'	在运算符类型前不需要类型
1013	Symbol '*Name*' not a member of class '*Name*'	在'. '或'->'后的'Name'不是类(结构,联合)的成员
1014	Explicit storage class not needed for member function '*Symbol*'	对成员函数来说,不需要定义为显示存储类别
1015	Symbol '*Name*' not found in class	符号'Name'没有在类中发现
1016	Symbol '*Symbol*' is supposed to denote a class	'Symbol'可能是一个类
1017	conflicting access-specifier '*String*'	存取属性冲突,基类必在子类前声明
1018	Expected a type after 'new'	'new'后应跟类型
1019	Could not find match for function '*Symbol(String)*'	函数"Symbol(String)"不能找到匹配的
1022	Function: '*String*' must be a class member	函数'Sting'必须是类成员
1023	Call '*Name*' is ambiguous; candidates: '*String*'	调用'Name'是不确定的。调重载函数或操作符是不确定的
1024	No function has same argument count as '*Invocation*'	调用函数时,找不到具有相同参数的函数
1025	No function matches invocation '*Name*' on arg no. *Integer*	调用函数时,与声明函数的参数冲突
1026	Undominated function '*String*' does not dominate '*String*' on call to '*String*'	调用函数'string'时并不能找到优于其他'string'的函数
1027	Non-consecutive default arguments in function '*String*', assumed 0	默认参数应为连续的 例如: f(int i=0, int j, int k=0);中参数默认是非法的
1028	Last argument not default in first instance of function '*String*', assumed 0	函数后续变量没有默认值,例如 0
1029	Default argument repeated in function '*String*'	默认参数值重复(默认值只应给出一次)
1030	Not all arguments after arg no. *Integer* are default in function '*String*'	默认参数后的所有参数都应有默认值(一个具有默认值的参数要么其后所有参数都有默认值,要么为最后一个参数)
1031	Local variable '*Symbol*' used in default argument expression	局部变量应为参数默认值
1032	Member '*String*' cannot be called without object	成员'string'应通过对象调用

续表

编号	错 误 信 息	说　　明
1033	Static member functions cannot be virtual	静态成员函数不能为虚函数
1034	Static member '*Symbol*' is global and cannot be redefined	静态成员是全局的，不能被重定义
1035	Non-static member '*Symbol*' cannot initialize a default argument	非静态成员不能初始化默认参数
1036	ambiguous reference to constructor; candidates: '*String*'	构造函数的不确定引用
1037	ambiguous reference to conversion function; candidates: '*String*'	转化函数的不确定引用(除非类提供实例，否则类成员不能初始化默认变量)
1038	type*Name* not found, nested type '*Name*::*String*' assumed	类型'Name'没找到，假设为嵌套类型'Name::String'
1039	Symbol '*Symbol*' is not a member of class '*String*'	'Symbol'不是类'String'的成员
1040	Symbol '*Symbol*' is not a legal declaration within class '*String*'	'Symbol'在类'String'内不合法的声明
1041	Can't declare '*String*', assumed 'operator *String*'	不能声明'String'，假设为'operator String'
1042	At least one class-like operand is required with*Name*	定义操作符时需要至少一个类作为操作数
1043	Attempting to 'delete' a non-pointer	企图'delete'一个非指针
1046	member '*Symbol*', referenced in a static function, requires an object	成员在静态函数中需由对象来引用
1047	a template declaration must be made at file scope	模板声明需为全文件范围
1048	expected a constant expression	期望一个常量表达式
1049	Too many template arguments	太多模板参数，比初始模板声明中参数要多
1050	expected a template argument list '<…>' for template '*Symbol*'	模板缺少参数列表
1051	Symbol '*Name*' is both a function and a variable	符号'Name'既是函数又是变量
1052	a type was expected, 'class' assumed	缺少类型，如'class'类型
1053	'*String*' cannot be distinguished from '*String*'	'String'不能和'String'区分
1054	template variable declaration expects a type, int assumed	模板变量缺少类型，如 int 型
1055	Symbol '*Symbol*' undeclared, assumed to return int	符号'Symbol'未声明，假设返回 int
1056	assignment from void * is not allowed in C++	C++中从 void * 赋值是不允许的
1057	member '*Symbol*' cannot be used without an object	成员应通过对象引用

续表

编号	错 误 信 息	说　　明
1058	Initializing a non-const reference '*Symbol*' with a non-lvalue	用 non-lvalue 初始化非常量引用
1059	Can't convert from*Type* to *Type*	不能从类型 TYPE 转变到类型 TYPE
1060	*String*member *Symbol* is not accessible to non-member non-friend functions	成员不能被非成员函数、非友元函数访问
1061	*String*member *Symbol* is not accessible through non-public inheritance	成员不能被非公有继承类访问
1062	template must be either a class or a function	模板必须为类或函数
1063	Argument to copy constructor for class '*Symbol*' should be a reference	复制构造函数中参数应为引用
1064	Template parameter list for template '*Symbol*' inconsistent with *Location*	模板参数列表声明定义不一致
1065	Symbol '*Symbol*' not declared as "C" conflicts with *Location*	'Symbol'没有声明为"C"导致与位置冲突
1066	Symbol '*Symbol*' declared as "C" conflicts with *Location*	'Symbol'声明为"C"导致与位置冲突
1067	invalid prototype for function '*Symbol*'	函数原型无效
1068	Symbol '*Symbol*' can not be overloaded	符号'Symbol'不能被重载。操作符 delete、[]可以重定义，但不能被重载
1069	Symbol '*Name*' is not a base class of class '*Name*'	符号'Name'不是基类
1070	No scope in which to find symbol '*Name*'	在查找'Name'时无效范围
1071	Constructors and destructors can not have return type	构造析构函数不能有返回类型
1072	Reference variable '*Symbol*' must be initialized	引用变量必须初始化
1073	Insufficient number of template parameters; '*String*' assumed	模板参数不足
1074	Expected a namespace identifier	期望一个命名空间标识符
1075	Ambiguous reference to symbol '*Symbol*' and symbol '*Symbol*'	不确定的引用，两个命名空间中有相同的名字
1076	Anonymous union assumed to be 'static'	匿名联合体必须声明为静态的(static)
1077	Could not evaluate default template parameter '*String*'	不能评估默认模板参数
1078	class '*Symbol*' should not have itself as a base class	不能把自己作为自己的基类
1079	Could not find '>' or ',' to terminate template parameter at *Location*	缺少'>'或','，不能终止模板参数列表
1080	Definition for class '*Name*' is not in scope	类定义不在范围内

3.5.5 PC-lint 的应用举例

1. 编写源程序

首先在 VC 6.0 中编写源程序，程序代码如下。

```
1:
2: char * report( short m, short n, char * p )
3: {
4:     int result;
5:     char * temp;
6:     long nm;
7:     int i, k, kk;
8:     char name[11] = "Joe Jakeson";
9:
10:    nm = n * m;
11:    temp = p == "" ? "null" : p;
12:    for( i = 0; i < m; i++ )
13:      { k++; kk = i; }
14:    if( k == 1 ) result = nm;
15:      else if( kk > 0 ) result = 1;
16:      else if( kk < 0 ) result = -1;
17:    if( m == result ) return temp;
18:      else return name;
19: }
```

然后对其进行编译。编译时会提示第 8 行数组下标越界。

2. 使用 PC-lint 进行检查

如果 PC-lint 已经集成到 VC 6.0 中，可以直接单击菜单栏中的 Tools→PC-lint Current File 命令(如图 3-38 所示)，即可对当前的程序文件进行 PC-lint 检查。

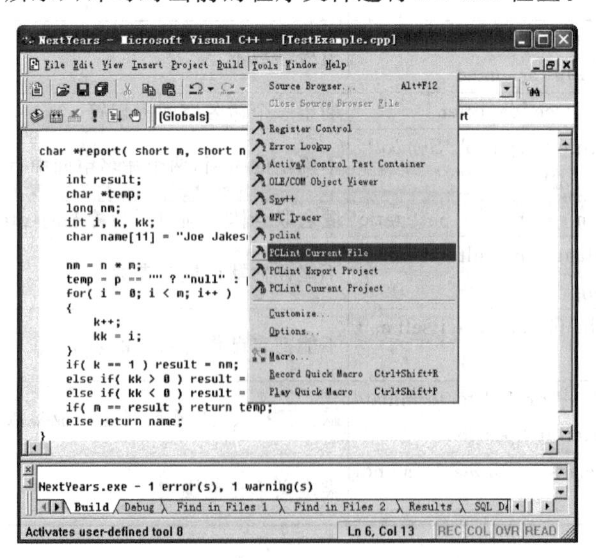

图 3-38　执行 PC-lint Current File 命令

执行完后，PC-lint 将显示详细的出错信息，如图 3-39 所示。

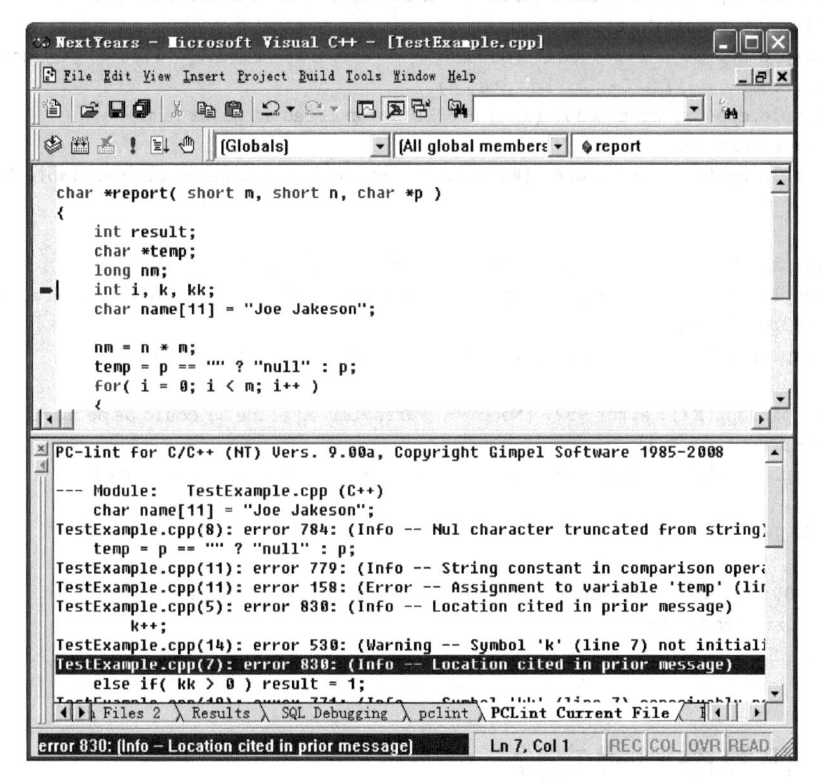

图 3-39　错误信息

其中，第 8 行向 name 数组赋值时丢掉了结尾的 nul 字符；第 11 行的比较有问题；第 14 行的变量 k 没有初始化，第 15 行的 kk 可能没有被初始化，第 22 行的 result 也有可能没有被初始化，第 23 行返回的是一个局部对象的地址。

详细的错误信息如下。

```
C - lint for C/C++(NT) Vers. 9.00a, Copyright Gimpel Software 1985 - 2008

-- - Module: TestExample.cpp (C++)
    char name[11] = "Joe Jakeson";
TestExample.cpp(8): error 784: (Info -- Nul character truncated from string)
    temp = p == "" ? "null" : p;
TestExample.cpp(11): error 779: (Info -- String constant in comparison operator '==')
TestExample.cpp(11): error 158: (Error -- Assignment to variable 'temp' (line 5) increases
capability)
TestExample.cpp(5): error 830: (Info -- Location cited in prior message)
        k++;
TestExample.cpp(14): error 530: (Warning -- Symbol 'k' (line 7) not initialized -- - Eff.
C++3rd Ed. item 4)
TestExample.cpp(7): error 830: (Info -- Location cited in prior message)
    else if( kk > 0 ) result = 1;
TestExample.cpp(18): error 771: (Info -- Symbol 'kk' (line 7) conceivably not initialized -
- - Eff. C++3rd Ed. item 4)
```

```
TestExample.cpp(7): error 830: (Info -- Location cited in prior message)
    if( m == result ) return temp;
TestExample.cpp(20): error 644: (Warning -- Variable 'result' (line 4) may not have been
initialized -- - Eff. C++3rd Ed. item 4)
TestExample.cpp(4): error 830: (Info -- Location cited in prior message)
    else return name;
TestExample.cpp(21): error 604: (Warning -- Returning address of auto variable 'name')
}

TestExample.cpp(22): error 783: (Info -- Line does not end with new - line)
TestExample.cpp(22): error 952: (Note -- Parameter 'm' (line 2) could be declared const -- -
Eff. C++3rd Ed. item 3)
TestExample.cpp(2): error 830: (Info -- Location cited in prior message)
}
TestExample.cpp(22): error 952: (Note -- Parameter 'n' (line 2) could be declared const -- -
Eff. C++3rd Ed. item 3)
TestExample.cpp(2): error 830: (Info -- Location cited in prior message)

 -- - Global Wrap - up

 error 900: (Note -- Successful completion, 16 messages produced)
Tool returned code: 16
```

3.6 代码静态测试实验

1. 实验目的

(1) 掌握静态代码分析技术；

(2) 使用静态测试工具进行代码静态检查。

2. 实验环境

Windows 环境，Checkstyle，Cppcheck 或其他静态测试工具，Office 办公软件。

3. 实验内容

1) 题目一：选择排序

设计一个选择排序算法，将输入的一组数据按从小到大的顺序进行排序。

2) 题目二：三角形问题

一个程序读入三个整数。把此三个数值看成是一个三角形的三个边。这个程序要打印出信息，说明这个三角形是三边不等的、是等腰的、还是等边的。

3) 题目三：日期问题

程序有三个输入变量 month、day、year(month、day 和 year 均为整数值，并且满足：$1\leqslant month\leqslant 12$ 和 $1\leqslant day\leqslant 31$)，分别作为输入日期的月份、日、年份，通过程序可以输出该输入日期在日历上隔一天的日期。例如，输入为 2004 年 11 月 29 日，则该程序的输出为 2004 年

12 月 1 日。

4. 实验步骤

(1) 根据题目要求,用 Java 或者 C++语言实现各题目测试程序的编写,后续的实验将以这些程序作为测试对象用不同的测试方法来进行测试。

(2) 针对被测试代码选择一种静态测试工具,建立代码静态测试环境安装静态工具,如 Checkstyle。

(3) 熟悉该测试工具的测试流程和业务功能。

(4) 针对待测试程序代码,实施静态测试。

(5) 针对待测试程序代码撰写静态测试报告。

第4章 单元测试

4.1 单元测试基础

4.1.1 单元测试概念

单元测试(Unit Testing)又称模块测试,是对软件设计的最小单元的功能、性能、接口和设计约束等正确性进行检验,检查程序在语法、格式和逻辑上的错误,并验证程序是否符合规范,发现单元内部可能存在的各种缺陷。

单元测试的对象是软件设计的最小单位——模块、函数或者类。在传统的结构化程序设计语言中(如C语言),单元测试的对象一般是函数或者过程。在面向对象设计语言中(如Java、C++),单元测试的对象可以是类,也可以是类的成员函数/方法。

单元测试与程序设计和编码密切相关,因此测试者需要根据详细设计说明书和源程序清单了解模块的I/O条件和模块的逻辑结构。单元测试主要采用白盒测试技术。

白盒测试中有静态测试(Static Testing)和动态测试(Dynamic Testing)。静态测试是指不运行程序,通过人工或者借助专用的软件测试工具对程序和文档进行分析与检查,借以发现程序和文档中存在的问题。动态测试方法是指通过运行被测程序,检查运行结果与预期结果的差异,并分析运行效率、正确性和健壮性等性能。这种方法由三部分组成:构造测试用例、执行程序、分析程序的输出结果。

在动态测试中,需要设计测试用例,下面介绍白盒测试用例设计方法。

4.1.2 白盒测试用例设计

进行动态测试时,要求程序能运行起来,这时就需要输入相应的数据,因此需要进行测试用例设计。动态测试一般采用的测试用例设计方法主要是白盒测试技术。

白盒测试(White Box Testing)是按照程序内部的结构测试程序,通过测试来检测产品内部动作是否按照设计规格说明书的规定正常进行,检验程序中的每条通路是否都能按预定要求正确工作。用白盒测试技术设计测试用例时,一般需要分析程序内部结构。在程序开发中,常常使用程序流程图(程序框图),而在测试时,一般使用控制流图进行分析。

控制流图(Control Flow Graph)是退化的程序流程图,图中每个处理都退化成一个节点，流线变成连接不同节点的有向弧。在控制流图中仅描述程序内部的控制流程，完全不表现对数据的具体操作，以及分支和循环的具体条件。控制流图将程序流程图中的结构化构件改用一般有向图的形式表示。在控制流图中用圆“○”表示节点，一个圆代表一条或多条语句。程序流程图中的一个处理框序列和一个菱形判定框，可以映射成控制流图中的一个节点。控制流图中的箭头线称为边，它和程序流程图中的箭头线类似，代表控制流。将程序流程图简化成控制流图时，需要注意的是：在选择或多分支结构中分支的汇聚处，即使没有执行语句也应该有一个汇聚节点。在控制流图中，由边和节点围成的面积称为区域。当计算区域数时，应该包括图外部未被围起来的那个区域。

基本控制构造的图形符号如图 4-1 所示。

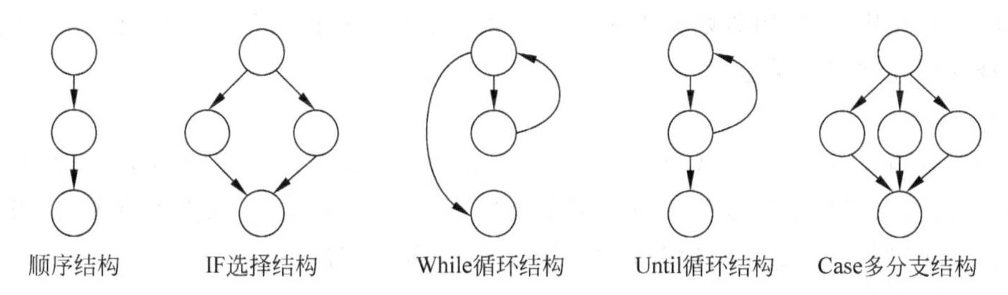

图 4-1 基本控制流图的图形符号

常用的白盒测试方法有逻辑覆盖、基路径测试、数据流测试、程序插装、域测试等。

1. 逻辑覆盖测试法

1) 逻辑覆盖

逻辑覆盖测试(Logic Coverage Testing)是根据被测试程序的逻辑结构设计测试用例。逻辑覆盖测试考查的重点是图中的判定框。因为这些判定若不是与选择结构有关，就是与循环结构有关，是决定程序结构的关键成分。

按照对被测程序所做测试的有效程度，逻辑覆盖测试可由弱到强区分为以下 6 种覆盖。

(1) 语句覆盖

语句覆盖又称行覆盖(Line Coverage)，是最常用的一种覆盖方式。语句覆盖就是设计若干个测试用例，运行被测试程序，使程序中的每条可执行语句至少执行一次。这里所谓“若干个”，当然是越少越好。语句覆盖在所有的逻辑覆盖中是最弱的覆盖，它只管覆盖代码中的执行语句，却不考虑各判定分支、判定条件、程序执行路径的组合等。如果仅达到语句覆盖，很难更多地发现代码中的问题。

(2) 判定覆盖

判定覆盖(Decision Coverage)又称为分支覆盖，其基本思想是设计若干测试用例，运行被测试程序，使得程序中每个判断的取真分支和取假分支至少经历一次，即判断的真假值均曾被满足。

判定覆盖具有比语句覆盖更强的测试能力，而且具有和语句覆盖一样的简单性，无需细分每个判定就可以得到测试用例。但是，大部分的判定语句是由多个逻辑条件组合而成的(如判定语句中包含 AND、OR、CASE)，若仅判断其整个最终结果，而忽略每个条件的取值情况，必然会遗漏一些需要测试的内容。

(3) 条件覆盖

条件覆盖(Condition Coverage)是指设计若干测试用例,执行被测程序以后,要使每个判断中每个条件的可能取值至少满足一次,即每个条件至少有一次为真值,有一次为假值。

对于判定覆盖而言,即使一个布尔表达式含有多个逻辑表达式也只需要测试每个布尔表达式的值分别为真和假两种情况就可以了。条件覆盖要检查每个符合谓词的子表达式值为真和假两种情况,要独立衡量每个子表达式的结果,以确保每个子表达式的值为真和假两种情况都被测试到。

(4) 判定-条件覆盖

判定-条件覆盖(Decision-Condition Coverage)是将判定覆盖和条件覆盖结合起来,即设计足够的测试用例,使得判断条件中的每个条件的所有可能取值至少执行一次,并且每个判断本身的可能判定结果也至少执行一次。

(5) 条件组合覆盖

条件组合覆盖(Condition Combination Coverage)是指设计足够的测试用例,运行被测程序,使得所有可能的条件取值的组合至少执行一次。显然,满足"条件组合覆盖"的测试用例一定是满足"判定覆盖""条件覆盖"和"判定/条件覆盖"的。

(6) 路径覆盖

路径覆盖(Path Coverage)是指设计足够多的测试用例,使程序的每条可能路径都至少执行一次(如果程序图中有环,则要求每个环至少经过一次)。在所有逻辑覆盖中,路径覆盖的程度最高。

对于比较简单的小程序来说,实现路径覆盖是可能的,但是如果程序中出现了多个判断和多个循环,可能的路径数目将会急剧增长,以致实现路径覆盖是几乎不可能的。

2) 逻辑覆盖测试法的运用

例 1:用逻辑覆盖法对下面的代码(Java 语言)进行测试。

```
public char function(int x, int y) {
        char t;
        if ((x >= 90) && (y >= 90)) {
            t = 'A';
        } else {
            if ((x + y) >= 165) {
                t = 'B';
            } else {
                t = 'C';
            }
        }
        return t;
}
```

为便于分析程序结构和设计测试用例,首先画出程序对应的控制流图,如图 4-2 所示。为了表达清晰,代码中各条件取值标记如下。

```
x>=90       T1,        x<90       F1,
y>=90       T2,        y<90       F2,
x+y>=165    T3,        x+y<165    F3
```

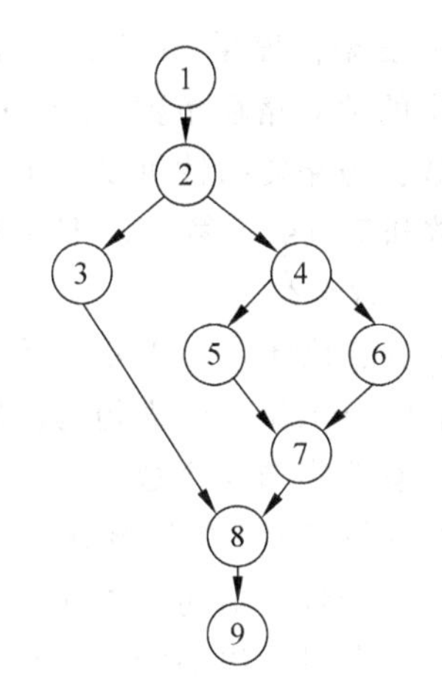

图 4-2 控制流图

根据程序描述,设计满足逻辑覆盖的测试用例,如表 4-1 所示。

表 4-1 例 1 的测试用例

覆盖类型	测试数据	覆盖条件	执行路径
语句覆盖	x=60,y=70	F1 F2 F3	1-2-4-6-7-8-9
	x=83,y=82	F1 F2 T3	1-2-4-5-7-8-9
	x=95,y=95	T1 T2 T3	1-2-3-8-9
判定覆盖	x=60,y=70	F1 F2 F3	1-2-4-6-7-8-9
	x=82,y=83	F1 F2 T3	1-2-4-5-7-8-9
	x=91,y=90	T1 T2 T3	1-2-3-8-9
条件覆盖	x=60,y=70	F1 F2 F3	1-2-4-6-7-8-9
	x=90,y=90	T1 T2 T3	1-2-3-8-9
判定条件覆盖	x=60,y=70	F1 F2 F3	1-2-4-6-7-8-9
	x=90,y=90	T1 T2 T3	1-2-3-8-9
	x=81,y=85	F1 F2 T3	1-2-4-5-7-8-9
条件组合覆盖	x=80,y=80	F1 F2 F3	1-2-4-6-7-8-9
	x=90,y=90	T1 T2 T3	1-2-3-8-9
	x=85,y=90	F1 T2 T3	1-2-4-5-7-8-9
	x=90,y=60	T1 F2 F3	1-2-4-6-7-8-9
路径覆盖	x=80,y=80	F1 F2 F3	1-2-4-6-7-8-9
	x=90,y=90	T1 T2 T3	1-2-3-8-9
	x=85,y=90	F1 T2 T3	1-2-4-5-7-8-9

2. 基路径测试

1) 独立路径

基路径测试是在程序控制流图的基础上,通过分析控制构造的环路复杂性,导出基本可执行路径集合,从而设计测试用例的方法。进行基路径测试需要获得程序的环路复杂性,并找出所有的独立路径(基本路径)。

程序的环路复杂性即 McCabe 复杂性度量，定义为控制流图的区域数。从程序的环路复杂性可导出程序基本路径集合中的独立路径条数，这是确保程序中每个可执行语句至少执行一次所必需的最少测试用例数。环路复杂性可以使用下面三种方法来计算。

方法一：通过控制流图的边数和节点数计算。设 E 为控制流图的边数，N 为图的节点数，则定义环路复杂性为 $V(G)=E-N+2$。

方法二：通过控制流图中判定节点数计算。若设 P 为控制流图中的判定节点数，则有 $V(G)=P+1$。需要注意的是：对于 switch-case 语句，其判定节点数的计算需要转化。将 case 语句转换为 if-else 语句后再计算判定节点个数。

方法三：将环路复杂性定义为控制流图中的区域数。

独立路径是指包括一组以前没有处理的语句或条件的一条路径。控制流图中所有独立路径的集合就构成了基本路径集。只要设计出的测试用例能够确保这些基本路径的执行，就可以使得程序中的每个可执行语句至少执行一次，每个条件的取真分支和取假分支也能得到测试。需要注意的是，基本路径集不是唯一的，对于给定的控制流图，可以得到不同的基本路径集。

2）基路径测试方法

基路径测试法的基本步骤如下。

(1) 根据详细设计或者程序源代码，绘制出程序的程序流程图。

(2) 根据程序流程图，绘制出程序的控制流图。

(3) 计算程序环路复杂性(圈复杂度)。

(4) 找出基本路径(独立路径)。通过程序的控制流图导出基本路径集。

(5) 设计测试用例。根据程序结构和程序环路复杂性设计用例输入数据和预期结果，确保基本路径集中的每一条路径的执行。

3）基路径测试法的运用

例 2：下面的程序代码(Java 语言)的功能是将一个正整数分解质因数。例如，输入 90，打印出 90=2＊3＊3＊5。

```
public static void zhiyinshu( int n ) {
    int k = 2;
    System.out.print(n + " = " );                    //输出：n=
    while(k <= n) {
        if(k == n) {
             System.out.println(n);                   // 输出：n;
             break;
        }
        else {
             if( n % k == 0) {
                  System.out.print(k + " * ");        //输出：k*
                  n = n / k;
             }
             else {
                     k++;
             }
        }
    }
```

下面使用基路径法设计测试用例，对上面的代码进行测试。

(1) 首先根据程序代码画出对应的控制流图，如图 4-3 所示。

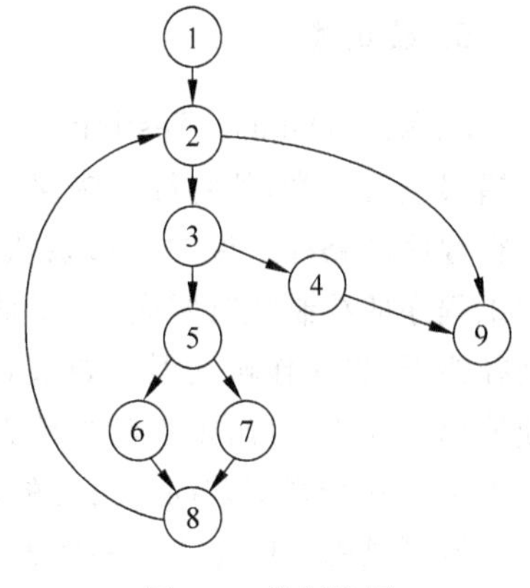

图 4-3　控制流图

(2) 通过公式：$V(G)=E-N+2$ 来计算控制流图的环路复杂性(圈复杂度)。E 是流图中边的数量，在本例中 $E=11$，N 是流图中节点的数量，在本例中，$N=9$，$V(G)=11-9+2=4$。也可以使用公式 $V(G)=$判定节点数$+1$ 计算。$V(G)=3+1=4$。

(3) 独立路径必须包含一条定义之前不曾用到的边。根据上面计算的圈复杂度，可得出以下 4 个独立的路径。

路径 1：1-2-9。

路径 2：1-2-3-4-9。

路径 3：1-2-3-5-6-8-2-3-4-9。

路径 4：1-2-3-5-7-8-2-3-4-9。

(4) 导出测试用例

为了确保基本路径集中的每一条路径的执行，根据判断节点给出的条件，选择适当的数据以保证某一条路径可以被测试到，满足上面基本路径集的测试用例如表 4-2 所示。

表 4-2　测试用例

用例编号	输入数据	预期输出	执 行 路 径
1	n=1	1=	路径 1：1-2-9
2	n=2	2=2	路径 2：1-2-3-4-9
3	n=4	4=2*2	路径 3：1-2-3-5-6-8-2-3-4-9
4	n=3	3=3	路径 4：1-2-3-5-7-8-2-3-4-9

3. 数据流测试

数据流测试(Data Flow Testing)是基于程序的控制流，从建立的数据目标状态的序列中发现异常的结构测试方法。数据流测试使用程序中的数据流关系来指导测试者选取测试用例。其基本思想是：一个变量的定义，通过辗转的引用和定义，可以影响到另一个变量的值，或者影响到路径的选择等。进行数据流测试时，根据被测试程序中变量的定义和引用位置选择测试路径。因此，可以选择一定的测试数据，使程序按照一定的变量的定义-引用路径执行，并检查执行结果是否与预期的相符，从而发现代码的错误。

4. 程序插装

程序插装(Program Instrumentation)的概念是由 J. G. Huang 教授首次提出，它使被测试程序在保持原有逻辑完整性基础上，在程序中插入一些探针(又称为“探测仪”)，通过探针的执行并抛出程序的运行特征数据。基于这些特征数据分析，可以获得程序的控制流及数据流信息，进而得到逻辑覆盖等动态信息。

5. 域测试

域测试(Domain Testing)是一种基于程序结构的测试方法。Howden 曾对程序中出现的错误进行分类,他将程序错误分为域错误、计算型错误和丢失路径错误三种。这是相对于执行程序的路径来说的。每条执行路径对应于输入域的一类情况,是程序的一个子计算。如果程序的控制流有错误,对于某一特定的输入可能执行的是一条错误路径,这种错误称为路径错误,也叫作域错误。如果对于特定输入执行的是正确路径,但由于赋值语句的错误致使输出结果不正确,则称此为计算型错误。另外一类错误是丢失路径错误,这是由于程序中某处少了一个判定谓词而引起的。域测试主要针对域错误进行程序测试。

域测试的"域"是指程序的输入空间。域测试方法基于对输入空间的分析。自然,任何一个被测程序都有一个输入空间。测试的理想结果就是检验输入空间中的每一个输入元素是否都产生正确的结果。而输入空间又可分为不同的子空间,每一子空间对应一种不同的计算。在考查被测试程序的结构以后就会发现,子空间的划分是由程序中分支语句中的谓词决定的。输入空间的一个元素,经过程序中某些特定语句的执行而结束(当然也可能出现无限循环而无出口),那都是满足了这些特定语句被执行所要求的条件的。

域测试有两个致命的弱点,一是为进行域测试对程序提出的限制过多;二是当程序存在很多路径时,所需的测试点也很多。

4.1.3 白盒测试工具

白盒测试工具一般是针对代码进行的测试,测试所发现的缺陷可以定位到代码级。由于白盒测试通常用在单元测试中,因此又叫单元测试工具。根据测试工具工作原理的不同,白盒测试工具可分为静态测试工具和动态测试工具。不过,很多白盒测试工具将静态测试和动态测试集成在一起。

静态测试工具是在不执行程序的情况下,分析软件的特性。静态测试工具一般是对代码进行语法扫描,找出不符合编码规范的地方,根据某种质量模型评价代码的质量,生成系统的调用关系图等。

动态测试工具一般采用"插桩"的方式,向代码生成的可执行文件中插入一些监测代码,用来统计程序运行时的数据。其与静态测试工具最大的不同就是动态测试工具要求被测系统实际运行。

常用的白盒测试工具有:Parasoft 公司的 Jtest、C++ Test、. test、CodeWizard 等,IBM 公司的 Rational PurifyPlus、PureCoverage 等,Borland 公司的 DevPartner,Telelogic 公司的 Logiscope,开源测试工具 xUnit 框架下的 JUnit、CPPUnit、PHPUnit、vbUnit 等。

4.2 xUnit 测试框架

测试驱动开发(Test-Driven Development,TDD)是以测试作为开发过程的中心,在编写实际代码之前,先写好基于产品代码的测试代码。测试驱动开发式是极限编程的重要组成部分。

xUnit 是一个基于测试驱动开发的测试框架，为开发过程中使用测试驱动开发提供了一个方便的工具，以便快速地进行单元测试。xUnit 的成员有很多，如 JUnit、CUnit、CppUnit、PHPUnit 等。这些单元测试框架的思想与使用方式基本一致，只是针对了不同的语言实现。

xUnit 测试框架包括 4 个要素：Test Fixtures、Test Suites、Test Execution 和 Assertion。

1. Test Fixtures

Test Fixtures 是一组认定被测对象或被测程序单元测试成功的预定条件或预期结果的设定。Fixture 就是被测试的目标，可能是一个对象或一组相关的对象，甚至是一个函数。测试人员在测试前就应该清楚对被测对象进行测试的正确结果是什么，这样就可以对测试结果有一个明确的判断。

2. Test Suites

Test Suites(测试集)就是一组测试用例，这些测试用例要求有相同的测试 Fixture，以保证这些测试不会出现管理上的混乱。

3. Test Execution

Test Execution(执行测试)启动测试，执行测试用例。单个单元测试的执行可以按下面的方式进行。

```
setUp();            /* 首先,要建立针对被测程序单元的独立测试环境 */
testXXX();          /* 然后,编写所有测试用例的测试体或测试程序 */
tearDown();         /* 最后,无论测试成功还是失败,都将环境进行清理,以免影响后继测试 */
```

4. Assertion

断言(Assertion)实际上就是验证被测程序在测试中的行为或状态的一个宏或函数。断言失败实际上就是引发异常，终止测试的执行。

xUnit 框架包含下列测试工具。

JUnit：用于测试 Java 语言编写的代码。

CPPUnit：用于测试 C++语言编写的代码。

Visual Studio 2005 测试框架：用于测试.NET 语言编写的代码。

PyUnit：用于测试 Python 语言编写的代码。

SUnit：用于测试 SmallTalk 语言编写的代码。

vbUnit：用于测试 VB 语言编写的代码。

utPLSQL：用于测试 Oracle PL/SQL 编写的代码。

MinUnit：用于测试 C 语言编写的代码。

4.3 JUnit

4.3.1 JUnit 简介

1997 年，Erich Gamma 和 Kent Beck 为 Java 语言创建了一个简单但有效的单元测试框架，称作 JUnit。JUnit 很快成为 Java 中开发单元测试的框架标准。JUnit 测试是程序员测试，即所谓的白盒测试，因为程序员知道被测试的软件如何完成功能和完成什么样的功能。JUnit 是用于单元测试框架体系 xUnit 的一个实例(用于 Java 语言)。

1. JUnit 特性

JUnit 是一个开放源代码的 Java 测试框架，用于编写和运行可重复的测试。它是单元测试框架体系 xUnit 的一个实例，用于 Java 语言。JUnit 具有以下特性。

(1) 用于测试期望结果的断言(Assertion)；

(2) 用于共享共同测试数据的测试工具；

(3) 用于方便地组织和运行测试的测试套件；

(4) 图形和文本的测试运行器。

2. JUnit 的框架

JUnit 的核心成员：TestCase、TestSuit、BaseTestRunner。

TestCase(测试用例)：扩展了 JUnit 的 TestCase 类的类。它以方法的形式包含一个或多个测试。

TestSuit(测试集合)：一组测试。一个 Test Suite 是把多个相关的测试归入一组的便捷方式。如果没有为 TestCase 定义一个 Test Suite，那么 JUnit 会自动提供一个 Test Suite，包含 TestCase 中所有的测试。

TestRunner(测试运行器)：执行 Test Suite 的程序。没有 TestRunner 接口，只有一个所有 Test Runner 都继承的 BaseTestRunner。因此，编写 TestRunner 时，实际上指的是任何继承 BaseTestRunner 的 Test Runner 类。

这三个类是 JUnit 框架的骨干。理解了 TestCase、TestSuite 和 BaseTestRunner 的工作方式，就可以随心所欲地编写测试了。在一般情况下，只需要编写 Test Case，其他类会在幕后帮助我们完成测试。当需要更多的 TestCase 时，可以创建更多的 TestCase 对象。当需要一次执行多个 TestCase 对象时，可以创建一个 TestSuite 对象，但是为了执行 TestSuite 对象，需要使用 TestRunner 对象。

这三个类和另外 4 个类紧密结合，形成了 JUnit 框架的核心。这 7 个核心类各自的责任如表 4-3 所示。

表 4-3　JUnit 的核心类/接口

类/接口	责　任
Assert	当条件成立时 assert 方法保持沉默，但若条件不成立就抛出异常
TestResult	TestResult 包含测试中发生的所有错误或者失败
Test	可以运行 Test 并把结果传递给 TestResult
TestListener	测试中若产生事件(开始、结束、错误、失败)会通知 TestListener
TestCase	TestCase 定义了可以用于运行多个测试的环境
TestSuite	TestSuite 运行一组 Test Case(它可能包含其他 Test Suite)，它是 Test 的组合
BaseTestRunner	TestRunner 是用来启动测试的用户界面，BaseTestRunner 是所有 TestRunner 的超类

JUnit 架构如图 4-4 所示。

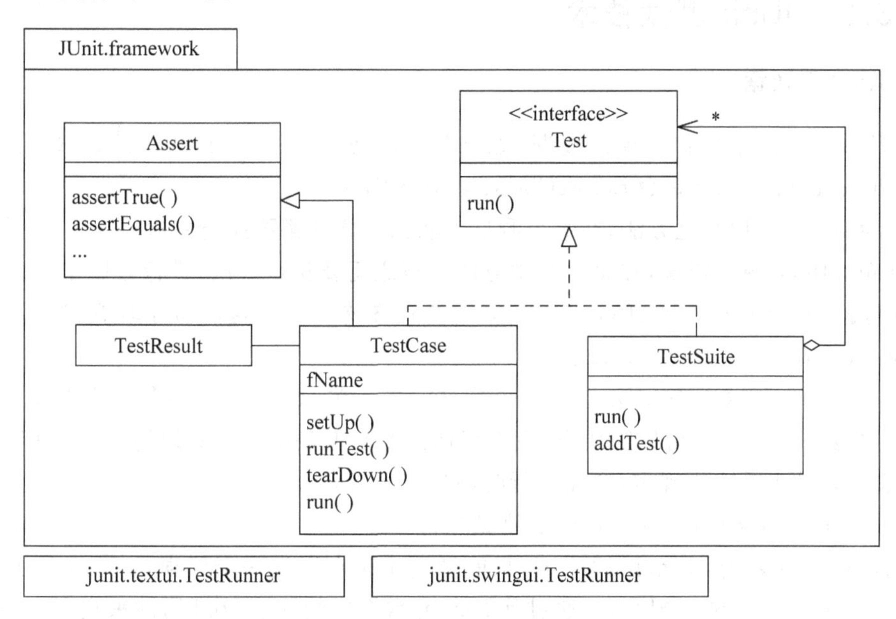

图 4-4 JUnit 架构图

Test：是 TestCase、TestSuite 的共同接口。run(TestResult result)用来运行 Test，并且将结果保存到 TestResult。

TestCase：是 Test 的接口的抽象实现，是 Abstract 类，所以不能实例化，能被继承。其中一个构造函数 TestCase(String name)是根据输入的参数创建一个测试实例。可以把 TestCase 添加到 TestSuite 中，指定仅运行 TestCase 中的一个方法。

TestSuite：实现 Test 接口，可以组装一个或者多个 TestCase。待测试类中可能包括对被测类的多个 TestCase，而 TestSuit 可以保存多个 TestCase，负责收集这些测试，这样可以用一个 Suite 就能运行对被测类的多个测试。

TestResult：保存 TestCase 运行中的事件。TestResult 有 List<TestFailure> fFailures 和 List<TestFailure> fErrors。fFailures 记录 Test 运行中的 AssertionFailedError，而 fErrors 则记录 Exception。Failure 是当期望值和断言不匹配的时候抛出的异常，而 Error 则是不曾预料到的异常，如 ArrayIndexOutOfBoundsException。

TestListener：是个接口，对事件监听，可供 TestRunner 类使用。

ResultPrinter：实现 TestListener 接口。在 TestCase 运行过程中，对所监听的对象的事件以一定格式即时输出。运行完后，对 TestResult 对象进行分析，输出统计结果。

BaseTestRunner：所有 TestRunner 的超类。

java Junit. swingui. TestRunner：实现 BaseTestRunner，提供图形界面。从 4.0 版本起，就没有再提供这个类。这是 4.0 版本和之前版本的显著变化之一。

java Junit. textui. TestRunner：实现 BaseTestRunner，提供文本界面。

4.3.2 JUnit 测试技术

1. JUnit 元数据

在 JUnit 4 中引入了一些元数据，如@Before、@After、@Test、@Test(expected)、@Test(timeout)、@Ignore、@BeforeClass、@AfterClass 等。

(1) @Before：初始化方法，在每个测试方法执行之前都要执行一次。

(2) @After：释放资源，在每个测试方法执行之后要执行一次，进行收尾工作。

【注意】 @Before 和@After 标示的方法只能各有一个。这相当于取代了 JUnit 以前版本中的 setUp 和 tearDown 方法。

(3) @Test：测试方法，表示这是一个测试方法。在 JUnit 中将会自动被执行。对于方法的声明的要求是：名字可以随便取(没有任何限制)，但是返回值必须为 void，而且不能有任何参数。如果违反这些规定，会在运行时抛出一个异常。

(4) @Test(expected= *.class)：测试异常。

在 JUnit 4.0 之前，对错误的测试，只能通过 fail 来产生一个错误，并在 try 块里面以 assertTrue(true)来测试。现在，可通过@Test 元数据中的 expected 属性来实现。expected 属性的值是一个异常的类型。

Java 中常常需要异常处理，因此程序中有一些需要抛出异常的方法。如果一个方法应该抛出异常，但是它没抛出，这应该就是一个 Bug。例如，对于除法功能，如果除数是一个 0，那么必然要抛出“除数为 0 的异常”，测试代码如下。

```
@Test(expected = ArithmeticException.class)
public void divideByZero(){
    calculator.divide(0);
 }
```

使用@Test 标注的 expected 属性，将要检验的异常传递给它，这样 JUnit 框架就能自动检测是否抛出了指定的异常。

(5) @Test(timeout=xxx)：限时测试。

该元数据传入了一个时间(ms)给测试方法，指定被测试方法被允许运行的最长时间。如果测试方法在指定的时间之内没有运行完，则 JUnit 认为测试失败。

对于逻辑复杂，循环嵌套层次多的程序，可能会出现死循环，因此需要采取一些预防措施。限时测试是一个很好的解决方案。给这类测试方法设定一个执行时间，如果超过了设定的时间，它们就会被系统强行终止，并且指明该方法结束的原因是因为超时，这样就可以发现缺陷。而实现这一功能，只需要给@Test 标注加一个参数即可。

(6) @Ignore：忽略的测试方法。

JUnit 提供了一种方法，就是在未完成的测试方法(函数)的前面加上@Ignore 标注。该元数据标记的测试方法在测试中会被忽略。当测试的方法还没有实现，或者测试的方法已经过时，或者在某种条件下才能测试该方法(比如需要一个数据库连接，而在本地测试的时候，数据库并没有连接)，那么使用该标签来标示这个方法。同时，可以为该标签传递一个 String 的参数，来表明为什么会忽略这个测试方法。例如，@Ignore("该方法还没有实现")，在执行的时候，仅会报告该方法没有实现，而不会运行测试方法。

当完成了相应测试方法后，只需要把@Ignore 标注删去，就可以进行正常的测试了。

(7) @BeforeClass：针对该类的所有测试，在所有测试方法执行前执行一次，并且必须为：public static void。

(8) @AfterClass：针对该类的所有测试，在所有测试方法执行结束后执行一次，并且必须为：public static void。

值得注意的是：每个测试类只能有一个方法被标注为@BeforeClass 或@AfterClass，并且该方法必须是 public 和 Static 的。

例如，假设类中的多个测试方法都将使用一个数据库连接、一个非常大的文件，或者申请其他一些资源，为了提高测试效率，可以在使用@BeforeClass 注释的方法里创建或申请资源，在使用@ AfterClass 的方法中将其销毁清除。

这个特性虽然很好，但是一定要小心对待这个特性。它有可能会违反测试的独立性，并引入非预期的混乱。由 BeforeClass 申请或创建的资源，如果是整个测试用例类共享的，则尽量不要让其中任何一个测试方法改变那些共享的资源，避免对其他测试方法产生影响。

JUnit 4 的单元测试用例执行顺序为：

```
@BeforeClass ->@Before ->@Test ->@After ->@AfterClass
```

每一个测试方法的调用顺序为：

```
@Before ->@Test ->@After
```

2. JUnit 的断言

JUnit 框架用一组 assert 方法封装了最常见的测试任务。这些 assert 方法可以极大地简化单元测试的编写。Assert 超类所提供的 8 个核心方法，如表 4-4 所示。

表 4-4 Assert 类的方法

方法	描述
assertTrue	断言条件为真。若不满足，方法抛出带有相应信息(如果有)的 AssertionFailedError 异常
assertFalse	断言条件为假。若不满足，方法抛出带有相应信息(如果有)的 AssertionFailedError 异常
assertEquals	断言两个对象相等。若不满足，方法抛出带有相应信息(如果有)的 AssertionFailedError 异常
assertNotNull	断言对象不为 null。若不满足，方法抛出带有相应信息(如果有)的 AssertionFailedError 异常
assertNull	断言对象为 null。若不满足，方法抛出带有相应信息(如果有)的 AssertionFailedError 异常
assertSame	断言两个引用指向同一个对象。若不满足，方法抛出带有相应信息(如果有)的 AssertionFailedError 异常
assertNotSame	断言两个引用指向不同的对象。若不满足，方法抛出带有相应信息(如果有)的 AssertionFailedError 异常
fail	让测试失败，并给出指定的信息

1) assertEquals 断言

这是应用非常广泛的一个断言，它的作用是比较实际的值和用户预期的值是否一样。assertEquals 在 JUnit 中有很多不同的实现，以参数 expected 和 actual 都为 Object 类型的为例，assertEquals 定义如下。

```
static public void assertEquals(String message, Object expected, Object actual) {
 if (expected == null && actual == null)
     return;
 if (expected != null && expected.equals(actual))
     return;
 failNotEquals(message, expected, actual);
}
```

其中，expected 为用户期望某一时刻对象的值，actual 为某一时刻对象实际的值。如果这两值相等（通过对象的 equals 方法比较），说明预期是正确的，也就是说，代码运行是正确的。assertEquals 还提供了其他的一些实现，例如整数比较、浮点数的比较等。

2) assertTrue 与 assertFalse 断言

assertTrue 与 assertFalse 可以判断某个条件是真还是假，如果和预期的值相同，则测试成功，否则将失败。assertTrue 的定义如下。

```
static public void assertTrue(String message, boolean condition) {
 if (!condition)
     fail(message);
}
```

其中，condition 表示要测试的状态，如果 condition 的值为 false，则测试将会失败。

3) assertNull 与 assertNotNull 断言

assertNull 与 assertNotNull 可以验证所测试的对象是否为空或不为空，如果和预期的相同，则测试成功，否则测试失败，assertNull 定义如下。

```
static public void assertNull(String message, Object object){
  assertTrue(message, object == null);
 }
```

其中，object 是要测试的对象，如果 object 为空，该测试成功，否则失败。

4) assertSame 与 assertNotSame 断言

assertSame 和 assertEquals 不同，assertSame 测试预期的值和实际的值是否为同一个参数（即判断是否为相同的引用）。assertNotSame 则测试预期的值和实际的值是不为同一个参数。assertSame 的定义如下。

```
static public void assertSame(String message, Object expected, Object actual) {
  if (expected == actual)
      return;
  failNotSame(message, expected, actual);
}
```

而 assertEquals 则判断两个值是否相等，通过对象的 equals 方法比较，可以引用相同的对象，也可以不同。

5) fail 断言

fail 断言能使测试立即失败，这种断言通常用于标记某个不应该被到达的分支。例如 assertTrue 断言中，condition 为 false 时就是正常情况下不应该出现的，所以测试将立即失败。fail 的定义如下。

```
static public void fail(String message) {
    throw new AssertionFailedError(message);
}
```

当一个失败或者错误出现的时候，当前测试方法的执行流程将会被中止，但是位于同一个测试类中的其他测试将会继续运行。

4.3.3 JUnit 的应用流程

Eclipse 全面集成了 JUnit，并从版本 3.2 开始支持 JUnit 4。

可以从 http://www.eclipse.org/上下载最新的 Eclipse 版本。JUnit 的官方网站为 http://www.junit.org/。可以从上面获取关于 JUnit 的最新消息。如果在 Eclipse 中使用 JUnit，就不必再下载了。

1. JUnit 测试环境配置

运行 JUnit 程序需要配置和安装 Java 环境。

1) 下载 JDK

JDK 是 Java SE Development Kit 的缩写，是运行 Java 程序必需的环境。JDK 的下载地址是 http://www.oracle.com/technetwork/java/javase/downloads/index.html。在下载页面根据自己的操作系统选择要下载的文件。如果操作系统是 Windows 64 位，选择 Windows×64 对应的文件，如果是 Windows 32 位，选择 Windows×86 对应的文件。本文下载的是 jdk-8u31-windows-i586.exe。

2) 安装 JDK

下载完成后，直接运行安装程序 jdk-8u31-windows-i586.exe，按提示进行相应的操作，即可完成 JDK 的安装。

3) 设置环境变量

Java 的环境变量设置步骤如下。

(1) 在桌面上右击选中"计算机"→"属性"→"高级系统设置"→"环境变量"。

(2) "系统变量"→"新建"→"变量名"：JAVA_HOME，变量值为 C:\Program Files\Java\ jdk1.8.0_31。

(3) "系统变量"→"编辑"→"变量名"：Path，在变量值的最前面加上：%JAVA_HOME%\bin;设置 Classpath 的值：CLASSPATH=.;%JAVA_HOME%\lib\dt.jar;%JAVA_HOME%\lib\tools.jar。

配置好环境变量后，在 CMD 命令行输入：java -version，返回 Java 的版本信息，则表示安装成功。

4）安装 Eclipse

在 Eclipse 的官方网站下载最新的 Eclipse，下载地址是 http://www.eclipse.org/downloads/。Eclipse 下载后，直接解压即可使用。本例将 Eclipse 安装文件解压到 E 盘根目录下，文件路径为“E:\eclipse”。

5）安装 JUnit

Eclipse IDE 中集成了 JUnit 组件，无须另行下载和安装。如果 Eclipse 集成的 JUnit 版本不能满足要求，可以下载最新的 JUnit 安装包，单独安装。

在 Eclipse 中检查 JUnit 是否已经安装成功的方法如下。

第一种方法是：Eclipse→Window→Preferences→Java，看 JUnit 是否存在。如果存在，JUnit 就算安装好了，如图 4-5 所示。

第二种方法是：单击 Eclipse→Window→ShowView→Other→Java，查看 JUnit 是否存在。如果存在，JUnit 就算安装好了，如图 4-6 所示。

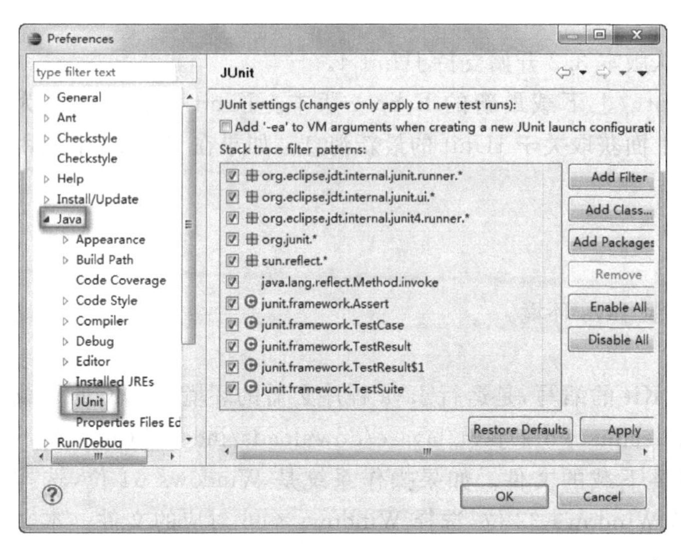

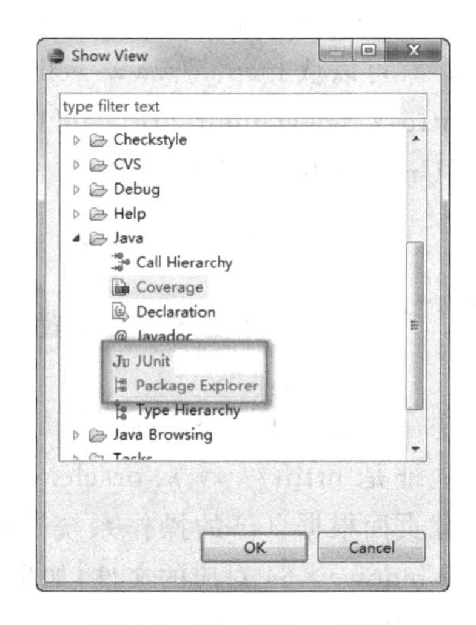

图 4-5 Preferences 窗口

图 4-6 Show View 窗口

2. JUnit 测试步骤

假设程序的源代码已经完成，等待进行单元测试。本例中已经编写好待测试的类 NextDate，NextDate 类中有一个判断闰年的方法 isleap()，其代码如下。

```
/**
 *判断年份是否是闰年
 */
public boolean isleap(){
    if((this.year % 4 == 0 && this.year % 100!= 0 )||(this.year % 400 == 0)){
        return true;
    }
```

```
        else {
            return false;
        }
    }
```

下面以 isleap()作为待测试的例子，详细介绍使用 JUnit 进行测试步骤和方法。

在 Eclipse 的 Package Explorer 中用右键单击被测试的类 NextDate，将弹出右键菜单，如图 4-7 所示。

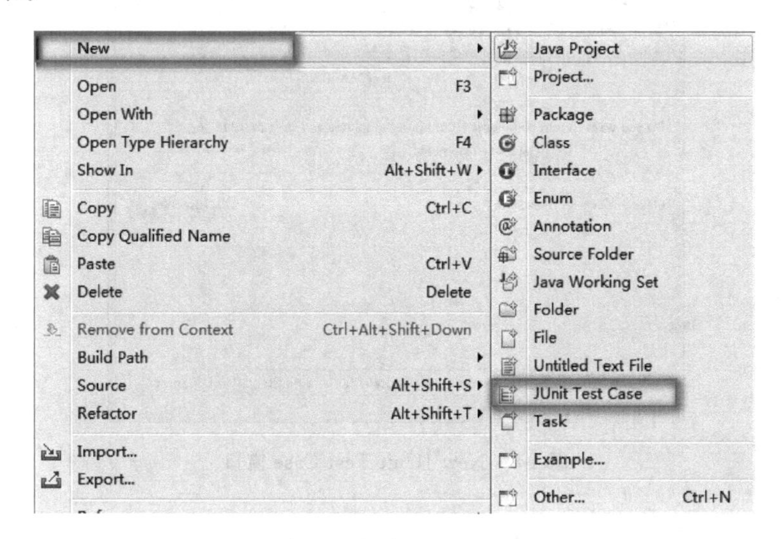

图 4-7　新建 JUnit 测试

在图 4-7 中，单击 New→JUnit Test Case，将弹出 New JUnit Test Case 窗口，如图 4-8 所示。

在该窗口中，进行相应的选择。首先选择 JUnit 的版本，本例中选择的是 New JUnit 4 test。

Source folder：选择生成的测试用例存放的位置，一般可新建名为 test 的源码文件夹来存放测试代码，可以使用 Browse 按钮来修改路径。

Package：选择存放的包，默认为与测试目标类同包。

Name：新创建的测试类的名称。

Which method stubs would you like to create：选择默认需要创建的方法。本例选择了 setUp()和 tearDown()，JUnit 将自动创建这两个方法。

Class under test：待测试的目标类。

单击 Next 按钮后，系统会自动列出被测试类中包含的方法，如图 4-9 所示。在 Available methods 选择框中选择要进行测试的方法，用于生成测试方法。本例中，仅对 isleap( )方法进行测试，因此只选择此方法。

单击 Finish 按钮，之后系统会自动生成一个新类 NextDateTest，里面包含一些空的测试用例。JUnit 自动生成的测试代码如图 4-10 所示。

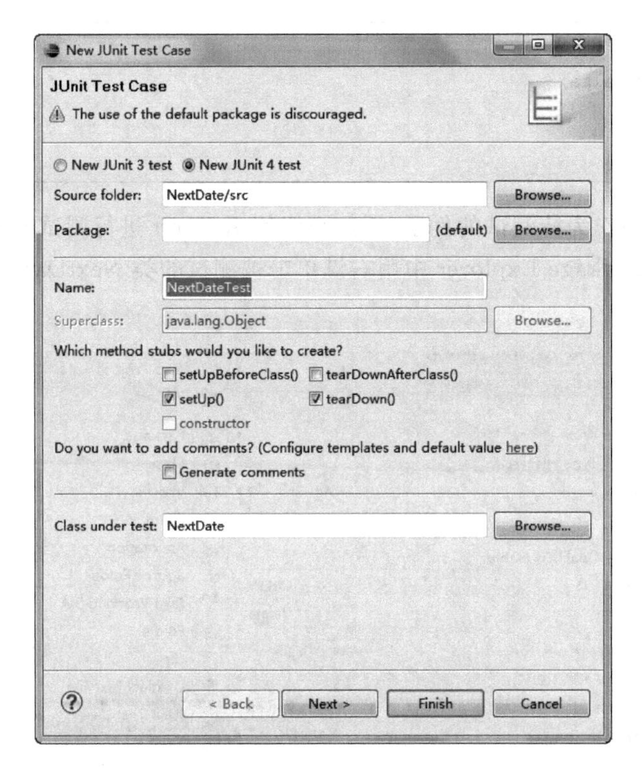

图 4-8 New JUnit Test Case 窗口

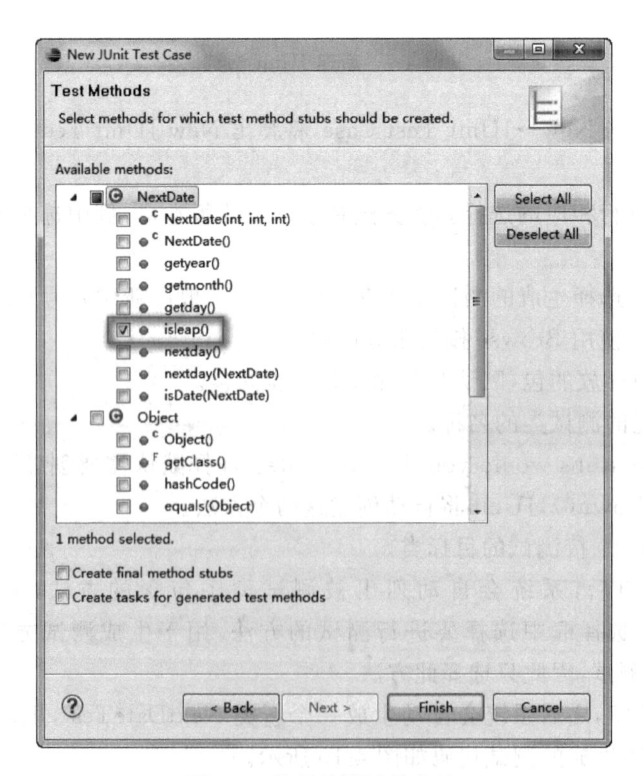

图 4-9 选择待测试的方法

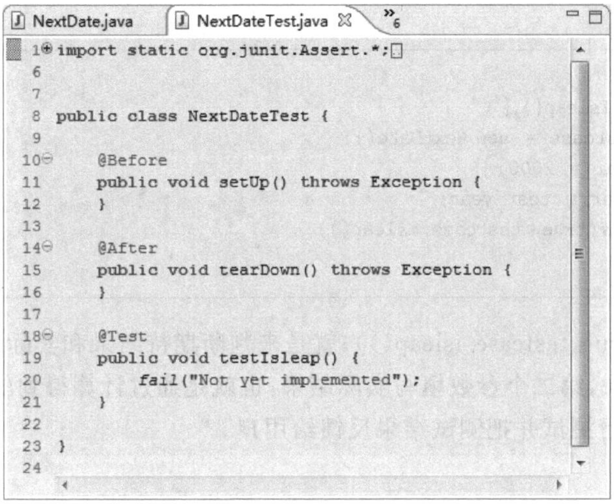

```
1⊕import static org.junit.Assert.*;
6
7
8 public class NextDateTest {
9
10⊖    @Before
11     public void setUp() throws Exception {
12     }
13
14⊖    @After
15     public void tearDown() throws Exception {
16     }
17
18⊖    @Test
19     public void testIsleap() {
20         fail("Not yet implemented");
21     }
22
23 }
24
```

图 4-10 JUnit 自动生成的代码

3. 测试代码编写

1) 包含必要的 Package

在测试类中用到了 JUnit4 框架，自然要把相应的 Package 包含进来。最主要的一个 Package 就是 org. junit. * ，把它包含进来之后，绝大部分功能就有了。还有一条语句也是非常重要的：import static org. junit. Assert. * 。在测试的时候使用的一系列 assertEquals 方法就来自这个包。这是一个静态包含(static)，是 JDK 5 中新增添的一个功能。assertEquals 是 Assert 类中的一系列的静态方法，一般的使用方式是 Assert. assertEquals()。使用了静态包含后，前面的类名就可以省略了，使用起来更加方便。

2) 测试类的声明

测试类是一个独立的类，没有任何父类。测试类的名字也可以任意命名，没有任何局限性。所以不能通过类的声明来判断它是不是一个测试类，它与普通类的区别在于它内部的方法的声明。

3) 创建一个待测试的对象

要测试某个类，首先需要创建一个该类的对象。例如，为了测试 NextDate 类，必须创建一个 NextDate 对象。

4) 测试方法的声明

在测试类中，并不是每一个方法都是用于测试的，必须使用“标注”来明确表明哪些是测试方法。“标注”也是 JDK 5 的一个新特性，用在此处非常恰当。可以看到，在某些方法的前面有@Before、@Test、@Ignore 等字样，这些就是标注，以一个“@”作为开头。这些标注都是 JUnit4 自定义的，熟练掌握这些标注的含义非常重要。

5) 编写一个简单的测试方法

首先，在方法的前面使用@Test 标注，以表明这是一个测试方法。对于方法的声明也有如下要求：名字可以随便取，没有任何限制，但返回值必须为 void，而且不能有任何参数。如果违反这些规定，会在运行时抛出一个异常。至于方法内该写些什么，那就要看需要测试些什么了。例如：

```
@Test
public void testIsleap() {
    NextDate testcase = new NextDate();
    int test_year = 2000;
    testcase.year = test_year;
    assertEquals(true, testcase.isleap());
}
```

assertEquals(true,testcase.isleap());就是来判断期待结果和实际结果是否相等，第一个参数填写期待结果，第二个参数填写实际结果，也就是通过计算得到的结果。这样写好之后，JUnit 会自动进行测试并把测试结果反馈给用户。

4. 执行测试

在 Package Explorer 视图中右键单击要执行的测试方法，将弹出右键菜单，选择 Run As→JUnit Test，如图 4-11 所示。

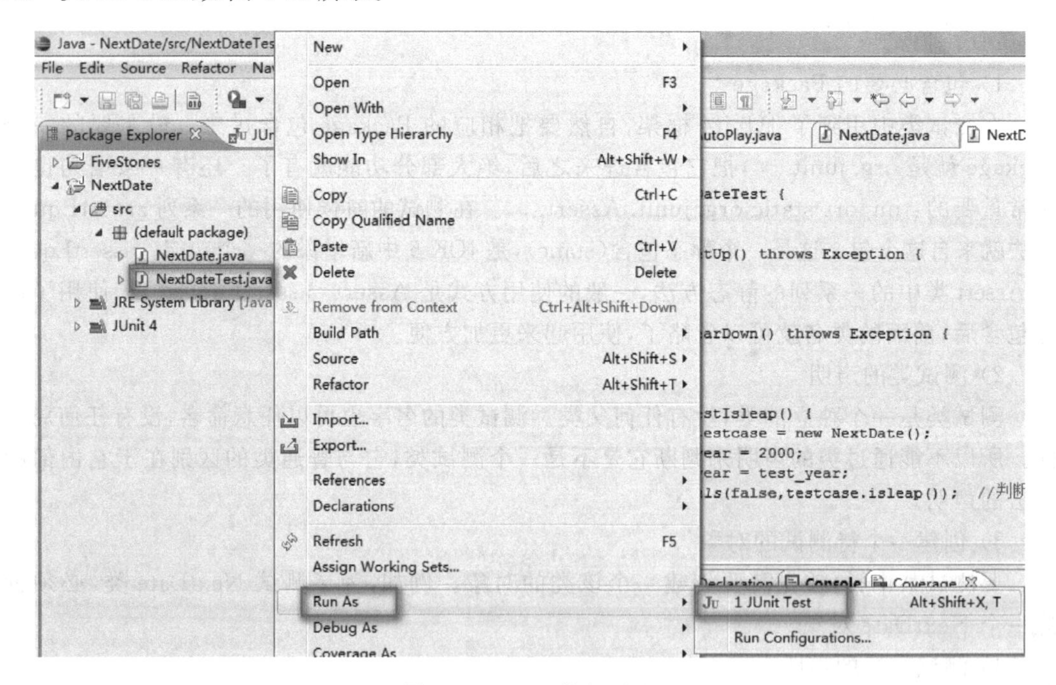

图 4-11 JUnit 执行测试

前面的测试代码的执行结果如图 4-12 所示。

绿色的进度条表示测试运行通过了。但现在就宣布代码通过了单元测试还为时过早。进行单元测试的范围要全面，比如对边界值、正常值、错误值都要测试。测试时，对代码可能出现的问题要全面预测，而这也正是需求分析、详细设计环节中要考虑的。

为了演示测试失败的情况，修改测试数据，使实际结果与预期结果不一致。比如将：

```
assertEquals(true, testcase.isleap());   改为: assertEquals(false, testcase.isleap());
```

再次执行测试，将会出现测试失败，如图 4-13 所示。在 Failure Trace 窗口中，将显示失败的原因：expected:＜false＞but was:＜true＞，即期望值是 false，而实际值是 true，因此测试失败。

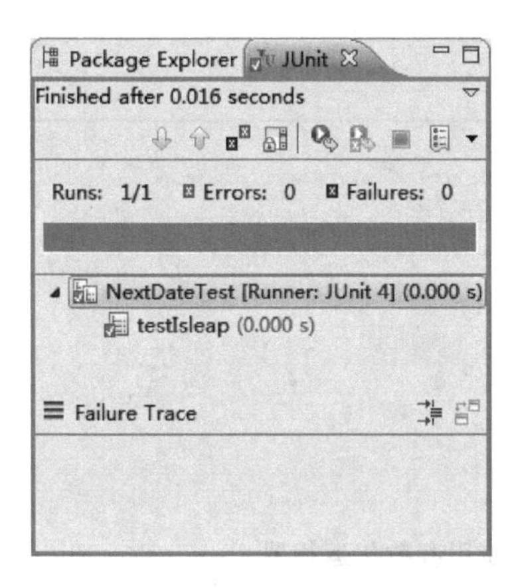

图 4-12 JUnit 测试结果(通过)

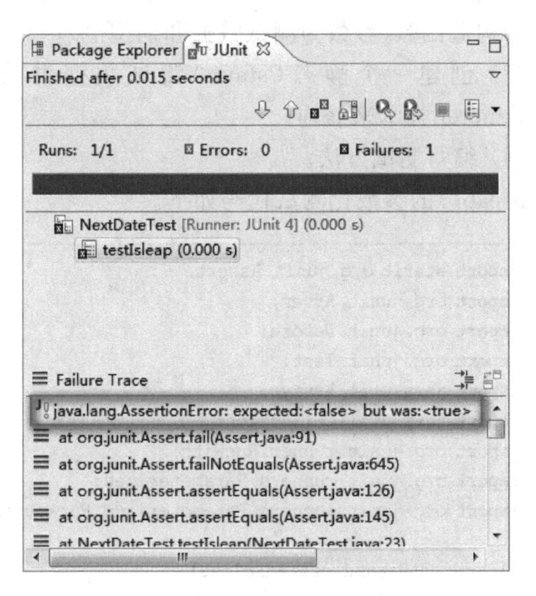

图 4-13 JUnit 测试结果(失败)

JUnit 将测试失败的情况分为两种：Failure 和 Error。Failure 一般由单元测试使用的断言方法(Assert)判断失败，它表示在测试点发现了问题。Error 则是由代码异常引起，这是测试目的之外的发现，它可能产生于测试代码本身的错误(测试代码也是代码，同样无法保证完全没有缺陷)，也可能是被测试代码中的一个隐藏的 Bug。

5. Runner（运行器）

编写好测试代码后，执行测试的是 JUnit 中的 Runner。在 JUnit 中有很多个 Runner，它们负责调用测试代码，每一个 Runner 都有各自的特殊功能，可以根据需要选择不同的 Runner 来运行测试代码。JUnit 中有一个默认 Runner，如果没有指定，系统自动使用默认 Runner 来运行代码。如果要指定一个 Runner，需要使用@RunWith 标注，并且把所指定的 Runner 作为参数传递给它。值得注意的是，@RunWith 是用来修饰类的，而不是用来修饰函数的。只要对一个类指定了 Runner，那么类中的所有函数都被这个 Runner 来调用。

6. 参数化测试

为测试程序健壮性，可能需要模拟不同的参数来对方法进行测试，比如某程序的功能是：判断输入的年份是否为闰年。测试时，需要测试不能被 4 整除的数，能被 4 整除但不能被 100 整除的数，以及能被 4 整除和 400 整除的数进行测试。如果对多个数据进行测试，需要重复写测试代码。为了简化测试，JUnit 4 提出了“参数化测试”的概念。参数化测试能够创建由参数值供给的通用测试，从而为每个参数都运行一次，而不必创建多个测试方法。测试时，只写一个测试函数，把这若干种情况作为参数传递进去，一次性地完成测试。

参数化测试中编写测试代码的流程如下。

(1) 为参数化测试类用@RunWith 标示指定特殊的运行器：Parameterized.class；

(2) 在测试类中声明几个变量，分别用于存放测试数据和对应的期望值，并创建一个带参数的构造函数(参数为测试数据和期望值)；

(3) 创建一个静态(static)测试数据供给方法，其返回类型为 Collection，并用@Parameter 标示来修饰；

(4) 编写测试方法。

isleap()的参数化测试代码如下。

```
import static org.junit.Assert.*;
import org.junit.After;
import org.junit.Before;
import org.junit.Test;
import java.util.Arrays;
import java.util.Collection;
import org.junit.runner.RunWith;
import org.junit.runners.Parameterized;
import org.junit.runners.Parameterized.Parameters;

@RunWith(Parameterized.class)                    //使用参数化运行器
public class NextDateTest {
    NextDate testObject;
    private int inData;                          //测试数据
    private boolean exData;                      //对应期望值的变量

    //数据供给方法(静态,用@Parameter 注释,返回类型为 Collection)
    @Parameters
    public static Collection data() {
       return Arrays.asList(new Object[][]{
           {2000,true},
           {1800,false},
           {2008,true},
           {1999,false}
           });
    }
    /**
     * 参数化测试必需的构造函数
     * @param inData 测试数据,对应参数集中的第一个参数
     * @param exData 期望的测试结果,对应参数集中的第二个参数
     */
    public NextDateTest(int inData, boolean exData) {
        this.inData = inData;
        this.exData = exData;
     }

    @Before
    public void setUp() throws Exception {
        testObject = new NextDate();
    }
```

```
    @After
    public void tearDown() throws Exception {
    }
    /**
     * 测试 Isleap()方法
     */
    @Test
    public void testIsleap() {
        testObject.year = inData;
        assertEquals(exData,testObject.isleap()); //判断预期结果与实际输出是否一致
    }
}
```

下面对上述代码进行分析。

(1) 要为测试专门生成一个新的类,而不能与其他测试共用同一个类。本例中定义了一个 NextDateTest 类。然后为这个类指定一个 Runner,而不能使用默认的 Runner,因为特殊的功能要用特殊的 Runner。@RunWith(Parameterized.class)这条语句就是为这个类指定了一个 ParameterizedRunner。

(2) 定义一个待测试的类,并且定义两个变量 inData 和 exData,inData 用于存放参数(输入的数据),exData 用于存放预期的结果。

(3) 定义测试数据的集合,即 data()方法。该方法可以任意命名,但是必须使用@Parameters 标示进行修饰。这里需要注意的是:其中的数据是一个二维数组,数据两两一组,每组中的两个数据,一个是参数(测试数据),一个是预期的结果。比如第一组{2000,true},"2000"就是参数,"true"就是预期的结果。

接下来是构造函数 NextDateTest(**int** inData, **boolean** exData),其功能是对先前定义的两个参数进行初始化。请务必注意参数的顺序,这里需要和前面的数据集合的顺序保持一致。如果前面的顺序是:{参数,预期结果},那么构造函数的顺序就是:构造函数(参数,预期结果),反之亦然。

(4) 在测试方法 testIsleap()中写测试用例,和前面介绍过的写法完全一样,在此不再赘述。

(5) 设计好测试用例后,执行测试。测试结果中将显示参数化中所有测试数据的测试结果。比如在本例中,设计了 4 组测试数据,在 JUnit 的结果视图中将分别显示各测试数据执行的结果,如图 4-14 所示。

7. 测试套件

在一个项目中,常常会写出很多的测试类。如果一个一个地执行这些测试类,将是比较麻烦的事情。鉴于此,JUnit 提供了打包(批量)测试的功能,将所有需要运行的测试类集中起来,一次性运行完毕,这将大大方便测试工作。

JUnit4 中没有套件,为了替代老版本的套件测试,套件被两个新标示代替:@RunWith 和@SuteClasses。通过@RunWith 指定一个特殊的运行器:Suite.class 套件运行器,并通过@SuiteClasses 标示,将需要进行测试的类列表作为参数传入。

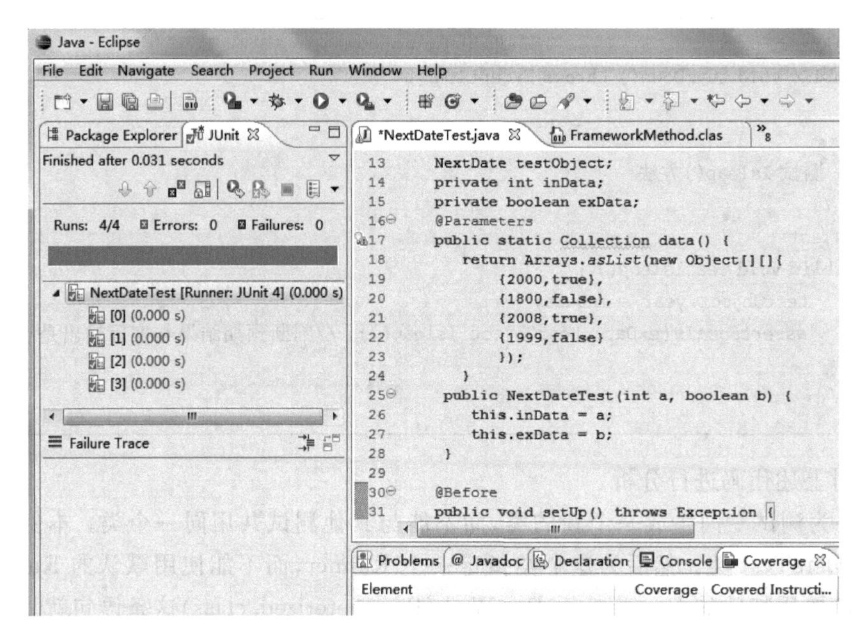

图 4-14　参数化测试结果

编写流程如下。

(1) 创建一个空类作为测试套件的入口；

(2) 使用 org.junit.runner.RunWith 和 org.junit.runners.Suite.SuitClasses 修饰这个空类；

(3) 将 org.junit.runners.Suite 作为参数传入给标示 RunWith，以提示 JUnit 为此类测试使用套件运行器执行；

(4) 将需要放入此测试套件的测试类组成数组作为@SuiteClasses 的参数；

(5) 保证这个空类使用 public 修饰，而且存在公开的不带任何参数的构造函数。

下面为 NextDate 类创建一个测试套件(AllTests.java)，代码如下。

```
import org.junit.runner.RunWith;
import org.junit.runners.Suite;
import org.junit.runners.Suite.SuiteClasses;

@RunWith(Suite.class)
@SuiteClasses({
    NextDateTest.class,                    //加入需要运行的测试类
    NextDateTest_isleap.class              //加入需要运行的测试类
    })
    public class AllTests {

}
```

创建测试套件后的文件列表如图 4-15 所示。

运行 AllTest.java 的结果如图 4-16 所示。在图中可以看出同时运行了两个测试用例：

NextDateTest 和 NextDateTest_isleap。

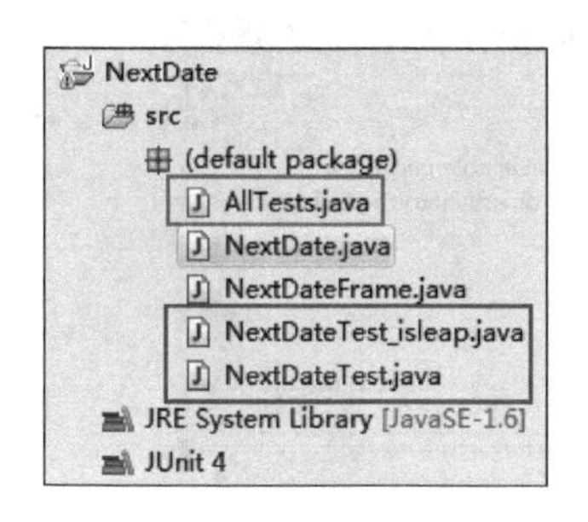

图 4-15 测试套件

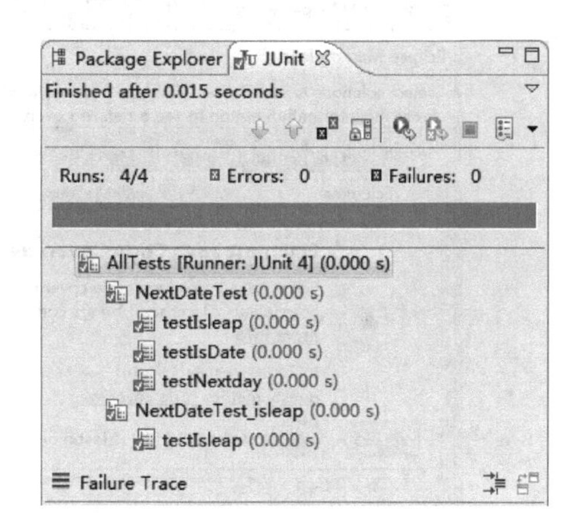

图 4-16 测试套件执行结果

4.3.4 JUnit 下的代码覆盖率工具 EclEmma

1. EclEmma 简介

在做单元测试时，代码覆盖率常常被拿来作为衡量测试好坏的指标，甚至用代码覆盖率来考核测试任务完成情况。

EclEmma 是一个免费的 Java 代码覆盖率工具，可以直接在 Eclipse 平台中执行代码覆盖分析。EclEmma 具有下列特点。

(1) 快速开发和测试周期：能够在工作平台中启动，像运行 JUnit 测试一样，可以直接对代码进行覆盖率分析。

(2) 丰富的覆盖率分析：覆盖结果将立即被汇总，并在 Java 源代码编辑器中高亮显示。

(3) 非侵入式的：不需要修改项目或执行任何其他安装和设置。

EclEmma 的官方网站是：http://www.eclemma.org/

2. EclEmma 测试环境建立

安装 EclEmma 插件的过程和大部分 Eclipse 插件相同，可以通过 Eclipse 标准的 Update 机制来远程安装 EclEmma 插件。也可以从 EclEmma 的官方网站下载 zip 文件，并解压到 Eclipse 所在的目录中。下面分别介绍 EclEmma 的三种安装方法。

方法 1：Install from Eclipse Marketplace Client

Eclipse 3.6 以后的版本，允许直接从 Eclipse Marketplace Client 安装 EclEmma。安装步骤如下。

(1) 在 Eclipse 的菜单中选择 Help→Eclipse Marketplace；

(2) 在搜索框中输入“EclEmma”，单击 Go 按钮，如图 4-17 所示；

(3) 单击 EclEmma Java Code Coverage 的 Install 按钮；

(4) 按照提示操作，完成安装。安装过程中将弹出软件更新的窗口，如图 4-18 所示。安装需要一定时间，请耐心等待。

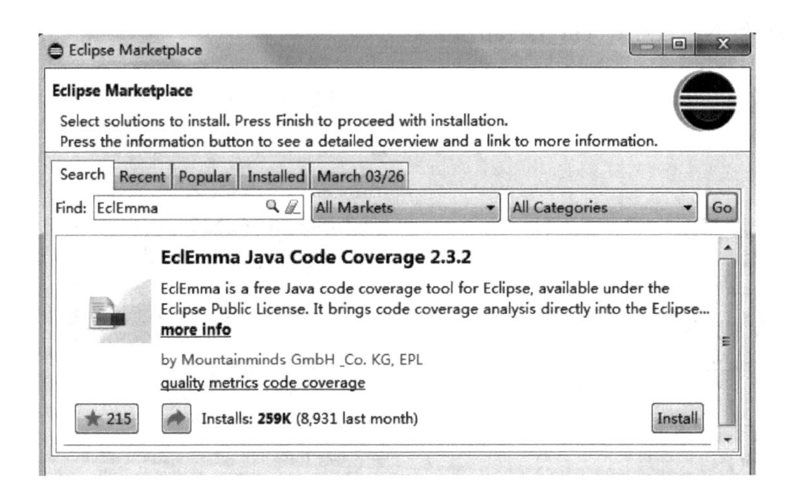

图 4-17　搜索软件

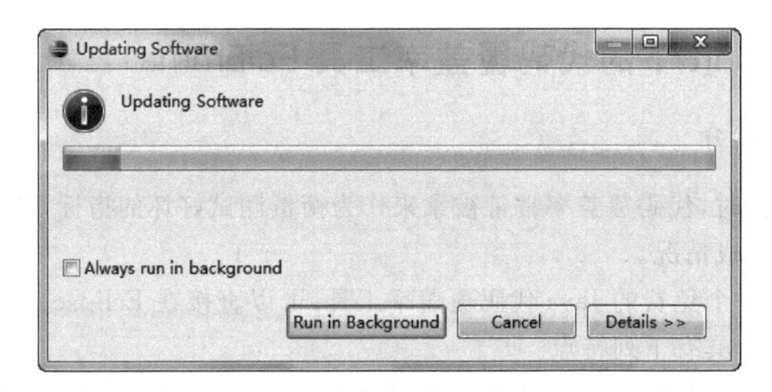

图 4-18　软件更新

方法 2：Installation from Update Site

通过 Eclipse 的更新功能完成 EclEmma 的安装。步骤如下。

(1) 在 Eclipse 的菜单中选择 Help→Install New Software。

(2) 在安装对话框的 Work with 文本框中输入“http://update.eclemma.org/”，如图 4-19 所示。

(3) 单击 Next 按钮，按照提示进行相应操作，即可完成安装。

方法 3：Manual Download and Installation(手动下载并安装)

在 http://www.eclemma.org/网站上下载最新的 EclEmma，解压后放在 Eclipse 的 dropins 文件夹中进行安装。

不管采用何种方式来安装 EclEmma，安装完成并重新启动 Eclipse 之后，工具栏上应该出现新增的覆盖测试按钮，如图 4-20 所示。

3. Eclemma 使用流程

1) 使用 Eclemma 执行测试

在工具栏上单击 Eclemma 按钮，选择要执行的文件。或者选中要执行的测试文件，在工具栏上单击 Eclemma 按钮 →Coverage As→JUnit Test，如图 4-21 所示。

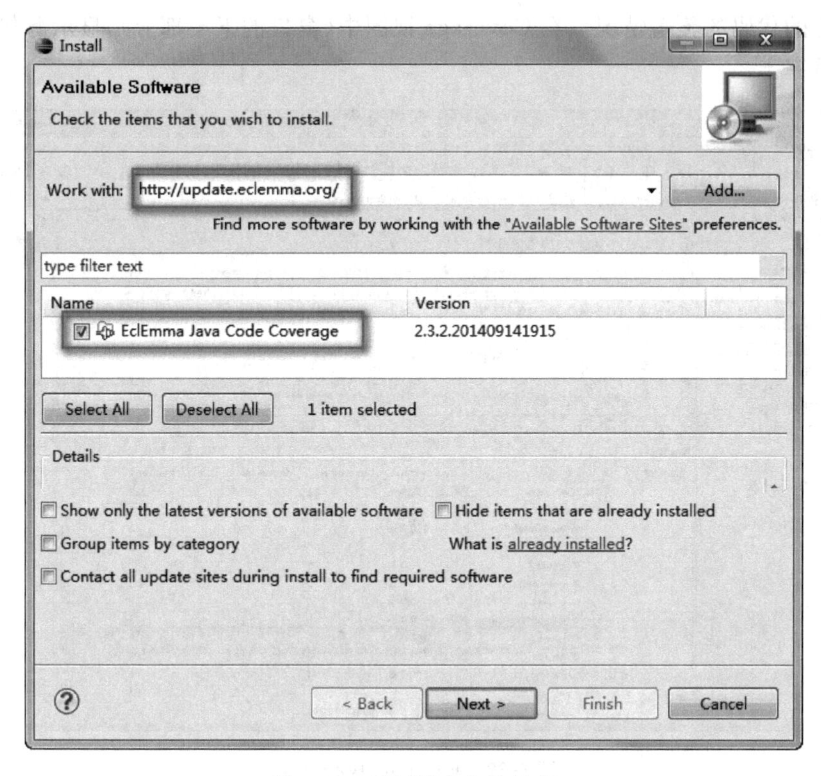

图 4-19 通过站点安装软件

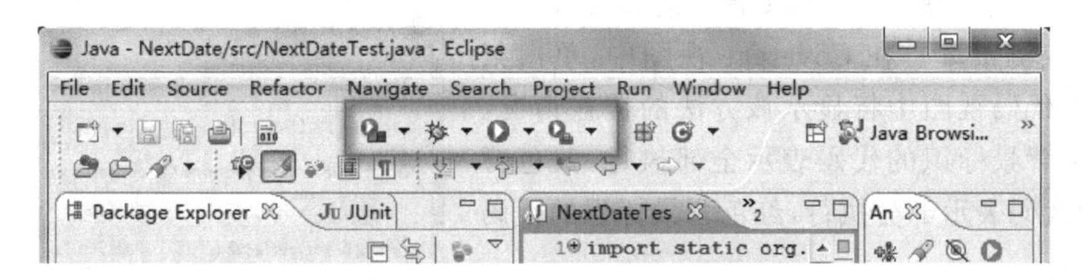

图 4-20 Eclemma 功能按钮

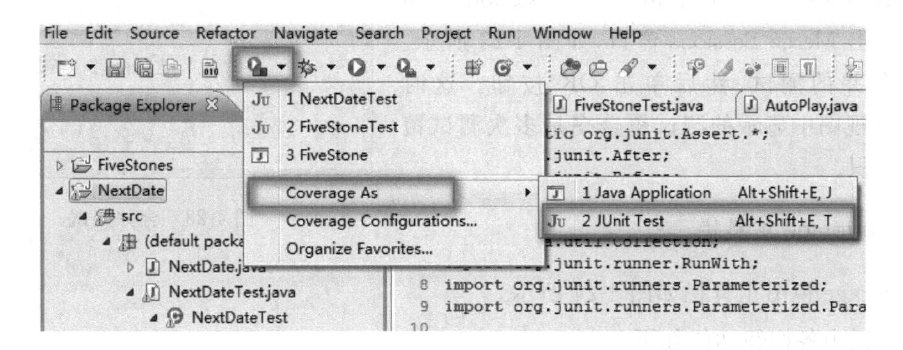

图 4-21 使用 Eclemma 执行程序

2）查看执行结果

执行完后，将显示执行结果的窗口，如图 4-22 所示。在代码视图中（窗口的上半部分），显示所执行的代码的覆盖情况。在 Coverage 视图中(窗口的下半部分),显示源代码和测试代码的覆盖率。

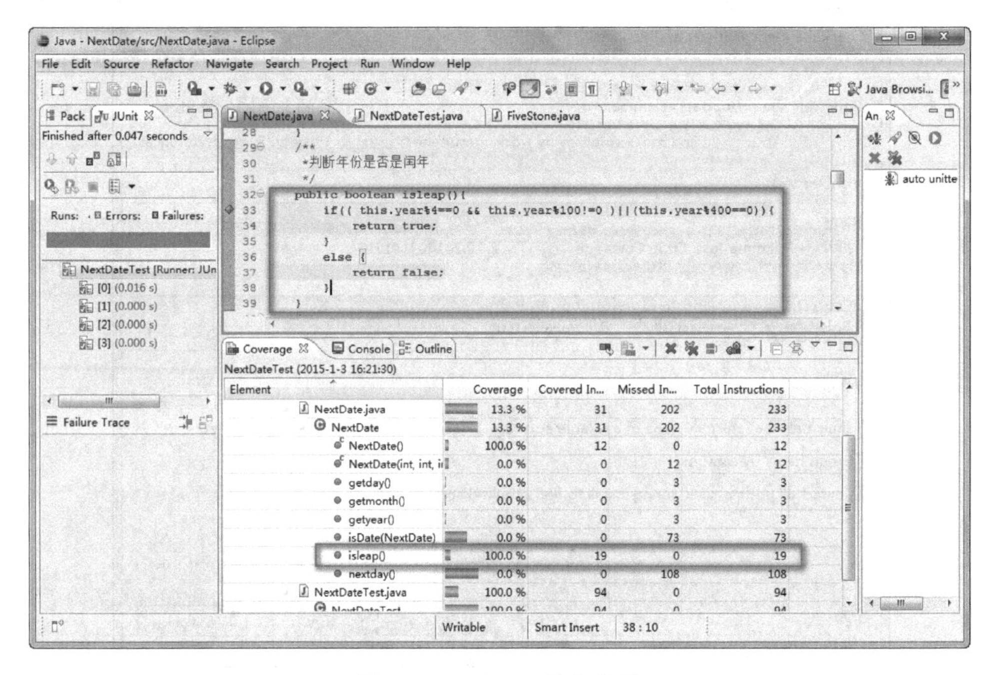

图 4-22　Eclemma 执行结果

Eclemma 提供的 Coverage 视图能够分层显示代码的覆盖测试率。在 Coverage 视图中,单击某个方法,在代码视图中将显示该方法的覆盖情况。其中,绿色背景标识的代码表示全部执行,黄色背景标识的代码表示部分执行,红色背景标识的代码表示未执行。

3) 合并测试

在 Coverage 视图中单击 Merge Session 按钮 ,将弹出 Merge Sessions 窗口,如图 4-23 所示。选择要合并的测试,然后单击 OK 按钮。这时 Coverage 视图中显示的测试覆盖率是多次测试覆盖率的累积。

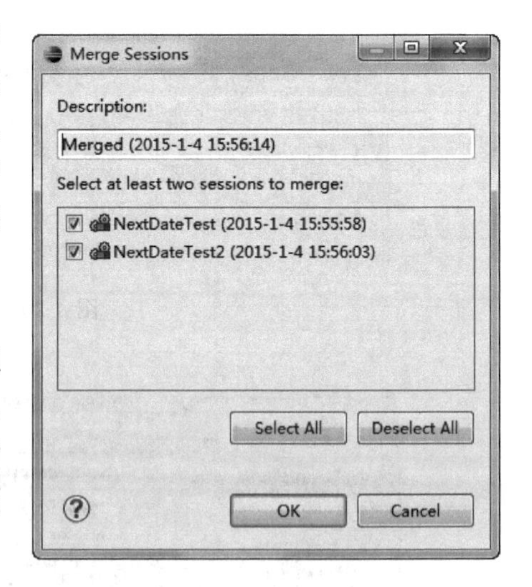

图 4-23　合并测试

4. Coverage 工具栏

Coverage 视图工具栏如图 4-24 所示。

工具栏中各按钮功能如下。

：重新执行当前所选择的 Coverage Session。

：删除当前/所有 Coverage Sessions。

合并 Coverage Session。

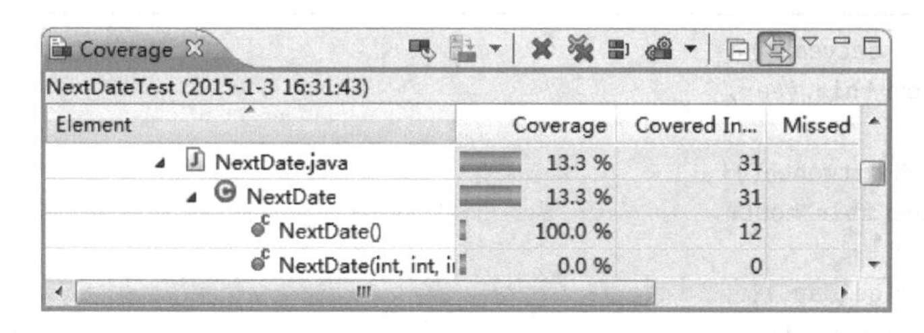

图 4-24 Coverage 工具栏

：选择 Coverage Session。

：最小化/最大化视图。

：显示更多菜单。

：折叠所有节点。

：切换到当前的。

如果只有一次测试覆盖率测试结果时，合并 Session 按钮不可用，显示为灰色。

4.3.5 JUnit 测试应用举例

案例：计算下一天的日期

本案例的软件自动化测试平台包括 Eclipse 3.4.1、JDK 1.6.2、JUnit 4.0、Emma、Checkstyle 4.4.4.1、Ant 1.6.5。

本案例程序功能是：输入一个有效的日期，输出下一天的日期。比如，输入 2013.12.31，输出为 2014.1.1。

1. 程序源码

计算下一天的类为 NextDate。程序 NextDate.java 的代码如下。

```
public class NextDate {
    /** year 表示年   */
    public int year;
    /** month 表示月  */
    public int month;
    /** day 表示天    */
    public int day;

    public NextDate(int year, int month, int day){
        this.year = year;
        this.month = month;
        this.day = day;
    }

    public NextDate(){
        year = 1;
        month = 1;
        day = 1;
    }
```

```
    public int getyear(){
        return this.year;
    }
    public int getmonth(){
        return this.month;
    }
    public int getday(){
        return this.day;
    }
    /**
     * 判断年份是否是闰年
     */
    public boolean isleap(){
        if(( this.year % 4 == 0 && this.year % 100!= 0 )||(this.year % 400 == 0)){
            return true;
        }
        else {
            return false;
        }
    }
    /**
     * 计算下一天的日期
     */
    public void nextday( ){
        switch(this.month){
            case 1:
            case 3:
            case 5:
            case 7:
            case 8:
            case 10:
                  if(this.day == 31){
                      this.month = this.month + 1;
                      this.day = 1;
                  }
                  else{
                      this.day = this.day + 1;
                  }
               break;
            case 4:
            case 6:
            case 9:
            case 11:
                 if(this.day == 30){
                      this.month = this.month + 1;
                      this.day = 1;
                 }
                 else{
                      this.day = this.day + 1;
                 }
            break;
            case 12:
                if(this.day == 31){
```

```
                    this.month = 1;
                    this.day = 1;
                    this.year = this.year + 1;
               }
               else{
                    this.day = this.day + 1;
               }
          break;
          case 2:
               if(this.isleap()){
                if(this.day == 29)
                   {
                        this.day = 1;
                        this.month = 3;
                   }
                   else{
                        this.day = this.day + 1;
                   }
                  }
                 else{
                  if(this.day == 28){
                        this.day = 1;
                        this.month = 3;
                   }
                   else{
                        this.day = this.day + 1;
                   }
                  }
                  break;
     }
}

/**
 * 计算下一天的日期
 * @param  next 日期
 * @return
 */
public NextDate nextday( NextDate next ){
     switch(next.month){
          case 1:
          case 3:
          case 5:
          case 7:
          case 8:
          case 10:
                if(next.day == 31){
                        next.month = next.month + 1;
                        next.day = 1;
                }
                else{
                     next.day = next.day + 1;
                }
             break;
```

```
            case 4:
            case 6:
            case 9:
            case 11:
                 if(next.day == 30){
                        next.month = next.month + 1;
                        next.day = 1;
                 }
                 else{
                     next.day = next.day + 1;
                 }
            break;
            case 12:
                if(next.day == 31){
                     next.month = 1;
                     next.day = 1;
                     next.year = next.year + 1;
                }
                else{
                     next.day = next.day + 1;
                }
            break;
            case 2:
                if(next.isleap()){
                 if(next.day == 29) {
                      next.day = 1;
                      next.month = 3;
                 }
                 else{
                      next.day = next.day + 1;
                }
               }
               else{
                    if(next.day == 28){
                        next.day = 1;
                        next.month = 3;
                    }
                    else{
                        next.day = next.day + 1;
                    }
                  }
                  break;
        }
        return next;
    }
    /**
     * 判断日期是否有效
     * @param date 日期
     * @return
     */
    public boolean isDate(NextDate date){
        boolean flag = true;
```

```
        if((date.year<1)||(date.year>2050)||(date.month<1)||(date.month>12)){
            flag = false;
        }
        else{
            switch(date.month){
                case 1:
                case 3:
                case 5:
                case 7:
                case 8:
                case 10:
                case 12:
                    if((date.day>31)||(date.day<1))
                        flag = false;
                    break;
                case 4:
                case 6:
                case 9:
                case 11:
                   if((date.day>30)||(date.day<1)){
                        flag = false;
                    }
                    break
                case 2:
                  if(date.isleap()){
                   if((date.day>29)||(date.day<1))
                       flag = false

                  }
                  else{
                   if((date.day>28)||(date.day<1))
                       flag = false

                  }
                  break;
            }
        }
        return flag;
    }
}
```

2. 测试用例设计

1) isleap 测试用例

根据 isleap( )方法的源码和功能设计测试用例。源码中是一个 if-else 的结构,采用判定-条件覆盖的方法设计测试用例。判定-条件覆盖是设计足够的测试用例,使得判断条件中的每个条件的所有可能取值至少执行一次,并且每个判断本身的可能判定结果也至少执行一次。

isleap()中的判定条件是:(this.year%4==0&& this.year%100 !=0)||(this.year%400==0),其中的条件有三个,分别是:this.year%4==0、this.year%100!=0 和

this. year%400==0。为便于描述，将各条件的取值标记如下。

```
T1: this.year % 4 = = 0;            F1: this.year % 4 ! = 0;
T2: this.year % 100 ! = 0;          F2: this.year % 100 = = 0;
T3: this.year % 400 = = 0           F3: this.year % 400 ! = 0
```

下面设计测试用例使这三个条件取真和取假至少一次，达到条件覆盖和判定覆盖的要求。测试用例如表 4-5 所示。

表 4-5　isleap 方法的测试用例

用例编号	输入数据(年)	覆盖条件	覆盖分支	预期结果(true 对应闰年，false 对应平年)
T_isleap_1	2000	T1,F2,T3	真分支	true
T_isleap_2	1800	T1,F2,F3	假分支	false
T_isleap_3	2008	T1,T2,F3	真分支	true
T_isleap_4	1999	F1,T2,F3	假分支	false

2) nextday 测试用例

nextday()方法中主要是一个 switch-case 结构和 if-else 结构，因此适合采用判定覆盖的方法设计测试用例。设计过程在此省略，测试数据见测试代码中的参数部分。为了测试更充分，在满足覆盖率的情况下，可以适当补充一些测试用例。

3) isDate 测试用例

isDate( )方法中主要是 if-else 结构和 switch-case 结构，因此采用判定-条件覆盖的方法设计测试用例。由于在 switch-case 结构中，month 为 1、3、5、7、8、10、12 的处理方法是相同的，因此只测试了其中的某些月份。为便于描述，下面将各条件的取值用符号表示。

```
T1: date.year < 1                   F1: date.year > = 1
T2: date.year > 2050                F2: date.year < = 2050
T3: date.month < 1                  F3: date.month > = 1
T4: date.month > 12                 F4: date.month < = 12
T5: date.day > 31                   F5: date.day < = 31
T6: date.day < 1                    F6: date.day > = 1
T7: date.day > 30                   F7: date.day < =  30
T8: date.isleap() = ture            F8: date.isleap() = false
T9: date.day > 29                   F9: date.day < =  29
T10: date.day > 28                  F10: date.day < =  28
```

为 isDate( )方法设计的测试用例如表 4-6 所示。

表 4-6　isDate 测试用例

用例编号	输入数据(年月日)	覆盖条件/分支	预期结果
T_isDate_1	-1999,12,30	T1	false
T_isDate_2	3000,1,1	T2	false
T_isDate_3	1999,-6,30	T3	false
T_isDate_4	1980,15,2	T4	false
T_isDate_5	0,0,0	T1,T3	false
T_isDate_6	2013,1,1	F1,F2,F3,F4,Case1,F5,F6	true

续表

用例编号	输入数据(年月日)	覆盖条件/分支	预期结果
T_isDate_7	2008,8,31	F1,F2,F3,F4,Case8,F5,F6	true
T_isDate_8	2008,8,32	F1,F2,F3,F4,Case8,T5,F6	false
T_isDate_9	1999,12,-15	F1,F2,F3,F4,Case12,F5,T6	false
T_isDate_10	1999,12,31	F1,F2,F3,F4,Case12,F5,F6	true
T_isDate_11	1999,12,32	F1,F2,F3,F4,Case12,T5,F6	false
T_isDate_12	2008,4,-31	F1,F2,F3,F4,Case4,F7,T6	false
T_isDate_13	2008,4,27	F1,F2,F3,F4,Case4,F7,F6	true
T_isDate_14	2008,4,30	F1,F2,F3,F4,Case4,F7,F6	true
T_isDate_15	2008,4,31	F1,F2,F3,F4,Case4,T7,F6	false
T_isDate_16	1800,2,28	F1,F2,F3,F4,Case2,F8,F10,F6	true
T_isDate_17	1800,2,29	F1,F2,F3,F4,Case2,F8,T10,F6	false
T_isDate_18	1800,2,30	F1,F2,F3,F4,Case2,F8,T10,F6	false
T_isDate_19	1800,2,31	F1,F2,F3,F4,Case2,F8,T10,F6	false
T_isDate_20	1800,2,0	F1,F2,F3,F4,Case2,F8,F10,T6	false
T_isDate_21	2000,2,1	F1,F2,F3,F4,Case2,T8,F9,F6	true
T_isDate_22	2000,2,29	F1,F2,F3,F4,Case2,T8,F9,F6	true
T_isDate_23	2000,2,30	F1,F2,F3,F4,Case2,T8,T9,F6	false
T_isDate_24	2000,2,31	F1,F2,F3,F4,Case2,T8,T9,F6	false
T_isDate_25	2000,2,-28	F1,F2,F3,F4,Case2,T8,F9,T6	false

3. 测试代码

在本例中,重点测试 isleap( )、isDate( )和 nextday( )这三个方法。由于测试每个方法均需要设计多组测试数据,因此使用了参数化测试的方法。测试代码分别如下。

1) 测试 isleap()

isleap()的测试代码如下。

```
import static org.junit.Assert.*;
import org.junit.After;
import org.junit.Before;
import org.junit.Test;
import java.util.Arrays;
import java.util.Collection;
import org.junit.runner.RunWith;
import org.junit.runners.Parameterized;
import org.junit.runners.Parameterized.Parameters;

@RunWith(Parameterized.class)                    //使用参数化运行器
public class NextDateTest {
    NextDate testObject;
    private int inData;                          //测试数据
    private boolean exData;                      //对应期望值的变量

    //数据供给方法(静态,用@Parameter 注释,返回类型为 Collection)
```

```
    @Parameters
    public static Collection data() {
       return Arrays.asList(new Object[][]{
           {2000,true},
           {1800,false},
           {2008,true},
           {1999,false}
           });
       }
    /**
    * 参数化测试必需的构造函数
    * @param inData 测试数据,对应参数集中的第一个参数
    * @param exData 期望的测试结果,对应参数集中的第二个参数
    */
      public NextDateTest(int inData, boolean exData) {
        this.inData = inData;
        this.exData = exData;
      }

    @Before
    public void setUp() throws Exception {
        testObject = new NextDate();
    }
    @After
    public void tearDown() throws Exception {
    }
    /**
    * 测试 Isleap()方法
    */
    @Test
    public void testIsleap() {
        testObject.year = inData;
        assertEquals(exData,testObject.isleap()); //判断预期结果与实际输出是否一致
    }
}
```

2）测试 isDate()

isDate()的测试代码如下。

```
import static org.junit.Assert.*;
import org.junit.After;
import org.junit.Before;
import org.junit.Test;
import java.util.Arrays;
import java.util.Collection;
import org.junit.runner.RunWith;
import org.junit.runners.Parameterized;
import org.junit.runners.Parameterized.Parameters;

@RunWith(Parameterized.class)
public class NextDateTest_isDate {
```

```
NextDate testObject;
private NextDate inData;
boolean exData;
@Parameters
public static Collection data() {
   return Arrays.asList(new Object[][]{
       {new NextDate(-1999,12,30),false},
       {new NextDate(3000,1,1),false},
       {new NextDate(1999,-6,30),false},
       {new NextDate(1980,15,2),false},
       {new NextDate(0,0, 0),false},
       {new NextDate(2013,1,1),true},
       {new NextDate(2008,8,31),true},
       {new NextDate(2008,8,32),false},
       {new NextDate(1999,12,-15),false},
       {new NextDate(1999,12,31),true},
       {new NextDate(1999,12,32),false},
       {new NextDate(2008,4,-31),false},
       {new NextDate(2008,4,27),true},
       {new NextDate(2008,4,30),true},
       {new NextDate(2008,4,31),false},
       {new NextDate(1800,2,28),true},
       {new NextDate(1800,2,29),false},
       {new NextDate(1800,2,30),false},
       {new NextDate(1800,2,31),false},
       {new NextDate(1800,2,0),false},
       {new NextDate(2000,2,1),true},
       {new NextDate(2000,2,29),true},
       {new NextDate(2000,2,30),false},
       {new NextDate(2000,2,31),false},
       {new NextDate(2000,2,-28),false}
       });
   }
/**
 * 参数化测试必需的构造函数
 * @param inData 测试数据(NextDate),对应参数集中的第一个参数
 * @param exData 期望的测试结果,对应参数集中的第二个参数
 */
 public NextDateTest_isDate(NextDate inData, boolean exData) {
    this.inData = inData;
    this.exData = exData;
 }
@Before
public void setUp() throws Exception {
    testObject = new NextDate();
}

@After
public void tearDown() throws Exception {
}

/**
```

```
        * 测试 isDate()
        */
        @Test
        public void testisDate() {
            testObject = inData;
            boolean f = testObject.isDate(testObject);
            assertEquals(exData,f);                    //判断预期结果与实际输出是否一致
        }
    }
```

3）测试 nextday()

nextday()的测试代码如下。

```
import static org.junit.Assert.*;
import org.junit.After;
import org.junit.Before;
import org.junit.Test;
import java.util.Arrays;
import java.util.Collection;
import org.junit.runner.RunWith;
import org.junit.runners.Parameterized;
import org.junit.runners.Parameterized.Parameters;

@RunWith(Parameterized.class)
public class NextDateTest_nextday {
    NextDate testObject;
    private NextDate inData;
    private NextDate exData;
    @Parameters
    public static Collection data() {
       return Arrays.asList(new Object[][]{
            {new NextDate(1800,2,28),new NextDate(1800,3,1)},
            {new NextDate(1800,2,27),new NextDate(1800,2,28)},
            {new NextDate(1800,2,1),new NextDate(1800,2,2)},
            {new NextDate(2000,2,29),new NextDate(2000,3,1)},
            {new NextDate(2000,2,28),new NextDate(2000,2,29)},
            {new NextDate(2008,2,27),new NextDate(2008,2,28)},
            {new NextDate(1999,12,31),new NextDate(2000,1,1)},
            {new NextDate(1999,12,30),new NextDate(1999,12,31)},
            {new NextDate(2008,12,31),new NextDate(2009,1,1)},
            {new NextDate(2008,12,6),new NextDate(2008,12,7)},
            {new NextDate(2008,11,29),new NextDate(2008,11,30)},
            {new NextDate(2008,11,30),new NextDate(2008,12,1)},
            {new NextDate(2008,10,30),new NextDate(2008,10,31)},
            {new NextDate(2008,10,31),new NextDate(2008,11,1)},
            {new NextDate(2005,1,5),new NextDate(2005,1,6)},
            {new NextDate(2005,3,31),new NextDate(2005,4,1)},
            {new NextDate(2010,6,30),new NextDate(2010,7,1)},
            });
       }
    /**
```

```
     * 参数化测试必需的构造函数
     * @param inData 测试数据,对应参数集中的第一个参数
     * @param exData 期望的测试结果,对应参数集中的第二个参数
     */
     public NextDateTest_nextday(NextDate inData, NextDate exData) {
         this.inData = inData;
         this.exData = exData;
     }

    @Before
    public void setUp() throws Exception {
        testObject = new NextDate();
    }

    @After
    public void tearDown() throws Exception {
    }

    /**
     * 测试nextday()
     */
    @Test
    public void testnextday() {
        testObject = inData;
        testObject.nextday();
        assertEquals(exData.year,testObject.year);      //判断预期结果与实际输出是否一致
        assertEquals(exData.month,testObject.month);
        assertEquals(exData.day,testObject.day);
    }
}
```

4）测试套件

为了一起执行前面设计的测试用例,使用测试套件来实现,具体代码如下。

```
import org.junit.runner.RunWith;
import org.junit.runners.Suite;
import org.junit.runners.Suite.SuiteClasses;

@RunWith(Suite.class)
@SuiteClasses({
    NextDateTest_isDate.class,
    NextDateTest_isleap.class,
    NextDateTest_nextday.class,
    })
    public class AllTests {

}
```

4. 执行测试

本例将三个测试封装在测试套件中一起执行,执行的测试结果和覆盖率如图 4-25 所示。

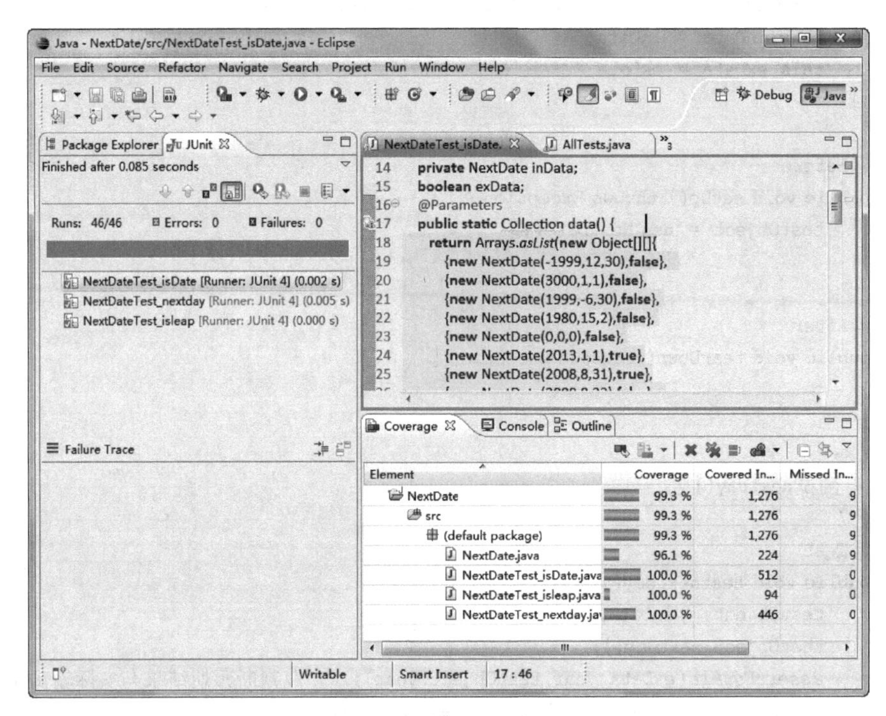

图 4-25 测试执行结果

测试套件中包含三个测试类,一共执行了 46 个测试用例,测试全部通过,没有错误和失败。被测试类 NextDate 的覆盖率为 96.1%,其中的被测试方法 isDate,isleap,nextday 覆盖率达到 100%。

4.4 CppUnit

4.4.1 CppUnit 简介

CppUnit 是基于 LGPL 的开源项目,最初版本移植自 JUnit,是一个非常优秀的开源测试框架。CppUnit 和 JUnit 一样,主要思想来源于极限编程(XProgramming),其主要功能就是对单元测试进行管理,并可进行自动化测试。

4.4.2 CppUnit 测试技术

1. CppUnit 的组成部分

CppUnit 主要由以下几部分内容组成。

1）CppUnit 核心部分(core)

基本测试类：Test，TestFixture，TestCase，TestSuite

测试结果记录：SychronizedObject，TestListener，TestResult

错误处理：TestFailure，SourceLine，Execption，NotEqualException

断言：Asserter，TestAssert

2）输出部分(Ouput)

基本部件：Outputter，TestResultCollector

衍生类：TestOutputter，CompilerOutputter，XmlOutputter

3）辅助部分(Helper)

TypeInfoHelper，TestFactory，TestFactoryRegistry，NamedRegisters，TestSuiteFactory，TesSuiteBuilder，TestCaller，AutoRegisterSuite，HelperMacros

4）扩展部分(Extension)

TestDecorator，RepeatedTest，Orthodox，TestSetUp

5）监听者部分(Listener)

TestSucessListener，TextTestProgressListener，TextTestResult

6）界面部分(UI)

TestRunner(TextUI，MfcUI，QtUI)

7）移植(Portabilty)

OStringStream

2. CppUnit 的基础类

1）Test

Test 是所有测试对象类的抽象基类，主要是定义 run 方法和统计子对象个数和查找遍历子对象的方法。Test 及其子类的结构图如图 4-26 所示。

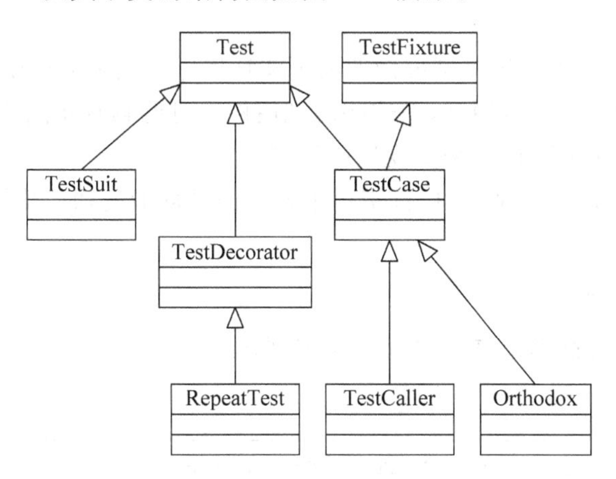

图 4-26 Test 及其子类

CppUnit 采用树状结构来组织管理测试对象，类似于目录树(如图 4-27 所示)，因此它采用了组合设计模式(Composite Pattern)。Test 对应于 Composite Pattern 中的 Component。Test 的两个直接子类 TestLeaf 和 TestComposite 分别表示“测试树”中的叶节点和非叶节点，其中，TestComposite 主要起组织管理的作用，就像目录树中的文件夹，而 TestLeaf 才是最终具有执行能力的测试对象，就像目录树中的文件。

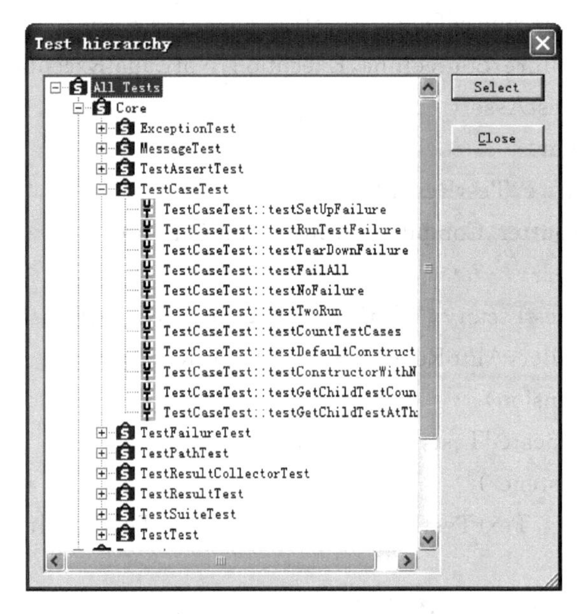

图 4-27 测试对象结构

Test 最重要的一个公共接口为：

```
virtual void run(TestResult * result) = 0;
```

其作用是执行测试对象，将结果提交给 result。

在实际应用中，一般不会直接使用 Test、TestComposite 以及 TestLeaf，除非要重新定制某些机制。

2) TestFixture

TestFixture 用于维护一组测试用例的上下文环境。在实际应用中，经常会开发一组测试用例来对某个类的接口加以测试，而这些测试用例很可能具有相同的初始化和清理代码。为此，CppUnit 引入 TestFixture 来实现这一机制。

TestFixture 具有以下两个接口，分别用于处理测试环境的初始化与清理工作。

```
virtual void setUp();
virtual void tearDown();
```

一般用户编写的测试类都直接继承 TestFixture。

例如：

```
class ExampleTestCase : public CPPUNIT_NS::TestFixture
{
protected:
    int m_value1, m_value2;
public:
    ExampleTestCase () {}
```

```
        // 初始化函数
        void setUp ()
        {
            m_value1 = 2;
            m_value2 = 3;
        }
        // 测试加法的测试函数
        void testAdd ()
        {
            int result = m_value1 + m_value2;
            CPPUNIT_ASSERT( result == 5 );             //验证结果是否正确
        }
        //清理函数
        void tearDown ()
        {
        }
    };
```

3) TestCase

TestCase 即测试用例,是单元测试的执行对象。TestCase 从 Test 和 TestFixture 多继承而来,通过把 Test::run 制定成模板函数(Template Method)而将两个父类的操作融合在一起。

用户需从 TestCase 派生出子类并实现 runTest()方法以开发自己所需的测试用例。

另外,TestResult 的 protect 方法,其作用是对执行函数(实际上是函数对象)的错误信息(包括断言和异常等)进行捕获,从而实现对测试结果的统计。

TestCase 的执行步骤如下。

(1) 对 fixture 进行初始化,及其他初始化操作,比如:生成一组被测试的对象,初始化值(setUp());

(2) 按照要测试的某个功能或者某个流程对 fixture 进行操作;

(3) 验证结果是否正确;

(4) 对 fixture 及其他资源的释放等清理工作(tearDown())。

运行时 CppUnit 会自动为每个测试用例函数运行 setUp(),之后运行 tearDown(),这样测试用例之间就没有交叉影响。

TestCase 可以自动执行,不用人手工操作,并自动返回测试结果。TestCase 要绝对的独立,不能与其他 TestCase 有任何联系,即使测试同一个函数的不同功能也需要分开。

4) TestSuit

TestSuit 即测试包,按照树状结构管理测试用例。TestSuit 是 TestComposite 的一个实现,具体化了 TestComposite 的内容存储方式。TestSuit 采用 vector 来管理子测试对象(Test),从而形成递归的树状结构。TestSuite 包括 TextUI(TestRunner 文本方式)、QtUI(TestRunner QT 方式)、MFCUI(TestRunner MFC 方式)。

例如:

```
CPPUNIT_TEST_SUITE( SampleTest );          // 声明一个 TestSuite(测试程序集)
CPPUNIT_TEST( testisLeap );                // 添加 testisLeap 测试函数到 TestSuite 中
```

```
CPPUNIT_TEST( testisDate );          // 添加 testisDate 测试函数到 TestSuite 中
CPPUNIT_TEST_SUITE_END();            // TestSuite 声明结束
```

5）TestCaller

TestCaller 是 TestCase 适配器（Adapter），它将成员函数转换成测试用例。虽然可以从 TestCase 派生自己的测试类，但从 TestCase 类的定义可以看出，它只能支持一个测试用例，这对于测试代码的组织和维护很不方便，尤其是那些有共同上下文环境的一组测试。为此，CppUnit 提供了 TestCaller 以解决这个问题。

TestCaller 是一个模板类，它以实现了 TestFixture 接口的类为模板参数，将目标类中某个符合 runTest 原型的测试方法适配成 TestCase 的子类。在实际应用中，大多采用 TestFixture 和 TestCaller 相组合的方式。

TestCaller 使用了设计模式中的策略模式，作为测试对象的最终封装类，提供了测试运行的策略，在测试执行中扮演了重要的角色。

6）TestResult

TestResult 及其子类的结构图如图 4-28 所示。

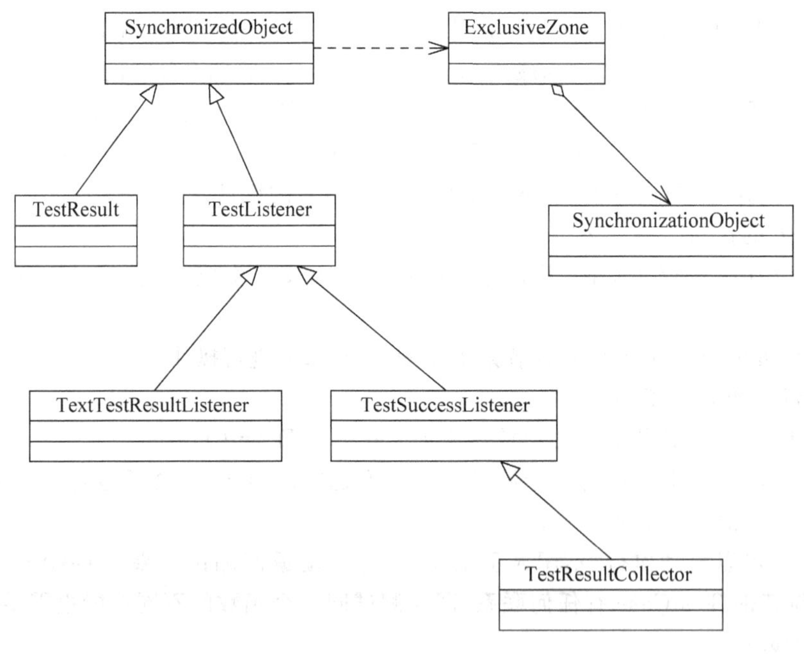

图 4-28　TestResult 及其子类

TestResult：测试信息的收集者，在观察模式中扮演 Subject 角色，把测试的各个步骤的信息通知到所有 Listener 对象。

TestListener：以设计模式中观察者模式定义了 Observer 所应该具有的从 TestResult 获取测试步骤信息的方法。

TestResult 和 TestListener 采用了观察者模式，TestResult 维护一个注册表，用于管理向其登记过的 TestListener，当 TestResult 收到测试对象（Test）的测试信息时，再一一分发给它所管辖的 TestListener。这一设计有助于实现对同一测试的多种处理方式。

SynchronizedObject：提供了互斥机制，需要使用互斥机制的类从这个类派生。在这个类中，包含 ExclusiveZone、SynchronizationObject 两个内部类。SynchronizationObject 提供了 lock、unlock 操作接口，使用者需要提供和具体平台相关的实现。在需要进入互斥区域的时候，定义 ExclusiveZone 对象，该对象的构造函数、析构函数中将会调用 SynchronizationObject 的 lock、unlock。

Observer Pattern：TestResult 和 TestListener 的角色分别是 Subject 和 Observer。可以有多个对象对测试结果做出响应。

TextTestResultListener：保存测试结果状态。

TestResultCollector：收集 Failures。

7）TestFactory

TestFactory 及其子类的结构如图 4-29 所示。

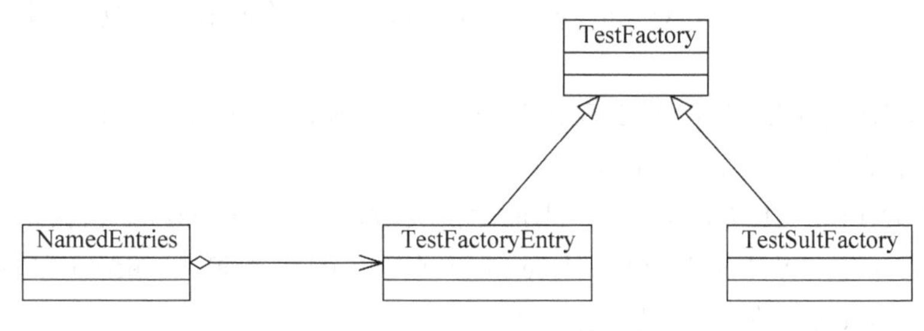

图 4-29　TestFactory 及其子类

TestFactory 即测试工厂。这是一个辅助类，通过借助一系列宏定义让测试用例的组织管理变得自动化。TestFactory 运用了设计模式中的工厂设计模式，只定义了一个 makeTest 方法，是一个抽象基类。

TestFacotryEntry 负责管理 TestFacotry 对象，使用 map 保存 name 和 TestFactory 的映射关系。

NameEntries 负责管理 TestFactoryEntry 对象，使用 map 保存 name 和 TestFactoryEntry 的映射关系。这个类只能有一个对象实例，为此，使用 Singleton Pattern。

8）TestRunner

TestRunner 是控制测试对象的构造和测试对象执行的类，用于运行测试用例。TestRunner 将待执行的测试对象管理起来，然后供用户调用。其接口为：

```
virtual void addTest( Test * test );
virtual void run( TestResult &controller, const std::string &testPath = "" );
```

需注意的是，通过 addTest 添加到 TestRunner 中的测试对象必须是通过 new 动态创建的，用户不能删除这个对象，因为 TestRunner 将自行管理测试对象的生命期。

目前提供了以下三类 TestRunner。

```
CppUnit::TextUi::TestRunner        //文本方式的 TestRunner;
CppUnit::QtUi::TestRunner          //QT 方式的 TestRunner;
CppUnit::MfcUi::TestRunner         //MFC 方式的 TestRunner。
```

例如：

```
void CNextDate_TestApp::RunTests()
{
    CppUnit::MfcUi::TestRunner runner;
    // 添加这个 TestSuite 到 TestRunner 中
    runner.addTest( CppUnit::TestFactoryRegistry::getRegistry().makeTest() );
    // 运行测试
    runner.run();
}
```

9）CppUnit 断言

在测试函数中对执行结果的验证成功或者失败直接反映这个测试用例的成功和失败。CppUnit 提供了多种验证成功失败的方式，具体内容如下。

(1) CPPUNIT_ASSERT(condition)：判断 condition 的值是否为真，如果为假，则生成错误信息。

(2) CPPUNIT_ASSERT_MESSAGE(message, condition)：与 CPPUNIT_ASSERT 类似，当结果为假时报告 messsage 信息。

(3) CPPUNIT_FAIL(message)：当前测试失败，并报告 messsage 错误信息。

(4) CPPUNIT_ASSERT_EQUAL(expected, actual)：判断 expected 和 actual 的值是否相等，如果不等则输出错误信息。

(5) CPPUNIT_ASSERT_EQUAL_MESSAGE(message, expected, actual)：与 CPPUNIT_ASSERT_EQUAL 类似，但断言失败时输出 message 信息。

(6) CPPUNIT_ASSERT_DOUBLES_EQUAL(expected, actual, delta)：判断 expected 与 actual 的偏差是否小于 delta，用于浮点数比较。当 expected 和 actual 之间的差大于 delta 时失败。

(7) CPPUNIT_ASSERT_THROW(expression, ExceptionType)：判断执行表达式 expression 后是否抛出 ExceptionType 异常。

(8) CPPUNIT_ASSERT_NO_THROW(expression)：断言执行表达式 expression 后无异常抛出。

4.4.3 CppUnit 测试环境

1. 下载 CppUnit

从 http://sourceforge.net/projects/cppunit/files/cppunit/下载 CppUnit 的源码包。下载后，将源码包解压缩到本地硬盘，例如解压到 C:\ cppunit-1.12.0。解压后，将看到文件夹内的内容，如图 4-30 所示。

各文件夹功能如下。

config：配置文件。

contrib：contribution，其他人贡献的外围代码。

doc：CppUnit 的说明文档。另外，代码的根目录，还有三个说明文档，分别是

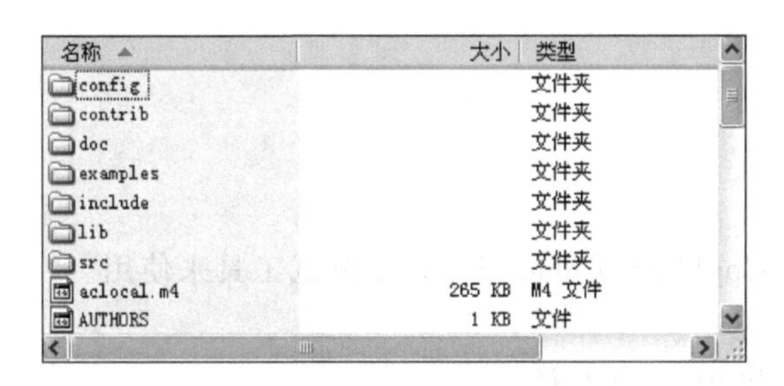

图 4-30 CppUnit 文件

INSTALL，INSTALL-unix，INSTALL-WIN32.txt。

examples：CpppUnit 提供的例子，也是对 CppUnit 自身的测试。通过它可以学习如何使用 CppUnit 测试框架进行开发。

include：CppUnit 头文件。

src：CppUnit 源代码目录。

lib：存放编译好的库。

2. VC 6/Windows 下安装 CppUnit

1）下载解压源码

下载并解压源代码包 cppunit-1.12.1.tar.gz。本例中，将 CppUnit 安装包解压到 C 盘根目录下的。

2）编译

由于下载的是 CppUnit 的源码版本，因此必须将其编译成目标代码才可以当作一个单元测试工具使用。下面编译 CppUnit 源码，生成库文件。

进入 C:\cppunit-1.12.1\src 文件夹，用 VC 6.0 打开 CppUnitLibraries.dsw。

在 VC 菜单中，单击 Build→Batch Build（批组建）全部重建，进行批编译。如图 4-31 所示，单击 Build 按钮，系统将进行批编译。有些 project 编译可能失败，暂时不用管它。

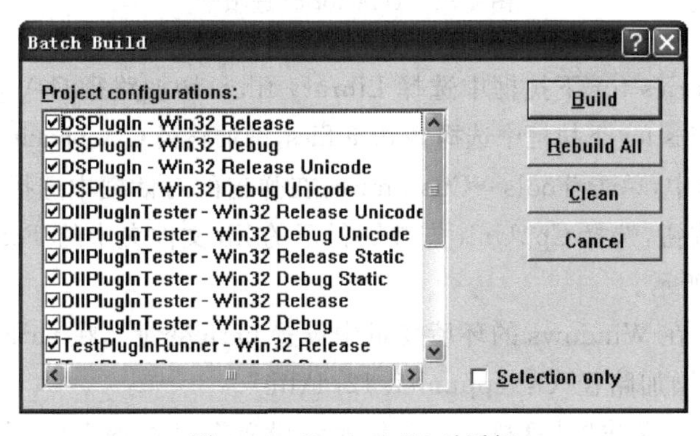

图 4-31 Batch Build 对话框

编译后，将生成 CPPUnit 的库文件，其位置在 CPPUnit1.12.1/lib 目录下。检查下列库文件是否生成。

```
cppunit.lib
```

```
cppunitd.lib
cppunit_dll.lib
cppunitd_dll.lib
testrunnerd.lib
testrunnerd.dll
```

以上操作完成后，CppUnit 就可以当作单元测试工具来使用。

3) 设置 VC 环境

(1) 添加 include 和 lib 文件路径

在 VC 菜单栏中，单击 Tools→Options，在弹出的对话框中，选择 Directories 选项卡，在 Show directories for 下拉框中设置 CppUnit 的 include 文件路径和 lib 文件路径。其中，include 在"C:\cppunit-1.12.1\include"，lib 在"C:\cppunit-1.12.1\lib"。

在 Show directories for 下拉框中选择 Include files，单击 Directories 右侧的"新增"按钮，增加路径 C:\cppunit-1.12.1\include，如图 4-32 所示。

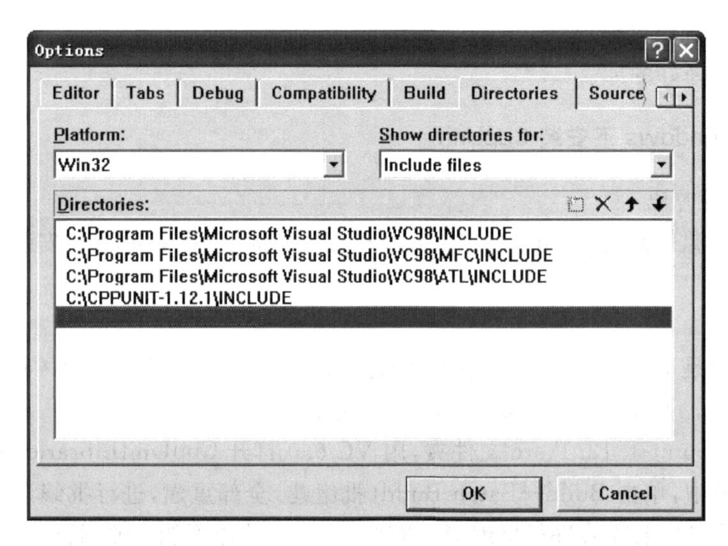

图 4-32 Directories 选项卡

在 Show directories for 下拉框中选择 Library files，增加路径 C:\cppunit-1.12.1\lib。

在 Show directories for 下拉框中选择 Source files，增加路径 C:\cppunit-1.12.1\src\cppunit。

(2) 在 VC 菜单中，单击 Tools→Customize，在弹出的对话框中选择 Add-ins and Macro files，单击 Browse 按钮，选择 CppUnit 安装路径下的 lib 文件夹中的 TestRunnerDSPlugIn.dll 文件，如图 4-33 所示。

(3) 关闭 VC 6，在 Windows 的环境变量中设置 path 变量。在 path 中增加 cppunit/lib 的绝对路径，本例中增加路径"C:\cppunit1.12.1\lib"。

添加方式为：右键单击"计算机"→"高级系统设置"→"高级"→"环境变量"→"系统变量"，在 Path 中添加"C:\cppunit1.12.1\lib"，使用分号分隔，如图 4-34 所示。

如果没有添加 lib 的路径，在测试工程中将提示找不到动态链接库。

(4) Project 中的设置

① 在 VC 菜单中，单击 Project→Settings，选择 C/C++选项卡，在 Category 下拉列表中

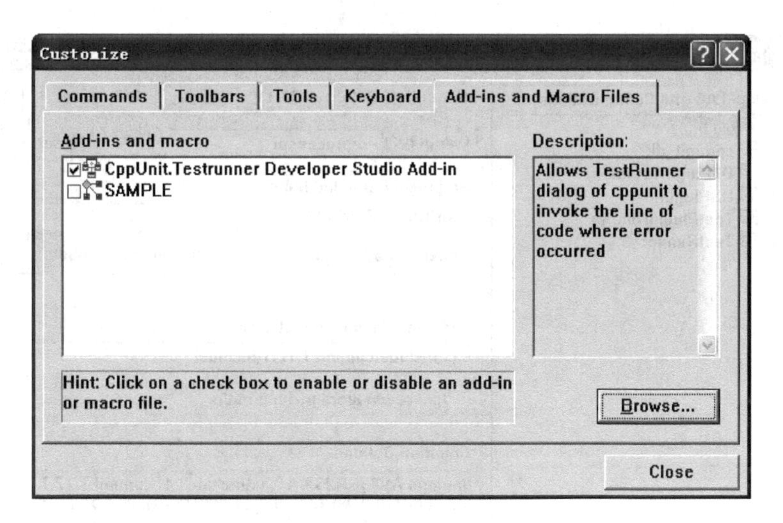

图 4-33 Add-ins and Macro Files

图 4-34 添加环境变量

选择 Preprocessor，然后在 Additional include directories 编辑框中填入 CppUnit 的 include 目录：cppunit-1.12.1\include，如图 4-35 所示。

② 在 VC 菜单中，单击 Project→Settings，选择 C/C++选项卡，在 Category 下拉列表中选择 C++Language，确保页面中的 Enable Run-Time Type Information(RTTI)复选框为选中状态，如图 4-36 所示。

③ 在 VC 菜单中，单击 Project→Settings，选择 C/C++选项卡，在 Category 下拉列表中选择 Code Generation，在 Settings For 下拉列表中选择 Win32 Debug，在 Use run-time library 下拉列表中选择 Debug Multithreaded DLL，如图 4-37 所示。

在 Settings For 下拉列表中选择 Win32 Release，在 Use run-time library 下拉列表中选择 Multithreaded DLL，如图 4-38 所示。

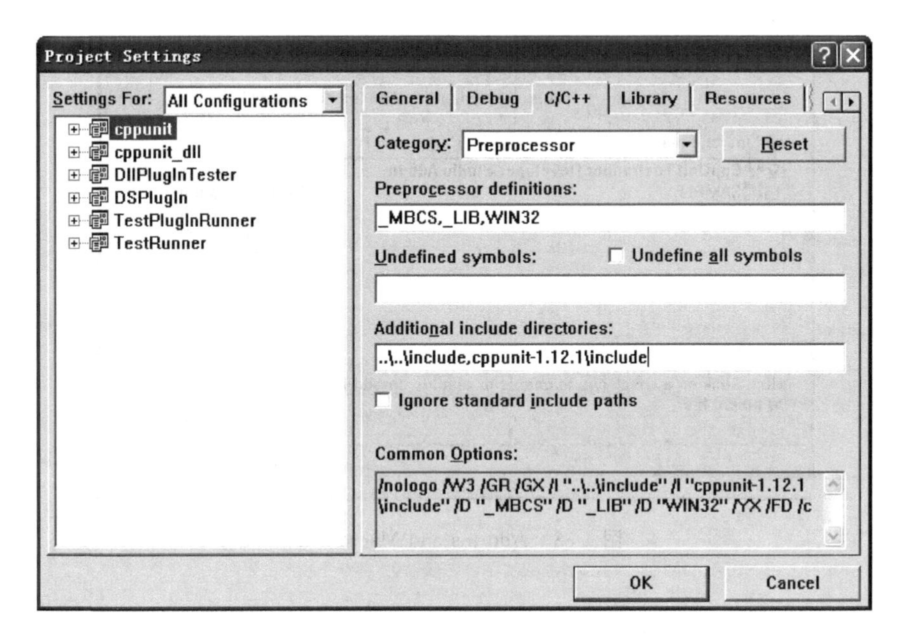

图 4-35　Additional include directories

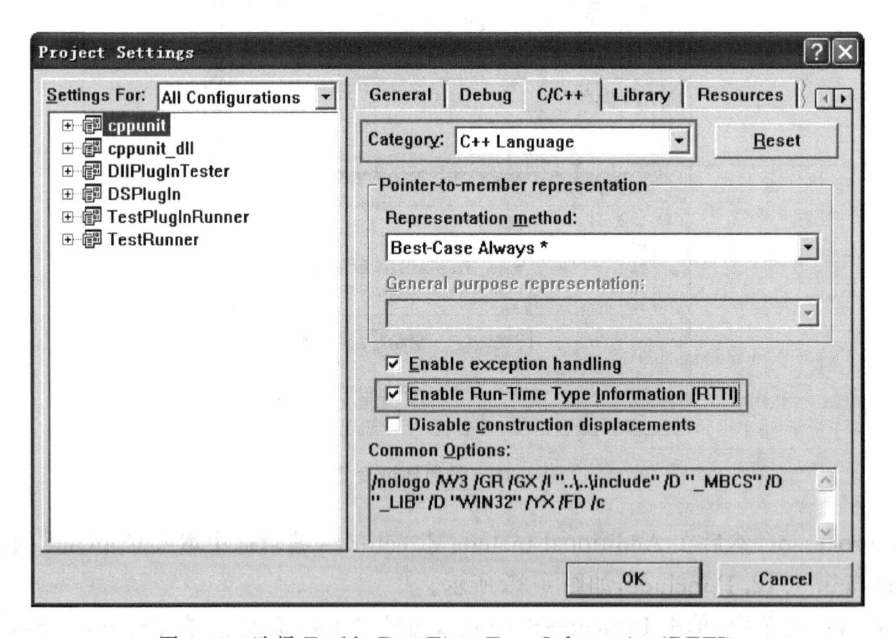

图 4-36　选择 Enable Run-Time Type Information(RTTI)

④ 在 VC 菜单中，单击 Project→Settings，选择 Link 选项卡，在 Category 下拉列表中，选择 General，在 Settings For 下拉列表中选择 Win32 Debug，在 Object/library modules 中，加入 cppunitd. lib 和 testrunnerd. lib，中间用空格分隔，如图 4-39 所示。

在 Settings For 下拉列表中选择 Win32 Release，在 Object/library modules 中，加入 cppunit. lib 和 testrunner. lib，中间用空格分隔，如图 4-40 所示。

由于 TestRunner. dll 提供了基于 GUI 的测试环境，为了让测试程序能正确地调用它，

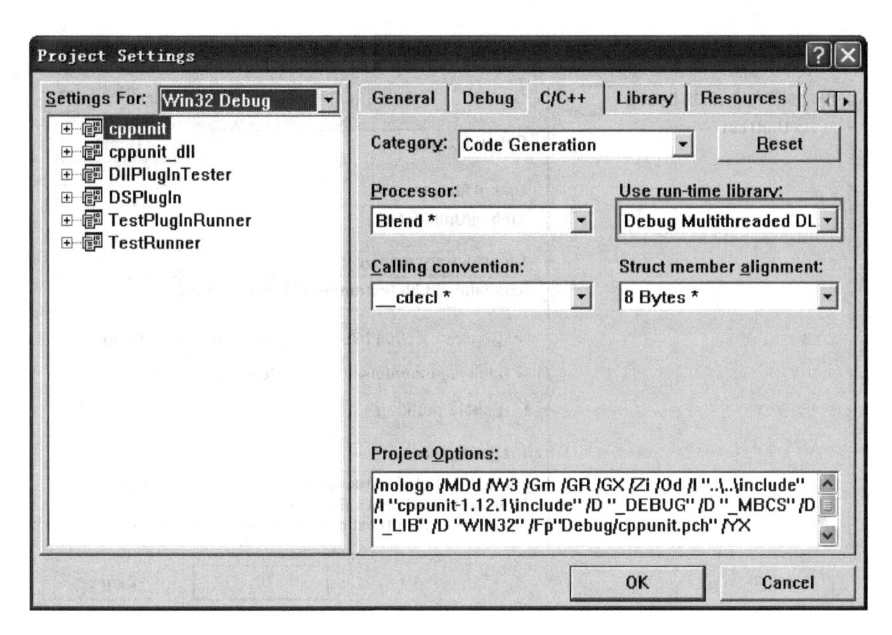

图 4-37 Use run-time library(1)

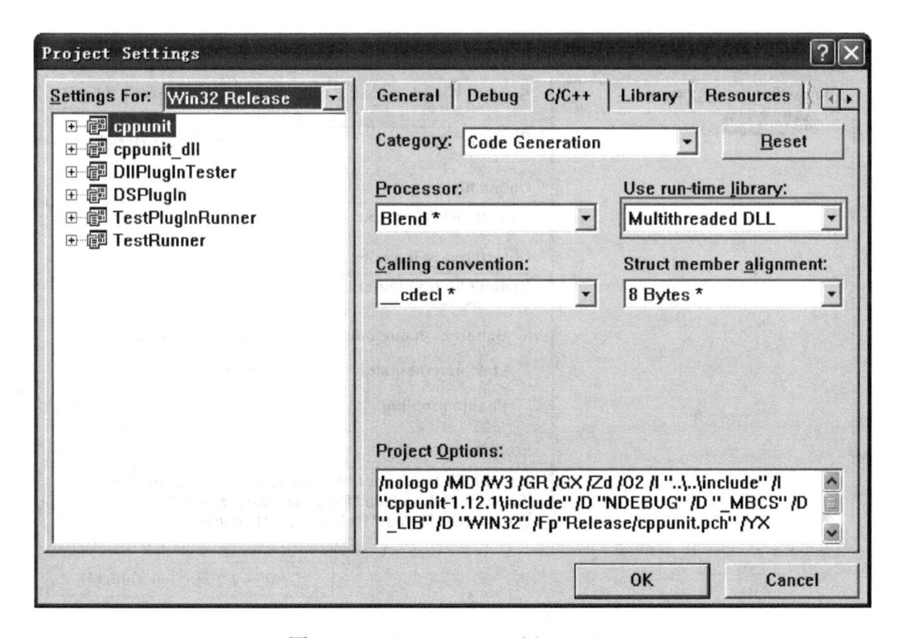

图 4-38 Use run-time library(2)

TestRunner.dll 必须位于测试程序的路径下。所以把/lib 目录下的 testrunnerd.dll 和 testrunner.dll 文件分别复制到用户创建的测试工程项目程序的 debug 和 release 版本输出目录中。

4）安装 CppUnitAppWizard.zip

运用 CppUnitAppWizard 可自动创建好测试框架。CppUnitAppWizard 的下载地址为：www.sourcextreme.com/projects/cppunit/CppUnitAppWizard.zip 或者 http://

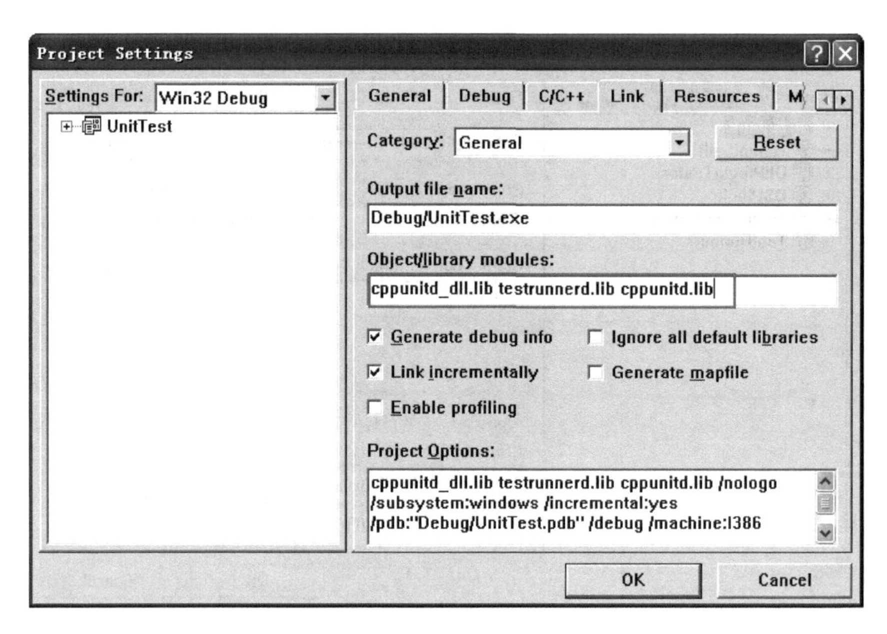

图 4-39 Object/library modules(1)

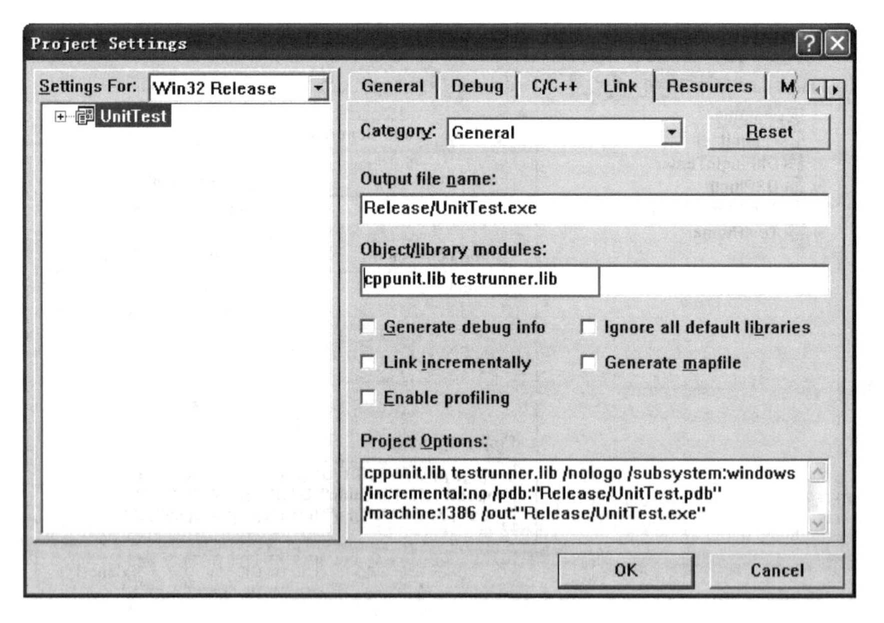

图 4-40 Object/library modules(2)

download.csdn.net/download/baobaojc/453492。

将下载文件解压缩，得到一个扩展名为 awx 的向导文件，将 CppUnitTester.awx 复制到 VC 的 Template 目录下。一般位置为：Microsoft Visual Studio\Common\MSDev98\Template。重新启动 VC，在 New Project 下就会看到 CppUnit TestApp Wizard，如图 4-41 所示。

选择输入测试工程名即可创建一个测试工程，并且默认的测试 fixture 为 SampleTest，

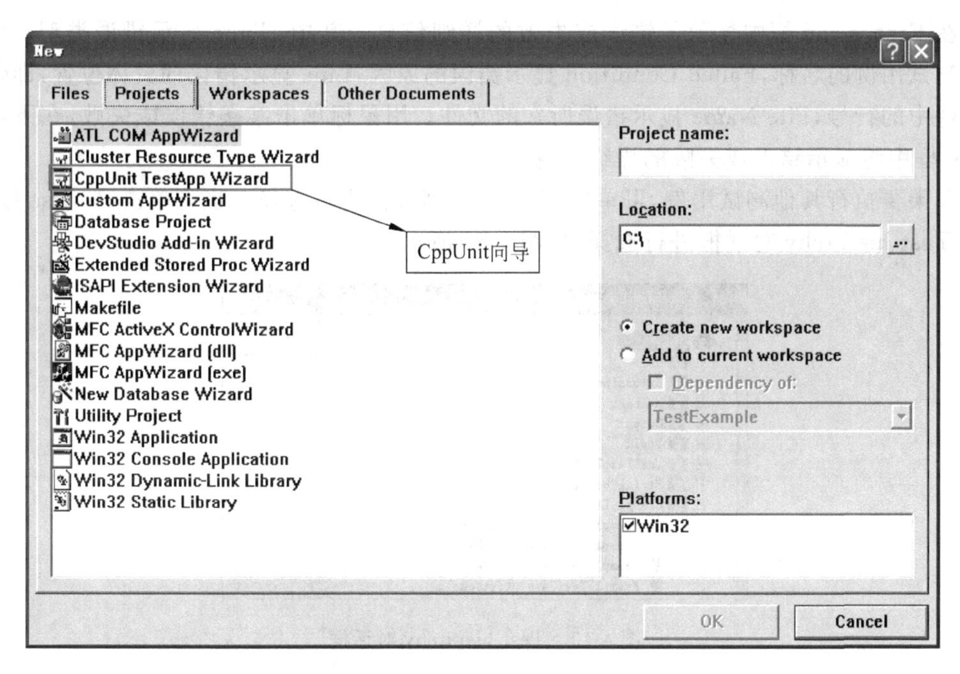

图 4-41 CppUnit TestApp Wizard

这和在 JUnit 中使用一样，将所要测试文件添加到测试工程内，即可创建 TestSuit，用 TestCase 写测试方法。

3. 执行 CPPUnit 测试用例

用 VC 打开 C:\cppunit-1.12.1\examples 路径下的 examples.dsw。单击工具栏上的 Compile 按钮，编译完后，单击 Execute Program 按钮 ！，执行时将弹出 TestRunner 对话框，如图 4-42 所示。

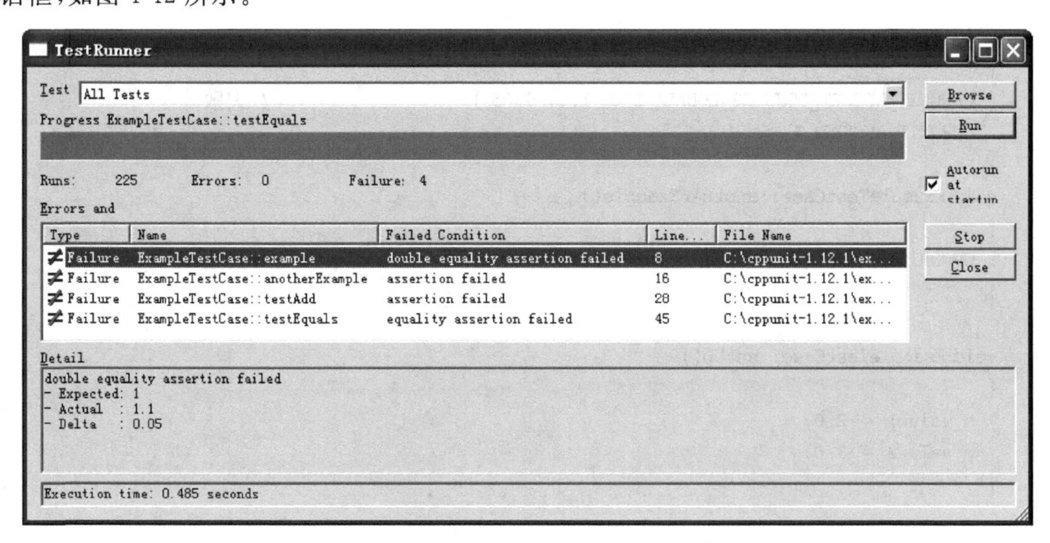

图 4-42 测试执行结果

在 Errors and 框中显示了错误或失败的详细信息。其中,Type 显示错误类型,Name 显示测试用例的名称,Failed Condition 显示错误的原因,Line 显示错误的具体位置,即错误在文件中的行号,File Name 显示错误所在的文件。用鼠标单击某条错误或失败,在下面的 Detail 框中将显示错误或失败的详细信息。

如果要执行其他测试用例,可单击 Test 下拉列表框进行选择。也可单击 Browse 按钮,打开 Test hierarchy 对话框进行选择,如图 4-43 所示。

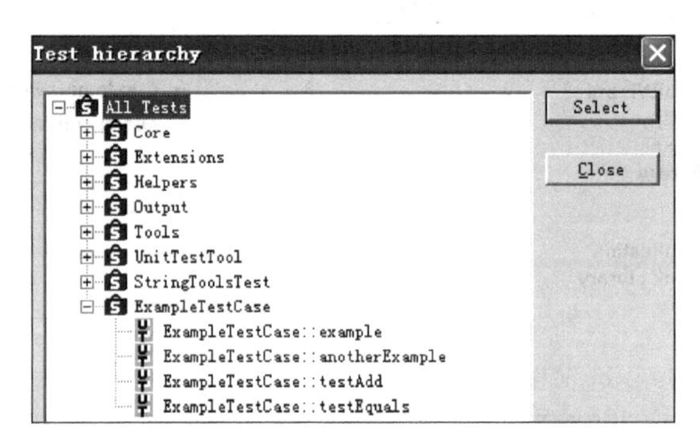

图 4-43 Test hierarchy 对话框

选定之后,单击 Select 按钮,将返回 TestRunner 对话框。单击界面上的 Run 按钮,CppUnit 将只执行选定的测试用例。

执行 ExampleTestCase 之后,发现有 4 个测试失败,返回 VC 源码窗口,查看测试代码。其中,ExampleTestCase.cpp 源码如下。

```
#include <cppunit/config/SourcePrefix.h>
#include "ExampleTestCase.h"

CPPUNIT_TEST_SUITE_REGISTRATION( ExampleTestCase );

void ExampleTestCase::example()
{
  CPPUNIT_ASSERT_DOUBLES_EQUAL( 1.0, 1.1, 0.05 );                //失败
  CPPUNIT_ASSERT( 1 == 1 );
}
void ExampleTestCase::anotherExample()
{
  CPPUNIT_ASSERT (1 == 2);                                        //失败
}

void ExampleTestCase::setUp()
{
  m_value1 = 2.0;
  m_value2 = 3.0;
}

void ExampleTestCase::testAdd()
```

```
{
  double result = m_value1 + m_value2;
  CPPUNIT_ASSERT( result == 6.0 );          //失败
}

void ExampleTestCase::testEquals()
{
  long * l1 = new long(12);
  long * l2 = new long(12);

  CPPUNIT_ASSERT_EQUAL( 12, 12 );
  CPPUNIT_ASSERT_EQUAL( 12L, 12L );
  CPPUNIT_ASSERT_EQUAL( *l1, *l2 );

  delete l1;
  delete l2;

  CPPUNIT_ASSERT( 12L == 12L );
  CPPUNIT_ASSERT_EQUAL( 12, 13 );           //失败
  CPPUNIT_ASSERT_DOUBLES_EQUAL( 12.0, 11.99, 0.5 );
}
```

根据错误提示，修改代码如下。

(1) CPPUNIT_ASSERT_DOUBLES_EQUAL(1.0，1.1，0.05)；

CPPUNIT_ASSERT_DOUBLES_EQUAL(expected，actual，delta)函数的功能是：判断 expected 与 actual 的偏差是否小于 delta。如果 expected 和 actual 之间的差大于 delta，则失败。由于 1.1 与 1.0 之间的差大于 0.05，因此测试失败。将代码改为：

```
CPPUNIT_ASSERT_DOUBLES_EQUAL(1.0, 1.0, 0.05);
```

(2) CPPUNIT_ASSERT (1 == 2)；

CPPUNIT_ASSERT(condition)函数的功能是：判断 condition 的值是否为真，如果为假，则生成错误信息。由于"1==2"为假，因此测试失败。将代码改为：

```
CPPUNIT_ASSERT (1 = = 1);
```

(3) CPPUNIT_ASSERT(result == 6.0)；

程序中：m_value1 = 2.0；m_value2 = 3.0；double result = m_value1 + m_value2；可知：result=5.0，因此代码修改为：

```
CPPUNIT_ASSERT( result = = 5.0 );
```

(4) CPPUNIT_ASSERT_EQUAL(12，13)；

修改为：CPPUNIT_ASSERT_EQUAL(12，12)；

代码修改之后，重新编译程序，然后执行测试用例，执行结果如图 4-44 所示。

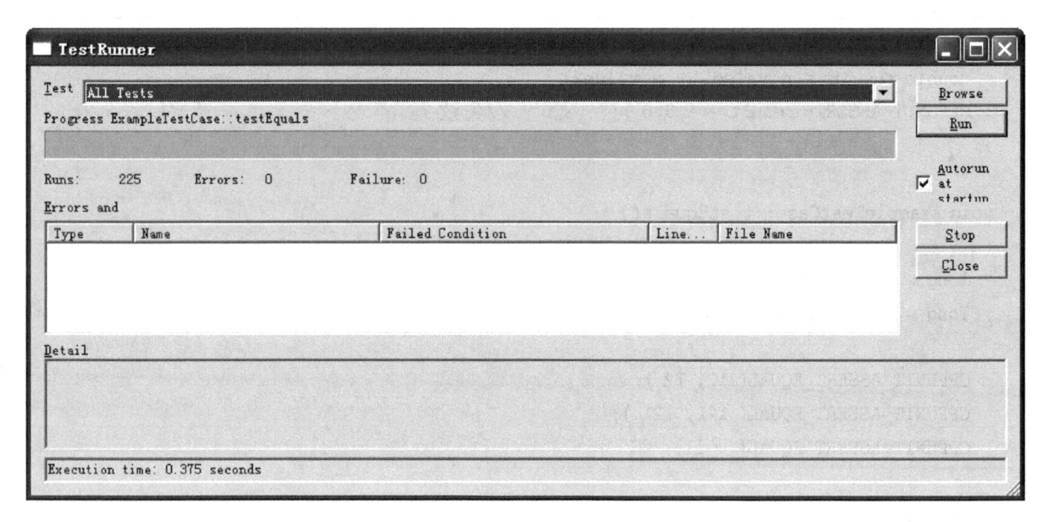

图 4-44 测试执行结果

4.4.4 CppUnit 示例

用 VC 打开 CppUnit 安装路径下的示例程序 simple. dsw，具体位置在“C:\cppunit-1.12.1\examples\simple”，将看到下列程序代码。

1. ExampleTestCase.h 文件代码

```
#ifndef CPP_UNIT_EXAMPLETESTCASE_H
#define CPP_UNIT_EXAMPLETESTCASE_H
#include <cppunit/extensions/HelperMacros.h>

/*
 * A test case that is designed to produce example errors and failures
 *
 */
class ExampleTestCase : public CPPUNIT_NS::TestFixture
{
  CPPUNIT_TEST_SUITE( ExampleTestCase );          // 声明一个 TestSuite
  CPPUNIT_TEST( example );                        // 添加测试用例到 TestSuite
  CPPUNIT_TEST( anotherExample );                 //添加测试用例到 TestSuite
  CPPUNIT_TEST( testAdd );                        //添加测试用例到 TestSuite
  CPPUNIT_TEST( testEquals );                     //添加测试用例到 TestSuite
  CPPUNIT_TEST_SUITE_END();                       // TestSuite 声明完成

protected:
  double m_value1;
  double m_value2;

public:
  void setUp();                                   //初始化函数
```

```
protected:
  void example();                    //测试函数
  void anotherExample();             //测试函数
  void testAdd();                    //测试函数
  void testEquals();                 //测试函数
};
#endif
```

下面对程序代码进行简单的说明。

1）包含必要的头文件

#include <cppunit/extensions/HelperMacros.h> HelperMacros.h 文件定义了CPPUnit 中的宏。

2）继承 TestFixture

```
class ExampleTestCase : public CPPUNIT_NS::TestFixture
```

在 CppUnit 上下文中，fixture 或 TestFixture 用于为各个测试提供简洁的设置和退出例程。要想使用 fixture，测试类应该派生自 CppUnit::TestFixture 并覆盖预先定义的 setUp 和 tearDown 方法。在执行单元测试之前调用 setUp 方法，在测试执行完时调用 tearDown 方法。

3）使用 CPPUnit 的宏

```
CPPUNIT_TEST_SUITE( ExampleTestCase );        //开始创建一个 TestSuite
CPPUNIT_TEST( example );                      //添加测试用例到 TestSuite
CPPUNIT_TEST( anotherExample );               //添加测试用例到 TestSuite
CPPUNIT_TEST( testAdd );                      //添加测试用例到 TestSuite
CPPUNIT_TEST( testEquals );                   //添加测试用例到 TestSuite
CPPUNIT_TEST_SUITE_END();                     //结束创建 TestSuite
```

这几个宏是固定的写法。第一行 Test 是当前类的名字，该类里面有多少测试方法，就在中间加上多少行，每一行的参数都是一个函数名，最后一行是固定写法。

4）声明测试函数

```
protected:
  void example();
  void anotherExample();
  void testAdd();
  void testEquals();
```

2. ExampleTestCase.cpp 文件代码

```
#include <cppunit/config/SourcePrefix.h>
#include "ExampleTestCase.h"

CPPUNIT_TEST_SUITE_REGISTRATION( ExampleTestCase );

void ExampleTestCase::example()
```

```
{
  CPPUNIT_ASSERT_DOUBLES_EQUAL( 1.0, 1.1, 0.05 );
  CPPUNIT_ASSERT( 1 == 0 );
  CPPUNIT_ASSERT( 1 == 1 );
}

void ExampleTestCase::anotherExample()
{
  CPPUNIT_ASSERT (1 == 2);
}

void ExampleTestCase::setUp()
{
  m_value1 = 2.0;
  m_value2 = 3.0;
}

void ExampleTestCase::testAdd()
{
  double result = m_value1 + m_value2;
  CPPUNIT_ASSERT( result == 6.0 );
}

void ExampleTestCase::testEquals()
{
  long * l1 = new long(12);
  long * l2 = new long(12);

  CPPUNIT_ASSERT_EQUAL( 12, 12 );
  CPPUNIT_ASSERT_EQUAL( 12L, 12L );
  CPPUNIT_ASSERT_EQUAL( * l1, * l2 );

  delete l1;
  delete l2;

  CPPUNIT_ASSERT( 12L == 12L );
  CPPUNIT_ASSERT_EQUAL( 12, 13 );
  CPPUNIT_ASSERT_DOUBLES_EQUAL( 12.0, 11.99, 0.5 );
}
```

在此文件中，主要内容是写测试函数（测试用例）。CppUnit 是通过断言来判断测试是否成功的。

3. Main.cpp 文件代码

```
#include <cppunit/BriefTestProgressListener.h>
#include <cppunit/CompilerOutputter.h>
#include <cppunit/extensions/TestFactoryRegistry.h>
#include <cppunit/TestResult.h>
#include <cppunit/TestResultCollector.h>
```

```
#include <cppunit/TestRunner.h>

int main( int argc, char* argv[] )
{
  // Create the event manager and test controller
  CPPUNIT_NS::TestResult controller;

  // Add a listener that colllects test result
  CPPUNIT_NS::TestResultCollector result;
  controller.addListener( &result );

  // Add a listener that print dots as test run.
  CPPUNIT_NS::BriefTestProgressListener progress;
  controller.addListener( &progress );

  // Add the top suite to the test runner
  CPPUNIT_NS::TestRunner runner;
  runner.addTest( CPPUNIT_NS::TestFactoryRegistry::getRegistry().makeTest() );
  runner.run( controller );

  // Print test in a compiler compatible format.
  CPPUNIT_NS::CompilerOutputter outputter( &result, CPPUNIT_NS::stdCOut() );
  outputter.write();

  return result.wasSuccessful() ? 0 : 1;
}
```

运行结果：文本方式执行(在 4.4.3 节中是以 MFC 方式执行的)。

```
ExampleTestCase::example : assertion
ExampleTestCase::anotherExample : assertion
ExampleTestCase::testAdd : assertion
ExampleTestCase::testEquals : assertion
C:\cppunit-1.12.1\examples\simple\ExampleTestCase.cpp(8):Assertion
Test name: ExampleTestCase::example                //测试用例名称
double equality assertion failed                   //测试失败的原因
- Expected: 1                                      //测试失败的详细内容
- Actual  : 1.1
- Delta   : 0.05

C:\cppunit-1.12.1\examples\simple\ExampleTestCase.cpp(16):Assertion
Test name: ExampleTestCase::anotherExample
assertion failed
- Expression: 1 == 2

C:\cppunit-1.12.1\examples\simple\ExampleTestCase.cpp(28):Assertion
Test name: ExampleTestCase::testAdd
assertion failed
- Expression: result == 6.0

C:\cppunit-1.12.1\examples\simple\ExampleTestCase.cpp(45):Assertion
```

```
Test name: ExampleTestCase::testEquals
equality assertion failed
 - Expected: 12
 - Actual   : 13

Failures !!!
Run: 4 Failure total: 4 Failures: 4 Errors: 0
Press any key to continue
```

4.4.5 CppUnit 测试案例

案例：计算下一天的日期

程序功能是输入一个有效的日期，输出下一天的日期。比如，输入为 2013.12.31，输出为 2014.1.1。

下面以计算下一天为例，介绍使用 CppUnit 进行单元测试的过程和方法。

1. 新建测试工程

打开 VC，在菜单中单击 File→New，此时将弹出 New 对话框。单击 Projects 标签，选择 CppUnit TestApp Wizard，在 Project name 文本框中输入工程名称，如图 4-45 所示。

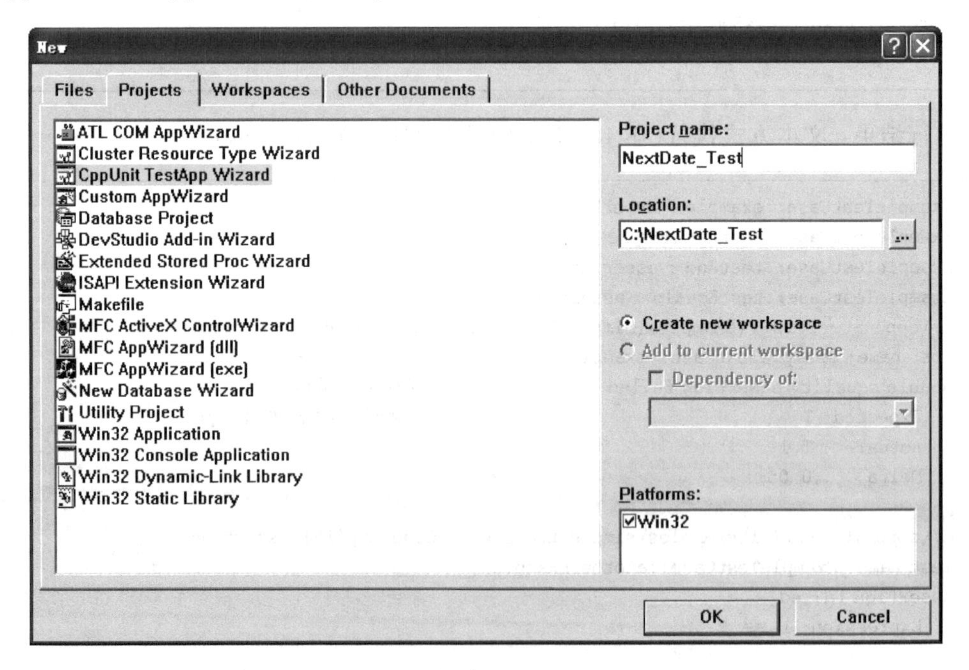

图 4-45　新建 CppUnit 工程

单击 OK 按钮，系统将自动创建一个 CppUnit 工程框架，用户只需要添加被测试对象和测试用例。

2. 添加被测试的类

添加 NextDate 类,实现计算下一天的功能。其中,NextDate.h 的代码如下。

```
//////////////////////////////////////////////////////////////////////////////////////////
// File name: NextDate.h: interface for the NextDate class.
// Description: NextDate 被测试的类
// Aauthor: lan
// Version: 1.0
// Date: 2015.5
//////////////////////////////////////////////////////////////////////////////////////////

#if !defined(AFX_NEXTDATE_H__17BBB657_757D_4C22_AA4A_7B77E1A5C57E__INCLUDED_)
#define AFX_NEXTDATE_H__17BBB657_757D_4C22_AA4A_7B77E1A5C57E__INCLUDED_

#if _MSC_VER > 1000
#pragma once
#endif // _MSC_VER > 1000

class NextDate
{
public:
    NextDate();
    NextDate(int y,int m, int d);
    virtual ~NextDate();

    bool isLeap(int);                        //判断是否为闰年
    bool isDate(int,int,int);                //判断日期是否有效
    NextDate nextday(NextDate date);         //根据输入的日期,计算下一天的日期
private:
    int year;                                //年
    int month;                               //月
    int day;                                 //日
};

#endif // !defined(AFX_NEXTDATE_H__17BBB657_757D_4C22_AA4A_7B77E1A5C57E__INCLUDED_)
```

NextDate.cpp 的代码如下。

```
//////////////////////////////////////////////////////////////////////////////////////////
// File name: NextDate.cpp: implementation of the NextDate class.
// Description: NextDate 是被测试的对象
// Aauthor: lan
// Version: 1.0
// Date: 2015.5
//////////////////////////////////////////////////////////////////////////////////////////

#include "stdafx.h"
//#include "unittests.h"
#include "NextDate.h"
```

```
#ifdef _DEBUG
#undef THIS_FILE
static char THIS_FILE[] = __FILE__;
#define new DEBUG_NEW
#endif

//////////////////////////////////////////////////////////////////////
// Construction/Destruction
//////////////////////////////////////////////////////////////////////
NextDate::NextDate()
{
    year = 1;
    month = 1;
    day = 1;
}

NextDate::NextDate(int y, int m, int d)
{
    year = y;
    month = m;
    day = d;
}

NextDate::~NextDate()
{

}

//////////////////////////////////////////////////////////////////////
// Description: 判断年份是否为闰年
// param [in] year 年
// param [out] leap 是否闰年
// return true: 闰年,false: 平年
//////////////////////////////////////////////////////////////////////
bool NextDate:: isLeap(int year)
{
    bool leap;
    if (year % 4 == 0)
    {
        if (year % 100 == 0)
        {
            if (year % 400 == 0)
            {
                leap = true;
            }
            else
            {
                leap = false;
            }
        }
        else
        {
```

```
                leap = true;
            }
        }
        else
        {
            leap = false;
        }
        return leap;
}
//////////////////////////////////////////////////////////////////////
// Description: 判断输入的日期是否有效
// param [in] year 年
// param [in] month 月
// param [in] day 日
// param [out] flag 日期是否有效
// return true: 有效,false: 无效
//////////////////////////////////////////////////////////////////////
bool NextDate:: isDate(int year, int month, int day)
{
    bool flag = true;
    if((year < 0) || (year > 2050))
    {
        flag = false;
    }
    if((month < 1) || (month > 12))
    {
        flag = false;
    }
    else
    {
        switch(month)
        {
        case 1:
        case 3:
        case 5:
        case 7:
        case 8:
        case 10:
        case 12:
            if((day > 31)||(day < 1))
                flag = false;
            break;
        case 4:
        case 6:
        case 9:
        case 11:
            if((day > 30)||(day < 1))
            {
                flag = false;
            }
            break;
        case 2:
            if(isLeap(year))
```

```
                {
                    if((day > 29)||(day < 1))
                        flag = false;
                }
                else
                {
                    if((day > 28)||(day < 1))
                        flag = false;
                }
                break;
            }
        }
        return flag;
    }
    ////////////////////////////////////////////////////////////////////////
    // Description: 计算下一天的日期
    // param [in] date NextDate 类型
    // param [out] date NextDate 类型
    // return 下一天的日期
    ////////////////////////////////////////////////////////////////////////
    NextDate NextDate:: nextday(NextDate date)
    {
        switch(date.month)
        {
        case 1:
        case 3:
        case 5:
        case 7:
        case 8:
        case 10:
            if(date.day == 31)
            {
                date.month = date.month + 1;
                date.day = 1;
            }
            else
            {
                date.day = date.day + 1;
            }
            break;
        case 4:
        case 6:
        case 9:
        case 11:
            if(date.day == 30)
            {
                date.month = date.month + 1;
                date.day = 1;
            }
            else
            {
                date.day = date.day + 1;
            }
```

```
            break;
        case 12:
            if(date.day == 31)
            {
                date.month = 1;
                date.day = 1;
                date.year = date.year + 1;
            }
            else
            {
                date.day = date.day + 1;
            }
            break;
        case 2:
            if(isLeap(date.year))
            {
                if(date.day == 29)
                {
                    date.day = 1;
                    date.month = 3;
                }
                else{
                    date.day = date.day + 1;
                }
            }
            else{
                if(date.day == 28)
                {
                    date.day = 1;
                    date.month = 3;
                }
                else
                {
                    date.day = date.day + 1;
                }
            }
            break;
        }
        return date;
    }
```

3. 编写测试代码

下面是测试类的代码，其功能是创建测试用例，实现测试方法。其中，SampleTest.h 的代码如下。

```
#ifndef __SAMPLETEST_H__
#define __SAMPLETEST_H__

/** \file SampleTest.h
```

```
 * \brief Sample Tests
  */

#include <cppunit/TestCase.h>
#include <cppunit/extensions/HelperMacros.h>

/** \class SampleTest
  * \brief This fixture contains a sample test.
  */
class SampleTest : public CppUnit::TestFixture
{
    CPPUNIT_TEST_SUITE( SampleTest );          // 开始声明一个新的测试程序集
    CPPUNIT_TEST( testisLeap );                // 添加 testisLeap 测试函数到测试程序集
    CPPUNIT_TEST( testisDate );                // 添加 testisDate 测试函数到测试程序集
    CPPUNIT_TEST( testnextday );               // 添加 testnextday 测试函数到测试程序集
    CPPUNIT_TEST_SUITE_END();                  // 声明结束

public:
    virtual void setUp();                      // 初始化函数
    virtual void tearDown();                   // 清理函数
    void testisLeap();                         // 测试 isLeap()函数
    void testisDate();                         // 测试 isDate()函数
    void testnextday();                        // 测试 nextday()函数

    SampleTest();                              // 默认的构造函数

private:
    /// Unimplemented, prevent the use of the copy constructor.
    SampleTest( const SampleTest &copy );

    /// Unimplemented, prevent the use of the copy operator.
    void operator =( const SampleTest &copy );
};
#endif                                         // __SAMPLETEST_H__
```

SampleTest.cpp 的代码如下。

```
/** \file SampleTest.cpp
  */
#include "stdafx.h"
#include "SampleTest.h"
#include "NextDate.h"                                    //被测试类

#ifdef _DEBUG
#define new DEBUG_NEW
#undef THIS_FILE
static char THIS_FILE[] = __FILE__;
#endif
```

```
//注册到全局的一个未命名的 TestSuite 中
CPPUNIT_TEST_SUITE_REGISTRATION( SampleTest );

SampleTest::SampleTest()
{
}
// 初始化函数
void SampleTest::setUp()
{
}
// 清理函数
void SampleTest::tearDown()
{
}
// 测试 isLeap()的测试函数
void SampleTest::testisLeap()
{
      NextDate test;
      bool actual = test.isLeap(2000);
      bool expected = true;
      CPPUNIT_ASSERT_EQUAL(expected, actual);           // 宏判断两个值是否相等
      CPPUNIT_ASSERT_EQUAL(false, test.isLeap(1800)); // 宏判断两个值是否相等
      CPPUNIT_ASSERT_EQUAL(true, test.isLeap(2008));
      CPPUNIT_ASSERT_EQUAL(false, test.isLeap(1999));
}

// 测试 isDate()的测试函数
void SampleTest::testisDate()
{
    NextDate test1;
    bool actual = test1.isDate(2000,2,29);
    bool expected = true;
    CPPUNIT_ASSERT_EQUAL(expected, actual);             // 宏判断两个值是否相等

    actual = test1.isDate(1800,2,29);
    expected = false;
    CPPUNIT_ASSERT_EQUAL(expected, actual);             // 宏判断两个值是否相等
}
// 测试 nextday()的测试函数
void SampleTest::testnextday()
{
    NextDate test2(2008,2,29);
    NextDate actual;
    NextDate expected(2008,3,1);
    actual = test2.nextday(test2);
    CPPUNIT_ASSERT_EQUAL(expected.year, actual.year);// 宏判断两个值是否相等
    CPPUNIT_ASSERT_EQUAL(expected.month, actual.month);
    CPPUNIT_ASSERT_EQUAL(expected.day, actual.day);
}
```

工程中还有 NextDate_Test.h 和 NextDate_Test.cpp 等文件，由 CppUnit 自动生成，不用修改，其代码在此省略。

4. 执行测试

代码写完后，进行编译。编译通过后即可执行测试。执行完测试后，将弹出执行结果框，如图 4-46 所示，其中绿色表示测试通过。

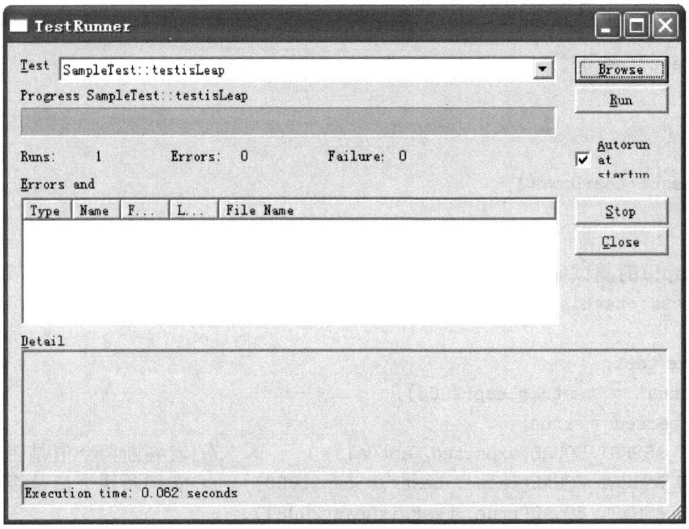

图 4-46 testisleap 执行结果

单击 Browse 按钮，将打开 Test hierarchy 对话框，可以看到本项目中所有的测试用例，如图 4-47 所示。

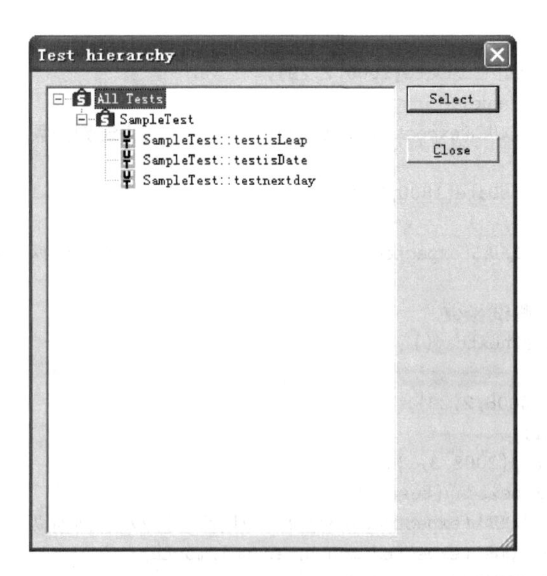

图 4-47 测试用例结构树

选择一个测试用例（如 testnextday），单击 Select 按钮，将打开 testnextday 用例的执行界面，如图 4-48 所示。单击 Run 按钮，将执行此用例。

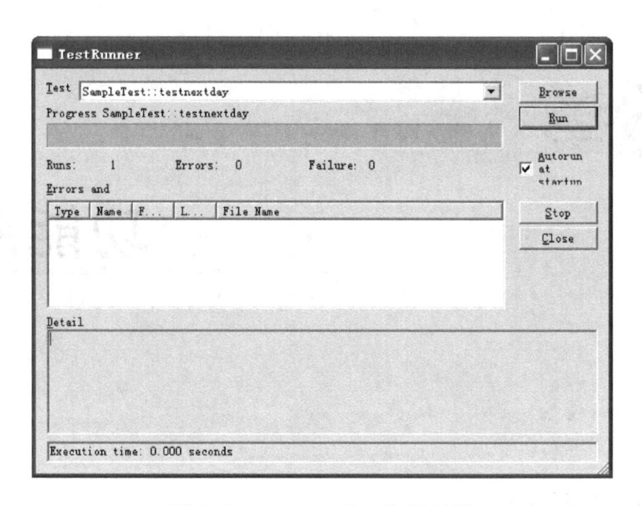

图 4-48 testnextday 执行结果

4.5 单元测试实验

1. 实验目的

(1) 能熟练应用白盒测试技术(如逻辑覆盖法、基路径测试法、数据流测试法)进行测试用例设计,并对测试用例进行优化设计;

(2) 能熟练运用单元测试工具 JUnit 或者 CppUnit;

(3) 使用单元测试工具进行测试。

2. 实验环境

Windows 环境,JUnit 或者 CppUnit 测试环境,Office 办公软件,C/C++或 Java 编程环境。

3. 实验内容

(1) 题目一:选择排序

(2) 题目二:三角形问题

(3) 题目三:隔一日问题

4. 实验步骤

(1) 针对代码静态测试实验中的代码,使用白盒测试技术,设计测试用例。

(3) 使用 JUnit(针对 Java 程序)或 CppUnit(针对 C++程序)进行单元测试。

(4) 分析测试结果和代码覆盖率。

5. 实验思考题

(1) 针对被测试代码,如何选择合适的白盒测试技术?

(2) 设计测试用例时,如何提高代码覆盖率?

第5章 功能测试

5.1 功能测试基础

5.1.1 功能测试概念

功能测试(Functional Testing),也称为行为测试(Behavioral Testing),是根据产品特性、操作描述和用户方案,测试一个产品的特性和可操作行为。功能测试是为了确保程序以期望的方式运行而按功能要求对软件进行的测试。

功能测试一般采用黑盒测试技术,只考虑需要测试的各个功能,而不需考虑软件的内部结构及代码实现。测试时,按照需求和设计编写测试用例,在预期结果和实际结果之间进行评测,以发现软件中存在的缺陷。通过对一个软件产品的所有特性和功能进行测试,以确保其符合需求和规范。

5.1.2 黑盒测试用例设计

黑盒测试是从软件外部对软件实施的一种测试。测试者通过被测试软件的输入和输出之间的关系或软件的功能来测试,以检查软件是否按照需求规格说明书的规定正常运行。黑盒测试把软件看成一个打不开的黑盒,无法了解程序内部结构,只依据软件的外部特性来进行测试。黑盒测试时,测试人员从用户观点出发,根据需求规格说明书设计测试用例,以尽可能多地发现软件缺陷。

常用的黑盒测试用例设计方法有等价类划分、边界值分析、基于判定表的测试、因果图法、正交试验法、场景法、错误猜测法等。

1. 等价类划分法

1) 等价类

等价类划分测试法(Equivalence Partition Testing)是把所有可能的输入数据,即程序的输入域划分成若干个互不相交的子集,并且划分的各个子集是由等价关系决定的,然后从每一个子集中选取少数具有代表性的数据作为测试用例。这样可以使用较少的测试用例,达到较好的测试效果,保证了测试的完备性和无冗余性。

等价类中的等价关系是指在子集合中，各个输入数据对于揭露程序中的错误都是等效的，并合理地假定：测试某等价类的代表值就等于对这个类中其他值的测试。也就是说，如果等价类中某个输入条件不能导致问题发生，那么该等价类中其他输入条件进行测试也不可能发现错误。

使用等价类划分法设计测试用例时，需要同时考虑有效等价类和无效等价类。因为用户在使用软件时，有意或无意输入一些非法的数据是常有的事情。软件不仅要能接收合理的数据，也要能经受意外的考验，这样的测试才能确保软件具有更高的可靠性。

有效等价类是指对于程序的规格说明来说是合理的、有意义的输入数据构成的集合。利用有效等价类可检验程序是否实现了规格说明中所规定的功能和性能。

无效等价类与有效等价类的定义恰巧相反。无效等价类是指对程序的规格说明是不合理的或无意义的输入数据所构成的集合。对于具体的问题，无效等价类至少应有一个，也可能有多个。

2) 等价类划分方法

等价类划分首先要分析程序所有可能的输入情况，然后按照下列规则对其进行划分。

(1) 按照区间划分。

在输入条件规定了取值范围或值的个数的情况下，则可以确立一个有效等价类和两个无效等价类。例如，某程序输入学生成绩，其有效范围是[0,100]，则输入条件的等价类可分为：有效等价类[0,100]；无效等价类(－∞,0)和(100,＋∞)。

(2) 按照数值划分。

输入条件规定了输入数据的一组值(假定 n 个)，且程序要对每一个输入值分别处理的情况下，可确立 n 个有效等价类和一个无效等价类。

例如，某程序输入月份，其取值是一个固定的枚举类型{1,2,3,4,5,6,7,8,9,10,11,12}，并且程序中对这些数值分别进行了处理，则有效等价类分别为这 12 个值，无效等价类为这 12 个值以外的数据组成的集合。

(3) 按照数值集合划分。

在输入条件规定了输入值的集合或者规定了“必须如何”的情况下，可确立一个有效等价类和一个无效等价类。例如，某程序标示符的输入条件是“必须以字母开头”，则可以这样划分等价类：“以字母开头”作为有效等价类，“以非字母开头”作为无效等价类。

(4) 输入条件是一个布尔量时，可确定一个有效等价类和一个无效等价类。例如，验证码在登录各种网站时经常使用。验证码是一种布尔型取值，True 或者 False。对于验证码，可划分出一个有效等价类和一个无效等价类。

(5) 细分等价类。

在已划分的等价类中，各元素在程序处理中的方式如果不同，则应再将该等价类进一步划分为更小的等价类。例如，程序用于判断几何图形的形状，则可以首先根据边数划分出三角形、四边形、五边形、六边形等。然后对于每一种类型，可以做进一步的划分，比如三角形可以进一步分为等边三角形、等腰三角形、一般三角形。

(6) 等价类划分还应特别注意默认值、空值、NULL、0 等的情形。

3) 等价类划分法的运用

例 1：某程序的功能是输入一组整型数据(数据个数不超过 100 个)，使用冒泡排序法进行排序,数据按从小到大的顺序排列。下面用等价类方法设计测试用例。

(1) 划分等价类,如表 5-1 所示。

表 5-1 等价类表

输入条件	有效等价类	编号	无效等价类	编号
数据类型	整数	1	小数	2
			非数值类型的字符	3
数据个数	1 个整数	4	0 个整数	5
	一组整数(100 个以内)	6	多于 100 个整数	7
数据顺序	一组(100 个以内)无序的整数	8		
	一组(100 个以内)已按从小到大排好序的整数	9		
	一组(100 个以内)已按从大到小排好序的整数	10		
	一组(100 个以内)相同的数据	11		

【注】 等价类的划分有多种,只要满足无冗余和遗漏就可以。

(2) 根据上述等价类设计测试用例,如表 5-2 所示。

表 5-2 测试用例

测试用例编号	输 入 数 据	预 期 输 出	覆盖等价类
1	5	5	1,4
2	0.5	提示信息	2
3	a b	提示信息	3
4	空	提示信息	5
5	1,4,2,8,11,6	1,2,4,6,8,11	1,6,8
6	1,2,… ,110(110 个数据)	提示数据太多	1,7
7	1,2,3,4,5,6	1,2,3,4,5,6	1,6,9
8	6,5,4,3,2,1	1,2,3,4,5,6	1,6,10
9	5,5,5,5,5	5,5,5,5,5	1,6,11

2. 边界值分析

1) 边界值

对于软件缺陷,有句谚语:“缺陷遗漏在角落里,聚集在边界上”。边界值测试背后的基本原理是错误更可能出现在输入变量的极值附近。边界值分析关注的是输入空间的边界。因此针对各种边界情况设计测试用例,可以查出更多的错误。

一般情况下,确定边界值应遵循以下几条原则。

(1) 如果输入条件规定了值的范围,则应取刚达到这个范围的边界的值,以及刚刚超越这个范围边界的值作为测试输入数据。

(2) 如果输入条件规定了值的个数,则用最大个数、最小个数、比最小个数少 1、比最大个数多 1 的数作为测试数据。

(3) 如果程序的规格说明给出的输入域或输出域是有序集合,则应选取集合的第一个元素和最后一个元素作为测试数据。

(4) 如果程序中使用了一个内部数据结构，则应当选择这个内部数据结构的边界上的值作为测试数据。

(5) 分析规格说明，找出其他可能的边界条件。

(6) 分析变量之间的相关性，以选取合理的测试数据。

(7) 取中间值或正常值时，只要所取的值在正常范围内就可以了。

(8) 取小于最小值的数时，可以根据情况取多个，如小于最小的负数、零、小数等。

(9) 取大于最大值的数时，可根据情况取多个。当系统没有规定最大值时，可根据业务要求，选取足够大的数据就可以了。

2) 边界值分析法设计测试用例

边界值分析(Boundary Values Analysis)的基本思想是使用输入变量的最小值、略高于最小值、正常值、略低于最大值和最大值设计测试用例。通常用 min、min＋、nom、max－和max 来表示。如果要考虑无效输入，则边界取值里增加两个值：略小于最小值(min－)和略高于最大值(max＋)。

当一个函数或程序有两个及两个以上的输入变量时，就需要考虑如何组合各变量的取值。可根据可靠性理论中的单缺陷假设和多缺陷假设来考虑。单缺陷假设是指“失效极少是由两个或两个以上的缺陷同时发生引起的”。因此依据单缺陷假设来设计测试用例，只需让一个变量取边界值，其余变量取正常值。多缺陷假设是指“失效是由两个或两个以上缺陷同时作用引起的”。因此依据多缺陷假设来设计测试用例，要求在选取测试用例时同时让多个变量取边界值。

在边界值分析中，用到了单缺陷假设，即选取测试用例时仅使得一个变量取极值，其他变量均取正常值。如果程序/系统的输入中只有一个变量，设计测试用例时，直接取边界值作为测试数据，检查系统功能是否正确。如果输入变量有多个，设计测试用例时，使一个变量取边界值，其他变量取正常值，设计足够的测试用例，使每个变量的边界值都覆盖到。例如，对于有两个输入变量的程序 P，其边界值分析的测试用例如下：$\{<x_{1nom}, x_{2min}>, <x_{1nom}, x_{2min+}>, <x_{1nom}, x_{2nom}>, <x_{1nom}, x_{2max-}>, <x_{1nom}, x_{2max}>, <x_{1min}, x_{2nom}>, <x_{1min+}, x_{2nom}>, <x_{1max-}, x_{2nom}>, <x_{1max}, x_{2nom}>\}$

3) 边界值分析法运用

例 2：输入三个整数 a、b、c，分别作为三角形的三条边，通过程序判断这三条边是否能构成三角形。如果能构成三角形，则判断出三角形的类型(等边三角形、等腰三角形、一般三角形)。要求输入三个整数 a、b、c，必须满足以下条件：$1 \leqslant a \leqslant 100$；$1 \leqslant b \leqslant 100$；$1 \leqslant c \leqslant 100$。下面用边界值分析法设计测试用例。

(1) 分析各变量取值

三角形三条边 a,b,c 的边界取值是：－1,1,2,50,99,100,101。

(2) 设计测试用例

用边界值分析法设计测试用例就是使一个变量取边界值，其余变量取正常值，然后对每个变量重复进行。本例用边界值分析法设计的测试用例见表 5-3。

表 5-3 三角形问题的测试用例

测试用例编号	输入数据			预期输出
	a	b	c	
1	50	50	−1	输入无效
2	50	50	1	等腰三角形
3	50	50	2	等腰三角形
4	50	50	50	等边三角形
5	50	50	99	等腰三角形
6	50	50	100	非三角形
7	50	50	101	输入无效
8	50	−1	50	输入无效
9	50	1	50	等腰三角形
10	50	2	50	等腰三角形
11	50	99	50	等腰三角形
12	50	100	50	非三角形
13	50	101	50	输入无效
14	−1	50	50	输入无效
15	1	50	50	等腰三角形
16	2	50	50	等腰三角形
17	99	50	50	等腰三角形
18	100	50	50	非三角形
19	101	50	50	输入无效

3. 基于判定表的测试

1) 判定表

自从20世纪60年代初以来，判定表(Decision table，也叫决策表)就一直被用来分析和表示复杂逻辑关系。判定表能够将复杂的问题按照各种可能的情况全部列举出来，简明并避免遗漏。因此，利用判定表能够设计出完整的测试用例集合。在所有功能性测试方法中，基于判定表的测试方法是最严格的。

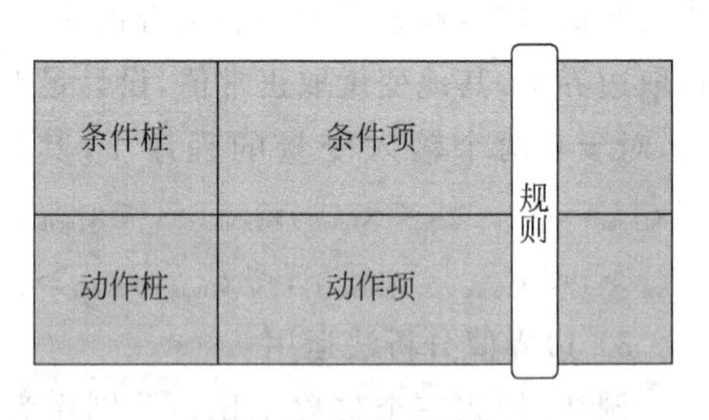

图 5-1 判定表结构

判定表通常由4个部分组成，如图5-1所示。

(1) 条件桩(Condition stub)：列出了问题的所有条件。通常认为列出的条件的次序无关紧要。

(2) 动作桩(Action stub)：列出了问题规定可能采取的操作。这些操作的排列顺序没有约束。

(3) 条件项(Condition item)：列出对应条件桩的取值。

(4) 动作项(Action item)：列出在条件项的各种取值情况下应该采取的动作。

动作项和条件项紧密相关，它指出了在条件项的各组取值情况下应采取的动作。任何一个条件组合的特定取值及其相应要执行的操作称为规则。在判定表中贯穿条件项和动作项的一列就是一条规则。规则指示了在规则的各条件项指示的条件下要采取动作项中的行为。显然,判定表中列出多少组条件取值,也就有多少条规则,即条件项和动作项有多少列。

为了使用判定表标识测试用例,在这里把条件解释为程序的输入,把动作解释为程序的输出。在测试时,有时条件最终引用输入的等价类,动作引用被测程序的主要功能处理,这时规则就解释为测试用例。由于判定表的特点,可以保证我们能够取到输入条件的所有可能的条件组合值,因此可以做到测试用例的完整集合。

2) 用判定表设计测试用例

使用判定表进行测试时,首先需要根据软件规格说明建立判定表。判定表设计的步骤如下。

(1) 确定规则的个数

假如有 n 个条件,每个条件有两个取值("真","假"),则会产生 2^n 条规则。如果每个条件的取值有多个,则规则数等于各条件取值个数的积。

(2) 列出所有的条件桩和动作桩

在测试中,条件桩一般对应着程序输入的各个条件项,而动作桩一般对应着程序的输出结果或要采取的操作。

(3) 填入条件项

条件项就是每条规则中各个条件的取值。为了保证条件项取值的完备性和正确性,可以利用集合的笛卡儿积来计算。首先找出各条件项取值的集合,然后将各集合做笛卡儿积,最后将得到的集合的每一个元素填入规则的条件项中。

(4) 填入动作项,得到初始判定表

在填入动作项时,必须根据程序的功能说明来填写。首先根据每条规则中各条件项的取值,来获得程序的输出结果或应该采取的行动,然后在对应的动作项中做标记。

(5) 简化判定表、合并相似规则(相同动作)

若表中有两条以上规则具有相同的动作,并且在条件项之间存在极为相似的关系,便可以合并。合并后的条件项用符号"—"表示,说明执行的动作与该条件的取值无关,称为无关条件。

3) 判定表测试法运用

例 3:某公司折扣政策:年交易额在 10 万元以下的,无折扣;在 10 万元以上的并且近三个月无欠款的,折扣率 10%;在 10 万元以上,虽然近三个月有欠款,但是与公司交易在 10 年以上的,折扣率 8%;在 10 万元以上,近三个月有欠款,且交易在 10 年以下的折扣率 5%。下面用判定表来设计测试用例。

(1) 根据问题描述的输入条件和输出结果,列出所有的条件桩和动作桩。

(2) 本例中输入有三个条件,每个条件的取值为"是"或"否",因此有 2×2×2=8 种规则。

(3) 每个条件取真假值,并进行相应的组合,得到条件项。

(4) 根据每一列中各条件的取值得到所要采取的行动,填入动作桩和动作项,便得到初始判定表,如表 5-4 所示。

(5) 根据题目描述,可以对判定表进行简化,简化后的判定表如表 5-5 所示。

表 5-4 初始判定表

		1	2	3	4	5	6	7	8
条件桩	年交易≤10 万元	Y	Y	Y	Y	N	N	N	N
	近三月无欠款	Y	Y	N	N	Y	Y	N	N
	与公司交易≥10 年	Y	N	Y	N	Y	N	Y	N
动作项	无折扣	✓	✓	✓	✓				
	折扣率 5%								✓
	折扣率 8%							✓	
	折扣率 10%					✓	✓		

表 5-5 简化后的判定表

		1	2	3	4
条件桩	年交易≤10 万元	Y	N	N	N
	近三月无欠款	—	Y	N	N
	与公司交易≥10 年	—	—	Y	N
动作项	无折扣	✓			
	折扣率 5%				✓
	折扣率 8%			✓	
	折扣率 10%		✓		

(6) 根据简化后的判定表设计测试用例,如表 5-6 所示。

表 5-6 测试用例

测试用例编号	输入数据			预期输出
	交易额	近三月有无欠款	与公司交易时间	
1	5 万	无	3 年	无折扣
2	12 万	无	11 年	10%
3	11 万	有	12 年	8%
4	15 万	有	3 年	5%

4. 因果图法

1) 因果图

因果图中使用了简单的逻辑符号,以直线连接左右节点。左节点表示输入状态(或称原因),右节点表示输出状态(或称结果)。通常用 c_i 表示原因,一般置于图的左部; e_i 表示结果,通常在图的右部。c_i 和 e_i 均可取值“0”或“1”,其中“0”表示某状态不出现,“1”表示某状态出现。

因果图中包含 4 种关系,如图 5-2 所示。

恒等:若 c_1 是 1,则 e_1 也是 1;若 c_1 是 0,则 e_1 为 0。

非:若 c_1 是 1,则 e_1 是 0;若 c_1 是 0,则 e_1 是 1。

或:若 c_1 或 c_2 或 c_3 是 1,则 e_1 是 1;若 c_1、c_2 和 c_3 都是 0,则 e_1 为 0。“或”可有任意多个输入。

与:若 c_1 和 c_2 都是 1,则 e_i 为 1;否则 e_i 为 0。“与”也可有任意多个输入。

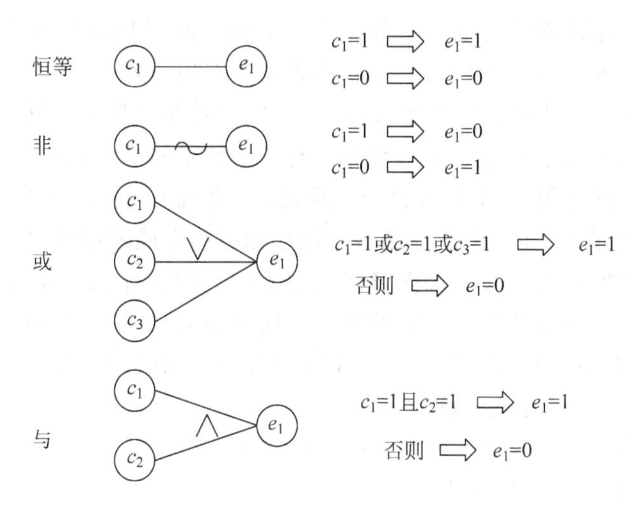

图 5-2　因果图基本符号

在实际问题中输入状态相互之间、输出状态相互之间可能存在某些依赖关系，称为“约束”。为了表示原因与原因之间，结果与结果之间可能存在的约束条件，在因果图中可以附加一些表示约束条件的符号。对于输入条件的约束有 E、I、O、R 4 种约束，对于输出条件的约束只有 M 约束。输入输出约束图形符号如图 5-3 所示。

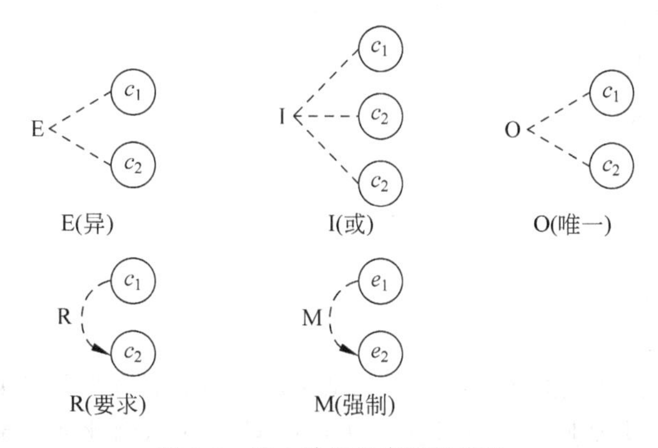

图 5-3　输入输出约束图形符号

为便于理解，这里设 c_1、c_2 和 c_3 表示不同的输入条件。

E(异)：表示 c_1，c_2 中至多有一个可能为 1，即 c_1 和 c_2 不能同时为 1。

I(或)：表示 c_1，c_2，c_3 中至少有一个是 1，即 c_1，c_2，c_3 不能同时为 0。

O(唯一)：表示 c_1，c_2 中必须有一个且仅有一个为 1。

R(要求)：表示 c_1 是 1 时，c_2 必须是 1，即不可能 c_1 是 1 时 c_2 是 0。

M(强制)：表示如果结果 e_1 是 1 时，则结果 e_2 强制为 0。

2) 用因果图设计测试用例

因果图可以很清晰地描述各输入条件和输出结果的逻辑关系。如果在测试时必须考虑输入条件的各种组合，就可以利用因果图。因果图最终生成的是判定表。采用因果图设计测试用例的步骤如下。

(1) 分析软件规格说明描述中哪些是原因，哪些是结果。其中，原因常常是输入条件或输入条件的等价类；结果常常是输出条件。然后给每个原因和结果赋予一个标识符，并把原因和结果分别画出来，原因放在左边一列，结果放在右边一列。

(2) 分析软件规格说明描述中的语义，找出原因与结果之间和原因与原因之间对应的关系，根据这些关系，将其表示成连接各个原因与各个结果的"因果图"。

(3) 由于语法或环境限制，有些原因与原因之间，原因与结果之间的组合情况不可能出现。为表明这些特殊情况，在因果图上用一些记号标明约束或限制条件。

(4) 把因果图转换成判定表。首先将因果图中的各原因作为判定表的条件项，因果图的各个结果作为判定表的动作项。然后给每个原因分别取"真"和"假"两种状态，一般用"0"和"1"表示。最后根据各条件项的取值和因果图中表示的原因和结果之间的逻辑关系，确定相应的动作项的值，完成判定表的填写。

(5) 把判定表的每一列拿出来作为依据，设计测试用例。

3) 因果图法设计测试用例运用

例 4：某软件规格说明书要求：第一列字符必须是 A 或 B，第二列字符必须是一个数字，在此情况下进行文件的修改，但如果第一列字符不正确，则给出信息 L，如果第二列字符不是数字，则给出信息 M。下面用因果图法设计测试用例。

(1) 根据说明书分析出原因和结果。

原因：

C1：第一列字符是 A

C2：第一列字符是 B

C3：第二列字符是一数字

结果：

E1：修改文件

E2：给出信息 L

E3：给出信息 M

(2) 绘制因果图。

根据原因和结果绘制因果图。把原因和结果用前面的逻辑符号连接起来，画出因果图，如图 5-4(a)所示。考虑到原因 1 和原因 2 不可能同时为 1，因此在因果图上施加 E 约束。具有约束的因果图如图 5-4(b)所示。

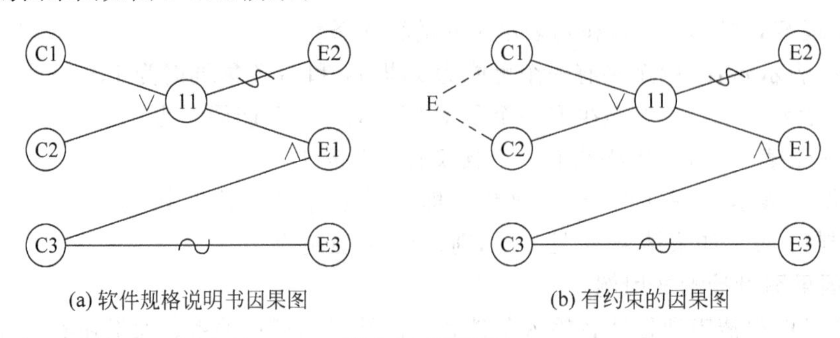

(a) 软件规格说明书因果图　　(b) 有约束的因果图

图 5-4　因果图

注：11 是中间节点

(3) 根据因果图所建立的判定表，如表 5-7 所示。

表 5-7 软件规格说明书的判定表

		1	2	3	4	5	6	7	8
条件	C1	1	1	1	1	0	0	0	0
	C2	1	1	0	0	1	1	0	0
	C3	1	0	1	0	1	0	1	0
	11	—	—	1	1	1	1	0	0
动作	E1	/	/	✓	0	✓	0	0	0
	E2	/	/	0	0	0	0	✓	✓
	E3	/	/	0	✓	0	✓	0	✓

注意：表中 8 种情况的左面两列情况中，原因 1 和原因 2 同时为 1，这是不可能出现的，故应排除这两种情况。因此只需针对第 3～8 列设计测试用例，见表 5-8。

表 5-8 测试用例

测试用例	输入数据 a	预期输出
1	A3	修改文件
2	AM	给出信息 M
3	B5	修改文件
4	B *	给出信息 M
5	F2	给出信息 L
6	TX	给出信息 L 和 M

5. 场景法

1）场景

现在的软件几乎都是用事件触发来控制流程的，事件触发时的情景便形成了场景，而同一事件不同的触发顺序和处理结果就形成事件流。这一系列的过程利用场景法可以清晰地描述。将这种方法引入到软件测试中，可以比较生动地描绘出事件触发时的情景，有利于测试设计者设计测试用例，同时使测试用例更容易理解和执行。通过运用场景来对系统的功能点或业务流程的描述，从而提高测试效果。

场景一般包含基本流和备用流，从一个流程开始，经过遍历所有的基本流和备用流来完成整个场景。

对于基本流和备选流的理解，可以参考图 5-5。图中经过用例的每条路径都反映了基本流和备选流，都用箭头来表示。中间的直线表示基本流，是经过用例的最简单的路径。备选流用曲线表示，一个备选流可能从基本流开始，在某个特定条件下执行，然后重新加入基本流中；也可能起源于另一个备选流，或者终止用例而不再重新加入到某个流。

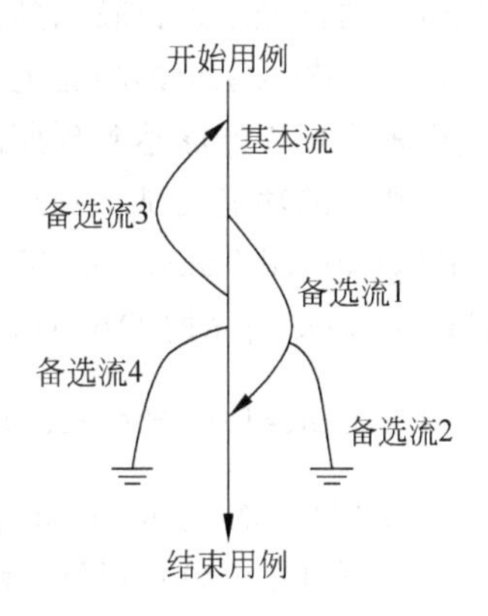

图 5-5 基本流和备选流

根据图中每条经过用例的可能路径，可以确定不同的用例场景。从基本流开始，再将基本流和备选流结合起来，可以确定以下用例场景。

场景 1：基本流
场景 2：基本流、备选流 1
场景 3：基本流、备选流 1、备选流 2
场景 4：基本流、备选流 3
场景 5：基本流、备选流 3、备选流 1
场景 6：基本流、备选流 3、备选流 1、备选流 2
场景 7：基本流、备选流 4
场景 8：基本流、备选流 3、备选流 4

注：为方便起见，场景 5、6 和 8 只描述了备选流 3 指示的循环执行一次的情况。

2）场景法设计测试用例

使用场景法设计测试用例的基本设计步骤如下。

（1）根据说明书或规约，分析出系统或程序功能的基本流及各项备选流；

（2）根据基本流和各项备选流生成不同的场景；

（3）对每一个场景生成相应的测试用例；

（4）对生成的所有测试用例重新复审，去掉多余的测试用例。测试用例确定后，对每一个测试用例确定测试数据。

6. 错误推测法

错误推测法的基本思想是列举出程序中所有可能有的错误和容易发生错误的特殊情况，根据这些特殊情况选择测试用例。

用错误推测法进行测试，首先需罗列出可能的错误或错误倾向，进而形成错误模型；然后设计测试用例以覆盖所有的错误模型。例如，对一个排序的程序进行测试，其可能出错的情况有：输入表为空的情况；输入表中只有一个数字；输入表中所有的数字都具有相同的值；输入表已经排好序等。

5.1.3 功能测试工具

功能测试工具一般通过自动录制、检测和回放用户的应用操作，将被测系统的输出同预先给定的标准结果比较以判断系统功能是否正确实现。功能测试工具能够有效地帮助测试人员对复杂的系统的功能进行测试，提高测试人员的工作效率和质量。其主要目的是检测应用程序是否能够达到预期的功能并正常运行。

常用的功能测试工具有：HP 公司的 WinRunner 和 QuickTest Professional（高版本为 UFT，Unified Functional Testing），IBM 公司的 Rational Robot，Borland 公司的 SilkTest，Compuware 公司的 QA Run，开源的 Selenium 等。

1. QuickTest Professional

HP 公司的 QuickTest Professional 简称 QTP，是一种自动化功能测试工具，主要应用在回归测试中。QuickTest 针对的是 GUI 应用程序，包括 Windows 应用程序和 Web 应用。

QuickTest 的使用将在后面的项目训练中详细讲解。

网站地址：http://www8.hp.com/us/en/software/enterprise-software.html

2. Rational Robot

IBM Rational Robot 是业界最顶尖的自动化测试工具，可以对使用各种集成开发环境(IDE)和语言建立的软件应用程序创建、修改并执行自动化的功能测试、分布式功能测试、回归测试和集成测试。Robot 是一种可扩展的、灵活的功能测试工具，经验丰富的测试人员可以用它来修改测试脚本，改进测试的深度。Robot 使用 SQA Basic 语言对测试脚本进行编辑。SQA Basic 遵循 Visual Basic 的语法规则，并且为测试人员提供了易于阅读的脚本语言。Robot 自动记录所有测试结果，并在测试日志查看器中对这些结果进行颜色编码，以便进行快速可视分析。

Robot 提供了非常灵活的执行测试脚本的方式，用户可以通过 Robot 图形界面和命令行执行测试脚本，也可集成在 IBM Rational TestManager 上，从 TestManager 中按照不同的配置计划在远程机器上执行测试脚本。通过 TestManager 使测试人员可以计划、组织、执行、管理和报告所有测试活动，包括手动测试报告。

Rational Robot 可开发三种测试脚本：用于功能测试的 GUI 脚本、用于性能测试的 VU 以及 VB 脚本。

Rational Robot 的功能如下。

(1) 执行完整的功能测试。记录和回放遍历应用程序的脚本，以及测试在查证点(Verification Points)处的对象状态。

(2) 执行完整的性能测试。Robot 和 Test Manager 协作可以记录和回放脚本，这些脚本有助于断定多客户系统在不同负载情况下是否能够按照用户定义标准运行。

(3) 在 SQA Basic、VB、VU 环境下创建并编辑脚本。Robot 编辑器提供有色代码命令，并且在强大的集成脚本开发阶段提供键盘帮助。

(4) 测试 IDE 下 Visual Basic、Oracle Forms、PowerBuilder、HTML、Java 开发的应用程序。甚至可测试用户界面上的不可见对象。

(5) 脚本回放阶段收集应用程序诊断信息，Robot 同 Rational Purify、Quantify、Pure Coverage 集成，可以通过诊断工具回放脚本，在日志中查看结果。

Robot 使用面向对象记录技术：记录对象内部名称，而非屏幕坐标。若对象改变位置或者窗口文本发生变化，Robot 仍然可以找到对象并回放。

网站地址：http://www.ibm.com/software/rational

3. SilkTest

SilkTest 是业界领先的、用于对企业级应用进行功能测试的产品，可用于测试 Web、Java 或是传统的 C/S 结构。通过 SilkTest，测试人员无须编程即可开展自动化功能测试，测试人员能够保持与开发任务进度的同步，而开发人员能够在自己的开发环境中创建测试。

SilkTest 提供了许多功能，使用户能够高效率地进行软件自动化测试，这些功能包括：测试的计划和管理；直接的数据库访问及校验；灵活、强大的 4Test 脚本语言，内置的恢复系统(Recovery System)；以及具有使用同一套脚本进行跨平台、跨浏览器和技术进行测试的能力。

在测试过程中，SilkTest 还提供了独有的恢复系统(Recovery System)，允许测试可在 24×7×365 全天候无人看管条件下运行。在测试过程中一些错误导致被测应用崩溃时，错误可被发现并记录下来，之后，被测应用可以被恢复到它原来的基本状态，以便进行下一个测试用例的测试。

SilkTest 具有下列特点。

(1) 利用单一测试脚本进行同步语言测试；

(2) 通过 Unicode 标准提供双字节支持；

(3) 对本地平台的广泛支持；

(4) 有效管理质量流程；

(5) 自动恢复系统；

(6) 数据驱动测试；

(7) 先进的测试技术；

(8) 选择的特性。

SilkTest 最初由 Segue 公司研发并推广，2006 年被 Borland 公司收购。

网站地址：http://www.borland.com/Products/Software-Testing/Automated-Testing/Silk-Test

4. QTester

QTester 简称 QT，是一种自动化测试工具，主要针对网络应用程序进行自动化测试。它可以模拟出几乎所有的针对浏览器的动作，旨在用机器来代替人工重复性的输入和操作，从而达到测试的目的。QTester 功能全面，可支持测试场景录制并自动生成脚本，也支持测试人员手写的更为复杂的脚本，运行脚本并对程序进行调试和结果分析。这是一款简洁实用的自动化测试软件，测试者可轻松上手。QTester 具有下列特点。

1) 高效实用

对人工测试来说，QTester 测试要快得多，并且精准可靠，可重复；相对于昂贵的大型测试软件来说，QTester 更简洁、实用，易于上手。

2) 可编程

QTester 支持各种脚本语言(JavaScript，PHP，Ruby，ASP 等)，测试者可自己手动编写脚本。通过复杂的脚本，往往能找到隐藏在程序深处的 Bug。脚本支持断点，单步执行等常用调试方式。

3) 可积累

每个软件由于各自独特的应用场景需要自己开发测试用例。通过脚本的积累，可以形成针对某类应用程序的测试脚本用例库，从而在长期地使用 QTester 软件的过程中形成自己的知识库，进一步节约时间，提高效率，并且使操作规范化，利于公司的知识管理。

4) 强大的支持

QTester 内部集成了大量方法用以模拟鼠标和键盘对浏览器的操作。这些支持使得使用 QTester 进行自动化操作和手动测试并没有差别。

5) 丰富的资料和实例

QTester 在研发和使用的过程中，积累了大量的相关资料和使用实例。这些实例让测试者更容易上手，并且可学习到不少测试的经验。所有的这些资料和实例都可以在 QTester 软件官方网站上免费获得。

网站地址：http://www.qtester.net/Default.html

5. QARun

QARun为当今关键的客户/服务器、电子商务到企业资源规划(ERP)应用提供企业级的功能测试。通过将费时的测试脚本开发和测试执行自动化,QARun帮助测试人员和QA管理人员更有效地工作以加快应用开发。QARun具有下列功能特性。

1) 自动创建脚本

QARun的学习功能自动生成面向对象的测试脚本。QARun测试脚本是为自动化和测试特别设计的,类似英语的脚本语言。每个测试操作都被翻译成简单的面向对象的命令。

2) 自动执行测试

QARun通过比较系统响应的实际值和期望值来验证应用功能是否正确。

3) 脚本调整

为帮助检验测试脚本独有的信息,QARun提供重要的区域屏蔽来保护可以动态修改的区域,如内部控制ID。区域屏蔽可以针对runtime环境的变更而灵活地调整测试脚本。

4) 自动同步脚本

在不同的网络系统或不同的负载下,系统的响应时间是不同的。测试脚本必须为被测应用留有足够的时间处理当前数据,并同时开始处理下一批数据。QARun为此提供一个内置的同步机制,使各个脚本可以同步执行。

5) 脚本拼接

利用QARun,可以使用少量脚本实现大规模的测试。QARun可以利用外部数据文件进行脚本拼接,以帮助建立单一的表现大量不同测试场景的脚本。测试脚本的维护量于是大大减少。

6) 改进错误处理

有时在测试期间还需要对一些意外的情况进行处理,这些意外可能出现在QARun之外而又在计算机系统之内。在这种情况下,QARun可以通过使脚本与被测系统同步来避免测试中断。

7) 完整的Web站点测试

QARun通过Site Check的手段提供完整的Web站点测试。该向导驱动的任务可以测试孤立页、不完整的URL、坏链接、被移动页、新页或旧页、快页和慢页。Site Check也提供对单一URL的检查。

8) 综合测试分析

QARun可以在整个测试运行期间对被测应用运行的状态进行全程记录。每次测试执行时,QARun会建立一个日志文件。这个日志存储关于所有命令、动作和脚本送到目标系统的详细信息,以及编码的颜色、所有已进行的校验的详细信息。当验证失败,期望的和实际的响应会记录到比较日志中。在失败的校验上双击可调出一个对话框,与期望值的不同之处会突出显示出来以方便比较。

网站地址:http://www.compuware.com

6. Selenium

Selenium是一款基于Web应用程序的开源测试工具。Selenium测试直接运行在浏览器中，就像真正的用户在操作一样。它支持 Firefox、IE、Mozilla 等众多浏览器。它同时支持 Java、C＃、Ruby、Python、PHP、Perl 等众多的主流语言。Selenium 具有下列特点。

(1) 开源、轻量；

(2) 运行在浏览器中；

(3) 简单灵活、支持很多种语言；

(4) IED 提供录制功能。

网站地址：http://www.seleniumhq.org/download/

5.2 QuickTest

5.2.1 QuickTest 简介

1. QuickTest

QuickTest Professional 简称 QuickTest 或 QTP，是一款先进的自动化测试解决方案，用于创建功能和回归测试。QuickTest 针对的是 GUI 应用程序，包括 Windows 应用程序和 Web 应用。

QuickTest 采用关键字驱动的测试理念，能够简化测试的创建和维护工作，能便捷地插入、修改、数据驱动和移除测试步骤，并且通过所集成的录制功能来捕获测试的步骤，自动生成 VBScript 来描述测试过程。因此可以通过修改生成的自动化测试脚本引入检查点来验证应用的属性和功能点。

QuickTest 支持多种企业环境的功能测试，包括 Windows、Web、.NET、Java/J2EE、SAP、Siebel、Oracle、Visual Basic、ActiveX、Web Services 等。

QTP 11.5 发布后改名为 UFT(Unified Functional Testing)，支持多脚本编辑调试、PDF 检查点、持续集成系统、手机测试等。

2. 录制原理

QuickTest 首先识别要录制的对象，确定该对象是符合要求的测试对象类，例如标准 Windows 对话框(Dialog)、Web 按钮(WebButton)、Visual Basic 滚动条对象(VbScrollBar)等，将其作为测试对象进行存储。对于每个测试对象类，QuickTest 都有一个始终要记住的强制属性的列表。在录制对象时，记住这些默认的属性值，然后再检查“视图”页面上其余的对象、对话框或其他父对象，以检查该描述是否足以唯一标识该对象。如果不足以进行唯一标识，QuickTest 将向该描述中逐渐添加辅助属性，直到经过编译成为唯一的描述为止。如果没有可用的辅助属性，或者那些可用的辅助属性仍不足够创建一个唯一的描述，QuickTest 将添加一个特殊的顺序标识符(例如页面上或源代码中对象的位置)以创建唯一的描述。

3. 回放原理

首先根据脚本中的对象类型在对象库中查找是否存在该类型的对象，然后根据脚本中对象的名称在对象库中查找是否存在该名称的对象，接下来根据对象类型库中设定的对象识别机制定位对象。

5.2.2 QuickTest 的安装

(1) 在 HP 官方网站下载 QuickTest Professional 试用版。打开下载的安装文件，将出现安装界面，单击 QuickTest Professional 安装程序。

(2) 在安装 QuickTest 之前，需要安装一些组件，如图 5-6 所示。安装时保证网络连接是畅通的，因为这些组件需要在网络上下载并安装。

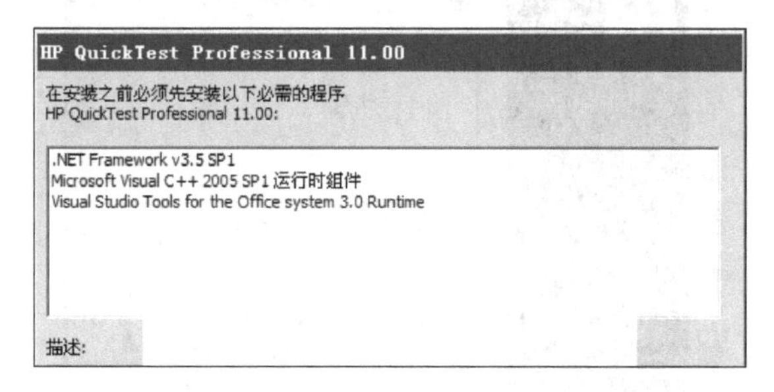

图 5-6 选择安装组件

(3) 安装完上面的组件后，进入 QuickTest 安装程序，直接单击"下一步"按钮，将出现自定义安装界面，选择需要安装的程序功能，如图 5-7 所示。

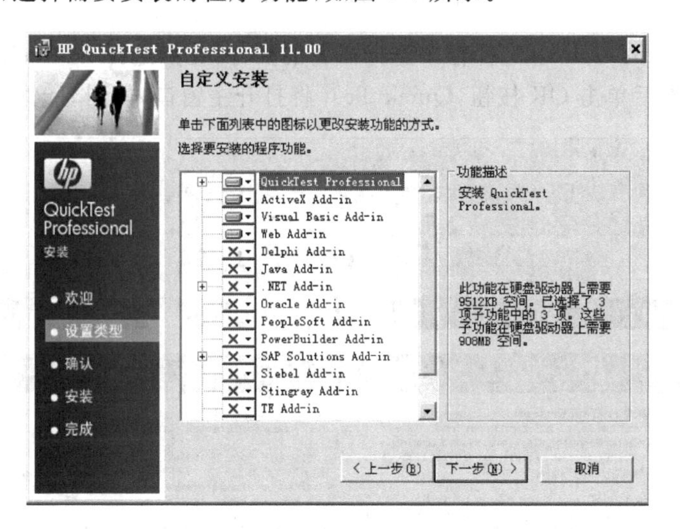

图 5-7 选择 QuickTest 插件

选择好要安装的程序后，单击"下一步"按钮，出现选择安装文件夹的对话框。设置 QuickTest 要安装的文件夹，然后单击"下一步"按钮，QuickTest 将进入安装状态。经过一段时间后，程序即可安装好。

5.2.3 QuickTest 的使用

1. 录制脚本

1) 启动 QuickTest

单击"开始"→"程序"→HP Quick Test Professional→HP Quick Test Professional，此

时打开许可证警告,本文使用的 QTP 11 试用版,只能使用 30 天。单击 Continue 按钮,显示插件管理器,如图 5-8 所示。

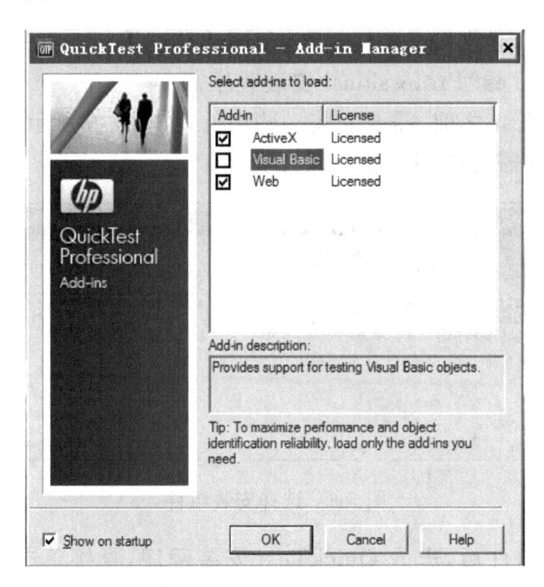

图 5-8 Add-in Manager

在 Select add-ins to load 选择框中选择需要的插件,比如选择 ActiveX 和 Web,并取消其他的 add-ins,然后单击 OK 按钮,Quick Test 将打开主窗口,如图 5-9 所示。

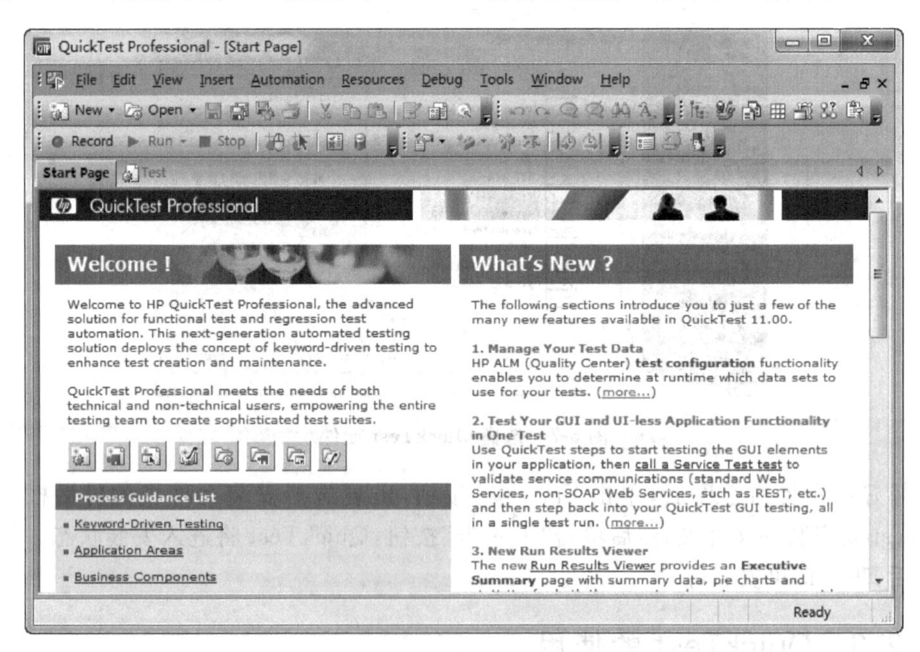

图 5-9 QuickTest 主窗口

2) 录制测试脚本

(1) 录制 Web 应用程序

单击菜单栏中的 File→New→Test→Record,或者菜单栏中的 Automation→Record 菜

单项，或者单击工具栏上的 Record 按钮，会开启 Record and Run Settings 对话框，如图 5-10 所示。

在 Web 选项卡上，选择 Open the following address when a record or run session begins。在下拉列表框中输入待测试网站的地址，如“http://www.mail.qq.com”。在 Open the following browser when a record or run session begins 下拉列表框中选择 Microsoft Internet Explorer。请确认 Do not record and run on browsers that are already open 与 Close the browser when the test closes 这两个选项都已经选中了。

在 Windows Applications 选项卡上，取消 Record and run test on any open Windows-based application，这样可以避免录制到其他应用程序的操作。Windows Applications 选项卡如图 5-11 所示。

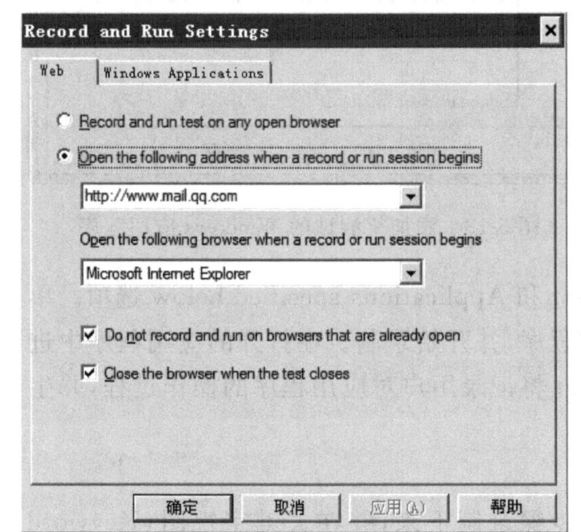

图 5-10 Web 设置

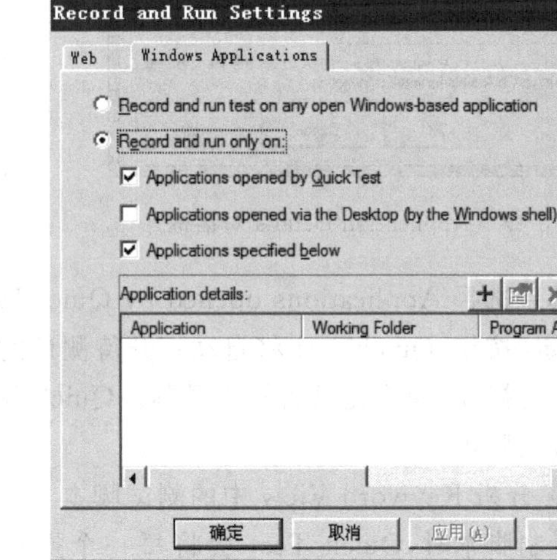

图 5-11 Windows Applications 设置

单击“确定”按钮，Quick Test Professional 会开启 IE 浏览器浏览刚才设定的网站，并且开始录制测试脚本。在打开的网站上进行相应的操作，操作完成后停止录制。要停止录制，只需在 Quick Test 工具栏上单击 Stop 按钮即可停止录制。

选取菜单栏中的 File→Save 或是单击工具栏上的 Save 按钮，将开启 Save 对话框，存储脚本。

(2) 录制 Windows 应用程序

如果要测试 Windows 应用程序，在 Windows Applications 选项卡中(图 5-11)添加要测试的应用程序。

Record and run test on any open Windows - based application 选项表示录制和运行任何打开的应用程序，这种方式虽然比较方便，但可能会录制到其他应用程序，使测试脚本维护困难。

Record and run only on 选项表示只录制指定的应用程序。在 Applications specified below 中添加要测试的应用程序，单击上面的绿色的“＋”图标即可打开应用程序设置对话框，如图 5-12 所示。

单击 Application 右侧的…按钮，将打开应用程序文件路径选择对话框，选择要测试的应用程序，比如选择 C:\Windows\System32 中的计算器程序 calc. exe，然后单击 OK 按钮，calc. exe 将添加到 Application 中，如图 5-13 所示。

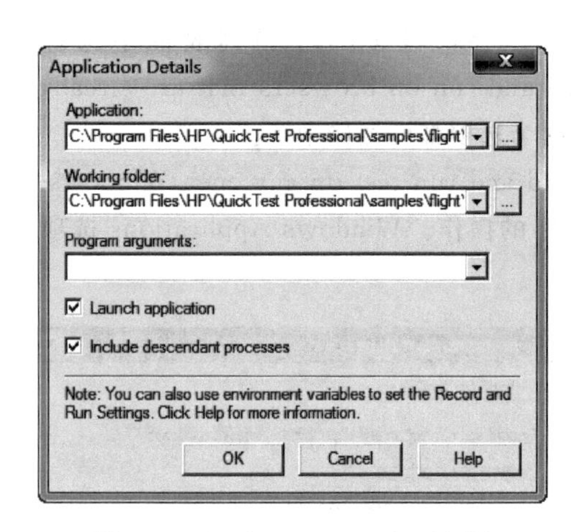

图 5-12 Application Details 对话框

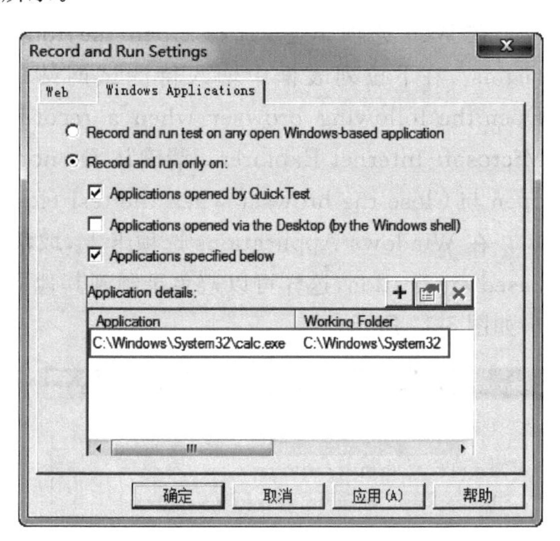

图 5-13 添加待测试的 Windows 应用程序

然后选择 Applications opened by QuickTest 和 Applications specified below 选项。单击“确定”按钮，QuickTest 将自动打开待测试的程序，并开始录制。在打开的应用程序中进行相应的操作，操作完成后停止录制。QuickTest 将记录用户对应用程序的操作过程，并生成相应的脚本。

3）分析 Keyword View 中的测试脚本

录制脚本时，Quick Test 会将每一个操作步骤录制下来，并在关键字视图(Keyword View)中以类似 Excel 工作表的方式显示所录制的测试步骤，如图 5-14 所示。脚本中的每一个步骤都在 Keyword View 中，以一个列来显示，其中包含用来表示此组件类别的图表以及此步骤的详细数据。

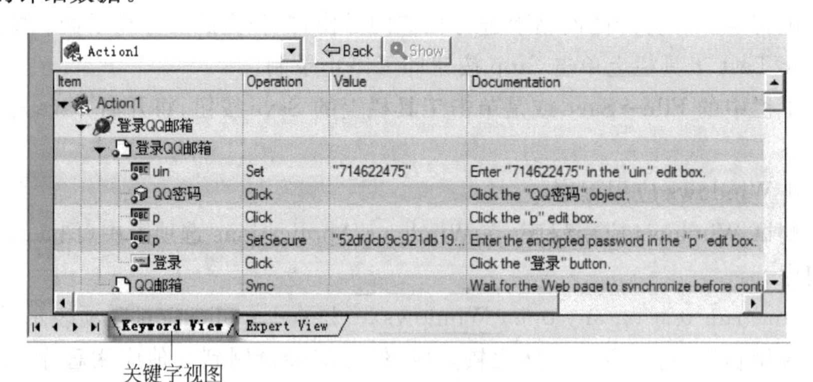

图 5-14 关键字视图

在 Keyword View 中的每个字段都有其意义，各字段的意义如下。

Item(项)：以阶层式的图标显示这个操作步骤所作用到的组件(测试对象，工具对象，函数呼叫或脚本)。

Operation(操作)：要在这个作用到的组件上执行的操作，如单击 Click，选取 Select。

Value(值)：执行动作的参数，例如当鼠标选择一张图片时是用左键还是右键。

Documentation(文档)：自动产生用来描述操作步骤的英文说明。

Assignment(分配)：使用到的变量。

Comment(注释)：在测试脚本中加入的批注。

备注：可以设定要显示或者是隐藏哪些字段，只要在字段标题上单击鼠标右键，再从清单中选择要显示的字段就可以了。也可以选择菜单中的 View→Expend All 菜单项检视测试脚本的每一个步骤。

4) 分析 Expert View 视图中的脚本

脚本录制好后，单击脚本下方的 Expert View 标签，可以看到专家视图中的脚本，如图 5-15 所示。

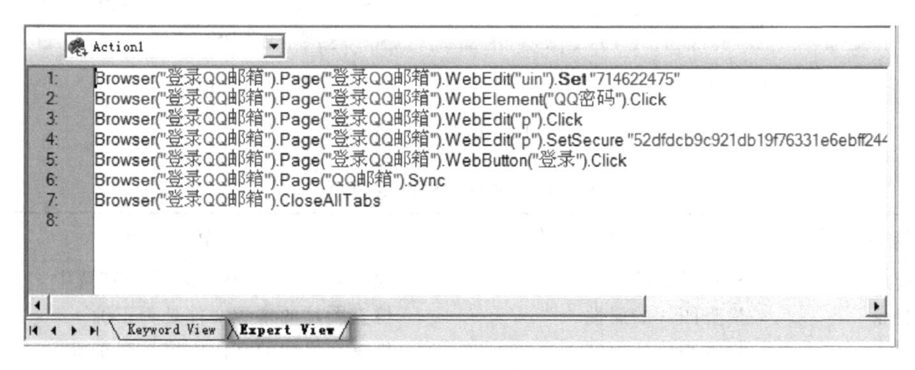

图 5-15　专家视图

脚本语法为：对象类型(“对象名称”). 方法参数 1，参数 2，…

如刚才录制 QQ 邮箱登录的脚本中，第一行脚本为：

Browser("登录 QQ 邮箱"). Page("登录 QQ 邮箱"). WebEdit("uin"). Set "714622475"

5) 执行脚本

单击工具栏上的 Run 按钮，或是单击菜单栏中的 Test→Run，开启运行对话框，选中 New run result folder，并且接受预设的测试结果名称。单击“确定”按钮。QuickTest 将自动打开网站并执行之前录制的整个操作过程。

6) 分析测试结果

当 Quick Test Professional 运行完测试脚本以后，会自动开启测试结果窗口，如图 5-16 所示。左边窗格显示的是测试结果树，以阶层图标的方式显示测试脚本所执行的步骤。单击右三角符号可以检视每个步骤，所有的执行步骤都会以图标的方式显示。可以设定 Quick Test Professional 多次重复执行整个测试或者是某个动作，每一次的执行称为一个反复，而且每个反复都会被编号(目前测试的脚本只有一次反复)。右边窗格则是显示测试结果的详细信息。

2. 建立检查点

1) 检查点的种类

Quick Test Professional 提供各类检查点，如表 5-9 所示。

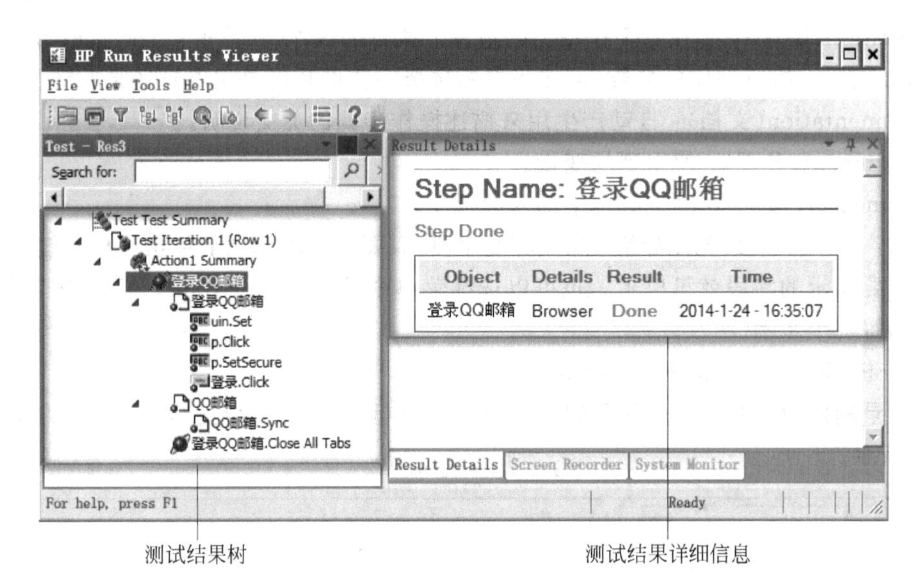

图 5-16　运行结果视图

表 5-9　QuickTest 的检查点

检查点类型	说　明	范　例
标准检查点	检查对象的属性	检查某个 RadioButton 是否被选中
图片检查点	检查图片的属性	检查图片的来源文件是否正确
表格检查点	检查表格的内容	检查表格内的字段内容是否正确
网页检查点	检查网页的属性	检查网页加载的时间或是网页是否含有不正确的链接(link)
文字/文字区域检查点	检查网页上或是窗口上该出现的文字是否正确	检查订票后是否正确出现订票成功的文字
图像检查点	获取网页或窗口的画面检查画面是否正确	检查网页(或是网页的某一部分)是否如预期的呈现
数据库检查点	检查数据库的内容是否正确	检查数据库查询的值是否正确
XML 检查点	检查 XML 文件的内容	注意 XML 档案检查点是用来检查特定的 XML 档案；XML 应用程序检查点则是用来检查网页内所使用的 XML 文件

2) 检查对象

在 QuickTest 中打开刚才录制好的脚本。在 QuickTest 的工作界面中，在 Active Screen 窗格中单击鼠标右键，选取 Insert Standard Checkpoint 命令，如图 5-17 所示。选择 Insert Standard Checkpoint 命令后会开启 Object Selection-Checkpoint Properties 对话框，如图 5-18 所示。

选中“WebElement：QQ 邮箱”，单击 OK 按钮，将开启 Checkpoint Properties 对话框，对话框中显示对象的属性，如图 5-19 所示。

接受预设的设定值，然后单击 OK 按钮，QuickTest 会在所选取的测试步骤之前建立一个标准的检查点，如图 5-20 所示。

单击菜单 File→Save，或者是单击工具列上的 Save 按钮，存储脚本。

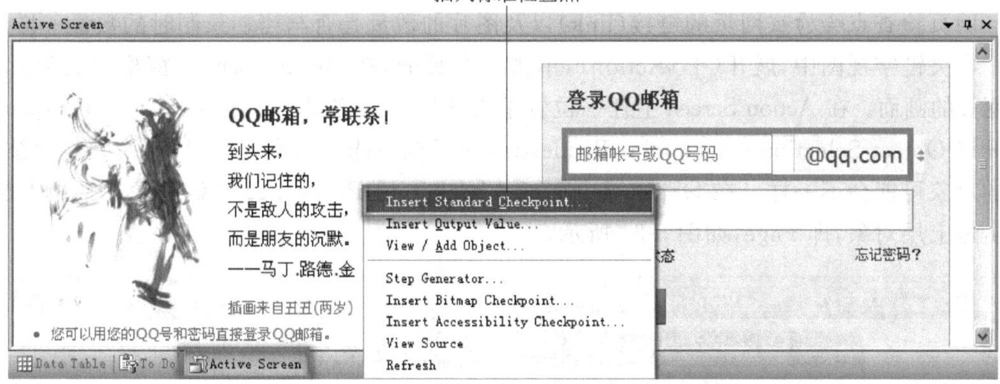

图 5-17　插入标准检查点

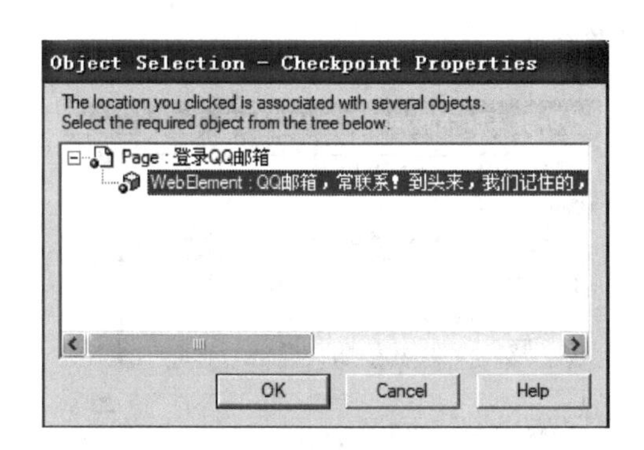

图 5-18　选择对象

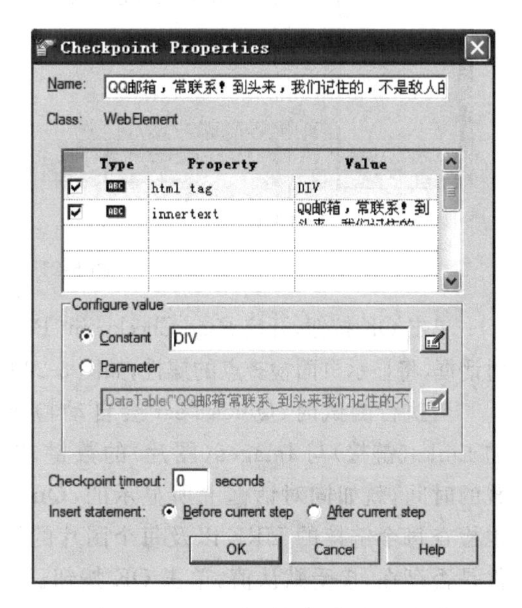

图 5-19　检查点属性设置

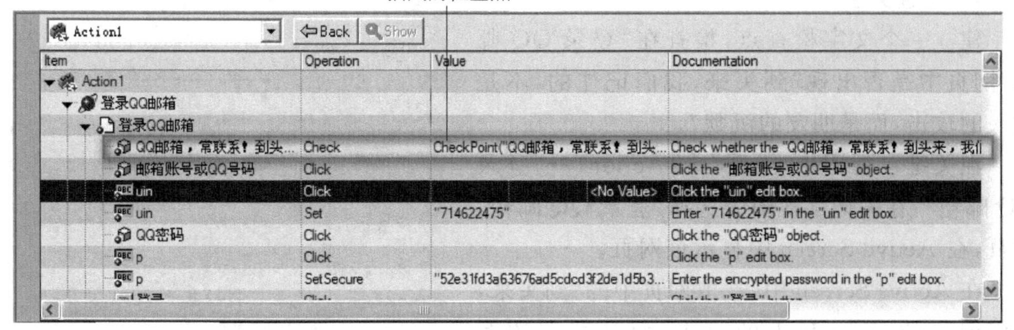

图 5-20　插入检查点

3）检查网页

网页检查点会检查网页的链接(link)以及图片的数量是否与当初录制时的数量一样。

在关键字视图中，展开(+)Action1，单击一个页面，在 Action Screen 窗格中会显示这个网页的画面。在 Action Screen 上任一位置单击鼠标右键，选取 Insert Standard Checkpoint，会开启 Object Selection-Checkpoint Properties 对话框。选择的位置不同，对话框显示被选取的对象可能会不一样。在 Object Selection-Checkpoint Properties 对话框中选择最上层，单击最上层对象，即 Page，如图 5-21 所示。

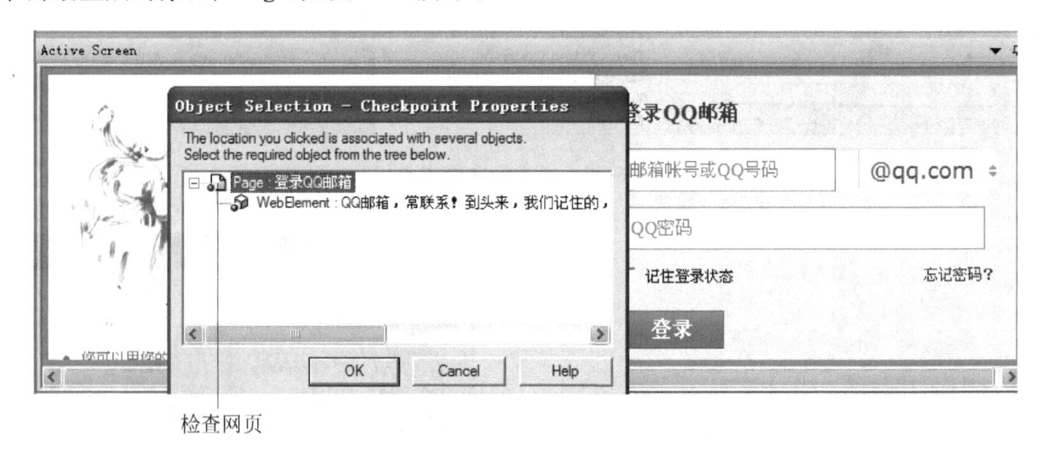

图 5-21　选择页面检查点

单击 OK 按钮，开启 Page Checkpoint Properties 对话框，将显示页面检查点的属性，如图 5-22 所示。

当执行测试时，QuickTest 会自动检查网页的 Links(链接)与 Images(图片)的数量，以及加载的时间，就如同对话框上所显示的，QuickTest 也检查每个链接的 URL 以及每个图片的原始文件是否存在，接受默认值，单击 OK 按钮。

单击菜单栏中的 File→Save，或者单击工具列上的 Save 按钮，保存脚本。

4）检查文字

建立一个文字检查点，检查在“登录 QQ 邮箱”网页中是否出现“到头来，我们记住的，不是敌人的攻击，而是朋友的沉默”。

在关键字视图中，展开(+)Action1→“登录 QQ 邮箱”，在关键字视图中选择“登录 QQ 邮箱”网页，在 Active Screen 中显示该网页。

在 Active Screen 中，选取网页中的“到头来，我们记住的，不是敌人的攻击，而是朋友的沉默”，对选取的文字单击鼠标右键，如图 5-23 所示。

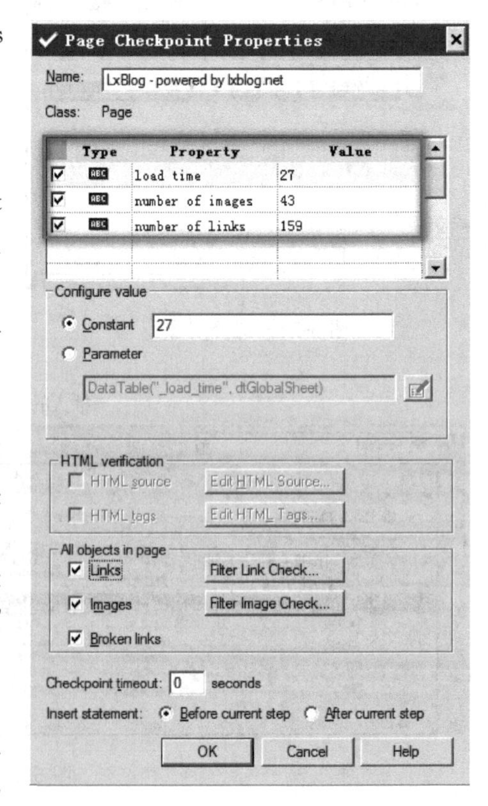

图 5-22　设置页面检查点属性

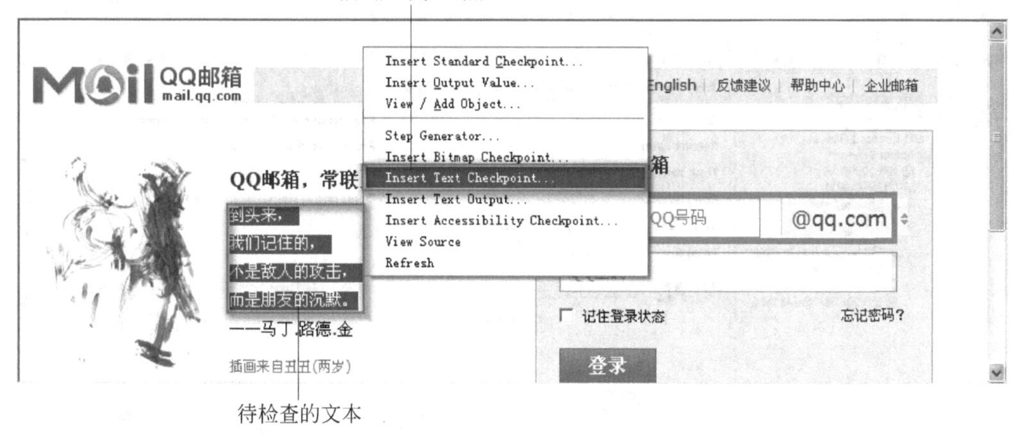

图 5-23　插入文本检查点

单击 Insert Text Checkpoint，将开启 Text Checkpoint Properties 对话框，如图 5-24 所示。当 Checked Text 出现在下拉菜单时，在 Constant 字段中显示刚刚选择的文字。这是 QuickTest 在执行测试脚本时所要检查的文字，单击 OK 按钮，关闭对话框。

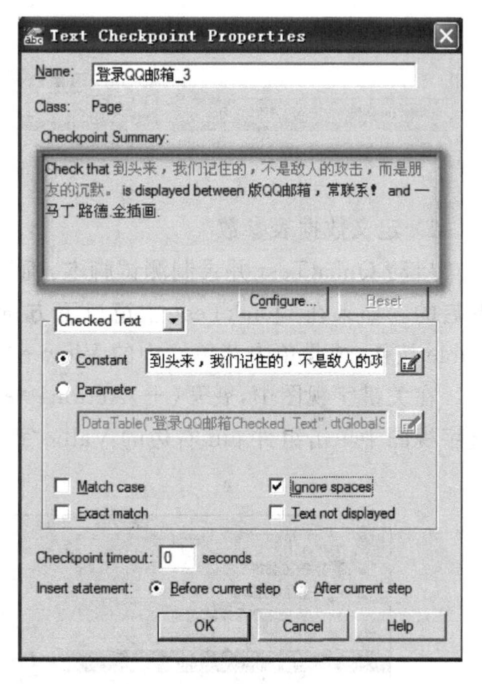

图 5-24　设置文本检查点属性

QuickTest 会在测试脚本上添加一个文字检查点。单击菜单栏中的 File→Save，或者是单击工具列上的 Save 按钮。

5）执行并分析使用检查点的测试脚本

单击 Run 按钮或者菜单栏中的 Test→Run，会开启 Run 对话框，选择 New run result folder 选项，接受默认值，单击 OK 按钮。

当 QuickTest 执行完测试脚本，测试执行结果窗口会自动开启。执行结果为 Passed 表示测试通过，即插入的检查点检查通过。假如测试结果是 Failed 的，表示有检查点没有通过，如图 5-25 所示。

3. 参数化

在做测试时，可能要使用不同的测试数据针对同样的操作或者功能进行测试。举例来说，当想要 10 组不同的订单数据，来验证新增订单的功能，最简单的方式是直接将这 10 组不同的数据录制下来。另外一个聪明的选择是，将新增订单的操作录制下来，然后通过 QuickTest 的参数化功能，建立这 10 组不同的数据。如此一来，QuickTest 执行测试脚本时，就会分别使用这 10 组数据了，执行 10 次新增订单的测试了。

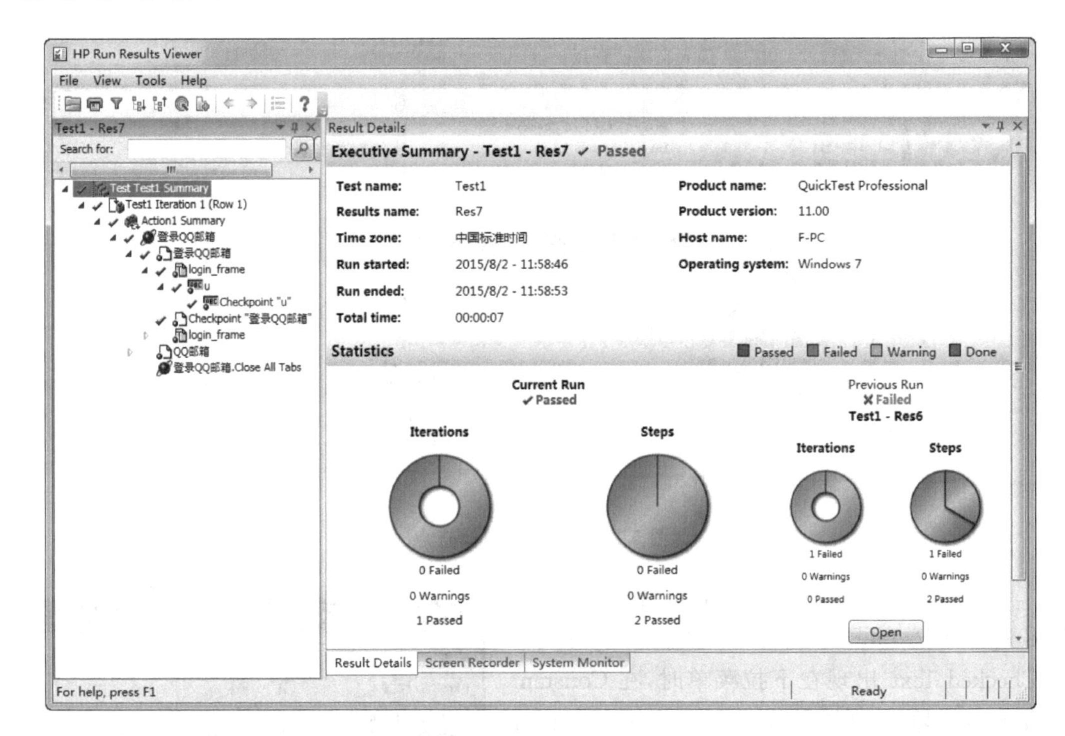

图 5-25 测试结果

1）定义数据表参数

启动 QuickTest 并录制测试脚本，确认 Active Screen 是开启的，确认 Data Table 也是开启的。如果在 QuickTest 主窗口下方没有看到 Data Table 窗格，单击工具栏上的 Data Table 按钮，或是单击菜单栏中的 View→Data Table 菜单项。

在关键字视图中，展开(+)Action1 →“登录 QQ 邮箱” →“邮箱账号或 QQ 号码”，在关键字视图中单击组件 uin 右边的 Value 字段，将显示参数化图标，如图 5-26 所示。

参数化图标

Item	Operation	Value	Documentation
Action1			
登录QQ邮箱			
登录QQ邮箱			
邮箱账号或QQ号码	Click		Click the "邮箱账号或QQ号码" object.
uin	Click		Click the "uin" edit box.
uin	Set	"714622475"	Enter "714622475" in the "uin" edit box.
QQ密码	Click	Text	Click the "QQ密码" object.
p	Click		Click the "p" edit box.
p	SetSecure	"52e31fd3a63676ad...	Enter the encrypted password in the "p" edit box.
登录	Click		Click the "登录" button.
QQ邮箱			

图 5-26 选择要参数化的对象

单击参数化图标，弹出 Value Configuration Options 对话框，如图 5-27 所示。

单击 Parameter，可以使用参数值来取代 uin 的常量值“714622475”，选择 Data Table 选项，这个选项表示此参数值会从 QuickTest 的 Data Table(数据表)中取得。而且 Name 字段会出现 p_Text，请将其改成 UserName，如图 5-28 所示。

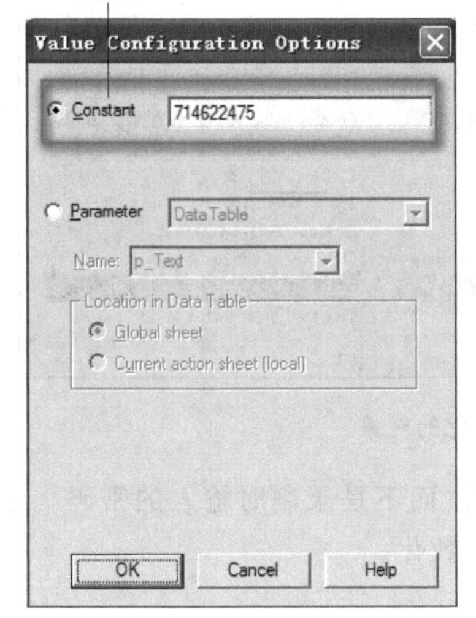

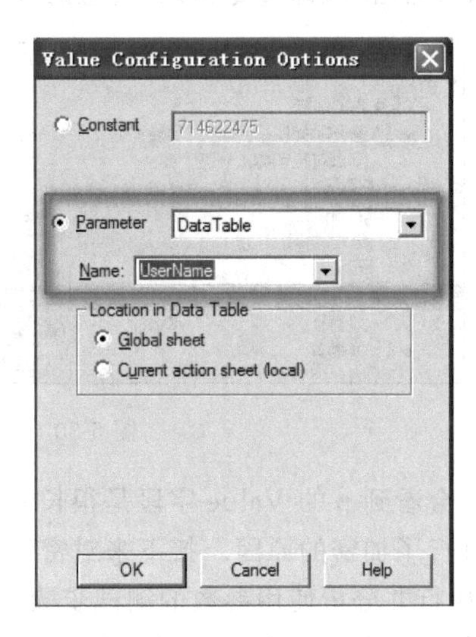

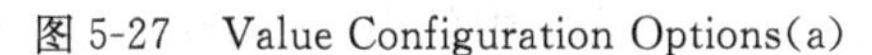
图 5-27 Value Configuration Options(a)　　图 5-28 Value Configuration Options(b)

2) 在数据表中输入参数值

在如图 5-28 所示的对话框中，单击 OK 按钮，关闭对话框。QuickTest 会在 Data Table 中新增 UserName 参数字段，并且插入录制脚本时的 QQ 账号值，此 QQ 账号会成为测试脚本执行时所用的第一个值。此时可以在 Data Table 中的 UserName 字段下面添加其他要测试的数据，如图 5-29 所示。

【注意】Data Table 中第一行数据不能修改，新增数据从第二行开始填写。

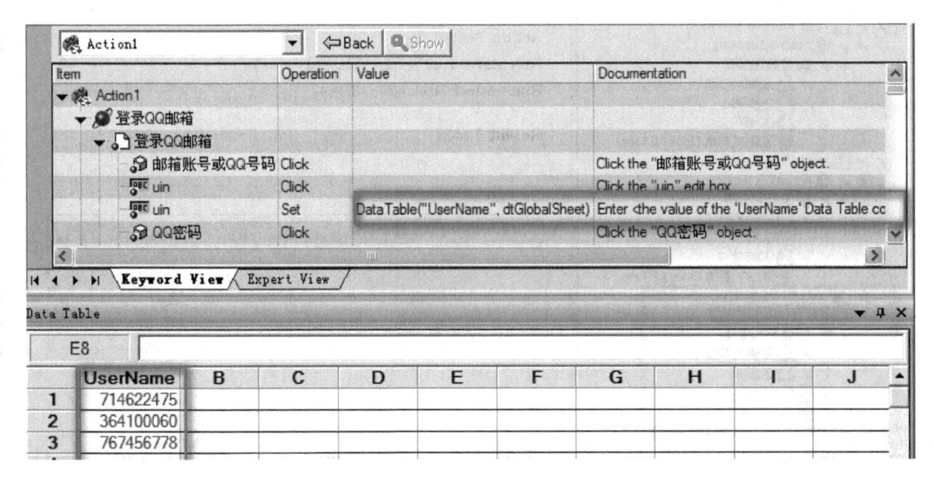

图 5-29 参数化数据表

3) 修正受到参数化影响的测试步骤

进行参数化时，常常会出现前后数据关联的现象，比如不同的用户名对应着不同的登录密码。我们参数化了用户名，即用不同的用户名登录，此时就需要有不同的登录密码与之对应。因此参数化用户名时，还要参数化登录密码。

在关键字视图中，展开(+)Action1 →"登录 QQ 邮箱" →"邮箱账号或 QQ 号码"，在关键字视图中单击 p(即 QQ 密码)右边的 Value 字段,然后单击参数化图标,如图 5-30 所示。

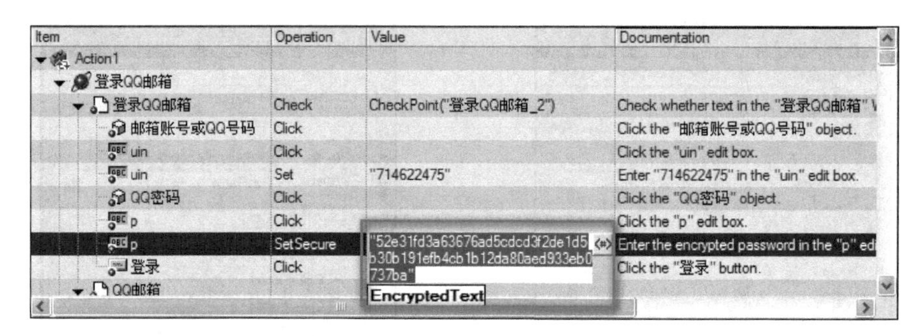

图 5-30 选择要参数化的对象

此时会看到 p 的 Value 字段是很长的一串字符,而不是录制时输入的密码。这是因为对密码进行了加密的原因。接下来对密码也进行参数化。

4) 执行并分析使用参数的测试步骤

参数化之后执行脚本,此时脚本会被执行多次,Data Table 中的 UserName 字段下面有多少行数据脚本就会执行多少次。本次测试中,UserName 字段下有三组数据,将执行三次。当执行完毕,会自动开启测试结果窗口,如图 5-31 所示。

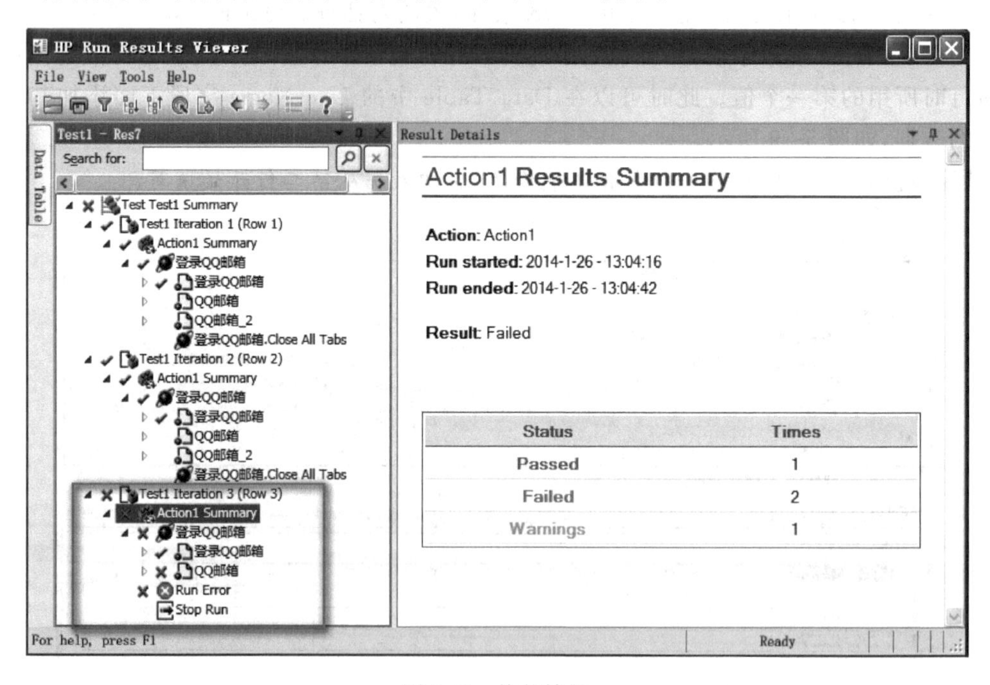

图 5-31 执行结果

从测试结果图中可以看到,测试有三次(Row1,Row2,Row3),其中第三次是失败的,因为参数化时,第三次的密码是错误的,测试脚本未能执行通过。

5.2.4 QuickTest 测试案例

下面以博客系统的登录模块为例,介绍使用 QucikTest 进行测试的过程。LxBlog 博客系统的相关信息见附录 C。

用户进行登录操作时需要用户输入用户名、密码和验证码，然后单击“登录”按钮或者按回车键。如果用户名、密码和验证码均正确，即可登录系统，否则给出相应提示。用户登录的界面如图 5-32 所示。

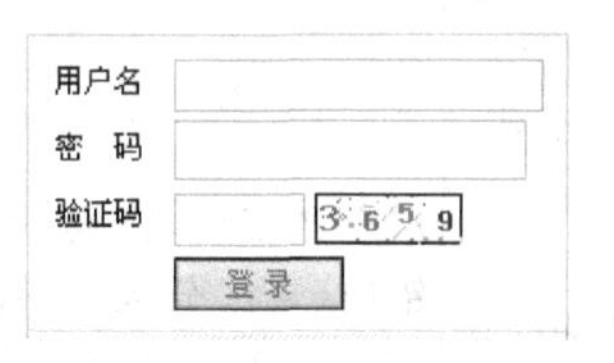

图 5-32 登录界面

登录模块功能比较简单，进行测试时除了要验证登录功能是否正确，还要检查登录模块的安全性、易用性等非功能特性。下面对主页上的登录模块进行功能测试。

1. 测试用例设计

对登录模块进行测试时，需要验证系统的登录功能是否正常。一方面是用已经注册的用户进行验证，输入正确的用户名、正确的密码和正确的验证码，能够成功登录进入系统，并跳转到相应页面。另一方面，还要考虑各种特殊情况，验证系统是否能进行恰当的处理。根据登录操作的特点，采用等价类和边界值方法设计测试用例。登录个人主页的测试用例如表 5-10 所示。

表 5-10 登录个人主页测试用例

<table>
<tr><td>项目名称</td><td colspan="2">登录功能测试</td><td>项目编号</td><td colspan="2">Login</td></tr>
<tr><td>模块名称</td><td colspan="2">登录</td><td>开发人员</td><td colspan="2">Liu yang</td></tr>
<tr><td>测试类型</td><td colspan="2">功能测试</td><td>参考信息</td><td colspan="2">需求规格说明书、设计说明书</td></tr>
<tr><td>优先级</td><td colspan="2">中</td><td>用例作者</td><td>Wang</td><td>设计日期 2014.6.10</td></tr>
<tr><td>测试方法</td><td colspan="2">手工测试和自动化测试相结合(黑盒测试)</td><td>测试人员</td><td>Lan</td><td>测试日期 2014.6.20</td></tr>
<tr><td>测试对象</td><td colspan="5">测试系统登录功能是否正确</td></tr>
<tr><td>前置条件</td><td colspan="5">存在正确的用户名和密码；登录页面正常装载(已注册的两个用户：用户名为 wang，密码为 123456；用户名为 lan，密码为 Lan123)</td></tr>
<tr><td>用例编号</td><td>操作</td><td>输入数据</td><td>预期结果</td><td>实际结果</td><td>测试状态(P/F)</td></tr>
<tr><td>Login_01</td><td>输入正确的用户名、正确的密码和正确的验证码，单击“登录”按钮</td><td>用户名：wang
密码：123456
验证码：图片中的数字</td><td>正常登录</td><td>正常登录</td><td>P</td></tr>
<tr><td>Login_02</td><td>输入正确的用户名、正确的密码和正确的验证码，按 Enter 键</td><td>用户名：wang
密码：123456
验证码：图片中的数字</td><td>正常登录</td><td>正常登录</td><td>P</td></tr>
<tr><td>Login_03</td><td>用户名错误(未区分大小写)，其余输入项正确，单击“登录”按钮</td><td>用户名：WanG
密码：123456
验证码：图片中的数字</td><td>提示：“用户名不存在或错误”</td><td>正常登录。用户名未区分大小写</td><td>F</td></tr>
</table>

续表

用例编号	操作	输入数据	预期结果	实际结果	测试状态(P/F)
Login_04	用户名正确，密码错误(未区分大小写)，验证码正确，单击“登录”按钮	用户名：lan 密码：lan123 验证码：图片中的数字	提示：密码错误，您还可以尝试5次	提示：密码错误，您还可以尝试5次	P
Login-05	输入错误的用户或者未注册的用户名，单击“登录”按钮	用户名：jew 密码：123456 验证码：图片中的数字	提示：“用户名jew不存在”，并清空“用户名”输入框	返回登录页面时，未清空“用户名”输入框	F
Login_06	用户名和验证码输入正确，密码首次输入错误，单击“登录”按钮	用户名：wang 密码：12ertf 验证码：图片中的数字	提示：“密码错误，您可以尝试5次”，并清空“密码”输入框	提示：“密码错误，您可以尝试5次”，并清空“密码”输入框	P
Login_07	用户名和验证码输入正确，密码第二次输入错误，单击“登录”按钮	用户名：wang 密码：wer123 验证码：图片中的数字	提示：“密码错误，您可以尝试4次”，并清空“密码”输入框	提示：“密码错误，您可以尝试4次”，并清空“密码”输入框	P
Login_08	用户名和验证码输入正确，密码第三次输入错误，单击“登录”按钮	用户名：wang 密码：wer123 验证码：图片中的数字	提示：“密码错误，您可以尝试3次”，并清空“密码”输入框	提示：“密码错误，您可以尝试3次”，并清空“密码”输入框	P
Login_09	用户名和验证码输入正确，密码第四次输入错误，单击“登录”按钮	用户名：wang 密码：wer123 验证码：图片中的数字	提示：“密码错误，您可以尝试2次”，并清空“密码”输入框	提示：“密码错误，您可以尝试2次”，并清空“密码”输入框	P
Login_10	用户名和验证码输入正确，密码第五次输入错误，单击“登录”按钮	用户名：wang 密码：123123 验证码：图片中的数字	提示：“密码错误，您可以尝试1次”，并清空“密码”输入框	提示：“密码错误，您可以尝试1次”，并清空“密码”输入框	P
Login_11	用户名和验证码输入正确，密码第六次输入错误，单击“登录”按钮	用户名：wang 密码：123123 验证码：图片中的数字	提示：已经连续6次密码输入错误，您将在10分钟内无法正常登录	提示：已经连续6次密码输入错误，您将在10分钟内无法正常登录	P
Login_12	输入错误的用户名和错误的密码，验证码正确，单击“登录”按钮	用户名：wanyy 密码：dw54f 验证码：图片中的数字	提示：“用户名wanyy不存在”，并清空“用户名”输入框	返回登录页面时，未清空“用户名”输入框	F
Login_13	用户名、密码正确，验证码输入错误，单击“登录”按钮	用户名：wang 密码：123456 验证码：输入的数字与图片中的数字不一致	提示：“认证码不正确”	提示：“认证码不正确”	P

续表

用例编号	操作	输入数据	预期结果	实际结果	测试状态(P/F)
Login_14	用户名为空，验证码正确，单击"登录"按钮	用户名： 密码：123456 验证码：图片中的数字	提示："请输入用户名"	出现"用户名不存在"提示	F
Login_15	用户名和验证码正确，密码为空，单击"登录"按钮	用户名：wang 密码： 验证码：图片中的数字	提示："必填项为空"	提示："必填项为空"	P
Login_16	用户名和密码正确，验证码为空，单击"登录"按钮	用户名：wang 密码：123456 验证码：	提示："认证码不正确"	提示："认证码不正确"	P
Login_17	用户名和密码为空，验证码正确	用户名： 密码： 验证码：图片中的数字	提示："必填项为空"	提示："必填项为空"	P
Login_18	用户名正确，密码和验证码为空，单击"登录"按钮	用户名：wang 密码： 验证码：	出现"必填项为空"提示框	出现"必填项为空"提示框	P
Login_19	用户名和验证码为空，只输入密码，单击"登录"按钮	用户名： 密码：123456 验证码：	提示："必填项为空"	提示："必填项为空"	P
Login_20	用户名、密码和验证码均为空，直接单击"登录"按钮	用户名： 密码： 验证码：	提示："必填项为空"	提示："必填项为空"	P
Login_21	用户名正确，但其后有一至多个空格，密码和验证码正确，单击"登录"按钮	用户名：wang＋两个空格 密码：123456 验证码：图片中的数字	正常登录	正常登录。能自动去除字符串后面的空格	P
Login_22	用户名和验证码正确，密码正确，但其后有一至多个空格	用户名：wang 密码：123456＋三个空格 验证码：图片中的数字	提示："密码错误，您还可以尝试5次"	提示："密码错误，您还可以尝试5次"	P
Login_23	用户名正确，但前面有空格，验证码和密码正确	用户名：空格＋wang 密码：123456 验证码：图片中的数字	正常登录	提示：用户名不存在	F

续表

用例编号	操作	输入数据	预期结果	实际结果	测试状态(P/F)
Login_24	用户名和密码正确，验证码正确，但其后有一至多个空格	用户名：wang 密码：123456 验证码：图片中的数字＋两个空格	提示：认证码不正确	提示：认证码不正确	P
Login_25	输入用户名，等待较长时间才输入密码和验证码	用户名：wang 等待5分钟输入密码：123456，验证码：图片中显示的数字	正常登录	正常登录，转入对应的系统页面	P
Login_26	输入用户名，马上切换到其他程序，过一段时间再切换回来	用户名：wang 切换到Word程序，过一分钟再切换回来	光标位置应停在原处	光标位置应停在原处	P
Login_27	在“用户名”框中输入超长字符串	用户名：257个字符 密码：123456 验证码：图片中显示的数字	提示：用户名不存在	提示：用户名不存在	P
Login_28	在“密码”框中输入超长字符串	用户名：wang 密码：300字符 验证码：图片中显示的数字	提示：密码错误	提示：密码错误	P
Login_29	输入用户名、密码和验证码，单击“登录”按钮	用户名：OR 'a'＝'a' 密码：123456 验证码：图片中显示的数字	提示：用户名不存在	提示：用户名不存在	P
Login_30	输入用户名、密码和验证码，单击“登录”按钮	用户名：＜script＞alert（\'xss'）＜/script＞ 密码：123456 验证码：图片中显示的数字	提示：用户名不存在	提示：用户名不存在	P
Login_31	登录成功后，单击“注销”		用户处于退出状态	用户处于退出状态	P
Login_32	用户“注销”后，单击“登录”按钮		打开登录页面		P
Login_33	登录成功后，单击“刷新”		用户仍然处于登录状态		P
Login_34	登录成功后，在其他计算机上用同样的用户名登录	用户名：wang 密码：123456 验证码：图片中显示的数字	提示：zhang不能重复登录	提示：zhang不能重复登录	P

续表

用例编号	操作	输入数据	预期结果	实际结果	测试状态(P/F)
Login_35	多个不同的用户登录系统	检查用户信息	用户信息正确，没有串号问题	用户信息正确	P
Login_36	登录后，一小时内未在页面活动，再次单击页面		提示输入密码	提示输入密码	P
Login_37	登录成功后，复制URL地址，在其他计算机上打开页面		需要重新登录	需要重新登录	P
Login_38	单击验证码图片	鼠标移至验证码图片上，单击鼠标	图片中显示新的4位数字	图片中显示新的4位数字	P
Login_39	按Tab键两次	光标在用户名框内	光标可依次移动到“密码”输入框和“验证码”输入框	Tab键功能正常使用	P
Login_40	在“用户名”输入框中按Back Space键(←)	用户名：wangyang	依次删除字符	Back Space键能正常使用	P
Login_41	在文本输入框中使用左右箭头	在用户名输入框中使用左右箭头	光标必须能跟踪到相应位置	左右箭头能正常使用	P
Login_42	输入用户名，选中输入，按Del键		能正常删除	Del键能正常使用	P
Login_43	输入用户名，选中输入，按Ctrl＋C键，在Word中按Ctrl＋V键	用户名：wang	Word中内容可复制到用户名	Word中内容可复制到用户名	P
Login_44	输入密码后，选中输入，按Ctrl＋C键，在Word中按Ctrl＋V键	用户名：wang 密码：123456	Word中内容不可复制到密码	Word中内容不可复制到密码	P
Login_45	输入用户名后，从word中复制密码至“密码”输入框	用户名：wang 密码：123456	输入框以“●”的方式显示密码	输入框以“●”的方式显示密码	P
Login_46	在“用户名”输入框内单击鼠标		光标必须能跟踪到相应位置	鼠标功能正常	P
Login_47	在“用户名”输入框内双击鼠标		输入框内文本被选中	输入框内文本被选中	P
Login_48	输入用户名、密码和验证码，按回车键	用户名：wang 密码：123456 验证码：图片中显示的数字	登录成功	登录成功	P

注：设计测试用例时，实际结果和测试状态(P/F)两项为空，执行测试时填写这两项。

2. 准备测试脚本

在录制之前需要解决页面中的验证码给“录制—回放”带来的问题。在此采用“后门法”,在代码中设定一个所谓的“万能验证码”。本例中万能验证码的值为 1234。在安装目录中,找到 ck.php 文件,用记事本打开,文件中第 17 行:

```
$ nmsg = num_rand(4);
```

将其修改为:

```
$ nmsg = '1234';
```

这样验证码就不是变化的,而是固定值 1234。

1) 录制测试脚本

启用 QuickTest 工具,在 URL 地址栏中输入博客网站的地址,单击 Record 按钮,开始录制。录制时生成的脚本如下。

```
Browser("LxBlog - powered by lxblog.net").Page("LxBlog - powered by lxblog.net").
WebEdit("pwtypev").Set "wang"
Browser("LxBlog - powered by lxblog.net").Page("LxBlog - powered by lxblog.net").
WebEdit("pwpwd").SetSecure "48829ccf8ebcdcbfd69f4a7146998047c41c"
Browser("LxBlog - powered by lxblog.net").Page("LxBlog - powered by lxblog.net"). WebEdit
("gdcode").Set "1234"
Browser("LxBlog - powered by lxblog.net").Page("LxBlog - powered by lxblog.net"). WebButton
("登 录").Click
Browser("LxBlog - powered by lxblog.net").Page("LxBlog - powered by lxblog.net_2"). Link
("注销").Click
```

录制的脚本用关键字方式表示,其格式如图 5-33 所示。

2) 增强脚本

录制好测试脚本后,需要增强脚本。

对于登录模块中的“用户名”文本框和“密码”文本框,使用参数化方式将前面测试用例的数据导入脚本中。另外,对该页面的测试还要插入文本检查点和图像检查点。为了使测试脚本简洁,提高测试效率,我们将对“用户名”文本框和“密码”文本框的检查作为一个测试脚本,将对页面上的文本和图像的检查作为另一个脚本。

“用户名”文本框和“密码”文本框参数化界面如图 5-34 所示。增强后的测试脚本文件名为 login_parameter。

3. 执行测试

分别运行各测试脚本,获得测试结果。

进行参数化后,运行脚本的次数由用户名和密码数据对的个数决定,每执行一次,QuickTest 就会在数据表中读入对应的一组数据。在 login_parameter 脚本中,设计了 30 组测试数据,在执行 login_parameter 脚本时,就运行了 30 次。运行结束后,QuickTest 将弹出测试执行结果页面,显示每次运行的测试结果。由于用户名和密码有些是不正确的,因此不能正常登录。对于不能正常登录的情况,系统都将弹出提示页面,QuickTest 在迭代(多次)执行过程中,将自动关闭弹出的提示页面。

图 5-33 关键字视图的测试脚本

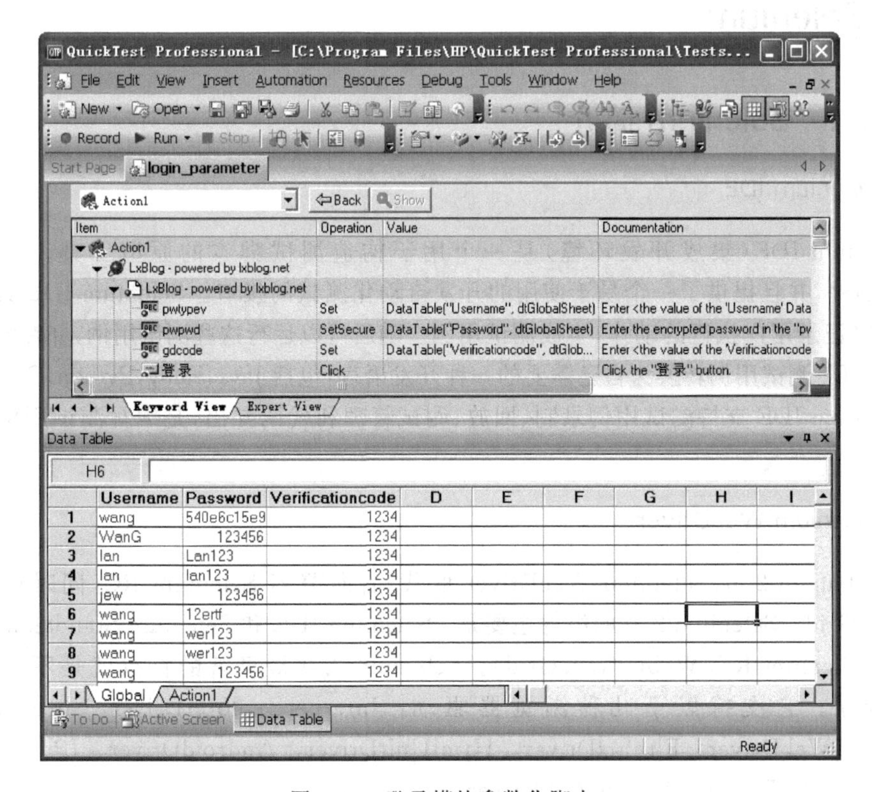

	Username	Password	Verificationcode	D	E	F	G	H	I
1	wang	540e6c15e9	1234						
2	WanG	123456	1234						
3	lan	Lan123	1234						
4	lan	lan123	1234						
5	jew	123456	1234						
6	wang	12ertf	1234						
7	wang	wer123	1234						
8	wang	wer123	1234						
9	wang	123456	1234						

图 5-34 登录模块参数化脚本

通过自动化测试，不难看出自动化测试的好处：提高执行效率，并可避免人工进行烦琐数据输入操作，而且可以避免人为的一些错误。

除了通过运行自动化测试脚本进行测试以外，我们还补充了一些手动测试，将不易用自动化工具执行的用例用手工执行。手动测试就是直接按照测试用例的要求，输入测试数据，观察运行的结果与预期结果的异同，以判断测试是否通过。在这里主要使用特殊值测试和错误推测法设计测试用例，并执行测试，使测试更完善。

4. 测试结果

通过手动测试和自动化测试，发现 4 个轻微的缺陷，见表 5-11。

表 5-11 用户登录模块 Bug 列表

Bug 编号	Bug 描述	用例编号	严重级别
BUG_Login_01	用户名不区分大小写	Login1_03	一般
BUG_ Login _02	用户名错误，重新返回登录界面时，"用户名"输入框未清空	Login1_05，Login1_12	一般
BUG_ Login _03	用户名为空，单击"登录"按钮，提示信息不正确	Login1_14	一般
BUG_ Login _04	正确的用户名前面有空格，不能成功登录（验证用户名时，未清除用户名前面的空格）	Login_23	一般

5.3 Selenium

5.3.1 Selenium 简介

1. Selenium IDE

Selenium IDE（集成开发环境）是一个用于构造测试脚本的原型工具。它是一个 Firefox 插件，并且提供了一个易于使用的开发自动化测试的接口。Selenium IDE 具有录制功能，可以记录用户执行的动作，生成测试用例。随后可以运行这些测试用例，并在浏览器里回放。也可将测试用例转换为自己需要的一种开发语言，包括 Java，Ruby，Python，C# 等。

Selenium IDE 支持测试用例录制、回放、测试管理和代码导出，是编写测试用例的有利助手。

2. Selenium WebDriver

在 Selenium 2.0，Selenium WebDriver 取代/后向兼容 Selenium RC，同时也集成了 Selenium Grid。Selenium 2.0 的组件主要是：Selenium IDE 和 Selenium Standalone Server（集成了 Selenium RC、WebDriver、Grid）。Selenium 2.0 最显著的特点就是不用再启动 Server 端了。它支持以下几种浏览器驱动：InternetExplorerDriver、ChromeDriver、EventFiringWebDriver、FirefoxDriver、HtmlUnitDriver、AndroidDriver、IPhoneDriver、IPhoneSimulatorDriver、RemoteWebDriver。

WebDriver 旨在提供一个更简单更简洁的编程接口以及解决一些 Selenium-RC API 的

限制。WebDriver 的目标是提供一个良好设计的面向对象的 API，提供了对 Web 应用程序测试问题的改进支持。WebDriver 支持很多语言，如 C#，Java，Python，Ruby 等，本文使用 Java。

3. 其他

由于 Selenium 的非商业支持，所以很多组件都使用了 Firefox 插件的办法来补充。

Firebug：帮助用户对页面上的对象进行识别，它可以准确捕捉到任何一个可见元素和不可见元素，同时支持由对象找代码和由代码找对象的使用方法，非常类似于 QuickTest 的 Spy 和控件高亮显示功能。

XPather：帮助用户利用 XPath 标记对象的位置信息，根据 XPath 的实现方式，可以将页面上的每一个控件元素做唯一性标识，非常类似于 QuickTest 的对象库，区别在于 XPath 只记录元素的位置样式属性，不会记录截图。

5.3.2 Selenium IDE 环境配置

1. 安装 Firefox

在 http://www.firefox.com.cn/下载 Firefox 安装软件，可根据个人的需要，选择中文版或英文版。本文下载的是英文版，下载得到文件 Firefox-latest.exe。

运行安装软件，即可完成 Firefox 的安装。

2. 安装 Selenium IDE

在 Selenium 官网 http://www.seleniumhq.org/download/下载安装文件。本文下载的是 selenium-ide-2.8.0.xpi。

因为 Selenium IDE 是 Selenium 在 Firefox 下的一个脚本录制插件，使用 Firefox 下载完成后就可以自动安装。

如果使用其他浏览器下载，下载完成后，将 selenium-ide-2.8.0.xpi 文件拖入到 Firefox 窗口。此时将弹出如图 5-35 所示的对话框，安装即可。

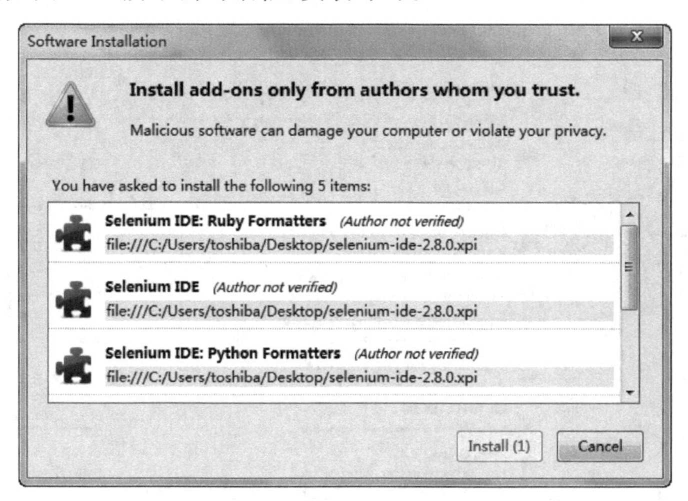

图 5-35 安装 Selenium IDE

安装后重启 Firefox 浏览器，在菜单栏的 Tool 工具中，会增加 Selenium IDE 功能按钮，如图 5-36 所示。单击 Selenium IDE 命令，就可以打开 Selenium IDE，即 Selenium 的脚本录制程序。

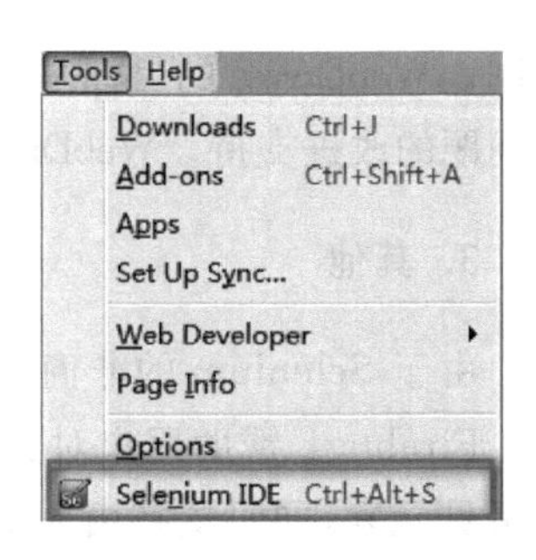

图 5-36 Selenium IDE 工具按钮

3. 安装 Firebug

(1) 打开 Firefox 浏览器；

(2) 单击菜单 Tool 工具，在下拉列表中选择 Add-ons 附件组件；

(3) 在弹出的窗口中，单击 Extentions 获取附加组件；

(4) 在搜索框里输入"Firebug"，稍等片刻，将弹出搜索到的插件；

(5) 单击 Firebug 右侧的 Install 按钮，将自动安装到 Firefox 中。

4. 安装 XPath Checker

(1) 打开 Firefox 浏览器；

(2) 单击菜单 Tool 工具，在下拉列表中选择 Add-ons 附件组件；

(3) 在弹出的窗口中，单击 Extentions 按钮获取附加组件；

(4) 在搜索框里输入"XPath Checker"，稍等片刻，将弹出搜索到的插件；

(5) 单击 XPath Checker 右侧的 Install 按钮，将自动安装到 Firefox 中。

5. 安装 XPath Finder

(1) 打开 Firefox 浏览器；

(2) 单击菜单 Tool 工具，在下拉列表中选择 Add-ons 附件组件；

(3) 在弹出的窗口中，单击 Extentions 按钮获取附加组件；

(4) 在搜索框里输入"XPath Finder"，稍等片刻，将弹出搜索到的插件；

(5) 单击 XPath Finder 右侧的 Install 按钮，将自动安装到 Firefox 中。

安装完成后，重新启动浏览器。单击菜单 Tool→Add-ons，将看到已经安装好的插件，如图 5-37 所示。

图 5-37 Firefox 中的插件

5.3.3 Selenium IDE 应用

1. 启动 Selenium IDE

通过 Firefox 浏览器启动 Selenium IDE。步骤是：打开 Firefox 浏览器，单击菜单栏上的 Tools→Selenium IDE，此时将启动 Selenium IDE 窗口，如图 5-38 所示。如果 Firefox 的菜单栏被隐藏，也可单击工具条上的 Selenium IDE 按钮。

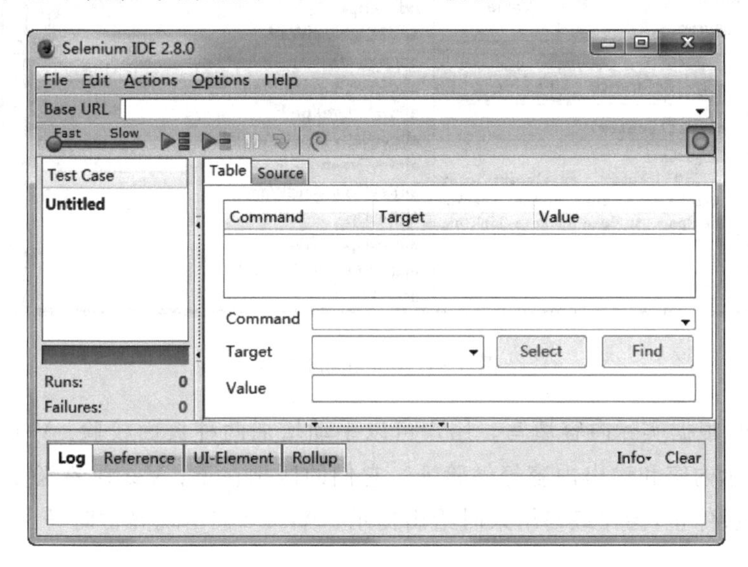

图 5-38 Selenium IDE 窗口

2. Selenium IDE 窗口

Base URL：在此文本框中输入要测试的网站的首页地址。默认生成的第一个 TestCase 的名称可以通过属性进行更改。一个 IDE 中可以录制或生成多个 TestCase。

：速度滑动条可以调节测试用例执行的速度。

：运行所有的测试。

：运行单个测试。

：暂停正在执行的测试。

：单步执行刚才暂停的测试。

："录制/停止"按钮。启动 Selenium IDE 后，默认就是开始录制。录制完成后单击此按钮，将停止录制。

Command：动作的基本指令，录制时会自动记录，也可以单击下拉列表选择适当的指令。Command 选择框列出了创建测试所需的所有命令，可以通过单击右侧的下三角按钮打开选择列表从中选择需要的命令，也可以直接在文本框中输入命令，如图 5-39 所示。

Target：指明实现动作的位置，即在哪个控件上完成动作。这里结合了 XPath 的内容，因此这里显示的都是 XPath 路径。因为开始录制时已经设定了首页的地址，所以当前的首页地址用"/"标识，其他元素遵循 XPath 规定。

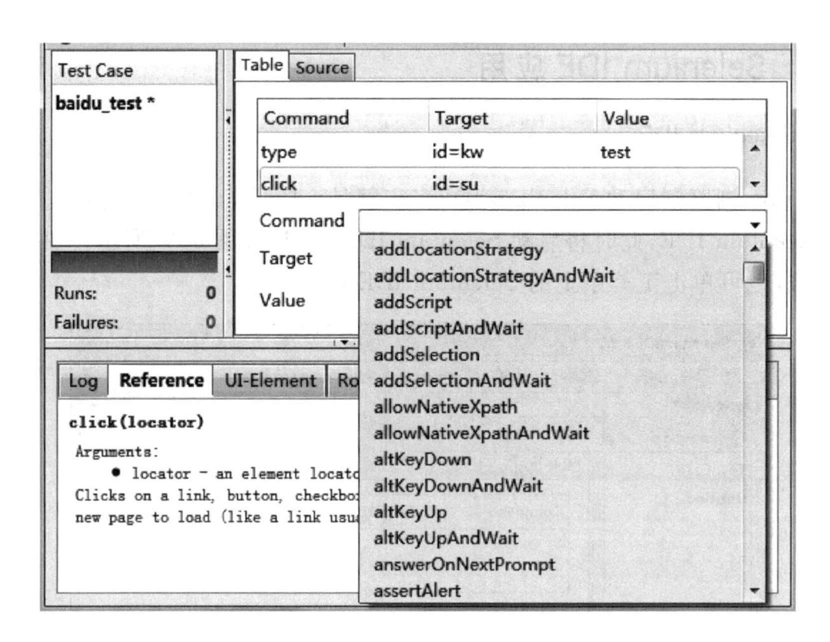

图 5-39　Command 命令

Value：值，根据实际内容填写。用户可以手动增加两种页面校验：Verify 和 Assert。它们都能对显示内容和输出内容等做验证。它们的区别在于：Verify 在验证出现问题时，脚本的执行不会停止，会在最终结束时给出提示；Assert 在出现异常时马上终止所有的脚本执行。

Log：日志，当运行测试案例时，错误消息和进度的信息被自动显示在这个窗格，即使没有首先选择日志(Log)选项页。这些消息对测试案例的调试通常是有用的。注意 Clear 按钮用于清除日志；Info 按钮是一个下拉列表，允许选择需要日志的不同级别的信息。

Reference：参考。

UI-Element：UI 元素。

Rollup：分组。

3. 录制脚本

Selenium IDE 启动后，默认就已经处于录制状态。在 Base URL 中输入要测试的网站地址，本例中输入的是百度的地址 www.baidu.com。然后在 Firefox 的地址栏中输入百度的地址 www.baidu.com。接下来，在页面中进行相应的操作，Selenium IDE 将记录用户的操作步骤，生成测试用例。在页面中操作完成后，单击 Selenium IDE 窗口上的“录制停止”按钮(右侧的红色圆形按钮)。录制的情况如图 5-40 所示。

单击窗口右侧的 Source 标签，将打开 HTML 格式的脚本，如图 5-41 所示。

单击工具条上的 Play current test case 按钮 ▶≡，回放刚才录制的脚本。这里可以通过滑动 Fast 和 Slow 之间的滑动按钮调整回放速度。脚本回放成功为淡绿色。左侧 TestCase 栏中将看到：Runns：1；Failures：0，在 Log 栏中显示脚本回放的步骤，如图 5-42 所示。

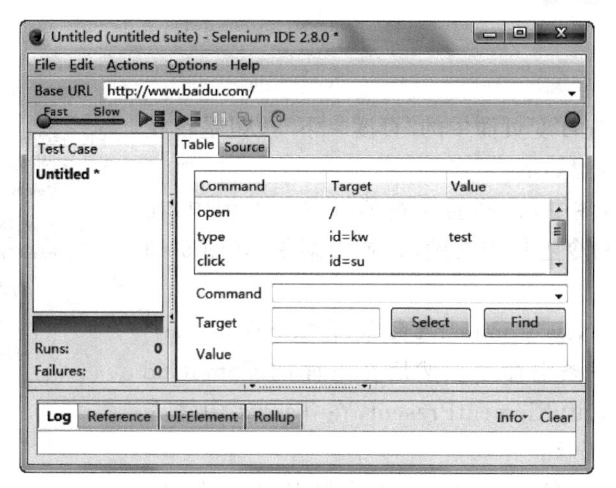

图 5-40 录制测试脚本

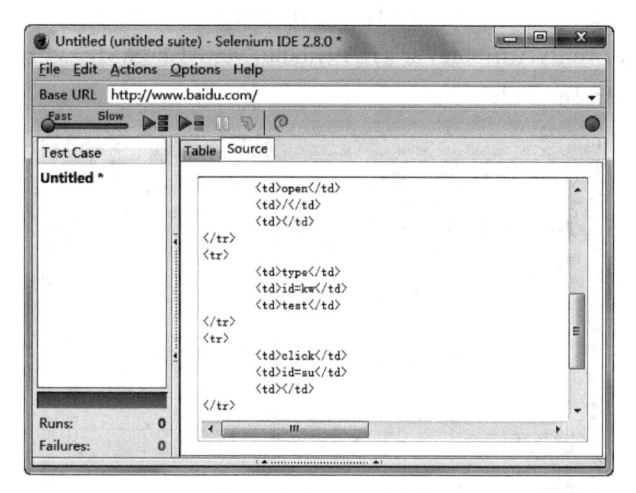

图 5-41 Source 视图

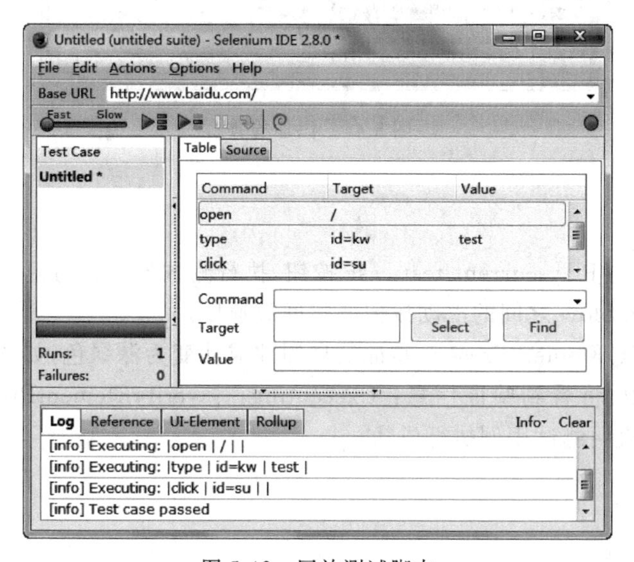

图 5-42 回放测试脚本

4. 添加检查

在本例中，将检查百度页面中的"百度一下"按钮是否在页面中。测试操作步骤如下。

(1) 在 Table 标签中，选择要检查的对象。本例中，在"Click id=su"这条命令上单击右键，将弹出菜单，如图 5-43 所示。

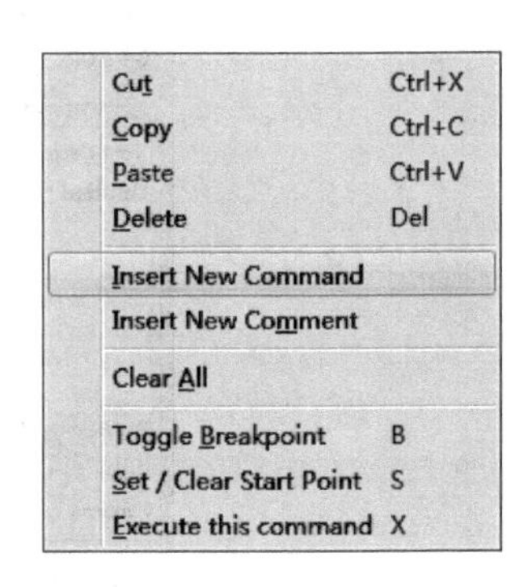

图 5-43 弹出菜单

(2) 选择 Insert New Command 命令，在"Click id=su"这条命令上将增加一条空命令。然后在下面的 Command 选择列表中，选择 verifyElementPresent，在 Target 中输入"id=su"，如图 5-44 所示。

Selenium IDE 提供的检查和断言方法很多，其中包括：verifyElementPresent，assertElementPresent，verifyElementNotPresent，assertElementNotPresent，verifyText，assertText，verifyAttribute，assertAttribute，verifyChecked，assertChecked，verifyAlert，assertAlert，verifyTitle，assertTitle。

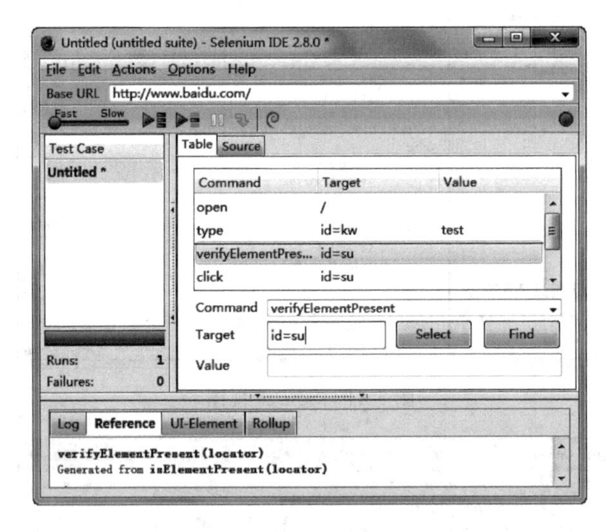

图 5-44 添加检查

5. 运行测试

单击工具条上的 Play current test case 按钮，执行测试脚本。为便于观察执行情况，可以通过滑动 Fast 和 Slow 之间的滑动按钮调整回放速度。

执行之后，verifyElementPresent 验证信息回放成功变为深绿色，如图 5-45 所示。

在 Log 窗格中，将看到验证信息：Excecuting：| verifyElementPresent | id=su | |；Test case passed，表明测试用例执行成功。

6. 保存测试

1) 直接保存脚本

单击菜单栏中的 File→Save Test Case，将弹出文件保存窗口。选择文件保存的路径，

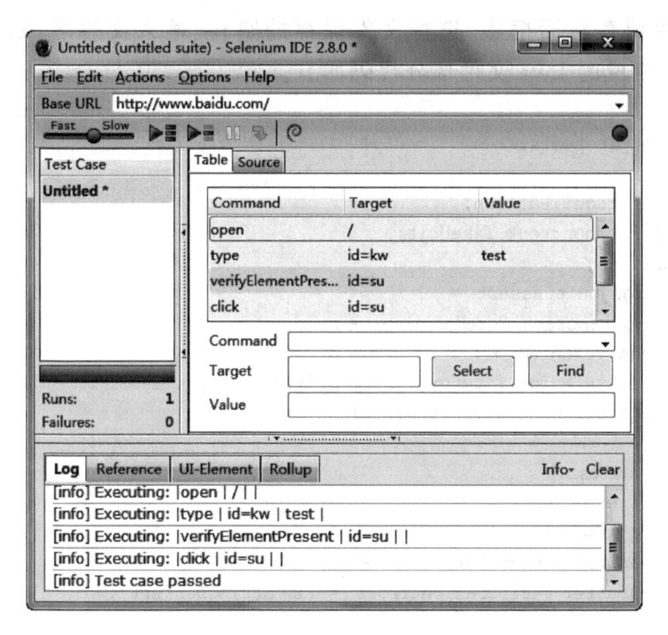

图 5-45　执行测试

输入文件名称，默认的保存格式是.html格式，单击Save按钮，即可完成保持操作。

2）导出脚本

录制的脚本为了便于在WebDriver中运行，也可以将测试脚本转换为其他语言的格式，如Java，Ruby，Python，C#等。

本例中，将测试脚本转换为Java语言，操作步骤如下。

单击菜单栏中的File→Export Test Case As→Java/JUnit 4/WebDriver，如图5-46所示。

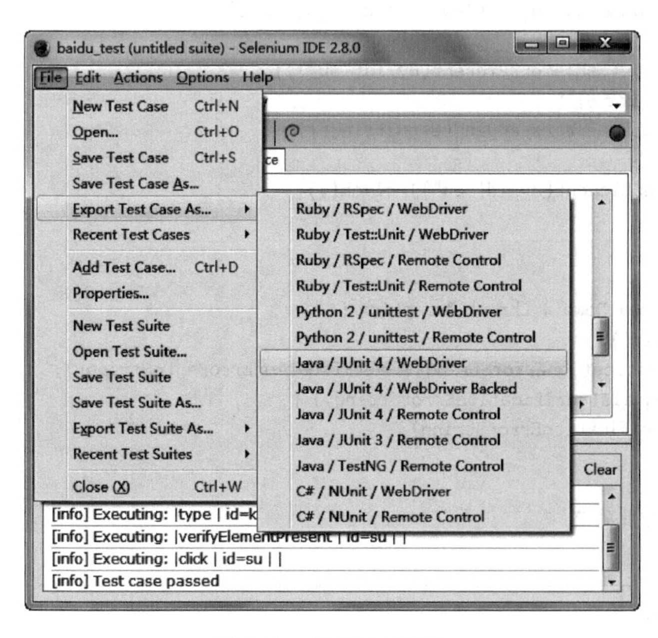

图 5-46　导出测试脚本

在弹出的文件保存对话框中，选择文件保存的路径，输入文件名，默认文件后缀名为.java，保存即可。生成的 Java 文件部分代码如下。

```
package com.example.tests;

import java.util.regex.Pattern;
import java.util.concurrent.TimeUnit;
import org.junit.*;
import static org.junit.Assert.*;
import static org.hamcrest.CoreMatchers.*;
import org.openqa.selenium.*;
import org.openqa.selenium.firefox.FirefoxDriver;
import org.openqa.selenium.support.ui.Select;

public class BaiduTest {
  private WebDriver driver;
  private String baseUrl;
  private boolean acceptNextAlert = true;
  private StringBuffer verificationErrors = new StringBuffer();

  @Before
  public void setUp() throws Exception {
    driver = new FirefoxDriver();
    baseUrl = "http://www.baidu.com/";
    driver.manage().timeouts().implicitlyWait(30, TimeUnit.SECONDS);
  }

  @Test
  public void testBaidu() throws Exception {
    driver.get(baseUrl + "/");
    driver.findElement(By.id("kw")).clear();
    driver.findElement(By.id("kw")).sendKeys("test");
    try {
      assertTrue(isElementPresent(By.id("su")));
    } catch (Error e) {
      verificationErrors.append(e.toString());
    }
    driver.findElement(By.id("su")).click();
  }

  @After
  public void tearDown() throws Exception {
    driver.quit();
    String verificationErrorString = verificationErrors.toString();
    if (!"".equals(verificationErrorString)) {
      fail(verificationErrorString);
    }
  }
…//其余内容在此省略
}
```

5.3.4　Firebug 应用

使用 Selenium 进行测试时，有时需要获得被测试对象（元素）的相关属性。Firefox 提供内置的方法来分析页面和元素，但 Firebug 插件具有更强大的功能。可以通过 Firebug 查看元素。

打开 Firebug 有两种基本的方法。

1. 方法一

用 Firefox 浏览器打开要测试的网页，单击 Firefox 浏览器上的菜单 Tools→Web Developer→Firebug→Open Firebug，可打开 Firebug，如图 5-47 所示。如果工具栏上有 Firebug 的图标，单击可打开或者关闭 Firebug。

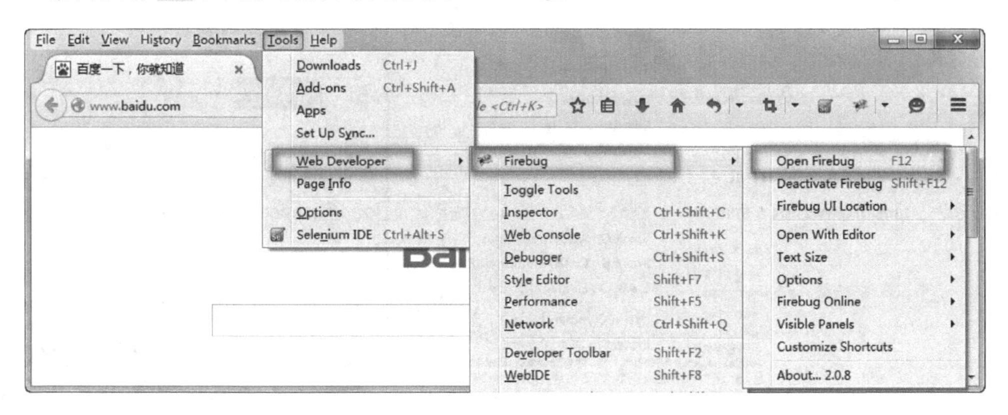

图 5-47　打开 Firebug

Firebug 的界面如图 5-48 所示。

图 5-48　Firebug 窗口

如果要查看某个元素的相关属性，可以使用 Firebug 工具栏上的“查看”按钮 (Click an element in the page to inspect)，进行查看。查看的方法是：先单击查看按钮，然后将鼠标移到要查看的元素(组件)上，在 Firebug 的 HTML 源码窗口中，将以蓝色背景的方式标注元素的属性代码。图 5-49 中查看的是百度查询输入框的信息：<input id="kw" class="s_ipt" autocomplete="off" maxlength="100" value="" name="wd">。

如果在测试中需要获取元素的信息，可以通过 Firebug 获得。在 Firebug 窗口中，在所选元素的代码上，单击鼠标右键，将弹出菜单，如图 5-49 所示。

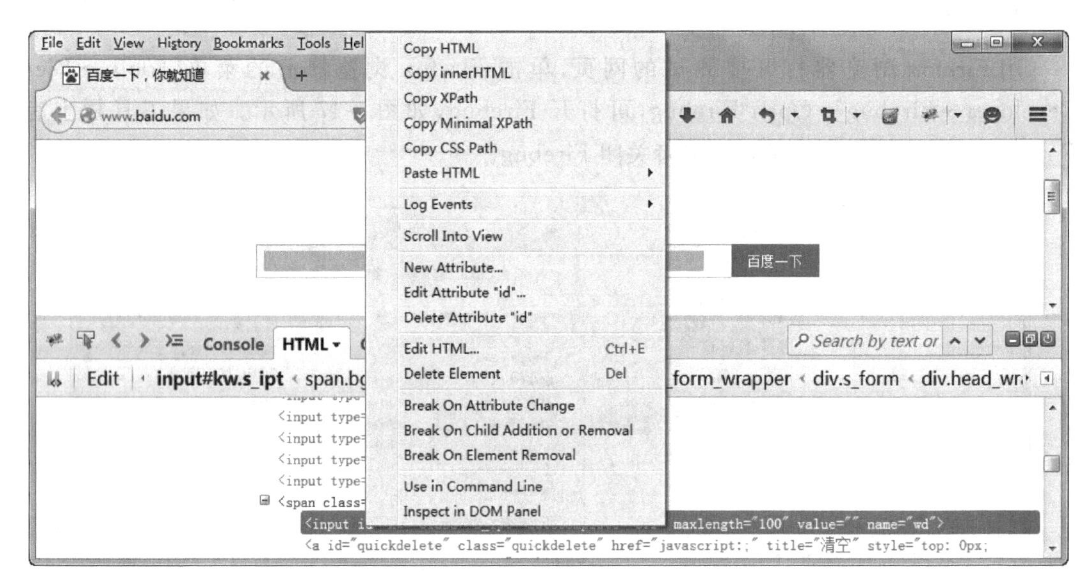

图 5-49 Firebug 弹出菜单

根据测试的需要，选择相应的菜单项。例如：

选择 Copy HTML，复制的代码为：

```
< input autocomplete = "off" maxlength = "100" value = "" class = "s_ipt" name = "wd" id = "kw">
```

选择 Copy XPath，复制的代码为：

```
/html/body/div[2]/div[2]/div/div[1]/div/form/span[1]/input
```

选择 Copy Minimal XPath，复制的代码为：

```
//*[@id = "kw"]
```

2. 方法二

用 Firefox 浏览器打开要测试的网页，在要查看的元素上单击鼠标右键，将打开弹出菜单，如图 5-47 所示。单击 Inspect Element with Firebug 命令，将打开 Firebug 窗口，如图 5-50 所示。

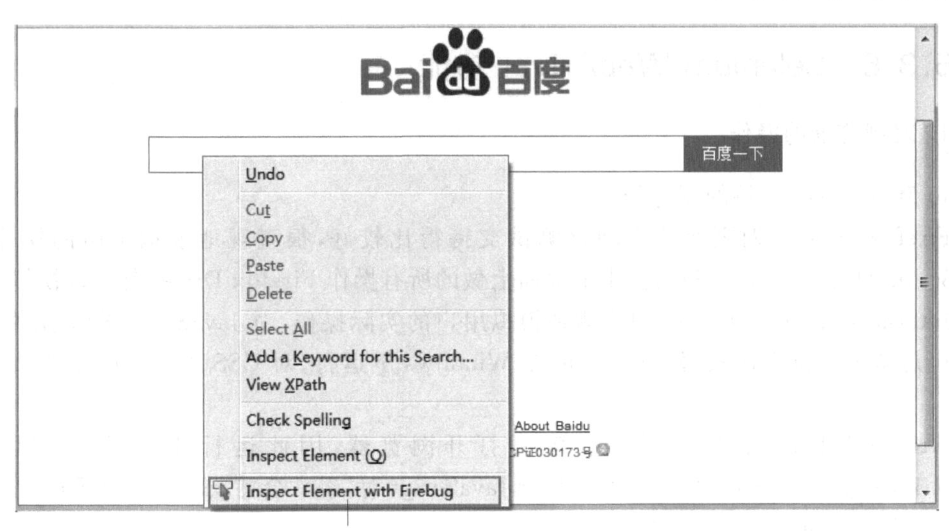

图 5-50　查看元素属性

5.3.5　XPath Checker 应用

有时需要使用 XPath 定位元素，这时就可以通过 XPath Checker 来查看元素的属性。例如，要查看百度输入框的属性，可以在输入框上单击鼠标右键，弹出选择菜单，如图 5-51 所示。选择菜单中的 View XPath 命令，将弹出 XPath Checker 窗口，如图 5-52 所示。

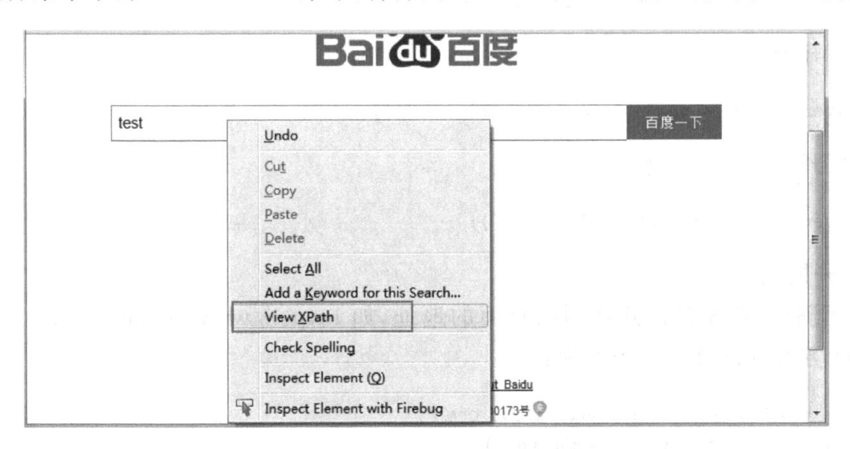

图 5-51　View XPath 菜单项

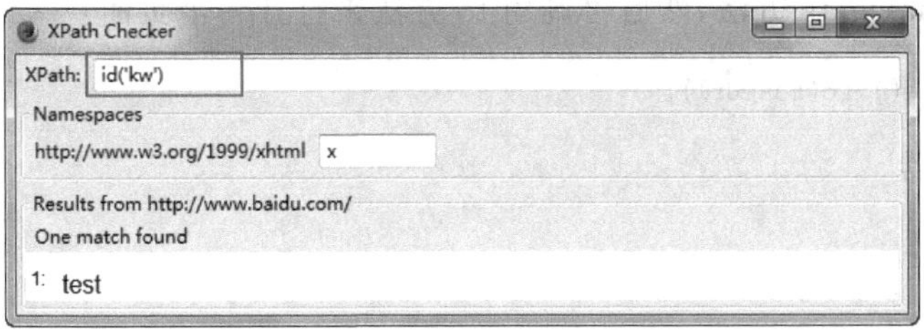

图 5-52　XPath Checker 窗口

5.3.6 Selenium WebDriver 功能

1. 对浏览器的操作

1) WebDriver 支持的浏览器

Firefox Driver：对页面的自动化测试支持得比较好，很直观地模拟页面的操作，对JavaScript 的支持也非常完善，基本上页面上做的所有操作 Firefox Driver 都可以模拟。

InternetExplorer Driver：可直观地模拟用户的实际操作，对 JavaScript 提供完善的支持。但是其运行速度比较慢，并且只能在 Windows 下运行，对 CSS 以及 XPath 的支持不够好。

HtmlUnit Driver：执行时不会实际打开浏览器，因此运行速度很快。但它对JavaScript 的支持不够好，当页面上有复杂 JavaScript 时，经常会捕获不到页面元素。

2) WebDriver 打开浏览器

(1) 打开 Firefox 浏览器

打开默认路径下的浏览器：

```
WebDriver driver = newFirefoxDriver();
```

打开指定路径下的浏览器：

```
File pathToFirefoxBinary = new File("C:\Program Files\Mozilla Firefox\firefox.exe");
FirefoxBinary firefoxbin = new FirefoxBinary(pathToFirefoxBinary);
WebDriver driver = new FirefoxDriver(firefoxbin,null);
```

(2) 打开 IE 浏览器

```
WebDriver driver = newInternetExplorerDriver ();
```

(3) 打开 HtmlUnit 浏览器

```
WebDriverdriver = new HtmlUnitDriver();
```

3) 打开网页

对页面测试，首先要打开被测试页面的地址，如 http://www.baidu.com。WebDriver 提供的 get 方法可以打开一个页面：

```
String  baseUrl = " http://www.baidu.com ";
WebDriver driver = new FirefoxDriver();
driver.get(baseUrl);
```

也可以使用 navigate 方法，然后再调用 to 方法来打开一个页面：

```
driver.navigate().to(baseUrl);
```

4) 关闭浏览器

用 quit 方法：

```
driver.quit();
```

用 close 方法：

```
driver.close();
```

5）获得当前页面的 URL 和 Title

得到 Title：

```
String title = driver.getTitle();
```

得到当前页面 URL：

```
String currentUrl = driver.getCurrentUrl();
```

输出 Title 和 URL：

```
System.out.println(title + "\n" + currentUrl);
```

6）其他方法

getWindowHandle()：返回当前的浏览器的窗口句柄。

getWindowHandles()：返回当前的浏览器的所有窗口句柄。

getPageSource()：返回当前页面的源码。

2. WebDriver 定位元素

Selenium WebDriver 定位元素是通过使用 findElement()和 findElements()方法。

findElement()方法返回一个基于指定查询条件的 WebElement 对象或是抛出一个没有找到符合条件元素的异常。

findElements()方法会返回匹配指定查询条件的 WebElements 的集合，如果没有找到则返回为空。

查询方法会将 By 实例作为参数传入。Selenium WebDriver 提供了 By 类来支持各种查询策略。

表 5-12 列出了 Selenium WebDriver(Java 语言)支持的定位策略。

表 5-12 WebDriver 元素定位

策略	语 法	描述
By ID	driver. findElement(By. id(<element ID>))	通过元素 ID 属性定位元素
By Name	driver. findElement(By. Name(<element name>))	通过元素 Name 属性定位元素
By Class Name	driver. findElement(By. className(<element class>))	通过元素 Class Name 属性定位元素
By Tag Name	driver. findElement(By. tagName(<htmltagname>))	通过 HTML 标记名定位元素
By Link Text	driver. findElement(By. linkText(<linktext>))	通过文本定位链接
By Partial Link Text	driver. findElement(By. partialLinkText(<linktext>))	通过部分文本定位链接
By CSS	driver. findElement(By. cssSelector(<css selector>))	通过 CSS 定位元素
By XPath	driver. findElement(By. xpath(<xpathquery expression>))	通过 XPath 定位元素

下面以百度首页为例说明元素的定位方法。下面是百度页面上部分元素的HTML源码。

```
//百度搜索框:
<input autocomplete = "off" maxlength = "100" value = "" class = "s_ipt" name = "wd" id = "kw">
//百度搜索按钮:
<input type = "submit" class = "bg s_btn" value = "百度一下" id = "su">
//百度首页上的"新闻"链接:
<a class = "mnav" name = "tj_trnews" href = "http://news.baidu.com">新闻</a>
```

用WebDriver定位元素，需要先启动浏览器。下面的代码中，假设使用Firefox浏览器。首先用WebDriver启动Firefox浏览器，代码如下。

```
WebDriver driver = newFirefoxDriver();
```

1) By ID

这是一个极为有效的定位元素的方法。W3C的标准中推荐开发人员为每一个元素都提供一个独一无二的id属性。拥有id属性，就可以提供一个明确可靠的方法来定位页面上的元素。

例如，为定位百度搜索框和"搜索"按钮，可以使用id属性来定位元素。

```
WebElement input = driver.findElement(By.id("kw"));
WebElement button = driver.findElement(By.id("su"));
```

2) By Name

使用元素的id属性来定位是优选的方法，但有时也可能会因为下列原因不能使用id属性。

(1) 不是所有的页面上元素都会指定id属性；

(2) id属性的值是动态生成的。

例如，通过name定位百度搜索框：

```
WebElement  input = driver.findElement(By.name("wd "));
```

在百度搜索按钮的HTML代码中，没有发现搜索按钮的名称，因此不能用此方法定位它。

【注意】：name属性未必是页面上唯一的属性(这一点与id不同)。我们可能会找到多个具有相同name属性的元素。假如页面上第一个出现的元素会被选择，但这个元素不是想要寻找的，这将会导致测试失败。

3) By Class Name

这里的Class指的是DOM中的元素。

例如，通过Class Name定位百度搜索框和搜索按钮。

```
WebElement  input = driver.findElement(By.className("s_ipt"));
WebElement  button = driver.findElement(By.className("bg s_btn"));
```

4) By Link Text

例如，定位百度首页中的"新闻"链接：

```
WebElement  link = driver.findElement(By.linkText("新闻"));
```

5) By CSS

根据 CSS 来定位元素。例如:

```
<div id = "food">
    <span class = "dairy"> milk </span>
    <span class = "dairy aged"> cheese </span>
</div>
WebElement cheese = driver.findElement(By.cssSelector("#food span.dairy aged"));
```

6) By XPath

XPath 是 XML 路径语言,用来查询 XML 文档里中的节点。主流的浏览器都支持 XPath,因为 HTML 页面在 DOM 中表示为 XHTML 文档。XPath 语言是基于 XML 文档的树结构,并提供了浏览树的能力,通过多样的标准来选择节点。Selenium WebDriver 支持使用 XPath 表达式来定位元素。利用 XPath 来定位元素非常方便,但是,便捷的定位策略牺牲了系统的性能。

XPath 可以向前和向后查询 DOM 结构的元素。

例如,通过 XPath 查找百度搜索框和百度搜索按钮:

```
WebElement element = driver.findElement(By.xpath("//*[@id='kw']"));
WebElement element = driver.findElement(By.xpath("//*[@id='su']"));
```

XPath 类似档案系统的路径命名方式,"/"标识根目录,@标记标识该元素的属性,完整的一个 XPath 语句标识一个指定的元素,在每一个页面上标记该页面的特有元素。

XPath 可以手动在 Eclipse 里进行编写,也可以在 IDE 中进行先期编写,最简单的办法是通过 Firefox 的相关插件,直接获取到某个元素的 XPath 值,再根据比较,在代码中替换变量,通过循环或其他办法增加代码的自动化执行效果。

7) 使用 findElements 定位一组元素

WebDriver 可以很方便地使用 findElement 方法来定位某个特定的对象,但有时候需要定位一组对象,这时可使用 findElements 方法。

定位一组对象一般用于以下场景。

(1) 批量操作对象,比如将页面上所有的 Checkbox 都选上。

(2) 先获取一组对象,再在这组对象中过滤出需要具体定位的一些对象。比如定位出页面上所有的 Checkbox,然后选择最后一个。

3. WebDriver 对元素的操作

找到页面元素后,通过 WebDriver 的函数对页面进行操作。

1) 输入框

(1) 找到输入框元素:

```
WebElement element = driver.findElement(By.id("kw"));
```

(2) 在输入框中输入内容:

```
element.sendKeys("Selenium");
```

(3) 将输入框清空：

```
element.clear();
```

(4) 获取输入框的文本内容：

```
element.getText();
```

2) 下拉选择框

(1) 找到下拉选择框的元素：

```
Select select = new Select(driver.findElement(By.id("select")));
```

(2) 选择对应的选择项：

```
select.selectByVisibleText("mediaAgencyA");
或 select.selectByValue("MA_ID_001");
```

(3) 不选择对应的选择项：

```
select.deselectAll();
select.deselectByValue("MA_ID_001");
select.deselectByVisibleText("mediaAgencyA");
```

(4) 获取选择项的值：

```
select.getAllSelectedOptions();
select.getFirstSelectedOption();
```

3) 单选项

(1) 找到单选框元素：

```
WebElement bookMode = driver.findElement(By.id("BookMode"));
```

(2) 选择某个单选项：

```
bookMode.click();
```

(3) 清空某个单选项：

```
bookMode.clear();
```

(4) 判断某个单选项是否已经被选择：

```
bookMode.isSelected();
```

4) 多选项

多选项的操作和单选的差不多，操作过程如下。

```
WebElement checkbox = driver.findElement(By.id("myCheckbox."));
checkbox.click();
checkbox.clear();
checkbox.isSelected();
checkbox.isEnabled();
```

5）按钮

（1）找到按钮元素：

```
WebElement saveButton = driver.findElement(By.id("save"));
```

（2）单击按钮：

```
saveButton.click();
```

（3）判断按钮是否 enable：

```
saveButton.isEnabled ();
```

6）弹出对话框

```
Alert alert = driver.switchTo().alert();
alert.accept();
alert.dismiss();
alert.getText();
```

7）表单

Form 中元素的操作和其他的元素操作一样，对元素操作完成后，对表单的提交可以进行如下操作。

```
WebElement approve = driver.findElement(By.id("approve"));
approve.click();
或 approve.submit();             //只适合于表单的提交
```

8）上传文件

```
WebElement FileUpload = driver.findElement(By.id("upload"));
String filePath = "C:\test\uploadfile\media_ads\test.jpg";
FileUpload.sendKeys(filePath);
```

9）提交

```
driver.findElement(By.id("submit")).click();      //Submit 在 Form 中
WebElement.submit();                              //Submit 不在 Form 中
```

建议使用第一种方式，出错的几率比较小，并且比较直观。

10）拖曳操作

```
WebElement element = driver.findElement(By.name("source"));
WebElement target = driver.findElement(By.name("target"));
(new Actions(driver)).dragAndDrop(element, target).perform();
```

11）window 和 frame 的切换

```
driver.switchTo().window("windowName");
driver.switchTo().frame("frameName");
```

12）弹出框

从 Selenium 2.0 开始，已经支持对弹出框的获取：

```
Alert alert = driver.switchTo().alert();
```

这个方法会返回当前被打开的警告框。可以进行统一，取消，读取提示内容，后则进入到提示，这个同样适用 alerts，confirms，prompts。

13）导航

打开一个新的页面：

```
driver.navigate().to("http://www.example.com");
```

通过历史导航返回原页面：

```
driver.navigate().forward();
driver.navigate().back();
```

5.3.7 Selenium WebDriver 环境配置

1. 安装 JDK

JDK 的安装和配置方法见 4.3.3 节内容。

2. 安装 Eclipse

在 Eclipse 官网下载最新的 Eclipse，下载地址是 http://www.eclipse.org/downloads/。Eclipse 下载后，直接解压即可使用。本例将 Eclipse 安装文件解压到 E 盘根目录下，文件目录为"E:\eclipse"。

3. 安装 Selenium WebDriver

首先下载 Selenium 相关软件，下载地址为 http://www.seleniumhq.org/download/。需要下载的软件有以下几个。

Selenium RC：selenium-server-standalone-2.44.0.jar 模拟服务器端，不可少。

Selenium Client Drivers：selenium-java-2.44.0.zip 模拟 Selenium 客户端。

IEDriverServer：DriverServer_Win32_2.44.0.zip 模拟 IE 驱动。Firfox 和 Chorme 不用驱动。

将下载得到的所有文件全部存放在 E:\eclipse\selenium 里，以方便管理。

4. 启动 Selenium RC

启动 Selenium RC 的方法如下。

（1）cmd 命令行进入存放 selenium-server-standalone-2.44.0.jar 的目录，操作步骤如图 5-53 所示。

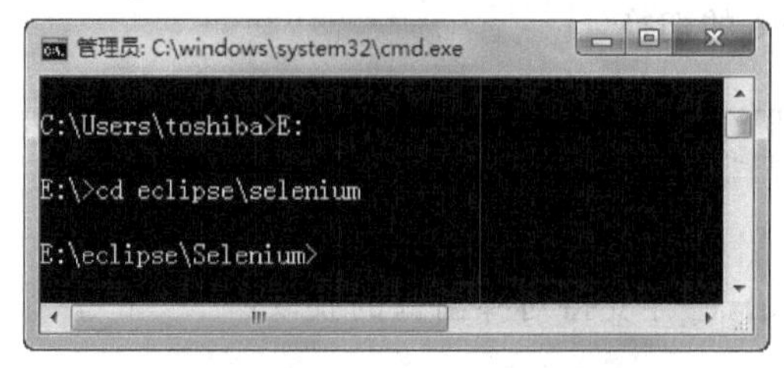

图 5-53 进入 Selenium 文件目录

（2）输入命令“java -jar selenium-server-standalone-2.44.0.jar”，执行情况如图 5-54 所示。

```
管理员: C:\windows\system32\cmd.exe - java -jar selenium-server-standalone-2.44.0.jar

E:\eclipse\Selenium>java -jar selenium-server-standalone-2.44.0.jar
11:06:01.108 INFO - Launching a standalone server
11:06:02.184 INFO - Java: Oracle Corporation 25.31-b07
11:06:02.184 INFO - OS: Windows 7 6.1 x86
11:06:02.278 INFO - v2.44.0, with Core v2.44.0. Built from revision 76d78cf
11:06:03.401 INFO - RemoteWebDriver instances should connect to: http://127.0.0.
1:4444/wd/hub
11:06:03.401 INFO - Version Jetty/5.1.x
11:06:03.432 INFO - Started HttpContext[/selenium-server,/selenium-server]
11:06:04.025 INFO - Started org.openqa.jetty.jetty.servlet.ServletHandler@18f23c

11:06:04.025 INFO - Started HttpContext[/wd,/wd]
11:06:04.025 INFO - Started HttpContext[/selenium-server/driver,/selenium-server
/driver]
11:06:04.025 INFO - Started HttpContext[/,/]
11:06:04.041 INFO - Started SocketListener on 0.0.0.0:4444
11:06:04.056 INFO - Started org.openqa.jetty.jetty.Server@169b07b
```

图 5-54 启动 Selenium RC

5.3.8 通过 JUnit 执行 Selenium 实例

1. 新建工程

打开 Eclipse，新建一个工程。操作步骤：File→New→Java Project，输入工程名“Selenium_example”，单击 Next 按钮，进入 Java Settings 页面，如图 5-55 所示。

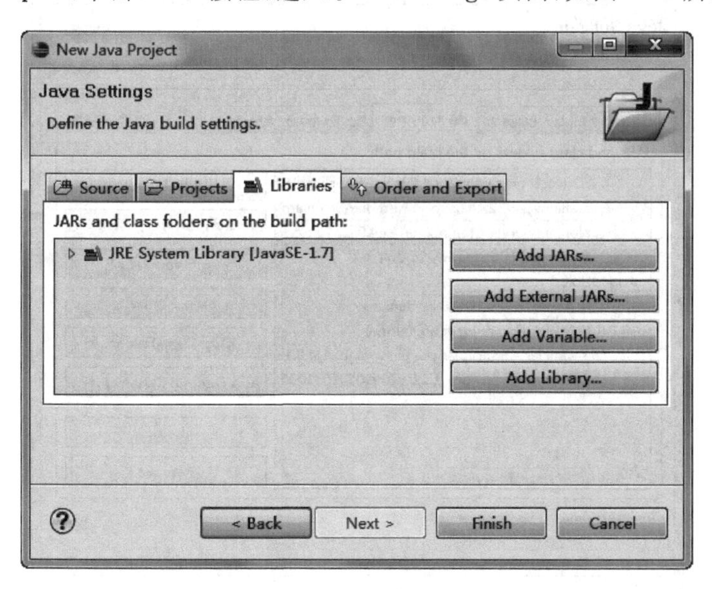

图 5-55 Java Settings

2. 设置 Libraries

选择 Libraries 选项卡，单击 Add Library 按钮，将弹出 Add Library 窗口。选择窗口中的 JUnit，然后单击 Next 按钮，将弹出 JUnit Library 窗口，如图 5-56 所示。

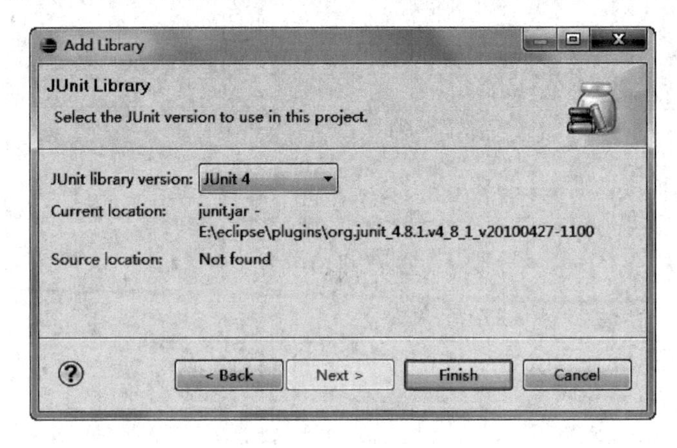

图 5-56 Add Library

在 JUnit library version 下拉选择框中选择 JUnit 4，然后单击 Finish 按钮。JUnit 4 的 jar 包将被引入进来。

在 Java Settings 页面中，单击 Add External Jars 按钮，引入 Selenium 相关的包(Selenium 相关包已经事先存放在 E:\eclipse\selenium 下)，添加完成后，Libraries 的内容如图 5-57 所示。

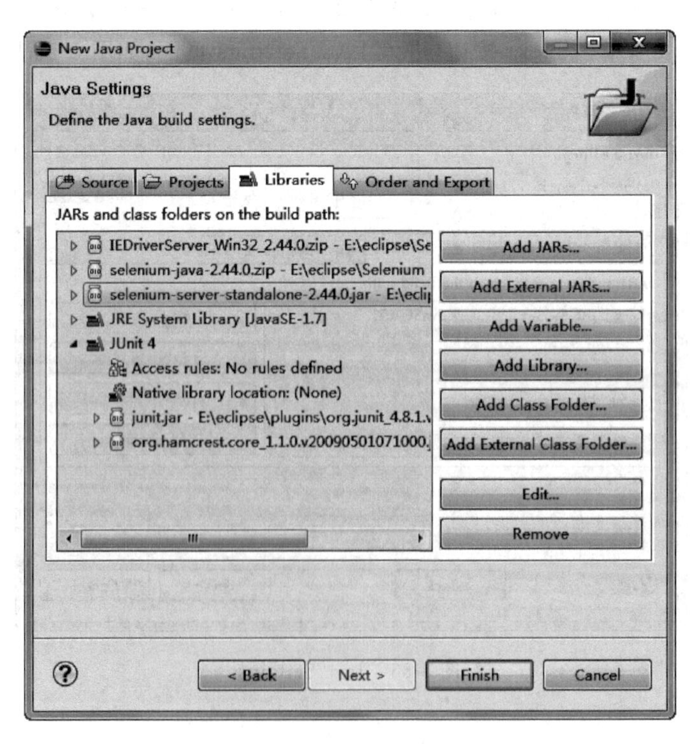

图 5-57 Libraries 选项卡

添加完 Libraries 后，单击 Finish 按钮。Java-Eclipse 视图如图 5-58 所示。

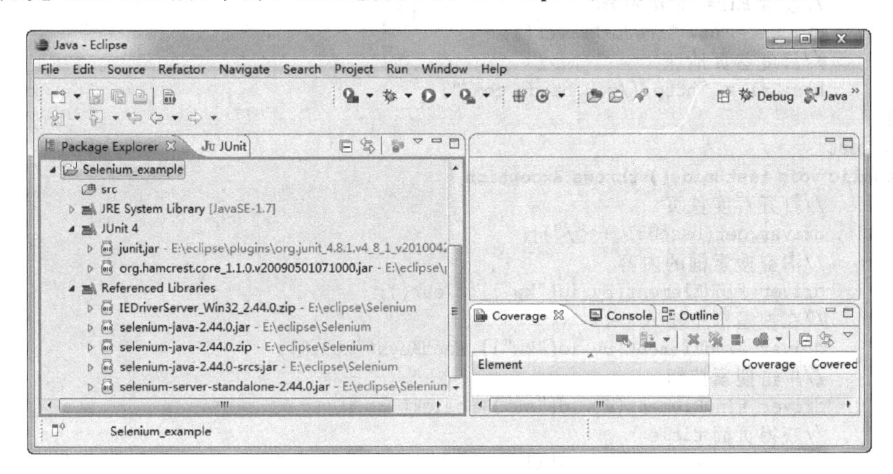

图 5-58 项目中添加 Libraries

3. 新建测试类

在 src 上右键单击，在弹出的菜单中选择 New→JUnit Test Case，新建一个测试类。输入类名 Baidu_test，Eclipse 将自动生成文件 Baidu_test. java，如图 5-59 所示。

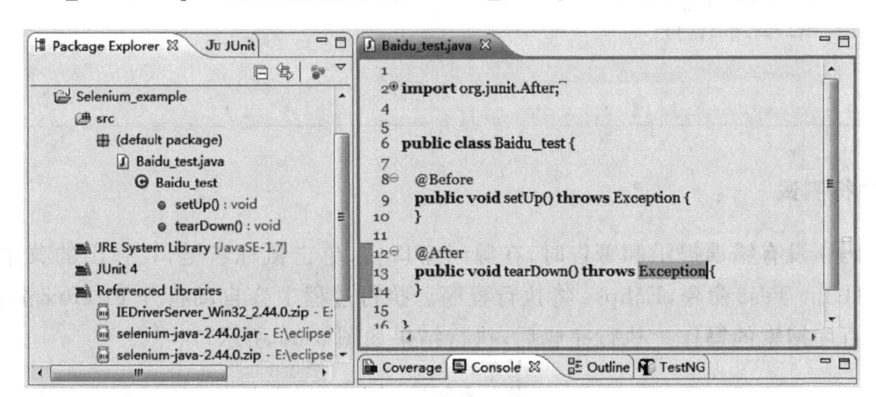

图 5-59 创建测试类

4. 编辑代码

在 Baidu_test. java 中添加代码，具体内容如下。

```
import org.junit.*;
import org.openqa.selenium.*;
import org.openqa.selenium.firefox.FirefoxDriver;
public class Baidu_test {
     private WebDriver driver;
    private String baseUrl;
  @Before
  public void setUp() throws Exception {
```

```
            //设置 Firefox 浏览器
            driver = new FirefoxDriver();
            //百度首页地址
            baseUrl = "http://www.baidu.com/";
    }
    @Test
    public void testBaidu() throws Exception {
            //打开百度首页
            driver.get(baseUrl + "/");
            //清空搜索框的内容
            driver.findElement(By.id("kw")).clear();
            //在搜索框中输入 test
            driver.findElement(By.id("kw")).sendKeys("test");
            //单击搜索按钮
            driver.findElement(By.id("su")).click();
            //获得页面 title
            String title = driver.getTitle();
            //获得当前页面 url
            String currentUrl = driver.getCurrentUrl();
            //输出 title 和 currenturl
            System.out.println(title + "\n" + currentUrl);
     }
    @After
    public void tearDown() throws Exception {
            //关闭浏览器
            driver.quit();
        }
}
```

5. 执行测试

当代码中没有错误提示和警告时，在源码窗口中，单击鼠标右键，在弹出的菜单中选择 Run as→JUnit Test 命令，Eclipse 将执行程序。执行过程中会自动打开 Firefox 浏览器，并自动执行百度搜索的操作。执行完成后，执行结果如图 5-60 所示。

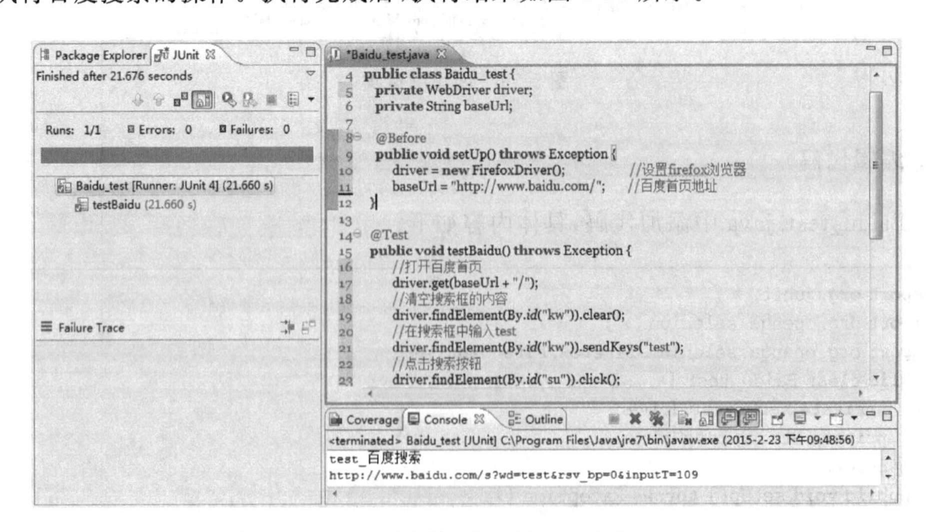

图 5-60 执行结果

5.3.9 通过 TestNG 执行 Selenium 实例

1. 安装 TestNG

在 Eclipse 中，单击菜单栏中的 Help→Install new software 命令，将打开 Install 窗口，在 Work with：框中输入网站地址"http://beust.com/eclipse"，在下面就会看到 TestNG，如图 5-61 所示。

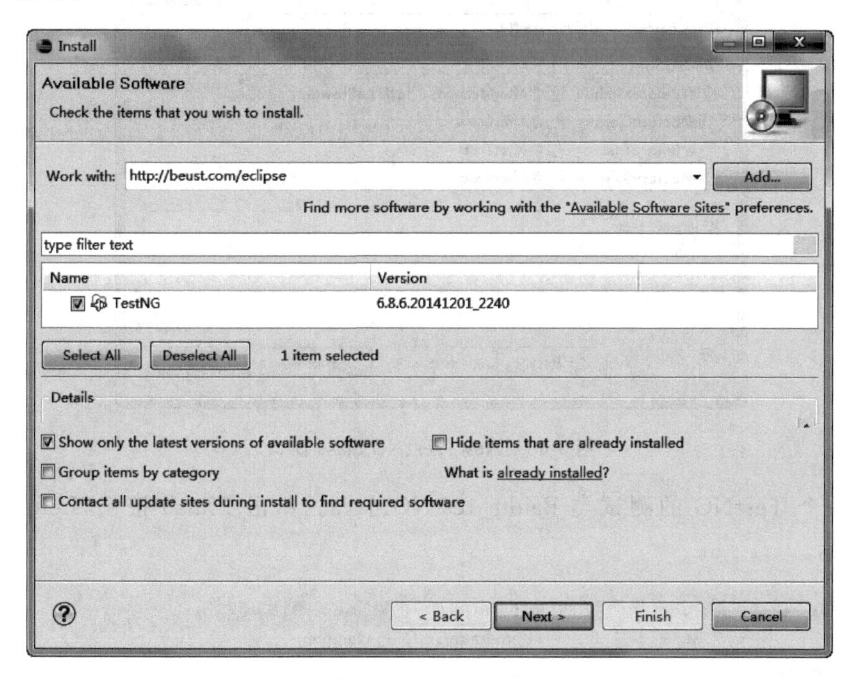

图 5-61 安装 TestNG

选中 TestNG 最近的版本，单击 Next 按钮，按照提示进行一步步操作，即可完成安装。在线安装会花费一定时间，请耐心等待。

2. 添加 TestNG 选项

安装完成后，重启 Eclipse。在 Eclipse 的菜单栏中选择 Window→Show View→Other，将打开 Show View 窗口，如图 5-62 所示。展开 Java，将看到 TestNG，选中 TestNG，单击 OK 按钮。在 Eclipse 中就会出现 TestNG 选项了。

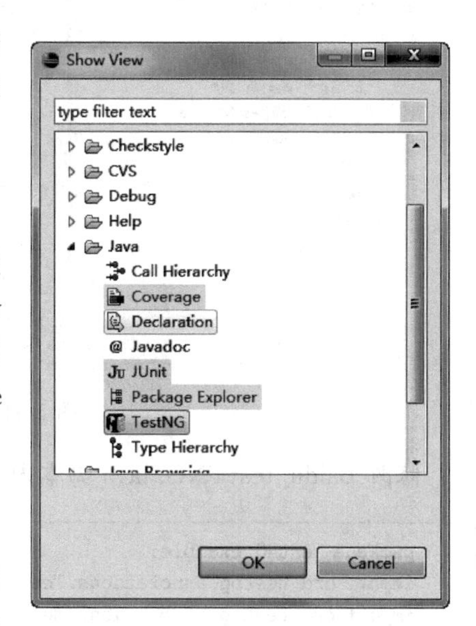

图 5-62 添加 TestNG 选项

3. 创建 TestNG 测试类

用鼠标右键单击 Selenium_example，在弹出的菜单中选择 New→other→TestNG，选中 TestNG，然后单击 Next 按钮，弹出 New TestNG class 窗口，

如图 5-63 所示。

图 5-63 New TestNG class 窗口

新建一个 TestNG 的测试类 Baidu_testNG. java。单击 Finish 按钮，Eclipse 界面如图 5-64 所示。

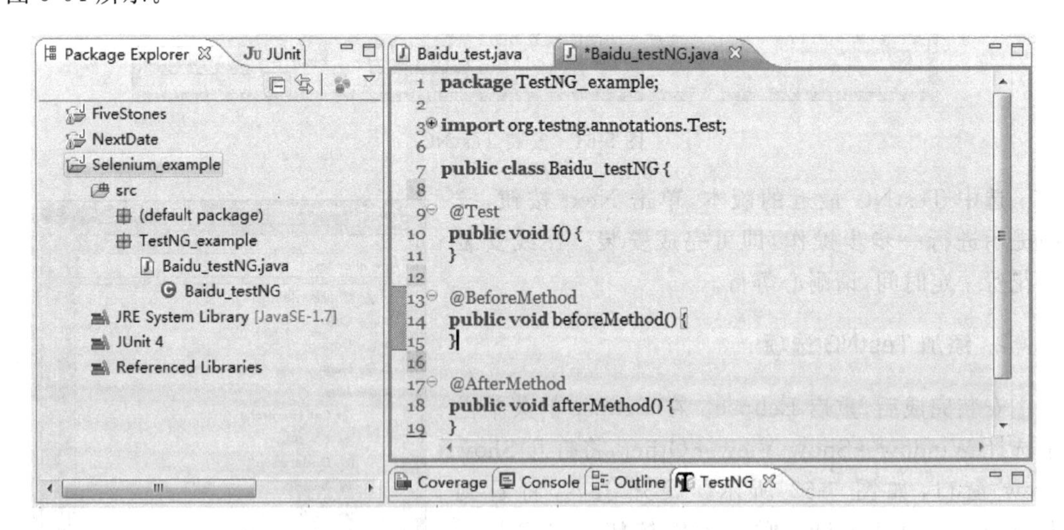

图 5-64 创建 TestNG 测试类

修改 Baidu_testTNG. java 脚本内容如下。

```
package TestNG_example;
import org.testng.annotations.Test;
import org.testng.annotations.BeforeMethod;
```

```
import org.testng.annotations.AfterMethod;
import org.openqa.selenium.*;
import org.openqa.selenium.firefox.FirefoxDriver;

public class Baidu_testNG {
    private WebDriver driver;
    private String baseUrl;

@BeforeMethod
  public void beforeMethod() {

     }
  @Test
  public void test() {
        //设置 Firefox 浏览器
        driver = new FirefoxDriver();
        //百度首页地址
        baseUrl = "http://www.baidu.com/";
        //打开百度首页
        driver.get(baseUrl + "/");
        //清空搜索框的内容
        driver.findElement(By.id("kw")).clear();
        //在搜索框中输入 test
        driver.findElement(By.id("kw")).sendKeys("test");
        //单击搜索按钮
        driver.findElement(By.id("su")).click();

        //获得页面 title
        String title = driver.getTitle();
        //获得当前页面 url
        String currentUrl = driver.getCurrentUrl();
        //输出 title 和 currenturl
        System.out.println(title + "\n" + currentUrl);
  }

  @AfterMethod
  public void afterMethod() {
      System.out.println("Page title is: " + driver.getTitle());
      driver.quit();
    }
}
```

在 Eclipse 编辑框中，单击右键，在弹出的菜单中选择 Run as→TestNG Test，执行程序。执行成功的结果如图 5-65 和图 5-66 所示。

执行完后，会生成一个 test-output 文件夹，文件夹下面的 index.html 就是测试报告，如图 5-67 所示。

以上是在 Eclipse 下如何搭建 Selenium 的测试环境，包括通过 JUnit 执行 Java 文件和通过 TestNG 执行 Java 文件。

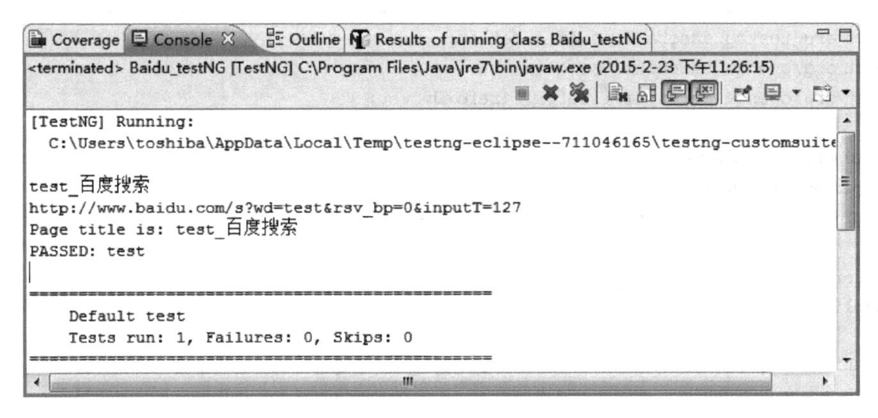

图 5-65 Console 选项卡

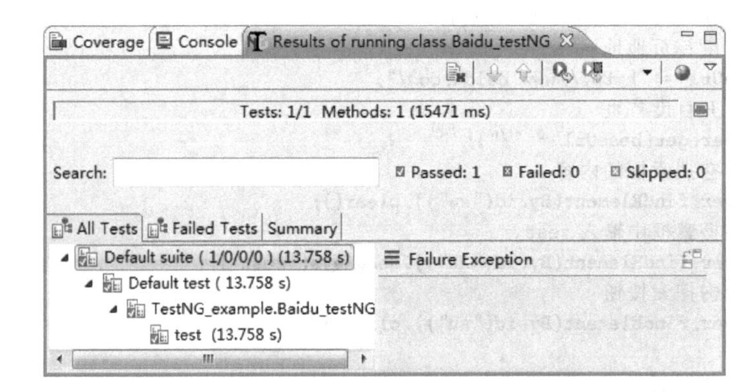

图 5-66 Result of running class Baidu_testNG 选项卡

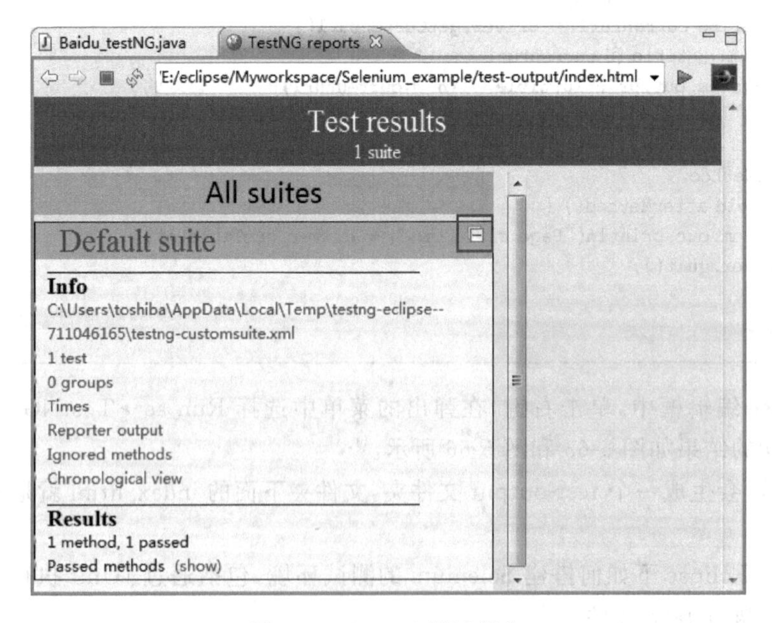

图 5-67 TestNG 测试报告

5.4 功能测试实验

1. 实验目的

(1) 能熟练应用黑盒测试技术进行测试用例设计；
(2) 对测试用例进行优化设计；
(3) 能熟练运用功能测试工具 QuickTest 或者 Selenium；
(4) 使用功能测试工具执行测试。

2. 实验环境

Windows 环境，QuickTest 或者 Selenium 自动化测试工具，Office 办公软件，C/C++或 Java 或 PHP 编程环境。

3. 实验内容

1) 题目一：选择排序

根据下面给出的规格说明，利用等价类划分的方法，给出足够的测试用例。

某选择排序算法其功能是将输入的一组数据按从小到大的顺序进行排序。

2) 题目二：三角形问题

根据下面给出的规格说明，利用等价类划分的方法，给出足够的测试用例。

一个程序读入三个整数。把此三个数值看成是一个三角形的三个边。这个程序要打印出信息，说明这个三角形是三边不等的、是等腰的、还是等边的。

3) 题目三：日期问题

根据下面给出的规格说明，利用基于判定表的方法，给出足够的测试用例。

程序有三个输入变量 month、day、year(month、day 和 year 均为整数值，并且满足：$1\leqslant month\leqslant 12$ 和 $1\leqslant day\leqslant 31$)，分别作为输入日期的月份、日、年份，通过程序可以输出该输入日期在日历上隔一天的日期。例如，输入为 2004 年 11 月 29 日，则该程序的输出为 2004 年 12 月 1 日。

4) 题目四：网页测试

选择网站的一个页面，根据页面特点，选择相应的方法设计测试用例，然后使用自动化测试工具对其进行测试。

4. 实验步骤

(1) 根据黑盒测试技术设计测试用例，主要考虑等价类划分、边界值分析测试技术或基于判定表的测试技术；

(2) 根据所学知识确定优化策略(原则：用最少的用例检测出更多的缺陷、软件测试的充分性与冗余性考虑)，设计两套测试用例集；

(3) 使用自动化测试工具，分别执行两套测试用例集。

5. 实验要求

(1) 根据题目要求编写测试用例;
(2) 实验结果要求给出两套测试用例集测试效果比较;
(3) 撰写实验报告。

6. 实验思考题

(1) 在实际的测试中,如何设计测试用例才能达到用最少的测试用例检测出最多的缺陷?

(2) 在进行用例设计时,如何考虑软件测试用例的充分性和减少软件测试用例的冗余性?

(3) 根据被测试对象,如何选择测试用例设计技术?

(4) 对于同一个被测试程序,分析使用白盒测试技术和黑盒测试技术设计测试用例的差异,并体会各自的优缺点。

第6章 性能测试

6.1 性能测试基础

6.1.1 性能测试概念

系统的性能是一个很大的概念，覆盖面非常广泛，对一个软件系统而言包括执行效率、资源占用、稳定性、安全性、兼容性、可扩展性、可靠性等。性能测试是为了保证系统具有良好的性能，考察在不同的用户负载下，系统对用户请求做出的响应情况，以确保将来系统运行的安全性、可靠性和执行效率。

性能测试从广义上讲分为压力测试、负载测试、强度测试、并发(用户)测试、大数据量测试、配置测试、可靠性测试等。

1. 性能测试

性能测试(Performance Testing)是通过模拟生产运行的业务压力量和使用场景组合，验证系统的性能是否满足生产性能要求，即在特定的运行条件下验证系统的能力状况。性能测试主要强调在固定的软硬件环境和确定的业务场景下进行测试，其主要意义是获得系统的性能指标。

2. 负载测试

负载测试(Load Testing)是确定在各种工作负载下系统的性能，目标是测试当负载逐渐增加时，系统组成部分的相应输出项，例如吞吐量、响应时间、CPU 负载、内存使用等的情况，以此来分析系统的性能。通俗地说，这种测试方法就是模拟真实环境下的用户活动，在特定的运行条件下验证系统的能力状况。

负载测试具有下列特点。

(1) 通过检测、加压、阈值等手段确认各类指标(如“响应时间不超过 5s”,“服务器平均 CPU 利用率低于 80%”等)，找出系统处理能力的极限。

(2) 必须在给定的测试环境下进行，通常需要考虑被测系统的业务数据量和典型场景等情况。

(3) 一般用来了解系统的性能容量,是配合性能调优使用的。

负载测试是经常使用的性能测试,其主要意义是从多个不同的测试角度去探测和分析系统的性能变化情况,发现系统瓶颈并配合性能调优。测试角度可以是并发用户数、业务量、数据量等不同方面的负载。

3. 压力测试

压力测试(Stress Testing)可以理解为资源的极限测试。测试时关注在资源(如 CPU、内存)处于饱和或超负荷的情况下,系统能否正常运行。压力测试是一种在极端压力下的稳定性测试。负载测试时不断加压到一定阶段即是压力测试,两者没有明确的界限。

压力测试的目的是调查系统在其资源超负荷的情况下的表现,尤其是对系统的处理时间有什么影响。通过极限测试方法,发现系统在极限或恶劣环境中的自我保护能力(不会出现错误甚至系统崩溃),其目的主要是验证系统的稳定性和可靠性。通过压力测试,获得系统能提供的最大的服务级别,确定系统的瓶颈或者不能接收用户请求的性能点。

压力测试具有下列特点。

(1) 检查系统处于压力情况下的应用表现,如增加并发用户数量、数据量等使应用系统资源保持一定的水平,这种方法可以检测此时系统的表现,如有无错误信息产生,系统响应时间等。

(2) 压力测试时的模拟必须结合业务系统和软件架构来定制模板指标,因为即使使用压力测试工具来模拟指标也带有很大的偏差,在模拟时需要考虑到数据库、虚拟机、连接池等方面。

(3) 压力测试可以测试系统的稳定性。压力测试通常设定到 CPU 使用率达到 75%以上,内存使用率达到 70%以上,用于测试系统在压力环境下的稳定性。此处是指过载情况下的稳定性,略微不同于 7×24 长时间运行的稳定性。

在压力测试中,可以采取两种不同的压力情况:用户量压力测试和数据量压力测试。

4. 并发测试

并发测试(Concurrency Testing)是通过模拟用户的并发访问,测试多用户环境下多个用户同时并发访问同一个应用、同一个模块或数据记录时,系统是否存在死锁或者其他性能问题,如内存泄漏、线程锁、资源争用问题。其测试目的除了获得性能指标,更重要的是为了发现并发引起的问题。并发测试时会同时关注下列问题。

(1) 内存问题:是否有内存泄漏?是否有太多的临时对象?是否有太多不合理声明超过设计生命周期的对象?

(2) 数据问题:是否有数据库死锁现象?是否经常出现长事务?

(3) 线程/进程问题:是否出现线程/进程同步失败?

(4) 其他问题:是否出现资源争用导致的死锁?是否出现正确处理异常导致的死锁?

用户并发测试主要分为"独立业务性能测试"和"组合业务性能测试"两类。在具体的性能测试工作中,并发用户都借助工具来模拟,如使用 LoadRunner 来测试。

5. 配置测试

配置测试(Configuration Testing)通过对被测系统的软硬件环境的调整,了解各种不同环境对性能影响的程度，从而找到系统各项资源的最优分配原则。

配置测试主要用于性能调优。在经过测试获得了基准测试数据后，进行环境调整(包括硬件配置、网络、操作系统、应用服务器、数据库等)，再将测试结果与基准数据进行对比，判断调整是否达到最佳状态。例如，可以通过不停地调整 Oracle 的内存参数来进行测试，使之达到一个较好的性能。

6. 可靠性测试

通过给系统加载一定业务压力的情况下，同时让应用持续运行一段时间，测试系统在这种条件下是否能够稳定运行。可靠性测试(Reliability Testing)强调在一定的业务压力下，长时间运行系统，检测系统的运行情况是否有不稳定的症状或征兆，如资源使用率是否逐渐增加、响应时间是否越来越慢等。可靠性测试和压力测试的区别在于：可靠性测试关注的是持续时间，压力测试关注的是过载压力。

7. 大数据量测试

大数据量测试主要测试运行数据量较大时或历史数据量较大时的性能情况。大数据量测试有两种类型：独立的数据量测试和综合数据量测试。独立的数据量测试是针对某些系统存储、传输、统计、查询等业务进行大数据量测试。综合数据量测试一般和压力性能测试、负载性能测试、疲劳性能测试相结合。

大数据量测试的关键是测试数据的准备。一方面，要求测试数据要尽可能地与生产环境数据一致，尽可能是有意义的数据。可以通过分析使用现有系统的数据或根据业务特点构造数据。另一方面，要求测试数据输入要满足输入限制规则，尽可能覆盖到满足规则的不同类型的数据。测试时可以依靠工具准备测试数据。

8. 容量测试

容量测试(Capacity Testing)的目的是通过测试预先分析出反映软件系统应用特征的某项指标的极限值(如最大并发用户数、数据库记录数等)，确保系统在其极限状态下没有出现任何软件故障或还能保持主要功能正常运行。容量测试还将确定测试对象在给定时间内能够持续处理的最大负载或工作量。

容量测试能让软件开发商或用户了解该软件系统的承载能力或提供服务的能力，如某个电子商务网站所能承受的、同时进行交易或结算的在线用户数。有了对软件负载的准确预测，不仅能对软件系统在实际使用中的性能状况充满信心，同时也可以帮助用户经济地规划应用系统，优化系统的部署。

9. 失效恢复测试

失效恢复测试(Failover Testing)针对有冗余备份和负载均衡的系统，检验系统局部出现故障时用户所受到的影响。

10. 连接速度测试

连接速度测试(Connection Speed Testing)主要是为了测试系统的响应时间是否过长。

用户连接到 Web 应用系统的速度会受到上网方式(电话拨号、宽带上网等)的影响。如果系统响应时间过长,用户很可能会没有耐心等待而离开页面,也会使一些具有链接时限的页面因为超时而导致数据的丢失,影响用户的正常工作和生活。因此连接速度的测试很有必要,测试结果可以为 Web 系统的正常服务提供可靠的保障。

以上测试类型在实际中不一定都是单独进行的,大部分情况下是糅合在一起进行的,彼此之间有着密切的联系。

6.1.2 性能测试指标

性能测试指标是评价 Web 应用性能高低的尺度和依据,典型的性能度量指标有响应时间、系统吞吐量、系统资源利用率、并发用户数等。

1. 响应时间

响应时间(Response Time)指的是客户端发出请求到得到服务器响应的整个过程的时间。对用户来说,当用户单击一个按钮,发出一条指令或在 Web 页面上单击一个链接,从用户单击开始到应用系统把本次操作的结果以用户能察觉的方式展示出来,这个过程所消耗的时间就是用户对软件性能的直观印象。

在某些工具中,请求响应时间通常会被定义为"TLLB",即"Time to Last Byte",意思是从发起一个请求开始,到客户端接收到最后一个字节的响应所耗费的时间。请求响应时间过程的单位一般为 s 或者 ms。

响应时间会受到用户负载(用户数量)的影响。在刚开始时,响应时间随着用户负载的增加而缓慢增加,但一旦系统的某一种或几种资源已被耗尽,响应时间就会快速增加。图 6-1 表明了响应时间与用户负载量之间的典型特征关系。响应时间和用户负载数量是呈指数增长方式的,在临界值附近响应时间突然增加,这常常是由于系统某一种或多种资源达到了最大利用率造成的。

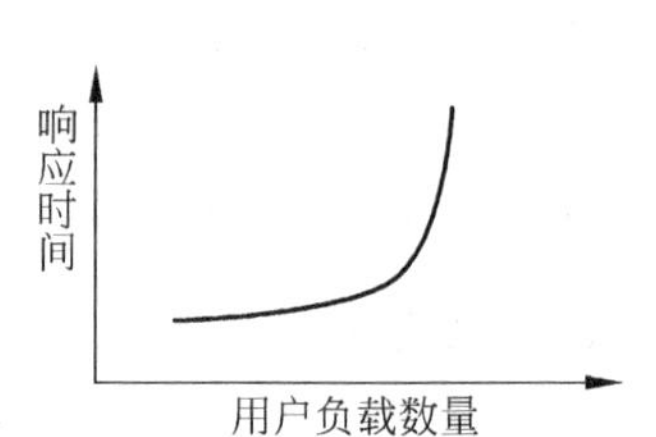

图 6-1 响应时间与用户负载数量的特征曲线

在互联网上对于用户响应时间,有一个普遍的标准:2/5/10s 原则。也就是说,在 2s 之内给用户做出响应被用户认为是"非常有吸引力"的用户体验。在 5s 之内给用户响应被认为是"比较不错"的用户体验,在 10s 内给用户响应被认为是"糟糕"的用户体验。如果超过 10s 用户还没有得到响应,那么大多用户会认为这次请求是失败的。

2. 系统吞吐量

吞吐量(Throughput)是指在某个特定的时间单位内系统所处理的用户请求数量,它直接体现软件系统的性能承受力。吞吐量常用的单位是请求数/秒、页面数/秒或字节数/秒。

作为一个最有效的性能指标,Web 应用的吞吐量常常在设计、开发和发布等不同阶段进行测量和分析。比如在能力计划阶段,吞吐量是确定 Web 站点的硬件和系统需求的关键参数。此外,吞吐量在识别性能瓶颈和改进应用与系统性能方面也扮演着重要的角色。不管 Web 平台是使用单个服务器还是多个服务器,吞吐量统计都表明了系统对不同用户负载水平所反映出来的相似特征。

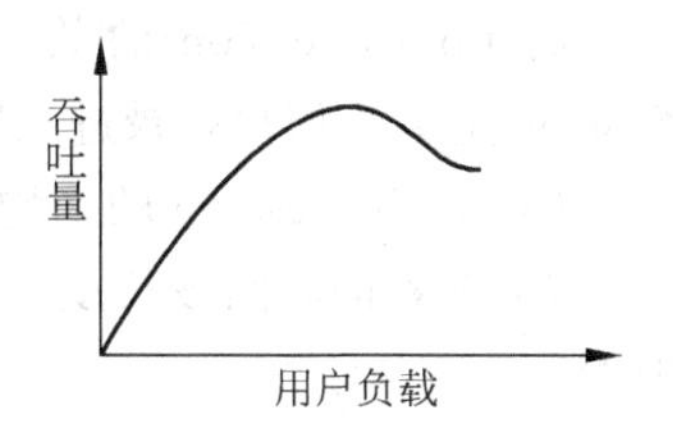

图 6-2 吞吐量与用户负载的特征曲线

图 6-2 显示了吞吐量与用户负载之间的特征关系曲线图。在初始阶段，系统的吞吐量与用户负载量成正比例增长，然而由于系统资源的限制，吞吐量不可能无限地增加。当吞吐量逐渐达到一个峰值时，整个系统的性能就会随着负载的增加而降低。最大的吞吐量也就是图中的峰值点，是系统在给定的单位时间内能够并发处理的最大用户请求数目。

在有些测试工具中，表达吞吐量的标准方式为每秒事务处理数(Transaction Per Second，TPS)。掌握这种测试应用程序中事务处理所表示的含义是非常重要的。它可能是一个单一的查询，也可能是一个特定的查询组。在消息系统中，它可能是一个单一的消息；而在 Servlet 应用程序中，它可能是一个请求。换句话说，吞吐量的表达方式依赖于应用程序，是一个容量(Capacity)测度。

吞吐量和用户数之间存在一定的关系。在没有出现性能瓶颈的时候，吞吐量可以采用式(6-1)计算。

$$F = \frac{N_{vu} \times B}{T} \tag{6-1}$$

其中，F 表示吞吐量，N_{vu}表示虚拟用户数(Vital User，VU)的个数，R 表示每个虚拟用户发出的请求数量，T 表示性能测试所用的时间。如果出现了性能瓶颈，吞吐量和虚拟用户之间就不再符合公式给出的关系。

在 LoadRunner 中，Total Throughput(bytes)的含义是：在整个测试过程中，从服务器返回给客户端的所有字节数量。

吞吐量/传输时间就得到吞吐率。

3. 并发用户数

并发用户数(Concurrent Users)是指在某一给定时间内，在某个特定站点上进行公开会话的用户数目。当并发用户数目增加时，系统资源利用率也将增加。

并发有两种情况：一种是严格意义上的并发，另一种是广义的并发。

严格意义的并发是指所有的用户在同一时刻做同一件事或操作，这种操作一般指做同一类型的业务。比如，所有用户同一时刻做并发登录，或者同一时刻提交表单。

广义的并发中，尽管多个用户对系统发出了请求或者进行了操作，但是这些请求或者操作可以是相同的，也可以是不同的。比如，在同一时刻有的用户在登录，有的用户在提交表单，他们都给服务器产生了负载，构成了广义的并发。

在实际测试中，需要确定并发用户数的具体数值，可采用式(6-2)和式(6-3)来估算并发用户数和峰值。

$$C = \frac{nL}{T} \tag{6-2}$$

$$\widetilde{C} \approx C + 3\sqrt{C} \tag{6-3}$$

其中：

C：平均的并发用户数。

n：Login Session 的数量(可以大体估算每天登录到这个网站上的用户)；Login Session 定义为用户登录进入系统到退出系统的时间段。

L：Login Session 的平均长度。

T：考察的时间段长度。比如，对于博客网站考察时间可以认为是 8 小时或者 24 小时等。

式(6-3)则给出了并发用户数峰值的计算方式，其中，$\widetilde{C}$ 指并发用户数的峰值，C 就是式(6-2)中得到的平均的并发用户数。该公式的得出是假设用户的 Login Session 产生符合泊松分布而估算的。

假设某博客系统有 20 000 个注册用户，每天访问系统的平均用户数是 5000 个，用户在 16 小时内使用系统，一个典型用户，一天内从登录到退出系统的平均时间为 1 小时，依据式(6-2)和式(6-3)可计算平均并发用户数和峰值用户数。其中，$C=5000\times1/16=312.5$，$\widetilde{C}=312.5+3\times\sqrt{312.5}=365$。

关于用户并发的数量，有两种常见的错误观点。一种错误观点是把并发用户数量理解为使用系统的全部用户的数量，理由是这些用户可能同时使用系统。另一种错误观点是把在线用户数量理解为并发用户数量。实际上在线用户不一定会和其他用户发生并发，比如有些用户登录某网站后，长时间没有进行任何操作，他们属于在线用户，但没有和其他用户构成并发用户。

4. 系统资源利用率

资源利用率(Utilization)是指系统不同资源的使用程度，比如服务器的 CPU、内存、网络带宽等，通常用占有资源的最大可用量的百分比来衡量。资源利用率是分析系统性能指标进而改善性能的主要依据，是性能测试工作的重点。在 Web 测试中，资源利用率主要针对 Web 服务器、操作系统、数据库服务器和网络等，它们是性能测试和分析性能瓶颈的主要参考依据。

资源利用率与用户负载有紧密的关系，图 6-3 表明了资源利用率与用户负载之间的关系特征。

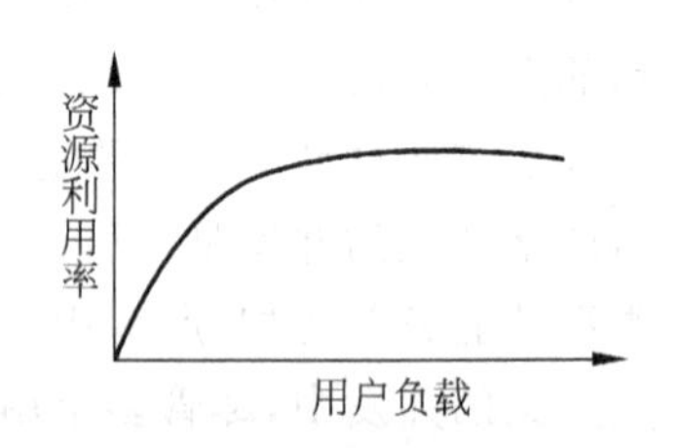

图 6-3 资源利用率和用户负载的特征曲线

从图 6-3 可知，在开始阶段，资源利用率与用户负载成正比关系。但是，当资源利用率达到一定数量时，随着用户量的持续增长，利用率将保持一个恒定的值，说明系统已经达到资源的最大可用度。同时也说明了当资源的恒定值保持在 100%时，该资源已经成为系统的瓶颈。提升这种资源的容量可以增加系统的吞吐量并缩短等待时间。为了定位瓶颈，需要经历一个漫长的性能测试过程去检查一切可疑的资源，然后通过增加该资源的容量，检查系统性能是否得到了改善。

5. 点击率

点击率(Hits Per Second)指客户端每秒向 Web 服务器端提交的 HTTP 请求数量，这个指标是 Web 应用特有的一个指标。Web 应用是“请求—响应”模式，用户发出一次申请，服务器就要处理一次，所以单击是 Web 应用能够处理的交易的最小单位。需要注意的是，这里的点击并非指鼠标的一次单击操作，因为在一次单击操作中，客户端可能向服务器发出多个 HTTP 请求。比如，在访问一次页面中，假设该页面里包含 10 个图片，用户只点击鼠标一次就可以访问该页面，而此次访问的点击量为 11 次。

容易看出，点击率越大，对服务器的压力越大。点击率只是一个性能参考指标，重要的是分析点击时产生的影响。客户端发出的请求数量越多，与之相对的平均每秒吞吐量"Average Throughput (B/s)"也应该越大，并且发出的请求越多对平均事务响应时间造成的影响也越大。

如果把每次点击定义为一个交易，点击率和 TPS 就是一个概念。每秒事务数(Transaction Per Second，TPS)就是每秒钟系统能够处理的交易或者事务数量。

6. 思考时间

思考时间(Think Time)也称为休眠时间，从业务的角度来说，这个时间指的是用户在进行操作时，每个请求之间的间隔时间。对交互式应用来说，用户在使用系统时，不太可能持续不断地发出请求，更一般的模式应该是用户在发出一个请求后，等待一段时间，再发出下一个请求。从自动化测试实现的角度来说，要真实地模拟用户操作，就必须在测试脚本中让各个操作之间等待一段时间。体现在脚本中，就是在操作之间放一个 Think 函数，使得脚本在执行两个操作之间等待一段时间。

7. HTTP 请求出错率

HTTP 请求出错率是指失败的请求数占请求总数的比例。请求出错率越高，说明所测系统的性能越差。

8. 网络流量统计

当负载增加时，还应该监视网络流量统计(Network Statistics)以确定合适的网络带宽。典型地，如果网络带宽的使用超过了 40%，那么网络的使用就达到了一个使之成为应用瓶颈的水平。

9. 标准偏差

标准偏差(Std. Deviation)体现了系统的稳定性程度。偏差越大，表明系统越不稳定，这样的后果就是部分用户可以感受良好的性能，而另一部分用户却要等待很长的时间。

6.1.3 性能计数器

性能计数器(Counter)是描述服务器或操作系统性能的一些数据指标。计数器在性能测试中发挥着"监控和分析"的关键作用，尤其是在分析系统的可扩展性，以及定位性能瓶颈时，对计数器取值的分析非常关键。但单一的性能计数器只能体现系统性能的某一个方面，对性能测试结果的分析必须基于多个不同的计数器。

与性能计数器相关的另一个术语是"资源利用率"。资源利用率指的是对不同的系统资源的使用程度，例如服务器的 CPU 利用率、磁盘利用率等。资源利用率是分析系统性能指标进而改善性能的主要依据。资源利用率主要针对 Web 服务器、操作系统、数据库服务器、网络等。

1. Processor(处理器)

计算机处理器是一个重要的资源,它直接影响应用系统的性能。测量出线程处理在一个或多个处理器上所花费的时间数量是十分必要的,因为它可以为如何配置系统提供信息。如果 Web 应用系统的瓶颈是处理器,那么提高系统的性能就可以通过增加处理器来实现。

(1) % Processor Time:被消耗的处理器时间数量。

如果服务器专用于 SQL Server 可接受"% Processor Time"的最大上限是 80%～85%,也就是常见的 CPU 使用率。

(2) Processor Queue Length:处理器队列长度。

如果 Processor Queue Length 显示的队列长度保持不变(≥2),并且处理器的利用率 %Processor Time 超过 90%,那么很可能存在处理器瓶颈。如果发现 Processor Queue Length 显示的队列长度超过 2,而处理器的利用率却一直很低,或许更应该去解决处理器阻塞问题。

2. Process(进程)

(1) Working Set:进程工作集,是虚拟地址空间在物理内存中的那部分,包含一个进程内的各个线程引用过的页面。由于每个进程工作集中包含共享页面,所以 Working Set 值会大于实际的总进程内存使用量。

如果服务器有足够的空闲内存,页就会被留在工作集中,当自由内存少于一个特定的阈值时,页就会被清除出工作集。

(2) Private Bytes:分配的私有虚拟内存总数,即私有的、已提交的虚拟内存使用量。

分析:内存泄漏时表现的现象是私有虚拟内存的递增,而不是工作集大小的递增。在某个点上,内存管理器会阻止一个进程继续增加物理内存大小,但它可以继续增大它的虚拟内存大小。如果系统性能随着时间而降低,则此计数器可以是内存泄漏的最佳指示器。

3. Memory(内存)

内存在任何计算机系统中都是完整硬件系统的一个不可分割的部分。增加更多的内存在执行过程中将会加快 I/O 处理过程,因此 Web 系统性能跟内存与缓存或磁盘之间的页面置换紧密相关。内存常用指标如表 6-1 所示。

表 6-1 内存性能指标

指标	说 明
Available Bytes	剩余的可用物理内存量(能立刻分配给一个进程或系统使用的)
Page Faults/sec	处理器每秒处理的错误页(包括软/硬错误)
Page Reads/sec	读取磁盘以解析硬页面错误的次数
Page Writes/sec	为了释放物理内存空间而将页面写入磁盘的速度
Pages Input/sec	为了解决硬错误页,从磁盘读取的页数
Pages Output/sec	为了释放物理内存空间而将页面写入磁盘的页数

续表

指标	说明
Pages/sec	为解决硬错误页,从磁盘读取或写入磁盘的页数
Pool Nonpaged Allocs	在非换页池中分派空间的调用数
Pool Nonpaged Bytes	在非换页池中的字节数
Pool Paged Allocs	在换页池中分派空间的调用次数
Pool Paged Bytes	在换页池中的字节数
Cache Bytes	系统工作集的总大小
Cache Bytes Peak	系统启动后文件系统缓存使用的最大字节数量
Cache Faults/sec	在文件系统缓存中找不到要寻找的页而需要从内存的其他地方或从磁盘上检索时出现的错误的速度
Demand Zero Faults/sec	通过零化页面来弥补分页错误的平均速度
Free System Page Table Entries	系统没有使用的页表项目
Pool Paged Resident Bytes	换页池所使用的物理内存
System Cache Resident Bytes	文件系统缓存可换页的操作系统代码的字节大小
System Code Resident Bytes	可换页代码所使用的物理内存
System Code Total Bytes	当前在虚拟内存中的可换页的操作系统代码的字节数
System Driver Resident Bytes	可换页的设备驱动程序代码所使用的物理内存
System Driver Total Bytes	设备驱动程序当前使用的可换页的虚拟内存的字节数
Transition Faults/sec	在没有额外磁盘运行的情况下,通过恢复页面来解决页面错误的速度
Write Copies/sec	指通过从物理内存中的其他地方复制页面来满足写入尝试而引起的页面错误速度

各指标的详细说明如下。

(1) Available Bytes:剩余的可用物理内存量,此内存能立刻分配给一个进程或系统使用。它是空闲列表、零列表和备用列表的大小总和。

分析:至少要有10%的物理内存值,最低限度是4MB。如果Available Bytes的值很小(4 MB或更小),则说明计算机上总的内存可能不足,或某程序没有释放内存。

(2) Page Faults/sec:处理器每秒处理的错误页(包括软/硬错误)。当处理器向内存指定的位置请求一页(可能是数据或代码)出现错误时,这就构成一个Page Fault。

如果该页在内存的其他位置,该错误被称为软错误;如果该页必须从硬盘上重新读取时,被称为硬错误。许多处理器可以在有大量软错误的情况下继续操作。但是,硬错误可以导致明显的拖延,因为需要访问磁盘。

(3) Page Reads/sec:读取磁盘以解析硬页面错误的次数。Page Reads/sec是Page/sec的子集,是为了解决硬错误,从硬盘读取的次数。

分析:Page Reads/sec的阈值为>5,越低越好。Page Reads/sec为持续大于5的值,表明内存的读请求发生了较多的缺页中断,说明进程的Working Set已经不够,使用硬盘来虚拟内存。如果Page Reads/sec为比较大的值,可能内存出现了瓶颈。

(4) Page Writes/sec:为了释放物理内存空间而将页面写入磁盘的速度。

(5) Pages Input/sec:为了解决硬错误页,从磁盘读取的页数。当一个进程引用一个虚拟内存的页面,而此虚拟内存位于工作集以外或物理内存的其他位置,并且此页面必须从磁盘检索时，就会发生硬页面错误。

(6) Pages Output/sec：为了释放物理内存空间而将页面写入磁盘的页数。高速的页面输出可能表示内存不足。当物理内存不足时，Windows 会将页面写回到磁盘以便释放空间。

(7) Pages/sec：为解决硬错误页，从磁盘读取或写入磁盘的页数。这个计数器是可以显示导致系统范围延缓类型错误的主要指示器。它是 Pages Input/sec 和 Pages Output/sec 的总和，是用页数计算的，以便在不做转换的情况下就可以同其他页计数。

如果 Pages/sec 持续高于几百，那么应该进一步研究页交换活动。有可能需要增加内存，以减少换页的需求(把这个数字乘以 4k 就得到由此引起的硬盘数据流量)。Pages/sec 的值很大不一定表明内存有问题，也可能是运行使用内存映射文件的程序所致。

(8) Pool Nonpaged Allocs：在非换页池中分派空间的调用数。它是用衡量分配空间的调用数来计数的，而不管在每个调用中分派的空间数是多少。

如果 Pool Nonpaged Allocs 自系统启动以来增长了 10%以上，则表明有潜在的严重瓶颈。

(9) Pool Nonpaged Bytes：在非换页池中的字节数，非换页池是指系统内存中可供对象使用的一个区域。

(10) Pool Paged Allocs：在换页池中分派空间的调用次数。它是用计算分配空间的调用次数来计算的，而不管在每个调用中分派的空间数是什么。

(11) Pool Paged Bytes：在换页池中的字节数，换页池是系统内存中可供对象使用的一个区域。

(12) Cache Bytes：系统工作集的总大小，其包括以下代码或数据驻留在内存中的那一部分：系统缓存、换页内存池、可换页的系统代码，以及系统映射的视图。

(13) Cache Bytes Peak：系统启动后文件系统缓存使用的最大字节数量。这可能比当前的缓存量要大。

(14) Cache Faults/sec：在文件系统缓存中找不到要寻找的页面而需要从内存的其他地方或从磁盘上检索时出现的错误的速度。这个值应该尽可能低，较大的值表明内存出现短缺，缓存命中很低。

(15) Demand Zero Faults/sec：通过零化页面来弥补分页错误的平均速度。

(16) Free System Page Table Entries：系统没有使用的页表项目。

(17) Pool Paged Resident Bytes：换页池所使用的物理内存。

(18) System Cache Resident Bytes：文件系统缓存可换页的操作系统代码的字节大小。通俗含义：系统缓存所使用的物理内存。

(19) System Code Resident Bytes：操作系统代码当前在物理内存的字节大小，此物理内存在未使用时可写入磁盘。通俗含义：可换页代码所使用的物理内存。

(20) System Code Total Bytes：当前在虚拟内存中的可换页的操作系统代码的字节数。此计算器用来衡量在不使用时可以写入到磁盘上的操作系统使用的物理内存的数量。

(21) System Driver Resident Bytes：可换页的设备驱动程序代码所使用的物理内存。

(22) System Driver Total Bytes：设备驱动程序当前使用的可换页的虚拟内存的字节数。

(23) Transition Faults/sec：在没有额外磁盘运行的情况下，通过恢复页面来解决页面错误的速度。如果这个指标持续居高不下说明内存存在瓶颈，应该考虑增加内存。

(24) Write Copies/sec：指通过从物理内存中的其他地方复制页面来满足写入尝试而引起的页面错误速度。此计数器显示的是复制次数，不考虑每次操作中被复制的页面数。

如果怀疑有内存泄漏，请监测内存的 Available Bytes 和 Committed Bytes，以观察内存行为，并监测可能存在泄漏内存的进程的 Private Bytes、Working Set 和 Handle Count。如果怀疑是内核模式进程导致了泄漏，则还需监测内存的 Pool Nonpaged Bytes、Nonpaged Allocs。

4. Disk(磁盘)

磁盘是一个大容量的低速设备，在磁盘上存放所用的时间描述了请求的等待时间和数据资源的空间占用时间，为改进系统性能提供了更加丰富的信息。系统性能同时还依赖于磁盘队列长度，它表征了磁盘上尚未处理的请求数目，持续不断的队列意味着磁盘或内存配置存在问题。

磁盘的各性能指标如表 6-2 所示。

表 6-2 磁盘性能指标

指 标	说 明
Average Disk Queue Length	磁盘读取和写入请求提供服务所用的时间百分比，可以通过增加磁盘构造磁盘阵列来提高性能，该值应不超过磁盘数的 1.5～2 倍
Average Disk Read Queue Length	磁盘读取请求的平均数
Average Disk Write Queue Length	磁盘写入请求的平均数
Average Disk sec/Read	以秒计算的在磁盘上读取数据所需的平均时间
Average Disk sec/Transfer	以秒计算的在磁盘上写入数据所需的平均时间
Disk Bytes/sec	提供磁盘系统的吞吐率
Disk reads/(writes)/s	每秒钟磁盘读、写的次数。两者相加，应小于磁盘设备最大容量
%Disk Time	磁盘驱动器为读取或写入请求提供服务所用的时间百分比，其正常值<10
%Disk reads/sec (physicaldisk_total)	每秒读硬盘字节数
%Disk write/sec (physicaldisk_total)	每秒写硬盘字节数

%Disk Time 的正常值小于 10，此值过大表示耗费太多时间来访问磁盘，可考虑增加内存、更换更快的硬盘、优化读写数据的算法。若数值持续超过 80，则可能是内存泄漏。如果只有%Disk Time 比较大，硬盘有可能是瓶颈。

如果分析的计数器指标来自于数据库服务器、文件服务器或是流媒体服务器，磁盘 I/O 对这些系统来说更容易成为瓶颈。

磁盘瓶颈判断公式：每磁盘的 I/O 数 =（读次数 +（4 × 写次数））/ 磁盘个数

每磁盘的 I/O 数可用来与磁盘的 I/O 能力进行对比，如果计算出来的每磁盘 I/O 数超过了磁盘标称的 I/O 能力，则说明确实存在磁盘的性能瓶颈。

5. Network

网络分析是一件技术含量很高的工作，在一般的组织中都有专门的网络管理人员进行网络分析，对测试工程师来说，如果怀疑网络是系统的瓶颈，可以要求网络管理人员来进行网络方面的检测。

(1) Network Interface Bytes Total/sec：为发送和接收字节的速率(包括帧字符在内)。可以通过该计数器的值判断网络连接速度是否是瓶颈。具体操作方法是用该计数器的值与目前的网络带宽进行比较。

(2) Bytes Total/sec：表示网络中接收和发送字节的速度，可以用该计数器来判断网络是否存在瓶颈。

网络性能指标通常用来分析网络传输率对 Web 性能的影响，它与网络带宽、网络连接类型和其他项开销有关。然而直接分析 Internet 的网络流量是不可能的，这种拥塞取决于网络带宽、网络连接类型和其他项开销。所以可以通过观察固定的字节数从服务器端到客户端所用的时间来分析网络传输速度。同时，客户与客户间的连接可能不同，因此网络带宽问题也会影响系统性能。

6.1.4 性能测试工具

性能测试一般利用测试工具，模拟大量用户操作，对系统施加负载，考察系统的输出项，例如吞吐量、响应时间、CPU 负载、内存使用等，通过各项性能指标分析系统的性能，并为性能调优提供信息。

性能测试工具通常指用来支持压力、负载测试，能够录制和生成脚本、设置和部署场景、产生并发用户和向系统施加持续压力的工具。性能测试工具通过实时性能监测来确认和查找问题，并针对所发现问题对系统性能进行优化，确保应用的成功部署。性能测试工具能够对整个企业架构进行测试，通过这些测试企业能最大限度地缩短测试时间，优化性能和加速应用系统的发布周期。

常用的性能测试工具有：HP 公司的 LoadRunner，IBM 公司的 Performance Tester，Microsoft 公司的 Web Application Stress(WAS)，Compuware 公司的 QALoad，RadView 公司的 WebLoad，Borland 公司的 SilkPerformer，Apache 公司的 Jmeter 等。

1. HP LoadRunner

HP LoadRunner 是一种预测系统行为和性能的负载测试工具，可通过检测瓶颈来预防问题，并在开始使用前获得准确的端到端系统性能。

LoadRunner 通过模拟成千上万的用户实施并发负载及实时性能监测的方式来确认和查找问题，LoadRunner 能够对整个企业架构进行测试。通过使用 LoadRunner，企业能最大限度地缩短测试时间、优化性能和缩短应用系统的发布周期。LoadRunner 是一种适用于各种体系架构的自动负载测试工具，它能预测系统行为并优化系统性能。LoadRunner 的测试对象是整个企业的系统，它通过模拟实际用户的操作行为和实行实时性能监测，来帮助用户更快地查找和发现问题。

LoadRunner 极具灵活性，适用于各种规模的组织和项目，支持广泛的协议和技术，可测试一系列应用，其中包括移动应用、Ajax、Flex、HTML 5、.NET、Java、GWT、Silverlight、SOAP、Citrix、ERP 等。

LoadRunner 的组件很多，其核心的组件如下。

(1) Vuser Generator(VuGen)用于捕获最终用户业务流程和创建自动性能测试脚本。

(2) Controller 用于组织、驱动、管理和监控负载测试。

(3) Load Generator 负载生成器用于通过运行虚拟用户生成负载。

(4) Analysis 有助于查看、分析和比较性能结果。

LoadRunner 的使用请参考 LoadRunner 使用指南。

网站地址：http://www8.hp.com/us/en/software-solutions/loadrunner-load-testing/index.html

2. IBM Performance Tester

IBM® Rational® Performance Tester 是一种用来验证 Web 和服务器应用程序可扩展性的性能测试解决方案。Rational Performance Tester 识别出系统性能瓶颈和其存在的原因，并能降低负载测试的复杂性。

Rational Performance Tester 可以快速执行性能测试，分析负载对应用程序的影响。它具有下列特点。

1) 无代码测试

能够不通过编程就可创建测试脚本，节省时间并降低测试复杂性。通过访问测试编辑器，查看测试和事务信息的高级别详细视图。查看在类似浏览器窗口中显示并且与测试编辑器集成的测试结果，编辑器列出测试中访问的网页。

2) 原因分析工具

原因分析工具可以识别导致瓶颈发生的源代码和物理应用层。时序图可跟踪出现瓶颈之前发生的所有活动。可以从被测试的系统的任何一层查看多资源统计信息，发现与硬件有关的导致性能低下的瓶颈。

3) 实时报表

实时生成性能和吞吐量报表，在测试的任何时间都可及时了解性能问题。提供多个可以在测试运行之前、期间和之后设置的过滤和配置选项。显示从一次构建到另一次构建的性能趋势。系统性能度量可帮助用户制订关键应用程序发布决策。在测试结束时，根据针对响应时间百分比分布等项目的报表执行更深入的分析。

4) 测试数据

提供不同用户群体的灵活建模和仿真，同时把内存和处理器占用降到最低。提供电子表格界面以输入独特的数据，或者可以从任何基于文本的源导入预先存在的数据。允许在执行测试中插入定制 Java 代码，以便执行高级数据分析和请求语法分析等活动。

5) 载入测试

支持针对大范围应用程序(如 HTTP、SAP、Siebel、SIP、TCP Socket 和 Citrix)进行负载测试。支持从远程机器使用执行代理测试用户负载。提供灵活的图形化测试调度程序，可以按用户组比例来指定负载。支持自动数据关系管理来识别和维护用于精确负载模拟的应用程序数据关系。

网站地址：http://www-03.ibm.com/software/products/zh/performance

3. Radview WebLoad

WebLoad是Radview公司推出的一个性能测试和分析工具，通过模拟真实用户的操作，生成压力负载来测试Web的性能。WebLoad可用于测试性能和伸缩性，也可被用于正确性验证。

WebLoad可以同时模拟多个终端用户的行为，对Web站点、中间件、应用程序，以及后台数据库进行测试。WebLoad在模拟用户行为时，不仅可以复现用户鼠标单击、键盘输入等动作，还可以对动态Web页面根据用户行为而显示的不同内容进行验证，达到交互式测试的目的。执行测试后，WebLoad可以提供数据详尽的测试结果分析报告，帮助用户判定Web应用的性能并诊断测试过程中遇到的问题。

WebLoad的测试脚本是用JavaScript(和集成的COM/Java对象)编写的，并支持多种协议，如Web、SOAP/XML及其他可从脚本调用的协议如FTP、SMTP等，因而可从所有层面对应用程序进行测试。

网站地址：http://www.radview.com/product/Product.aspx

4. Borland Silk Performer

Borland Silk Performer是业界领先的企业级负载测试工具。它通过模仿成千上万的用户在多协议和多计算的环境下工作，对系统整体性能进行测试，提供符合SLA协议的系统整体性能的完整描述。

Silk Performer提供了在广泛的、多样的状况下对电子商务应用进行弹性负载测试的能力，通过True Scale技术，Silk Performer可以从一台单独的计算机上模拟成千上万的并发用户，在使用最小限度的硬件资源的情况下，提供所需的可视化结果确认的功能。在独立的负载测试中，Silk Performer允许用户在多协议多计算环境下工作，并可以精确地模拟浏览器与Web应用的交互作用。Silk Performer的True Log技术提供了完全可视化的原因分析技术。通过这种技术可以对测试过程中用户产生和接收的数据进行可视化处理，包括全部嵌入的对象和协议头信息，从而进行可视化分析，甚至在应用出现错误时都可以进行问题定位与分析。

Silk Performer主要具有如下特点。

(1) 精确的负载模拟特性：为准确进行性能测试提供保障。

(2) 功能强大：强大的功能保障了对复杂应用环境的支持。

(3) 简单易用：可以加快测试周期，降低生成测试脚本错误的概率，而不影响测试的精确度。

(4) 根本原因分析：有利于对复杂环境下的性能下降问题进行深入分析。

(5) 单点控制：有利于进行分布式测试。

(6) 可靠性与稳定性：从工具本身的稳定性方面保证对企业级大型应用的测试顺利进行。

(7) 团队测试：保证对大型测试项目的顺利进行。

(8) 与其他产品紧密集成：同其他产品集成，增强Silk Performer的功能扩展。

Silk Performer 提供了简便的操作向导，通过 9 步操作，即可完成负载测试。

(1) Project out Line：对负载测试项目进行基本设置，如项目信息、通信类别等。

(2) Test script creation：通过录制的方式产生脚本文件，用于日后进行虚拟测试。

(3) Test script try-out：对录制产生的脚本文件进行试运行，并配合使用 True Log 进行脚本纠错，确保能够准确再现客户端与服务器端的交互。

(4) Test script customization：为测试脚本分配测试数据。确保在实际测试过程中测试数据的正确使用，同时可配合使用 True Log，在脚本中加入 Session 控制和内容校验的功能。

(5) Test baseline establishment：确定被测应用在单用户下的理想性能基准线。这些基准将作为全负载下产生并发用户数和时间计数器阈值的计算基础。在确定 Baseline 的同时，也是对上一步修改的脚本文件进行运行验证。

(6) Test baseline confirmation：对 baseline 建立过程中产生的报告进行检查，确认所定义的 baseline 确实反映了所希望的性能。

(7) Load test workload specification：指定负载产生方式。

(8) Load test execution：在全负载方式下，使用全部 Agent，进行真实的负载测试。

(9) Test result exploration：测试结果分析。

网站地址：http://www.borland.com/products/silkperformer/

5. QALoad

QALoad 是 Compuware 公司性能测试工具套件中的压力负载工具。QALoad 是客户/服务器系统、企业资源配置(ERP)和电子商务应用的自动化负载测试工具。QALoad 通过可重复的、真实的测试能够全面度量应用的可扩展性和性能。它可以模拟成百上千的用户并发执行关键业务而完成对应用程序的测试，并针对所发现问题对系统性能进行优化，确保应用的成功部署。QALoad 可预测系统性能，通过重复测试寻找瓶颈问题，从控制中心管理全局负载测试，验证应用的可扩展性，快速创建仿真的负载测试。

QALoad 支持的范围广，测试的内容多，可以帮助软件测试人员，开发人员和系统管理人员对于分布式的应用执行有效的负载测试。QALoad 支持的协议包括：ODBC，DB2，ADO，Oracle，Sybase，MS SQL Server，QARun，SAP，Tuxedo，Uniface，Java，WinSock，IIOP，WWW，WAP，Net Load，Telnet 等。

QALoad 从产品组成来说，分为 4 个部分：Script Development Workbench、Conductor、Player、Analyze。

(1) Script Development Workbench 可以看作是录制、编辑脚本的 IDE。录制的动作序列最终可以转换为一个.cpp 文件。

(2) Conductor 控制所有的测试行为，如设置 Session 描述文件，初始化并且监测测试，生成报告并且分析测试结果。

(3) Player 是一个 Agent，一个运行测试的 Agent，可以部属在网络上的多台机器上。

(4) Analyze 是测试结果的分析器。它可以把测试结果的各个方面展现出来。

网站地址：http://www.compuware.com/

6. Web Application Stress

Microsoft Web Application Stress(WAS)是由微软公司的网站测试人员所开发，专门用来进行实际网站压力测试的一套工具。通过 WAS，可以使用少量的客户端计算机模拟大量并发用户同时访问服务器，以获取服务器的承受能力，及时发现服务器能承受多大压力负载，以便及时地采取相应的措施防范。

WAS 的优点是简单易用。WAS 可以用不同的方式创建测试脚本。

(1) 通过记录浏览器的活动来录制脚本；

(2) 通过导入 IIS 日志；

(3) 通过把 WAS 指向 Web 网站的内容；

(4) 手工地输入 URL 来创建一个新的测试脚本。

除易用性外，WAS 还具有下列特性。

(1) 对于需要署名登录的网站，允许创建用户账号；

(2) 允许为每个用户存储 Cookies 和 Active Server Pages (ASP)的 Session 信息；

(3) 支持随机的或顺序的数据集，以用在特定的名字-值对；

(4) 支持带宽调节和随机延迟以更真实地模拟显示情形；

(5) 支持 Secure Sockets Layer (SSL)协议；

(6) 允许 URL 分组和对每组的点击率的说明；

(7) 提供一个对象模型，可以通过 Microsoft Visual Basic Scripting Edition (VBScript)处理或者通过定制编程来达到开启、结束和配置测试脚本的效果。

7. Apache JMeter

Apache JMeter 是 Apache 组织的开放源代码项目，是一个 100%纯 Java 桌面应用，用于压力测试和性能测量。JMeter 可以用于测试静态或者动态资源的性能，例如文件、Servlet、Perl 脚本、Java 对象、数据库和查询、FTP 服务器等。JMeter 可以用于对服务器、网络或对象模拟巨大的负载，用于不同压力类别下测试系统的强度和分析整体性能。另外，JMeter 能够对应用程序做功能/回归测试，通过创建带有断言的脚本来验证程序是否返回期望的结果。为了达到最大限度的灵活性，JMeter 允许使用正则表达式创建断言。

JMeter 的功能特性如下。

(1) 能够对 HTTP 和 FTP 服务器进行压力和性能测试，也可以对任何数据库进行同样的测试。

(2) 完全的可移植性和 100%纯 Java。

(3) 完全 Swing 和轻量组件支持(预编译的 JAR 使用 javax. swing. *)包。

(4) 完全多线程。框架允许通过多个线程并发取样和通过单独的线程组对不同的功能同时取样。

(5) 精心的 GUI 设计允许快速操作和更精确的计时。

(6) 缓存和离线分析/回放测试结果。

网站地址：http://jakarta. apache. org/jmeter/usermanual/index. html

8. OpenSTA

OpenSTA 是专用于 B/S 结构的、免费的性能测试工具。它的优点除了免费、源代码开放的优点外，还能对录制的测试脚本按指定的语法进行编辑。测试工程师在录制完测试脚本后，只需要了解该脚本语言的特定语法知识，就可以对测试脚本进行编辑，以便于再次执行性能测试时获得所需要的参数，之后进行特定的性能指标分析。

OpenSTA 是基于 Common Object Request Broker Architecture (CORBA)的结构体系。它是通过虚拟一个 Proxy，使用其专用的脚本控制语言，记录通过 Proxy 的一切 HTTP/S Traffic。

OpenSTA 以最简单的方式让大家对性能测试的原理有较深的了解，其较为丰富的图形化测试结果大大提高了测试报告的可阅读性。测试工程师通过分析 OpenSTA 的性能指标收集器收集各项性能指标，以及 HTTP 数据，对被测试系统的性能进行分析。

使用 OpenSTA 进行测试，包括三个方面的内容：首先录制测试脚本，然后定制性能采集器，最后把测试脚本和性能采集器组合起来，组成一个测试案例，通过运行该测试案例，获取该测试内容的相关数据。

网站地址：http://www.opensta.org/download.html

6.2 LoadRunner

6.2.1 LoadRunner 概述

1. LoadRunner 简介

LoadRunner 是一种预测系统行为和性能的负载测试工具，通过模拟大量用户实施并发负载及实时性能监测来确认和查找问题。通过使用 LoadRunner，企业能最大限度地缩短测试时间，优化性能和加速应用系统的发布周期。

LoadRunner 是一种适用于各种体系架构的负载测试工具，它能预测系统行为并优化系统性能。LoadRunner 的测试对象是整个企业的系统，它通过模拟实际用户的操作行为和实行实时性能监测，来帮助用户更快地查找和发现问题。此外，LoadRunner 能支持广泛的协议和技术，为用户的特殊环境提供特殊的解决方案。

1) 轻松创建虚拟用户

使用 LoadRunner 的 Virtual User Generator(简称 VuGen，虚拟用户脚本生成器)，能简便地创立起系统负载。该引擎能够生成虚拟用户脚本，以虚拟用户的方式模拟真实用户的业务操作行为。它首先记录业务流程(如下订单或机票预订)，然后将其转化为测试脚本。利用虚拟用户，可以在 Windows、UNIX 或 Linux 机器上同时产生成千上万的用户访问。所以 LoadRunner 能极大地减少负载测试所需的硬件和人力资源。

用 Virtual User Generator 建立测试脚本后，可以对其进行参数化操作，这一操作能用实际数据测试应用程序，从而反映出系统的负载能力。

2）创建真实的负载

Virtual Users 建立后，需要设定负载方案，业务流程组合和虚拟用户数量。用 LoadRunner 的 Controller，能很快组织起多用户的测试方案。Controller 的 Rendezvous 功能提供一个互动的环境，在其中既能建立起持续且循环的负载，又能管理和驱动负载测试方案。

可以利用 Controller 的日程计划服务来定义用户在什么时候访问系统以产生负载。这样，就能将测试过程自动化。同样还可以用 Controller 来限定负载方案，在这个方案中所有的用户同时执行一个动作来模拟峰值负载的情况。另外，在 Controller 中还能监测系统架构各个组件的性能，包括服务器、数据库、网络设备等，来帮助客户决定系统的配置。

LoadRunner 通过其 AutoLoad 技术，为用户提供了更多的测试灵活性。使用 AutoLoad，可以根据目前的用户人数事先设定测试目标，优化测试流程。

3）定位性能问题

LoadRunner 内含集成的实时监测器，在负载测试过程的任何时候，可以观察到应用系统的运行性能。这些被动监测器将实时显示交易性能数据（如响应时间）和其他系统组件（如应用服务器、Web 服务器、数据库、网络设备等）的实时性能。一旦测试完毕后，LoadRunner 将收集汇总所有的测试数据，并提供高级分析和汇报能力，以便迅速查找到性能问题并追溯原由。

4）LoadRunner 支持的协议非常广泛

LoadRunner 支持广泛的协议，其中包括：B/S（HTTP），C/S（Winsock，Oracle，DB2，SQL Server，Sybase 等），分布式组件的（COM/DCOM，CORBA），Mail（MAPI，SMTP，POP3 等），Wireless（WAP 等），ERP/CRM（SAP 等），VB VU，Java VU，C VU。从 7.6 版本开始还支持多协议。这比很多性能测试工具强，比如 WebLoad 仅支持 Web 的应用，OpenSTA 也仅支持 Web 的测试，支持这么广泛的协议的性能测试工具只有 LoadRunner。

2. LoadRunner 的组成

LoadRunner 主要由 4 部分组成，如图 6-4 所示。

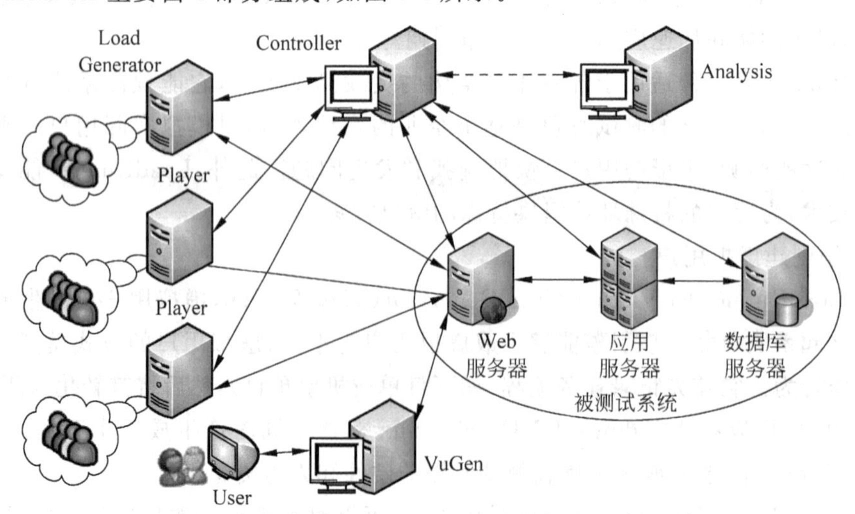

图 6-4　LoadRunner 架构图

1）脚本生成器

脚本生成器(Virtual User Generator，VuGen)：用于创建脚本。VuGen 提供了基于录制的可视化图形开发环境，可以方便简捷地生成用于负载的性能脚本。VuGen 通过录制典型最终用户在应用程序上执行的操作来生成虚拟用户(或称 Vuser)，然后将这些操作录制到自动化 Vuser 脚本中，将其作为负载测试的基础。

2）控制器

控制器(Controller)：是用来设计、管理和监控负载测试的中央控制台。它负责对整个负载的过程进行设置，指定负载的方式和周期，同时提供了系统监控的功能。使用 Controller 可运行模拟真实用户操作的脚本，并通过让多个 Vuser 同时执行这些操作，从而在系统上施加负载。

3）压力生成器

压力生成器(Load Generator)：负责将 VuGen 脚本复制成大量虚拟用户对系统生成负载。

4）结果分析工具

结果分析工具(Analysis)：用于分析场景。Analysis 提供包含深入性能分析信息的图和报告。使用这些图和报告可以找出并确定应用程序的瓶颈，同时确定需要对系统进行哪些改进以提高其性能。

3. LoadRunner 测试原理

1）用户行为模拟

进行性能测试，必须模拟大量不同用户访问被测试系统，对被测试系统产生一定的用户负载。

(1) 不同用户使用不同的数据

LoadRunner 通过“参数化”的方式实现不同用户使用不同数据。如不同的用户使用不同的用户名和密码登录系统，查看不同的内容。

(2) 多用户并发操作

在性能测试中，需要模拟多用户在某个时间点同时向被测试程序发送请求(多用户并发操作)，LoadRunner 通过“集合点”的方式实现。

(3) 请求间的延时

对于同一个业务功能，不同用户的操作时间是不同的，请求和响应的时间也不同，为了模拟这种情况，LoadRunner 通过“思考时间”来实现。

(4) 用户请求间的依赖关系

LoadRunner 通过“关联”来实现用户请求间的依赖关系。

2）性能指标监控

在运行中需要监控各项性能指标，并分析指标的正确性。

(1) 请求响应时间监控

为了更准确地监控某项业务的性能，LoadRunner 通过“事务”的方式来监控请求响应时间。

(2) 服务器处理能力监控

服务器处理能力的一个重要表现就是吞吐量，LoadRunner 通过“事务”计算吞吐量。

(3) 服务器资源利用率监控

为了监控服务器资源利用率，LoadRunner 提供全面简洁的计数器接口，可以方便、准确地获取各项性能指标。

3) 性能调优

通过指标的监控发现系统存在的性能缺陷，利用分析工具定位并修正性能问题。

4. LoadRunner 测试流程

性能测试一般包括 5 个阶段：规划测试、创建脚本、定义场景、执行场景和分析结果。

1) 规划性能测试

定义性能测试要求，例如并发用户数量、典型业务流程和要求的响应时间。制订完整的测试计划，定义明确的测试任务，以确保制定的方案能完成测试目标。

2) 创建 Vuser 脚本

使用 Virtual User Generator (VuGen)录制最终用户活动(即捕获在应用程序上执行的典型用户业务流程)，生成测试脚本，以便在执行性能测试时能以虚拟用户的方式模拟真实用户的业务操作行为。利用虚拟用户，可以模拟产生成千上万个用户访问。

3) 定义场景

在 LoadRunner Controller 中，定义测试期间发生的事件，设置负载测试环境、业务流程组合和虚拟用户数量。

4) 执行场景

使用 LoadRunner Controller 运行、管理并监控负载测试。在负载测试过程中，LoadRunner 自带的监测器可以随时观察到应用系统的运行性能。这些性能监测器实时显示性能数据(如响应时间)和其他系统组件，包括应用服务器、Web 服务器和数据库等的实时性能。这样，可以在测试过程中从客户和服务器双方面评估这些系统组件的运行性能。

5) 分析结果

使用 LoadRunner Analysis 分析在负载测试期间生成的性能数据，创建图和报告，评估系统性能，以便迅速查找到性能问题并追溯缘由。

6.2.2 脚本生成器

虚拟用户脚本生成器(Virtual User Generator)可以方便简捷地生成用于负载的测试脚本。LoadRunner 启动以后，在任务栏会有一个 Agent 进程，通过 Agent 进程，监视各种协议的 Client 与 Server 端的通信，用 LoadRunner 的一套 C 语言函数来录制脚本，然后 LoadRunner 调用这些脚本向服务器端发出请求，接受服务器的响应。

1. 创建脚本

创建负载测试的第一步是使用 VuGen 录制典型最终用户业务流程。VuGen 以“录制-回放”的方式工作。当用户在应用程序中执行业务流程步骤时，VuGen 会将用户的操作录制到自动化脚本中，并将其作为负载测试的基础。

1) 启动 LoadRunner

选择“开始”→“程序”→HP LoadRunner→Applications→Virtual User Generator，将打

开 VuGen 窗口。

2）创建测试脚本

在 VuGen 起始页，单击 File→New 按钮。将打开新建虚拟用户对话框，其中显示了新建单协议脚本屏幕。协议是客户端用来与系统后端进行通信的语言。如果要测试一个网站，将创建一个 Web 虚拟用户脚本。

在 Category 中选择 All Protocols(所有协议)，VuGen 将列出适用于单协议脚本的所有可用协议。向下滚动列表，选择 Web (HTTP/HTML)，如图 6-5 所示。

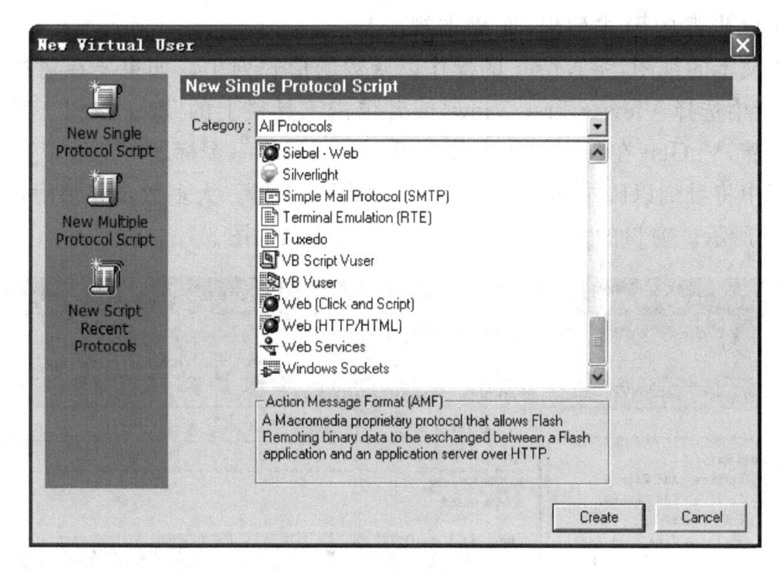

图 6-5 协议选择框

【注】 在多协议脚本中，高级用户可以在一个录制会话期间录制多个协议。在本例中将创建一个 Web 类型的协议脚本。录制其他类型的单协议或多协议脚本的过程与录制 Web 脚本的过程类似。

单击 Create 按钮，将弹出 Start Recording 设置对话框，如图 6-6 所示。

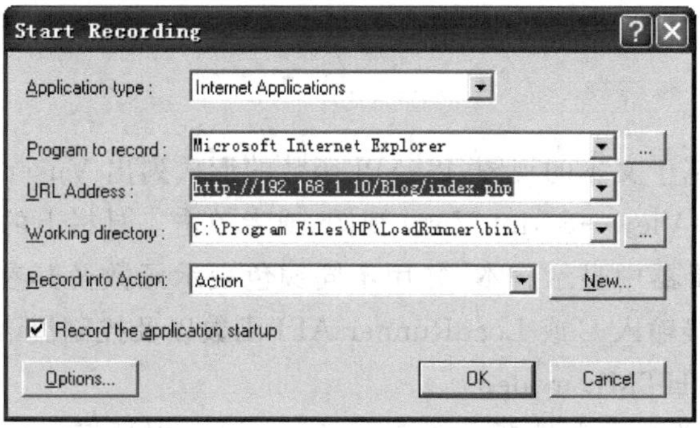

图 6-6 Start Recording 设置对话框

在 URL Address 中输入待测试网站的地址，单击 OK 按钮，此时 LoadRunner 将自动打开 IE 浏览器，并进入要测试的网站。当用户在网站中操作业务功能时，LoadRunner 将以脚本的方式记录用户的每一步操作。操作完成后，单击 Stop 按钮(或者按 Ctrl＋F5 键)，

LoadRunner 将停止录制，并生成测试脚本。

VuGen 的录制工具条如图 6-7 所示。

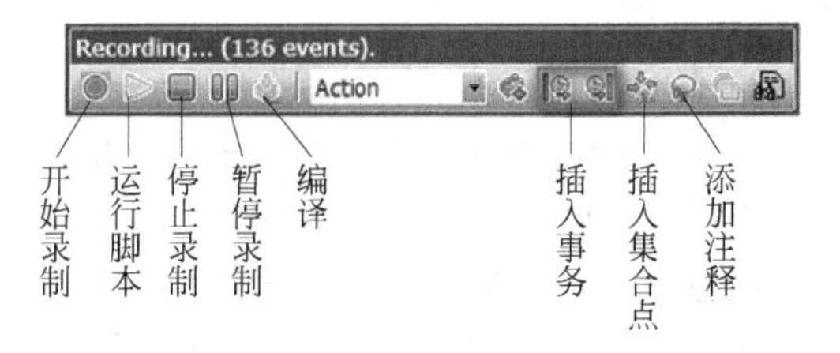

图 6-7 录制工具条

3）查看脚本

在 VuGen 中查看已录制的脚本，其中有树视图和脚本视图两种方式。

(1) 树视图

树视图是一种基于图标的视图，将 Vuser 的操作以步骤的形式列出，而脚本视图是一种基于文本的视图，将 Vuser 的操作以函数的形式列出。如果要在树视图中查看脚本，请在菜单栏中选择 View→Tree View，或者单击工具栏上的 Tree 按钮。对于录制期间执行的每个步骤，VuGen 在脚本树中为其生成一个图标和一个标题。

在树视图中将看到以脚本步骤的形式显示的用户操作。大多数步骤都附带相应的录制快照，如图 6-8 所示。窗口的左边是脚本树，右边是快照视图。

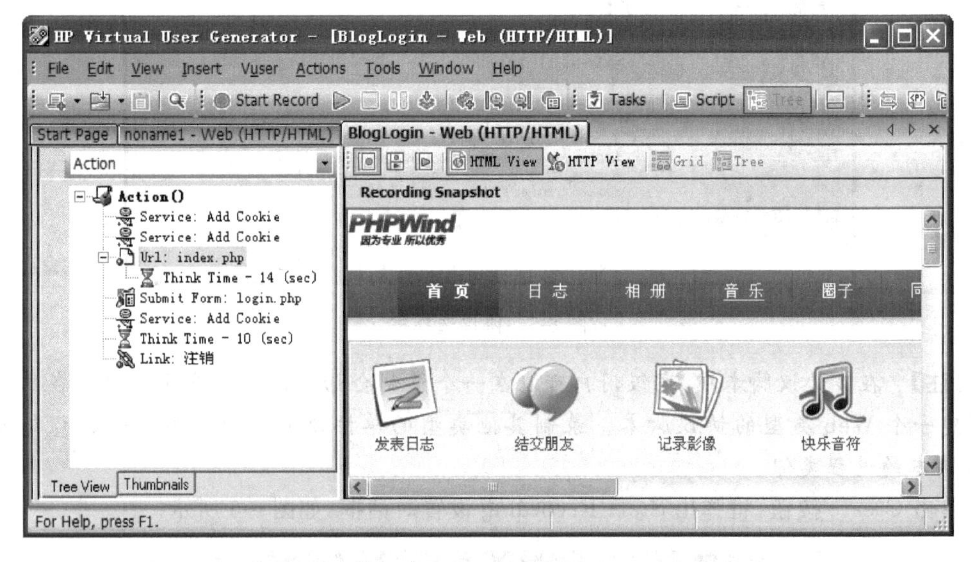

图 6-8 树视图

(2) 脚本视图

脚本视图是一种基于文本的视图，以 API 函数的形式列出 Vuser 的操作。要在脚本视图中查看脚本，请选择 View→Script View 视图，或者单击工具栏上的“脚本”按钮。在脚本视图中，VuGen 在编辑器中显示脚本，并用不同颜色表示函数及其参数值，如图 6-9 所示。用户可以在窗口中直接输入 C 或 LoadRunner API 函数以及控制流语句。

4）URL mode 和 HTML mode

在录制之前，可以设置录制选项。在 Start Recording 对话框中单击 Options 按钮，将弹出 Recording Options 对话框，也可以通过菜单栏的 Tools→Recording Options 命令打开对话框，如图 6-10 所示。

在默认情况下，选择 HTML-based script，脚本采用 HTML 页面的形式来表示，这种方式的 Script 脚本容易维护，容易理解，推荐以这种方式录制。

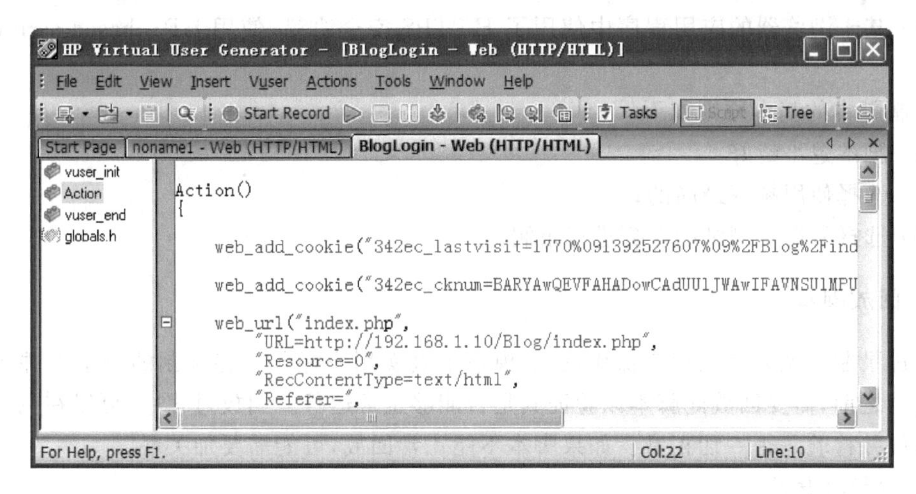

图 6-9 脚本视图

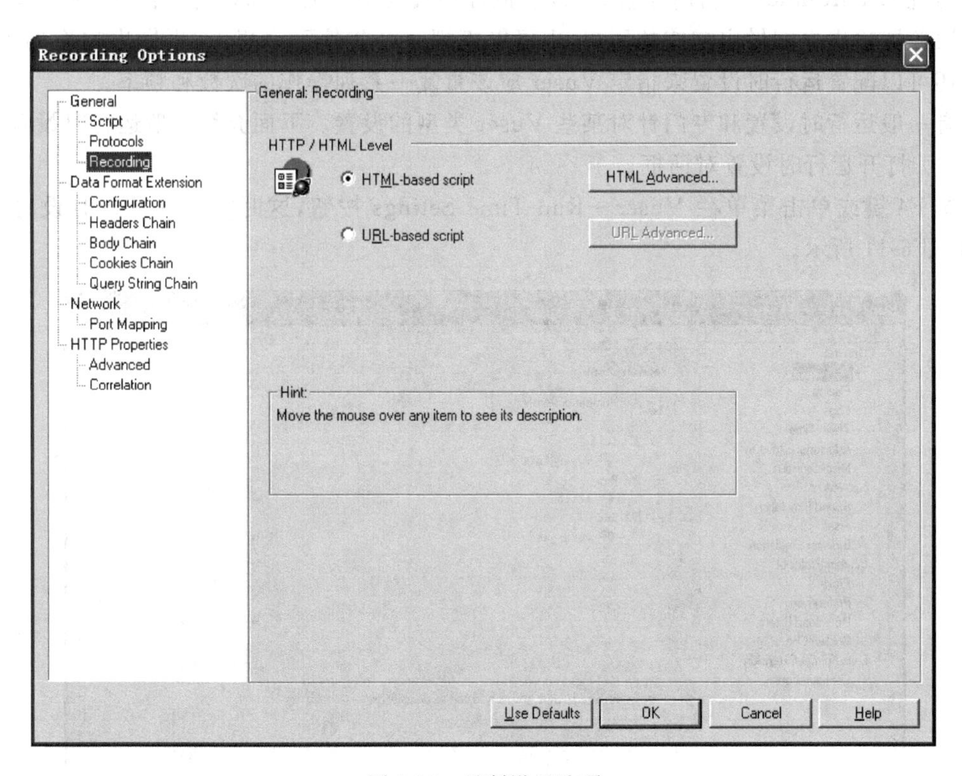

图 6-10 录制设置选项

URL-based script 脚本采用基于 URL 的方式,所有的 HTTP 的请求都会被录制下来,单独生成函数,所以 URL 模式生成的脚本会显得有些杂乱。

选择 HTML 还是 URL 录制,有以下参考原则。

(1) 基于浏览器的应用程序推荐使用 HTML-based script;

(2) 不是基于浏览器的应用程序推荐使用 URL-based script;

(3) 如果基于浏览器的应用程序中包含 JavaScript 并且该脚本向服务器产生了请求,比如 DataGrid 的分页按钮等,也要使用 URL-based script 方式录制;

(4) 基于浏览器的应用程序中使用了 HTTPS 安全协议,使用 URL-based script 方式录制。

录制脚本的基本原则如下。

(1) 脚本越小越好;

(2) 选择使用频率最高的;

(3) 选择所需要测试的业务进行录制。

2. 回放脚本

通过录制一系列典型用户操作,已经模拟了真实用户操作。将录制的脚本合并到负载测试场景之前,需要回放此脚本以验证其是否能够正常运行。回放过程中,可以在浏览器中查看操作并检验是否一切正常。如果脚本不能正常回放,可能需要加关联。

1) 运行时设置

通过 LoadRunner 运行时设置,可以模拟各种真实用户活动和行为。例如,可以模拟一个对服务器输出立即做出响应的用户,也可以模拟一个先停下来思考,再做出响应的用户。另外还可以配置运行时设置来指定 Vuser 应该重复一系列操作的次数和频率。

有一般运行时设置和专门针对某些 Vuser 类型的设置。下面介绍一般运行时设置。

(1) 打开运行时设置对话框。

按 F4 键或单击菜单栏 Vuser→Run-Time Setings 按钮,这时将打开运行时设置对话框,如图 6-11 所示。

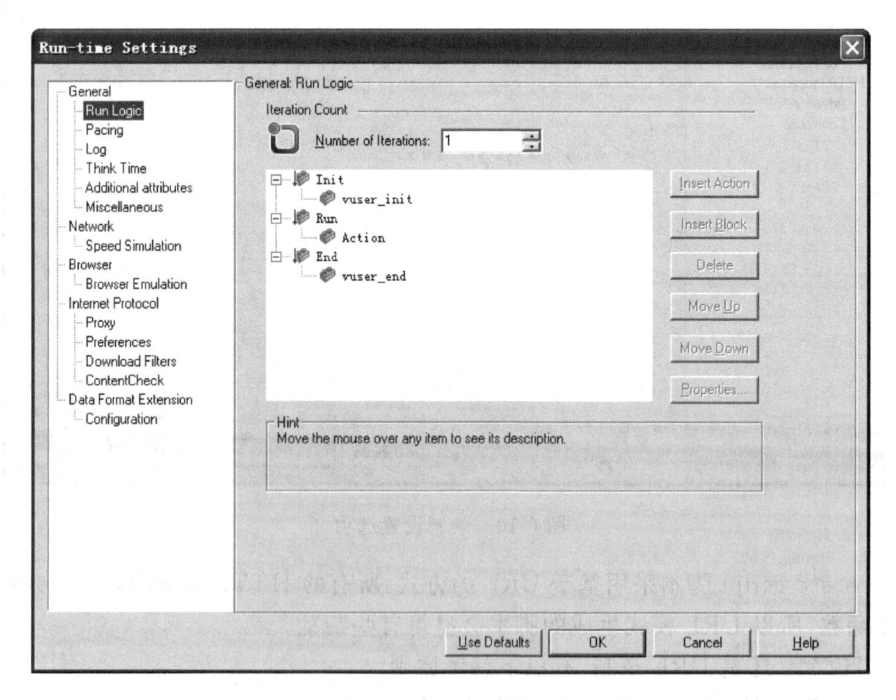

图 6-11 运行时设置

(2) 设置"运行逻辑"。

在左窗格中选择 Run Logic 节点,将打开运行逻辑设置界面,如图 6-11 的右边窗格所示。此时可设置迭代次数或连续重复活动的次数，比如将迭代次数设置为 3。

(3) 配置“步”设置。

在左窗格中选择 Pacing 节点，将打开步的设置界面，如图 6-12 所示。

此节点用于控制迭代时间间隔。可以指定一个随机时间，这样可以准确模拟用户在操作之间等待的实际时间。选择第三个单选按钮并选择下列设置：random（随机），间隔 60.000～90.000s。

(4) 配置“日志”设置。

在左窗格中选择 Log 节点，将打开日志设置界面，如图 6-13 所示。日志设置指出要在运行测试期间记录的信息量。

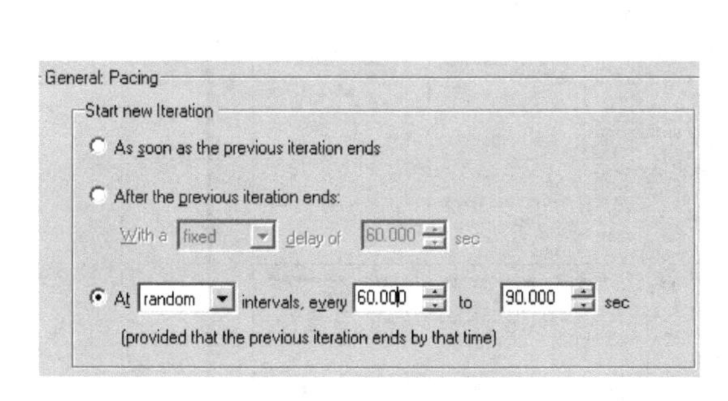

图 6-12 步的设置

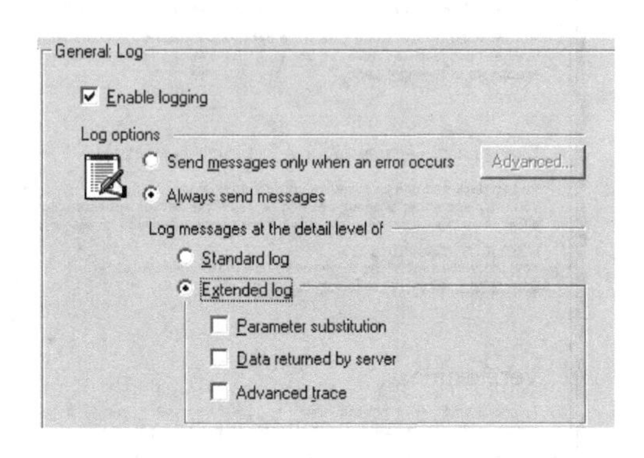

图 6-13 日志设置

(5) 查看“思考时间”设置。

在左窗格中选择 Think Time 节点，将打开思考时间设置界面，如图 6-14 所示。

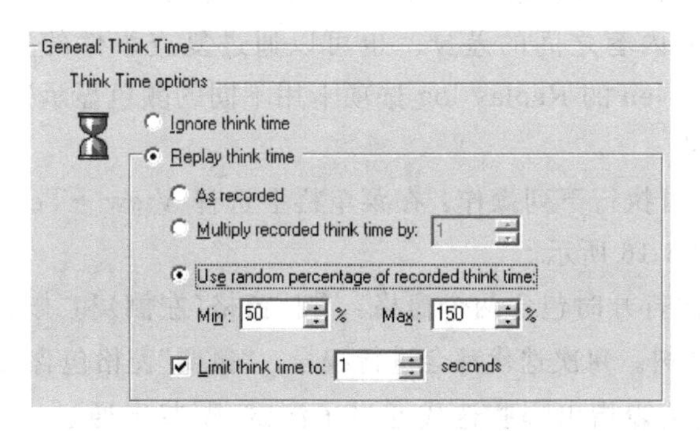

图 6-14 思考时间的设置

也可以在 Controller 中设置思考时间。注意，在 VuGen 中运行脚本时速度很快，因为它不包含思考时间。

(6) 单击“确定”按钮，关闭“运行时设置”对话框。

2) 执行脚本

单击工具条上的 Run 按钮，或者按 F5 键，运行脚本。

3) 查看脚本运行情况

(1) 查看概要信息

运行过程中，可以看到每一个 Action 的执行过程。当脚本停止运行后，可以在向导中查看关于这次回放的概要信息。查看回放概要的具体操作是：单击工具栏上的 Tasks 图标，然后选择 Replay→Verify Replay 命令，脚本回放之后将弹出回放概要窗口，如图 6-15 所示。

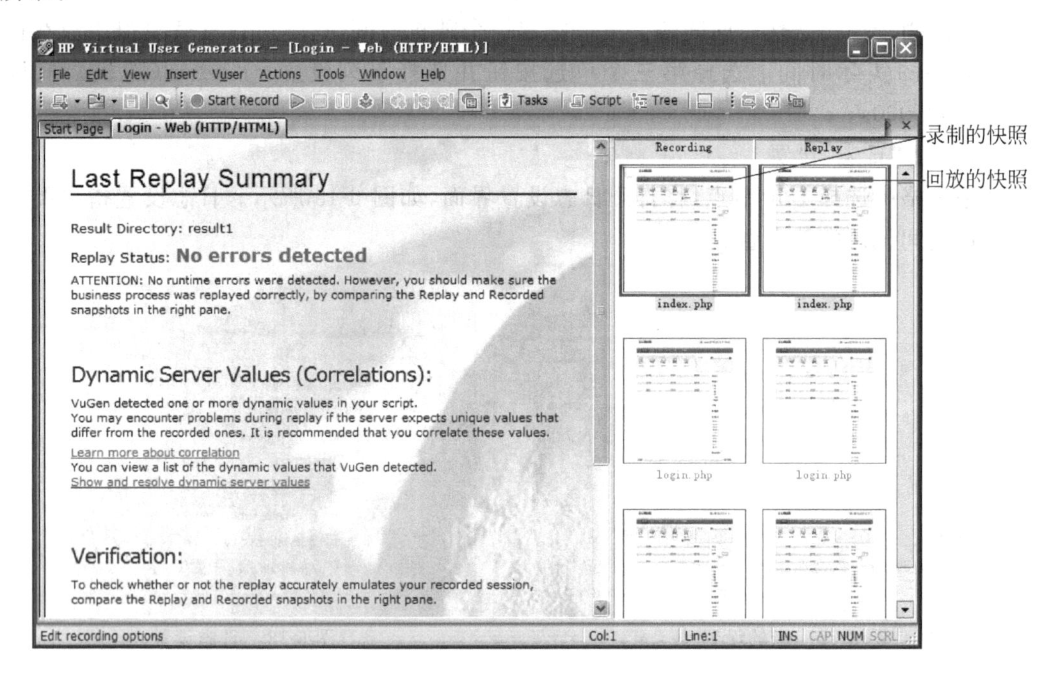

图 6-15 回放概要信息

回放概要列出检测到的所有错误，并显示录制和回放快照的缩略图。通过比较快照，找出录制的内容和回放的内容之间的差异。也可以通过复查事件的文本概要来查看 Vuser 操作。输出窗口中，VuGen 的 Replay log 选项卡用不同的颜色显示这些信息。

(2) 查看测试结果

要查看测试结果，可执行下列操作：在菜单栏上选择 View→Test Results，这时将打开“测试结果”窗口，如图 6-16 所示。

测试结果窗口首次打开时包含两个窗格：“树”窗格(左侧)和“概要”窗格(右侧)。

“树”窗格包含结果树。每次迭代都会进行编号。“概要”窗格包含关于测试的详细信息。

在“概要”窗格中，上表指出哪些迭代通过了测试，哪些未通过。如果 VuGen 的 Vuser 按照原来录制的操作成功执行所有操作，则认为测试通过。在“概要”窗格中，下表指出哪些事务和检查点通过了测试，哪些未通过。

在“树”窗格中，可以展开测试树并分别查看每一步的结果。“概要”窗格将显示迭代期间的回放快照。

在“树”视图中展开迭代节点，然后单击加号(+)展开左窗格中的 Action 概要节点。展开的节点将显示这次迭代中执行的一系列步骤。选择一个页面节点，“概要”窗格上半部分将显示步骤概要信息：对象或步骤名、关于页面加载是否成功的详细信息、结果(通过、失败、完成或警告)以及步骤执行时间；“概要”窗格下半部分将显示与该步骤相关的回放快照。

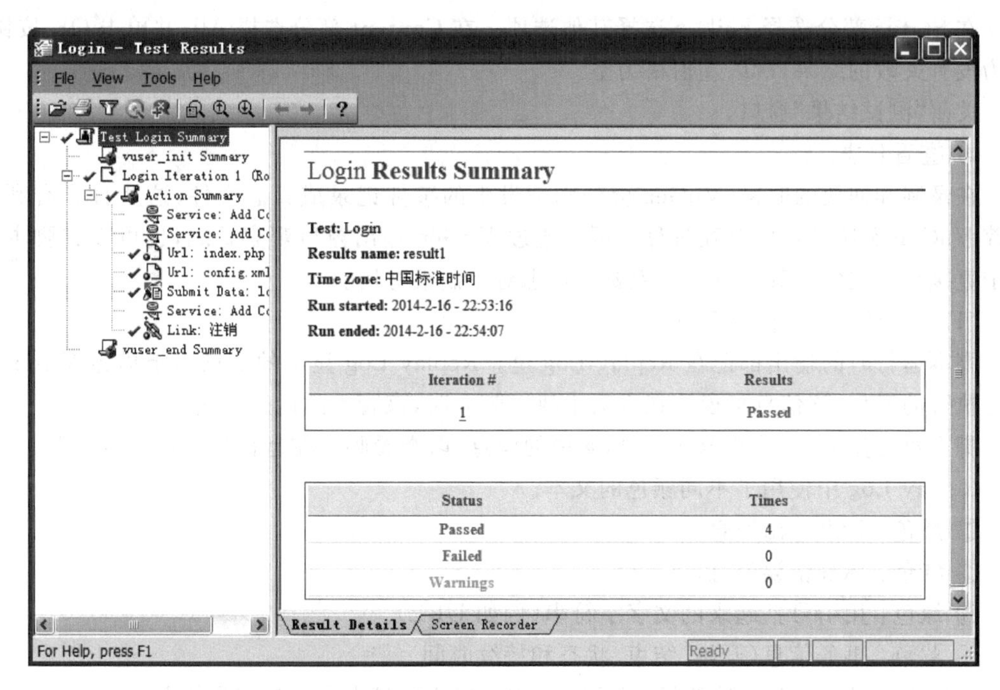

图 6-16　测试结果

(3) 搜索测试结果

可以使用关键字"通过"或"失败"搜索测试结果。此操作非常有用，例如，当结果概要表明测试失败时，可以确定失败的位置。要搜索测试结果，请选择 Tool→Find 命令，或者单击 Find 按钮，这时将打开 Find 对话框，如图 6-17 所示。

选择 Passed 复选框，确保未选择其他选项，然后单击 Find Next 按钮。"树"窗格突出显示第一个状态为通过的步骤。

(4) 筛选结果

可以通过筛选结果来显示特定的迭代或状态。例如，可以进行筛选以便仅显示失败状态。要筛选结果，可选择 View→Filters 命令，或者单击"筛选器"按钮。这时将打开"筛选器"对话框，如图 6-18 所示。

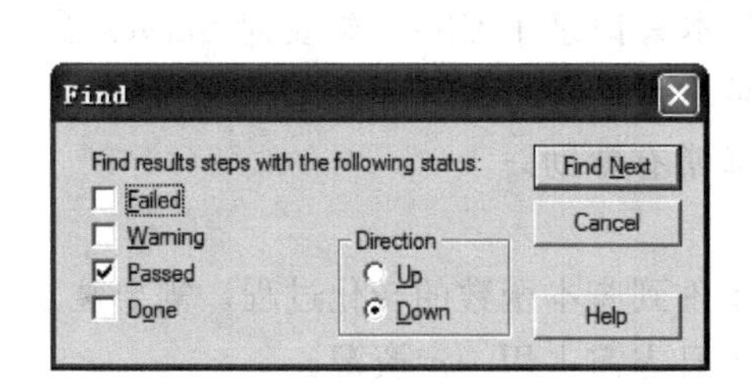

图 6-17　"查找"对话框

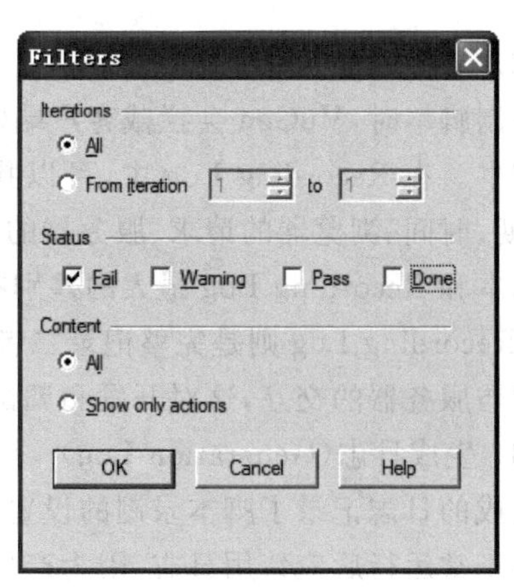

图 6-18　Filters 对话框

在 Status 部分选择 Fail，不选择其他选项。在 Content 部分选择 All，并单击 OK 按钮。因为没有失败的结果，所以左窗格为空。

关闭“测试结果”窗口。

4）查看日志

在录制和回放的时候，VuGen 会分别把发生的事件记录成日志文件，这些日志有利于跟踪 VuGen 和服务器的交互过程。可以通过 VuGen 输出窗口观察日志，也可以到脚本目录中直接查看文件。其中有三个主要的日志对录制很有用。

（1）执行日志(Replay Log)

脚本运行时的输出都记在 Replay Log 里。Replay Log 显示的消息用于描述 Vuser 运行时执行的操作，该信息可说明在方案中执行脚本时，该脚本的运行方式。

脚本执行完成后，检查 Replay Log 中的消息，以查看脚本在运行时是否发生错误。

Replay Log 中使用了不同颜色的文本。

① 黑色：标准输出消息。

② 红色：标准错误消息。

③ 绿色：用引号括起来的文字字符串(例如 URL)。

④ 黄色：事务信息(开始、结束、状态和持续时间)。

如果双击以操作名开始的行，光标将会跳到生成的脚本中的相应步骤上。

图 6-19 显示了 Web Vuser 脚本运行时的 Replay Log 消息。执行日志是调试脚本时最有用的信息。

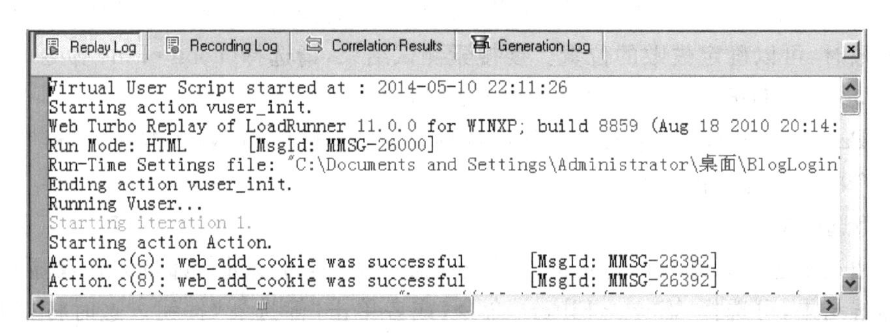

图 6-19　VuGen 脚本执行日志

（2）录制日志(Recording Log)

录制脚本时，VuGen 会拦截客户端(浏览器)与服务器之间的对话，并且全部记录下来，产生脚本。在 Recording Log 中，可以找到浏览器与服务器之间所有的对话，包含通信内容、日期、时间、浏览器的请求、服务器的响应内容等，如图 6-20 所示。

脚本和 Recording Log 最大的差别在于，脚本只记录了 Client 端要对 Server 端所说的话，而 Recording Log 则是完整记录二者的对话。因此通过录制日志，能够更加清楚地看到客户端与服务器的交互，这对开发和调试脚本非常有帮助。

（3）生成日志(Generation Log)

生成的日志记录了脚本录制的设置、网络事件到脚本函数的转化过程。需要注意的是：脚本能正常运行后应禁用日志，因为产生及写入日志需占用一定资源。

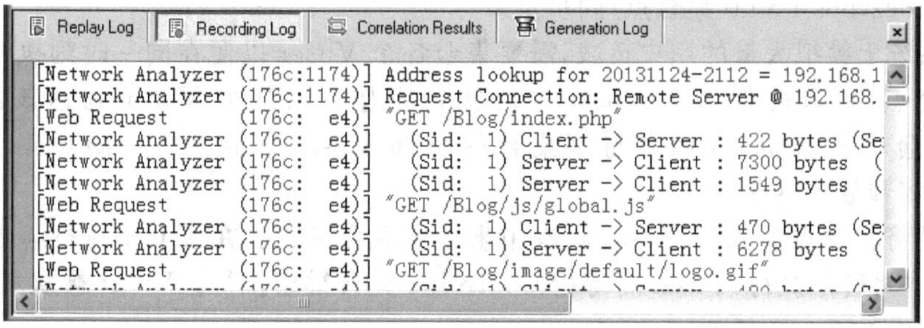

```
Replay Log | Recording Log | Correlation Results | Generation Log
[Network Analyzer (176c:1174)] Address lookup for 20131124-2112 = 192.168.1
[Network Analyzer (176c:1174)] Request Connection: Remote Server @ 192.168.
[Web Request      (176c:  e4)] "GET /Blog/index.php"
[Network Analyzer (176c:  e4)]   (Sid:  1) Client -> Server : 422 bytes (Se
[Network Analyzer (176c:  e4)]   (Sid:  1) Server -> Client : 7300 bytes  (
[Network Analyzer (176c:  e4)]   (Sid:  1) Server -> Client : 1549 bytes  (
[Web Request      (176c:  e4)] "GET /Blog/js/global.js"
[Network Analyzer (176c:  e4)]   (Sid:  1) Client -> Server : 470 bytes (Se
[Network Analyzer (176c:  e4)]   (Sid:  1) Server -> Client : 6278 bytes  (
[Web Request      (176c:  e4)] "GET /Blog/image/default/logo.gif"
```

图 6-20 VuGen 脚本录制日志

3. 增强脚本

1) Transaction(事务)

在 LoadRunner 里,定义事务主要是为了度量服务器的性能。每个事务度量服务器响应指定的 Vuser 请求所用的时间,这些请求可以是简单任务,也可以是复杂任务。要度量事务,需要插入 Vuser 函数以标记任务的开始和结束。在脚本内,可以标记的事务不受数量限制,每个事务的名称都不同。

在场景执行期间,Controller 将度量执行每个事务所用的时间。场景运行后,可使用 LoadRunner 的图和报告来分析各个事务的服务器性能。LoadRunner 允许在脚本中插入不限数量的事务。

插入事务操作可在录制过程中进行,也可在录制结束后进行。设置事务的方法如下。

(1) 选择新事务的开始点,单击工具栏上的 Insert Start Transaction 按钮 ,将弹出 Start Transaction 对话框,输入事务名称,将在脚本中增加一条语句: lr_start_transaction("事务名称")。

(2) 选择新事务的结束点,单击工具栏上的 Insert End Transaction 按钮 ,将弹出 End Transaction 对话框,事务名称已经存在(与事务开始点的名称一致),此时将在脚本中增加一条语句: lr_end_transaction("事务名称", LR_AUTO);。

例如,录制一个登录网站的动作。登录前填好用户名和密码,在单击"登录"按钮之前设置事务起始点"Login",在单击"登录"按钮后,页面完全显示后,再设置事务结束点"Login",这样一个 Login 的事务就设置完成了,生成的脚本如下。

```
lr_start_transaction("Login");
web_submit_data("login.php",
    "Action = http://192.168.1.10/Blog/login.php",
    "Method = POST",
        …
lr_end_transaction("Login", LR_AUTO);
```

【注】 Transaction 的开始点和结束点必须在一个 Action 中,跨越多个 Action 是不允许的。Transaction 的名字在脚本中必须是唯一的,当然也包括在多 Action 的脚本中。

可以在一个 Transaction 中创建另外一个 Transaction,叫作 Nested Transaction。详细使用方法可参看 LoadRunner 函数手册。

2) Rendezvous Point(集合点/同步点)

要在系统上模拟大量的用户负载,需要集合各个 Vuser 以便在同一时刻执行任务。通过创建集合点,可以确保多个 Vuser 同时执行操作。当某个 Vuser 到达该集合点时,Controller 会将其保留,直到参与该集合的全部 Vuser 都到达。当满足集合条件时,Controller 将释放 Vuser。

可通过将集合点插入到 Vuser 脚本中来指定会合位置。在 Vuser 执行脚本并遇到集合点时,脚本将暂停执行,Vuser 将等待 Controller 允许继续执行。Vuser 被从集合释放后,将执行脚本中的下一个任务。

在脚本中插入集合点的方法是:单击菜单 Insert→Rendezvous,或者单击工具栏上的 按钮,将弹出"集合点"对话框,如图 6-21 所示。

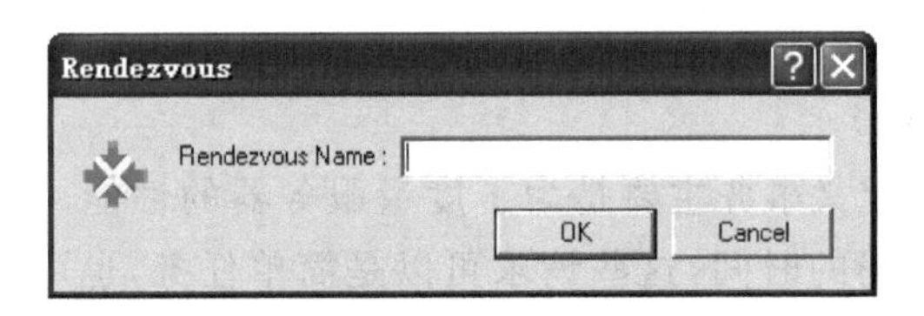

图 6-21 插入集合点

输入集合点名称,单击 OK 按钮,此时脚本中将增加一条语句:lr_rendezvous("集合点名称");。

【注】 只能在 Action 中添加集合点(不能在 vuser_init/vuser_end 中添加)。由于同步点是协调多个虚拟用户的并发操作,因此只有在 Controller 中多用户并发场景时,同步点的意义才表现出来。

3) Think Time(思考时间)

用户在执行两个连续操作期间等待的时间称为思考时间(Think Time)。Vuser 使用 lr_think_time 函数模拟用户思考时间。录制 Vuser 脚本时,Vugen 将录制实际的思考时间并将相应的 lr_think_time 语句插入到 Vuser 脚本。可以编辑已录制的 lr_think_time 语句,而且可以向 Vuser 脚本中手动添加更多的 lr_think_time 语句。

lr_think_time 的参数单位是 s,比如 lr_think_tim(5)意味着 LoadRunner 执行到此条语句时,停留 5s,然后再继续执行后面的语句。

在 Run-time Settings 中可以设置思考时间。如果不想在脚本中执行 Think Time 语句,直接忽略 Think Time,而不用修改脚本。

4) Parameters(参数化)

数据驱动就是把测试脚本和测试数据分离开来的一种思想,脚本体现测试流程,数据体现测试案例。数据不是 hard-code(写在代码里)在脚本里面,这样大大提高了脚本的可复用性。而 LoadRunner 的参数化功能是数据驱动测试思想的一个重要实现。

(1) 为什么需要参数化

在录制程序运行的过程中,Vugen(脚本生成器)自动生成了脚本以及录制过程中实际用到的数据。在这个时候,脚本和数据是混在一起的。

比如,录制一个用户登录 Web 网站的过程,对于登录的操作,脚本中将记录登录的用户名和密码。如果 Controller 里以多用户方式运行这个脚本的时候,每个虚拟用户都会以同样的用户名和密码去登录这个网站。这样将无法模拟一个真实的业务场景。尤其现在服务器大多会采用 Cache 功能提高系统性能，用同样的用户名/密码登录系统的 Cache 命中率会很高，也要快得多。

因此，客户希望当用 LoadRunner 多用户多循环运行时，不要只是重复一个用户的登录。也就是说，把这些数据用一个参数来代替，其实就是把常量变成变量。

参数化后，用户名被一个参数替换，密码被另外一个参数代替。脚本运行时，用户名和密码的值从参数中获得。

除了实现数据驱动之外，参数化脚本还有以下两个优点：一是可以使脚本的长度变短；二是可以增强脚本的可读性和可维护性。

参数化的过程是：首先在脚本中用参数取代常量值，然后设置参数的属性以及数据源。

(2) 参数的创建

VU 可以通过 Tree View 和 Script View 两种途径来查看脚本。用户可以在基于文本的脚本视图(Script View)中进行参数化操作。

① 将光标定位在要参数化的字符上，单击右键，弹出快捷菜单，如图 6-22 所示。

在弹出菜单中，选择 Replace with a Parameter 命令，打开“选择或者创建参数”对话框，如图 6-23 所示。

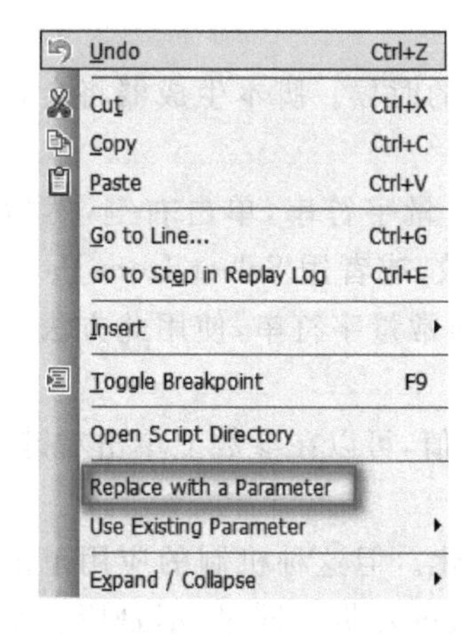

图 6-22 脚本参数化之右键菜单

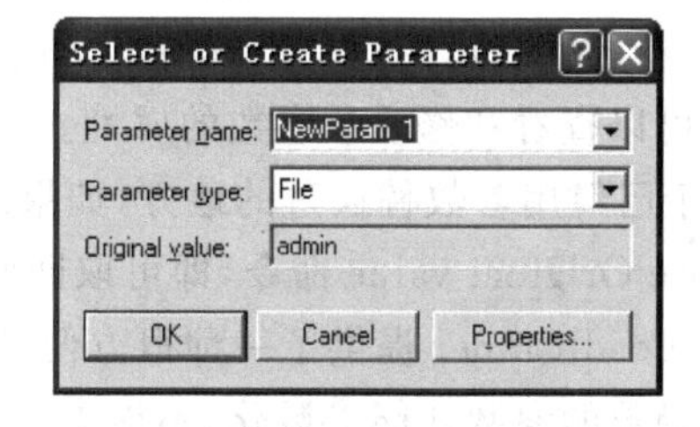

图 6-23 脚本参数化之设定参数名字和类型

在 Parameter name 文本框中输入参数的名称，或者选择一个在参数列表中已经存在的参数。在 Parameter type 下拉列表中选择参数类型。

在定义参数属性的时候，要指定参数值的数据源。可以指定下列数据源类型中的任何一种。

Data Files：这是最常使用的一种参数类型，它的数据存在于文件中。该文件的内容可以手工添加，也可以利用 LoadRunner 的 Data Wizard 从数据库中导出。

User-Defined Functions：调用外部 DLL 函数生成的数据。

Internal Data：虚拟用户内部产生的数据。

Internal Data 包括以下几种类型。

- Date/Time：用当前的日期/时间替换参数。要指定一个 Date/Time 格式，可以从菜单列表中选择格式，或者指定自己的格式。这个格式应该和脚本中录制的 Date/Time 格式保持一致。
- Group Name：用虚拟用户组名称替换参数。在创建 scenario 的时候，可以指定虚拟用户组的名称。注意：当从 VuGen 运行脚本的时候，虚拟用户组名称总是 None。

- Load Generator Name：用脚本负载生成器的名称替换参数。负载生成器是虚拟用户在运行的计算机。
- Iteration Number：用当前的迭代数目替换参数。
- Random Number：用一个随机数替换参数。通过指定最大值和最小值来设置随机数的范围。
- Unique Number：用一个唯一的数字来替换参数，可以指定一个起始数字和一个块的大小。使用该参数类型必须注意可以接收的最大数。
- Vuser ID：用分配给虚拟用户的 ID 替换参数，ID 是由 LoadRunner 的控制器在 scenario 运行时生成的。如果从脚本生成器运行脚本，虚拟用户的 ID 总是－1。

输入参数名，选择好参数类型后，单击 OK 按钮，关闭该对话框。脚本生成器便会用参数中的值来取代脚本中被参数化的字符，参数名用一对花括号"{}"括住。

② 用同样的参数替换字符的其余情况。选中参数，单击右键，在弹出的菜单中选择 Replace more occurrences 命令，打开"搜索和替换"对话框。Find What 中显示了想要替换的值，Replace With 中显示了括号中参数的名称。选择适当的检验框来匹配整个字符或者大小写，然后单击 Replace 或者 Replace All 按钮。

提示：小心使用 Replace All，尤其在替换数字字符串的时候。脚本生成器将会替换字符出现的所有情况。

③ 用以前定义过的参数来替换常量字符串。选中常量字符串，单击右键，然后选择 Use existing parameters 命令，从弹出的子菜单中选择参数，或者用 Select from Parameter List 来打开参数列表对话框。用以前定义过的参数来替换常量字符串，使用此方法非常方便，同时还可以查看和修改该参数的属性。

④ 对于已经用参数替换过的地方，如果想取回原来的值，可以在参数上单击右键，然后选择 Restore Original value 命令，即可取回原来的值。

提示：LoadRunner 提供了一种很方便的机制去参数化。但这种机制的应用范围是有限的，只有函数的参数才能参数化，不能参数化非函数参数的数据。同时，不是所有函数的参数都能参数化。

对于不能使用上面机制参数化的数据，可以在 Vuser 脚本中的任何地方使用 lr_eval_string 来参数化数据。lr_eval_string 用来得到一个参数的值，而参数可以预先在 LoadRunner 的 Parameter List 里定义好，也可以是之前通过其他函数创建的。lr_eval_string 的详细使用方法可参见 LoadRunner 函数手册。

(3) 定义参数的属性

创建参数完成后，就可以定义其属性了。参数的属性定义就是在脚本执行过程中，定义参数使用的数据源。在 Web 用户脚本中，既可以在基于文本的脚本视图中定义参数属性，也可以在基于图标的树视图中定义参数属性。

① 使用参数列表

使用参数列表可以在任意时刻查看所有的参数、创建新的参数、删除参数，或者修改已经存在的参数的属性。单击工具条上面的参数列表按钮或者选择 Vuser→Parameter List，打开"参数列表"对话框，如图 6-24 所示。

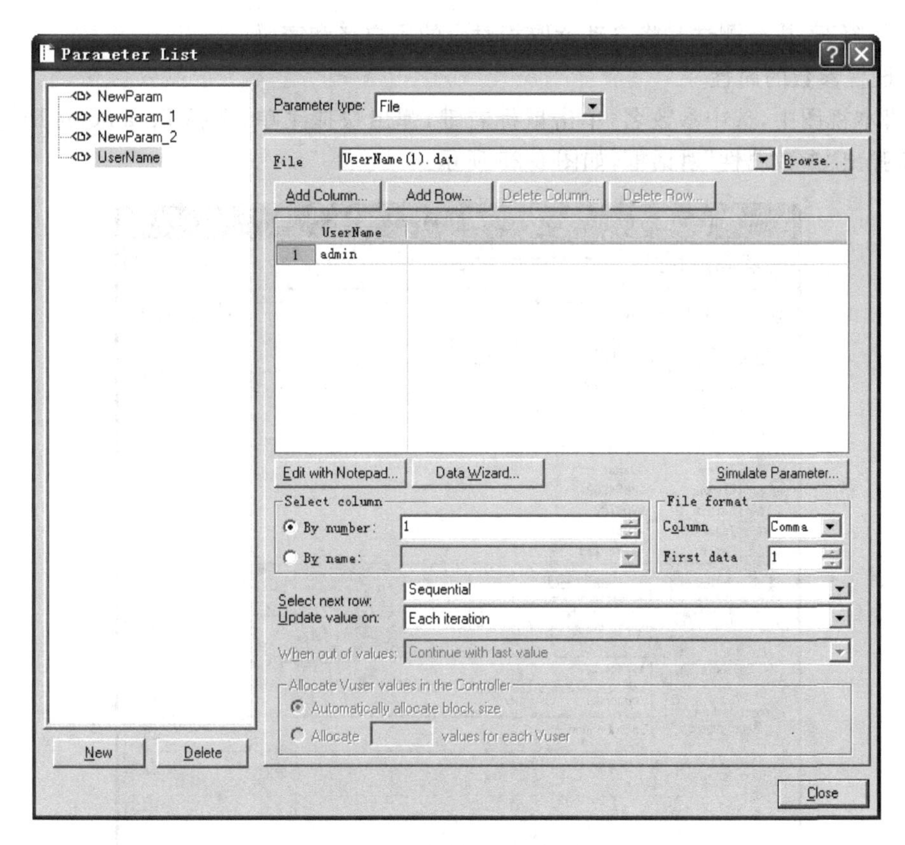

图 6-24 “参数列表”对话框

要创建新的参数，单击左下方的 New 按钮，新的参数则被添加在参数树中，该参数有一个临时的名字，可以给它重新命名，然后回车。要删除已有的参数，首先要从参数树中选择该参数，单击 Delete 按钮，然后确认即可。要修改已有的参数，首先要从参数树中选择该参数，然后编辑参数的类型和属性。

② 数据文件

数据文件包含脚本执行过程中虚拟用户访问的数据。局部和全局文件中都可以存储数据。可以指定现有的 ASCII 文件、用脚本生成器创建一个新的文件或者引入一个数据库。数据文件中的数据是以表的形式存储的。一个文件中可以包含很多参数值。每一列包含一个参数的数据，列之间用分隔符隔开，比如用逗号。

如果使用文件作为参数的数据源，必须指定以下内容：文件的名称和位置、包含数据的列、文件格式、包括列的分隔符、更新方法。

如果参数的类型是 File，打开参数属性(Parameter Properties)对话框，设置文件属性如下。

在 File 输入框中输入文件的位置，或者单击 Browse 按钮指定一个已有文件的位置。在默认情况下，所有新的数据文件名都为“参数名.dat”。需要注意的是数据文件的后缀必须是.dat。

单击 Edit with Notepad 按钮，打开记事本，里面第一行是参数的名称，第二行是参数的初始值。使用分隔符(如逗号)将列隔开，每一行代表一组数据。比如用户名和密码写在一行，用逗号隔开，执行测试时将自动读取相对应的用户名和密码。

③ 设置参数的属性

在脚本视图中，选中参数名，单击鼠标右键，弹出快捷菜单，选择 Parameter Properties 命令，将弹出“参数属性”对话框，如图 6-25 所示。

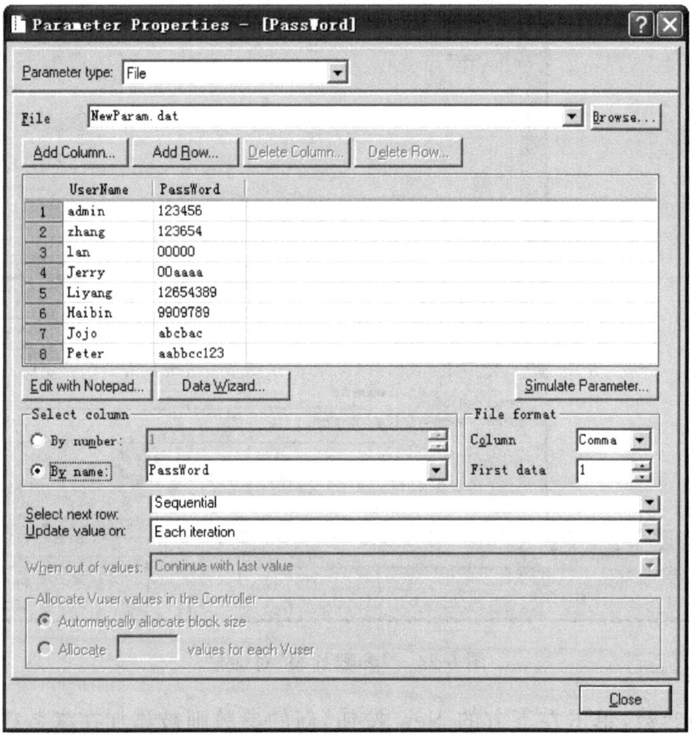

图 6-25 参数属性设置

单击 Add Column 按钮，打开 Add new column 对话框。输入新列的名称，单击 OK 按钮，脚本生成器就会将该列添加到表中，并显示该列的初始值。

单击 Add Row 按钮，将在数据表中增加一行，可以在表中输入数据。

Select column：指明选择参数数据的列。可以指定 By number(列号)或者 By name(列名)。列号是包含所需要数据的列的索引；列名显示在每列的第一行(row 0)。

File format：选择列分隔符。可以指定 Comma(逗号)、Tab、Space(空格)作为列的分隔符。

First data：在脚本执行的时候选择第一行数据使用。列标题是第 0 行，若从列标题后面的第一行开始，就在 First data 中输入 1；如果没有列标题，就输入 0。

Select next row：输入更新方法，以说明虚拟用户在获取第一行数据后，下一行数据按照什么规则来取。在 Select next row 中可以选择：顺序的(Sequential)、随机的(Random)、唯一的(Unique)，或者与其他参数相同的行(Same Line as..)。

- Sequential(顺序的)：顺序地给虚拟用户分配参数值。正在运行的虚拟用户访问数据表时，它会取到下一行中可用的数据。如果参数表里的数据都取一遍了，就回到第一行，重新开始顺序地取数据。

- Random(随机的)：在每次迭代的时候会从数据表中随机取一个数据。比如当前参数表中有 100 行数据，那么随机数就从 1～100 之间任取一个，然后作为行号，去取相应行的参数数据。
- Unique(唯一的)：分配一个唯一的(有顺序的分配)数据给每个虚拟用户的参数。如果有 100 行数据，只能取 100 次。如果第 101 个用户来取，则没有数据了，LoadRunner 会报错，提示数据不够用。
- Same Line As <parameter>(与以前定义的参数取同一行)：该方法从与以前定义过的参数中同样的一行分配数据，但必须指定包含该数据的列。在下拉列表中会出现定义过的所有参数列表。注意：至少其中的一个参数必须是 Sequential、Random 或者 Unique。

例如，数据表中有三列，三个参数定义在列表中：ID、Username 和 Password，如表 6-3 所示。

表 6-3　参数数据表

ID	Username	Password
1001	admin	12abc89
1002	lihai	1289fg
1003	wanghua	hf12679a
…	…	…

对于参数 ID，可以指示虚拟用户使用 Random 方法，而为参数 Username 和 Password 就可以指定方法 Same Line as ID。所以，一旦“1002”被使用，那么，“lihai”和“1289fg”就同时被使用。

Updtae value on：指定数据的更新方法。对应参数表的读取规则来说，上面的 Select next row 指的是怎么取新值(是顺序还是随机等)，而 Update value on 指的是什么时候取新值。LoadRunner 中有以下几种取新值的策略。

- Each iteration：每次迭代时取新值(在同一个迭代中，无论读几次参数，获得的都是同一个参数值)。
- Each occurrence：只要取一次，就要新的(在同一个迭代中，读一次参数，就要取其新值，而新值由 Select next row 来规定)。
- Once：在所有的循环中都使用同一个值(只取一次，也就是说，这个参数只有一个值)。

When out of values：指出超出范围时的处理方式(选择数据为 Unique 时才会用到)。

- Abort Vuser：中止虚拟用户。
- Continue in a cyclic manner：继续循环取值。
- Continue with last value：取最后一个值。
- Allocate Vuser values in the Controller：在控制器中分配虚拟用户的值。
- Automatically allocate block size：自动分配。
- Allocate values for each Vuser：为每一个虚拟用户指定一个值。

例：

某场景需求：50 个不同的用户以各自用户名和密码登录到博客网站，然后每个用户发

表 10 个不同标题的日志，最后退出系统。参数表该如何设计呢？根据要求，在此场景中，至少需要三个参数：username、password 和 title，分别存储用户名、密码和标题。其中，username 参数包含 50 条记录，password 参数包含 50 条记录，keyword 参数包含 50×10＝500 条记录。脚本结构设计中，可以把登录的操作放在 vuser_init 中，发表日志操作放在 Action 中，迭代设为 10 次，退出操作放在 vuser_end 中。在参数表中做如下设置。

- username 的设置

Select next row 设为 Unique(或 Sequential)。

Update value on 设为 Each iteration。

- password 的设置

Select next row 设为 Same Line as username(保证 username 和 password 一一对应)。

Update value on 设置与 username 相同。

- title 的设置

Select next row 设为 Unique(或 Sequential)。

Update value on 设为 Each iteration。

5) Check point(检查点)

LoadRunner 的很多 API 函数的返回值会改变脚本的运行结果。比如 web_find 函数，如果它查找匹配的结果为空，它的返回值就是 LR_FAIL，整个脚本的运行结果也将置为 FAIL；反之，查找匹配成功，则 web_find 返回值是 LR_PASS，整个脚本的运行结果置为 PASS。而脚本的结果则反映在 Controller 的状态面板上和 Analysis 统计结果中。但仅通过脚本函数执行结果无法判断整个脚本的成功/失败。因为脚本一般是执行一个业务流程，Vuser 脚本函数本身是协议级的，它执行的失败会引起整个业务的失败，但它运行成功却未必意味着业务会成功。比如，要测 100 人登录一个 Web 网站，此 Web 网站有限制，即不允许使用同一个 IP 登录两个用户。如果 LoadRunner 没有开启多 IP 欺骗功能，第一个虚拟用户登录成功后，第二个虚拟用户试图登录，系统将返回一个页面，提示用户“您已登录，请不要重复登录!”。在这种场景下，如果没有设检查点来判断这个页面，那么虚拟用户(Vuser)认为它已经成功地发送了请求，并接到了页面结果(HTTP 状态码为 200，虽然是个错误页面)。这样 Vuser 就认为这个动作是成功的，但事实并非如此。因此需要采用检查点来判断结果。

检查点(Check Point)的作用是验证程序的运行结果是否与预期结果相符。在进行压力测试时，为了检查 Web 服务器返回的网页是否正确，VuGen 允许插入 Text/Imag 检查点，这些检查点将验证网页上是否存在指定的 Text 或者 Image，还可以在比较大的压力测试环境中测试被测的网站功能是否保持正确。

(1) 添加文本检查点(Text Check)

在树视图中，选中要插入检查点的节点，单击鼠标右键，在快捷菜单中选择 Insert After 或者 Insert Before 命令，将弹出对话框，如图 6-26 所示。

选择 Text Check，单击 OK 按钮，将弹出“文本检查点属性”对话框，如图 6-27 所示。

在 Search for 中输入要查找的字符串。为了更好地定位要查找的字符串的位置，可以选择 Right of 复选框，并输入要查找的字符串的左边的内容，选择 Left of 复选框，并输入要查找的字符串的右边的内容。单击 General 按钮将弹出 Available Properties 设置窗口，对

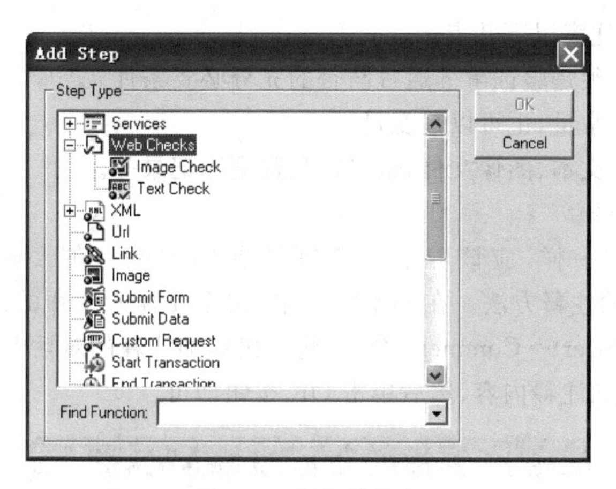

图 6-26　添加检查点

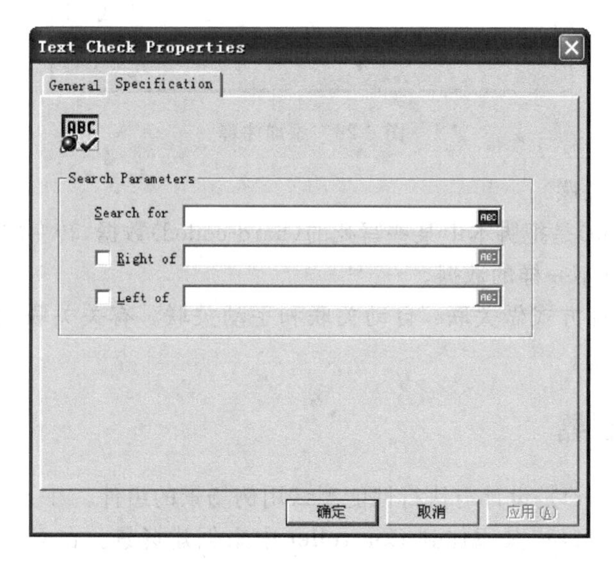

图 6-27　文本检查点属性

文本检查点进行更详细的设置。设置好后，单击“确定”按钮，Vuser 脚本中将增加下列语句。文本检查点的功能由 web_find 函数来实现。

```
web_find("web_find",
    "RightOf = (",
    "LeftOf = )",
    "What = admin",
    LAST);
```

在本例中，web_find 函数在网页中搜索“admin”关键字。有关 web_find 函数的各个参数的含义以及使用方法，可参看 LoadRunner 的函数手册。

(2) 添加图像检查点(Image Check)

图像检查点的功能由 web_image_check 实现。添加图像检查点的步骤与添加文本检查点的步骤类似，在此不再详述。

设置检查点时需注意以下几点。

① 检查的内容必须是验证事务通过与否的充分必要条件。

② 检查点可以是常量,也可以是变量。

③ 检查点可以是文本、图像文件,也可以是数据库记录等。

6) Comment(注释)

写脚本和写程序一样,应该养成经常写注释的习惯。在 LoadRunner C 脚本中,LoadRunner 支持 C 的注释方法。在脚本视图中,在需要插入注释的地方,单击鼠标右键,弹出快捷菜单,选择 Insert→Comment 命令,将弹出添加注释的对话框,如图 6-28 所示。在文本框中输入要添加的注释内容,然后单击 OK 按钮即可。

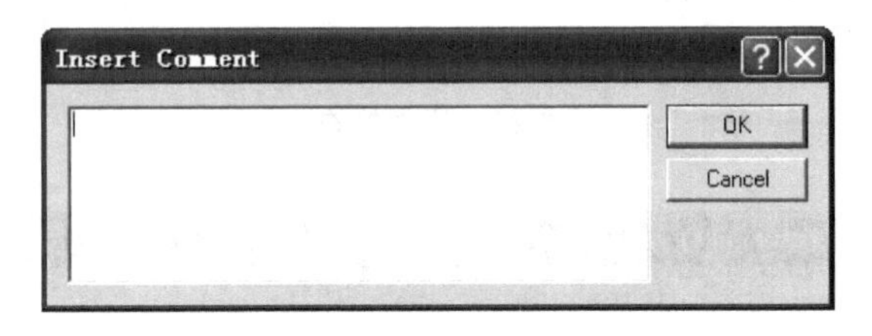

图 6-28　添加注释

7) Correlation(关联)

关联(Correlation)是把脚本中某些写死的(hard-coded)数据,转变成是撷取自服务器所送的、动态的、每次都不一样的数据。

VuGen 提供两种方式做关联:自动关联和手动关联。有关关联的相关内容,请查阅 LoadRunner 使用指南。

6.2.3　控制器

控制器(Controller)是设计与执行性能测试用例场景的组件。在 VuGen 中完成的虚拟用户脚本调试后,就可以将其添加到 Controller 中来创建场景。在 Controller 中完成虚拟用户的数量与行为等场景设置后,就可以运行场景来产生压力。

在场景运行过程中,Controller 可以提供对服务器资源、虚拟用户执行情况、事务响应时间等方面进行监控,帮助测试人员分析系统状态,并在运行完毕后给出结果以便进一步分析。

1. 设计场景

1) 打开 Controller

选择"开始"→"程序"→ HP LoadRunner → Applications → Controller,将打开 LoadRunner Controller。默认情况下,Controller 打开时将显示 New Scenario 对话框,如图 6-29 所示。

2) 选择场景类型

使用 Controller 可以选择不同的场景类型,其中包括 Manual Scenario(手动场景)和 Goal-Oriented Scenario(面向目标的场景)。

Manual Scenario:完全手动的设置场景。

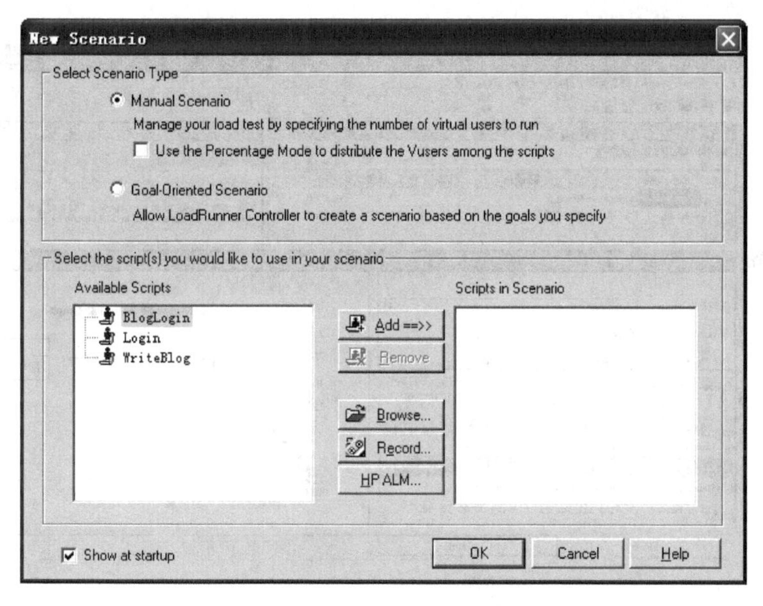

图 6-29 新建场景

Goal-Oriented Scenario：如果测试计划是要达到某个性能指标，比如每秒多少点击，每秒多少 Transactions，能到达多少 Vuser（虚拟用户），某个 Transaction 在多少 Vuser（500～1000）内的响应时间等，那么就可以使用面向目标的场景。在面向目标场景中，先定义测试要达到的目标，然后 LoadRunner 自动基于这些目标创建场景，运行过程中不断将运行结果和目标相比较，以决定下一步怎么做。

3）添加脚本

选择手工场景，添加脚本到场景中。在打开 Controller 之前，如果已经录制了一些虚拟用户脚本，此时就可以在图 6-29 的左下部的 Available Scripts 框中看到可用的虚拟用户脚本。选中要使用的脚本，单击 Add 按钮，可以把脚本加入到要测试的场景中。

单击 OK 按钮，LoadRunner Controller 将打开场景设计窗口，如图 6-30 所示。

Controller 的场景设计窗口中包含三个主要部分：“场景计划”、“场景组”和“服务水平协议”。

在“场景组”部分配置 Vuser 组。创建不同的组来代表系统的典型用户。在这里可以定义典型用户将执行的操作、运行的 Vuser 数和运行场景时所用的计算机。

在“场景计划”部分，设置负载行为以准确模拟用户行为。在这里可以确定在应用程序上施加负载的频率、负载测试的持续时间以及负载的停止方式。

设计负载测试场景时，可以为性能指标定义目标值或服务水平协议（Service Level Agreement，SLA）。运行场景时，LoadRunner 收集并存储与性能相关的数据。分析运行情况时，Analysis 将这些数据与 SLA 进行比较，并为预先定义的测量指标确定 SLA 状态。

4）配置负载生成器

LoadRunner 可以使用多个 Load Generator，并在每个 Load Generator 上运行多个 Vuser，来产生重负载。运行场景时，Controller 自动连接到 Load Generator，启动进程或线程执行虚拟用户脚本。在“场景组”窗格中，单击 Load Generators 下拉列表框，选中 Add，将

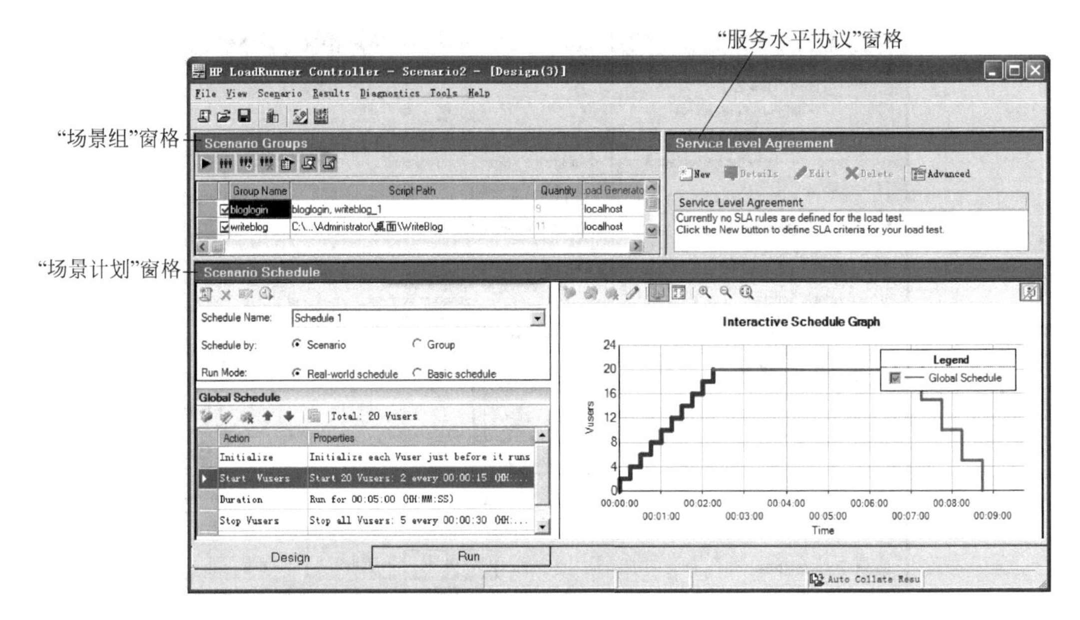

图 6-30 场景设计

弹出 Add New Load Generator 对话框，如图 6-31 所示。在 Name 文本框中输入负载机（用于运行虚拟用户脚本的计算机）的 IP 地址或者计算机名称，如果是本机，可输入"localhost"。

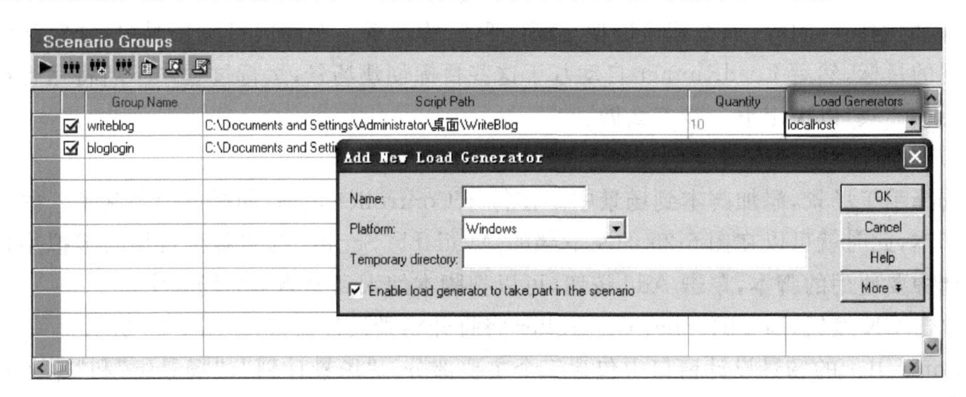

图 6-31 添加负载生成器

单击工具栏上的 按钮（Load Generators），或者单击菜单栏 Scenario→Load Generators，将弹出负载机设置对话框，如图 6-32 所示。选中负载机，然后单击 Connect 按钮，连接好负载机后，其 Status 属性将由 Down 变为 Ready。单击 Add 按钮，可以添加新的负载机。如果不想连接某个负载机，可以单击 Delete 按钮删除此负载机。

5）模拟真实负载

典型用户不会正好同时登录和退出系统。利用 Controller 窗口的"场景计划"窗格，可创建能更准确模拟典型用户行为的场景计划。例如，创建手动场景后，可以设置场景的持续时间或选择逐渐运行和停止场景中的 Vuser。

（1）选择计划类型和运行模式

在"场景计划"窗格中，选择计划方式为 Scenario（场景）；运行模式为 Real-word

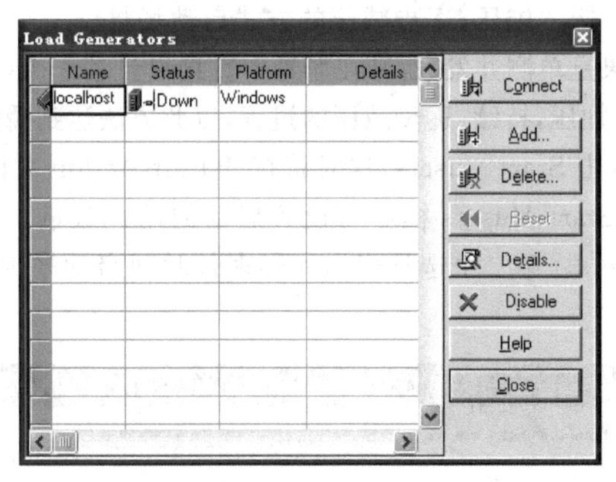

图 6-32 查看负载生成器

schedule(实际计划)。

(2) 设置计划操作定义

如图 6-33 所示,可设置计划操作定义。

Global Schedule

Total: 20 Vusers

Action	Properties
Initialize	Initialize each Vuser just before it runs
Start Vusers	Start 20 Vusers: 2 every 00:00:15 (HH:MM:SS)
Duration	Run for 00:05:00 (HH:MM:SS)
Stop Vusers	Stop all Vusers: 5 every 00:00:30 (HH:MM:SS)

图 6-33 制订场景计划

① 设置 Vuser 初始化

在 Action 网格中双击 Initialize,即初始化。这时将打开 Edit Action 对话框,显示初始化操作,如图 6-34 所示。可供选择的内容如下。

- 同时初始化所有 Vuser;
- 每隔多长时间(HH:MM:SS)初始化多少个 Vuser;
- Vuser 运行之前对其进行初始化。

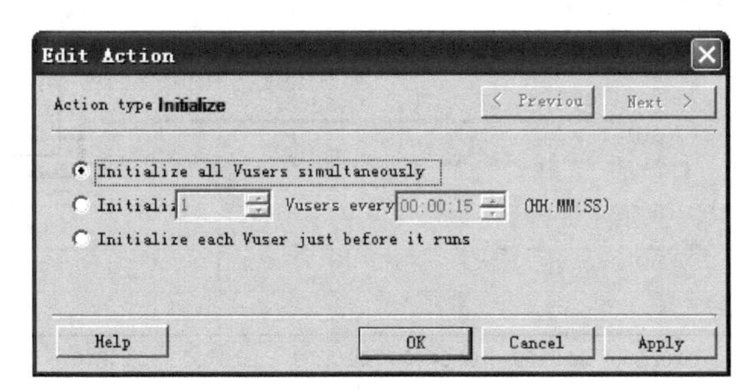

图 6-34 初始化设置

② 指定启动方式

LoadRunner 中场景启动方式有两种：逐步加压模式和瞬间并发模式。

逐步加压模式：通常情况下,为了真实地模拟用户业务情况,有效地衡量服务器性能,大多数会采用逐步加压，持续施压，逐步减压的方式启动场景。

瞬间并发模式：如果是单测并发数，则在场景中直接设计若干个(比如1000个)并发进行业务操作，无须设置逐步加压，持续，逐步减压的过程，以此方法达到瞬间的并发测试效果。

在Action网格中双击Start Vusers，这时将打开Edit Action对话框，显示Start Vusers操作，如图6-35所示。Start Vusers框中可设置启动的用户数量。Simultaneously选项表示同时启动所有的Vusers。第二个选项表示每隔多长时间启动多少个虚拟用户。例如，每隔15s启动两个。

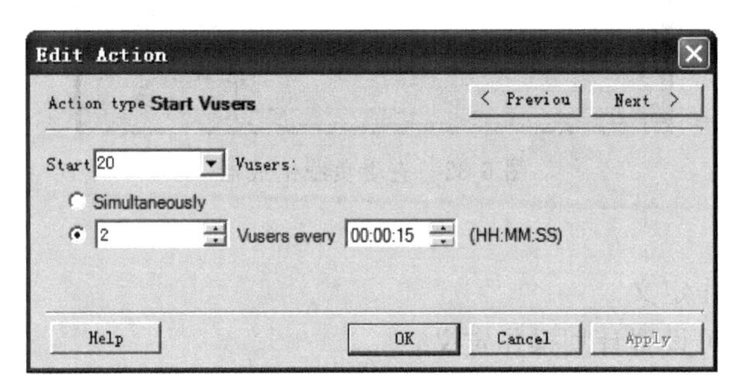

图6-35 启动模式设置

③ 计划持续时间

在Action网格中双击Duration，即持续时间。这时将打开Edit Action对话框，显示“持续时间”操作。例如，设置运行5min。

④ 计划逐渐关闭

在Action中双击Stop Vusers。这时将打开Edit Action对话框，显示Stop Vusers操作。选择第二个选项：每隔30s停止5个Vuser。

(3) 查看计划程序图示

Interactive Schedule Graph(交互计划图)显示了场景计划中的Start Vusers、Duration和Stop Vusers操作，如图6-36所示。此图的一个特点是其交互性，如果单击“编辑模式”按钮，就可以通过拖动图本身的行来更改任何设置。

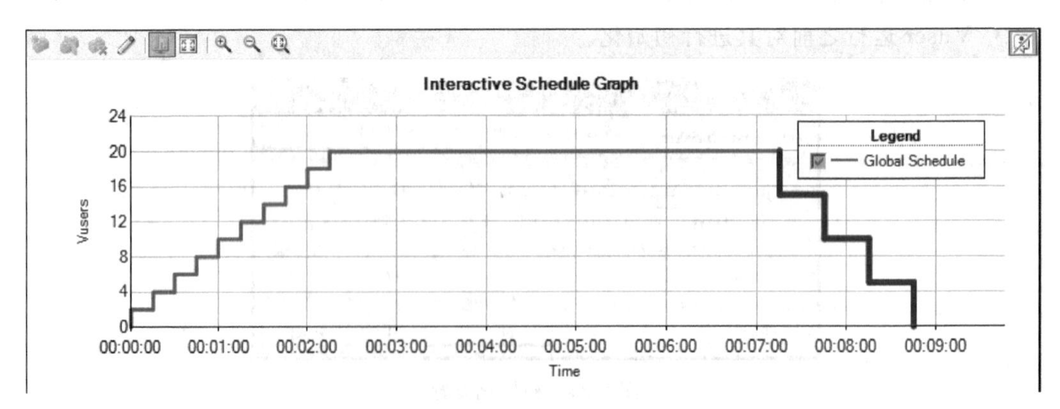

图6-36 计划程序图示

6) 设置集合点

如果在脚本中设置了集合点，还需要在Controller中设置集合点策略。在菜单中选择

Scenario→Rendezvous 插入集合点，将弹出“集合点信息”对话框，如图 6-37 所示。

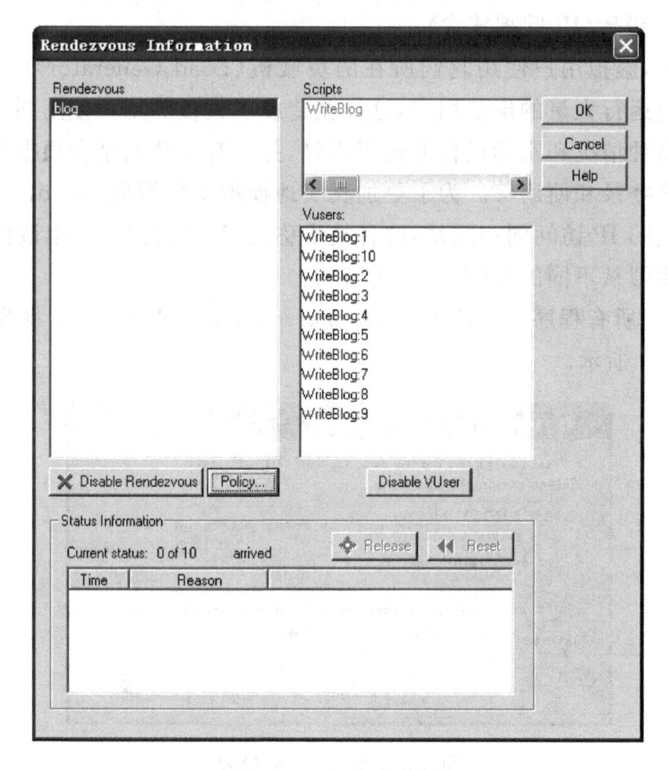

图 6-37 集合点信息

在场景中设置集合点实施策略。单击 Policy 按钮，将弹出集合点设置对话框，如图 6-38 所示。

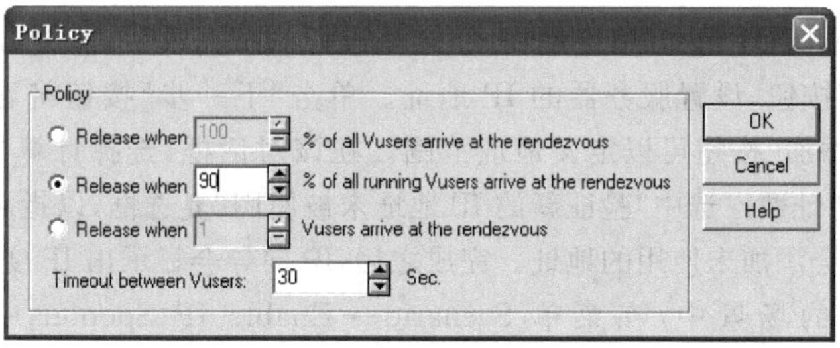

Policy
Policy
Release when 100 % of all Vusers arrive at the rendezvous
Release when 90 % of all running Vusers arrive at the rendezvous
Release when 1 Vusers arrive at the rendezvous
Timeout between Vusers: 30 Sec.
OK
Cancel
Help

图 6-38 集合点实施策略

集合点设置策略如下。

第一项：表示当所有用户数的 X%到达集合时，就开始释放等待的用户，并继续执行场景。

第二项：表示当前正在运行用户数的 X%到达集合点时，就开始释放等待的用户并继续执行场景。

第三项：表示当有 X 个用户到达集合点时，就开始释放等待的用户并继续执行场景。

超时配置：默认的超时时间是 30s。当第一个虚拟用户到达后，Controller 会计算等待下一个虚拟用户的时间。每当有新的虚拟用户到达时，计时器就会重置为 0。如果过了超时时间，下一个虚拟用户还未到达，Controller 会释放所有当前处于集合点的虚拟用户，而不会考虑释放条件是否满足。

7) IP Spoofer 设置(IP 欺骗技术)

当运行场景时,虚拟用户使用它们所在的负载机(Load Generator)的固定的 IP 地址。由于每个负载机上运行大量的虚拟用户,这样就造成了大量的用户使用同一 IP 同时访问一个网站的情况。这种情况和实际运行的情况不符,并且有一些网站会根据用户 IP 来分配资源,限制同一个 IP 登录和使用等。为了更加真实地模拟实际情况,LoadRunner 允许运行的虚拟用户使用不同的 IP 访问同一网站,这种技术称为“IP 欺骗”。启用该技术后,场景中运行的虚拟用户将模拟从不同的 IP 地址发送请求。

单击“开始”→“所有程序”→HP LoadRunner→Tools→IP Wizard,将弹出 IP Wizard 配置对话框,如图 6-39 所示。

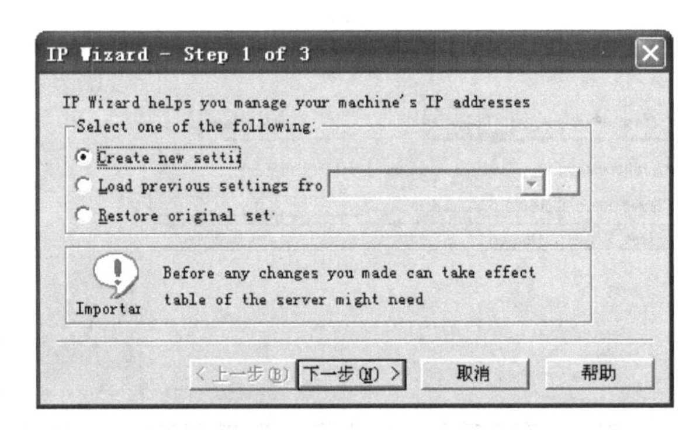

图 6-39 IP Wizard 设置

Create new settings:第一次运行 IP Wizard 需要选择该项来增加新的 IP。

Load previous settings from file:选择保存好的文件,如果以前运行过 IP Wizard,可以选择该项。

Restore original settings:用于使用 IP 欺骗进行测试完成后,释放 IP 的过程。

单击“下一步”按钮,设置服务器的 IP 地址。单击“下一步”按钮将看到该计算机的 IP 地址列表。单击“添加”按钮可以定义地址范围。在该对话框,选择计算机的 IP 地址类型。指定要创建的 IP 地址数。选中“验证新的 IP 地址未被使用”复选框,以指示 IP 向导对新地址进行检查。这样只会添加未使用的地址。完成之后,IP 向导会显示出 IP 变更统计的对话框。

在 Controller 的场景中,在菜单 Scenario→Enable IP Spoofer 中,打勾即可启用 IPSpoofer。启用后,Controller 的状态栏里会显示 IP Spoofer 标志。

2. 执行场景

设计好负载测试场景之后,就可以运行该测试并观察应用程序在此负载下的性能。单击 ▶ 按钮,或者单击菜单栏上的 Scenario→Start,将开始运行场景。此时可看到 Controller 的“运行”视图,如图 6-40 所示。“运行”视图是用来管理和监控测试情况的控制中心。

“运行”视图包含下面几部分。

1) 场景组窗格

场景组窗格位于左上角,可以在其中查看场景组内 Vuser 的状态。使用该窗格右侧的按钮可以启动、停止和重置场景,查看各个 Vuser 的状态,通过手动添加更多 Vuser 增加场

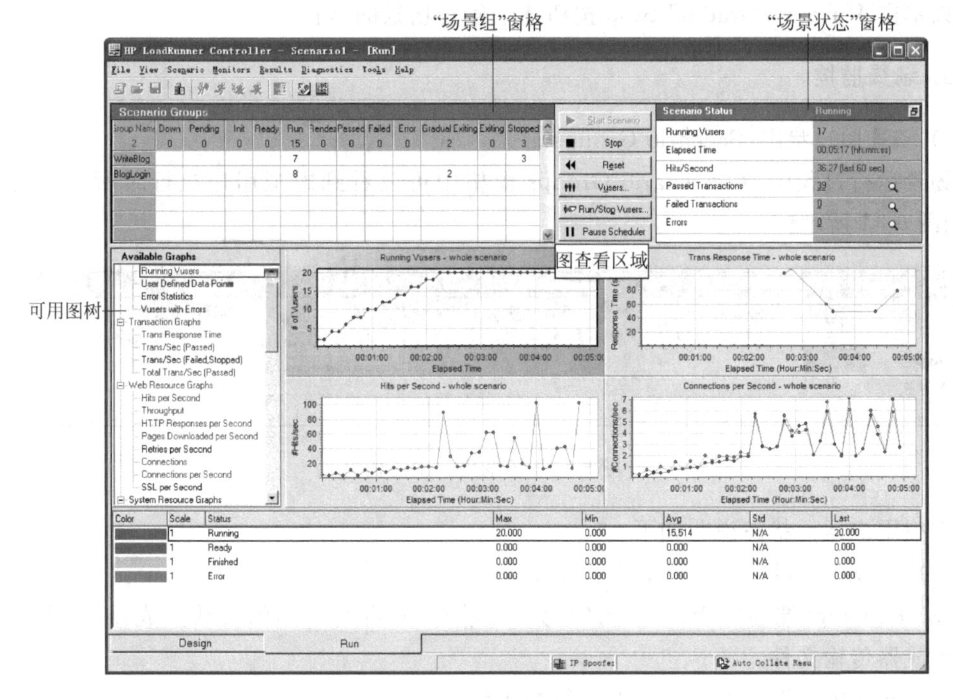

图 6-40 场景运行窗口

景运行期间应用程序的负载。

2）场景状态窗格

场景状态窗格位于右上角，可以在其中查看负载测试的概要信息，包括正在运行的 Vuser 数目和每个 Vuser 操作的状态。

3）可用图树

可用图树位于中间偏左位置，可以在其中看到一列 LoadRunner 的图表。要打开图，请在树中选择一个图，并将其拖到图查看区域。

4）图查看区域

图查看区域位于中间偏右位置。用户可以在其中自定义显示画面，可查看 1～8 幅图。单击菜单中的 View→View Graphs 可设置图的显示方式。

5）图例

图例位于底部，可以在其中查看所选图的数据。选中一行时，图中的相应线条将突出显示，反之则不突出显示。

场景停止运行的情况有三种：所有用户都执行完脚本；测试人员手动停止场景的运行；执行超时。LoadRunner 可以根据用户的设定，采用不同的停止方式。

(1) 如果想停止整个场景的运行，可以在场景运行过程中单击 Run 标签中的 Stop 按钮即可。

(2) 如果希望选定的用户组停止执行，可以在场景运行过程中单击 Run 标签中的 Run/Stop Vusers 按钮。

(3) 如果在 Tools→Options→Run-Time Settings 中设定了 Wait for the current iteration to end before stopping 或者 Wait for the current action to end before stopping，那

么可以单击 Vusers→Gradual Stop 按钮逐渐停止场景的运行。

3. 场景监控

1) 场景用户状态(Scenario Groups)

场景运行过程中,在 Scenario Groups 窗格中可以看到虚拟用户执行时所处的各种状态,如图 6-41 所示。

Scenario Groups

Group Name	Down	Pending	Init	Ready	Run	Rendez	Passed	Failed	Error	Gradual Exiting	Exiting	Stopped
2	14	0	0	0	4	2	0	0	0	0	0	0
WriteBlog	7				1	2						
BlogLogin	7				3							

图 6-41　场景用户状态信息

虚拟用户运行状态说明如下。

(1) Down(关闭):Vuser 处于关闭状态。

(2) Pending(挂起):Vusers 初始化已经就绪,正等待可用的负载生成器,或者正在向负载生成器传输文件。

(3) Init(初始化):Vuser 正在进行初始化。

(4) Ready(就绪):Vuser 已经执行了脚本的初始化部分,可以开始运行。

(5) Run(运行):Vuser 正在运行,正在负载生成器上执行虚拟用户脚本。

(6) Rendezvous(集合点):Vuser 已经到达了集合点,正在等待释放。

(7) Passed(完成并通过):Vuser 已经运行结束,并且成功通过。

(8) Failed(完成但失败):Vuser 已经运行结束,并且是失败的。

(9) Error(错误):Vuser 发生了错误,可以查看单个 Vuser 的详细状态日志。

(10) Gradual Exiting(逐步退出):Vuser 正在运行退出前的最后一次迭代。

(11) Exiting(退出):Vuser 已经完成操作,正在退出。

(12) Stoped(停止):Vuser 被停止。

单击 Vusers... 按钮,将打开虚拟用户信息框,如图 6-42 所示。在这里将可以看到每个虚拟用户的详细信息。

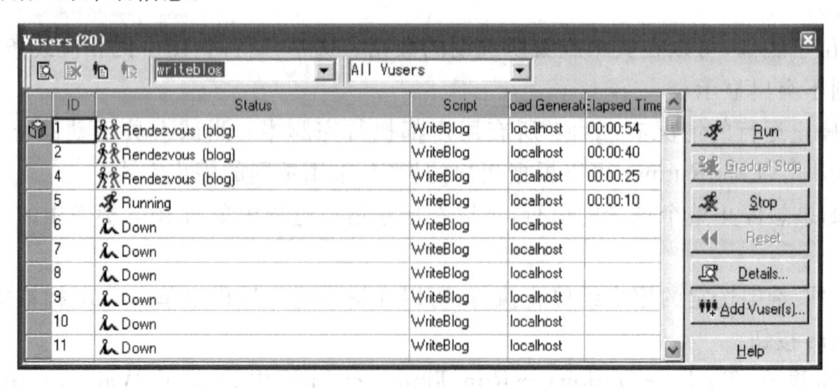

图 6-42　虚拟用户状态信息

2）场景运行状态

Scenario Status	Running
Running Vusers	20
Elapsed Time	00:03:54 (hh:mm:ss)
Hits/Second	36.92 (last 60 sec)
Passed Transactions	20
Failed Transactions	0
Errors	0

图 6-43　场景运行状态信息

场景运行过程中，在 Scenario Status 窗格中，可以看到当前负载的用户数、消耗时间、每秒点击量、事务通过/失败的数量，以及系统错误的数量等信息，如图 6-43 所示。

场景状态信息说明如下。

(1) Running Vusers(正在运行的虚拟用户)：负载生成器上正在执行的虚拟用户数。

(2) Elapsed Time(已用时间)：自场景开始运行到现在所用的时间。

(3) Hits/Second(每秒点击次数)：场景运行期间，每秒的点击次数(每秒对测试网站发出的 HTTP 请求数)。

(4) Passed Transactions(通过的事务数)：场景运行到现在成功通过的事务数。

(5) Failed Transactions(失败的事务数)：场景运行到现在失败的事务数。

(6) Errors(错误数)：场景运行到现在发生错误的数。

单击场景状态窗格中的"查询"按钮，可以打开事务的信息，如图 6-44 所示。

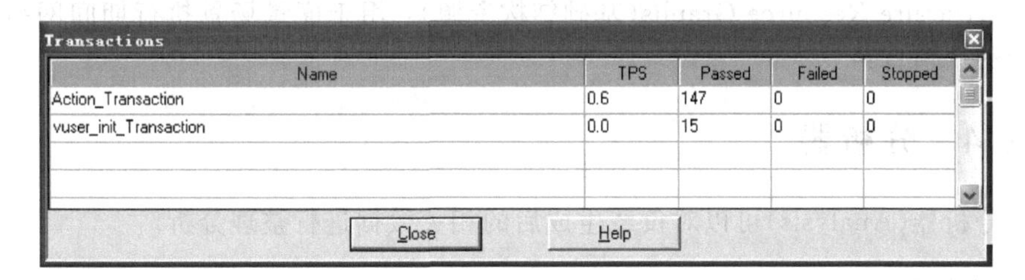
Transactions

Name	TPS	Passed	Failed	Stopped
Action_Transaction	0.6	147	0	0
vuser_init_Transaction	0.0	15	0	0

Close　Help

图 6-44　事务执行信息

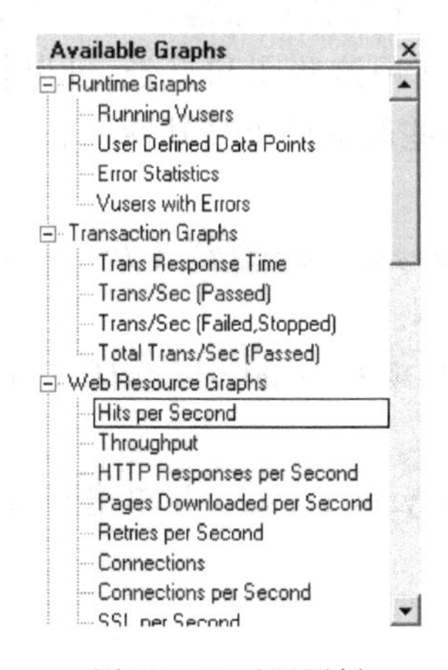

图 6-45　可用图树

3）计数器管理

当测试运行时，可以通过 LoadRunner 的一套集成监控器实时了解应用程序的实际性能以及潜在的瓶颈。在 Controller 的联机图上可查看监控器收集的性能数据。联机图显示在"运行"选项卡的图查看区域，如图 6-45 所示。

Runtime Graphs(运行时图)：显示参与场景的 Vuser 数和状态，以及 Vuser 生成的错误数和类型。

Transaction Graphs(事务图)：显示场景运行时，各事务速率和响应时间。

Web Resource Graphs(Web 资源图)：监视场景运行期间 Web 服务器上的信息，主要包括 Web 连接数、吞吐量、HTTP 响应数、服务器重试次数和下载到服务器的页面数信息。

System Resource Graphs(系统资源)：主要是监控场景运行期间 Windows、UNIX、Tuxedo、SNMP、SiteScope 等的资源使用情况。

Network Graphs(网络)：监控网络发送的数据包，数据包返回后，监视器计算包到达请求的节点和返回所用的时间，即网络延迟时间。

Web Server Resource Graphs(Web 服务器资源)：用于度量 Apache、MS IIS 等 Web 服务器资源信息。

Database Server Resource Graphs(数据库服务器资源)：用于度量场景运行期间数据库 DB2、Oracle、SQL 服务器和 Sybase 统计信息的情况。

Streaming Media(流媒体)：用于度量场景运行期间 RealPlayer 和 Media Player 客户端以及 Windows Media 服务器和 RealPlayer 音频/视频服务器的统计信息。

ERP/CRM Server Resource Graphs(ERP/CRM 服务器资源)：用来度量场景执行期间 SAP R/3 系统、SAP Portal、Siebel Server Manager、Siebel Web 服务器和 PeopleSoft (Tuxedo)服务器的统计信息。

Application Component Graphs(应用程序组件)：用来度量场景执行期间 Microsoft COM+和 Microsoft .NET CLR 服务器的统计信息。

Application Deployment Solutions(应用程序部署解决方案)：用来度量场景执行期间 Citrix 服务器的统计信息。

Middleware Performance Graphs(中间件性能)：度量场景执行期间 Tuxedo 和 IBM WebSphere MQ 服务器的统计信息。

Infrastructure Resource Graphs(基础结构资源)：用于度量场景执行期间网络客户端数据点的统计信息。

6.2.4 分析器

通过分析器(Analysis)可以对负载生成后的相关数据进行整理分析。

1. 新建数据分析

现在场景运行已经结束，可以使用 HP LoadRunner Analysis 来分析场景运行期间生成的性能数据。Analysis 将性能数据汇总到详细的图和报告中。使用这些图和报告，可以轻松找出并确定应用程序的性能瓶颈，同时确定需要对系统进行哪些改进以提高其性能。

下列三种方式均可打开 Analysis 对话框。

(1) 在 Controller 中，在 Controller 菜单中选择“工具”→Analysis，或选择“开始”→“程序”→HPLoadRunner→ Applications →Analysis 来打开 Analysis。

(2) 在 Analysis 窗口中选择 File→Open。这时将打开“打开现有 Analysis 会话文件”对话框。

(3) 在“LoadRunner 安装位置\Tutorial”文件夹中，选择 analysis_session 并单击打开。Analysis 将在 Analysis 窗口中打开该会话文件。

2. 场景摘要

当 Analysis 导入场景数据后，首先看到的就是统计表格 Analysis Summary 场景摘要，提供了对整个场景数据的简单报告。通过 Analysis Summary 可以对整个性能测试的结果有一个直观的了解。Analysis Summary 界面如图 6-46 所示。

1) 场景摘要

通过场景摘要可以了解场景执行的基础信息。场景摘要包括以下内容。

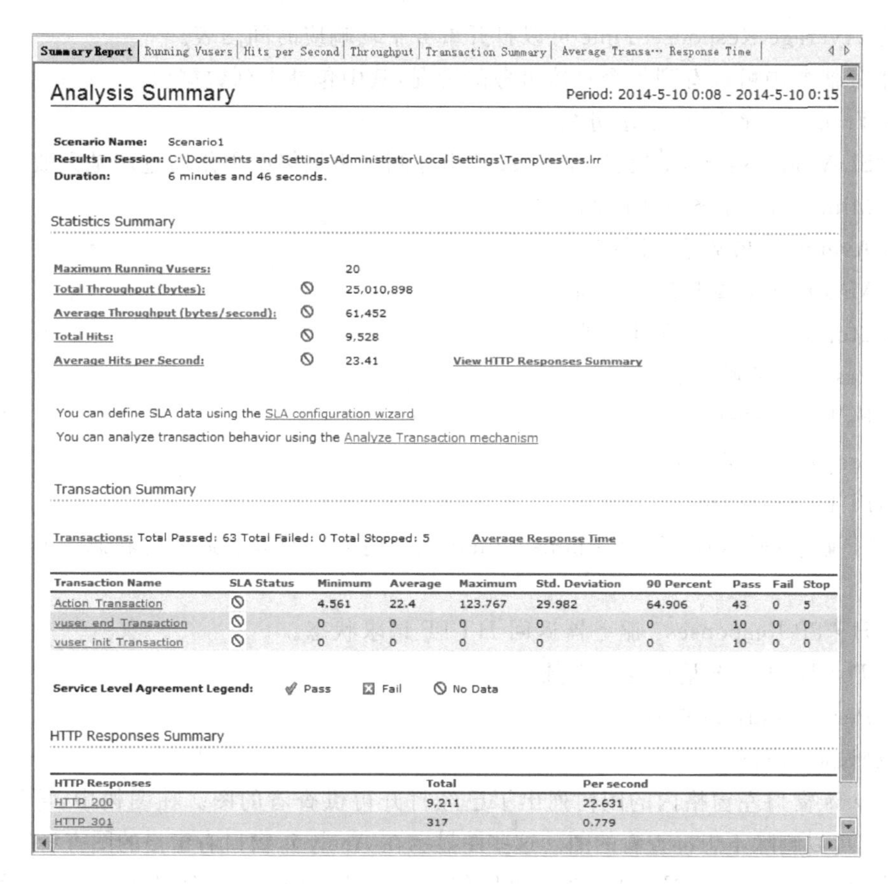

图 6-46 Analysis Summary 界面

(1) Period：场景运行的起止时间。

(2) Scenario Name：场景名称。

(3) Results in Session：场景运行的结果目录。

(4) Duration：场景运行的持续时间。

2) 统计信息

场景状态的统计(Statistics Summary)信息包含下列内容。

(1) Maximum Running Vusers：场景运行的最大用户数。

(2) Total Throughput(bytes)：总吞吐量(总带宽流量)。

(3) Average Throughput(bytes/second)：平均每秒吞吐量(带宽流量)。

(4) Total Hits：总点击数。

(5) Average Hits per Second：平均每秒点击数。

(6) 单击 View HTTP Responses Summary 选项可以在下端看到 HTTP 请求的统计。

3) 事务摘要

事务摘要(Transaction Summary)中首先给出的是场景中所有事务的情况说明。

(1) Total Passed：事务的总通过数。

(2) Total Failed：事务的总失败数。

(3) Total Stopped：事务的总停止数。

单击 Average Response Time 可以打开事务平均响应时间图表。

在事务摘要中可以看到每个具体事务的情况，其中包括下列数据项。

(1) Transaction Name：事务名。

(2) SLA Status：SLA 状态，在 SLA 的指标测试中最终结果是通过还是失败。

(3) Minimum：事务最小时间。

(4) Average：事务平均时间。

(5) Maximum：事务最大时间。

(6) Std. Deviation：标准方差。

(7) Pass：事务通过数。

(8) Fail：事务失败数。

(9) Stop：事务停止数。

4) HTTP 响应摘要

HTTP 响应摘要(HTTP Response Summary)将给出服务器返回的状态。其中包括下列信息。

(1) HTTP Responses：服务器返回 HTTP 请求状态。

(2) Total：HTTP 请求返回次数。

(3) Per second：每秒请求数。

5) 测试数据图表

Analysis 窗口左窗格内的图树列出了已经打开可供查看的图。在图树中，可以选择打开新图，也可以删除不想再查看的图。这些图显示在 Analysis 窗口右窗格的图查看区域中，可以在该窗口下部窗格内的图例中查看所选图的详细数据。Analysis 窗口如图 6-47 所示。

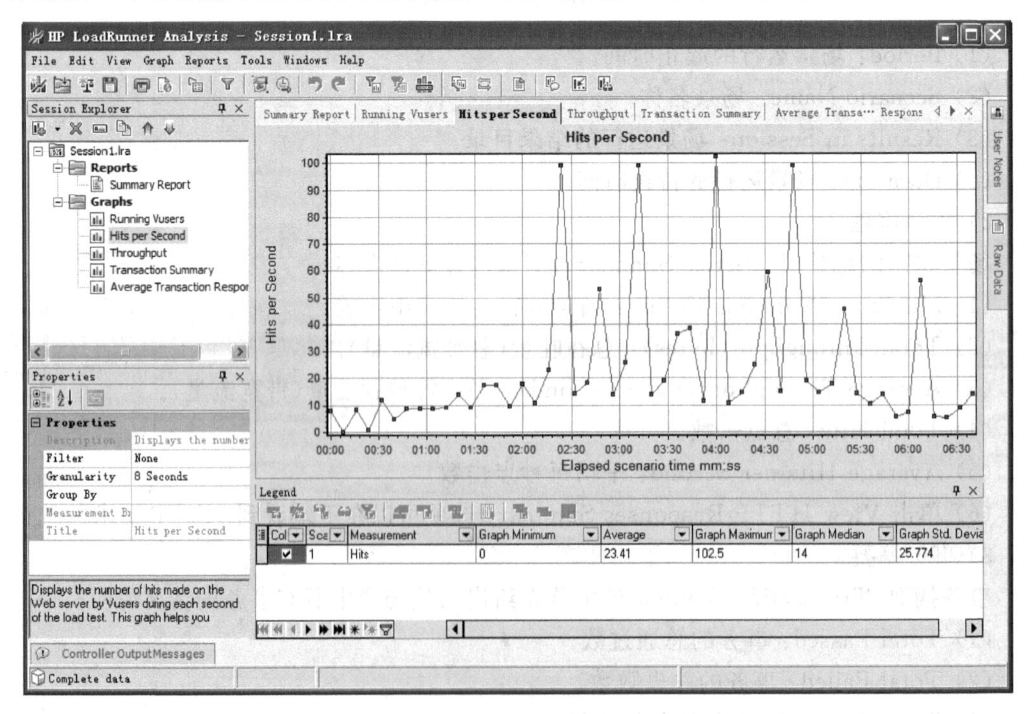

图 6-47 Analysis 窗口

3. 数据图

Analysis 分析器提供了丰富的分析图，常见的有虚拟用户图、错误图、事务图、Web 资源图、网页分析图、系统资源图、Web 服务器资源图和数据库服务器资源图等。

1) Vusers(虚拟用户)

Vusers 用户状态计数器组提供了产生负载的虚拟用户运行状态的相关信息，可以帮助我们了解负载生成的过程。

Running Vusers(负载过程中的虚拟用户运行情况)：反映系统形成负载的过程，随着时间的推移，虚拟用户数是如何变化的。

Rendezvous(负载过程中集合点下的虚拟用户数)：反映随着时间的推移各个时间点上并发用户的数目，方便我们了解并发用户数的变化情况。

2) Errors(错误统计)

当场景在运行过程中出现错误时，错误信息会被保存在 Errors 计算器组中，通过 Error 信息可以了解错误产生的时间和错误的类型，帮助我们确定错误产生的原因。

Errors per Second(每秒错误数)：可以了解在每个时间点上错误产生的数目。通过这个图可以了解错误随负载的变化情况，定位何时系统在负载下开始不稳定甚至出错，配合系统日志可以定位产生错误的原因。

3) Transaction(事务)

(1) Average Transaction Response Time(平均事务响应时间)

平均事务响应时间反映随着时间的变化事务响应时间的变化情况，时间越小说明系统处理的速度越快。如果和用户负载生成图合并在一起，就可以发现用户负载增加对事务响应时间的影响规律。这里不但要评估响应时间的长短，还要评估响应时间随用户增加的趋势，增长趋势越平稳系统性能越好。

(2) Transactions per Second(每秒事务数)

每秒事务数反映了系统在同一时间内能处理业务的最大能力，此数据越高，说明系统处理能力越强。

(3) Transaction Summary(事务概要说明)

事务概要说明给出事务的成功(Pass)和失败(Fail)个数，了解负载的事务完成情况。通过的事务数越多，说明系统的处理能力越强，失败的事务越少，说明系统越可靠。

(4) Transaction Performance Summary(事务性能概要)

事务性能概要给出事务的平均时间、最大时间、最小时间柱状图，方便分析事务响应时间的情况。柱状图的落差小说明响应时间的波动小，如果落差很大，说明系统不够稳定。

(5) Transaction Response Time Under Load(在用户负载下事务响应时间)

给出了在负载用户增长的过程中响应时间的变化情况，此图的线条越平稳，说明系统越稳定。

(6) Transaction Response Time(Percentile)(事务响应时间的百分比)

给出不同百分比下的事务响应时间范围。通过此图可以了解有多少比例的事务发生在某个时间内，也可以发现响应时间的分布规律，数据越平稳说明响应时间变化越小。

(7) Transaction Response Time(Distribution)(每个时间段上的事务数)

给出在每个时间段上的事务个数,响应时间较小的情况下事务数越多越好。

4) Web Resource(网页资源信息)

(1) Hits per Second(每秒点击数)

每秒点击数提供了当前负载中对系统所产生的点击量记录。每一次点击相当于对服务器发出了一次请求,一般点击数会随着负载的增加而增加,数据越大越好。

(2) Throughput(带宽使用)

给出在当前系统负载下所使用的带宽,该数据越小说明系统的带宽依赖越少,通过此数据能够确定是否出现了网络带宽的瓶颈。这里使用的单位是B。

(3) HTTP Response per Second(每秒 HTTP 响应数)

给出每秒服务器返回各种状态的数目,该数值一般和每秒点击量相同。点击量是指客户端发出的请求数,而 HTTP 响应数是指服务器返回的响应数。如果服务器返回的响应数小于客户端发出的点击数,说明服务器无法应答超出负载的连接请求。如果这个数据和每秒点击数吻合,说明服务器能够对每个客户端请求进行应答。

(4) Retries per Second(每秒重接数)

反映服务器端主动关闭的连接情况,该数据越低说明服务器端的连接释放越长。

(5) Connection per Second(每秒连接数)

给出两种不同状态的连接数,一种是中断的连接,一种是新建的连接,方便用户了解当前每秒对服务器产生的连接数量。同时连接数越多,说明服务器的连接池越大。当连接数随着负载上升而停止上升时,说明系统的连接池已满,无法连接更多的用户。通常这个时候服务器会返回 504 错误,可以通过修改服务器的最大连接数来解决此问题。

5) Web Page Diagnostics(网页分析)

当在场景中打开 Diagnostics 菜单下的 Web Page Diagnostics 功能,就能得到网页分析组图。通过这个图,可以对事务的组成进行抽丝剥茧的分析,得到组成这个页面的每一个请求时间分析,进一步了解响应时间中有关网络和服务器处理时间的分配关系。通过这个功能,可以实现对网站的前端性能分析,明确系统响应时间较长时由服务器端(后端)处理能力不足还是短连接到服务器的网络(前端)消耗导致的。

(1) Web Page Diagnostics(网页分析)

添加该图先会得到整个场景运行后虚拟用户访问的 Page 列表,也就是所有页面下载时间列表。

Download Time(下载时间分析):组成页面的每个请求下载时间。

Component(Over time)(各模块的时间变化):通过这个功能可以分析响应时间变长是因为页面生成慢,还是因为图片资源下载慢。

Download Time(Over time)(模块下载时间):针对每个组成页面元素的时间组成部分分析,方便确认该元素的处理时间组成部分。

Time to Buffer(Over time)(模块时间分类):列出该元素所使用的时间分配比例,是受 Network Time 影响的多还是 Server Time 影响的多。Server Time 是服务器对该页面的处理时间;Network Time 是指网络上的时间开销。

(2) Page Download Time Breakdown(页面响应时间组成分析)

Page Download Time Breakdown：显示每个页面响应时间的组成分析。一个页面的响应时间一般由以下内容组成。

① Client Time：客户端浏览接收所需要使用的时间，可以不用考虑。

② Connections Time：连接服务器所需要的时间，越小越好。

③ DNS Resolution Time：通过 DNS 服务器解析域名所需要的时间，解析受到 DNS 服务器的影响，越小越好。

④ Error Time：服务器返回错误响应时间，这个时间反映了服务器处理错误的速度，一般是 Web 服务器直接返回的，包含网络时间和 Web 服务器返回错误的时间，该时间越小越好。

⑤ First Buffer Time：连接到服务器，服务器返回第一个字节所需要的时间，反映了系统对于正常请求的处理时间开销，包含网络时间和服务器正常处理的时间，该时间越小越好。

⑥ FTP Authentication Time：FTP 认证时间，这是进行 FTP 登录等操作所需要消耗的认证时间，越短越好。

⑦ Receive Time：接收数据的时间，这个时间反映了带宽的大小，带宽越大，下载时间越短。

⑧ SSL Handshaking Time：SSL 加密握手的时间。

Analysis 将分析得到页面请求的组成比例图，便于分析页面时间浪费在哪些过程中。

(3) Page Download Time Breakdown(Over Time)(页面组成部分时间)

随着时间的变化所有请求的响应时间变化过程。这里会将整个负载过程中每个页面的每个时间组成部分都制作成单独的时间线，以便分析在不同的时间点上组成该页面的各个请求时间是如何变化的。在分析过程中，首先找到变化最明显或者响应时间最高的页面，随后再针对这个页面进行进一步的分析，了解时间偏长或者变化较快的原因。

(4) Time to First Buffer Breakdown(页面请求组成时间)

组成页面时间请求的比例说明(客户端时间/服务器时间)，通过这个图，可以直接了解到整个页面的处理是在服务器端消耗的时间长，还是在客户端消耗的时间长，从而分析得到系统的性能问题是在前段还是在后端。

(5) Time to First Buffer Breakdown(Over Time)(基于时间的页面请求组成分析)

在整个负载过程中，每一个请求的 Server Time 和 Client Time 随着时间变化的趋势，可以方便定位响应时间随着时间变化的原因到底是由于客户端变化导致的还是由于服务器端变化导致的。

6) Network Monitor(网络监控)

在 Controller 中添加了 Network Delay Time 监控后会出现该数据图。这个功能很好，但不是非常直观和方便，建议使用第三方专门的路由分析工具进行网络延迟和路径分析。

Network Delay Time(网络延迟时间)：从监控机至目标主机的平均网络延迟变化情况。

Network Sub-path Time(网络 Sub-path 时间)：给出从监控机至目标机各个网络路径的平均时间。当客户端在连接一个远程服务器时，路径并不是唯一的，收到路由器的路由选择，可能会选择不同的路径最终访问到服务器。

Network Segment Delay Time(网段延迟时间)：各个路径上的各个节点网络延迟情况。

7) Resource(资源监控)

资源包括很多种,在 Analysis 中监控的都是各种系统的计数器,这些计数器反映了系统中硬件或者软件的运行情况,通过它可以发现系统的瓶颈。

System Resources(系统资源):列出在负载过程中系统的各种资源数据是如何变化的,该图需要在场景中设置了对应系统的监控后才出现。

Database Server Resources(数据库资源):数据库的相关资源在负载过程中的变化情况。

Web Server Resources(Web 服务器资源):Web 服务器资源在负载过程中的变化情况。

4. 图的操作

1) 合并图

在图窗格中,单击鼠标右键,在弹出的菜单中选择 Merge Graphs 命令,将弹出 Merge Graphs 对话框,如图 6-48 所示。在 Select graph to merge with 下拉列表中选择要合并的图。在 Select type of merge 单选按钮组中有三种方式(Overlay、Tile 和 Correlate)可供选择。

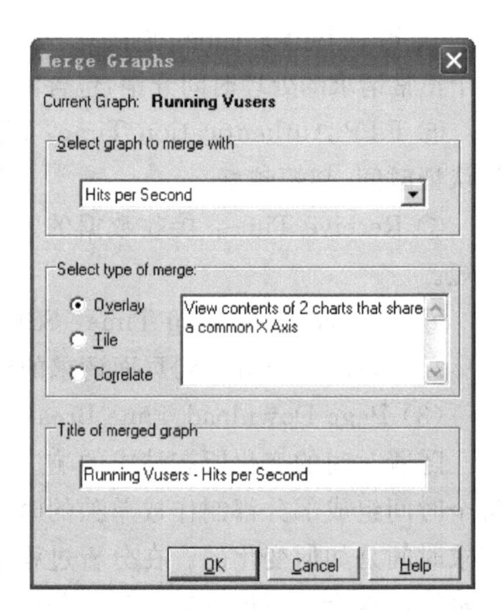

图 6-48 合并图选项

Overlay(叠加):查看共用同一 X 轴的两个图的内容。合并图左侧的 Y 轴显示当前图的 Y 轴值,右边 Y 轴显示合并进来的图的 Y 轴值。比如将 Running Vusers 与 Hists per Second 以 Overlay 方式合并,合并结果如图 6-49 所示。

Tile(平铺):查看在平铺布局,共用同一个 X 轴,合并进来的图显示在当前图的上面。比如将 Running Vusers 与 Hists per Second 以 Tile 方式合并,合并结果如图 6-50 所示。

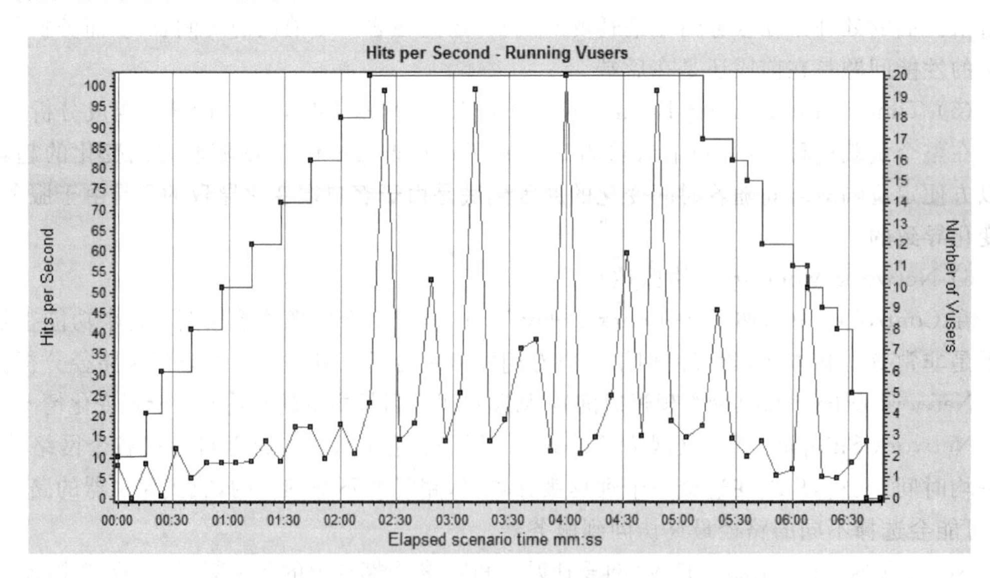

图 6-49 叠加方式合并图

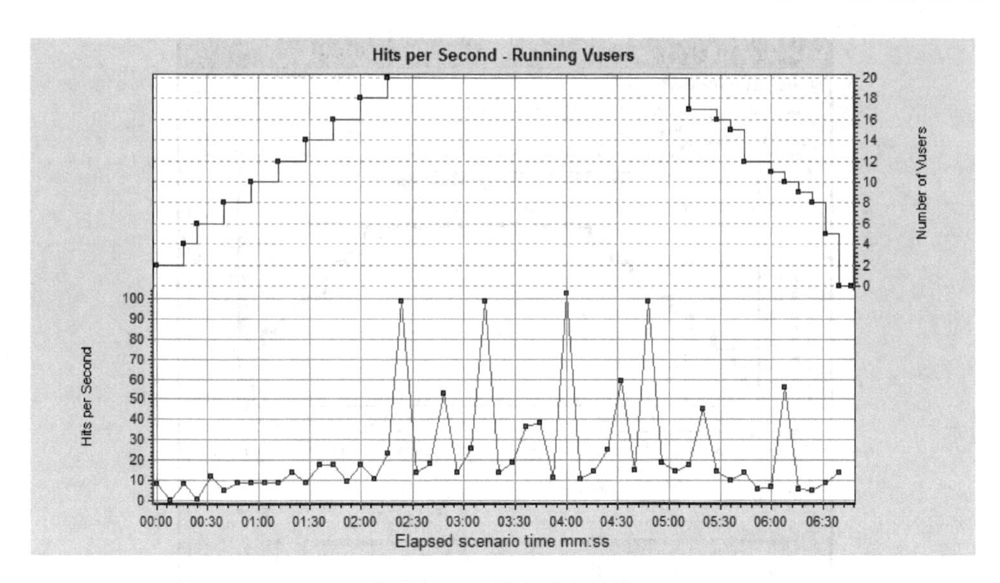

图 6-50 平铺方式合并图

Correlate(关联)：合并后当前图的 Y 轴变为合并图的 X 轴，被合并图的 Y 轴作为合并图的 Y 轴。比如将 Running Vusers 与 Hits per Second 以 Correlate 方式合并，合并结果如图 6-51 所示。

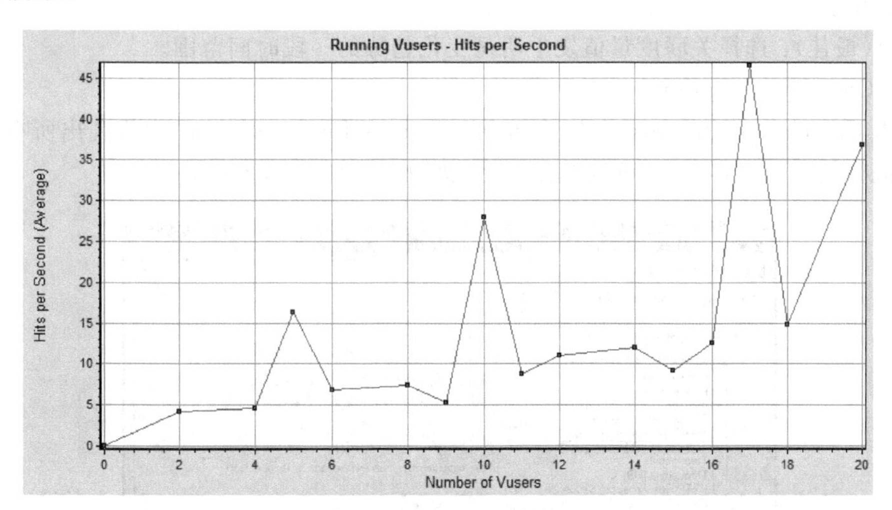

图 6-51 关联方式合并图

2) 分析图关联(Auto Correlate)

Auto Correlate 提供了自动分析趋势影响的功能，可以方便地找出哪些数据之间有明显的相关性和依赖性，通过图与图之间的关系确定系统资源和负载之间的关系。

启动自动关联的步骤是：选择菜单上的 View→Auto Correlate，即可打开自动关联，如图 6-52 所示。

(1) Time Range

Trend(趋势)：选择关联度量值变化趋势相对稳定的一段为时间范围。

Feature(功能)：在关联度量值变化相对稳定的时间内，选择一段大体与整个趋势相似

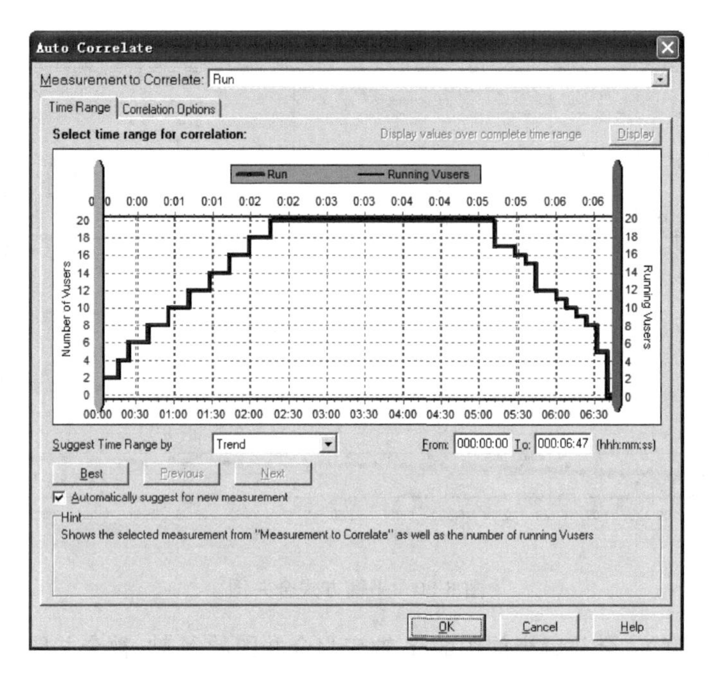

图 6-52　自动关联

的时间范围。

Best(最佳)：选择关联度量值发生明显变化趋势的一段时间范围。

(2) Correlation Options

单击 Correlation Options 标签,在 Select Graphs for Correlation 中将列出所有和当前图可以进行关联的内容,用户可以选择需要关联的图,如图 6-53 所示。

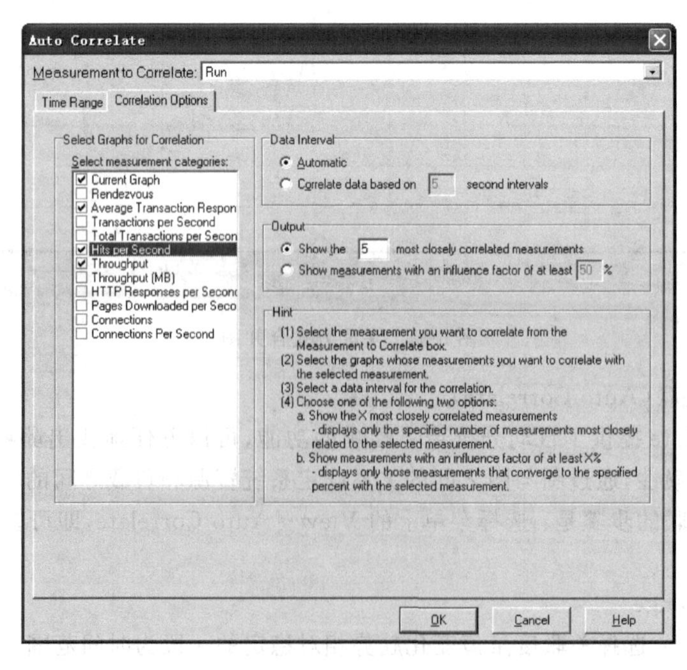

图 6-53　自动关联选项

单击 OK 按钮,将看到自动关联的结果,如图 6-54 所示。

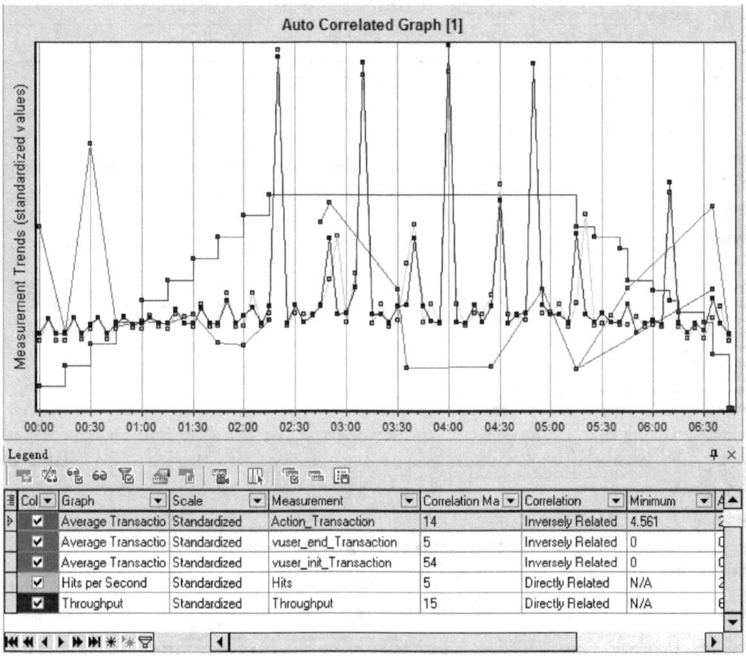

图 6-54 自动关联结果

3) 导入外部数据

LoadRunner 自带了一个导入数据的工具。在 Analysis 的菜单中,选择 Tools→External Monitors→Import Data 可打开"导入数据"对话框。

LoadRunner 支持下列文件类型。

(1) NT Performance Monitor(*.csv):NT 性能监视器。

(2) Win2K Performance Monitor (*.csv):Windows 2000 性能监视器。

(3) Standard Comma Separated files(*.csv):标准逗号分隔文件。

(4) Standard Microsoft Excel Files(*.csv):标准的 Microsoft Excel 文件。

(5) Master-Detail Comma Separated files(*.csv):主从逗号分隔文件。

(6) Master-Detail Microsoft Excel Files(*.csv):主从 Microsoft Excel 文件。

5. 生成报告

1) 新建报告(New Report)

单击 Reports 菜单中的 New Report 菜单项,将弹出新的报告模板,如图 6-55 所示。在这里用户可以对报告的基本信息、格式和内容进行定义。

在 General 选项卡中,可以定义报告的标题、作者信息、备注信息,以及场景持续时间等信息。在 Format 选项卡中,提供了对正文的格式设计,包括报告中标题的字体、颜色等。在 Content 选项卡中,可以设置报告中需要包含的内容。

2) 报告模板(Report Templates)

单击 Reports 菜单中的 Report Templates 菜单项,将弹出报告模板窗口,通过选择不同

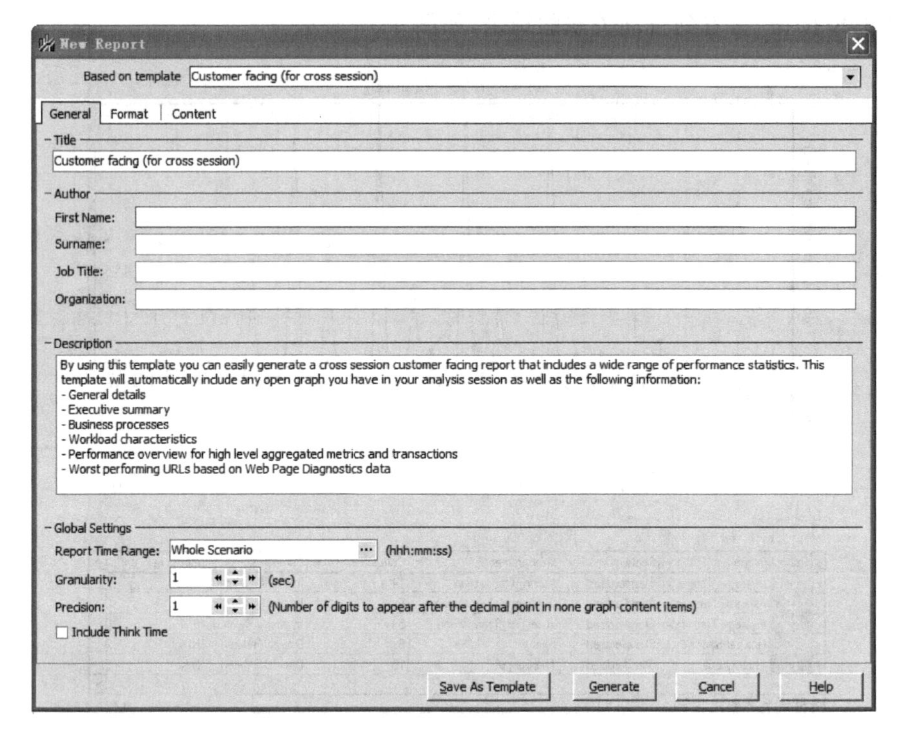

图 6-55 新建报告

模板即可生成最终的性能测试报告。单击窗口中的 Generate Report 按钮，将生成性能测试报告，如图 6-56 所示。

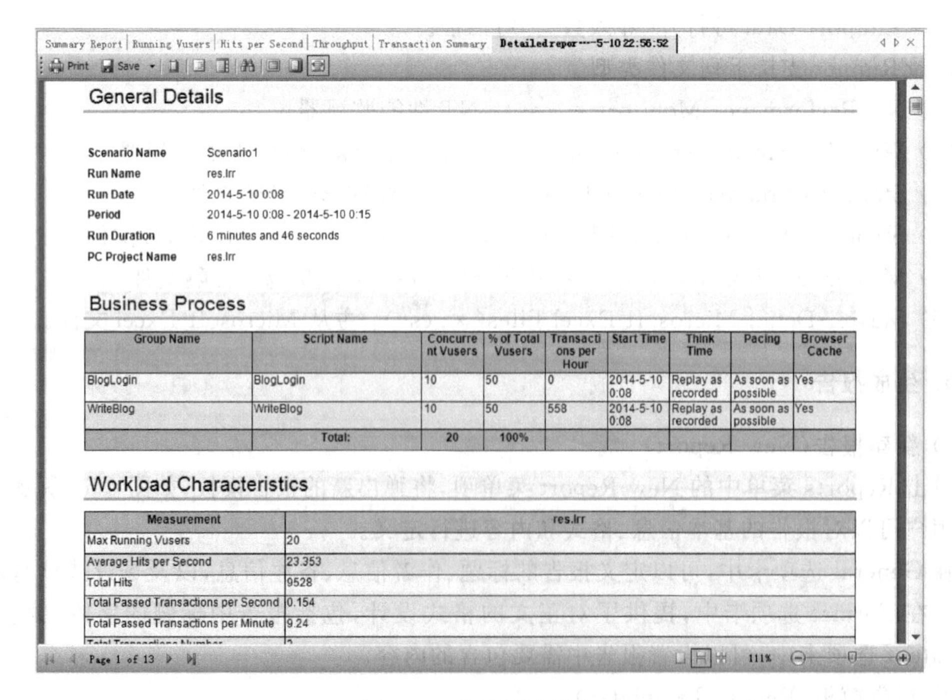

图 6-56 性能测试报告

3）HTML 格式报告

单击 Reports 菜单中的 Report Templates 菜单项，将生成 HTML 格式的性能测试报告，如图 6-57 所示。

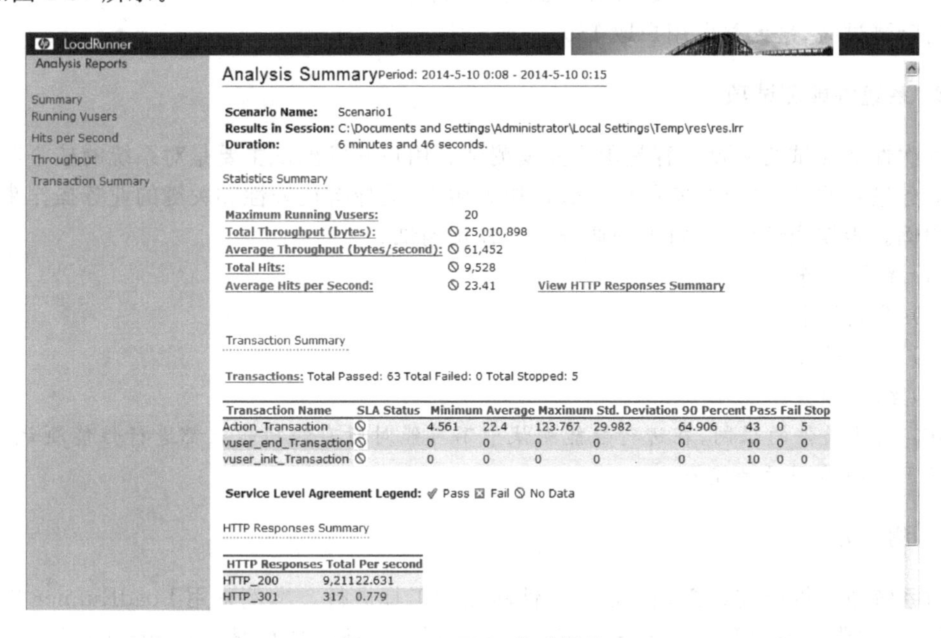

图 6-57　HTML 格式报告

6.3 LoadRunner 性能测试案例

下面以 LxBlog 博客系统作为测试对象，简述如何用 LoadRunner 进行 Web 系统性能测试。LxBlog 博客系统的相关信息见附录 C。

6.3.1 计划测试

1. 系统分析

本博客系统的用户有两类，一类是教师，约 3000 人，一类是学生，约 20 000 人。其中，教师可以建立个人主页并进行管理，学生（不能建立个人主页）主要是浏览教师的主页，下载相关资料。

2. 系统压力强度估算

进行性能测试前，需要初步估计系统的压力。测试压力计算可以按照式(6-2)和式(6-3)计算。

1）平均并发用户数

假设博客系统每天登录的用户数为 3000 人，用户登录系统的平均时间长度为 0.5h，考察的时间长度为 16h(8：00-24：00)，则平均并发用户数计算如下。

$$C = (3000 \times 0.5)/16 \approx 94$$

实际测试时取 100 个并发用户。

2）最大并发用户数

$$\hat{C} \approx C + 3\sqrt{C} = 94 + 29 = 123$$

实际测试时，最大并发用户取 150。

3. 系统性能测试项

本次性能测试的主要内容是用户并发测试。用户并发测试主要是对系统的核心功能和重要业务进行测试，并以真实的业务数据作为输入，选择有代表性和关键的业务操作来设计测试用例。根据测试计划，对下列业务进行并发测试。

(1) 登录操作；

(2) 发表日志；

(3) 上传照片；

(4) 组合业务。

注：由于条件的限制，在进行性能测试中不可能对所有的功能点都进行性能测试，在此只选择了几个典型的功能点。

4. 测试方法

对系统进行性能测试必须要借助于性能测试工具进行。本例采用 LoadRunner 进行性能测试，其中脚本录制和编辑工作在 VuGen 中进行，设计场景是通过 Controller 进行的，测试结果是在 Analysis 中进行显示的。

1）录制脚本

通过需求分析时分析出的几个比较重要的业务流程，给出详细的操作步骤。使用 LoadRunner 的 VuGen 按照业务流程录制脚本，为每个流程创建一个单独的脚本。将登录模块的脚本放在 Vuser_init 里，退出模块的脚本放在 Vuser_end 里，其余的均放在 Action 里。

2）执行测试场景

打开 LoadRunner 的 Controller 来设计场景，添加要进行压力测试的脚本，设置好虚拟用户的数量、虚拟用户的初始化方式、持续时间、虚拟用户的退出方式，添加好 Load Generator 并启动，添加 Windows 的指标，启动运行场景。

3）监控系统各性能指标

在场景执行的过程中，需要随时查看系统的各项指标以及资源的使用情况，以便于分析出系统可能存在的瓶颈。

4）分析测试结果

在场景运行的过程中，LoadRunner 会通过 Load Generator 收集性能指标，测试执行完毕之后，可以通过 Analysis 打开测试结果，对其进行分析，判断系统可能存在的瓶颈。

6.3.2 建立测试环境

软件运行时表现出来的性能除了与软件本身有关外，还跟其运行的软硬件环境有关。影响性能的因素包括：硬件环境（CPU 数、内存大小、总线速度）、网络状况、系统/应用服务器/数据库配置、数据库设计和数据库访问的实现和系统架构（同步/异步）。因此配置测试环境是测试实施的一个重要步骤。测试环境的适合与否会严重影响测试结果的真实性和正确性。

性能测试环境要求和真实环境一致或可对比。做性能测试时，一般需要在真实环境做测试，或者与真实环境资源配置相同的环境，需要记录所有相关服务器和测试机的详细信息。

本次性能测试环境与真实运行环境基本一致，都运行在同样的硬件和网络环境中，数据库是真实环境数据库的一个复制（或缩小），本系统采用标准的 B/S 结构，客户端都是通过浏览器访问应用系统。

本次性能测试的环境如下。

1. 网络

网络环境为学校内部的以太网，与服务器的连接速率为 100M，与客户端的连接速率为 10/100M 自适应。

2. 软/硬件配置

性能测试的软件和硬件配置如表 6-4 所示。

表 6-4 性能测试软/硬件配置

设备	硬件配置	软件配置
服务器	CPU：Intel Xeon E3-1225v3 3.3GHz 内存：4.0GB 硬盘：500GB 网卡：10/100/1000M 自适应	WindowsServer 2003 Web 服务器：Apache 2.2 数据库：MySQL 5.0.24 PHP 5.1.6
负载产生设备	笔记本(TOSHIBA) CPU：Intel Core(TM)i3 M350 2.27GHz 内存：2.0GB	Window7 家庭版 32 位操作系统 LoadRunner 11 Microsoft Office 2007
负载产生设备	CPU：Intel Core(TM) 2 Quad Q8200@ 2.33GHz 内存：512MB	Windows XP LoadRunner 11 Microsoft Office 2007

性能测试环境的模拟图如图 6-58 所示。

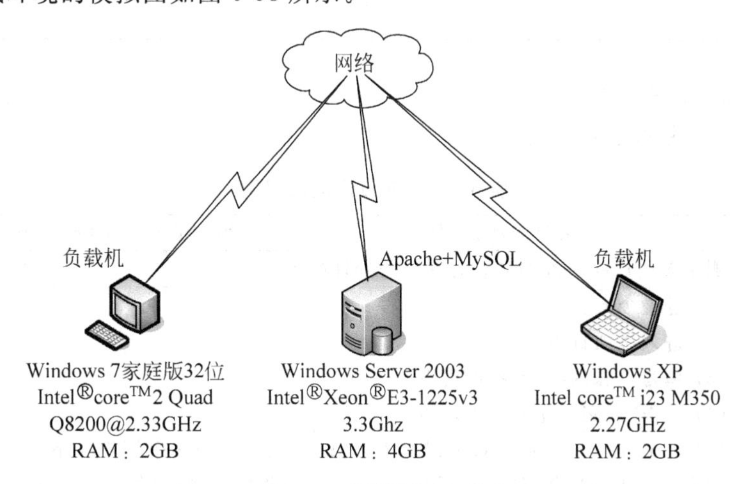

图 6-58 性能测试环境

6.3.3 创建测试脚本

1. 测试用例设计

本例中重点测试登录模块、查看日志、发表日志和上传照片等业务的并发性能。由于系统用户中，只有教师才能发表日志和上传照片，教师的人数比较少，因此并发测试时，发表日志和上传照片的并发用户数可以少一些。

1) 登录模块

在测试用例设计中，登录用户数分别取10，20，50，100，200。取10个并发用户是为了观察少量用户登录系统时系统的表现，然后逐渐增加用户，以观察系统性能指标随用户增加时的变化情况。登录模块的测试用例见表6-5。

表 6-5 登录模块测试用例

<table>
<tr><td>用例名称</td><td colspan="2">登录个人主页测试用例</td><td colspan="2">用例编号</td><td>Performance_Login</td></tr>
<tr><td>用例目的</td><td colspan="5">测试多用户登录时系统的处理能力</td></tr>
<tr><td>用例步骤</td><td colspan="5">(1) 访问首页；
(2) 单击“登录”；
(3) 输入用户名、密码和验证码；
(4) 单击“登录”按钮，完成登录</td></tr>
<tr><td>测试方法</td><td colspan="5">采用 LoadRunner 的 VuGen 录制登录过程，通过参数化模拟不同用户登录，并利用 IP 欺骗使不同用户使用不同的 IP 地址，然后利用 Controller 执行性能测试，收集性能测试数据</td></tr>
<tr><td colspan="6">并发用户数与事务执行情况</td></tr>
<tr><td>并发用户数</td><td>事务平均响应时间</td><td>事务最大响应时间</td><td>事务成功率</td><td>每秒点击率</td><td>平均流量/(B/s)</td></tr>
<tr><td>10</td><td></td><td></td><td></td><td></td><td></td></tr>
<tr><td>20</td><td></td><td></td><td></td><td></td><td></td></tr>
<tr><td>50</td><td></td><td></td><td></td><td></td><td></td></tr>
<tr><td>100</td><td></td><td></td><td></td><td></td><td></td></tr>
<tr><td>150</td><td></td><td></td><td></td><td></td><td></td></tr>
</table>

2) 发表日志(无附件)

发表日志测试用例见表6-6。

表 6-6 发表日志测试用例

<table>
<tr><td>用例名称</td><td>发表日志测试用例</td><td>用例编号</td><td>Performance_Postlog_01</td></tr>
<tr><td>用例目的</td><td colspan="3">测试多用户同时添加日志时系统的处理能力</td></tr>
<tr><td>用例步骤</td><td colspan="3">(1) 登录个人主页；
(2) 进入添加日志页面；
(3) 填写日志内容，不添加附件；
(4) 单击“提交”，完成日志发布</td></tr>
<tr><td>测试方法</td><td colspan="3">采用 LoadRunner 的 VuGen 录制发表日志过程，模拟多个用户在不同客户端添加日志和提交日志的操作，然后利用 Controller 执行性能测试，收集性能测试数据</td></tr>
<tr><td colspan="4">并发用户数与事务执行情况</td></tr>
</table>

续表

并发用户数	事务平均响应时间	事务最大响应时间	事务成功率	每秒点击率	平均流量/(B/s)
10					
20					
50					
100					

注：在添加日志测试用例中最大并发用户数只取了100，因为只有教师才会发表日志。

3）发表日志(带附件)

发表带附件的日志测试用例如表6-7所示。

表6-7 发表带附件的日志测试用例

用例名称	发表日志测试用例		用例编号	Performance_Postlog_02	
用例目的	测试多用户同时添加日志时系统的处理能力				
用例步骤	(1) 登录个人主页； (2) 进入添加日志页面； (3) 填写日志内容 (4) 添加附件(附件应小于100KB)； (5) 单击“提交”，完成日志发布				
测试方法	采用LoadRunner的VuGen录制发表日志过程，模拟多个用户在不同客户端添加日志和提交日志的操作，然后利用Controller执行性能测试，收集性能测试数据				
并发用户数与事务执行情况					
并发用户数	事务平均响应时间	事务最大响应时间	事务成功率	每秒点击率	平均流量/(B/s)
10					
20					
50					
100					

4）上传照片

上传照片测试用例见表6-8。

表6-8 上传照片测试用例

用例名称	上传照片测试用例	用例编号	Performance_Photo
用例目的	测试多用户同时上传照片时系统的处理能力		
用例步骤	(1) 登录个人主页； (2) 单击“管理”→“相册”→“上传照片”； (3) 在描述框中输入文字，单击“浏览”，找到要上传的照片； (4) 选择图片专辑； (5) 单击“提交”，完成上传照片的操作		
方法	采用LoadRunner的VuGen录制上传照片的过程，模拟多个用户在不同客户端上传照片，然后利用Controller执行性能测试，收集性能测试数据，其中上传的照片不能超过1MB		
并发用户数与事务执行情况			

续表

并发用户数	事务平均 响应时间	事务最大 响应时间	事务成功率	每秒点击率	平均流量/ (B/s)
10					
20					
50					
100					

5）查看日志

查看日志测试用例见表 6-9。

表 6-9　查看日志测试用例

用例名称	查看日志测试用例			用例编号	Performance_Readlog
用例目的	测试多用户同时查看日志时系统的处理能力				
用例步骤	(1) 访问首页； (2) 单击“日志”链接； (3) 阅读日志； (4) 关闭日志页面				
方法	模拟多个用户在不同客户端查看日志。采用 LoadRunner 的 VuGen 录制查看日志的过程，然后利用 Controller 执行性能测试，收集性能测试数据				
并发用户数与事务执行情况					
并发用户数	事务平均 响应时间(s)	事务最大 响应时间(s)	事务成功率	每秒点击率	平均流量/ (B/s)
10					
20					
50					
100					
150					

6）组合业务性能测试

所有的用户不会只使用核心模块，通常每个功能都可能被使用到，所以既要模拟多用户的相同操作，又要模拟多用户的不同操作，对多个业务进行组合性能测试。

业务组合测试是更接近用户实际操作系统的测试，因此用例编写要充分考虑实际情况，选择最接近实际的场景进行设计。这里的业务组成单位以不同模块中的“子操作事务”为单位，进行各个模块的不同业务的组合。

下面选择登录系统、添加日志、阅读日志、添加照片、浏览照片等事务作为一组组合业务进行测试，用例设计信息如表 6-10 所示。

表 6-10 组合业务测试用例

用例名称	组合业务测试用例	用例编号	Performance_ Combination
测试目的	测试系统在线用户达到高峰时，用户可以正常使用系统，保证 1000 个以内用户可以同时访问网站		
测试方法	采用 LoadRunner 的 VuGen 录制以下 4 个业务。 业务 1——登录个人主页； 业务 2——发布日志； 业务 3——阅读日志； 业务 4——在相册系统中上传照片。 为每个业务分配一定数目的用户，利用 LoadRunner Controller 来执行测试，收集测试数据。其中，业务 1 占总用户的 20%，业务 2 占总用户的 20%，业务 3 占总用户的 50%，业务 4 占 10%		

并发用户数与事务执行情况

并发用户数		20	50	100	150	200
事务平均响应时间/s	业务 1					
	业务 2					
	业务 3					
	业务 4					
事务最大响应时间/s	业务 1					
	业务 2					
	业务 3					
	业务 4					
事务成功率	业务 1					
	业务 2					
	业务 3					
	业务 4					
平均每秒点击率						
吞吐量						

2. 测试脚本开发

性能测试脚本是描述单个浏览器向 Web 服务器发送的 HTTP 请求序列。将业务流程转化为测试脚本，通常指的就是虚拟用户脚本或虚拟用户。虚拟用户通过驱动一个真正的客户程序来模拟真实用户。在这个步骤里，要将各类被测业务流程从头至尾进行确认和记录，弄清这些过程可以帮助分析到每步操作的细节和时间，并能精确地转化为脚本。此过程类似制造一个能够模仿人的行为和动作的机器人过程，其实质是将现实世界中的单个用户行为比较精确地转化为计算机程序语言。

脚本编辑和编译工作在 LoadRunner 的虚拟用户生成器(Virtual User Generator，VUGen)中进行。VuGen 通过录制对客户端应用程序执行的操作来创建虚拟用户脚本。运行录制的脚本时，生成的虚拟用户将模拟客户端与服务器之间的交互活动(通信过程)。

使用 LoadRunner 进行性能测试，创建脚本的一般流程如下。

1）录制脚本

通过 VuGen 录制用户访问网站的业务过程，生成测试脚本，然后对脚本进行回放验证，确保脚本回放正确。

2）模拟用户行为

通过参数化、关联、集合点和运行时设置，对用户行为进行模拟。

3）添加监控

添加事务及手工事务检查，实现对业务的响应时间的监控。

创建的每个虚拟用户脚本至少包含三部分：vuser_init、一个或多个 Actions 及 vuser_end。通常情况下，可以将登录到服务器的活动录制到 vuser_init 部分中，将客户端活动录制到 Actions 部分中，并将注销过程录制到 vuser_end 部分中。表 6-11 显示了要在每一部分录制的内容以及执行每一部分的时间。

表 6-11 虚拟用户脚本结构

脚本部分	录制内容	执行时间
vuser_init	登录到服务器	初始化 Vuser(已加载)
Action	客户端活动	Vuser 处于运行状态
Vuser_end	注销过程	Vuser 完成或停止

运行多次迭代的 Vuser 脚本时，只有脚本的 Actions 部分重复，而 vuser_init 和 vuser_end 部分将不重复。

下面对博客系统中关键的业务流程进行录制，生成测试脚本，并调试测试脚本，对相关的输入项进行参数化。

1）用户登录

录制登录模块的脚本时涉及验证码的问题。为简化问题，采用万能验证码，验证码为“1234”，并对用户名和密码进行了参数化。录制的业务过程为：用户输入网址首页地址，在“用户名”、“密码”和“验证码”输入框中，输入正确的内容，然后单击“登录”按钮。

测试脚本如下。

```
Action()
{
    web_url("index.php",
        "URL = http://192.168.1.10/Blog/index.php",
        "Resource = 0",
        "RecContentType = text/html",
        "Referer = ",
        "Snapshot = t1.inf",
        "Mode = HTML",
        EXTRARES,
        "Url = image/default/guide - tab.gif", ENDITEM,
        "Url = image/default/guidebg.gif", ENDITEM,
        "Url = image/default/guideli.gif", ENDITEM,
        "Url = image/default/jionleft.gif", ENDITEM,
        "Url = image/default/jionright.gif", ENDITEM,
        "Url = image/default/jionmiddle.gif", ENDITEM,
```

```
            "Url = image/default/guideyinbg.gif", ENDITEM,
            "Url = image/default/fenleibg.gif", ENDITEM,
            "Url = image/default/tagsbg.gif", ENDITEM,
            "Url = image/default/mapsearchbt.gif", ENDITEM,
            "Url = image/default/zhucebg.gif", ENDITEM,
            "Url = image/default/tabA1.gif", ENDITEM,
            "Url = image/default/more.gif", ENDITEM,
            "Url = image/default/searchbg.gif", ENDITEM,
            "Url = image/default/bt.gif", ENDITEM,
            "Url = image/default/h5bg.gif", ENDITEM,
            LAST);
        lr_think_time(10);
        lr_rendezvous("login");
        lr_start_transaction("login");
        web_submit_form("login.php",
            "Snapshot = t2.inf",
            ITEMDATA,
            "Name = pwtypev", "Value = {Username}", ENDITEM,
            "Name = pwpwd", "Value = {Password}", ENDITEM,
            "Name = gdcode", "Value = 1234", ENDITEM,
            EXTRARES,
            "Url = image/default/guide - tab.gif", "Referer = http://192.168.1.10/Blog/", ENDITEM,
            "Url = image/default/guidebg.gif", "Referer = http://192.168.1.10/Blog/", ENDITEM,
            "Url = image/default/guideli.gif", "Referer = http://192.168.1.10/Blog/", ENDITEM,
            "Url = image/default/jionleft.gif", "Referer = http://192.168.1.10/Blog/", ENDITEM,
            "Url = image/default/jionright.gif", "Referer = http://192.168.1.10/Blog/", ENDITEM,
            "Url = image/default/jionmiddle.gif", "Referer = http://192.168.1.10/Blog/", ENDITEM,
            "Url = image/default/fenleibg.gif", "Referer = http://192.168.1.10/Blog/", ENDITEM,
            "Url = image/default/guideyinbg.gif", "Referer = http://192.168.1.10/Blog/", ENDITEM,
            "Url = image/default/tagsbg.gif", "Referer = http://192.168.1.10/Blog/", ENDITEM,
            "Url = image/default/mapsearchbt.gif", "Referer = http://192.168.1.10/Blog/", ENDITEM,
            "Url = image/default/tabA1.gif", "Referer = http://192.168.1.10/Blog/", ENDITEM,
            "Url = image/default/more.gif", "Referer = http://192.168.1.10/Blog/", ENDITEM,
            "Url = image/default/h5bg.gif", "Referer = http://192.168.1.10/Blog/", ENDITEM,
            "Url = image/default/searchbg.gif", "Referer = http://192.168.1.10/Blog/", ENDITEM,
            LAST);
        lr_end_transaction("login", LR_AUTO);
        return 0;
}
```

如果对系统用户的行为模仿失真，不能反映系统真实的使用情况，性能测试的有效性和必要性也就失去了意义。我们录制的脚本中用户名和密码是固定的，也就是说所有用户都用同一个用户名和密码登录，这和实际情况不符。因此对用户名和密码进行参数化，以便更真实地模拟实际情况。代码中进行了参数化的语句如下。

```
"Name = pwtypev", "Value = {Username}", ENDITEM,
"Name = pwpwd", "Value = {Password}", ENDITEM,
```

用户名和密码的参数化设置界面如图 6-59 所示。

2）发表日志

在发表日志模块中，需要录制两份脚本，分别是发表不带附件的日志和发表带有附件的

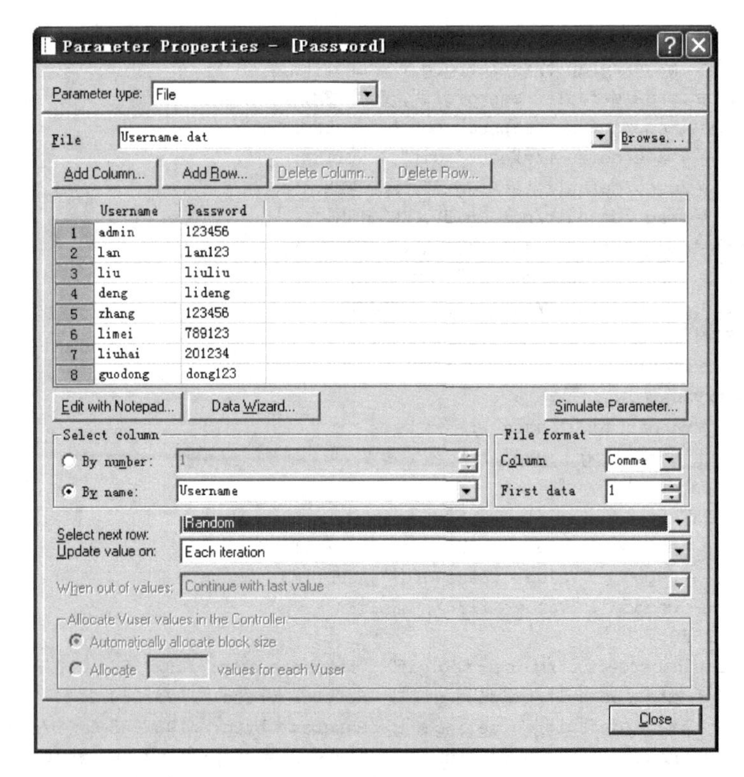

图 6-59 参数化脚本

日志。录制的业务过程为：登录个人主页，进入添加日志页面，填写日志内容，提交日志，退出系统。为更真实地模拟实际用户使用情况，对脚本进行下列操作。

(1) 插入事务

为了在执行测试时更准确地获得提交日志的响应时间和其他性能指标，需要将提交日志的过程单独作为一个事务。

(2) 插入集合点

在测试计划中，要求系统能够承受大量用户(如 100 人)同时提交数据，在 LoadRunner 中可以通过在提交数据操作前面加入集合点来实现。当虚拟用户运行到提交数据的集合点时，LoadRunner 会检查有多少用户运行到集合点，如果不到 100 人，LoadRunner 就会命令已经到集合点的用户在此等待，当在集合点等待的用户达到 100 人时，LoadRunner 命令 100 人同时去提交数据，从而达到测试计划中的需求。

(3) 参数化

为了更真实地模拟用户发表日志的过程，需要对脚本中的日志标题和日志内容进行参数化。在脚本中对应的语句分别如下。

```
"Name = atc_title", "Value = {Log_title}", ENDITEM,
"Name = atc_content", "Value = {Log_content}", ENDITEM,
```

(4) 设置思考时间

在录制测试脚本时，记录了用户的操作时间，在脚本中用“lr_think_time(16)”函数来表示，其中，“16”是录制脚本时，测试者实际的操作时间。为了更合理地模拟用户使用系统，可以在 Run-time Settings 中设置思考时间，如将思考时间设置为 8～24 之间随机变化。

发表不带附件的日志的关键脚本如下。

```
Action()
{
    web_link("发表日志",
        "Text = 发表日志",
        "Snapshot = t3.inf",
        EXTRARES,
        "Url = image/default/user/bg.jpg", "Referer = http://192.168.1.10/Blog/user_index.
php?action = post&type = blog", ENDITEM,
        "Url = image/default/user/g2a.jpg", "Referer = http://192.168.1.10/Blog/user_index.
php?action = post&type = blog", ENDITEM,
        "Url = image/default/user/pwlogo.jpg", "Referer = http://192.168.1.10/Blog/user_
index.php?action = post&type = blog", ENDITEM,
        "Url = js/lang/zh_cn.js", "Referer = http://192.168.1.10/Blog/user_index.php?action
= post&type = blog", ENDITEM,
        "Url = js/zh_cn.js", "Referer = http://192.168.1.10/Blog/user_index.php?action =
post&type = blog", ENDITEM,
        "Url = image/default/user/box3bg.gif", "Referer = http://192.168.1.10/Blog/user_
index.php?action = post&type = blog", ENDITEM,
        "Url = image/default/user/more2.gif", "Referer = http://192.168.1.10/Blog/user_
index.php?action = post&type = blog", ENDITEM,
        "Url = image/default/user/btn.gif", "Referer = http://192.168.1.10/Blog/user_index.
php?action = post&type = blog", ENDITEM,
        "Url = image/smile/default/1.gif", "Referer = http://192.168.1.10/Blog/user_index.
php?action = post&type = blog", ENDITEM,
        "Url = image/smile/default/13.gif", "Referer = http://192.168.1.10/Blog/user_index.
php?action = post&type = blog", ENDITEM,
        "Url = image/smile/default/12.gif", "Referer = http://192.168.1.10/Blog/user_index.
php?action = post&type = blog", ENDITEM,
        "Url = image/smile/default/11.gif", "Referer = http://192.168.1.10/Blog/user_index.
php?action = post&type = blog", ENDITEM,
        "Url = image/smile/default/7.gif", "Referer = http://192.168.1.10/Blog/user_index.
php?action = post&type = blog", ENDITEM,
        "Url = image/smile/default/9.gif", "Referer = http://192.168.1.10/Blog/user_index.
php?action = post&type = blog", ENDITEM,
        "Url = image/smile/default/10.gif", "Referer = http://192.168.1.10/Blog/user_index.
php?action = post&type = blog", ENDITEM,
        "Url = image/smile/default/8.gif", "Referer = http://192.168.1.10/Blog/user_index.
php?action = post&type = blog", ENDITEM,
        LAST);
    lr_think_time(16);
    lr_rendezvous("PostLog");
    lr_start_transaction("PostLog");
    web_submit_data("user_index.php",
     "Action = http://192.168.1.10/Blog/user_index.php?action = post&type = blog&job =
add&verify = 55185844&",
        "Method = POST",
        "EncType = multipart/form - data",
        "RecContentType = text/html",
        "Referer = http://192.168.1.10/Blog/user_index.php?action = post&type = blog",
        "Snapshot = t4.inf",
```

```
            "Mode = HTML",
            ITEMDATA,
            "Name = step", "Value = 2", ENDITEM,
            "Name = atc_title", "Value = {Log_title}", ENDITEM,
            "Name = atc_iconid1", "Value = 0", ENDITEM,
            "Name = atc_iconid2", "Value = 0", ENDITEM,
            "Name = atc_autourl", "Value = 1", ENDITEM,
            "Name = atc_content", "Value = {Log_content}", ENDITEM,
            "Name = atc_desc1", "Value = ", ENDITEM,
            "Name = attachment_1", "Value = ", "File = Yes", ENDITEM,
            "Name = atc_cid", "Value = 1", ENDITEM,
            "Name = atc_dirid", "Value = ", ENDITEM,
            "Name = dirname", "Value = ", ENDITEM,
            "Name = dirorder", "Value = ", ENDITEM,
            "Name = atc_allowreply", "Value = 1", ENDITEM,
            "Name = atc_ifhide", "Value = 0", ENDITEM,
            "Name = Submit", "Value = 提 交", ENDITEM,
            EXTRARES,
            "Url = image/default/user/bg.jpg", "Referer = http://192.168.1.10/Blog/user_index.
    php?action = itemcp&type = blog", ENDITEM,
            "Url = image/default/user/g2a.jpg", "Referer = http://192.168.1.10/Blog/user_index.
    php?action = itemcp&type = blog", ENDITEM,
            "Url = image/default/user/pwlogo.jpg", "Referer = http://192.168.1.10/Blog/user_
    index.php?action = itemcp&type = blog", ENDITEM,
            "Url = image/default/user/btn.gif", "Referer = http://192.168.1.10/Blog/user_index.
    php?action = itemcp&type = blog", ENDITEM,
            LAST);
        lr_end_transaction("PostLog", LR_AUTO);
        return 0;
    }
```

3）上传照片

上传照片的脚本在此省略。

4）查看日志

在查看日志的性能测试中，需要录制两份测试脚本。一份是只录制用户查看日志的过程，另一份是录制用户查看日志和发表评论的过程。

6.3.4 执行测试

1. 设置性能测试场景

在 LoadRunner 的 Controller 中使用“手动设置”方式来设计场景，其界面如图 6-60 所示。在 Scenario Scripts 中设置要执行的脚本，并选择 Load Generators（虚拟用户加载器），即设置运行测试脚本的物理机器。在 Global Schedule 中主要设置虚拟用户的数量，虚拟用户初始化、启动、退出的方式，以及满负载时的持续时间等参数。

2. 虚拟 IP 的设置

当运行场景时，虚拟用户使用它们所在的 Load Generator（虚拟用户加载器）的固定的

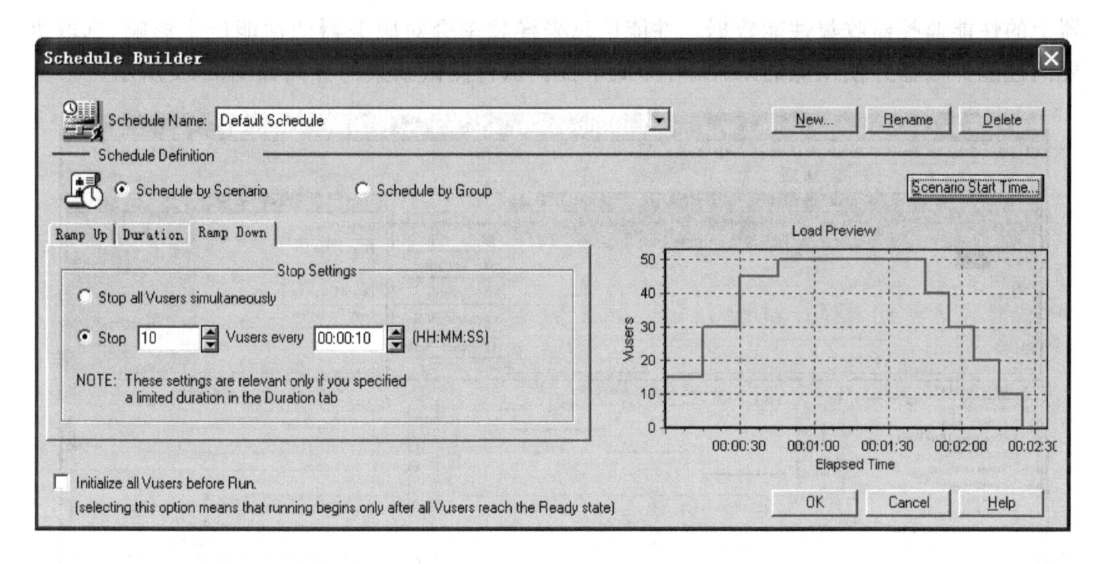

图 6-60 手动场景设置

IP 地址。同时每个 Load Generator 上运行大量的虚拟用户，这样就造成了大量的用户使用同一 IP 地址同时访问一个网站的情况，这种情况和实际运行的情况不符。为了更加真实地模拟实际情况，LoadRunner 允许运行的虚拟用户使用不同的 IP 地址访问同一网站，这种技术称为"IP 欺骗(IP Spoofer)"。启用该选项后，场景中运行的虚拟用户将模拟从不同的 IP 地址发送请求。

虚拟 IP 的设置过程请参看 LoadRunner 使用指南。

3. 监控各性能指标

在性能测试执行过程中，需要关注应用系统的各项响应指标和系统资源的各项指标。实时监测能让测试人员时刻了解应用程序的性能，在测试执行中及早发现性能瓶颈。

在 LoadRunner 中的 Controller 中有 Windows 系统资源计数器，Apache 计数器，MySQL 计数器，能够检测系统资源消耗情况，并最终和测试结果数据合并，成为分析图表。测试结果可在测试执行完毕后，通过 LoadRunner 的 Analysis(分析器)获得。

4. 执行测试场景

1) 登录个人主页

按照测试用例的要求设置测试场景。

场景 1：模拟 10 个用户在同一时刻登录系统；持续时间为 5min。

场景 2：模拟 20 个用户在同一时刻登录系统；持续时间为 5min。

场景 3：模拟 50 个用户在同一时刻登录系统；持续时间为 5min。

场景 4：模拟 100 个用户在同一时刻登录系统；持续时间为 5min。

场景 5：模拟 150 个用户在逐步登录系统；首先 10 个用户登录，然后每隔 10s 登录 5 个，持续时间为 5min。

场景设置完成后，控制器将脚本分发到负载生成器向被测系统发起负载，同时通过服务器上的性能监控器收集性能数据。性能信息采样频率会对服务器的性能产生影响，选取重要的性能计数器并使用低的采样率，降低干扰。执行测试场景的界面如图 6-61 所示。

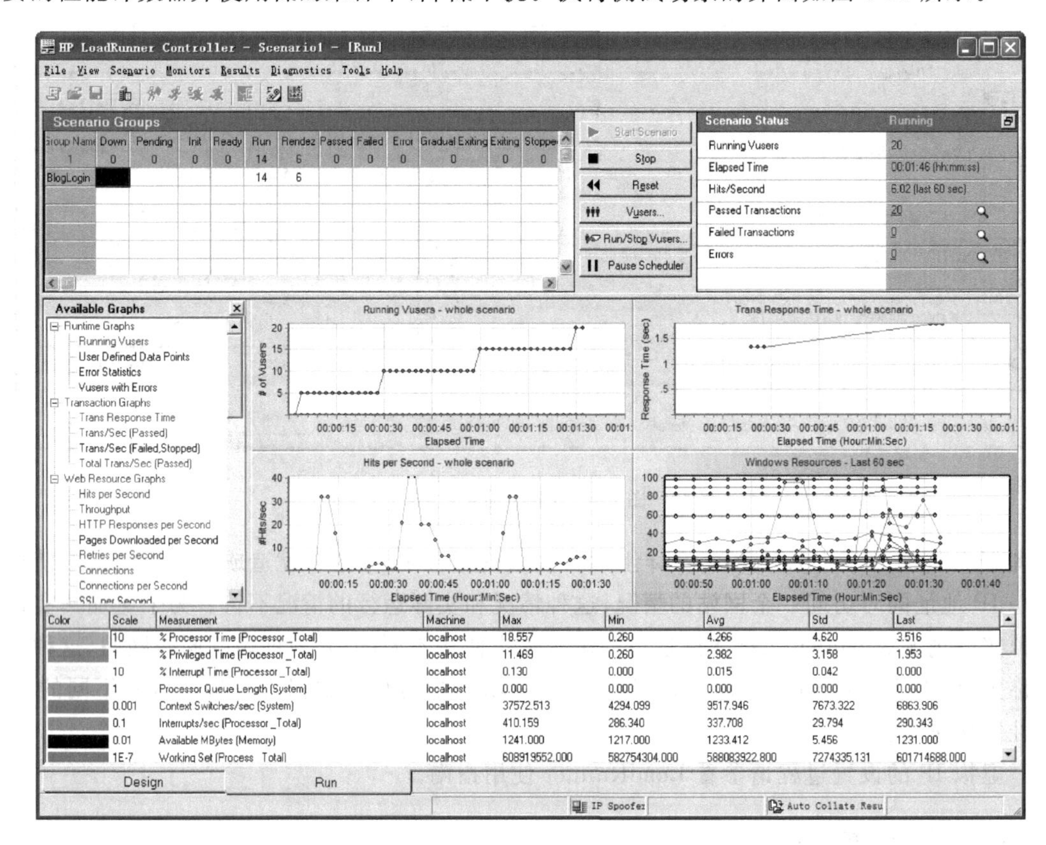

图 6-61 执行测试场景

分别依次执行以上 5 个测试场景，并记录测试数据。测试数据如表 6-12 所示。

表 6-12 登录测试结果数据

用例名称	登录模块性能测试		用例编号	Performance_Login	
并发用户数	事务平均响应时间	事务最大响应时间	事务成功率	平均每秒点击率	平均流量/(B/s)
10	1.131	1.199	100%	9.5	66 480
20	1.059	1.097	100%	25.9	222 879
50	1.379	3.534	100%	54.8	140 484
100	5.525	11.125	100%	107	192 206
150	8.231	19.45	100%	89.2	200 385

【注】 这里的登录成功用户指的是系统接受了登录请求，并建立了连接。平均响应时间是在登录脚本里设置检测点，由 LoadRunner 工具自动获取。

2) 发表日志(不带附件)

发表日志的测试场景设置方法同 1)，依次执行各测试场景。测试结果数据见表 6-13。

表 6-13 发表日志(不带附件)测试数据

用例名称	发表日志(不带附件)性能测试		用例编号	Performance_Postlog01	
并发用户数	事务平均响应时间	事务最大响应时间	事务成功率	平均每秒点击率	平均流量/(B/s)
10	2.111	2.399	100%	18.8	59 513
20	2.105	2.133	100%	35.8	111 331
50	2.108	2.138	100%	76.1	236 345
100	2.395	5.711	100%	150.2	467 282

3) 发表日志(带附件)

发表带附件的日志的测试过程同上,测试结果数据如表 6-14 所示。

表 6-14 发表日志(带附件)测试数据

用例名称	发表日志(带附件)性能测试		用例编号	Performance_Postlog02	
并发用户数	事务平均响应时间	事务最大响应时间	事务成功率	每秒点击率	平均流量/(B/s)
10	2.125	2.146	100%	11.4	35 565
20	2.15	2.323	100%	23.7	73 725
50	2.182	2.483	100%	53.3	165 883
100	2.515	5.418	100%	102.3	318 843

4) 上传图片

上传图片的测试结果数据见表 6-15。

表 6-15 上传图片测试数据

用例名称	上传图片性能测试		用例编号	Performance_Photo	
并发用户数	事务平均响应时间	事务最大响应时间	事务成功率	每秒点击率	平均流量/(B/s)
10	2.232	2.258	100%	10.8	36 547
20	2.245	2.375	100%	21.2	71 573
50	2.262	3.89	100%	49.8	169 615
100	8.358	16.8	100%	51.49	173 395

5) 查看日志

查看日志的测试结果数据见表 6-16。

表 6-16 查看日志测试数据

用例名称	查看日志测试用例		用例编号	Performance_Readlog	
并发用户数	事务平均响应时间	事务最大响应时间	事务成功率	每秒点击率	平均流量/(B/s)
10	0.038	0.094	100%	35.9	146 906
20	0.041	0.097	100%	68.4	280 287
50	0.958	4.175	100%	105.5	431 173

续表

用例名称	查看日志测试用例		用例编号	Performance_Readlog	
并发用户数	事务平均响应时间	事务最大响应时间	事务成功率	每秒点击率	平均流量/(B/s)
100	2.351	10.117	100%	139.6	651 185
150	2.758	6.497	100%	69	685 121
200	8.892	20.153	100%	149.5	714 327

6）组合业务

组合业务的测试结果数据见表 6-17。

表 6-17 组合业务测试用例

用例名称		组合业务测试用例		用例编号	Performance_ Combination	
测试说明		采用 LoadRunner 的 VuGen 录制以下 4 个业务。 业务 1——登录个人主页； 业务 2——发表日志； 业务 3——阅读日志； 业务 4——在相册系统中上传照片。 为每个业务分配一定数目的用户，利用 LoadRunner Controller 来执行测试，收集测试数据。其中，业务 1 占总用户的 20%，业务 2 占总用户的 20%，业务 3 占总用户的 50%，业务 4 占 10%				
并发用户数		20	50	100	150	200
事务平均响应时间/s	业务 1	1.125	1.072	2.720	9.829	15.273
	业务 2	2.210	2.152	3.526	9.460	12.402
	业务 3	0.094	0.195	0.482	2.031	3.132
	业务 4	2.136	2.306	4.292	9.416	12.411
事务最大响应时间/s	业务 1	1.245	2.170	14.609	28.047	30.23
	业务 2	2.455	2.910	11.891	22.845	23.252
	业务 3	1.536	5.563	11.031	16.658	19.271
	业务 4	3.052	5.709	13.529	22.217	23.181
事务成功率	业务 1	100%	100%	100%	100%	100%
	业务 2	100%	100%	100%	100%	100%
	业务 3	100%	100%	100%	100%	100%
	业务 4	100%	100%	100%	100%	100%
平均每秒点击率		1531	1802	1224	1043	813
平均每秒吞吐量		3 603 103	4 247 112	2 899 250	2 460 011	1 928 609
%Processor time(CPU)		17.2	47.3	68.6	57.6	42.1
Available M Bytes(Memory)		1164	1194	1175	1145	1130
Avg. Disk Bytes/Transfer (Physical Disk)		5420	32615	24989	20198	16278

6.3.5 分析测试结果

测试结果分析就是结合测试结果数据，分析出系统性能行为表现的规律，并准确定位系统的性能瓶颈所在。在这个步骤里，可以利用数学手段对大批量数据进行计算和统计，使结果更加具有客观性。

用 LoadRunner 的 Controller 执行完测试后，运行结果数据将从各负载生成器进行汇总，产生性能分析图表。它包括一些关键性能数据，如事务响应时间、吞吐量等。通过 Analysis 模块的输出功能，可方便地生成 HTML、Word 或者 Crystal 的报表，用户可以根据不同的测试需求进行定制、分析和再处理。

Analysis 中生成的测试结果摘要如图 6-62 所示。

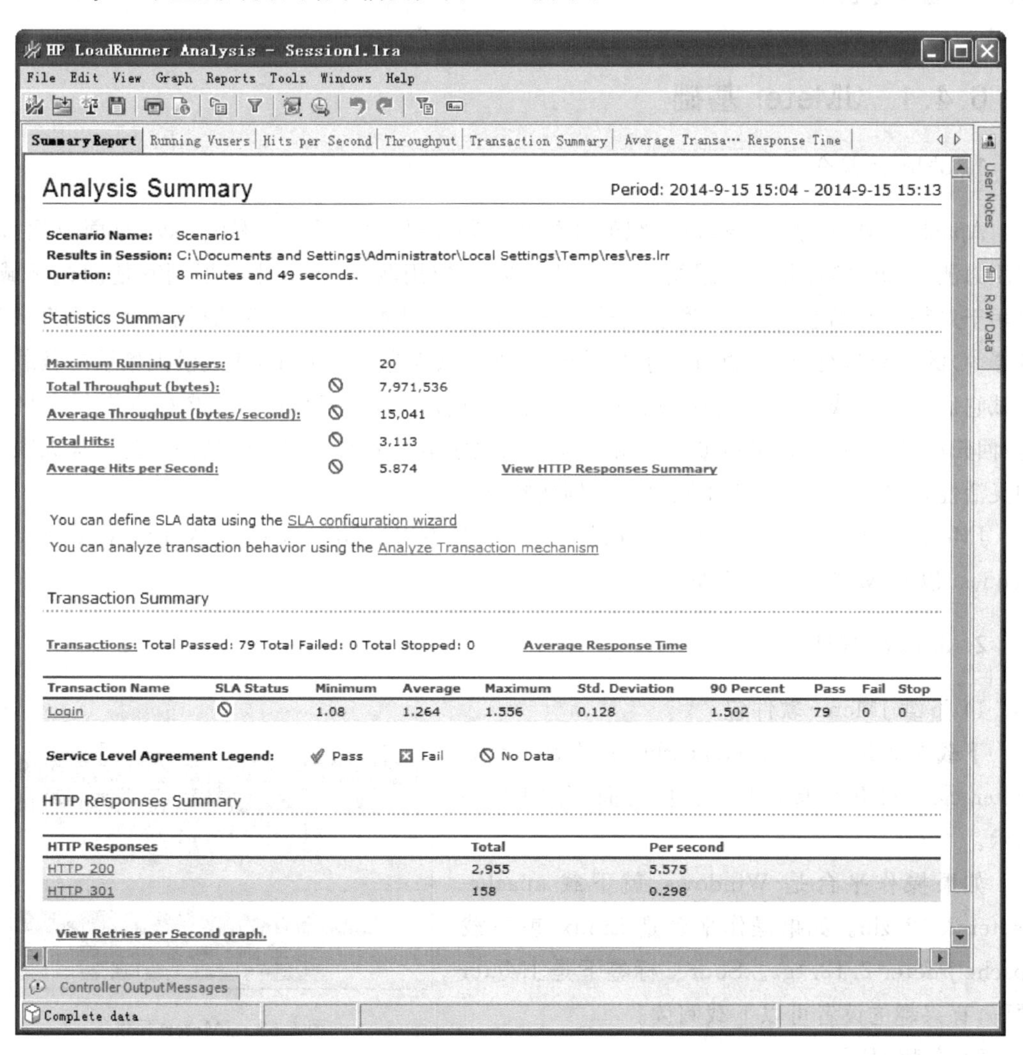

图 6-62 测试结果

下面对测试过程中记录的部分测试结果进行分析。

1. 50个并发用户

从前面的测试结果数据可以看出，20、50个并发用户时，各事务的最大响应时间均在5s以内，事务成功率100%，满足系统的要求。

2. 100个并发用户

通过前面的测试结果数据，可以看出响应时间有些变长，大多数操作响应时间在8s以内，在用户可以接受的范围之内，能够达到系统预定目标。

6.4 JMeter

6.4.1 JMeter基础

1. JMeter简介

Apache JMeter是Apache组织的开放源代码项目，是一个100%纯Java桌面应用，用于压力测试和性能测量。它最初被设计用于Web应用测试，但后来扩展到其他测试领域，可用于对静态和动态资源(如静态文件，Servlet，Perl脚本，Java对象，数据库查询，FTP服务器等)的性能进行测试，也可用于对服务器、网络或对象进行测试，通过模拟繁重的负载来测试它们的强度或分析不同压力类型下的整体性能。另外，JMeter能够对应用程序做功能/回归测试，通过创建带有断言的脚本来验证程序是否返回了期望的结果。为了最大限度的灵活性，JMeter允许使用正则表达式创建断言。

JMeter可以用于测试FTP、HTTP、RPC、JUNIT、JMS、LDAP、WebService(Soap) Request以及Mail和JDBC等。

2. JMeter环境配置

1) 下载JMeter软件包

下载地址http://jmeter.apache.org/download_jmeter.cgi。打开链接，进入下载页面，如图6-63所示。

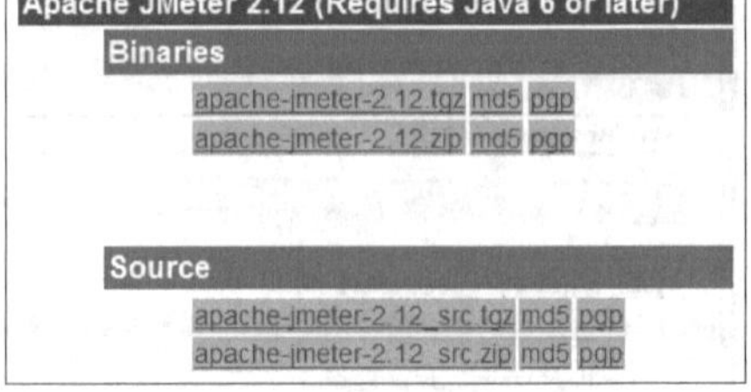

如果操作平台是Windows，就下载apache-jmeter-2.12.zip。如果操作平台是Linux，就下载apache-jmeter-2.12.tgz。Source标签下是JMeter源码，有兴趣的读者可以下载阅读。

图6-63 JMeter下载

2) 安装JDK

JMeter是需要JDK环境的，最新版JMeter 2.12，需要JDK 6以上版本支持。

JDK的安装见4.3.3节的介绍。

3）安装 JMeter

下载完成后，解压 JMeter，并配置 JMeter 环境变量。

在桌面上右键单击“计算机”（或者“我的电脑”）→“属性”→“高级系统设置”→“环境变量设置”，然后选择“系统变量”→“新建”，在“变量名”文本框中输入“JMETER_HOME”，“变量值”文本框中输入“C:\apache-jmeter-2.12”，如图 6-64 所示。

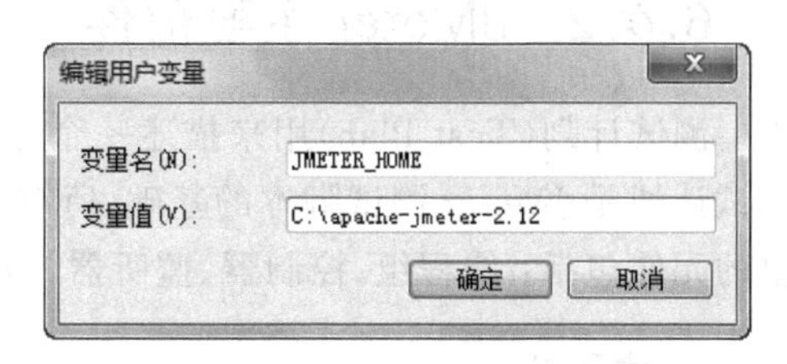

图 6-64 设置环境变量

修改 PATH 变量，变量值中添加：%JMETER_HOME%\lib\ext\ApacheJMeter_core.jar;%JMETER_HOME%\lib\jorphan.jar;%JMETER_HOME%\lib\logkit-1.2.jar;然后确定即可。

环境配置完成后，进入 JMeter 安装路径的 bin 目录中，双击 jmeter.bat 文件。系统将先打开 DOS 窗口，等几秒钟后打开 JMeter 操作界面，如图 6-65 所示。

打开之后显示的是中文界面（中文版翻译不完整）。如果要使用其他语言，比如英文，可以单击菜单栏中的“选项”（Options）→“选择语言”（Chose Language）→“英文”（English）。

【注】 打开的时候会有两个窗口，JMeter 的命令窗口和 JMeter 的图形操作界面，不可以关闭命令窗口。

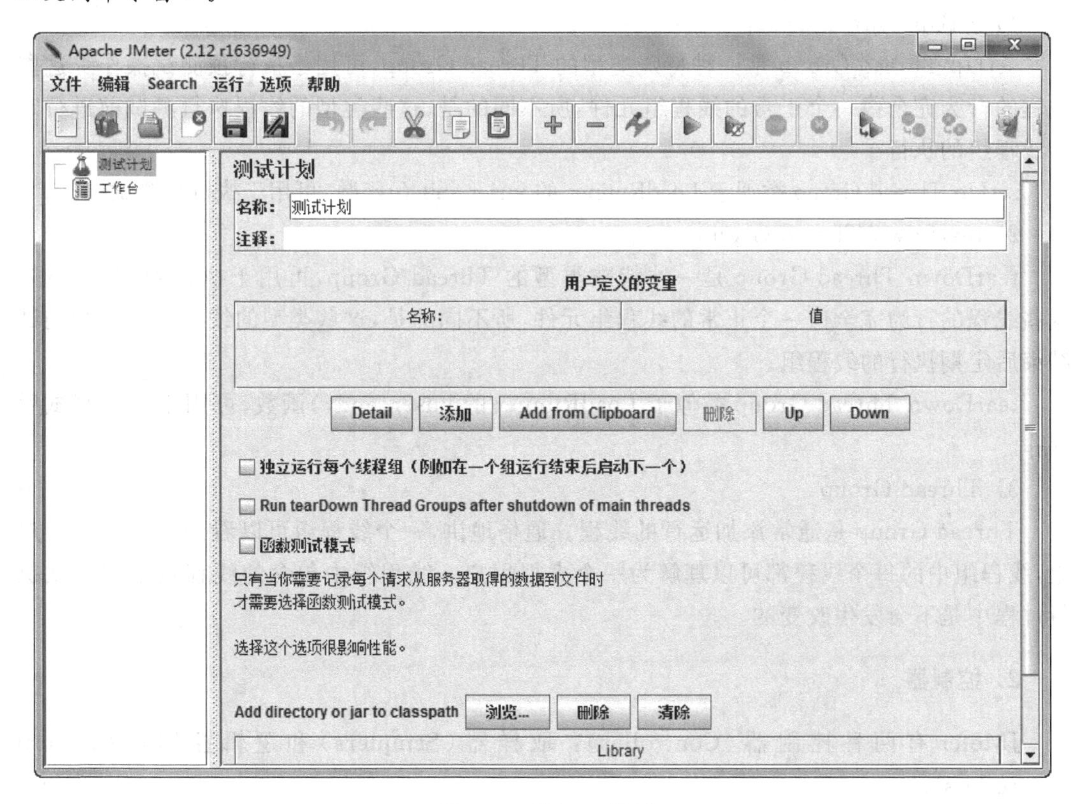

图 6-65 JMeter 界面

6.4.2 JMeter 主要部件

测试计划(Test Plan)用来描述一个性能测试,包含与本次性能测试所有相关的功能。测试计划是 JMeter 测试脚本的基础,所有功能元件的组合都必须基于测试计划。测试计划里的元件包括:线程组、控制器、监听器、定时器、断言等。

1. 线程组

线程组(Thread Group)是任何一个测试计划的开始点。所有的测试计划中的元素(Elements)都要在一个线程组中。线程组元素控制了一组线程,JMeter 使用这些线程来执行测试。

在 JMeter 中,线程组用户有三种类型:setUp Thread Group、tearDown Thread Group 和 Thread Group,如图 6-66 所示。

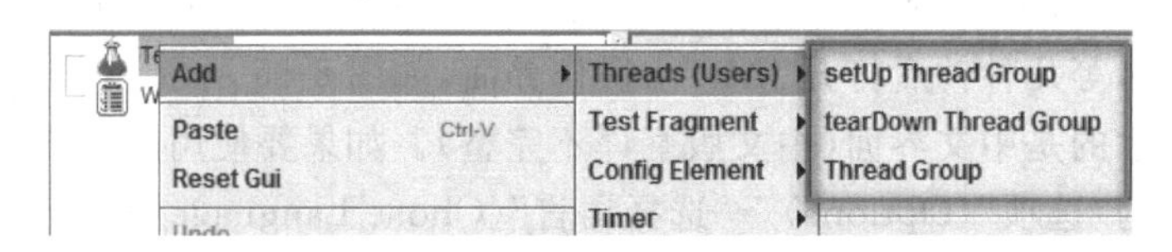

图 6-66 线程组用户

1) setUp Thread Group

setUp Thread Group 是一种特殊类型的 Thread Group,可用于执行预测试操作。这些线程的行为完全像一个正常的线程组元件,所不同的是,这些类型的线程执行测试前进行定期线程组的执行。

setUp Thread Group 类似于 LoadRunner 的 vuser_init ()函数,可用于执行预测试操作。

2) tearDown Thread Group

tearDown Thread Group 是一种特殊类型的 Thread Group,可用于执行测试后动作。这些线程的行为完全像一个正常的线程组元件,所不同的是,这些类型的线程是在执行测试结束后定期执行的线程组。

tearDown Thread Group 类似于 LoadRunner 的 vuser_end()函数,可用于执行测试后动作。

3) Thread Group

Thread Group 是通常添加运行的线程。通俗地讲,一个线程组可以看作一个虚拟用户组,线程组中的每个线程都可以理解为一个虚拟用户。线程组中包含的线程数量在测试执行过程中是不会发生改变的。

2. 控制器

JMeter 有两种控制器(Controller):取样器(Samplers)和逻辑控制器(Logical Controllers)。

1) 取样器

取样器(Sampler)是用来向服务器发起请求并且等待接收服务器响应的元件。它是

JMeter 测试脚本最基础的元件，所有与服务器交互的请求都依赖于取样器。

取样器告知 JMeter 发送请求到 Server 端。JMeter 支持的 Samplers 目前有 23 种，如图 6-67 所示。

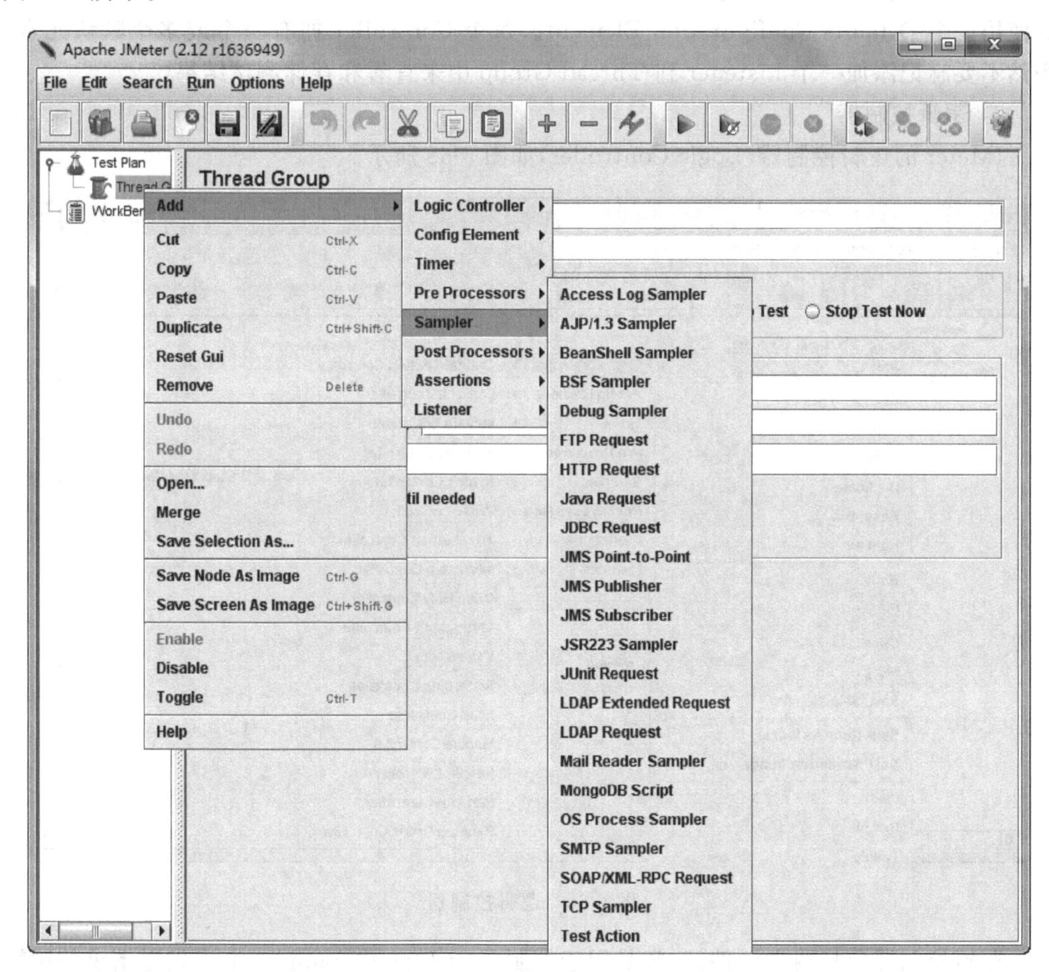

图 6-67 JMeter 取样器

常用的取样器有以下几种。

(1) FTP Request；

(2) HTTP Request；

(3) JDBC Request；

(4) Java Object Request；

(5) LDAP Request；

(6) SOAP/XML-RPC Request；

(7) Web Service (SOAP) Request (Alpha Code)等。

不同类型的 Sampler 可以根据设置的参数向服务器发出不同类型的请求。

Samplers 告知 JMeter 发送请求到服务器。例如，如果希望 JMeter 发送一个 HTTP 请求，就添加一个 HTTP Request Sampler。当然也可以定制一个请求，通过在 Sampler 中添加一个或多个 Configuration Elements 来做更多的设置。

值得注意的是，JMeter 按照 request 在 tree 中添加的次序来发送请求。如果想同时发送多个并发的同一种类的 request(例如：发送 HTTP request 到同样一台服务器)，可以考虑使用一个 Defaults Configuration Element。每个 Controller 拥有一个或多个默认元素。当然不要忘记添加一个 Listener 到 Thread Group 中来查看和存储测试结果。

2) 逻辑控制器

JMeter 的逻辑控制器(Logic Controller)如图 6-68 所示。

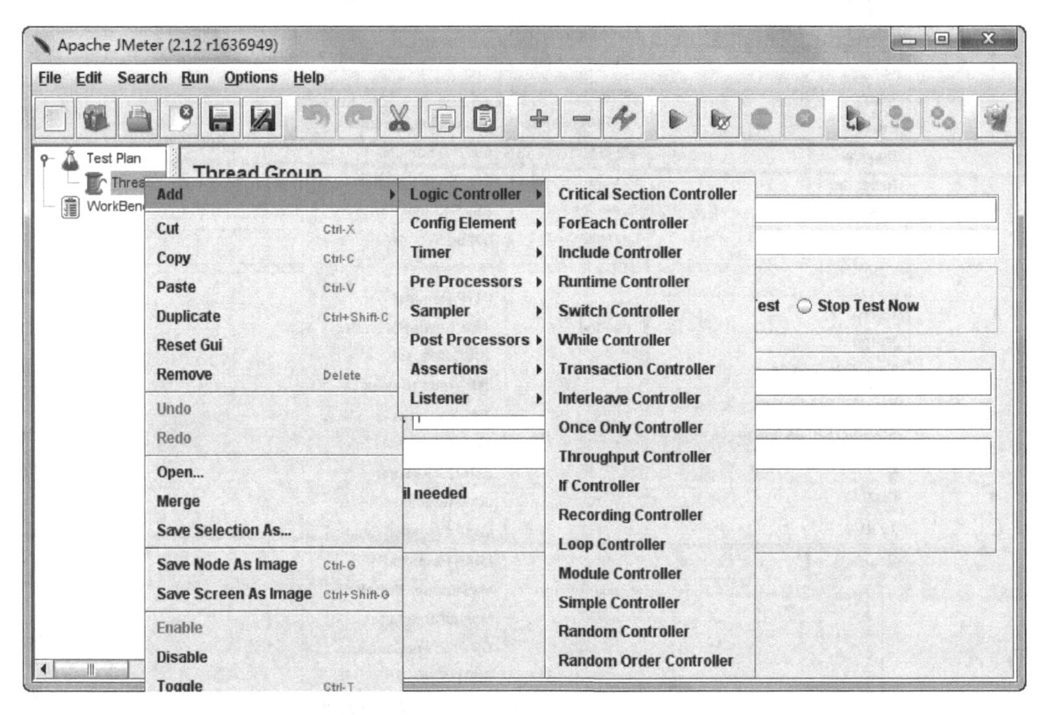

图 6-68 逻辑控制器

逻辑控制器包括两类元件，一类是用于控制 Test Plan 中 Sampler 节点发送请求的逻辑顺序的控制器，常用的有 If Controller、Switch Controller、Runtime Controller、While Controller(循环控制器)等。另一类是用来组织可控制 Sampler 节点的，如事务控制器、吞吐量控制器等。

Logical Controllers 可以定制 JMeter 发送请求的逻辑。例如，可以添加一个 Interleave Controller 来控制交替使用两个 HTTP Request Samplers。同样，一个特定的 Logic Controller 作为 Modification Manager，可以修改请求的结果。

3. 监听器

监听器(Listeners)是在测试计划运行过程中监听请求及相应数据的，并且可以对结果形成表格或者图像形式。在测试计划中任意位置均可添加监听器。根据监听器的作用域，监听器在不同的位置，监听的请求不同。

监听器提供了获取在 JMeter 运行过程中搜集到的信息的访问方式。当 JMeter 运行时，监听器可以提供访问 JMeter 所收集的关于测试用例的信息。图像结果监听器在一个图表里绘制响应时间。查看结果树监听器将显示取样器的请求和响应，然后以 HTML 和 XML 格式显示出来。其他的监听器提供汇总或组合信息。

Listeners 能够直接将搜集到的数据存入到文件中以备后用。任何一个 Listener 都拥有一个设置该文件存储地址的域。Listener 能够加到测试中的任何位置。它们将仅收集同级别和所有低级别的 Elements 产生的数据。JMeter 可以设置不同类型的监听器，如图 6-69 所示。

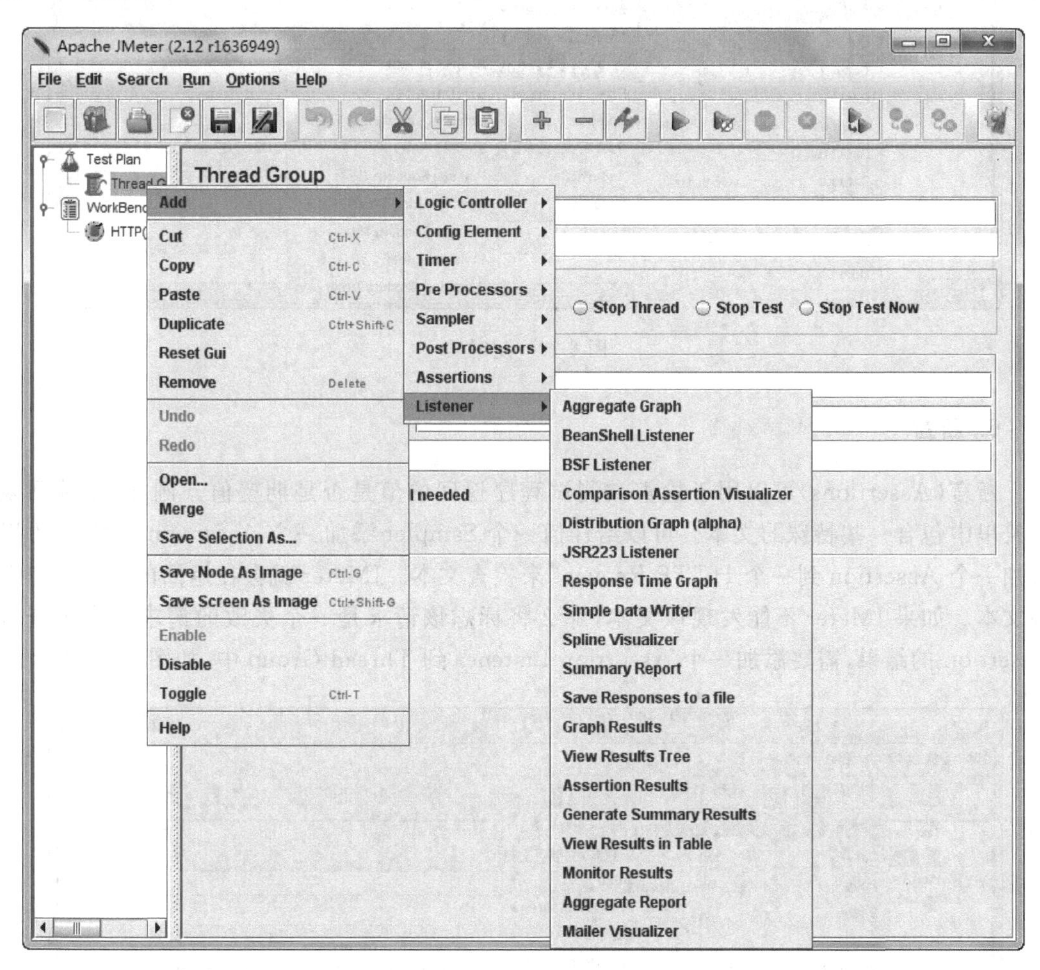

图 6-69 监听器

4. 定时器

定时器(Timer)可以使得 JMeter 在线程发送每个请求时有一个延迟，类似于 LoadRunner 里面的 Think_time(思考时间)。等待时间是性能测试中常用的控制客户端 QPS(每秒查询率)的手段。

默认情况下，JMeter 线程发送请求(Requests)时之间没有任何停顿。如果没有添加一个延迟时间，JMeter 可能会在极短时间内发送大量的请求而引起服务器(Server)崩溃。因此建议指定一个延迟时间，这可以通过添加一个有效的 Timer 到 Thread Group 中实现。

如果添加了多个 Timer 到一个 Thread Group 中时，JMeter 将使用累计的延迟时间。JMeter 的定时器类型如图 6-70 所示。

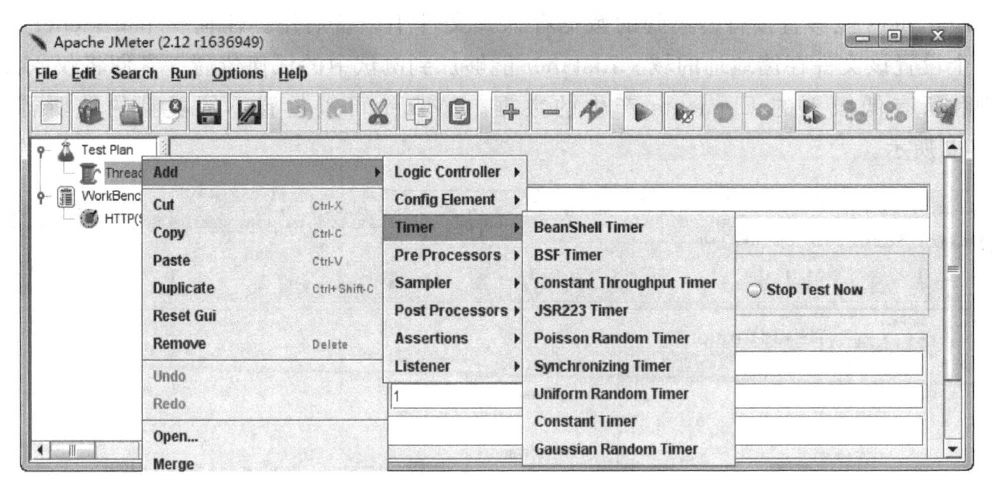

图 6-70 定时器

5. 断言

断言(Assertions)可以用于检查被测试程序返回的值是否是期望值。例如，检验回复字符串中包含一些特殊的文本。可以给任何一个 Sampler 添加一个 Assertion。例如，可以添加一个 Assertion 到一个 HTTP Request 来检查文本。JMeter 就会在返回的回复中查看该文本。如果 JMeter 不能发现该文本，那么将标志该请求是一个失败的请求。为了查看 Assertion 的结果，需要添加一个 Assertion Listener 到 Thread Group 中，如图 6-71 所示。

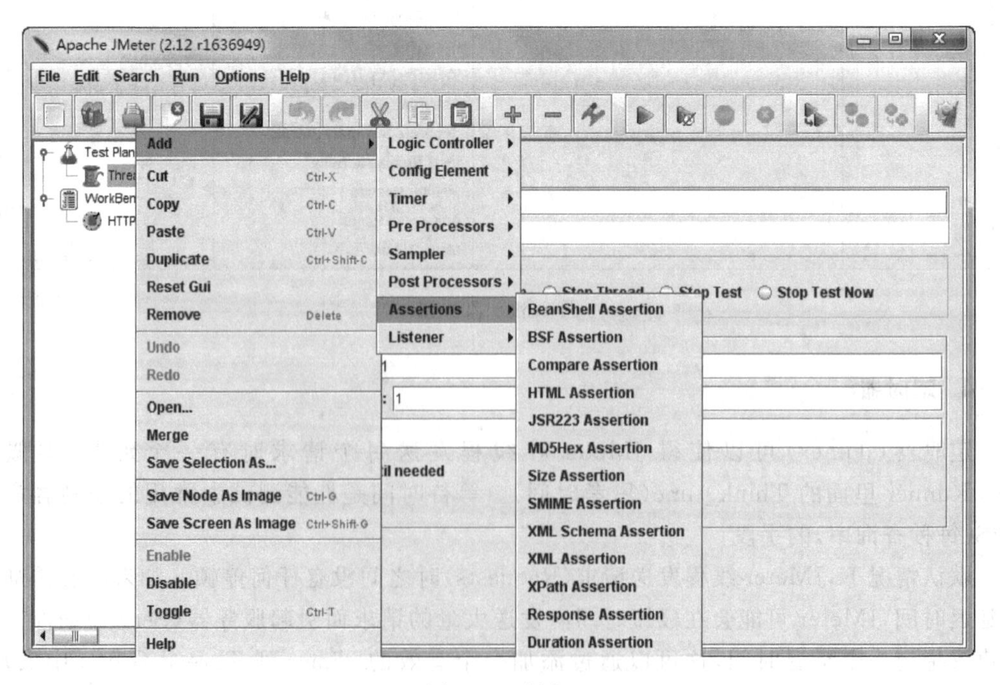

图 6-71 断言

6. 配置元件

配置元件(Config Element)是配合 Sampler(取样器)使用的,使脚本易于维护和操作。配置元件不会发送请求,但是可以改变发送请求的各种参数。

配置元件能提供对静态数据配置的支持。CSV Data Set Config 可以将本地数据文件形成数据池(Data Pool),而对应于 HTTP Request Sampler 和 TCP Request Sampler 等类型的配制元件则可以修改 Sampler 的默认数据。例如,HTTP Cookie Manager 可以用于对 HTTP Request Sampler 的 Cookie 进行管理。

JMeter 提供的配置元件如图 6-72 所示。

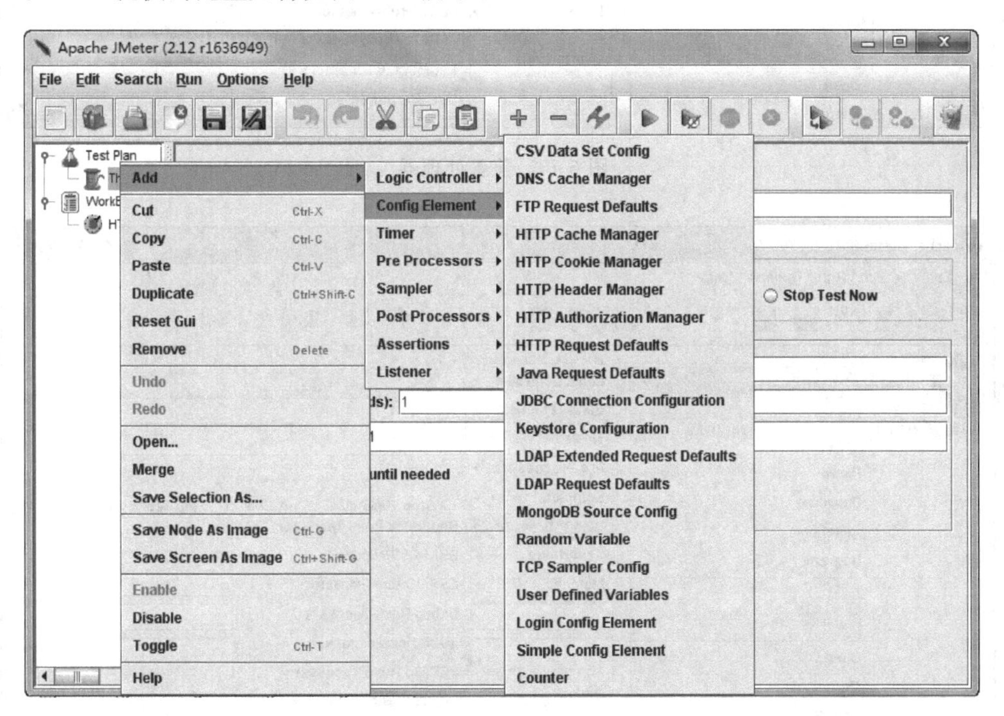

图 6-72 配置元件

7. 前置处理器

前置处理器(Pre-Processor)在 Sampler Request 被创建前执行一些操作。如果一个 Pre-Processor 被附加到一个 Sampler Element 上,那么它将先于 Sampler Element 运行。Pre-Processor 最主要用于在 Sampler 运行前修改一些设置,或者更新一些无法从 Response 文本中获取的变量。JMeter 提供的前置处理器如图 6-73 所示。

8. 后置处理器

后置处理器(Post-Processor)在 Sampler Request 被创建后执行一些操作。如果一个 Post-Processor 被附加到一个 Sampler Element 上,那么将紧接着 Sampler Element 运行后运行。Post-Processor 主要用于处理回复数据,常常用来从其中获取某些值。JMeter 提供的后置处理器如图 6-74 所示。

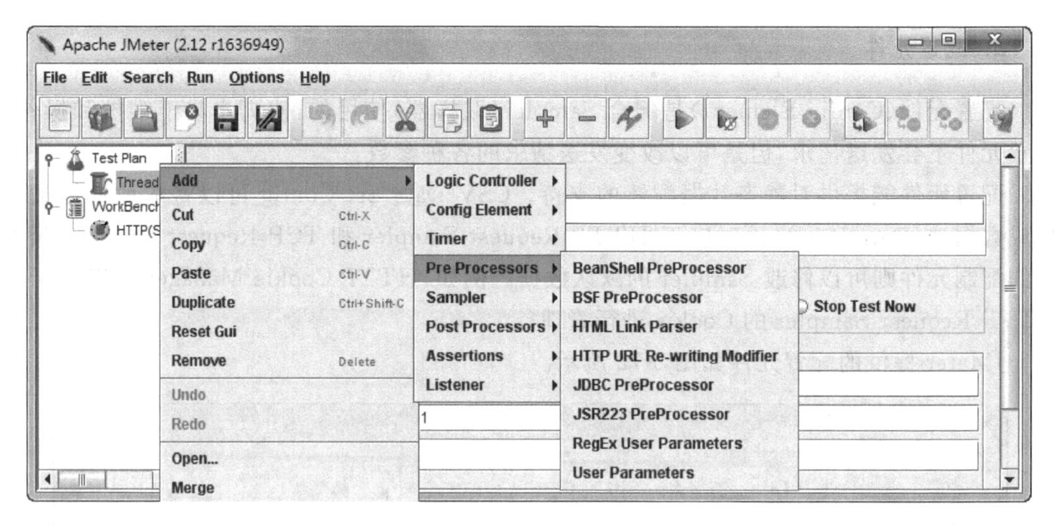

图 6-73 前置处理器

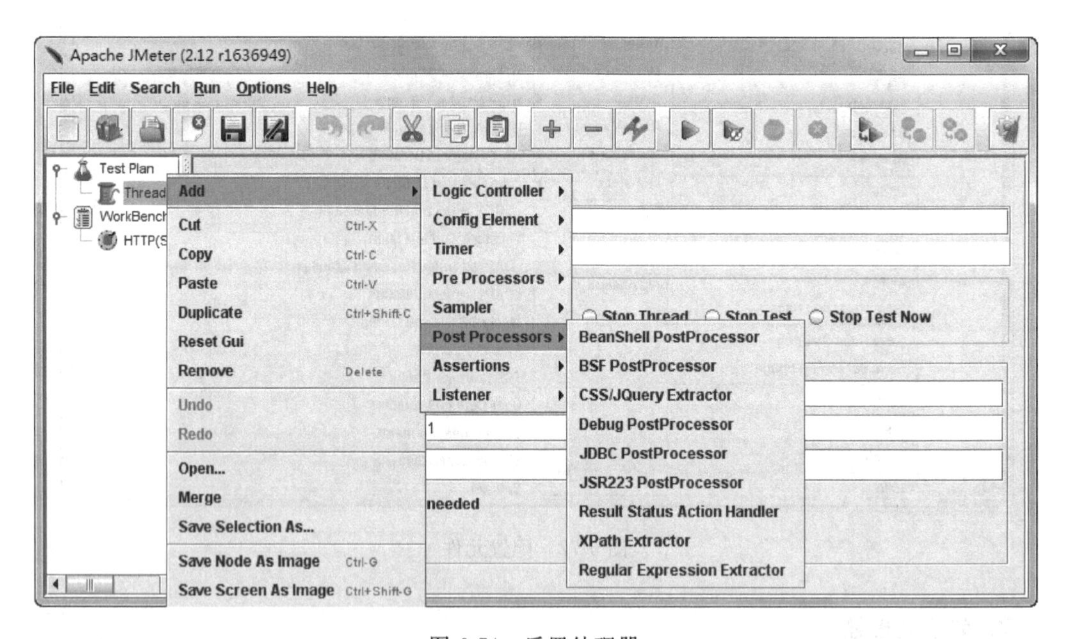

图 6-74 后置处理器

9. 元件的作用域与执行顺序

在 JMeter 中，元件的作用域是靠测试计划的树状结构中元件的父子关系来确定的，作用域的原则如下。

(1) 取样器(Sampler)：不和其他元件相互作用，因此不存在作用域的问题。

(2) 逻辑控制器(Logic Controller)：只对其子节点中的取样器和逻辑控制器作用。

(3) 除取样器和逻辑控制器元件外的其他 6 类元件，如果是某个 Sampler 的子节点，则该元件对其父子节点起作用。如果其父节点不是 Sampler，则其作用域是该元件父节点下的其他所有后代节点。

各元件的作用域如下。

(1) 配置元件(Config Elements):会影响其作用范围内的所有元件。

(2) 前置处理程序(Per-processors):在其作用范围内的每一个 Sampler 元件之前执行。

(3) 定时器(Timers):对其作用范围内的每一个 Sampler 有效。

(4) 后置处理程序(Post-processors):在其作用范围内的每一个 Sampler 元件之后执行。

(5) 断言(Assertions):对其作用范围内的每一个 Sampler 元件执行后的结果执行校验。

(6) 监听器(Listeners):收集其作用范围的每一个 Sampler 元件的信息并呈现。

元件执行顺序的规则很简单,在同一作用域名范围内,测试计划中的元件按照如下顺序执行:配置元件(Config Elements)、前置处理程序(Per-processors)、定时器(Timers)、取样器(Sampler)、后置处理程序(Post-processors)(除非 Sampler 得到的返回结果为空)、断言(Assertions)(除非 Sampler 得到的返回结果为空)、监听器(Listeners)(除非 Sampler 得到的返回结果为空)。

关于执行顺序,需要注意下列两点。

(1) 前置处理器、后置处理器和断言等元件功能对取样器作用,因此,如果在它们的作用域内没有任何取样器,则不会被执行。

(2) 如果在同一作用域范围内有多个同一类型的元件,则这些元件按照它们在测试计划中的上下顺序一次执行。

6.4.3 JMeter 基本操作

1. 建立测试计划

一个测试计划描述了一系列 JMeter 在运行中要执行的步骤。一个完整的测试计划包含一个或多个 Thread Groups, Logic Controllers, Sample Generating Controllers, Listeners, Timers, Assertions 和 Configuration Elements。

1) 添加/删除元件

添加元件(Elements)到测试计划,可以通过在 Tree 中元件上单击右键,然后从 Add 列表中选择一个新的元件。同样,元件也可以通过 Open 选项从一个文件中载入。

删除一个元件,确定该元件被选定,右击选择“删除”选项。

2) 载入和存储元件

载入文件中的元件,在已有的 Tree 中单击右键,然后选择 Open 选项。选择元件存储的文件,JMeter 将载入文件中的所有元件到 Tree 中。

存储 Tree 的元件,选择一个元件然后右击,选择 Save 选项,JMeter 会存储选定的元件,以及所有的子元件。这样就可以存储测试树的一段,单独的元件或者整个测试计划。

3) 配置 Tree 的元件

任何一个测试树中的 Element 都可以在 JMeter 的右边框架显示。这样便于配置该测试元件的属性。能够配置什么属性取决于选定的元件的类型。

4）运行测试计划

在 Run 菜单中选择“开始”来运行测试计划。如果停止测试计划，从菜单中选择“停止”。JMeter 不会自动地在运行测试计划时有任何表现。一些 Listeners 使得 JMeter 运行表现出来。但是唯一的方法是检查 Run 菜单中的 Start 选项，如果是 Disable 的，而且 Stop 是 Enabled，那么 JMeter 就在运行测试计划。

5）执行顺序

JMeter 测试树中包含的元件是分级和有次序的。一些元件在测试中有严格的等级要求(Listeners，Config Elements，Post-Processors，Pre-Processors，Assertions，Timers)，而其他一些有 Primarily Ordered 的要求(如 Controllers，Samplers)。

2. 添加线程组

JMeter 中每个测试计划至少需要包含一个线程组，当然也可以在一个计划中创建多个线程组。在测试计划下面多个线程是并行执行的，也就是说这些线程组是同时被初始化并同时执行线程组下的 Sampler 的。

在测试计划上单击右键，弹出下拉菜单，在 Add→Threads(Users)→Thread Group 中选择线程组即可，如图 6-75 所示。

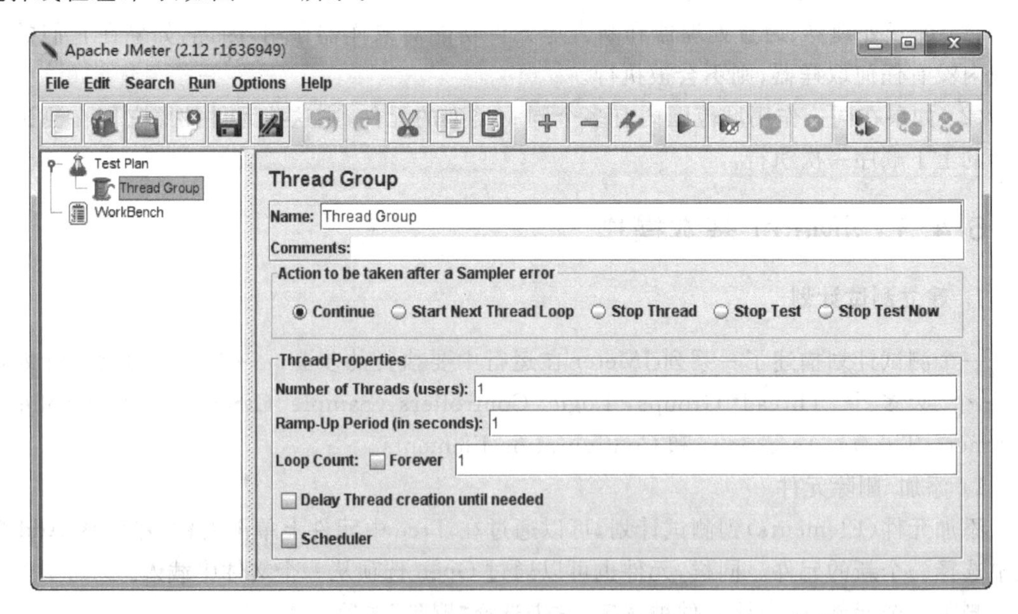

图 6-75　添加线程组

Name：线程组名称。

Comments：注释/说明。

Action to be taken after a Sampler error：取样器发生错误后执行的操作。

(1) Continue：继续。

(2) Start Next Thread Loop：执行下一轮线程。

(3) Stop Thread：停止线程。

(4) Stop Test：停止测试。

(5) Stop Test Now：立刻停止测试。

Thread Properties：线程属性。

Number of Threads(users)(线程数)：虚拟用户数。一个虚拟用户占用一个进程或线程。设置多少虚拟用户数在这里也就是设置多少个线程数。每一个线程都会完全和独立地执行测试计划而不影响其他线程。多线程可以用于模拟到服务器程序的并发连接。

Ramp-up Period(in seconds)(准备时长)：告诉JMeter需要多长时间来装载全部的线程。比如有20个线程被使用，如果Ramp-up Period为100s，那么JMeter会花100s来使这20个线程运行。每个线程将在上个线程开始后5s开始。测试时，可以设置Thread Group循环的次数。如果设置为三次，那么JMeter将执行测试三次，然后停止。

Loop Count(循环次数)：每个线程发送请求的次数。如果线程数为20，循环次数为100，那么每个线程发送100次请求。总请求数为20×100=2000。如果选择了Forever复选框，那么所有线程会一直发送请求，一到选择停止运行脚本。

3. 添加取样器

对于JMeter来说，取样器(Sampler)是与服务器进行交互的单元。

添加完成线程组后，在线程组上右击，选择Add→Sampler(取样器)→HTTP Request，将弹出HTTP请求设置的窗口，如图6-76所示。

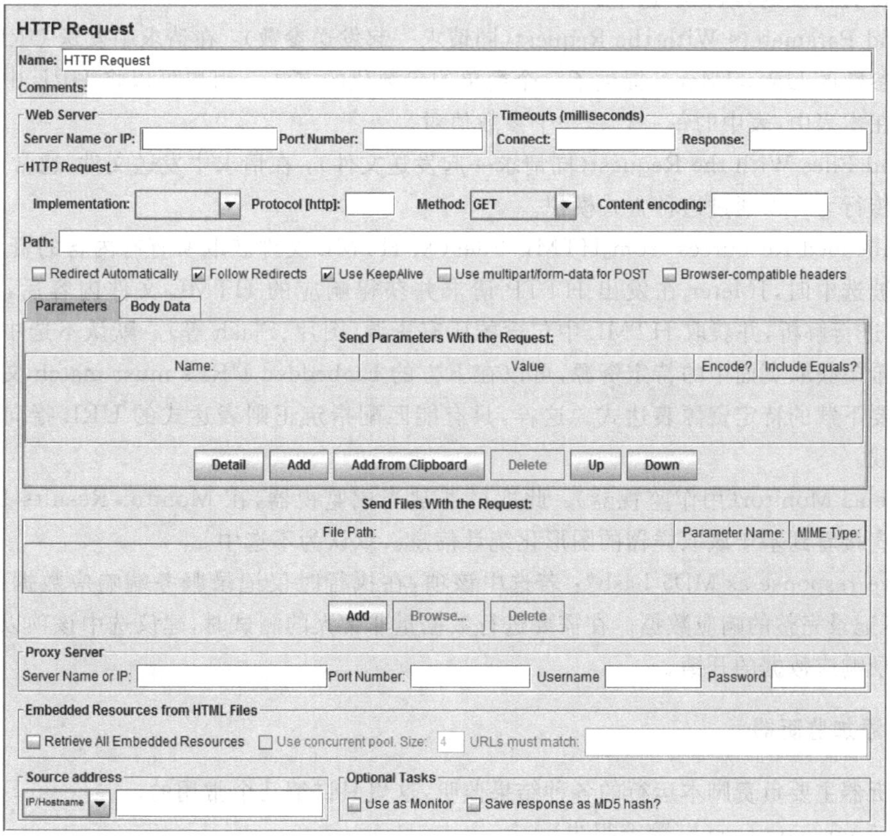

图6-76 设置HTTP请求

一个 HTTP 请求有许多的配置参数，下面详细介绍。

Name(名称)：本属性用于标识一个取样器，建议使用一个有意义的名称。

Comments(注释)：对于测试没有任何作用，用于记录用户可读的注释信息。

Server Name or IP(服务器名称或 IP 地址)：HTTP 请求发送的目标服务器名称或 IP 地址。

Port Number(端口号)：目标服务器的端口号，默认值为 80。

Protocol(协议)：向目标服务器发送 HTTP 请求时的协议，可以是 http 或者是 https，默认值为 http。

Method(方法)：发送 HTTP 请求的方法，可用方法包括 GET、POST、HEAD、PUT、OPTIONS、TRACE、DELETE 等。

Content encoding(内容编码)：内容的编码方式，默认值为 iso8859。

Path(路径)：目标 URL 路径(不包括服务器地址和端口)。

Redirect Automatically(自动重定向)：如果选中该选项，当发送 HTTP 请求后得到的响应是 302/301 时，JMeter 自动重定向到新的页面。

Use KeepAlive：当该选项被选中时，JMeter 和目标服务器之间使用 Keep-Alive 方式进行 HTTP 通信，默认选中。

Use multipart/from-data for POST：当发送 HTTP POST 请求时，使用 Use multipart/from-data 方法发送，默认不选中。

Send Parameters With the Request(同请求一起发送参数)：在请求中发送 URL 参数，对于带参数的 URL，JMeter 提供了一个简单的参数化的方法。用户可以将 URL 中所有参数设置在本表中，表中的每一行是一个参数值对。

Send Files With the Request(同请求一起发送文件)：在请求中发送文件，通常，HTTP 文件上传行为可以通过这种方式模拟。

Embedded Resources from HTML Files(从 HTML 文件获取所有有内含的资源)：当该选项被选中时，JMeter 在发出 HTTP 请求并获得响应的 HTML 文件内容后，还对该 HTML 进行解析，并获取 HTML 中包含的所有资源(图片、Flash 等)。默认不选中。如果用户只希望获取页面中的特定资源，可以在下方的 Embedded URLs must match 文本框中填入需要下载的特定资源表达式。这样，只有能匹配指定正则表达式的 URL 指向的资源会被下载。

Use as Monitor(用作监视器)：此取样器被当成监视器，在 Monitor Results Listener 中可以直接看到基于该取样器的图形化统计信息。默认为不选中。

Save response as MD5 hash?：若选中该项，在执行时仅记录服务端响应数据的 MD5 值，而不记录完整的响应数据。在需要进行数据量非常大的测试时，建议选中该项以减少取样器记录响应数据的开销。

4. 添加监听器

监听器主要负责脚本运行的各种结果监听，这里只讲解几个常用的。

1) Aggregate Graph(聚合报告)

Aggregate Graph 是聚合报告。创建线程组后，在线程组上单击右键，选择 Add→

Listener →Aggregate Graph，如图 6-77 所示。

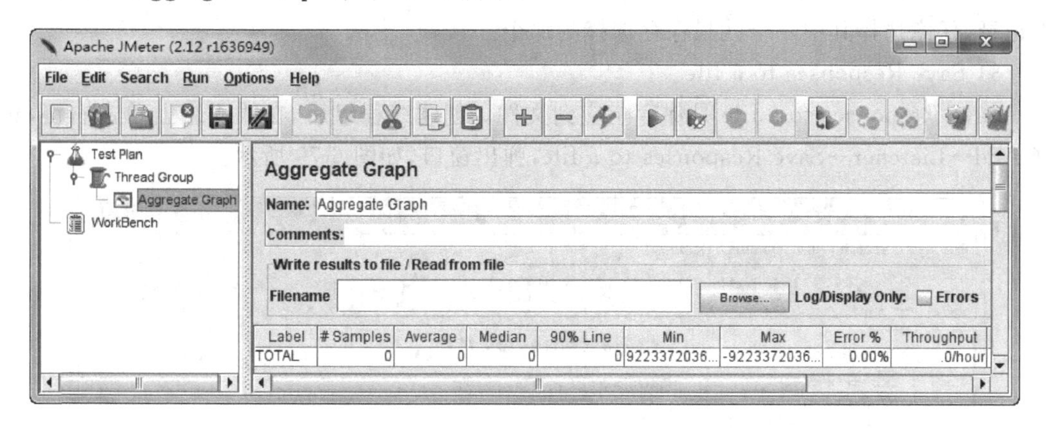

图 6-77 聚合报告

添加聚合报告后，运行脚本，聚合报告记录每个请求的各种指标(在作用范围内)。

Label：所监控记录的 Sampler 名称。

#Samplers：当前 Sampler 执行成功的总数。

Average：平均的响应时间。

Median：50%的用户的响应时间都小于或等于此值。

90% Line：90%的用户的响应时间都小于或等于此值。

Min：最小的响应时间。

Max：最大的响应时间。

Error%：设置了断言之后，断言失败的百分比，也就是说如果没有设置断言这里就是 0。

Throughput：吞吐量——默认情况下表示每秒完成的请求数。

KB/sec：每秒从服务端接收到的数据量。

2) Simple Data Writer

Simple Data Writer 监听器可以将请求过程中的数据写入到一个文件，可以当作脚本运行的简易日志。创建线程组后，在线程组上单击右键，选择 Add→Listener→Simple Data Writer，弹出窗口，如图 6-78 所示。可以通过选择选项来保存想要的信息。

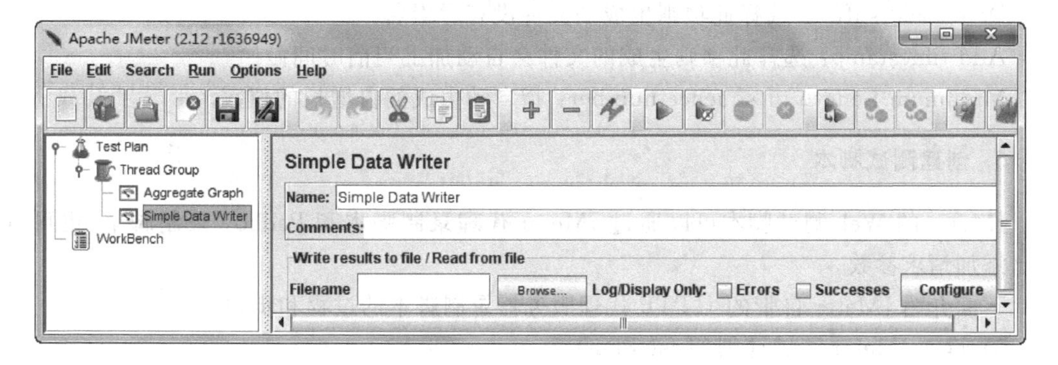

图 6-78 添加 Simple Data Writer

Log/Dispaly Only：有两个复选框 Errors 和 Successes，都不选择就是将成功和失败的都记录，任意选择其中一个就只保存选择的那个。

3) Save Responses to a file

Save Responses to a file 是保存响应到文件。创建线程组后，在线程组上单击右键，选择 Add→Listener→Save Responses to a file，弹出窗口，如图 6-79 所示。

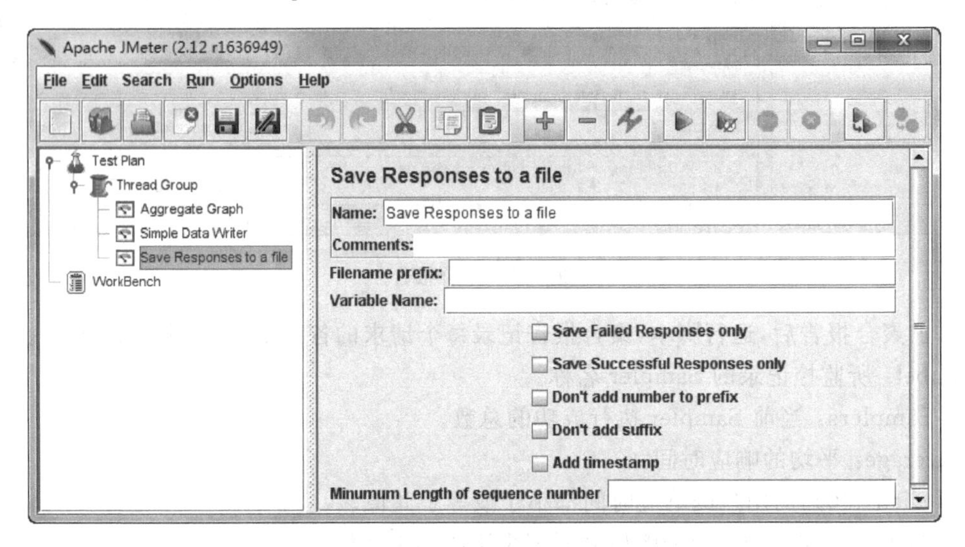

图 6-79 添加 Save Response to a file

在 Filename prefix 文本框中输入文件名，选择 Save Failed Responses only(只保存失败的响应)复选框，脚本运行过程中如果有失败的就会在“D:/log ”目录下生成以“test_”开头的文件，比如 test_1、test_2、…。

【注意】 Save Failed Responses only 和 Save Successful Responses only 不能同时选择，如果同时选择这两项则不会生成文件。

下面三项均可以与 Save Failed Responses only 或者 Save Successful Responses only 选项同时选择。

Don't add number to prefix：选择此项后只会生成一个文件，不会自动在前缀后加数字来区分，保存的一个文件只保存最后一次的响应数据。

Don't add suffix：选择此项则生成的文件没有后缀名。

Add timestamp：选择此项则生成的文件会自动加上当前时间戳。

Minumum Length of squence number：指自动生成的自增长的位数。

5. 创建测试脚本

JMeter 的 Web 测试脚本可以通过 JMeter 代理录制脚本和 Badboy 录制脚本，也可以自己添加请求参数。

下面介绍 JMeter 自带的 HTTP 代理服务器录制脚本的过程和步骤。

1) 建立 JMeter 测试计划(Test Plan)

打开 JMeter，将看到左边显示一个空的测试计划，将测试计划改名为 TestPlan_example。

在测试计划中添加线程组。右键单击该测试计划，在弹出的菜单中选择 Add(添加)→Thread Group（线程组），添加一个线程组，改名为 TestGroup_example，如图 6-80 所示。

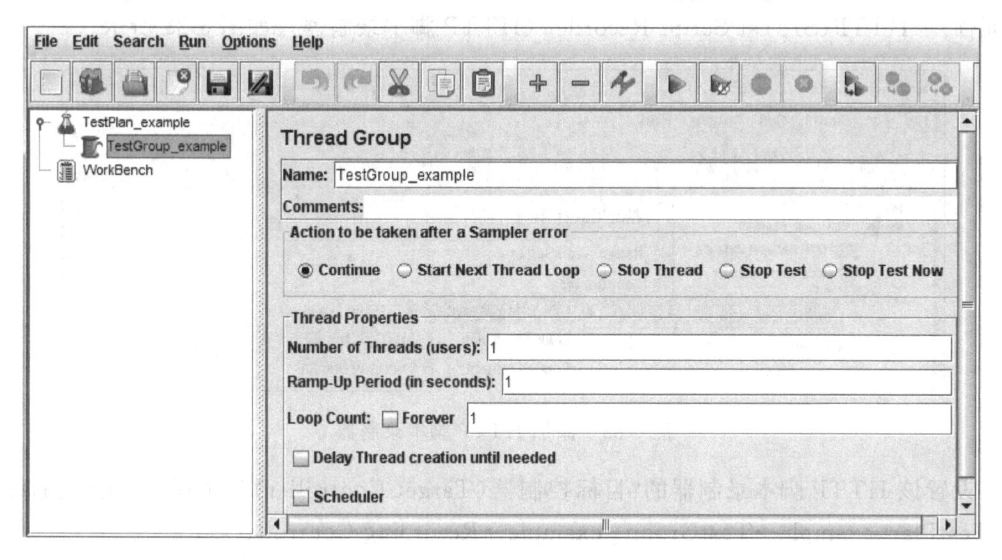

图 6-80 添加线程组

在线程组里添加 HTTP Request Defaults。右键单击，在弹出的菜单中选择 Add→Config Element→HTTP Request Defaults，将弹出 HTTP Request Defaults 窗口，在 Web Server：Server Name or IP 输入框中填写“jmeter. apache. org”，如图 6-81 所示。

图 6-81 添加 HTTPRequest Defaults

在线程组里添加录制控制器。在线程组 TestGroup_example 上单击右键，在弹出的菜单中选择 Add→Logic Controller→Recording Controller，线程组里面将增加一个录制控制器 Recording Controller，如图 6-82 所示。

图 6-82 添加录制控制器

2) 设置并启动 JMeter 代理服务器

右键单击 WorkBench(工作台),在弹出的菜单中选择 Add→Non-Test Elements(非测试元件)→HTTP(S) Test Script Recorder (HTTP 脚本录制器),如图 6-83 所示。

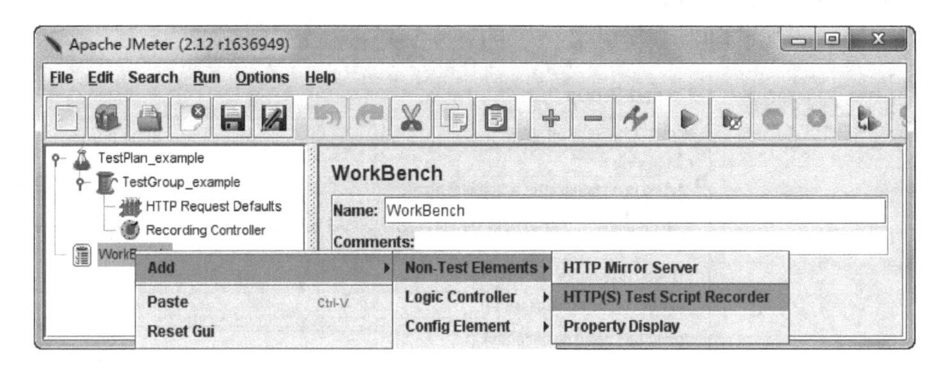

图 6-83 添加 HTTP 脚本录制器

设置该 HTTP 脚本录制器的"目标控制器(Target Controller)",选择刚才建立的线程组(TestPlan_example→TestGroup_ example→Recording Controller)。

针对 HTTP 脚本录制器可进行一些设置。在 URL Patterns to Include 中,单击 Add 按钮,将弹出一行空白栏,在里面填入". * \. html"。URL Patterns to Exclude 表示需要过滤的文件,录制脚本时不进行捕捉。HTTP 脚本录制器的设置如图 6-84 所示。

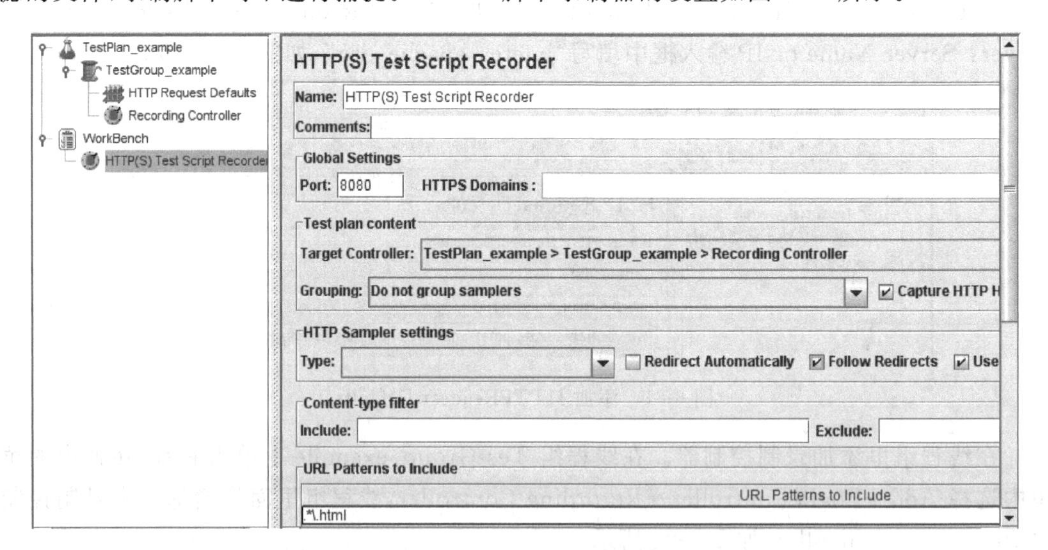

图 6-84 添加 HTTP 脚本录制器

右键单击 HTTP(s) Test Script Recorder,在弹出的菜单中选择 Add→Listener→View Results Tree,然后返回 HTTP Test Script Recorder 窗口。

完成上述设置后,接下来需要设置浏览器代理,此时不要关闭 JMeter。

3) 设置 IE 的代理服务器配置

打开 IE 界面,选择菜单栏中的 Tools (工具)→Internet Options (Internet 选项)→Connections (连接)→LAN Settings (局域网设置),如图 6-85 所示。

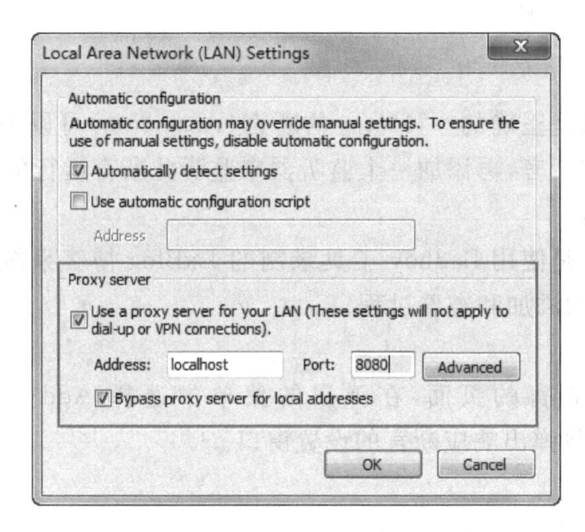

图 6-85　局域网设置

在局域网设置(LAN Settings)界面中，选择 Use a proxy server for your LAN (为 LAN 使用代理服务器)，设置 Address (地址)为"localhost"，Port (端口)为 8080，单击 OK 按钮，设置完成。(如果 8080 已经被占用了，那么就在 HTTP 代理服务器修改默认端口为其他端口号，并且与浏览器设置代理时的端口保持一致。)

在 JMeter 界面上，选择 HTTP 脚本录制器，单击右侧窗口下面的 Start 按钮。接下来就可以在 IE 浏览器上进行操作了。

4) 录制脚本

在浏览器的 URL 栏中输入需要测试的地址"http://jmeter.apache.org/index.html"，然后在页面上进行操作。操作完毕后，单击"HTTP 脚本录制器"右侧窗口下面的 Stop 按钮，将能看到 Recording Controller 中已经录制了刚才操作的内容。录制的脚本如图 6-86 所示。

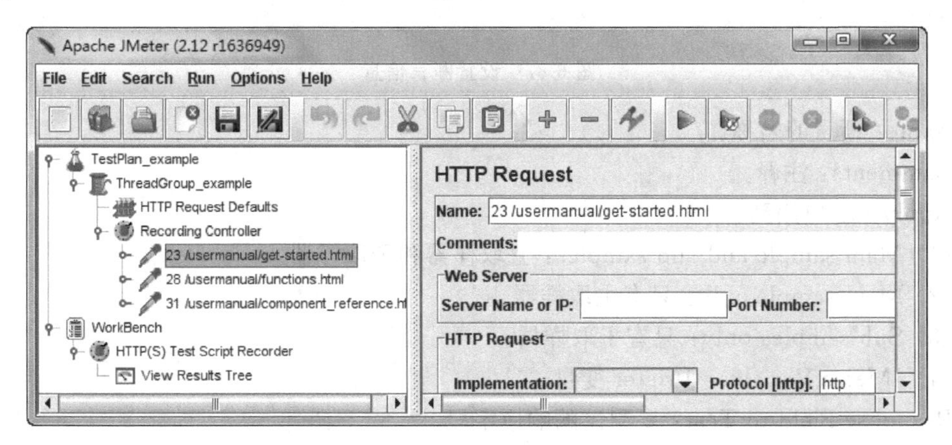

图 6-86　录制脚本

录制好脚本之后，保存测试计划。单击菜单栏中的 File→Save Test Plan as，将弹出"保存文件"对话框，指定测试计划名称，并保存到相应的路径下。

完成录制后一定记得将浏览器代理设置还原。

6. 添加断言

如何验证请求结果是正确的？JMeter 的断言(Assertion)可以完成此任务。在需要验证的请求后面添加响应断言，再添加一个监听器来监听此断言运行的结果，在响应断言之后添加“断言结果”监听器。

下面示例中的脚本是使用 Badboy 工具录制的 LxBlog 博客系统登录和查看日志操作的脚本，以此介绍断言的添加和查看过程。

1) 添加断言

右键单击要添加断言的页面，在弹出的菜单中选择 Add→Assertion→Response Assertion(响应断言)，将弹出响应断言的设置窗口。

2) 设置断言信息

断言设置窗口如图 6-87 所示。

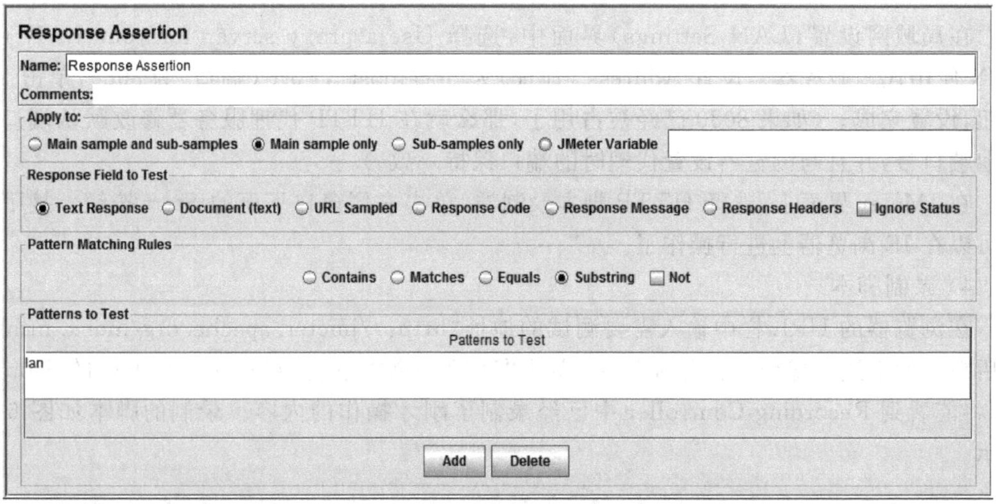

图 6-87 设置断言信息

Name：断言的名称。

Comments：注释。

Apply to：应用到。

(1) Main sample and sub-samples：主取样器和子取样器。

(2) Main sample only：只有主取样器。

(3) Sub-samples only：只有子取样器。

(4) JMeter Variable：JMeter 变量。

Response Field to Test：要测试的响应字段。

(1) Text Response：响应文本。

(2) Document(text)：文档。

(3) URL Sampled：URL 样本。

(4) Response Code：响应代码。

(5) Response Message：响应信息。

(6) Response Headers：响应信息头。

(7) Ignore Status：忽略状态。

Pattern Matching Rules：模式匹配规则。

(1) Contains：包括。

(2) Matches：匹配。

(3) Equals：相等。

(4) Substring：子字符串。

(5) Not：否。

Patterns to Test：要测试的模式。

单击 Patterns to Test 下面的 Add 按钮，将增加一行空白栏，在此栏中添加要测试的模式。在其中输入预期内容(请求发送后的响应数据包含的数据)，然后可以根据需要来选择匹配规则。例如，本例中，以“lan”用户登录，登录成功后，页面会显示“你好，lan”。因此在 Patterns to Test 中添加“lan”作为测试对象。在 Pattern Matching Rules(匹配规则中选择)中，选择 Contains(包括)，就是响应数据只要包括所输入的内容即认为成功。

3) 添加断言结果

右键单击要添加断言的页面，在弹出的菜单中选择 Add→Listener→Assertion Results，将弹出断言结果的窗口。

比如，在线程组中设置三个用户，单击运行。由于没有参数化，因此这三个用户是同一个用户。查看断言结果，如图 6-88 所示，此时的断言是成功的。

Name：断言结果名称。

Comments：注释。

Write results to file/Read from file：结果写入文件/从文件读。

Log/Display Only：仅在后面选择的情况下记录日志/显示。Errors：出错；Successes：成功。

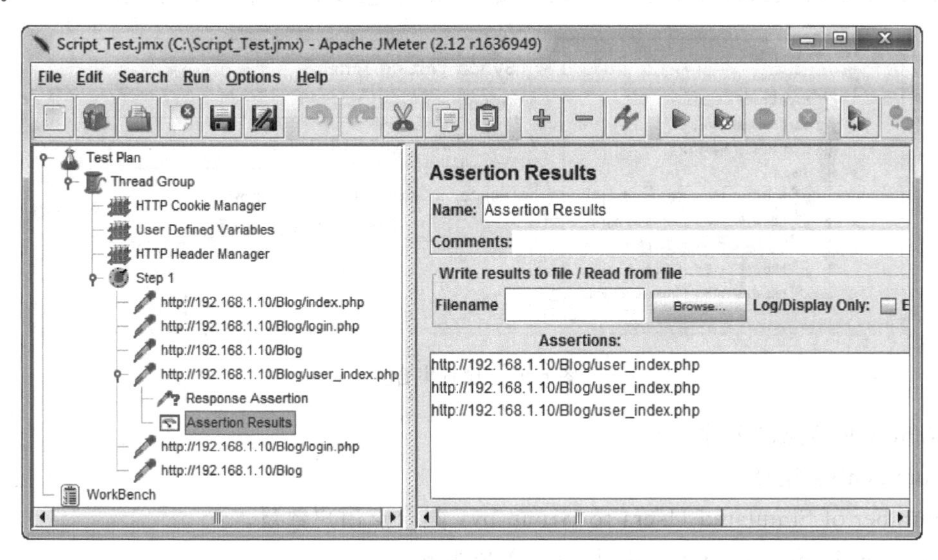

图 6-88 断言结果(a)

Assertions：断言；运行脚本后，在此文本域中将显示断言结果。

更改断言的位置，将断言位置设置在用户已退出的页面，此时页面中没有字符串“lan”，因此断言应该失败。再次执行测试，查看断言结果，如图 6-89 所示。此时可以看到断言失败的信息：Response Assertion：Test failed：text expected to contain/lan/。

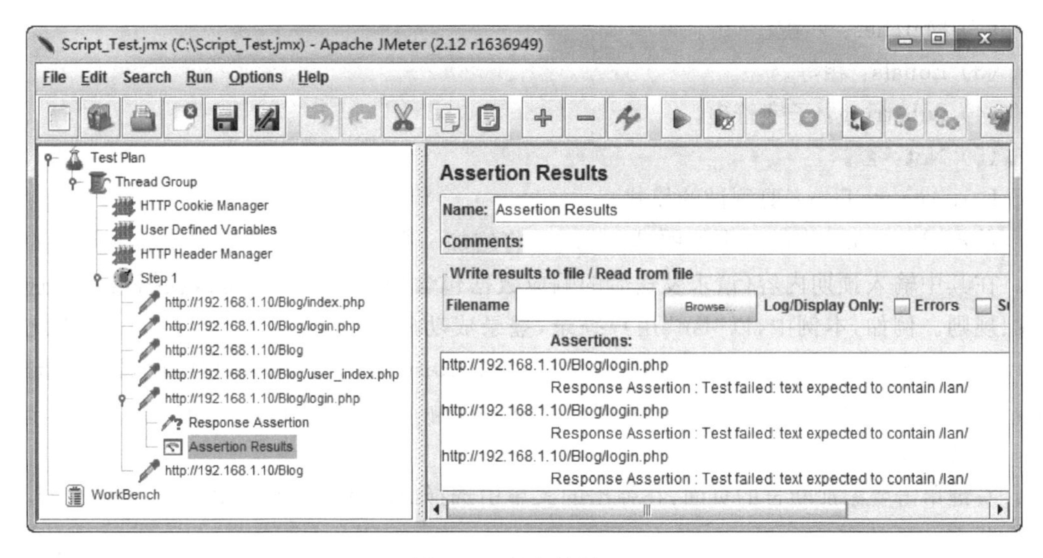

图 6-89　断言结果(b)

7. 集合点

在 JMeter 中是以定时器元件(Timer)的 Synchronizing Timer 来实现集合点，可以设置线程数量达到一定数量时一起发送请求。

在需要插入集合点的请求上，单击右键，在弹出的菜单中选择 Add→ Timer→ Synchronizing Timer，将弹出 Synchronizing Timer 设置窗口，如图 6-90 所示。

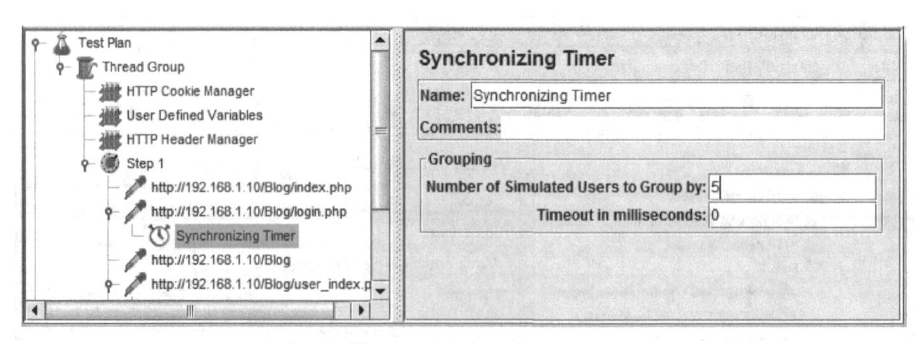

图 6-90　设置集合点

Name：集合点的名称。

Comments：注释。

Number of Simulated Users to Group by：集合点用户数量。

Timeout in milliseconds：超时时间(单位为 ms)。

添加成功后，选中 Synchronizing Timer 将其用鼠标拖到请求之前(放在请求之后是没有效果的)，并且设置集合线程数量。比如线程组线程数量设置为 50 个，如果希望 50 个都准备好后一起发送请求，那么集合点就设置为 50。如果希望每等待 5 个线程就一起请求，那么集合点设置成 5 即可。

需要注意的是：集合点设置的数字满足下面两个条件脚本才能正常运行。

(1) 集合点设置数≤线程组的线程数量。如果集合点数量大于线程组线程数量，将永远也到不了集合点。

(2) 线程组的线程数量是集合点设置数的整数倍。如果分组有余数，最后一组永远也达不到集合点。

如果集合点的位置不对，可以通过拖动的方式来调整集合点的位置。

8. 参数化

参数化是指在进行性能测试的过程中使用不同的参数来模拟系统的处理性能，从而使压力测试结果更加接近实际情况。比如录制一个登录操作的脚本，需要输入用户名和密码，如果系统不允许相同的用户名和密码同时登录，或者想更好地模拟多个用户来登录系统，这时就需要对用户名和密码进行参数化，使每个虚拟用户都使用不同的用户名和密码进行访问。

JMeter 中参数化主要有以下几种方式。

1) 使用配置元件 CSV Data Set Config

CSV Data Set Config 可以将数据由 CSV 格式文件中读出，并保存为变量，以便测试工程师在脚本过程中调用。添加 CSV Data Set Config 的步骤是：在线程组上，单击右键，在弹出的菜单中选择 Add→Config Element→CSV Data Set Config，将弹出 CSV Data Set Config 窗口，如图 6-91 所示。

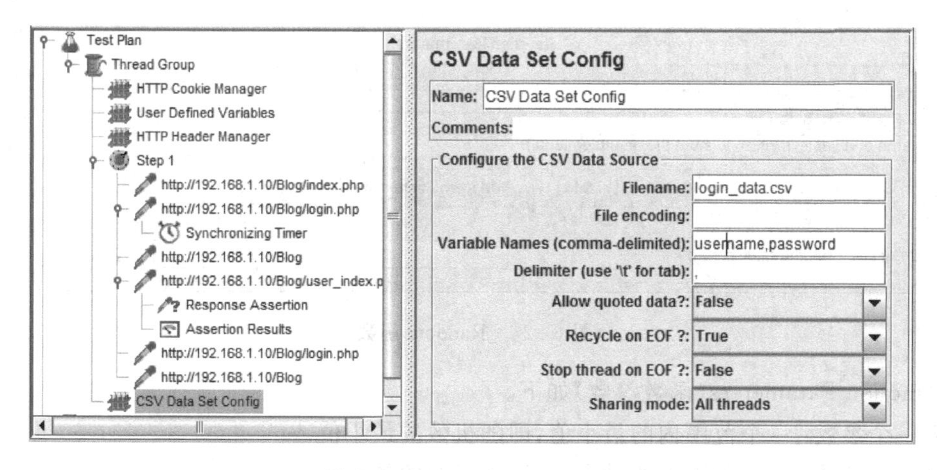

图 6-91 CSV Data Set Config

Name：名称。

Comments：注释。

Configure the CSV Data Source：

(1) Filename：数据文件的文件名。

(2) File encoding：数据文件的编码格式，默认是 UTF-8。

(3) Variable Names(comma-delimited)：参数变量名称，多变量时使用逗号分隔不同变量；参数文件里有几列这里就有几个变量，并且顺序与参数文件里的每一列相对应。

(4) Delimiter(use'\t'for tab)：数据文件中数据的分隔符。

(5) Allow quoted data?：是否允许使用引用的数据。

(6) Recycle on EOF?：当数据文件中的数据使用完毕，是否循环使用这些数据。

(7) Stop thread on EOF?：当数据文件中的数据使用完毕，是否终止线程。

(8) Sharing mode：共享模式。

配置完成后就可以在脚本中使用定义好的变量，使用方法是 ${变量名}。比如在 HTTP 请求中，参数化登录页面的用户名和密码时，就可以使用已经定义好的变量。

【注意】 数据文件必须和测试计划文件(*.jmx)保存在同一目录下，JMeter 才可以正确读取数据。

2) 使用 JMeter 自带函数获取参数值

JMeter 中可以获取参数值的有 _Random(, ,)，_threadNum，_CSVRead(,)，_StringFromFile(, , ,)4 个函数。

(1) _Random

使用函数助手对话框，可打开此函数设置窗口。菜单栏上，选择 Options→Function Helper Dialog，将弹出 Function Helper(函数助手)对话框，在 Choose a function 列表框中选择_Random，如图 6-92 所示。

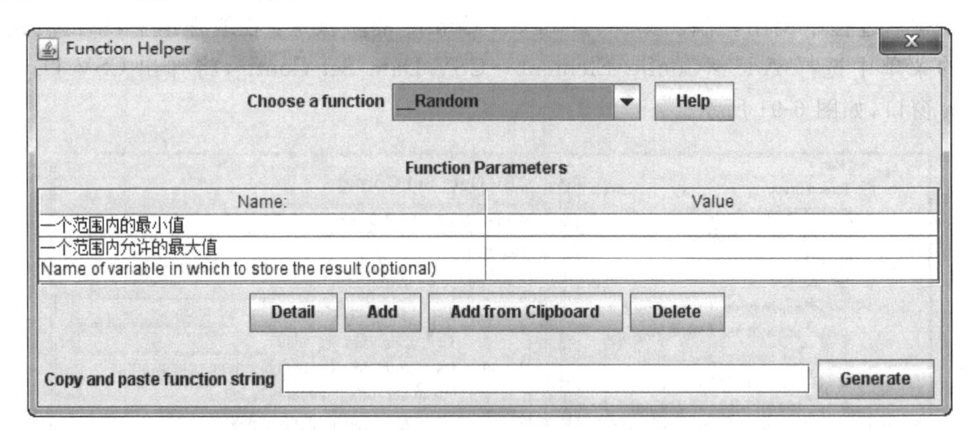

图 6-92 _Random 函数

Function Parameters(函数参数)如下。

第一个参数：一个范围内的最小值，即随机数的最小值。

第二个参数：一个范围内的最大值，即随机数的最大值。

第三个参数：Name of variable in which to store the result(optional)，定义随机取到的值存储的变量名(是选填的)，比如请求的时候使用了随机函数，然后响应断言的时候需要用到此随机值，即可使用自定义的变量，如 ${value}。此函数的使用形式为 $_Random(param1,param2,param3)，前两个参数是随机数的开始(最小值)和结束值(最大值)，最后一个参数是此函数随机生成的值所保存的变量。

(2) _threadNum

_threadNum 使用时没有任何参数，只是生成当前线程的线程编号，使用方法是：${_threadNum}，如响应断言中加入这个函数，在断言结果中查看到。

(3) _CSVRead

_CSVRead(,)：通过列读取文件。

打开 Function Helper（函数助手）对话框，在 Choose a function 列表框中选择 _CSVRead，如图 6-93 所示。

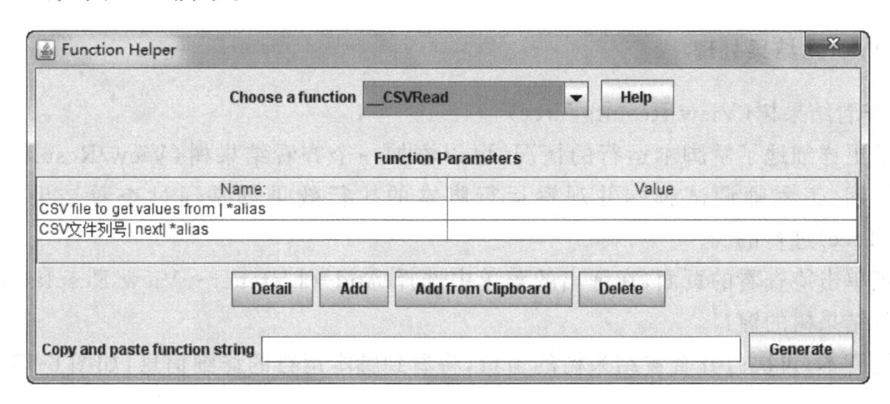

图 6-93 _CSVRead 函数

Function Parameters（函数参数）有两个参数。

① CSV file to get values from| * alias：要读取的参数文件路径。注意这里必须是绝对路径。

② CSV 文件列号|next| * alias：要读取的文件列，从第 0 列开始，0 即文件中第一列。如果要读取文件中的第二列，需要设置为 1。

(4) _StringFromFile

_StringFromFile(, , ,)：从文件读取内容。

打开 Function Helper（函数助手）对话框，在 Choose a function 列表框中选择 _StringFromFile，如图 6-94 所示。

Function Helper
Choose a function
_StringFromFile
Help
Function Parameters
Name:
Value
输入文件的全路径
Name of variable in which to store the result (optional)
Start file sequence number (opt)
Final file sequence number (opt)
Detail
Add
Add from Clipboard
Delete
Copy and paste function string
Generate

图 6-94 _StringFromFile 函数

_StringFromFile 有 4 个参数。

① 输入文件的全路径,注意是绝对路径。

② Name of variable in which to store the result(optional),此函数读取的值所保存的变量,可以用在后续脚本里,比如 ${Svalue}。

③ Start file sequence number(opt):文件开始的序列号(用于从多个文件读取参数值)。

④ Final file sequence number(opt):文件结束的序列号(用于从多个文件读取参数值)。

只有第一个参数是必填,其他参数可根据情况选填。

9. JMeter 结果处理

1) 查看结果树(View Results Tree)

为了更详细地了解脚本运行的情况,可以添加一个查看结果树(View Results Tree)。在测试初期,工程师调试脚本并观察运行脚本的执行效果都是通过查看结果树(View Results Tree)进行的。

右键单击待查看的页面,在弹出的菜单中选择 Add→Listener→View Results Tree,将弹出查看结果树的窗口。

执行脚本,再次打开查看结果树的窗口,将看到脚本运行的详细信息,如图 6-95 所示。

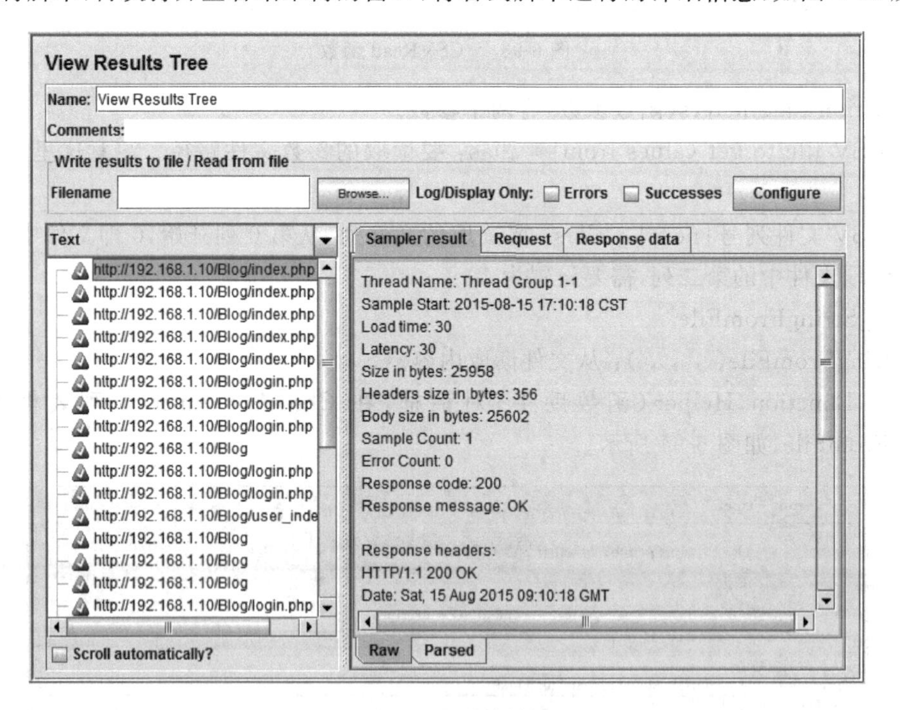

图 6-95 查看结果树

Name:名称。

Comments:注释。

Write results to file/Read from file:结果写入文件/从文件读。

Log/Display Only:仅在后面选择的情况下记录/显示日志。Errors:出错时记录日志;Successes:成功时记录日志;

查看结果树的右侧窗口中，包含下列三种视图。

(1) Sampler result(取样器结果)：用于查看 HTTP 请求(HTTP Request)的执行情况。

(2) Request(请求)：查看 HTTP 请求发送情况，可以在这里查看 POST 参数和 Cookie 的内容信息。

(3) Response data(响应数据)：可以查看客户端所得到的响应数据(网页)内容，可以文本模式查看，也可以使用网页等形式查看。

2) 聚合报告(Aggregate Report)

右键单击待查看的页面或者循环控制器，在弹出的菜单中选择 Add→ Listener→ Aggregate Report，将弹出聚合报告的窗口。

运行测试脚本后，再次打开聚合报告，将看到详细的测试数据，如图 6-96 所示。

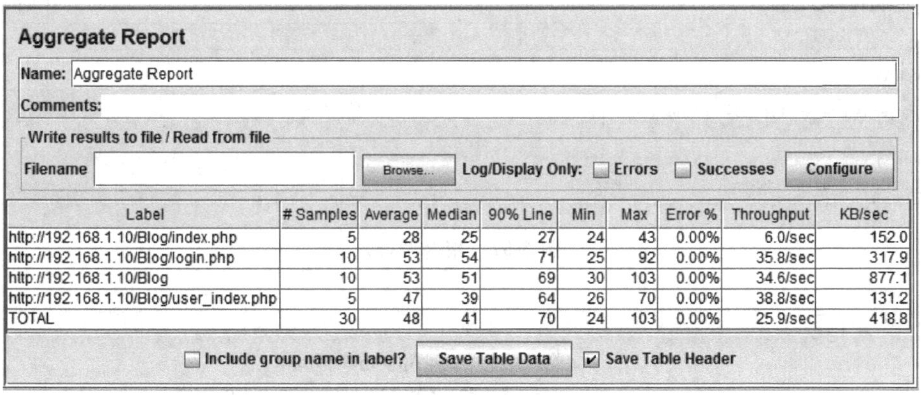

Aggregate Report

Name: Aggregate Report

Comments:

Write results to file / Read from file

Filename Browse... Log/Display Only: Errors Successes Configure

Label	# Samples	Average	Median	90% Line	Min	Max	Error %	Throughput	KB/sec
http://192.168.1.10/Blog/index.php	5	28	25	27	24	43	0.00%	6.0/sec	152.0
http://192.168.1.10/Blog/login.php	10	53	54	71	25	92	0.00%	35.8/sec	317.9
http://192.168.1.10/Blog	10	53	51	69	30	103	0.00%	34.6/sec	877.1
http://192.168.1.10/Blog/user_index.php	5	47	39	64	26	70	0.00%	38.8/sec	131.2
TOTAL	30	48	41	70	24	103	0.00%	25.9/sec	418.8

Include group name in label? Save Table Data Save Table Header

图 6-96 聚合报告

Label：Sample 的标签。

Samples：同名 Label 的个数。

Average：平均响应时间。

Median：50%的请求所用的时间不超过该值。

90% Line：90%的请求所用的时间不超过该值。

Min：最小响应时间。

Max：最大响应时间。

Error %：错误率。

Throughput：吞吐量，即每秒多少请求。

KB/sec：吞吐量，每秒多少 KB。

3) 聚合图(Aggregate Graph)

Aggregate Graph 使测试人员可以查看测试计划中所有的取样(Sampler)的响应时间的均值，并可以将数据保存为文本格式和图像格式。聚合图的详细内容如图 6-97 和图 6-98 所示。

使用聚合图需要注意下列两点。

(1) Aggregate Graph 通过每一个取样器(Sampler)的名字进行归类，所以在录制完成脚本后，要根据统计需要重新对各 Sampler 命名以保证数据准确。

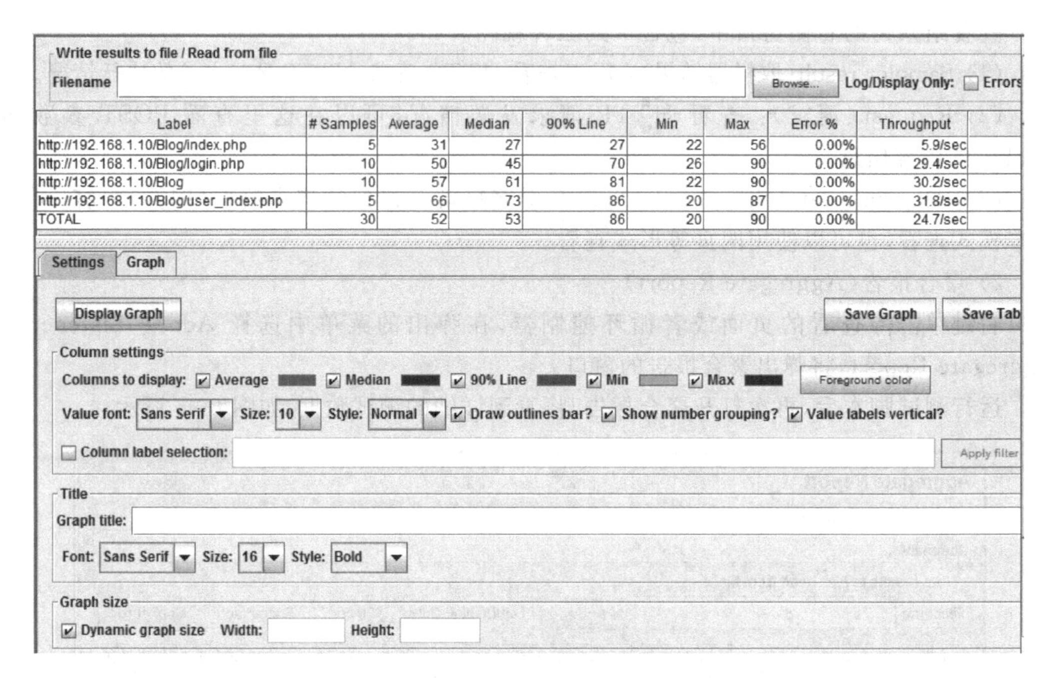

图 6-97 聚合图(a)

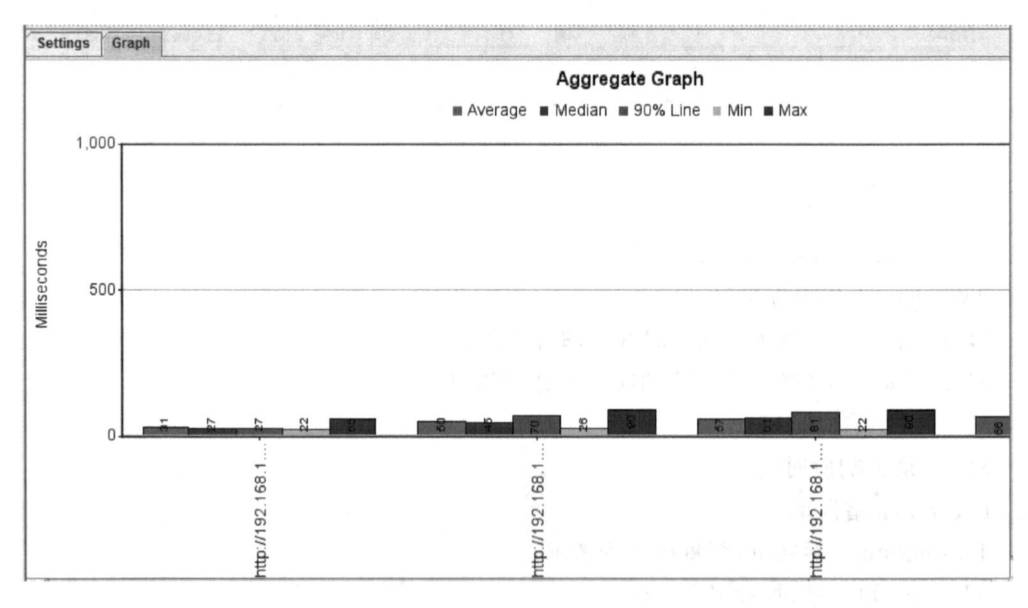

图 6-98 聚合图(b)

(2) Aggregate Graph 在每次执行测试计划的时候不能自动清空,可单击工具栏上的 Clear All 图标,清空数据。如不清空会造成测试结果数据的累加,所以需要测试人员在执行测试计划前手动清空其中的数据。

6.4.4 Badboy 录制脚本

Badboy 是一款免费 Web 自动化测试工具,利用它可以很方便地录制脚本,并且录制的脚本可以直接保存为 JMeter 可用的文件。

使用 Badboy 录制脚本，需要下载和安装 Badboy。Badboy 的下载地址是：http://www.badboy.com.au/。安装 Badboy 如同一般的 Windows 应用程序一样，按照提示一步步操作即可安装成功。

安装完成后，打开 Badboy，其录制初始界面如图 6-99 所示。

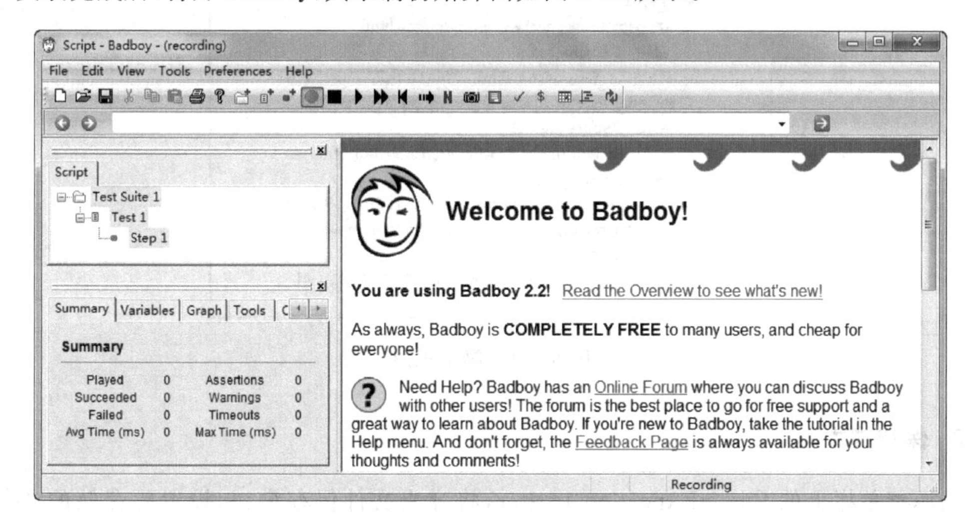

图 6-99 Badboy 界面

使用 Badboy 录制脚本的步骤如下。

1. 录制脚本

打开 Badboy，默认启动就已经是录制模式了。在地址栏中输入被测试项目的地址，如"http://jmeter.apache.org/index.html"，按回车键，Badboy 将自动打开网页。Badboy 的右侧窗格将显示网站页面。对网站进行操作，工具就会记录所有请求。录制界面如图 6-100 所示。

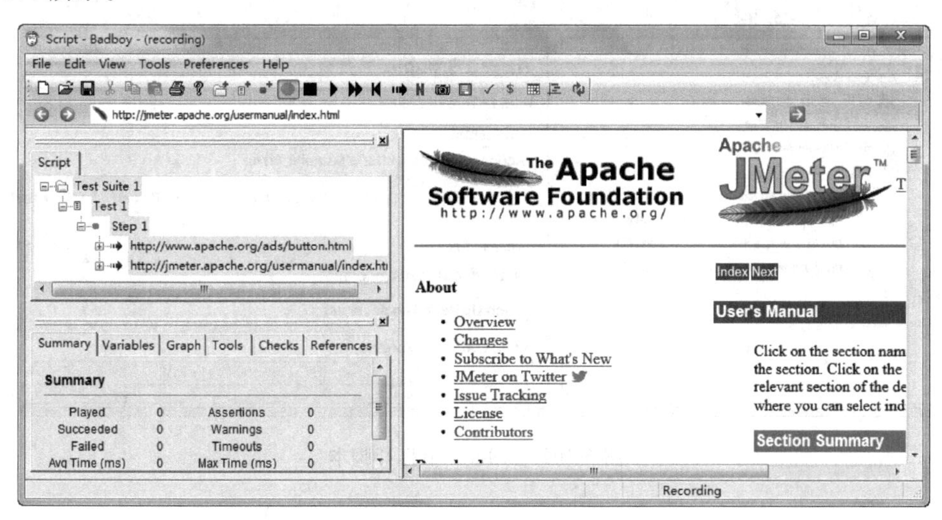

图 6-100 录制脚本

录制完成后，单击工具栏上的红色按钮，结束录制。在左边窗格中，以树的形式显示录制的脚本，单击脚本左边的"+"，将看到详细的信息，如图 6-101 所示。

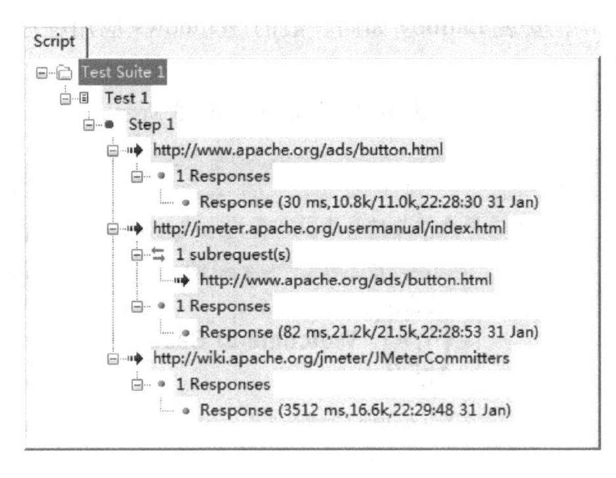

图 6-101　脚本视图

2. 保存脚本

选择菜单栏上的 File→Export to Jmeter，将弹出文件保存窗口，设置要存储的文件名称，文件后缀名为. jmx，将文件保存到相应的路径下。

3. 打开脚本

启动 JMeter，单击菜单栏中的 File→Open，选择刚才保存的文件(. jmx 类型)，将文件导入，如图 6-102 所示。

【注意】 录制的脚本一定要添加 HTTP Cookie Manager，否则脚本运行失败。

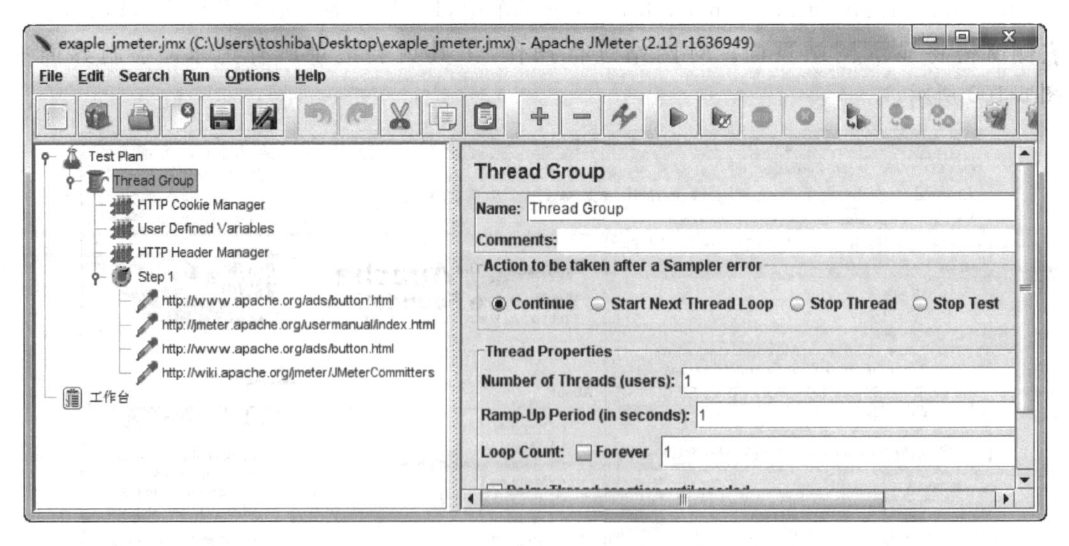

图 6-102　JMeter 中打开脚本

6.4.5 JMeter 性能测试案例

下面以 LxBlog 博客系统登录模块为例，介绍 JMeter 测试过程。LxBlog 博客系统的相关信息见附录 C。

1. 录制脚本

打开 Badboy，在地址栏中输入被测试项目的地址“http://192.168.1.10/Blog/index.php”，按回车键，Badboy 将自动打开网页。在网站中，进行登录操作：输入用户名、密码和验证码，单击“登录”按钮，进入博客系统。单击“相册”链接，查看照片，然后退出登录。在博客系统的页面中操作完成后，单击 Badboy 的红色按钮，停止录制。然后回放脚本，脚本执行通过，如图 6-103 所示。

图 6-103 使用 Badboy 录制脚本

2. 增强脚本

为了模拟不同的用户登录系统，在此需要参数化用户名和密码。

在脚本框格下面的信息窗格中，单击 Variables 标签，然后在空白处单击鼠标右键，选择 Add Variable 命令，将弹出 Variable Properties 对话框，如图 6-104 所示。

在 Enter a name for the variable 文本框中，输入参数的名称（如 name），在 Current Value 文本框中输入参数的值（如 lan），然后单击 Add 按钮，刚输入的参数值将添加到 Value List 列表中。如果要继续添加参数的值，在 Current Value 文本框中输入新的值，单击 Add 按钮，新的值将添加在 Value List 中。添加完参数的值后，选择 Save this Variable

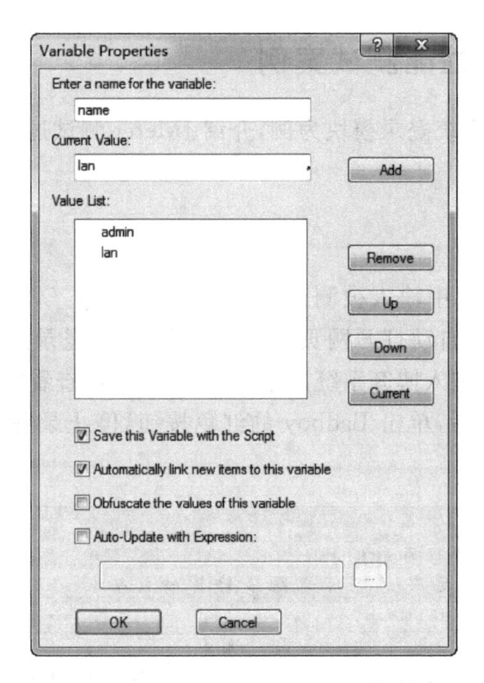

图 6-104 Variable Properties 对话框

with the Script 和 Automatically link new items to this variable 复选框。然后单击 OK 按钮。

在本例中，为用户名和密码分别添加参数：name 和 password。

在脚本中，找到登录页面(/blog/login. php)，展开脚本树，选中 pwtypev=admin，单击鼠标右键，在弹出的菜单中选择 Properties，将弹出 Item Properties 对话框，如图 6-105 所示。在 Value 文本框中，删除以前的值，输入之前新建的参数：$ {name}。

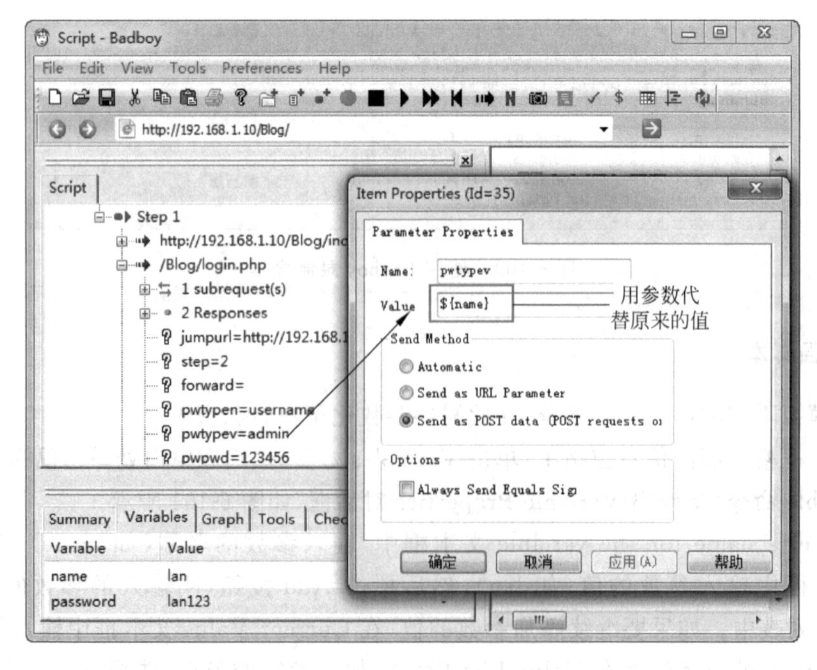

图 6-105 Item Properties 对话框

在脚本树中，选中 pwpwd=123456，进行上面类似的操作，在 Value 文本框中，删除以前的值，输入之前新建的参数：${password}。

在 Script 窗格中，选中 Step1，单击鼠标右键，在弹出的菜单中，选择 Properties 命令，将弹出 Item Properties 对话框，如图 6-106 所示。选择 For each value of variable 选项，在下拉列表中选择 name。脚本执行时将以 name 参数中的值进行迭代。

回放脚本，检查脚本是否能够正常回放。

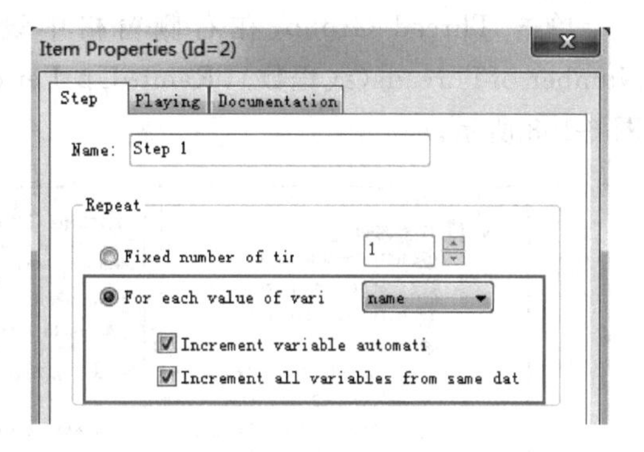

图 6-106　Item Properties 对话框

3. 保存脚本

选择菜单栏上的 File→Export to Jmeter，将弹出文件保存窗口，设置要存储的文件名称，将文件保存到相应的路径下。

4. JMeter 中执行测试

1) 导入脚本

启动 JMeter(在 C:\apache-jmeter-2.12\bin 中，执行 jmeter.bat，即可启动 JMeter)，选择 File→Open，选择刚才保存的文件(.jmx 类型)，将文件导入进来。单击脚本中的 http://127.0.0.1/blog/login.php，在右侧窗格中将看到 HTTP 请求的详细信息，在 Parameters 中，可以看到之前参数化的信息，如图 6-107 所示。

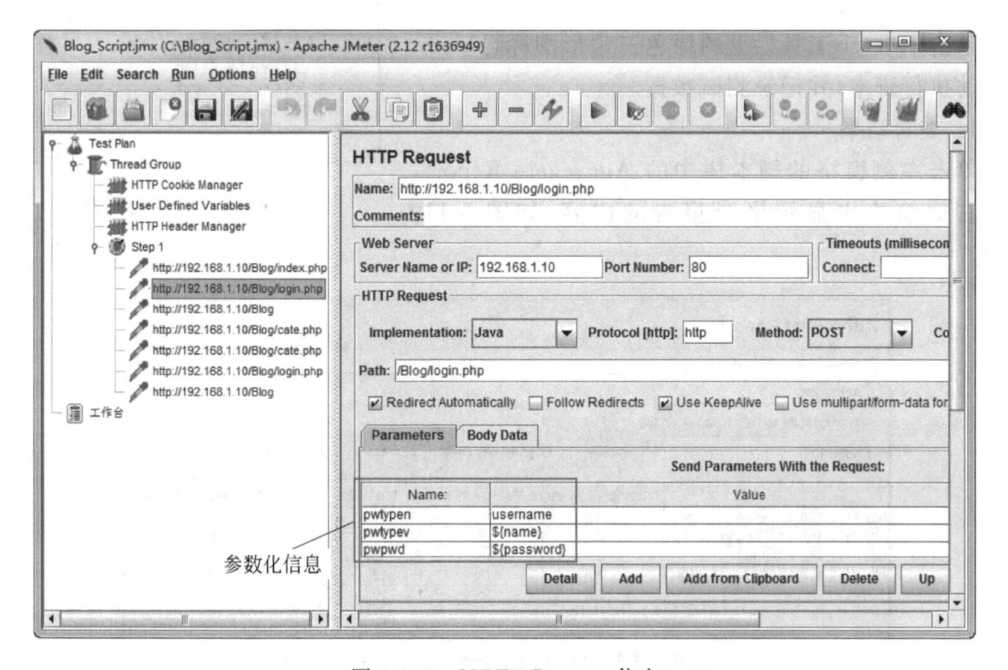

图 6-107　HTTP Request 信息

单击 Thread Group，在右侧窗格中设置 Thread Properties（线程的属性）。设置 Number ofThreads（线程数），Ramp-Up Period（启动时间）和 Loop Count（循环次数），如图 6-108 所示。

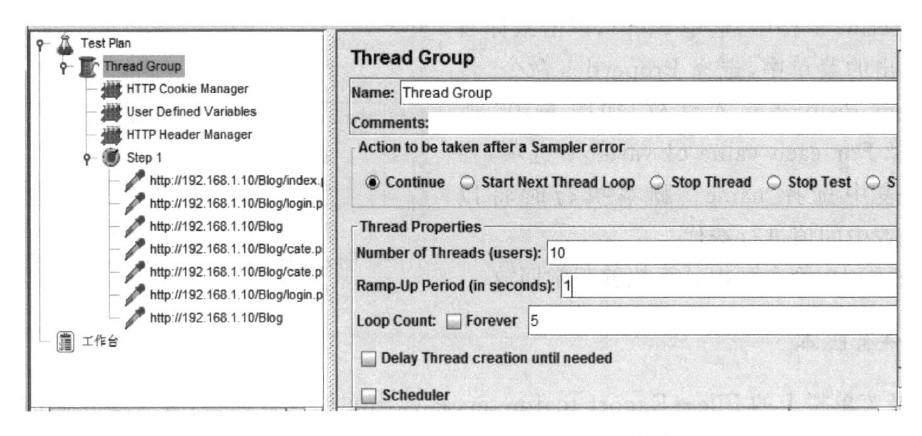

图 6-108 Thread Group 信息

2）添加监听器

选中 Thread Group，单击右键，选择 Add→Listener→View Results Tree，在脚本的下面将增加一个图标（View Results Tree）。同样可以继续添加监听器：Aggregate Report 和 Graph Results，如图 6-109 所示。

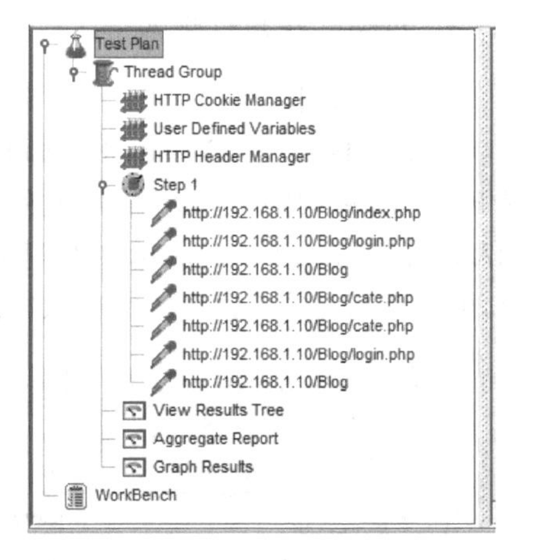

图 6-109 添加监听器

3）执行测试

单击 JMeter 工具栏上的绿色三角形图标，JMeter 将自动执行脚本，并记录测试数据。

4）查看结果

单击左侧窗格的脚本树中的 Aggregate Report，将在右侧窗格中显示聚合报告的内容，如图 6-110 所示。

Aggregate Report

Name: Aggregate Report

Comments:

Write results to file / Read from file

Filename Browse... Log/Display Only: Errors Successes Configure

Label	# Samples	Average	Median	90% Line	Min	Max	Error %	Throughput	KB/sec
http://192.168.1.10/Blog/index.php	10	17	17	19	16	21	0.00%	11.0/sec	276.8
http://192.168.1.10/Blog/login.php	20	13	13	16	10	16	0.00%	20.4/sec	181.0
http://192.168.1.10/Blog	20	17	18	20	15	21	0.00%	20.4/sec	514.1
http://192.168.1.10/Blog/cate.php	20	13	13	15	12	17	0.00%	21.6/sec	345.9
TOTAL	70	15	15	18	10	21	0.00%	68.2/sec	1222.3

Include group name in label? Save Table Data Save Table Header

图 6-110 Aggregate Report

单击左侧窗格的脚本树中的 View Results Tree，将在右侧窗格中显示 View Results Tree 的内容，如图 6-111 所示。

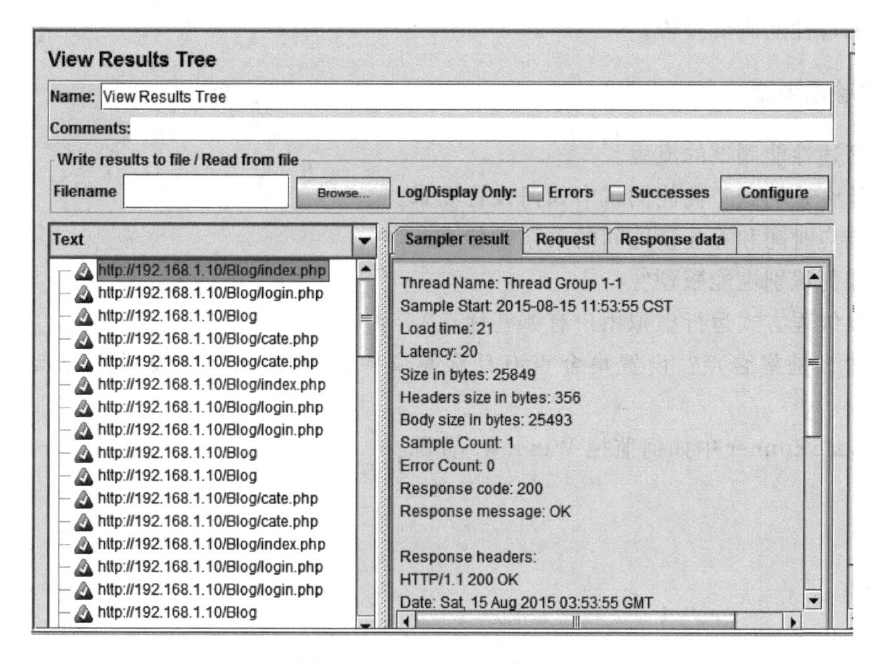

图 6-111　View Results Tree

6.5 性能测试实验

1. 实验目的

（1）掌握性能测试的流程；

（2）能用性能测试工具对 Web 应用程序进行性能测试；

（3）理解性能指标，能对测试数据进行简单分析。

2. 实验环境

Windows 环境，LoadRunner 或其他性能测试工具，Office 办公软件。

3. 实验内容

（1）请选择一种性能测试工具，建立性能测试环境，并熟悉该测试工具的测试流程和业务功能。

（2）通过一个待测试软件，完整地实施性能测试流程。

（3）针对待测试软件，撰写性能测试报告。

4. 实验步骤

（1）安装性能测试工具，如 LoadRunner；

(2) 熟悉性能测试工具的测试流程和业务功能；

(3) 针对待测试软件，实施性能测试，收集测试数据，并对测试数据进行分析；

(4) 撰写性能测试报告。

5. 实验思考题

(1) 简述性能测试的流程。

(2) 什么是场景？性能测试中如何设置场景？

(3) 响应时间和吞吐量之间的关系是什么？

(4) 如何识别性能瓶颈？

(5) 以线程方式运行虚拟用户有哪些优点？

(6) 什么是集合点？设置集合点有什么意义？LoadRunner 中设置集合点的函数是哪个？

(7) LoadRunner 中如何监控 Windows 资源？

第7章 Web安全性测试

7.1 Web 安全测试基础

7.1.1 Web 常见攻击

1. 跨站点脚本攻击

跨站点脚本攻击(Cross-Site Scripting,XSS)是指恶意攻击者往 Web 页面里插入恶意 HTML 代码,当用户浏览该页时,嵌入其中的 HTML 代码会被执行,从而达到恶意用户的特殊目的。Web 页面经常在应用程序中对用户的输入进行回显,一般而言,在预先设计好的某个特定域中输入的纯文本才能被回显,但是 HTML 并不仅支持纯文本,还可以包含多种客户端的脚本代码,以此来完成许多操作,诸如验证表单数据,或者提供动态的用户界面元素。这样就为恶意攻击者提供了可乘之机。

XSS 漏洞可能造成的后果包括窃取用户会话,窃取敏感信息,重写 Web 页面,重定向用户到钓鱼网站等,尤为严重的是,XSS 漏洞可能使得攻击者能够安装 XSS 代理,从而使攻击者能够观察到该网站上所有用户的行为,并能操控用户访问其他的恶意网站。

目前,跨站点脚本攻击是最大的安全威胁,其导致的后果极其严重,影响面也十分广泛。

2. SQL 注入

SQL 注入(SQL Injection)就是攻击者把 SQL 命令插入到 Web 表单的输入域或页面请求的查询字符串,欺骗服务器执行恶意的 SQL 命令以达到对数据库的数据进行操控。如果应用程序使用权限较高的数据库用户连接数据库,那么通过 SQL 注入攻击很可能就直接得到系统权限,控制服务器操作系统,获取重要信息。

SQL 注入攻击的特点是攻击耗时少、危害大。SQL 注入可能带来的风险如下。

(1) 探知数据库的结构,为进一步发动攻击做准备;

(2) 窃取数据,泄漏数据库内容;

(3) 取得系统更高权限后,可以增加、删除和修改数据库内部表结构和数据;

(4) 执行操作系统命令,进而控制服务器;

(5) 在服务器上挂上木马,影响所有访问该服务器的主机。

SQL 注入是前几年国内最流行的 Web 攻击方式，国内大部分的网站被入侵都是由于 SQL 注入攻击造成的。近两年，SQL 注入漏洞研究已经从显示的 URL 直接注入到表单，再到 HTTP 头的各个字段的 SQL 注入。SQL 注入根据应用程序和使用数据库的不同，攻击的方式也存在各种差别。

常见的 SQL 攻击的过程如图 7-1 所示。

(1) 应用程序展示给攻击者一个用户登录的表单。

(2) 攻击者在表单中注入恶意 SQL 代码。

(3) 应用程序根据用户输入形成一个包含攻击的 SQL 查询，并向数据库提交。

(4) 数据库解释执行包含攻击的 SQL 查询并向应用程序返回查询结果。

(5) 应用程序向攻击者返回查询结果。

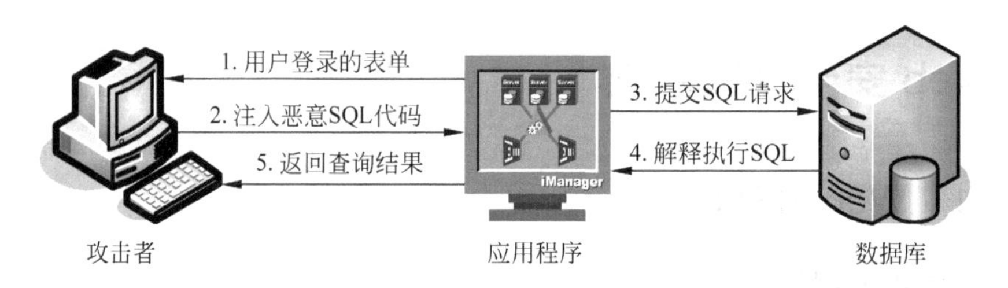

图 7-1 SQL 注入的攻击过程

3. 跨站请求伪造

跨站请求伪造(Cross-Site Request Forgery，CSRF)是一种对网站的恶意利用，可以在受害者毫不知情的情况下以受害者名义伪造请求发送给受攻击站点，从而在未授权的情况下执行在权限保护之下的操作，具有很大的危害性。

OWASP 对 CSRF 的定义为：CSRF 攻击迫使通过验证的终端用户在毫无察觉的情况下向 Web 应用提交不必要的动作。其攻击过程简单地说，就是攻击者在社会工程帮助下(比如通过电子邮件/聊天发送的连接)，伪造一个合法用户请求，该请求不是该用户想发起的请求，而对服务器或服务来说这个请求是完全合法的，但是却完成了一个攻击者所期望的操作，比如添加一个用户到管理者的群组中，或将一个用户的积分转到另外的一个账户中。一个成功的 CSRF 攻击的目标是普通用户时，它可能会危害终端用户的数据和操作。如果 CSRF 攻击的目标是管理员用户时，它可能会损害整个 Web 应用程序。

CSRF 攻击原理比较简单，如图 7-2 所示。其中，Web A 为存在 CSRF 漏洞的网站，Web B 为攻击者构建的恶意网站，User C 为 Web A 网站的合法用户。

(1) 用户 C 打开浏览器，访问受信任网站 A，输入用户名和密码请求登录网站 A。

(2) 在用户信息通过验证后，网站 A 产生 Cookie 信息并返回给浏览器，此时用户登录网站 A 成功，可以正常发送请求到网站 A。

(3) 用户未退出网站 A 之前，在同一浏览器中，打开一个新页访问网站 B。

(4) 网站 B 接收到用户请求后，返回一些攻击性代码，并发出一个请求要求访问第三方站点 A。

(5) 浏览器在接收到这些攻击性代码后，根据网站 B 的请求，在用户不知情的情况下携

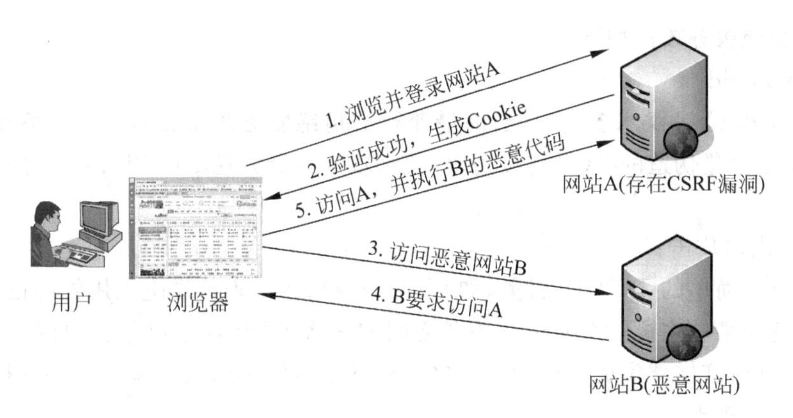

图 7-2 CSRF 攻击原理

带 Cookie 信息，向网站 A 发出请求。网站 A 并不知道该请求其实是由 B 发起的，所以会根据用户 C 的 Cookie 信息以 C 的权限处理该请求，导致来自网站 B 的恶意代码被执行。

4. 拒绝服务攻击

DoS(Denial of Service)即拒绝服务。造成 DoS 的攻击行为称为 DoS 攻击(拒绝服务攻击)。拒绝服务攻击是攻击者利用大量的数据包“淹没”目标主机，耗尽可用资源乃至系统崩溃，而无法对合法用户做出响应。Web 应用程序非常容易遭受拒绝服务攻击，这是由于 Web 应用程序本身无法区分正常的请求通信和恶意的通信数据。

分布式拒绝服务攻击(Distributed Denial of Service，DDoS)是攻击者利用网络上成百上千的代理端机器(傀儡机)——即被利用主机，对攻击目标发动威力巨大的拒绝服务攻击。其目标是“瘫痪敌人”，而不是传统的破坏和窃密。

攻击者在客户端通过 Telnet 之类的常用连接软件，向主控端(Master)发送对目标主机的攻击请求命令。主控端侦听接收攻击命令，并把攻击命令传到代理端，代理端是执行攻击的角色，收到命令立即发起 Flood 攻击。分布式拒绝服务攻击的原理如图 7-3 所示。

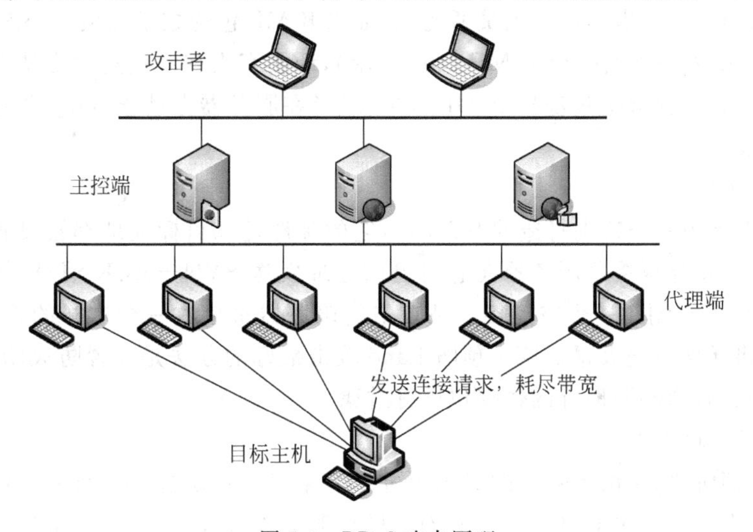

图 7-3 DDoS 攻击原理

常见的拒绝服务攻击如下。

1）SYN Foold

SYN Flood(SYN 洪水攻击)是当前最流行的拒绝服务攻击方式之一。它是利用 TCP 协议缺陷，发送大量伪造的 TCP 连接请求，使被攻击方资源耗尽(CPU、内存等资源)的攻击方式。

2）UDP 洪水攻击

攻击者利用简单的 TCP/IP 服务，如 Chargen 和 Echo 来传送毫无用处的占满带宽的数据。通过伪造与某一主机的 Chargen 服务之间的一次 UDP 连接，回复地址指向开着 Echo 服务的一台主机，这样就生成在两台主机之间存在很多的无用数据流，这些无用数据流就会导致带宽的服务攻击。

3）IP 欺骗拒绝服务攻击

IP 欺骗性攻击是利用 RST 位来实现的。假设有一个合法用户已经同服务器建立了正常的连接，攻击者构造攻击的 TCP 数据，伪装自己的 IP 与合法用户的 IP 一致，并向服务器发送一个带有 RST 位的 TCP 数据段。服务器接收到这样的数据后，认为从合法用户发送的连接有错误，就会清空缓冲区中建立好的连接。这时，如果合法用户再发送合法数据，服务器就已经没有这样的连接了，该用户就必须重新开始建立连接。攻击时，攻击者会伪造大量的 IP 地址，向目标发送 RST 数据，使服务器不对合法用户服务，从而实现了对受害服务器的拒绝服务攻击。

4）Smurf 攻击

Smurf 是一种具有放大效果的 DoS 攻击，具有很大的危害性。这种攻击形式利用了 TCP/IP 中的定向广播的特性。Smurf 攻击过程中有三个角色：受害者、帮凶(放大网络，即具有广播特性的网络)和攻击者。攻击者用广播的方式发送回复地址为受害者地址的 ICMP 请求数据包，由于广播的原因，每个收到这个数据包的主机都进行回应，大量的回复数据包发给受害者，从而导致受害主机不堪重负而崩溃。

如果在网络内检测到目标地址为广播地址的 ICMP 包，证明内部有人发起了这种攻击(或者是被用作攻击，或者是内部人员所为)。如果 ICMP 包的数量在短时间内上升许多(正常的 ping 程序每隔一秒发一个 ICMP echo 请求)，证明有人在利用这种方法攻击系统。为了防止被攻击，在防火墙上过滤掉 ICMP 报文，或者在服务器上禁止 ping，并且只在必要时才打开 ping 服务。

5）Land 攻击

Land 攻击是用一个特别打造的 SYN 包，它的源地址和目标地址都被设置成某一个服务器地址。此举将导致接收服务器向它自己的地址发送 SYN＋ACK 消息，结果这个地址又发回 ACK 消息并创建一个空连接。被攻击的服务器每接收一个这样的连接都将保留，直到超时，这将耗费系统大量资源。预防 Land 攻击最好的办法是配置防火墙，对那些在外部接口入站的含有内部源地址的数据包进行过滤。

6）ping 洪流攻击

由于在早期阶段，路由器对包的最大尺寸都有限制。许多操作系统对 TCP/IP 栈的实现在 ICMP 包上都是规定 64KB，并且在对包的标题头进行读取之后，要根据该标题头里包含的信息来为有效载荷生成缓冲区。当产生畸形的，声称自己的尺寸超过 ICMP 上限的包也就是加载的尺寸超过 64KB 上限时，就会出现内存分配错误，导致 TCP/IP 堆栈崩溃，致使接收方死机。

5. Cookie 欺骗

为了方便用户浏览或准确收集访问者信息，很多网站都采用了 Cookie 技术。Cookie 是 Web 服务器存放在客户端计算机的一些信息，主要用于客户端识别或身份识别等。

Cookie 欺骗是攻击者通过修改存放在客户端的 Cookie 来达到欺骗服务器认证目的。Cookie 欺骗实现的前提条件是服务器的验证程序存在漏洞，并且冒充者要获得被冒充的人的 Cookie 信息。

实现基于 HTTP Cookie 攻击的前提是目标系统在 Cookie 中保存了用户 ID，凭证，状态等其他可以用来进行攻击的信息。通常的攻击方式有以下三种。

(1) 直接访问 Cookie 文件查找想要的机密信息。

(2) 在客户端和服务器端进行 Cookie 信息传递时进行截取，进而冒充合法用户进行操作。

(3) 攻击者修改 Cookie 信息(逻辑判断信息、数字类型信息)，在服务器端接收到客户端获取的 Cookie 信息的时候，就会对攻击者伪造过的 Cookie 信息进行操作。

获取 Cookie 信息的主要途径如下。

(1) 直接读取磁盘的 Cookie 文件。

(2) 使用网络嗅探器来获取网络上传输的 Cookie。

(3) 使用一些 Cookie 管理工具获取内存或者文件系统中的 Cookie。

(4) 使用跨站脚本来盗取 Cookie。

6. 缓冲区溢出

缓冲区溢出是指当计算机向缓冲区内填充数据时超过了缓冲区本身的容量，部分数据就会溢出到堆栈中。缓冲区溢出攻击是攻击者在程序的缓冲区中写超出其长度的内容，造成缓冲的溢出，从而破坏程序的堆栈，使程序转而执行攻击者预设的指令，以达到攻击的目的。

缓冲区溢出攻击可以导致程序运行失败、系统崩溃。更为严重的是，可以利用它执行非授权指令，甚至可以取得系统特权，进而进行各种非法操作。

造成缓冲区溢出问题通常有以下两种原因。

一是设计空间的转换规则的校验问题。即缺乏对可测数据的校验，导致非法数据没有在外部输入层被检查出来并丢弃。非法数据进入接口层和实现层后，由于它超出了接口层和实现层的对应测试空间或设计空间的范围，从而引起溢出。

二是局部测试空间和设计空间不足。当合法数据进入后，由于程序实现层内对应的测试空间或设计空间不足，导致程序处理时出现溢出。

7. XML 注入

和 SQL 注入原理一样，XML 是存储数据的地方，如果在查询或修改时，没有做转义，直接输入或输出数据，都将导致 XML 注入漏洞。攻击者可以修改 XML 数据格式，增加新的 XML 节点，对数据处理流程产生影响。

8. 文件上传漏洞

Web应用程序在处理用户上传的文件时，没有判断文件的扩展名是否在允许的范围内，或者没检测文件内容的合法性，就把文件保存在服务器上，甚至上传带木马的文件到Web服务器上，导致黑客直接控制Web服务器。

9. 目录遍历漏洞

由于变量过滤不严与服务器的配置失误，导致黑客利用该文件的文件操作函数对任意文件进行访问。如果存在目录遍历漏洞，攻击者就可以获取数据库连接文件源码，获得系统敏感文件内容，甚至对文件进行写入、删除等操作。

7.1.2 Web安全测试简介

安全性测试(Security Testing)是有关验证应用程序的安全服务和识别潜在安全性缺陷的过程。安全性测试的目的是查找程序设计中存在的安全隐患，并检查应用程序对非法入侵的防范能力。系统要求的安全指标不同，其安全测试策略也不同。

Web安全测试方法主要包括功能验证、漏洞扫描、模拟攻击和侦听技术。

1. 功能验证

功能验证是采用软件测试当中的黑盒测试方法，对涉及安全的软件功能，如用户管理模块、权限管理模块、加密系统、认证系统等进行测试，主要验证上述功能是否有效，具体方法可使用黑盒测试方法。

2. 漏洞扫描

漏洞扫描通常借助于特定的漏洞扫描器来完成。漏洞扫描器是一种自动检测远程或本地主机安全性弱点的程序。漏洞扫描可以用于日常安全防护，也可以作为对软件产品或信息系统进行测试的手段，可以在安全漏洞造成严重危害前，发现漏洞并加以防范。

目前Web安全扫描器针对XSS、SQL injection、OPEN redirect、PHP File Include漏洞的检测技术已经比较成熟。商业软件Web安全扫描器有IBM Rational AppScan、WebInspect、Acunetix WVS等。免费的扫描器有W3af、Skipfish等。

测试时，可以先对网站进行大规模的扫描操作，工具扫描确认没有漏洞或者漏洞已经修复后，再进行手工检测。

3. 模拟攻击

模拟攻击是使用自动化工具或者人工的方法模拟黑客的攻击方法，对应用系统进行攻击性测试，从中找出系统运行时所存在的安全漏洞，验证系统的安全防护能力。这种测试的特点是真实有效，一般找出来的问题都是正确的，也是较为严重的。但模拟攻击测试有一个致命的缺点就是模拟的测试数据只能到达有限的测试点，覆盖率很低。

模拟攻击测试的内容包括冒充、重演、消息篡改、拒绝服务、内部攻击、外部攻击、木马等。

4. 侦听技术

侦听技术实际上是在数据通信或数据交互过程，对数据进行截取分析的过程。目前最为流行的是网络数据包的捕获技术，通常称为 Capture，黑客可以利用该项技术实现数据的盗用，而测试人员同样可以利用该项技术实现安全测试。该项技术主要用于对网络加密的验证。

7.1.3 Web 安全测试工具

常用的安全测试工具有 HP 公司的 WebInspect，IBM 公司的 Rational AppScan，Google 公司的 Skipfish，Acunetix 公司的 Acunetix Web Vunlnerability Scanner 等。还有一些免费或开源的安全测试工具，如 WebScarab，WebSecurify，Firebug，Netsparker，Wapiti 等。

1. WebInspect

HP WebInspect 是建立在 Web 2.0 技术基础上，可以对 Web 应用程序进行网络应用安全测试和评估。WebInspect 提供了快速扫描功能，并能进行广泛的安全评估，并给出准确的 Web 应用程序安全扫描结果。它可以识别很多传统扫描程序检测不到的安全漏洞。利用创新的评估技术，例如，同步扫描和审核(Simultaneous Crawl and Audit，SCA)及并发应用程序扫描，可以快速而准确地自动执行 Web 应用程序安全测试和 Web 服务安全测试。

WebInspect 的主要功能如下。

(1) 利用创新的评估技术检查 Web 服务及 Web 应用程序的安全；

(2) 自动执行 Web 应用程序安全测试和评估；

(3) 在整个生命周期中执行应用程序安全测试和协作；

(4) 通过最先进的用户界面轻松运行交互式扫描；

(5) 利用高级工具(HP Security Toolkit)执行渗透测试。

网站地址：http://www8.hp.com/cn/zh/software-solutions/enterprise-software-products-a-z.html?view=list

2. AppScan

Rational AppScan 是 IBM 公司推出的一款 Web 应用安全测试工具，是对 Web 应用和 Web Services 进行自动化安全扫描的黑盒工具。它不但可以简化企业发现和修复 Web 应用安全隐患的过程，还可以根据发现的安全隐患，提出针对性的修复建议，并能形成多种符合法规、行业标准的报告，方便相关人员全面了解企业应用的安全状况。

Rational AppScan 采用黑盒测试的方式，可以扫描常见的 Web 应用安全漏洞，如 SQL 注入、跨站点脚本攻击、缓冲区溢出等安全漏洞的扫描。Rational AppScan 还提供了灵活的报表功能。在扫描结果中，不仅能够看到扫描的漏洞，还提供了详尽的漏洞原理、修改建议、手动验证等功能。AppScan 支持对扫描结果进行统计分析，支持对规范法规遵循的分析，并提供 Delta AppScan 帮助建立企业级的测试策略库比较报告，以比较两次检测的结果，从而作为质量检验的基础数据。

网站地址：http://www.ibm.com/developerworks/cn/downloads/r/appscan/learn.html

3. Acunetix Web Vulnerability Scanner

Acunetix Web Vulnerability Scanner 是一个网站及服务器漏洞扫描软件，它包含收费和免费两种版本。Acunetix Web Vulnerability Scanner 的功能如下。

(1) 自动的客户端脚本分析器，允许对 Ajax 和 Web 2.0 应用程序进行安全性测试；

(2) 先进且深入的 SQL 注入和跨站脚本测试；

(3) 高级渗透测试工具，例如 HTTP Editor 和 HTTP Fuzzer；

(4) 可视化宏记录器，可帮助用户轻松测试 Web 表格和受密码保护的区域；

(5) 支持含有 Capthca(验证码)的页面，单个开始指令和 Two Factor(双因素)验证机制；

(6) 丰富的报告功能；

(7) 高速的多线程扫描器轻松检索成千上万个页面；

(8) 智能爬行程序检测 Web 服务器类型和应用程序语言；

(9) Acunetix 检索并分析网站，包括 Flash 内容、SOAP 和 Ajax；

(10) 端口扫描 Web 服务器并对在服务器上运行的网络服务执行安全检查。

网站地址：http://www.acunetix.com/

4. Nikto

Nikto 是一款开源的(GPL)Web 服务器扫描器。它可以对 Web 服务器进行全面的多种扫描，包含超过 3300 种有潜在危险的文件 CGIs，超过 625 种服务器版本，以及超过 230 种特定服务器问题。

网站地址：http://www.cirt.net/nikto2

5. WebScarab

WebScarab 是由开放式 Web 应用安全项目(OWASP)组开发的，用于测试 Web 应用安全的工具。

WebScarab 利用代理机制，可以截获 Web 浏览器的通信过程，获得客户端提交至服务器的所有 HTTP 请求消息，还原 HTTP 请求消息(分析 HTTP 请求信息)并以图形化界面显示其内容，并支持对 HTTP 请求信息进行编辑修改。

网站地址：https://www.owasp.org/index.php/Category:OWASP_WebScarab_Project

6. WebSecurify

WebSecurify 是一款开源的跨平台网站安全检查工具，能够精确地检测 Web 应用程序安全问题。

WebSecurify 可以用来查找 Web 应用中存在的漏洞，如 SQL 注入、本地和远程文件包含、跨站脚本攻击、跨站请求伪造、信息泄漏、会话安全等。

网站地址：http://www.websecurify.com/

7. Wapiti

Wapiti 是一个开源的安全测试工具，可用于 Web 应用程序漏洞扫描和安全检测。

Wapiti 是用 Python 编写的脚本，它需要 Python 的支持。Wapiti 采用黑盒方式执行扫描，而不需要扫描 Web 应用程序的源代码。Wapiti 通过扫描网页的脚本和表单，查找可以注入数据的地方。Wapiti 能检测以下漏洞：文件处理错误；数据库注入（包括 PHP/JSP/ASP SQL 注入和 XPath 注入）；跨站脚本注入（XSS 注入）；LDAP 注入；命令执行检测（如 eval()，system()，passtru()等）；CRLF 注入等。

Wapiti 被称为轻量级安全测试工具，因为它的安全检测过程不需要依赖漏洞数据库，因此执行的速度会更快些。

网站地址：http://sourceforge.net/projects/wapiti/

8. Firebug

Firebug 是浏览器 Mozilla Firefox 下的一款插件，它集 HTML 查看和编辑、JavaScript 控制台、网络状况监视器于一体，是开发 JavaScript、CSS、HTML 和 Ajax 的得力助手。Firebug 如同一把精巧的瑞士军刀，从各个不同的角度剖析 Web 页面内部的细节层面，给 Web 开发者带来很大的便利。Firebug 也是一个除错工具，用户可以利用它除错、编辑甚至删改任何网站的 CSS、HTML、DOM 以及 JavaScript 代码。

7.2 AppScan

7.2.1 AppScan 概述

1. AppScan 简介

IBM Rational AppScan 是一种自动化 Web 应用程序安全性测试引擎，能够连续、自动地审查 Web 应用程序，测试安全性问题，并生成包含修订建议的行动报告，简化修复过程。

IBM Rational AppScan 提供下列功能。

(1) 核心漏洞支持：包含 WASC 隐患分类中已识别的漏洞，如 SQL 注入、跨站点脚本攻击和缓冲区溢出。

(2) 广泛的应用程序覆盖：包含集成 Web 服务扫描和 JavaScript 执行（包括 Ajax）与解析。

(3) 自定义和可扩展功能：AppScan eXtension Framework 运行用户社区共享和构建开源插件。

(4) 高级补救建议：展示全面的任务清单，用于修订扫描过程中揭示的问题。

(5) 面向渗透测试人员的自动化功能：高级测试实用工具和 Pyscan 框架作为手动测试的补充，提供更强大的力量和更高的效率。

(6) 法规遵从性报告：40 种开箱即用的遵从性报告，包括 PCI Data Security Standard、ISO 17799 和 ISO 27001 以及 Basel II。

2. AppScan 扫描原理

AppScan 扫描包括三个阶段：探测阶段、测试阶段、扫描阶段。

1）探测阶段

在探测阶段，AppScan 将模仿一个用户对被访问的 Web 应用或 Web 服务站点进行探测访问，通过发送请求对站点内的链接与表单域进行访问或填写，以获取相应的站点信息。然后，AppScan 的分析器将会对已发送的每一个请求后的响应做出判断，查找出可能潜在风险的地方，并针对这些可能会隐含风险的响应，确定将要自动生成的测试用例。对于探测过程中，所采用的测试策略可以选择默认的或自定义的。用户可根据测试需求采用不同的测试策略。测试策略库是 AppScan 内置的，用户可以定义适当的组合，来检测可能存在的安全隐患。

AppScan 测试策略库是针对 WASC 和 OWASP 这两大安全组织所认为的安全风险定制的。测试策略库就如同病毒库一般，时刻保持着最新的状态，可以通过对策略库的更新，来检测最近发现的 Web 漏洞。

探测阶段完成后，这些高危区域是否真的隐含着安全缺陷或应做更好的改良，以及这些隐含的风险是处于什么程度，需要在测试执行完成后，才能最终得出结论。

2）测试阶段

探测阶段后，AppScan 已经分析出可能潜在安全风险的站点模型，并知道需要生成多少的测试用例，此阶段主要是生成这些已经计划好的测试用例。AppScan 是通过测试策略库中对相应安全隐患的检测规则而生成对应的测试输入，这些测试输入，将在扫描执行阶段对系统进行验证。通常对一个系统的测试，将会生成上万甚至几十万上百万的测试用例输入。

3）扫描阶段

在扫描阶段，AppScan 才真正地工作起来。它把测试阶段的测试用例产生的服务请求陆续发送出去，然后再检测分析服务的响应结果，从而判断该测试用例的输入是否造成了安全隐患或安全问题。接着再通过测试用例生成的策略，找出该安全问题的描述，以及该问题的解决方案，同时还报告相关参数的请求发送以及响应结果。

扫描阶段完成以后，AppScan 中将统计相应的安全问题的检测结果，可以再进行检测结果的报告导出等，继而对检测出的问题进行逐个的分析，并可依据报告对问题进行修复或改良。

AppScan 安全测试模式如图 7-4 所示。

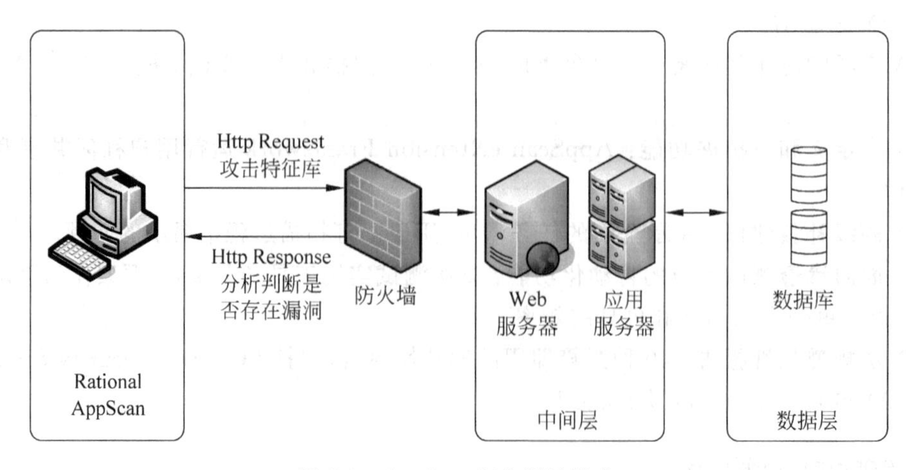

图 7-4　AppScan 安全测试模式

3. AppScan 典型工作流程

AppScan 是一个交互式的工具，其测试范围和测试程度取决于用户对它进行的相应配置。因此，在使用 AppScan 之前，应先对其进行相应的配置，以满足用户不同范围和程度的需求。当然，用户也可以通过默认的内置定义进行测试，此时 AppScan 将会按照默认的设置进行测试。

通常情况下，AppScan 操作流程如图 7-5 所示。

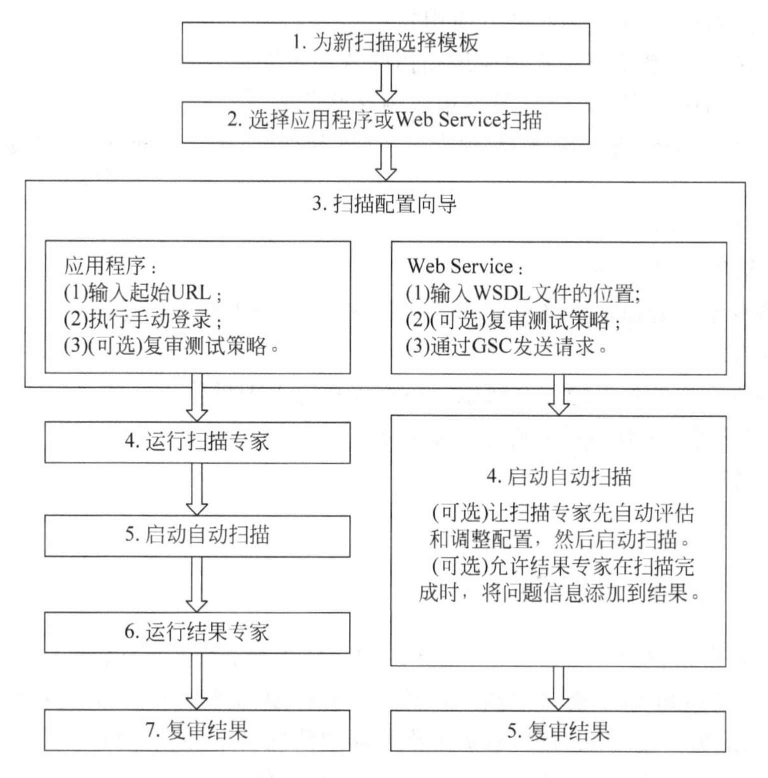

图 7-5 AppScan 基本工作流程

(1) Template Selection(模板选择)。

可以预先定义一套模板，或者选择系统默认的设置模板。预定义模板可以通过先选择默认模板，完成向导后先暂时不执行测试，然后再对当前的扫描任务进行自定义，定义为想要的模板样式，在 Scan Configuration 中选择另存，保存模板。在创建新的扫描时，就可以选择这个定义好的扫描模板。

(2) Application or Web Service Scan(选择应用或 Web Service 扫描)。

打开配置向导，根据需要选择测试的对象是 Web 应用程序还是 Web Service。

(3) Scan Configuration(扫描配置)。

在进行扫描配置时，需要设置将要访问的应用或服务，设置登录验证，选择测试策略。也可以使用默认的配置或加载修改适合需要的配置。

扫描 Web 应用步骤如下。

① 填入开始的 URL；

② (推荐)手动执行登录指南;

③ (可选)检查测试策略。

扫描 Web Service 的步骤如下。

① 输入 WSDL 文件位置;

② (可选)检查测试策略;

③ 在 AppScan 录制用户输入和回复时,用自动打开的 Web 服务探测器接口发送请求到服务端。

(4) 运行扫描专家(可选,仅 Web 应用)。

① 打开扫描专家来检查用户为应用扫描配置的效果;

② 复审建议的配置更改,并选择性地应用这些更改。

【注】 *启动扫描时,可以配置"扫描专家"以执行分析,然后在开始扫描时应用它的部分建议。*

(5) 启动自动扫描。

(6) 运行结果专家(可选)。

运行结果专家以处理扫描结果,并向"问题信息"选项卡添加信息。

(7) 复审结果。

复审结果用于评估站点的安全状态。还可以执行下列操作。

① 为没有发现的链接额外执行手工的扫描;

② 打印报告;

③ 复审修复任务。

7.2.2 AppScan 窗口

AppScan 主窗口包括一个菜单栏、工具栏和视图选择,还有三个数据窗口:应用树、结果列表和细节。AppScan 主窗口如图 7-6 所示。窗口顶部是菜单栏和工具栏,左边窗格是应用程序树,右上窗格是结果列表,右下窗格是详细信息窗格,最下面是状态栏。

菜单栏(Menu):涵盖了 AppScan 中的所有可用功能。

工具栏(Tools):常用功能的快捷菜单,如开始扫描、扫描配置、扫描专家等。

应用程序树(Application Tree):在扫描过程中 AppScan 会按照一定的层次组织显示站点结构图。默认是按照 URL 层次进行组织,用户可以在扫描配置中更改这一设置。

视图选择器(View Selector):单击三个按钮中的其中一个,以选择在三个主窗格中显示的数据类型。

结果列表(Result List):在此视图中列出检测到的所有安全缺陷。

详细信息窗格(Detail Pane):此视图的内容与安全问题显示视图相关,用来显示某特定安全问题的详细信息,包括问题介绍、修复建议、测试数据等。

状态栏(Status Bar):实时显示 AppScan 状态信息。

下面详细介绍菜单栏和工具栏,其余界面信息在后面的使用过程中介绍。

1. 菜单栏

(1) File Menu("文件"菜单):进行创建、打开和保存扫描。

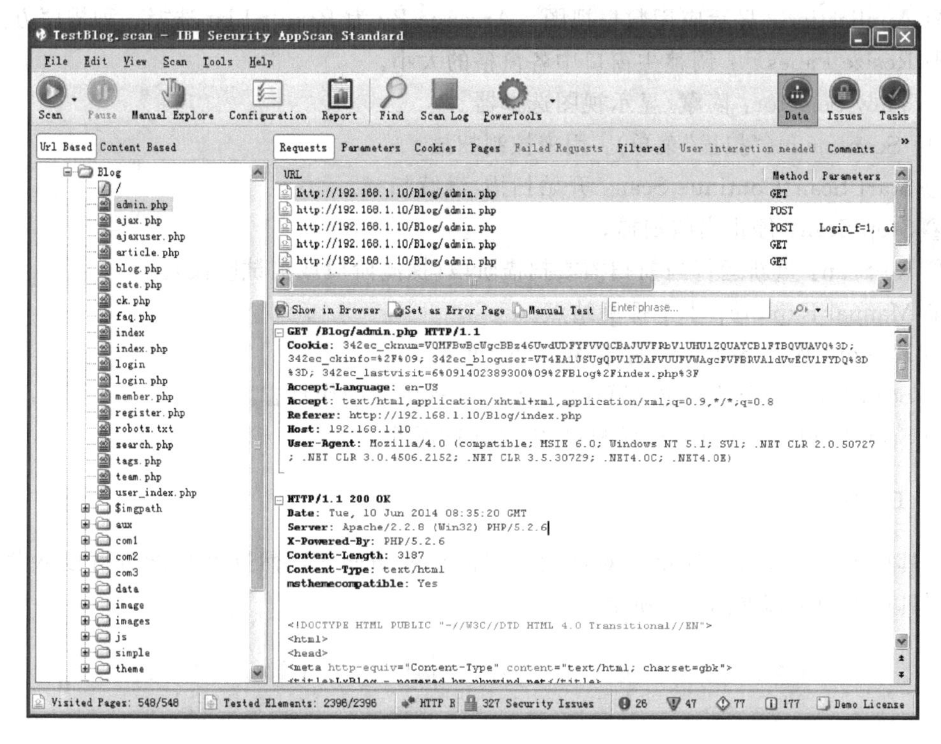

图 7-6　AppScan 主窗口

① New：创建一个新的扫描。

② Open：打开一个保存的扫描或者扫描模板。

③ Save：保存一个当前的扫描或者扫描模板。

④ Save As：另存为一个当前的扫描或扫描模板。

⑤ Export Scan Results：以 XML 或数据库文件形式保存并导出扫描结果。

⑥ Import Explore Data：加载一个导出的手工探测文件。

⑦ Print Preview：打开一个预览窗口显示应用树或结果清单，这些将会在执行“打印”命令时被打印。

⑧ Page Setup：为打印操作定义纸张尺寸、来源、方向和页边距。

⑨ Print：打印当前应用树和结果清单。

⑩ Exit：退出 AppScan。

⑪ filenames：最近被使用的文件。

(2) Edit Menu（“编辑”菜单）：提供定制扫描结果功能。

① Delete：删除被选择的问题或修复任务。

② Severity：对被选择的问题自定义严重程度（仅在问题视图被激活）。

③ Priority：为修复任务更改优先级别（仅在修复视图被激活）。

④ Find：在当前扫描结果集查找 strings，IDs，HTTP code 等。

(3) View Menu（“视图”菜单）：让用户决定主窗口的数据如何显示。

① Security Issues：显示安全问题视图。

② Remediation Tasks：显示修复任务视图。

③ Application：显示应用数据视图。Arrange By 为 Result List 选择一种排序方法。

④ Resize Panes ：调整主窗口中各窗格的大小。

⑤ View Selector：隐藏/显示视图选择器。

(4) Scan menu(“扫描”菜单)：用来控制扫描。

① Start Scan/Continue Scan：开始扫描/继续扫描。

② Stop Scan：停止当前扫描。

③ Re-Scan：重新运行当前扫描或扫描阶段(探测阶段或测试阶段)。

④ Manual Explore：手工探测站点。

⑤ Explore Web Service：探索 Web Service。

⑥ Scan Log：打开在扫描期间由 AppScan 提供的操作日志。

⑦ Scan Configuration：扫描配置，定义扫描属性。

2. 工具栏

工具栏上的图标按钮提供了对常用功能的快速访问。当然这些功能也可以从菜单打开。工具栏上的图标如图 7-7 所示。

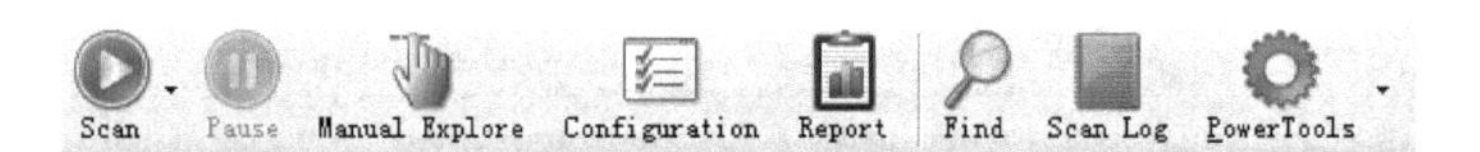

图 7-7　AppScan 工具栏

工具栏按钮功能特性如表 7-1 所示。

表 7-1　AppScan 工具栏按钮功能

图标	名称	描　　述
	Scan (扫描)	仅当已装入并配置扫描后此按钮才可用
	Pause (暂停)	暂停当前扫描。注意：仅当扫描正在执行时，该按钮才是活动的
	Manual Explore (手动探索)	打开浏览器，进入应用程序的 URL，手动浏览该站点，像用户一样填入参数，AppScan 为该站点创建测试时，会将该探索数据添加到其本身自动收集的探索数据中
	Configuration (配置)	打开扫描对话框，以配置扫描
	Report (创建报告)	使用当前扫描数据来创建报告
	Find (查找)	查找问题，打开 AppScan 搜索引擎
	Scan Log (扫描日志)	显示扫描期间或扫描之后的扫描日志，列出扫描期间 AppScan 执行的所有操作
	PowerTools	打开 AppScan 提供的某个 Power Tool 应用程序，并完成各项任务

7.2.3 AppScan 操作

1. 创建扫描

1) 启动 AppScan

启动 AppScan,在屏幕中央将会出现一个对话框,如图 7-8 所示。在此对话框中,可以单击 Getting Started(PDF)链接,查看 IBM Rational AppScan 的"新手入门帮助文档"。也可以单击 Create New Scan 按钮来创建 Web 安全扫描任务。

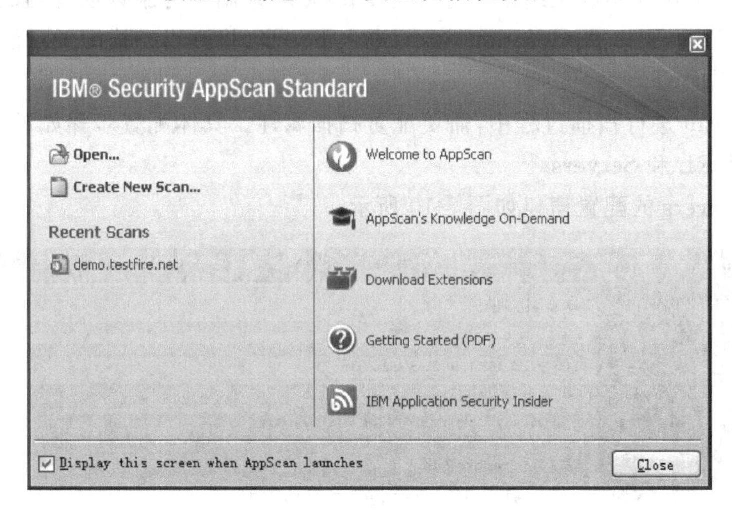

图 7-8 启动 AppScan

2) 新建扫描

单击 Create New Scan 按钮,在屏幕中央会出现 New Scan 对话框,如图 7-9 所示。

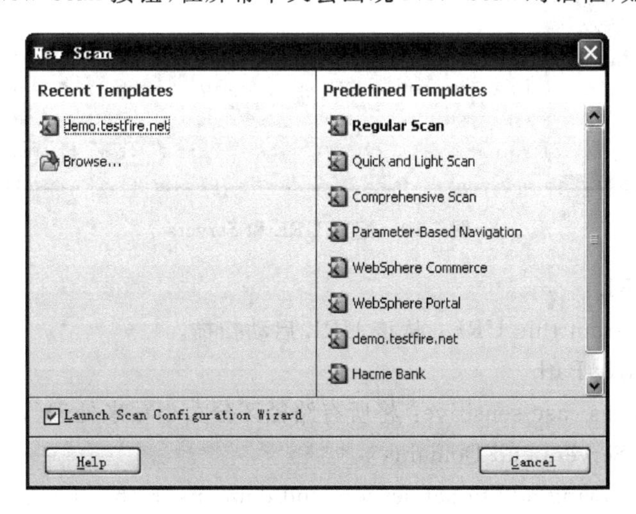

图 7-9 新建扫描

下面以常规扫描为例。单击右侧预定义模板中的 Regular Scan,将出现"扫描配置向导"窗口。AppScan 提供了 Web 应用程序和 Web 服务的扫描(如果需要 Web Server 的扫描必须先下载)。

(1) 扫描 Web 应用

在应用的情况下,它会在开始的 URL 和注册认证方面进行充分的安全扫描以保证能够测试站点。如果有必要也可以手动运行站点,以扩大安全扫描到只有用户手动才能涉及的范围。

(2) 扫描 Web 服务

在 Web 服务的情况下,IBM 特殊工具 Web Services Explorer 创建一个简单的界面显示可连接的服务和输入参数及结果。过程是 AppScan 录制和为服务创建测试。

在本例中,选择 Web Application Scan,进入下一步,将弹出扫描配置对话框。

3) 配置扫描

使用 AppScan 进行扫描过程中,需要配置扫描属性。具体配置步骤如下。

(1) 配置 URL 和 Servers

URL 和 Servers 的配置窗口如图 7-10 所示。

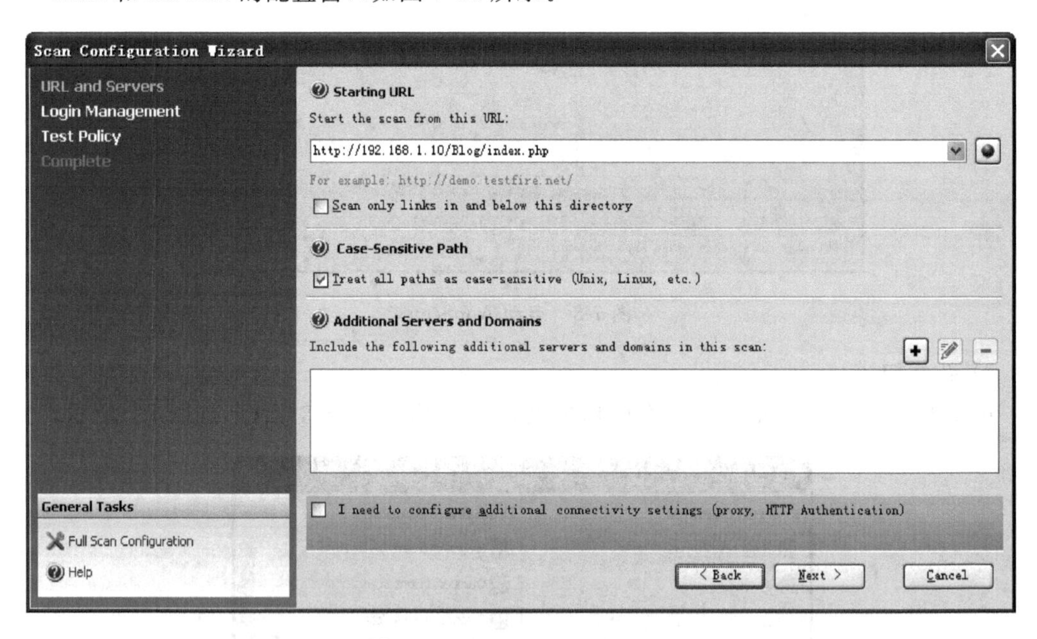

图 7-10 配置 URL 和 Servers

① Starting URL

Start the scan from this URL:从该 URL 启动扫描。

② Case-Sensitive Path

Treat all paths as case-sensitive:将所有路径区分大小写来处理(UNIX,Linux 等)。

③ Additional Servers and Domains

Include the following additional servers and domains in this scan:在该扫描中包含以下其他服务和域。

在 Start the scan from this URL 文本框中,输入要扫描的站点的 URL。比如,在本例使用 LxBlog 系统进行安全测试,其 URL 地址为 http://192.168.1.10/Blog/index.php。

配置好后,单击 Next 按钮,将进入登录管理配置。

(2) 配置登录管理

配置登录管理的窗口如图 7-11 所示。

Login Method：登录方法。

① Use the following method to log in to the application：使用以下方法登录应用程序。

② Recorded(Recommended)：记录(推荐)。

③ Prompt：提示。

④ Automatic：自动。

⑤ None：无。

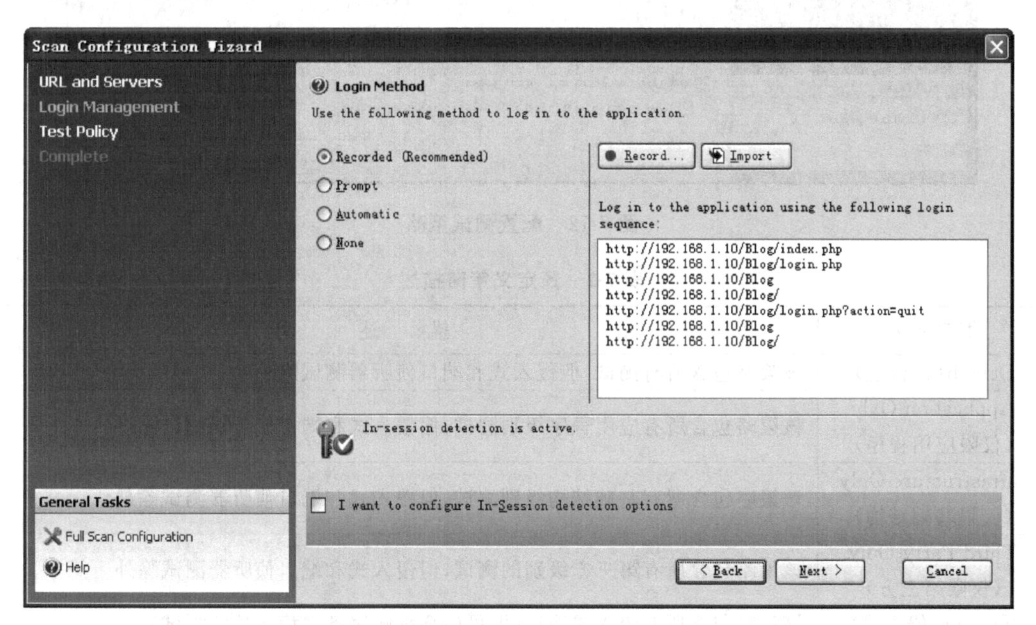

图 7-11 登录管理

在本例中，单击 Record 按钮，AppScan 将自动打开浏览器，进入 LxBlog 网站的登录页面，录制一段正确的登录操作(输入正确的用户名和密码)，然后关闭浏览器。在会话信息对话框中，检查登录流程，然后单击 OK 按钮。接下来单击 Next 按钮，此时将进入测试策略配置。

(3) 选择测试策略

测试策略配置窗口如图 7-12 所示。在这一步中需要检查扫描运用的测试策略，即使用哪种扫描类别。

注意：系统默认所有非侵入性测试将被执行。

① Test Policy：测试策略。

Use this Test Policy for the scan：使用该测试策略进行扫描。

② Policy Files：策略文件。

Recent Policies：最近的策略。

Predefined Policies：预定义策略。

其中，预定义策略的详细描述如表 7-2 所示。

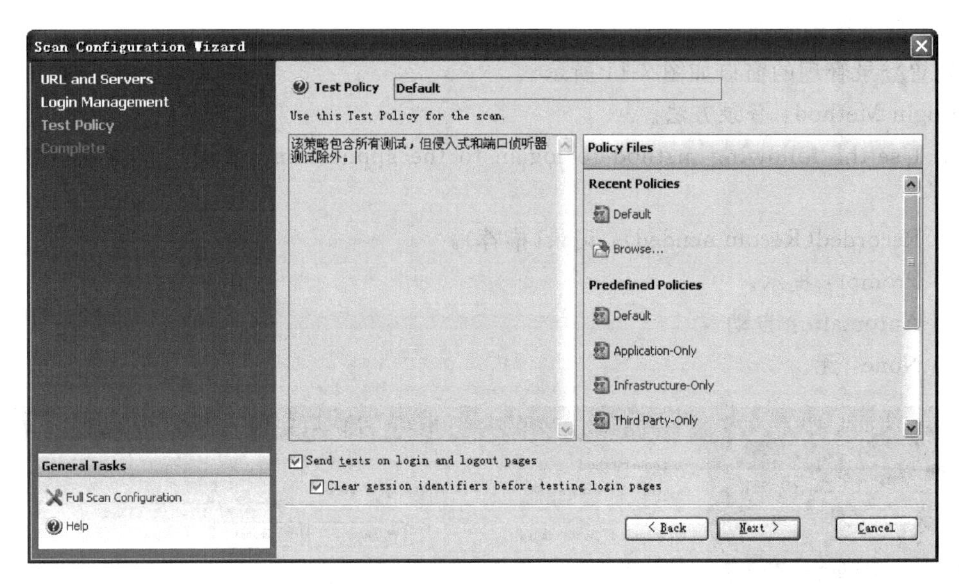

图 7-12 配置测试策略

表 7-2 预定义策略描述

策略名称	描　　述
Default(默认值)	该策略包含所有测试,但侵入式和端口侦听器测试除外
Application-Only (仅限应用程序)	该策略包含所有应用程序级别测试,但侵入式和端口侦听器测试除外
Infrastructure-Only (仅限基础结构)	该策略包含所有基础结构级别测试,但侵入式和端口侦听器测试除外
Third Party-Only (仅限第三方)	该策略包含所有第三方级别的测试,但侵入式和端口侦听器测试除外
Invasive(侵入式)	该策略包含所有侵入式测试(即可能会影响服务器稳定性的测试)
Complete(完成)	该策略包含所有 AppScan 测试,但端口侦听器测试除外
Web Services (Web 服务)	该策略包含所有 SOAP 相关的非侵入式测试
The Vital Few (少数关键的)	该策略包含一些成功可能性极高的测试的精选。这在时间有限时可能对站点评估有所帮助
Developer Essentials (开发者精要)	用户自定义的(包含一些成功可能性极高的应用程序测试的精选)

(4) 完成配置向导

在上一步中单击 Next 按钮,完成扫描配置向导,如图 7-13 所示。

① Complete Scan Configuration Wizard:完成扫描配置向导。

How do you want to start? 您想要如何启动?

Start a full automatic scan:启动全面自动扫描。

Start with automatic Explore only:仅使用自动“探测”,不自动进入测试阶段。

Start with Manual Explore:使用“手动探测”。

I will start the scan later:稍后启动扫描;关闭向导后再手动开始扫描。

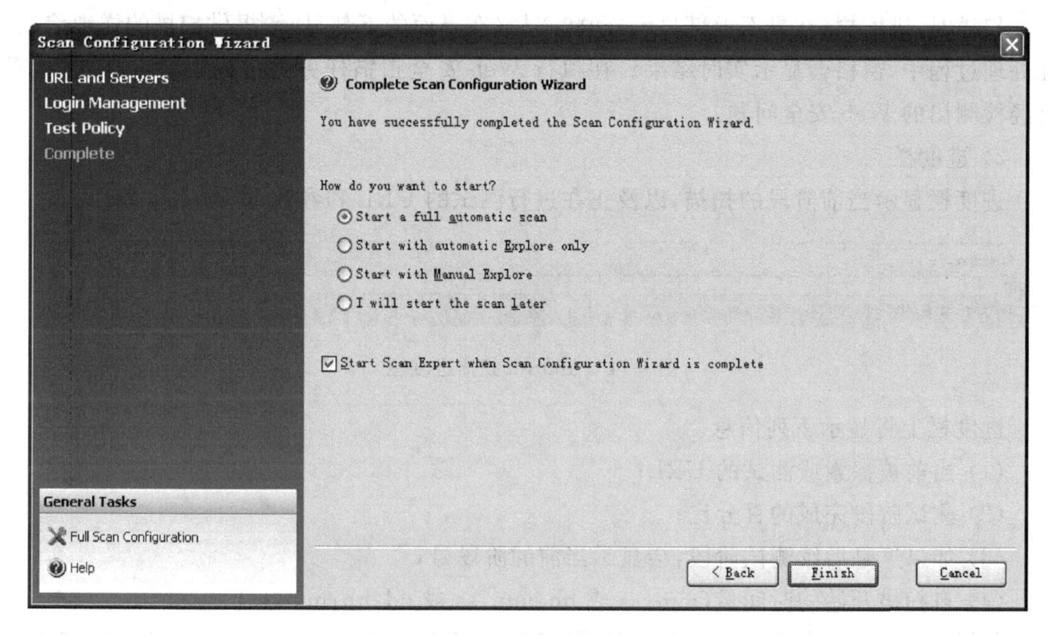

图 7-13 完成配置向导

② Start Scan Expert when Scan Configuration Wizard is complete：当结束向导时启动扫描专家。

选择 Start a full automatic scan，并选择 Start Scan Expert when Scan Configuration Wizard is complete 选项，单击 Finish 按钮，关闭向导。

单击 Finish 按钮后，将弹出自动保存对话框。单击 Yes 按钮，将立即保存扫描。单击 No 按钮，将仅对该扫描禁用"在扫描过程中自动保存"。单击 Disable 按钮，将对该扫描及以后的扫描禁用"在扫描过程中自动保存"。

2. 执行扫描

1）启动扫描

（1）从扫描配置向导启动扫描

完成扫描配置向导后，就可以启动扫描。

（2）从扫描菜单或工具栏启动扫描

当打开 AppScan 时，可以使用当前配置从扫描菜单或工具栏来启动扫描。在扫描菜单上，或从工具栏上的扫描按钮中，选择下列任一操作。

① 全面扫描：运行全面扫描。继续探索应用程序，直到不再有未访问的 URL 为止，然后自动继续测试阶段。（如果配置了多阶段扫描，请根据需要完成多个阶段。）

② 仅探索：探索应用程序，但不继续测试阶段。在继续测试阶段之前，该操作允许先检查探索结果，如果需要，会执行手动探索。

③ 仅测试：基于现有探索结果来测试站点。注意：站点已探索时才是活动的。

（3）从"欢迎"对话框启动扫描

启动 AppScan 时会出现"欢迎"对话框。

扫描时，进度栏(在界面上部显示)和状态栏(在界面的下部显示)提供扫描的详细信息。在处理过程中，窗格会显示实时结果。在执行 Web 安全扫描任务的过程中，可以随时查看已经检测出的 Web 安全问题。

2) 进度栏

进度栏显示当前阶段的扫描，以及正在进行测试的 URL 和参数，如图 7-14 所示。

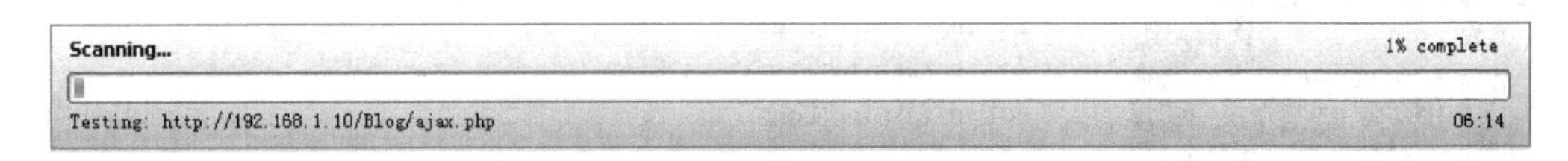

图 7-14 AppSan 扫描进度栏

进度栏上将显示下列信息。

(1) 当前被探索或测试的 URL；

(2) 测试阶段完成的百分比；

(3) 如果这是后续测试阶段，会显示当前的阶段号；

(4) 自扫描开始的时间量(mm:ss 或 hh:mm:ss 或 dd:hh:mm:ss)。

如果在扫描的过程中发现新的链接(并且启用了多阶段扫描)，会在先前的阶段完成后自动启动其他扫描阶段。新阶段可能比前一阶段短很多，因为仅会扫描新链接。在进度栏上还可能会显示报警，如服务器关闭。扫描完成时进度栏关闭。

3) 状态栏

状态栏在界面的底部，显示当前运行扫描读取的详细信息(实时显示)，如图 7-15 所示。

(1) Visited Pages(已访问页面数)：已访问的页面数量/要访问的页面总数。

随着发现某些页面，然后因为不需要扫描这些页面而拒绝此类页面，第二个数字可能会在扫描期间增加，然后减少。扫描结束时，这两个数字应该是相等的。

(2) Tested Elements(已测试元素数量)：已测试元素数量/要测试的元素总数。

随着发现要测试的元素，第二个数字会在“探索阶段”增加。测试阶段，第一个数字将增加。扫描结束时，这两个数字应该相等。

(3) HTTP Requests(发送的 HTTP 请求数量)。

该数字代表发送的所有请求数，包括会话内检测请求、服务器关闭检测请求、登录请求、多步骤操作和测试请求。因此，在扫描期间，该数量是 AppScan 正在工作的指示符，但是扫描期间或扫描结束后，实际数量不具有任何特殊意义。

(4) Security Issues(安全问题数量)。

各个类别中发现的安全问题总数(后跟数量)：高、中、低和参考。

图 7-15 AppScan 状态栏

4) 导出扫描结果

扫描完成后，结果将显示在主窗口上。用户可以以 XML 文件或者相关数据库的形式输出完成扫描的结果。

输出一个报告文档的步骤如下。

(1) 单击菜单栏中的 File→Export；

(2) 输入文档名称；

(3) 选择 XML 或者 Relational DB 格式；

(4) 保存。

3. 扫描结果

1) 结果视图

扫描结果可在三个视图中显示：Data(应用程序数据)、Issues(安全问题)、Tasks(补救任务)。在工具栏上可选择需要的视图(默认为问题视图)。这三个视图中显示的数据会随着所选择的视图不同而改变。结果视图的详细说明见表 7-3。

表 7-3 结果视图信息

图标	名称	描 述
	Data 应用程序数据视图	应用程序视图显示来自探索步骤的脚本参数、交互式 URL、已访问的 URL、中断链接、已过滤的 URL、注释、JavaScript 和 Cookie。 ① 应用程序树：显示 URL 和文件节点。 ② 结果列表：对结果列表栏上面可选列表进行过滤，以确定显示哪一项的详细信息。 ③ 详细资料栏：结果列表中所选项的详细信息。 与其他两个视图不同的是：即使 AppScan 仅完成了探索步骤，应用程序数据视图也可用
	Issues 安全问题视图	安全问题视图从宏观到特定的请求/响应显示发现的实际问题。一般情况下，安全问题视图是默认视图。 ① 应用程序树：完整应用程序树。计数器显示每一项所发现的问题数。 ② 结果列表：显示所选树中节点的问题列表，以及每个问题的优先级别。 ③ 详细信息栏：显示在结果列表上所选问题的顾问信息、修改建议、请求/响应(包括所使用的所有变体)
	Tasks 补救任务视图	补救任务视图将提供一个修复扫描中发现问题的详细修改意见表，以修订扫描中所发现的问题。 ① 应用程序树：完成应用程序树。计数器显示每一项所提供的修改建议数量。 ② 结果列表：列出应用程序树中所选节点的修订任务，以及每项任务的优先级。 ③ 详细资料栏：显示结果栏中所选定的修复任务的详细信息，以及该修复将解决的问题详细分析

应用程序数据视图如图 7-16 所示。

安全问题视图如图 7-17 所示。

补救任务视图如图 7-18 所示。

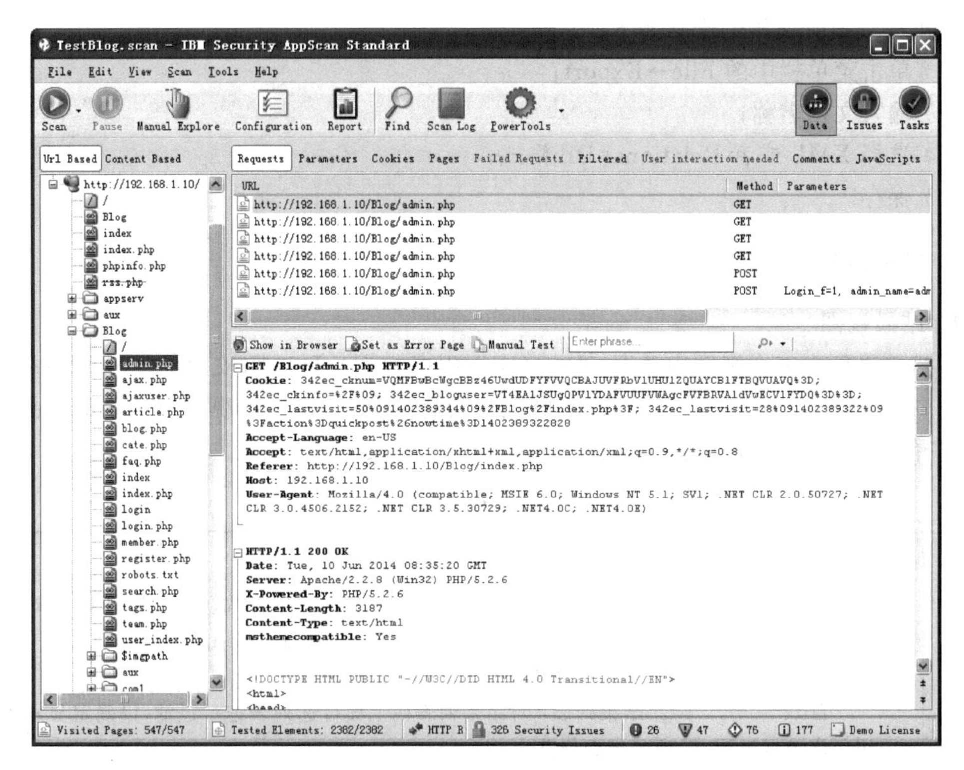

图 7-16　应用程序数据视图

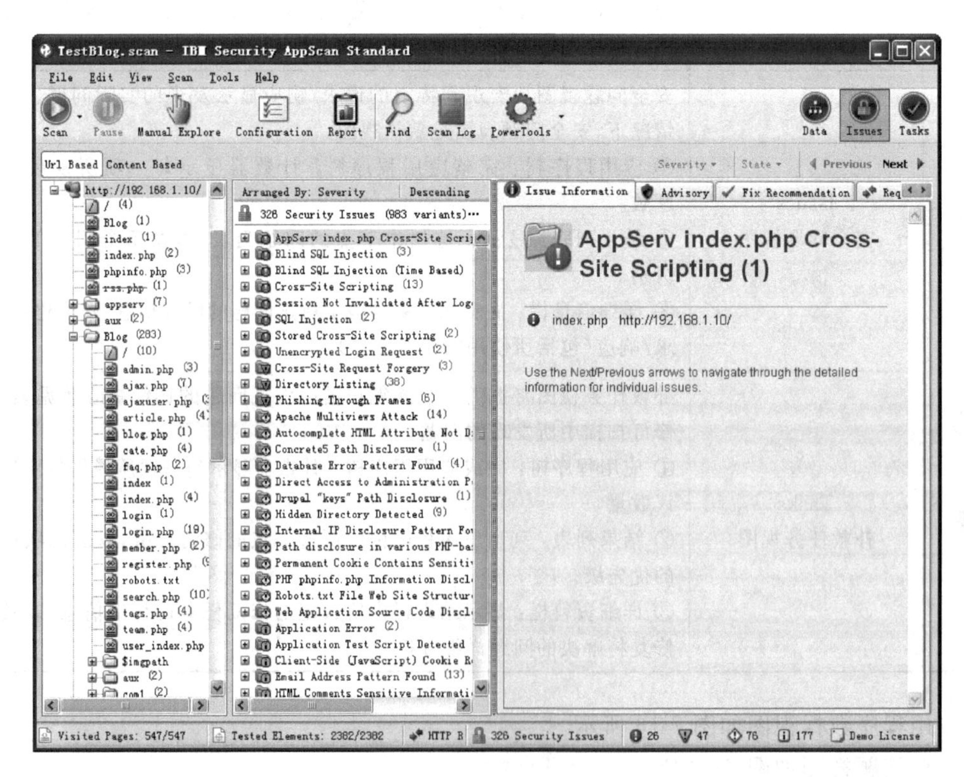

图 7-17　安全问题视图

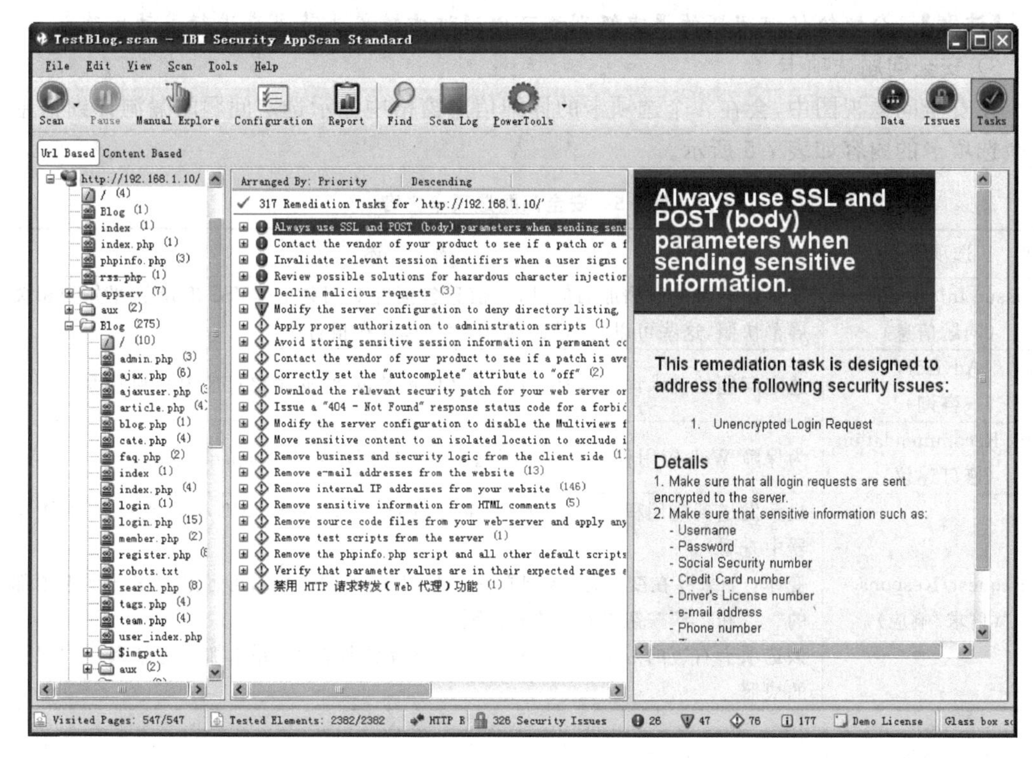

图 7-18 补救任务视图

2) 严重等级

结果列表会显示应用树中所选择节点的问题。这些问题分为下列几种级别。

(1) 基本级：显示所有站点问题。

(2) 页面级：显示所有页面问题。

(3) 参数级：显示所有特定页面特定请求的问题。

AppScan 给每一个发现的问题分配安全级别。其中，安全级别分为 4 个严重等级，如表 7-4 所示。

表 7-4 严重等级

图标	名称	描 述	示 例
	高严重级别	直接危害应用程序、Web 服务器或信息	拒绝服务
	中严重级别	尽管数据库和操作系统没有危险，但会通过未授权的访问威胁私有区域	脚本源代码泄漏
	低严重级别	允许未授权的侦测	服务器路径泄漏
	报告安全问题	应当了解的问题，未必是安全问题	启用了不安全的方法

【注意】 分配给任何问题的严重级别都可以通过右键单击节点来进行手动更改。

3）安全问题选项卡

在安全问题视图中，会在4个选项卡的详细信息窗格中显示选定问题的漏洞详细信息。每个选项卡的内容如表7-5所示。

表7-5 安全问题选项卡内容

选项卡	描 述
Issue Information（问题信息）	显示由结果专家添加的信息，此信息包括针对问题的CVSS度量值评分和相关屏幕快照，这些可以与结果一起保存并包含在报告中
Advisory（咨询）	选定问题的技术详细信息，以及更多信息的链接，必须修订的内容和原因
Fix Recommendation（修订建议）	为保障Web应用程序不会出现选定的特定问题而应完成的具体任务
Request/Response（请求/响应）	显示发送到应用程序及其响应的特定测试（可以为HTML格式或在Web浏览器中查看） 变体：如果存在变体（发送到同一个URL的不同参数），可通过单击选项卡顶部的"<"和">"按钮来对其进行查看。 该选项卡右边的两个选项卡能够查看变体详细信息，并添加将与结果一同保存的快照

安全问题选项卡如图7-19所示。

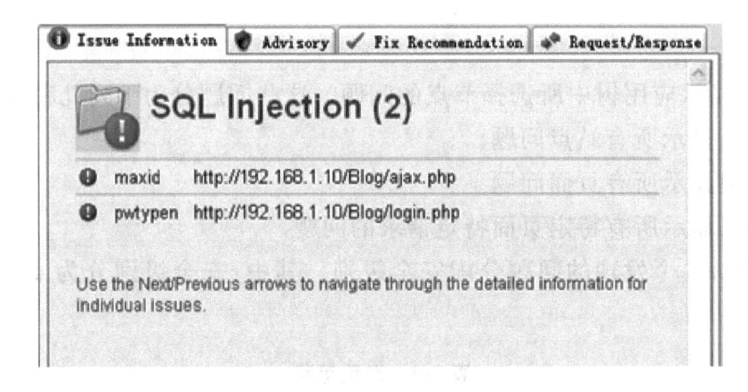

图7-19 安全问题选项卡

4）结果专家

结果专家通常在全面扫描之后自动运行，但是也可以在全面或部分扫描结果上随时手动运行。如果测试时间有限，而且结果数量很大，可以不使用结果专家。

4. 结果报告

1）报告类型

AppScan评估了站点的漏洞后，可用生成针对组织中各种人员而配置的定制报告，从开发者、内部审计员、安全测试员到经理和主管。工具栏上的报告图标使用户可以选择报告模板，并且设置生成报告模板的内容和布局。报告描述如表7-6所示。

表 7-6 报告类型

图标	名称	描 述
Security	安全报告	扫描中发现的安全问题报告。安全信息可能非常广泛，可根据用户的需要进行过滤。包括 6 个标准模板，根据需要，每个模块都可轻易调整，以包括或排除信息类别。安全报告有下列可选项。 ① 概要：图表和表格形式的统计概要。 ② 细节：在概要中增加所有细节。 ③ 修改：要求修改的工作列表，以决定发现的问题。 ④ 开发：问题列表，修改工作和应用资料。 ⑤ QA：报告列表和修改建议，应用资料和访问的 URL。 ⑥ 站点清单：站点列表和应用资料
Industry Standard	行业标准报告	应用程序针对选定的行业委员会标准(比如 OWASP Top10、SANS Top 20、WASC 等)定制的报告。如果有必要用户可以创建并根据自己习惯检查标准检查列表(详见用户指导)
Regulatory Compliance	合规一致性报告	应用程序针对规范或法律标准的大量选项提供其内容(比如 HIPAA、GLBA、COPPA、SOX、加州 SB1386 和 AB1950、欧洲的 1995/46/EC)。 如果有必要，用户可以创建并根据自己习惯检查标准并修改标准模板(详见用户指导)
Delta Analysis	增量分析报告	增量分析报告比较了两组扫描结果，并显示了发现的 URL 和/或安全问题中的差异
Template Based	基于模板的报告	报告的一种形式，包括用户规定的数据和用户规定的文件格式，采用微软公司的 Word .doc 格式

2) 生成安全报告

扫描完成后，即可生成安全报告。安全报告会提供扫描期间发现的安全问题信息。生成安全报告的步骤如下。

(1) 创建报告

单击工具栏上的图标，或者单击菜单栏上的 Tools→Report，可打开创建报告的对话框，如图 7-20 所示。

单击对话框上面的图标可选择报告类型。默认情况下，打开的是安全报告(Security)。本例中，选择安全报告。

(2) 选择报告类型

① 选择模板

安全报告中提供了 6 种报告模板：管理综合报告、详细报告(Detailed Report)、修复任务、开发者(Developer)、QA、站点目录(Site Inventory)。安全报告模板的详细信息见表 7-7。

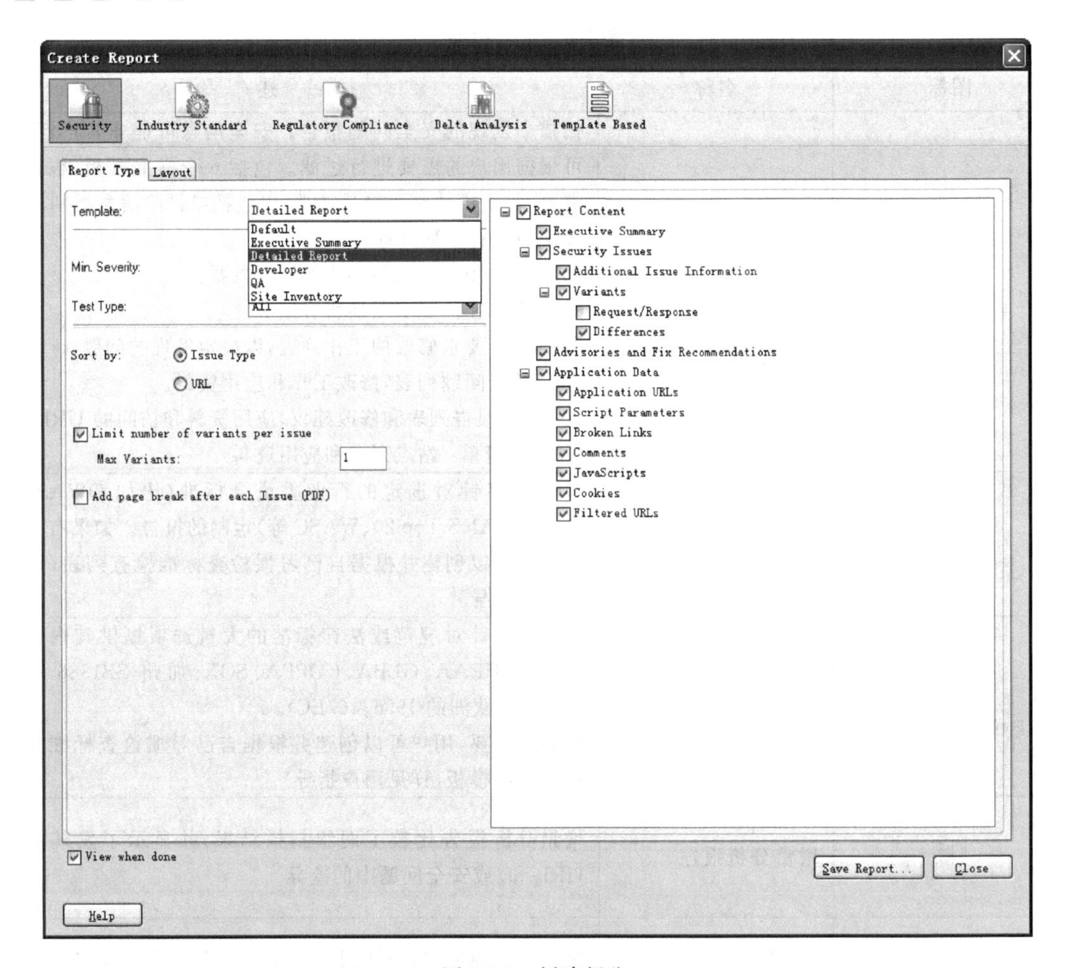

图 7-20 创建报告

表 7-7 安全报告模板

报告模板	描　　述
管理综合报告 (Executive Summary)	高级别的综合报告，突出显示在 Web 应用程序中找到的安全风险以及扫描结果统计信息，其格式为表和图表
详细报告 (Detailed Report)	包含“管理综合报告”、安全问题(受影响的 URL、威胁类、严重性等)、注释、咨询、修订建议、修复、应用程序数据和 URL
修复任务	为处理扫描中所发现的问题而设计的操作
开发者 (Developer)	安全问题、变体、咨询和修订建议、不需要“管理综合报告”或“修复任务”部分
QA	安全问题、咨询和修订建议、应用程序数据，不需要详细变体信息、“管理综合报告”或“修复任务”部分
站点目录 (Site Inventory)	仅应用程序数据

【注】 可以按照所需要的内容，在右侧树中选择报告所要体现的内容。

本例中，在 Report Type 标签中，Template 下拉列表中选择 Detailed Report。

如果 Template 中提供的这 6 种模板不能满足需要，可以采用自定义的方式，在右边窗格中，选择报告中需要的内容。然后单击 Save Report 按钮，此时 AppScan 将弹出文件对话框，在对话框中选择报告存储的位置，填写报告文档的名称。

② 严重级别

从 Min Severity(最低严重性)列表中，选择要包含在报告中的问题最低严重性级别。

(3) 保存报告

单击 Save Report 按钮，保存报告。AppScan 将自动生成报告。生成报告需要一定的时间，请耐心等待。随后 AppScan 将以 PDF 的格式展示报告内容。

报告内容非常丰富。报告中包含介绍、管理综合报告、按问题类型分类的问题、修订建议、咨询和应用程序数据。

【注】 IBM Rational AppScan 试用版可以在 IBM 的官网上下载，下载地址为 http://www.ibm.com/developerworks/cn/downloads/r/appscan/

7.3 Web 安全测试案例

本案例采用 AppSan 工具对 LxBlog 博客系统进行安全性测试。LxBlog 博客系统的相关信息见附录 C。

7.3.1 创建扫描

启动 AppScan，创建 Web 安全扫描任务，选择 Web Application Scan，单击“下一步”按钮，将弹出扫描配置对话框，如图 7-21 所示。

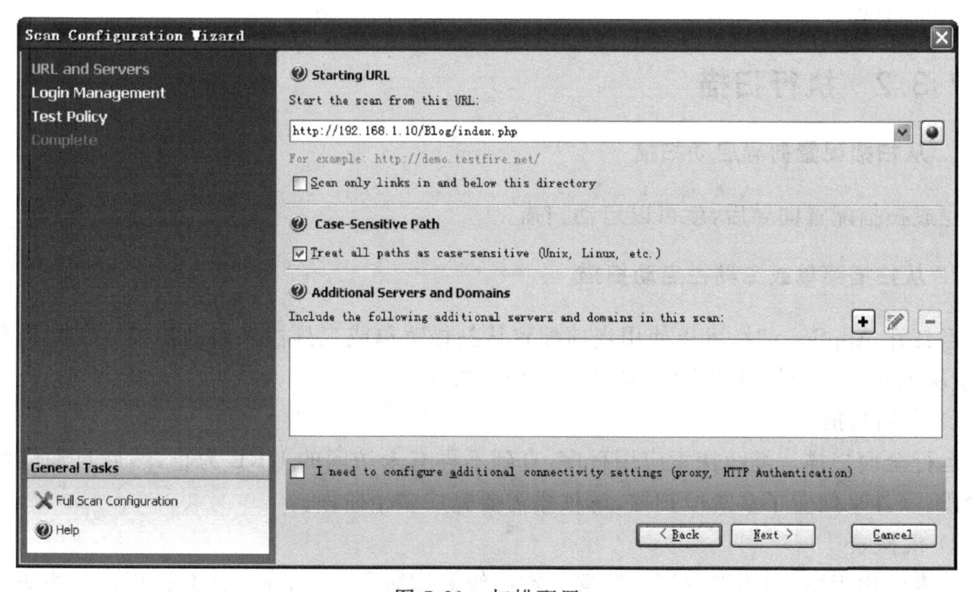

图 7-21 扫描配置

在 Start the scan from this URL 文本框中，输入要扫描的站点的 URL。比如，在本例中使用 LxBlog 博客系统进行安全测试，其 URL 地址为 http://192.168.1.10/Blog/index.

php。配置好后，单击 Next 按钮，将进入登录管理配置。

配置登录管理如图 7-22 所示。在本例中，选择 Recorded，AppScan 将自动打开浏览器，进入 LxBlog 网站的登录页面，录制一段正确的登录操作（输入正确的用户名和密码），然后关闭浏览器。在会话信息对话框中，检查登录流程，然后单击 OK 按钮。接下来单击 Next 按钮，将进入测试策略配置。

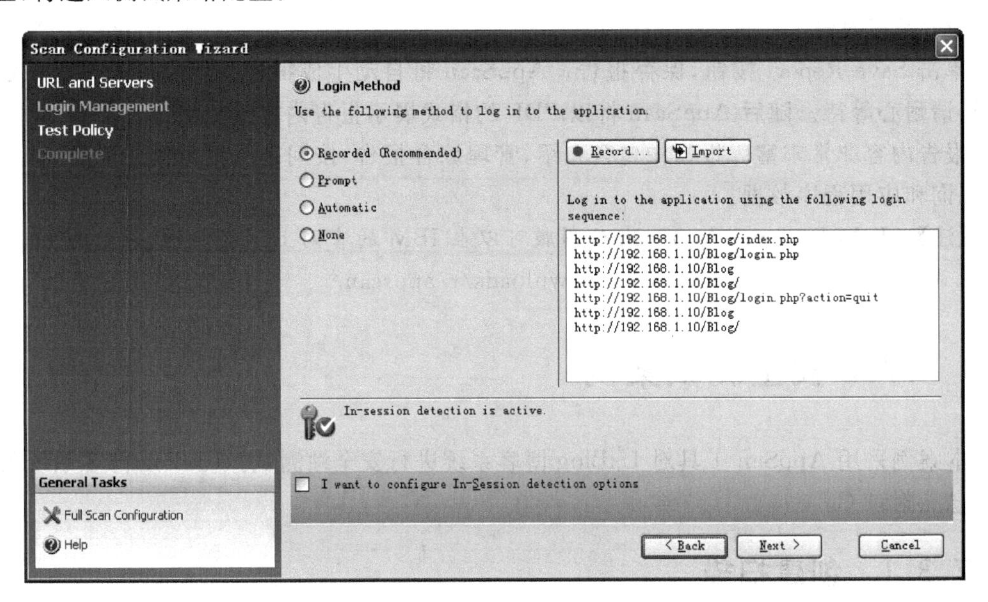

图 7-22 登录管理

在这一步中需要检查扫描运用的测试策略，即使用哪种扫描类别。系统默认执行所有非侵入性测试。

7.3.2 执行扫描

1. 从扫描配置向导启动扫描

完成扫描配置向导后，就可以启动扫描。

2. 从扫描菜单或工具栏启动扫描

当打开 AppScan 时，可以使用当前配置从扫描菜单或工具栏来启动扫描。在扫描菜单上，或从工具栏上的扫描按钮中，选择下列任一操作。

1）全面扫描

运行全面扫描。继续探索应用程序，直到不再有未访问的 URL 为止，然后自动继续测试阶段。（如果配置了多阶段扫描，请根据需要完成多个阶段。）

2）仅探索

探索应用程序，但不继续测试阶段。在继续测试阶段之前，该操作允许用户先检查探索结果，如果需要，会执行手动探索。

3）仅测试

基于现有探索结果来测试站点。需要注意的是：站点已探索时才是活动的。

扫描时，进度栏和状态栏提供扫描的详细信息。在处理过程中，窗格会显示实时结果。在执行 Web 安全扫描任务的过程中，可以随时查看已经检测出的 Web 安全问题。

7.3.3 扫描结果

扫描完成后，结果将显示在主窗口上。扫描结果可在三个视图中显示：Data(应用程序数据)、Issues(安全问题)、Tasks(补救任务)。默认为问题视图，如图 7-23 所示。

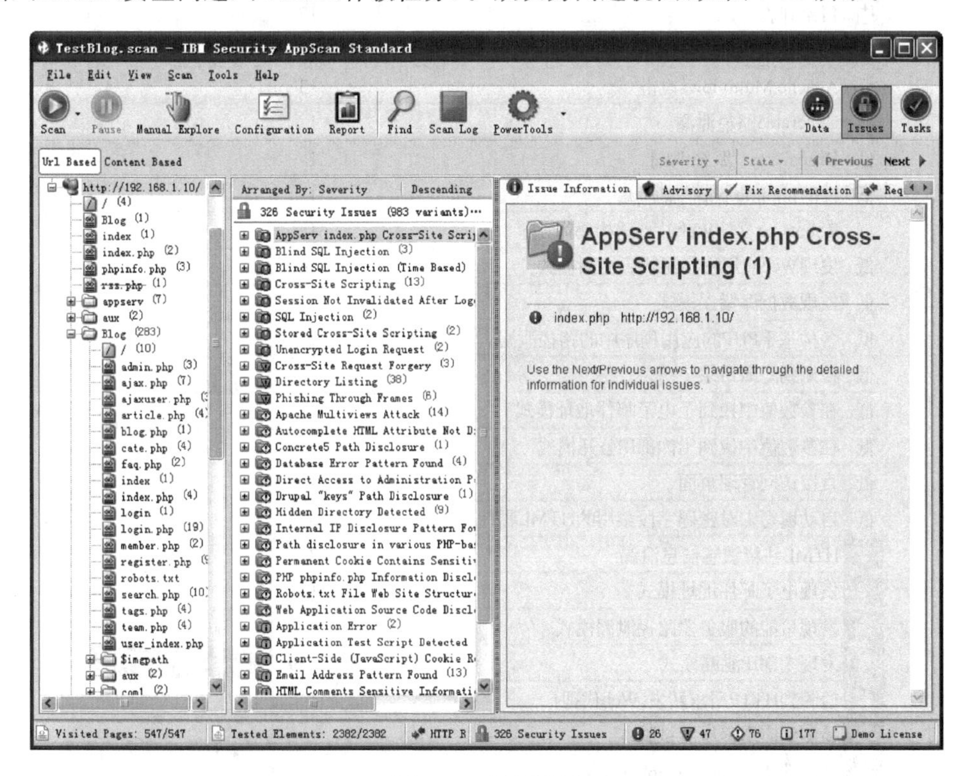

图 7-23 问题视图

7.3.4 结果报告

AppScan 评估了站点的漏洞后，可生成针对组织中各种人员而配置的定制报告，从开发者、内部审计员、安全测试员到经理和主管。工具栏上的报告图标使用户可以选择报告模板，并且设置生成报告模板的内容和布局。

博客系统的安全测试报告内容丰富，其中包括管理综合报告、按问题类型分类的说明和应用程序数据，各项内容描述详细，报告共 372 页。下面简要介绍博客系统安全测试报告中的内容。

在管理综合报告中包括问题类型、有漏洞的 URL、修订建议、安全风险、原因和 WASC 威胁分类。

1. 问题类型

博客系统的安全测试报告中指出问题类型有 28 个，如图 7-24 所示。

问题类型		问题数量
高	AppServ index.php跨站脚本编制	1
高	SQL注入	2
高	存储的跨站点脚本编制	2
高	跨站点脚本编制	6
高	已解密的登录请求	1
中	目录列表	17
中	通过框架钓鱼	3
低	Apache Multiviews攻击	13
低	Concrete5路径泄漏	1
低	Drupal"keys"路径泄漏	1
低	PHP phpinfo.php信息泄漏	1
低	Robots.txt文件Web站点结构暴露	1
低	发现Web应用程序源代码泄漏模式	36
低	发现数据库错误模式	3
低	各种基于PHP的应用程序中的路径泄漏	2
低	检测到隐藏目录	9
低	在参数值中找到了电子邮件地址模式	1
低	在参数值中找到了内部IP公开模式	2
低	直接访问管理页面	1
低	自动填写未对密码字段禁用的HTML属性	5
参	HTML注释敏感信息泄漏	3
参	发现电子邮件地址模式	13
参	发现可能的服务器路径泄漏模式	9
参	发现内部IP泄漏模式	139
参	检测到HTTP请求转发(Web代理)	1
参	检测到应用程序测试脚本	1
参	客户端(JacaScript)Cookie引导	1
参	应用程序错误	2

图 7-24　博客系统安全问题类型

2. 有漏洞的 URL

博客系统中有漏洞的 URL 共 188 条，在此省略。

3. 修订建议

安全测试报告中给出了修订建议，具体内容如下。

(高) 查看危险字符注入的可能解决方案；

(高) 发送敏感信息时，始终使用 SSL 和 POST(主体)参数；

(中) 修改服务器配置以拒绝目录列表；

(低) 除去 HTML 注释中的敏感信息；

(低) 除去 Web 站点中的电子邮件地址；

(低) 除去 Web 站点中的内部 IP 地址；
(低) 除去 Web Server 中的源代码文件；
(低) 除去服务器中的测试脚本；
(低) 除去客户端中的业务逻辑和安全逻辑；
(低) 从站点中除去 phpinfo. php 脚本和其他所有默认脚本；
(低) 对禁止的资源发布"404 - Not Found"响应状态代码，或者将其完全除去；
(低) 将"autocomplete"属性正确设置为"off"；
(低) 将服务器配置修改为禁用 Multiviews 功能；
(低) 将敏感内容移至隔离位置，以避免 Web 机器人搜索到此内容；
(低) 将适当的授权应用到管理脚本；
(低) 禁用 HTTP 请求转发(Web 代理)功能；
(低) 验证参数值是否在其预计范围和类型内，不要输出调试错误消息和异常。

4. 安全风险

博客系统安全测试报告中指出了 15 条安全风险，如图 7-25 所示。

风险		问题数量
高	可能窃取或操纵客户会话和cookie，可能用于模仿合法用户，使黑客能够以该用户身份查看或变更用户记录以及执行相关操作	9
高	可能会查看、修改或删除数据库条目和表	5
高	可能窃取诸如用户和密码等未经加密即发送的用户登录信息	1
中	可能会查看和下载特定Web应用程序虚拟目录的内容，其中可能包含受限文件	17
中	可能会劝说初级用户提供诸如用户名、密码、信用卡号、社会保险号等敏感信息	3
低	可能检索Web服务器安装的绝对路径、这可能帮助攻击者开展进一步攻击和获取有关Web应用程序文件系统结构的信息	26
低	可能会泄漏服务环境变量，这可能会帮助攻击者开展针对Web应用程序的进一步攻击	1
低	可能会检索有关站点文件系统结构的信息，这可能会帮助攻击者映射此Web站点	10
低	可能会检索服务器端脚本的源代码，这可能会泄漏应用程序逻辑及其他诸如用户名和密码之类的敏感信息	36
低	可能会收集有关Web应用程序的敏感信息，如用户名、密码、机器名或敏感文件位置	158
低	可能会升级用户特权并通过Web应用程序获取管理许可权	1
低	可能会绕开Web应用程序的认证机制	5
参	攻击者可能用Web服务器攻击其他站点，这将增加其匿名性	1
参	可能会下载临时脚本文件，这会泄漏应用程序逻辑及其他诸如用户名和密码之类的敏感信息	1
参	此攻击的最坏情形取决于在客户端所创建的cookie的上下文和角色	1

图 7-25 博客系统安全风险

5. 原因

博客系统安全测试报告中分析出了安全问题的原因，其中有13条，内容如下。

(高) Web站点上安装了没有已知补丁且易受攻击的第三方软件；

(高) 未对用户输入正确执行危险字符清理；

(高) 诸如用户名、密码和信用卡号之类的敏感输入字段未经加密即进行了传递；

(中) 已启用目录浏览；

(低) Web服务器或应用程序服务器是以不安全的方式配置的；

(低) 在Web站点上安装了默认样本脚本或目录；

(低) 未安装第三方产品的最新补丁或最新修订程序；

(低) 在生产环境中留下临时文件；

(低) 程序员在Web页面上留下调试信息；

(低) Web应用程序编程或配置不安全；

(低) Cookie是在客户端创建的；

(低) 未对入局参数值执行适当的边界检查；

(低) 未执行验证以确保用户输入与预期的数据类型匹配。

6. WASC威胁分类

博客系统安全测试报告中，检查出了下列9种安全威胁。

(1) SQL注入；

(2) 功能滥用；

(3) 可预测资源位置；

(4) 跨站点脚本编制；

(5) 目录索引；

(6) 内容电子欺骗；

(7) 信息泄漏；

(8) 应用程序隐私测试；

(9) 应用程序质量测试。

7.4 Web安全测试实验

1. 实验目的

(1) 理解Web安全测试的内容；

(2) 使用安全测试工具进行Web安全测试；

(3) 对Web系统进行安全评估。

2. 实验环境

Windows环境，AppScan或其他安全测试工具，Office办公软件。

3. 实验内容

(1) 选择一种安全测试工具,建立安全测试环境,并熟悉该测试工具的测试流程和业务功能。

(2) 通过一个待测试软件,完整地实施安全测试流程。

(3) 针对待测试软件,撰写安全测试报告。

4. 实验步骤

(1) 安装安全工具,如 AppScan;

(2) 熟悉安全测试工具的流程和业务功能;

(3) 针对待测试软件,实施安全测试;

(4) 撰写安全测试报告。

5. 实验思考题

(1) 登录模块的安全测试,需要从哪些方面考虑?

(2) 如何检测 SQL 注入漏洞?

参考文献

[1] GB/T 15532—200X,计算机软件测试规范[S].

[2] 蔡建平,倪建成,高仲合.软件测试实践教程[M].北京:清华大学出版社,2014.

[3] 范勇,兰景英,李绘卓.软件测试技术[M].西安:西安电子科技大学出版社,2009.

[4] 兰景英,王永恒.Web应用程序测试[M].北京:清华大学出版社,2015.

[5] 杜庆峰.高级软件测试技术[M].北京:清华大学出版社,2011.

[6] 朱少民.软件测试方法和技术(第2版)[M].北京:清华大学出版社,2010.

[7] 宫云战,赵瑞莲等.软件测试教程[M].北京:清华大学出版社,2008.

[8] 火龙果软件.软件测试管理.http://wenku.uml.com.cn/document.asp?fileid=3974&partname=%B2%E2%CA%D4.

[9] TestLink网站.http://sourceforge.net/projects/testlink/files/.

[10] 百度文库.详解CheckStyle的检查规则.http://wenku.baidu.com/link?url=PEWdDlEEcfb_eL_MvooKdnPYs77MTqi_Gg6JQd-Bm8NZ-OrT1_IHFEYjfWsOqlDMfv2aPXnaZDSnH8Lt_5xiIs3naTpbxS2Jp7jDV4M13PS&qq-pf-to=pcqq.c2c,2014.

[11] 百度文库.Mantis&Testlink安装配置.http://wenku.baidu.com/view/04f8646f783e0912a2162ad9.html,2013.

[12] 百度文库.TestLink使用手册.http://wenku.baidu.com/view/13a80d6aa5e9856a561260e1.html,2014.

[13] Figo.TestLink测试过程管理系统使用说明.http://wenku.baidu.com/link?url=wx-44Vq4vEpWGOOVYj9ILZlulUiYDFEbCE5_siaZYdeZJ3g6vvudWNLbMnv5hXvpj0s-kN8_iHDObEx-5JrgWKXl5-IPVEuJhMSHLPDwSH9i,2013.

[14] 高峻.开源测试管理工具testlink安装全攻略.http://www.ltesting.net/ceshi/open/kycsglgj/testlink/2013/0624/206407.html,2013.

[15] 领测软件测试网.TestLink管理员手册.http://www.ltesting.net/ceshi/open/kycsglgj/testlink/2013/0806/206550.html,2013.

[16] 百度文库.TestLink预研报告.http://wenku.baidu.com/link?url=fpb28lmJAtfT_eKJmVALx0pw1d7QlLf0aeedIf2CmR41SZWhT5z6HOfGuQdayPjpn6G2CNnIupBWKL-UEWxxOIYdPnODtezSPUzSCwiHr8i&qq-pf-to=pcqq.c2c,2013.

[17] XAMPP网站.http://sourceforge.net/projects/testlink/files/latest/download?source=files.

[18] Mantis使用手册.www.mantis.org.cn.

[19] conanpaul.Testview测试工具详介.http://developer.51cto.com/art/200808/88409.htm,2008.

[20] 领测软件测试网.Compuware高级测试管理工具QADirector介绍.http://www.ltesting.net/ceshi/ceshijishu/rjcsgj/compuware/qadirector/2011/0706/202855.html,2011.

[21] hannover.软件测试工具汇总.http://www.cnblogs.com/hannover/archive/2011/11/02/2232376.html,2011.

[22] 星星的技术专栏.Checkstyle介绍.http://blog.csdn.net/gtuu0123/article/details/6403994,2011.

[23] 阿蜜果.Java代码规范、格式化和Checkstyle检查配置文档.http://www.blogjava.net/amigoxie/archive/2014/05/31/414287.html,2014.

[24] 百度文库.详解Checkstyle的检查规则.http://wenku.baidu.com/link?url=PEWdDlEEcfb_eL_MvooKdnPYs77MTqi_Gg6JQd-Bm8NZ-OrT1_IHFEYjfWsOqlDMfv2aPXnaZDSnH8Lt_5xiIs3naTpbxS2Jp7jDV4M13PS&qq-pf-to=pcqq.c2c,2014.

[25] 黑暗浪子.Checkstyle使用手册.http://darkranger.iteye.com/blog/657737,2010.

[26] 一路向北. FindBugs 在 Eclipse 中的应用. http://wenku. baidu. com/link? url=T8LhzjwYWulGAM-ulynax9lkUG7o2oVLMGKPhlzloVvwd0gfx_1xq0FrlAvC1BaDiZJngH4L-9t2Xe941D0kiOQVsMOlO-KMBPnJwpAWfqwg7,2010.

[27] Chris Grindstaff. FindBugs 第 1 部分:提高代码质量. http://www. ibm. com/developerworks/cn/java/j-findbug1,2004.

[28] Garden. PC-lint 的安装详细配置过程. http://blog. sina. com. cn/s/blog _ 6d7fa49b01012uqd. html,2012.

[29] 程序员心路. 代码静态检查工具 PC-lint 运用实践. http://www. cnblogs. com/qingxia/archive/2012/09/13/2683170. html,2012.

[30] 文库下载. PClint 错误码大全[DB/OL]. http://www. wenkuxiazai. com/doc/ce7e16d4dd3383c4bb4cd292. html.

[31] 百度文库. 测试覆盖率工具 EclEmma 使用培训. http://wenku. baidu. com/link? url=4dELEaPJV-syMOd4nmagfLY6-PKViXix3SGDe3jplkwELispP210s3SGOHxzPAaWnrTzZ6BzyGRC5uBY1w_SVB-h0GDFkmbh_Ia4coYJCN_Eu.

[32] 道客巴巴在线文档. 单元测试利器 JUnit4[DB/OL]. http://www. doc88. com/p-9032693329608. html.

[33] O'Reilly. JUnit 实战(第 2 版)[M]. 夏明新,廖川,张鹏飞译. 北京:人民邮电出版社,2012.

[34] 谢慧强. XP 单元测试工具 JUnit 源代码学习. http://www. soft6. com/tech/4/46854. html,2007.

[35] 百度文库. JUnit 使用指南及作业规范. http://wenku. baidu. com/link? url = U8l6ch6z9URjq-JzFZyu7 _ WZzpgJDLukdZmO4g3pTzFY7bMSxY _ eYrSJ4J1wKDZoKgKWjalQ62pV6JLk _ AvJz6De8AaEaCyLvP6EOS3_ZSm.

[36] 百度文库. JUnit 4 教程. http://wenku. baidu. com/view/a5852cc0bb4cf7ec4afed0be. html? re = view.

[37] 李群. 便利的开发工具 CppUnit 快速使用指南. https://www. ibm. com/developerworks/cn/linux/l-cppunit/,2003.

[38] 百度文库. CppUnit 单元测试. http://wenku. baidu. com/view/32e878dace2f0066f53322e9. html.

[39] 晨光. CppUnit 源码解读. http://morningspace. 51. net/resource/cppunit/cppunit_anno. html.

[40] CppUnit CookBook 中文版. www. 51testing. com.

[41] 周峰,吴晓红等. CppUnit 单元测试环境搭建指南. http://wenku. baidu. com/view/f2b43af10242a8956bece4a4. html,2012.

[42] 开源中国社区. 开放源码 C/C++单元测试工具第 2 部分:了解 CppUnit. http://www. oschina. net/question/5189_7704.

[43] 51testing 软件测试网. CppUnit 单元测试环境搭建指南(1. 12. 0). http://wenku. baidu. com/view/f2b43af10242a8956bece4a4. html,2012.

[44] VC 知识库. CppUnit 测试框架入门. http://www. vckbase. com/index. php/wv/982,2004.

[45] 百度文库. CppUnit 使用总结. http://wenku. baidu. com/link? url = 4 _ XggnU5ORnI _ duZqpaO47tJLVj37SWun7ue _ ZvLO2pTtUOySO1fJfviVInjqsOttSGfhXzgHk _ mhyoj1lSIbK _-FjdcmlWV_DCoiSR_Gca,2014.

[46] snail. 测试驱动开发入门——CppUnit. http://www. uml. org. cn/Test/200607311. htm? artid =11306.

[47] workdog 的专栏. 使用 CppUnit 进行单元测试. http://blog. csdn. net/workdog/article/details/1444542,2006.

[48] 译众软件测试. CppUnit 快速使用指南. http://www. spasvo. com/ceshi/open/kydycsgj/cppUnit/2014114112515. html,2014.

[49] 百度百科. QuickTestProfessional. http://baike. baidu. com/link? url=cU8McEM1LiwaOwc1vK5C-

79qy5prgczUzk3MgR29Kj87C-w8l7b2tyyaHqKsSxaLKdXnsl_CrqNYEDWSKU5F6sq.
[50] hblxp321. QucikTest 测试对象的深入剖析. http://www. ltesting. net/ceshi/ceshijishu/rjcsgj/mercury/quicktestpro/2014/0915/207530. html,2014.
[51] David Burns. Selenium 2 Testing Tools Beginner's Guide[M]. Packt Publishing Ltd,2012.
[52] Selenium 帮助文档. http://docs. seleniumhq. org/download/.
[53] Selenium 官网. http://www. openqa. org/selenium/.
[54] 火龙果软件. Selenium_Python 自动化技术[DB/OL]. http://wenku. uml. com. cn/document. asp?fileid=8912&partname=%B2%E2%CA%D4.
[55] 虫师. Selenium WebDriver (python) 第三版. http://www. open-open. com/doc/view/2b5c1ef3fbe146beb02866b1bc7657ee,2014.
[56] 刘志宇. 基于 Selenium 的 Web 自动化测试. http://wenku. uml. com. cn/document. asp? fileid=10944&partname=%B2%E2%CA%D4,2012.
[57] 思勉. Selenium WebDriver 介绍. http://www. ltesting. net/ceshi/open/kygncsgj/selenium/2014/0408/207237. html,2014.
[58] 思勉. WebDriver 与 Selenium. http://www. ltesting. net/ceshi/open/kygncsgj/selenium/2014/0404/207232. html,2014.
[59] 一米阳光做测试. Selenium 在 IE、Chrome 和 Firefox 运行. http://www. ltesting. net/ceshi/open/kygncsgj/selenium/2013/1203/206869. html,2013.
[60] Firefox 官网. http://www. firefox. com. cn/download/.
[61] 王晨. 使用分层的 Selenium 框架进行复杂 Web 应用的自动测试. http://www. ibm. com/developerworks/cn/java/j-lo-selenium/,2010.
[62] qi_ling2006. Selenium 用户指南. http://qi-ling2006. iteye. com/blog/1534816,2012.
[63] vivian_liu. Selenium_(安装使用). http://download. csdn. net/download/lhxioi/4878727,2012.
[64] 百度文库. Selenium 安装使用说明. http://wenku. baidu. com/link? url = wmcWyAnFULV_aExxrkfCBb_6mKVMM7hshzV4KU6snMcUsNaqWnV-VjOp2HCzlmRfxNCHGyjgSq5jGaWqlVEDlzoR-QL-QgElKco7hCl29OW,2013.
[65] Unmesh Gundecha. Selenium Testing Tools Cookbook [M]. Published by Packt Publishing Ltd,2012.
[66] 丁秀兰. Web 测试中性能测试工具的研究与应用[D]. 太原理工大学,2008,5.
[67] 刘苗苗. Web 性能测试的方法研究与工具实现[D]. 西安理工大学,2007,1.
[68] 陈绿萍. 性能:软件测试中的重中之重[EB/OL]. http://www. 51. testing. com/tech/performance,2003.
[69] 杜香和. Web 性能测试模型研究[D]. 西南大学,2008,5.
[70] 卢建华. 基于 Web 应用系统的性能测试及工具开发[D]. 西安电子科技大学,2009,1.
[71] 浦云明,王宝玉. 基于负载性能指标的 Web 测[J]. 计算机系统应用,2010,19(5):220-223.
[72] HP LoadRunner 11 Tutorial. 2010.
[73] 刘德宝. Web 项目测试实战(DVD)[M]. 北京:科学出版社,2009.
[74] 陈霁,李锋等. 性能测试进阶指南:LoadRunner 11 实战[M]. 北京:电子工业出版社,2015.
[75] JMeter User's Manual. http://jmeter. apache. org/usermanual/index. html.
[76] OPEN 文档. JMeter 中文使用手册[DB/OL]. http://www. open-open. com/doc/view/a87a0530fb4f4fa7bc73af33993943bb.
[77] 百度文库. 利用 JMeter 进行 Web 测试(badboy 录制脚本). http://wenku. baidu. com/link? url=XEUHcLKKQ6W0H2DsZuh-nUbhJ3DeRRbnnWBhs5sG9DnP8lWzRcc3F0KFmlyUjq7BhT1wPfvGu3n1—NdBPY2tbgHZ6YSo6EKMXS8zRcd4QW,2011.
[78] Bayo Erinle. Performance Testing with JMeter2. 9[M]. Packt Publishing Ltd. ,2013.

[79] 百度文库. Win7 下搭建 JMeter. http://wenku.baidu.com/link? url=Xo29U77A7qrpho9BVo0vmH-fxV8zin7Rq3onKagcXwzj77vbLKRH9kgibF9wUwOWLo5jc3vrHYmGBtoaGVdAHZkFnxl2xPdm1p4CTzuCfTTa,2012.

[80] 邱勇杰. 跨站脚本攻击与防御技术研究[D]. 北京交通大学,2010,6.

[81] 梁新开. 基于脚本安全的防御技术研究[D]. 杭州电子科技大学,2012,1.

[82] SQL 注入攻击实现原理与攻击过程详解[EB/OL]. http://database.ctocio.com.cn/391/9401391.shtml.

[83] dodo. Web 的安全性测试要素[EB/OL]. http://www.cnblogs.com/zgqys1980/archive/2009/05/13/1455710.html,2009.

[84] 郑光年. Web 安全检测技术研究与方案设计[D]. 北京邮电大学,2010,6.

[85] 王利青,武仁杰,兰安怡. Web 安全测试及对策研究[J]. 通信技术,2008,41(6):29-32.

[86] 博客系统. http://www.onlinedown.net/soft/178921.htm.

[87] 百度百科. http://baike.baidu.com.

[88] 维基百科. http://zh.wikipedia.org.

附录 A　软件测试文档模板

1. 测试计划模板

测试计划模板如附表 A-1 所示。

附表 A-1　测试计划模板

×××系统测试计划

作者：
发布日期：
文档版本：
文档编号：
修订记录

版本	日期	修订者	说明

1. 概述
1.1　编写目的
　[简要说明编写此计划的目的]
1.2　参考资料
　[列出软件测试所需的资料，如需求分析、设计规范、用户操作手册、安装指南等]
1.3　术语和缩写词
　[列出本次测试所涉及的专业术语和缩写词等]
1.4　测试种类
　[说明本次测试所属的测试种类(单元测试、集成测试、系统测试、验收测试)及测试的对象]
1.5　测试提交文档
　[列出在测试结束后所要提交的文档]
2. 系统描述
　[简要描述被测软件系统，说明被测系统的输入、基本处理功能及输出，为进行测试提供一个提纲]

3. 测试进度

测试活动	计划开始日期	实际开始日期	结束日期
制订测试计划			
设计测试			
…			
对测试进行评估			
产品发布			

4. 测试资源

4.1 测试环境

[硬件环境：列出本次测试所需的硬件资源的型号、配置和厂家。

软件环境：列出本次测试所需的软件资源，包括操作系统和支持软件的名称和版本。]

4.2 人力资源

[列出在此项目的人员配备和工作职责]

4.3 测试工具

[列出测试使用的工具]

用途	工具	生产厂商/自产	版本

5. 系统风险和优先级

[简要描述测试阶段的风险和处理的优先级]

6. 测试策略

[测试策略主要提供对测试对象进行测试的推荐方法。

对于每种测试，都应提供测试说明，并解释其实施的原因。

制定测试策略时需要给出判断测试何时结束的标准。]

7. 测试数据的记录、整理和分析

[对本次测试得到数据的记录、整理和分析的方法和存档要求。]

审核：

年　　月　　日

批准：

年　　月　　日

2. 测试用例模板

测试用例通用模板如附表 A-2 所示。

附表 A-2　测试用例模板

<table>
<tr><td>用例编号</td><td colspan="2"></td><td>用例名称</td><td colspan="2"></td></tr>
<tr><td>项目/软件</td><td colspan="2"></td><td>所属模块</td><td colspan="2"></td></tr>
<tr><td>用例设计者</td><td colspan="2"></td><td>设计时间</td><td colspan="2"></td></tr>
<tr><td>用例优先级</td><td colspan="2"></td><td>用例类型</td><td colspan="2"></td></tr>
<tr><td>测试类型</td><td colspan="2"></td><td>测试方法</td><td colspan="2"></td></tr>
<tr><td>测试人员</td><td colspan="2"></td><td>测试时间</td><td colspan="2"></td></tr>
<tr><td>测试功能</td><td colspan="5"></td></tr>
<tr><td>测试目的</td><td colspan="5"></td></tr>
<tr><td>前置条件</td><td colspan="5"></td></tr>
<tr><td>序号</td><td>操作描述</td><td>输入数据</td><td>期望结果</td><td>实际结果</td><td>备注</td></tr>
<tr><td>1.</td><td></td><td></td><td></td><td></td><td></td></tr>
<tr><td>2.</td><td></td><td></td><td></td><td></td><td></td></tr>
<tr><td>…</td><td></td><td></td><td></td><td></td><td></td></tr>
<tr><td></td><td></td><td></td><td></td><td></td><td></td></tr>
</table>

3. 缺陷报告模板

缺陷报告模板如附表 A-3 所示。

附表 A-3　缺陷报告模板

<table>
<tr><td>缺陷编号</td><td></td><td>缺陷类型</td><td></td><td>严重级别</td><td></td><td>缺陷状态</td><td></td></tr>
<tr><td>项目名称</td><td></td><td>用例编号</td><td></td><td>软件版本</td><td colspan="3"></td></tr>
<tr><td>测试阶段</td><td colspan="7">□单元　□集成　□系统　□验收　□其他(　　)</td></tr>
<tr><td>测试人</td><td></td><td>测试时间</td><td></td><td>可重现性</td><td colspan="3">□是　□否</td></tr>
<tr><td>缺陷原因</td><td colspan="7">□需求分析　□概要设计　□详细设计　□设计样式理解　□编程
□数据库设计□环境配置　□其他(　　)</td></tr>
<tr><td>缺陷描述</td><td colspan="7"></td></tr>
<tr><td>预期结果</td><td colspan="7"></td></tr>
<tr><td>重现步骤</td><td colspan="7"></td></tr>
<tr><td>错误截图</td><td colspan="7"></td></tr>
<tr><td>备注</td><td colspan="7"></td></tr>
<tr><td colspan="8">以下部分由缺陷修改人员填写</td></tr>
<tr><td>缺陷修改描述</td><td colspan="7"></td></tr>
<tr><td>修正人</td><td></td><td>修正日期</td><td></td><td>确认人</td><td></td><td>确认日期</td><td></td></tr>
</table>

附录 B 测试工具网址

1. 测试管理工具

1) Quality Center
http://www8.hp.com/us/en/software/enterprise-software.html
2) IBM RationalTestManager
http://www.ibm.com/software/rational
3) TestLink
http://www.testlink.org/
4) SilkCentral Test Manager
http://www.borland.com/Products/Software-Testing/Test-Management/Silk-Central

2. 缺陷管理工具

1) ClearQuest
http://www.ibm.com/software/rational
2) Mantis
http://www.mantisbt.org/
3) Bugzilla
https://www.bugzilla.org/
4) JIRA
https://www.atlassian.com/software/jira

3. 静态测试工具

1) PC-Lint
http://www.gimpel.com/html/index.htm
2) Checkstyle
http://checkstyle.sourceforge.net
3) Splint
http://www.splint.org/
4) FindBugs
http://findbugs.sourceforge.net/

4. 单元测试工具

1) JUnit
http://junit.org/
2) CppUnit
http://sourceforge.net/projects/cppunit/

3）PurifyPlus

http://www.ibm.com/developerworks/cn/downloads/r/rpp/

4）DevPartner

http://www.borland.com/Products/Software-Testing/Automated-Testing/Devpartner-Studio

5. 功能测试工具

1）Unified Functional Testing(原 QuickTest Professional)

http://www8.hp.com/us/en/software-solutions/unified-functional-automated-testing/index.html

2）Rational Robot

http://www.ibm.com/software/rational

3）SilkTest

http://www.borland.com/Products/Software-Testing/Automated-Testing/Silk-Test

4）QTester

http://qtester.fissoft.com/

5）QARun

http://www.compuware.com/

6）Selenium

http://www.seleniumhq.org/download/

6. 性能测试工具

1）HP LoadRunner

http://www8.hp.com/us/en/software-solutions/loadrunner-load-testing/index.html?

2）IBM Performance Tester

http://www-03.ibm.com/software/products/zh/performance

3）Radview WebLOAD

http://www.radview.com/product/Product.aspx

4）Borland Silk Performer

http://www.borland.com/products/silkperformer/

5）Compuware QALoad

http://www.compuware.com/

6）Web Application Stress

http://www.microsoft.com/en-us/download

7）Apache JMeter

http://jakarta.apache.org/jmeter/usermanual/index.html

8）OpenSTA

http://www.opensta.org/download.html

7. 安全测试工具

1）WebInspect

http://www8.hp.com/cn/zh/software-solutions/enterprise-software-products-a-z.html?view=list

2）AppScan

http://www.ibm.com/developerworks/cn/downloads/r/appscan/learn.html

3）Acunetix Web Vulnerability Scanner

http://www.acunetix.com/

4）Nikto

http://www.cirt.net/nikto2

5）WebScarab

https://www.owasp.org/index.php/Category:OWASP_WebScarab_Project

6）WebSecurify

http://www.websecurify.com/

附录 C 博客系统

本书部分章节中采用了免费的博客系统(LxBlog)为测试对象。LxBlog 是一个功能完善的博客系统,其官方网站为 http://www.phpwind.com。该系统可从华军软件园网站下载,版本为 LxBlog 6.0(免费版)。

LxBlog 6.0 博客系统是使用 PHP 开发的 Web 网站,其运行环境需要安装 Apache 服务器、MySQL 数据库、PHP 和 phpMyAdmin。AppServ 集成了以上内容,安装便捷。下面介绍其安装步骤。

1. 安装 AppServ

双击安装文件,将弹出欢迎窗口,如附图 C-1 所示。单击 Next 按钮,进入组件选择窗口,如附图 C-2 所示。

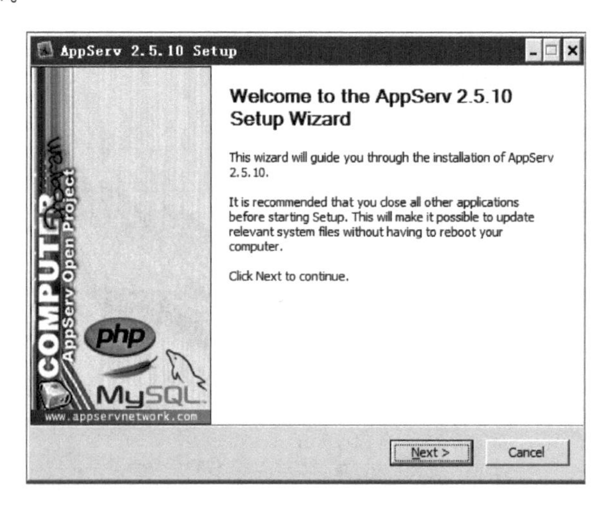

附图 C-1 AppServ 安装界面

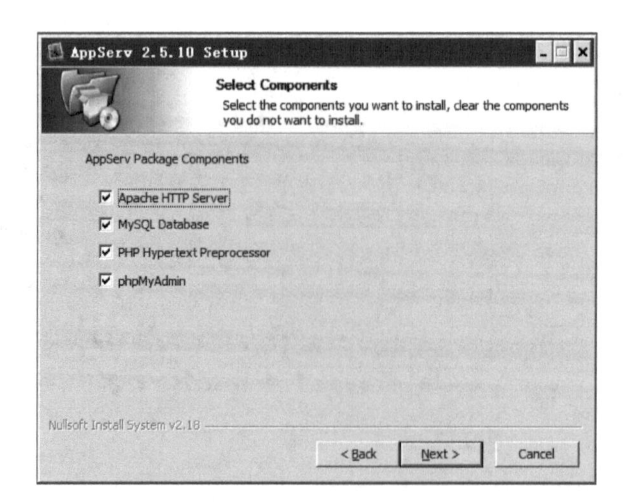

附图 C-2 Appserv 安装组件选择

在附图 C-2 中，选择 Apache HTTP Server、MySQL Database、PHP Hypertext Preprocessor 和 phpMyAdmin 这 4 个选项，单击 Next 按钮，进入 Apache 服务器信息窗口，如附图 C-3 所示。在 Server Name 文本框中输入服务器地址(如 192.168.1.10 或者 127.0.0.1)。在 Adminstrator's Email Address 文本框中输入邮箱地址，Apache HTTP Port 的默认端口是 80 端口，如果 80 端口已经占用，可以使用 8080 端口等。

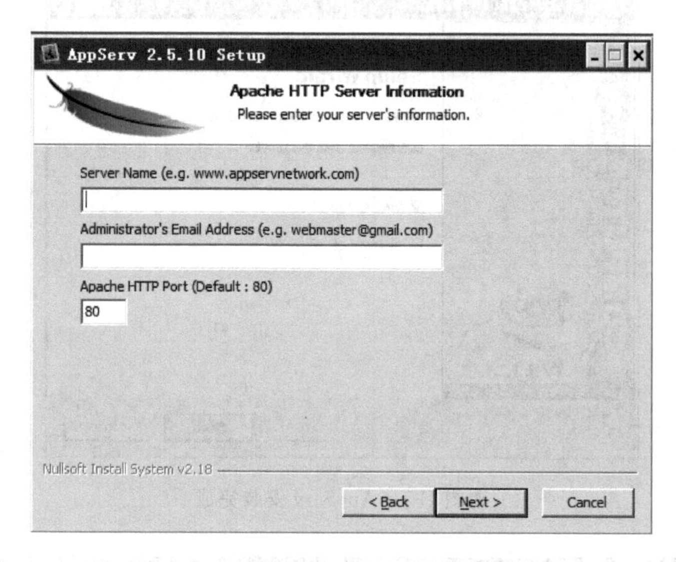

附图 C-3　Apache 服务器信息

附图 C-3 中，单击 Next 按钮，将进入 MySQL 数据库配置窗口，如附图 C-4 所示。在 Enter root password 和 Re-enter root password 文本框中输入密码，在 Character Sets and Collations 中选择 UTF-8 Unicode，然后单击 Install 按钮进入安装窗口。

【注意】 请务必记住 MySQL 的密码，以后登录 MySQL 数据库时需要使用。

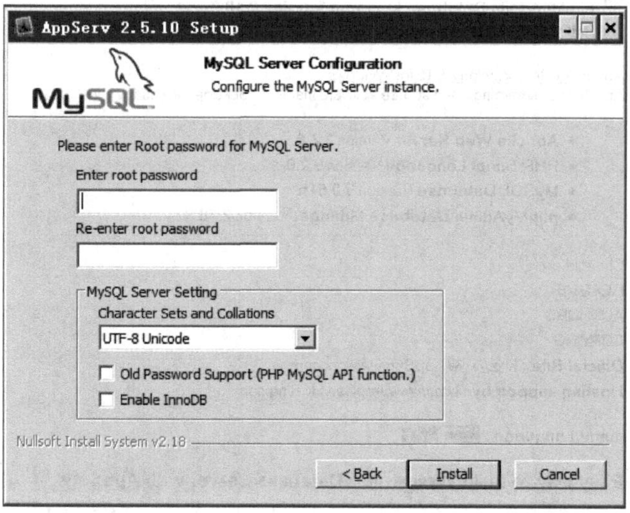

附图 C-4　配置 MySQL 数据库

如果在安装过程中，Windows 弹出安全警报，请选择“解除阻止”。AppServ 将继续完成安装工作。安装完成后，显示如附图 C-5 所示窗口。如果选择 Start Apache 和 Start MySQL，并单击 Finish 按钮，AppServ 将打开 IE 浏览器，显示 AppServ 相关信息，如附图 C-6 所示。

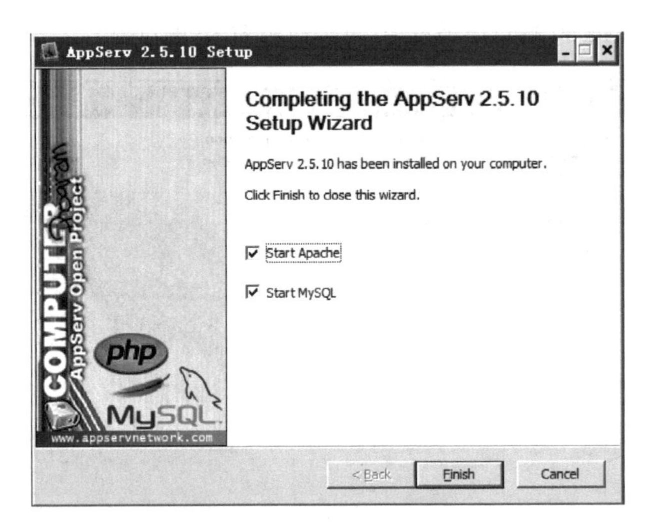

附图 C-5 AppServ 安装完成

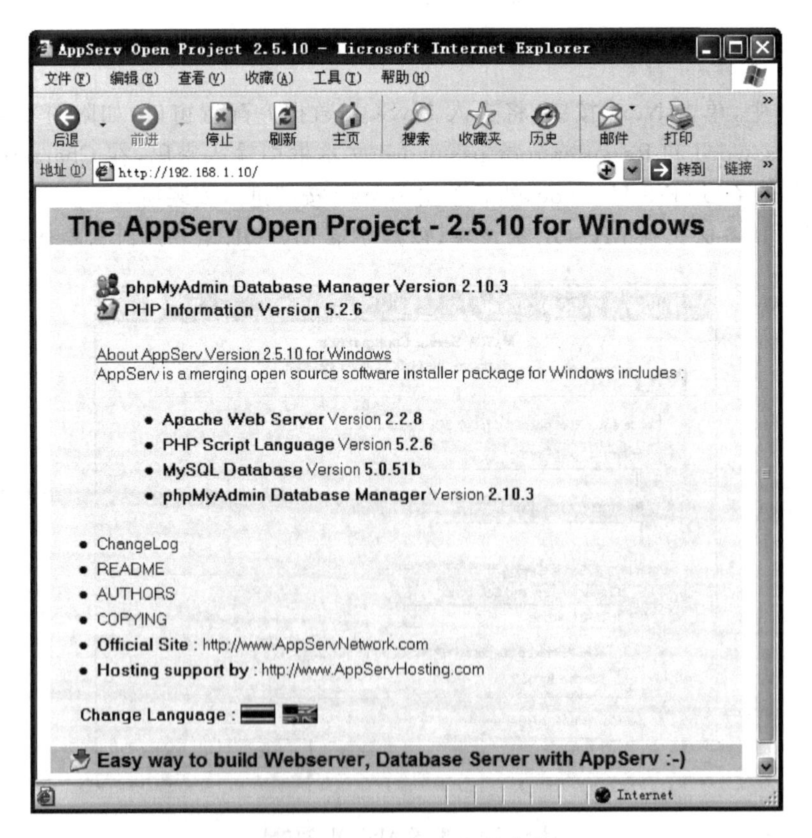

附图 C-6 AppServ 相关信息

2. 安装 LxBlog 博客系统

将 LxBlog 博客系统压缩包解压后，放在 AppServ 安装目录下的 www 文件夹中，比如将博客系统安装文件夹(Blog)放在 C:\AppServ\www 中，然后打开 IE 浏览器，在地址栏中输入“http://192.168.1.10/blog/install.php”，将进入安装页面，如附图 C-7 所示。(注：此例中 Apache 的地址为 192.168.1.10，博客系统安装文件夹的名称为 Blog。)

数据库服务器：数据库服务器的地址，或者填写 localhost。

数据库用户名：root。

数据库密码：安装 MySQL 数据时输入的密码。

数据库名：博客系统的数据库名(根据自己的喜好填写)。

用户名、密码、重复密码和 Email 根据自己的喜好填写。

单击页面下面的“下一步”按钮，系统将自动进行安装。安装完成后会显示博客系统主页面和后台管理的链接地址。

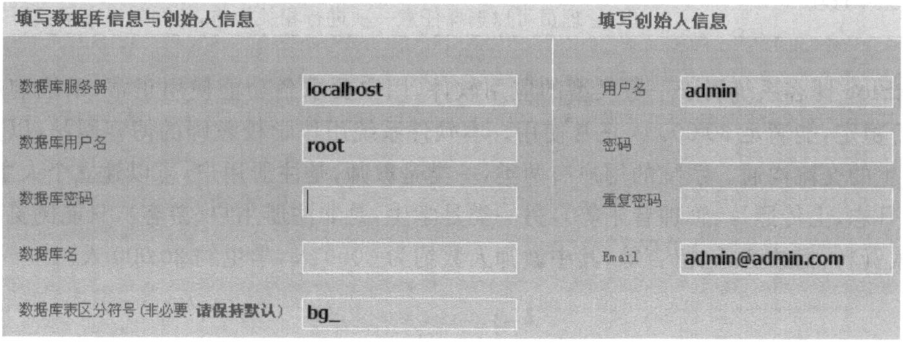

填写数据库信息与创始人信息
数据库服务器 localhost
数据库用户名 root
数据库密码
数据库名
数据库表区分符号(非必要 请保持默认) bg_
填写创始人信息
用户名 admin
密码
重复密码
Email admin@admin.com

附图 C-7 博客系统安装页面

3. LxBlog 博客系统功能

博客系统分为前台功能和后台管理功能。前台模块的功能有注册登录、发表日志、结交朋友、记录影像、搜索文章等功能。后台模块的功能有核心功能、用户管理、模块管理设置、信息管理、菜单选项等功能。系统各主要模块的功能描述见附表 C-1。

附表 C-1 系统主要模块功能

编号	模块名称	模块描述
01	注册登录	游客进入系统就进入了博客首页，已经注册的用户就可直接登录博客系统；若没有注册，则单击“注册”按钮转换到注册页面，填写注册信息，注册成功后就可登录系统
02	发表日志	用户进入博客系统后就可以在自己的管理页面里添加日志，日志可以添加附件也可以不添加，用户对日志进行相应的编辑操作后，填写验证码，提交即可完成日志的发表
03	记录影像(上传照片)	记录影像模块是大部分用户喜欢的一个功能，用户可以创建相册，上传自己喜欢的照片

续表

编号	模块名称	模块描述
04	结交朋友	该模块是博客系统中一个个性模块,如果某个用户喜欢结交同城的博友,便可以搜索符合要求的人并进行添加好友操作
05	搜索文章	用户可以搜索自己喜欢的不同类型的文章进行阅读,并且可以留言
06	核心功能	核心功能主要是博客系统的进程优化、服务器时间校正、记录会员在线时间等的设定
07	用户管理	管理员在后台可以设置用户管理,主要功能是用户组管理、未验证会员审核、账号激活、会员资料编辑、删除会员等的操作
08	模块管理设置	模块管理设置主要是对系统模块的编辑操作,例如,对最新文件、最新商品进行编辑
09	信息管理	信息管理是后台页面中的一个重要模块,主要包括公告管理、广告管理设置的一系列设置
10	菜单选项	菜单选项是一个功能强大的页面,在这个页面中,列出了后台的所有操作,管理员可以选择任意一项进行相关操作,这样就提高了页面效率

LxBlog 博客系统属于一般类型的应用软件,用户要求各功能使用正常,系统响应比较快,运行稳定,能满足 30 000 人正常使用。本软件系统用作学校教师的博客网站,以方便教师和学生的交流沟通。系统的用户有两类,一类是教师,是注册用户,可以建立个人主页(能够发表日志、上传照片、管理音乐等),另一类是学生,是非注册用户(游客),只能浏览教师主页、下载资料、播放音乐、留言等,其中教师人数约为 3000 人,学生约 20 000 人。